第十三届
石油工业标准化学术论坛论文集

全国石油天然气标准化技术委员会秘书处
石油工业标准化技术委员会秘书处 编

石油工业出版社

内 容 提 要

本书收集了第十三届石油工业标准化学术论坛发布的获得一、二、三等奖的论文 90 篇，其中一等奖 10 篇，二等奖 30 篇，三等奖 50 篇。

本书适合于广大石油、石化标准化工作者在学习和工作中使用。

图书在版编目（CIP）数据

第十三届石油工业标准化学术论坛论文集／全国石油天然气标准化技术委员会秘书处，石油工业标准化技术委员会秘书处编．—北京：石油工业出版社，2011.11

ISBN 978-7-5021-8781-1

Ⅰ．第…

Ⅱ．①全…②石…

Ⅲ．石油工业－标准化－文集

Ⅳ．TE-65

中国版本图书馆 CIP 数据核字（2011）第 222795 号

出版发行：石油工业出版社

（北京安定门外安华里 2 区 1 号　100011）

网　址：www.petropub.com.cn

发行部：（010）64523620

经　销：全国新华书店

印　刷：石油工业出版社印刷厂

2011 年 11 月第 1 版　2011 年 11 月第 1 次印刷

787×1092 毫米　开本：1/16　印张：34.5

字数：817 千字

定价：135.00 元

（如出现印装质量问题，我社发行部负责调换）

前 言

“第十三届石油工业标准化学术论坛”于2011年12月在广西南宁举办。此次论坛由中国石油天然气集团公司、中国石油化工集团公司、中国海洋石油总公司和全国石油天然气标准化技术委员会暨石油工业标准化技术委员会秘书处共同举办。本届学术论坛以“标准化与转变经济发展方式”为主题，主要围绕标准化和管理创新、技术成果有形化、质量安全、节能减排、绿色发展与信息化共六个方面展开探讨和交流。

为推动石油工业标准化的发展，促进标准化学术研究和交流，提高标准化理论水平，现将经三大石油公司和各专业标准化技术委员会推荐，并由石油工业标准化学术论坛专家评审组评选出的荣获一、二、三等奖的论文汇编成册，以供广大石油工业标准化工作者在学习和工作中使用。本论文集共包含获奖论文90篇，其中一等奖论文10篇，二等奖论文30篇，三等奖论文50篇。

全国石油天然气标准化技术委员会秘书处

石油工业标准化技术委员会秘书处

2011年12月

目　录

一等奖（10篇）

浅谈油气田企业开展标准化管理创新的意义和做法
………………………………………………………… 畅孝科　郭占春　宋晓峰　雷永吉　3
液化天然气 (LNG) 站场设计标准防火间距及安全性分析平台研究
………………………………………………………… 郭开华　皇甫立霞　王文静　孙　标　9
苏里格气田生产建设管理标准化的探索与实践
………………………………… 刘　毅　单吉全　陆国雄　曹彩云　王　敏　麻艳青　17
海洋管道建设科研标准同步发展模式的思考………………………………… 刘谊君　30
标准化是建设国际一流公司的基石………………………………………………… 夏　芳　34
强化标准化，实现地震勘探新跨越………………………… 柳旭茏　魏真洪　王　静　39
三元注入体系中聚合物浓度检测影响因素分析及方法研究………… 王　静　费微娜　49
我国地下储气库标准化建设思路探讨………………………… 孟凡彬　王　峰　王东军　57
浅谈国际钻井 HSE 标准化管理 ………………………… 王力耕　张翠花　谭先涛　63
实施标准化规范化管理　提升石油工业安全生产管理水平… 张海涛　廉永梅　于　国　68

二等奖（30篇）

国 IV 车用汽油标准中蒸气压限值的研究 ………… 董红霞　徐小红　刘泉山　何晓兰　75
对《海上固定平台安全规则》进行修订的几点建议………………………… 窦培举　81
谈 HSE“识别和风险管理”标准化的应用与实践
——“识别、评价、控制”与班组“安全信号台”相结合……… 樊晋疆　吉顺标　87
对等同采用国外起重机规范的认识………………………………………………… 方福胜　92
油田常用非金属管道的质量控制及相关标准的研究………………………… 郭建华　95
标准作业程序在石油企业基层的推行与完善
…………………………………………… 梁亚文　郝生亮　张　娟　李建秦　杨建新　107
标准化在管道泄漏检测中的应用
…………………… 何景丽　谢孝宏　邵连鹏　慕学东　尹立华　王　辉　代伟平　121
美国石油炼制工业污水排放标准的特点与启示……………… 江　敏　刘　瑾　范　巍　132
岗位标准作业程序的开发与应用……………………………………………………… 李佰涛　139
钻井液用降黏剂评价方法分析与探讨……………… 经淑惠　乔　军　张星梅　袁利君　146

浅论建立油田橡胶制品标准体系的必要性…………………………李　明　袁海滨　152
施工现场标准化管理……………………………………………………李惠珠　156
天然气与管道技术标准内容揭示技术研究及系统开发
……………………………………刘　冰　张　欣　税碧垣　刘艳双　161
天然气水含量与水露点关联换算…………………………罗　勤　肖学兰　何　斌　171
标准化在测井仪器生产中的应用探讨………………任丽娟　董　斌　董继辉　程　峰　178
渤海井口平台标准化设计研究………………………沈晓鹏　侯金林　于春洁　王艳萍　181
用标准化提升物资供应过程控制能力……………………………………………史丰民　186
油气勘探开发信息标准化探讨……………………………………………万智民　付　伟　190
安东石油作业标准化实践与思考…………………………吴　霞　郭正清　杨云霞　195
试油测试标准实施与监督的现状和对策………………………………………杨　成　201
石油测井仪器使用维修手册标准模版的设计及应用
……………………………………杨善森　阎水浪　张　悦　国　昭　205
企业标准体系表编制的思考与实践……………………………………徐晓明　夏　芳　212
欠平衡钻井 / 控制压力钻井国内外标准分析 ………………………………杨顺辉　217
浅谈油田基层修旧利废的标准化管理……………………………………………杨晓存　224
输气管理处 HSE、完整性管理体系融合探索
——标准化精细化，安全管理的基石，企业文化的载体
……………………………………………余　进　胡　剑　黄　海　239
谈谈标准创新与企业管理创新…………………于金佩　彭晓英　苏欲波　岑瑗瑗　248
《螺杆泵井热洗清蜡操作规程》的改进与实施 ……………张　滨　魏翼祥　洪　海　256
浅谈石油产品试验方法标准内容的更新与升级……………张　帆　温永红　汪芝龙　264
柴油中的芳烃及其检测方法现状………………………………………………张大华　271
井下作业井场标准化现场施工探讨
……………………尹炳发　李克忠　李忠贵　宁运申　李京船　周海涛　277

三等奖（50 篇）

以全方位标准化管理，促进企业技术创新……………………曹万秋　宗志敏　田勇海　287
推进标准化建设，规范海上油田驱油用聚合物理化性能检测工作
…………陈士佳　王京博　王成胜　易　飞　黄　波　朱洪庆　史锋刚　李　峰　290
发挥标准化优势　提高岗位工作质量…………………………………………陈水木　296
录井企业标准化的管理…………………………………………………程修雷　葛景凯　301
石油化工设计中实行标准化的意义………………………………………………常一舟　305
《汽油抗爆添加剂甲基环戊二烯三羰基锰（MMT）验收规范》的研究和制定
…………………………………………………………………崔文峰　艾宏承　308
《液体容积式流量计检定规程》标准的实施分析 ……………………………代二去　320

标准化在油田水井专项治理中的作用…… 丁晓芳 田忠进 赵天浩 刘晋伟 赵丹星 327
对 SY/T 5273—2000 标准中腐蚀速率或缓蚀率计算的认识和建议………………杜国佳 335
关于标准化与技术有行化协调发展的认识和建议… 畅孝科 郭占春 宋晓峰 雷永吉 339
耕耘标准，收获质量
——油田化学剂产品标准现状浅析………………………………………………杜国佳 341
Ellog 快速与成像测井成套装备井下机械结构标准化设计与应用 ………………杜瑞芳 346
企业技术标准在钻井工程施工中的作用…………………………………………………顾克江 350
标准化在三次采油开发规划方案编制中的指导作用…………………………………桂东旭 356
抽油机施工行业安全标准化与安全文化… 韩伟滨 吴立芬 郝俊波 李现林 张虎让 360
如何做好企业基层单位的标准化管理工作……………………何景丽 王 辉 宋光红 366
如何用标准化提高企业作业质量和安全性……………………………贯 强 熊 莹 370
关于称量法制备气体标准物质不确定度评估方法的探讨………………………李 彦 375
中石油企业可接受风险标准初步研究……………李宝岩 刘 鑫 潘云生 李桂萍 382
关于 GB/T 1633—2000 的应用探讨 ………………………………………李厚朴 李 奇 388
SY/T 5587.5—2004《常规修井作业规程》实施分析
………………………………………………李天聪 谷同杰 李 丽 吕信桥 393
关于螺旋埋弧焊焊接接头硬度检验标准的研讨…………………………………李雪鹏 397
埋弧焊管导向弯曲试验的探讨
…………………………李云龙 吴金辉 张鸿博 李记科 王长安 杨专钊 400
浅谈如何利用标准化来保证质量安全……………………胡素华 罗 宵 冯迎辉 405
车用汽油地方标准之间差异对销售大区公司油品调运的影响……………………刘 闯 410
浅谈标准化良好行为基层队建设是企业文化的创新载体………………刘爱敏 辛 伟 414
规范油田地面工程基础信息网络实现系统资源优化整合…………………………倪 瑛 420
滩涂地区变电站事故处理的标准化…………………强建云 闫瑞江 陈 旌 张金梅 425
标准化工作及良好行为示范队在油田生产经营管理中的作用探讨………………商同林 430
企业档案立卷归档的标准化控制管理……………………邵 群 蒋丽玲 薛红伟 435
新型可搬迁组装式导管架设计技术
——应用于渤海边际油气田开发工程
…………孙振平 焦洪峰 蒲玉成 姚志义 张悦轩 单延武 李玉鹏 刘静晨 439
推进标准化建设 转变经济发展方式……………………………………………………刘玉善 448
胜利油田实施修复油管系列标准中存在的若干问题…………………陶 阳 秦 涛 452
国际标准化组织温室气体标准现状以及在石油企业中的应用…………王嘉麟 刘 瑾 459
岩心地质图像信息规范与标准化管理探讨………………… 王顺才 孙先达 凌 雨 466
浅谈标准化管理在石油物探车辆管理中的应用…………………………………王锁栋 472
技术成果标准化建设探索…………………………………………………………………肖 敏 477
标准化与石油钻具产品的质量提升……………………………………………………邢 剑 481
关于《埋地钢质管道阴极保护技术规范》的阴极保护电位探讨……………熊 娟 486
浅议施工企业标准化管理……………………………………………………………肖淑香 492
钻井液用 MSO 和 PHMA－Ⅱ标准的探讨 ……………………………………徐罗凤 496

实施现场作业标准化，确保安全生产……………………………………………………………… 许佳明 502
浅谈物资管理信息化标准化的难点与对策
——胜利油田渤海钻井物资管理信息化工作实践与探讨………… 杨 军 王向明 508
石油物探标准化模式的探索与实践……………………………………………………………… 杨俊智 513
国家标准纤维级聚酯切片的要求及产品质量评价……………………………………………… 杨振国 518
如何加强现场标准化管理……………………………………………………… 张青慧 张允利 524
标准化管理在仪器仪表检定中的应用……………………………………………………………… 张秋平 527
增强企业员工标准化意识…………………………………………………………………………… 张永浩 532
加强企业采标工作 增强企业竞争能力…………… 朱小康 隋志斌 孙伟丽 赵清艺 536
浅谈企业标准化与安全管理的关系………………………………………………………………… 邹 宏 541

一　等　奖

（10 篇）

浅谈油气田企业开展标准化管理创新的意义和做法

畅孝科　郭占春　宋晓峰　雷永吉

（长庆油田分公司质量管理与节能处）

摘　要　本文通过对油气田企业管理现状的分析，引入标准化管理的理论并提出采用标准化管理企业的思路和做法。重点从工程建设层面、岗位操作层面和管理层面如何实现标准化展开论述，从而构建不同于传统意义上的企业标准化管理体系，并结合本单位开展标准化管理取得的成功经验，证明标准化管理对提升企业管理层次的重要价值，同时指出开展标准化管理创新过程应注意的一些问题。本文对企业开展标准化管理具有借鉴价值。

关键词　标准化管理；创新；做法

1　油气田企业管理创新的重要性和紧迫性

1.1　管理创新的背景

在国家特大型骨干企业的石油天然气开采企业中。管理是企业永恒的主题，一方面，具有管理链条长、专业覆盖面广、安全风险高、管理难度大等特征；另一方面，石油是工业的血液，祖国建设需要石油，人民生活离不开石油，经济全球化深入发展，对能源特别是对油气需求持续增长，国际油价持续高位震荡。国内油气产品需求旺盛，石油和天然气在国民经济中的地位越显突出。中国石油天然气集团公司提出要建设综合性国际能源公司，确立了以资源战略为首的三大战略，要求持续加大油气勘探开发力度，大幅提升能源供应保障能力。提出了“东部硬稳定，西部快发展”、“国内陆上原油产量稳中有升，天然气产量快速增长”、力争油气产量“双百”增长等一系列工作要求，如何提高企业管理水平，经济有效开发油气田，为国家生产更多的油气资源，已经成为时代赋予油气田企业越来越紧迫的使命。

1.2　管理创新面临的任务

目前，油气田企业历经数十年的开发，大多数企业已处开发中后期，面临地层能量不足、可动用的优质资源储量越来越少，地面设施老化，开发、生产和运行成本居高不下等问题。如何高效管理企业，实现企业有效增值，走出一条低投入、高产出的可持续发展之路，是每个管理者必须思考的重大命题。在长期的生产实践中，油气田企业也积累了许多有效的管理方法和管理模式，如大庆油田的“三老四严”、华北油田的“精细管理”等。无论何种管理方法，其主要内容和目的都是为了保证企业高效、规范、有序地运转，取得良好的经济和社会效果，实现企业的安全发展、和谐发展和可持续发展。

1.3 标准化是管理创新的切入点

对油气田开采企业来讲，它的管理对象包括油气田建设、开发、管理和经营等一系列活动。在面对上述比较复杂的管理对象和企业快速发展实际，企业必须创新管理思维，打破固有的思维模式，对油田管理方式及机制体制调整都提出新的思路，不能用过去的管理方式来管理企业，必须简化层次、方便管理、提高效率，为实现管理优化创造条件。而这些要求与标准化的思想一脉相传，标准化成为实现这一目标的必由之路和现实选择。

2 标准化管理创新的理论基础

2.1 标准化原理

为了提高企业的核心竞争力，几年前，我国科技部就提出了实施人才、专利、标准化的三大战略。经过几年来的实践，在一些企业和一些领域已经取得明显的成效。标准，为在一定范围内获得最佳秩序，对活动或其结果规定的共同和重复使用的规则、指导原则或特性的文件；标准化，为在一定的范围内获得最佳秩序，对实际的或潜在的问题制定共同的和重复使用的规则的活动。根据标准和标准化的定义可见，标准化最基本的特征和意义体现在简化、统一、协调和最优化。

具体讲，简化，就是在现实生活中，针对某一个工作对象可能涉及许许多多的因素，因而需要消除其中多余的、低能的、可被替换的因素，从而找出最需要的因素，以保证针对这个工作对象做到总体功能最佳。统一，就是要使具有一致性的功能、形式或其他技术特性的事物，通过标准化，使他们取得一致，确定下来。这样的做法可以从具有等效作用的标准化对象中精炼出共性，保证事物发展所需的秩序和效率。协调，就是要通过协调使标准化工作的效果达到最优。最优化，就是按照特定的目标，在一定的条件下不断调整各种要求和目标，使所要进行标准化的对象达到最好的效果。

2.2 实现油气田企业管理标准化的可行性

回过头来看，我们油气田企业同样面临大量需要简化、统一、协调和最优化的问题。例如，繁重的地面建设任务需要探索一套全新的设计理念和超常规的组织方法，实现设计水平、建设水平、管理水平的全面提升，这需要对建设工程进行标准化设计；又比如，随着油田规模扩大和油气产量增长，管理要素大量增加，新老员工岗前接受培训的时间比较有限，如何让所有员工熟练掌握岗位操作规程，并满足相关方的岗位管理要求，需要以现行有效的管理、技术性文件、标准、规范、作业性文件等为基础，对岗位责任制、生产管理制度、安全操作规程等制度、方法进一步规范和统一，进行岗位作业程序的标准化。

3 油气田企业标准化管理创新的主要内容和做法

3.1 建立适应油气田企业的标准化管理创新体系

根据油气田企业的管理对象，可以把这个标准化体系划分为三个层次：一是建设层面的工程建设标准化，二是操作层面的标准作业程序，三是管理层面的标准化流程管理。这构成了不同于传统意义上的企业标准体系，下面分别说明。

3.1.1 工程建设标准化

工程建设标准化就是根据标准化原理，针对油气田工程建设特点，对具有相同属性和功能的井、场、站、库等建设目标，首先开展“标准化设计”，将联合站、接转站、增压点、注水站、供水站、集气站等按照规模和压力等级形成标准化设计系列，统一设计。做到统一工艺流程、统一平面布局、统一模块划分、统一安装尺寸、统一型号规格、统一配套标准。模块化建设以模块定型设计为基础，按单体模块进行预制，做到组件预制工厂化、工序作业流水化、过程控制程序化、模块出厂成品化、现场安装插件化、施工管理数字化。主要包括工艺流程、井场布局等八个方面：

（1）工艺流程通用化：通过优化井口和场站的工艺流程，统一建设规模和工艺过程，使其通用一致，设备选型通用一致，为井、站的标准化设计奠定基础。

（2）井站布局标准化：通过对井场和站的功能研究，在尽量减少占地和满足功能需要的基础上，对其布局进行统一规划，使每座井场和站的工艺装置区大小、位置统一，达到标准化设计的目的。

（3）工艺设备定型化：对井场和站使用的设备、管阀配件统一标准、统一外形尺寸、统一技术参数；同时保证质量安全可靠、运行安全、造价低廉，为规模化采购提供依据。

（4）安装预配模块化：把每个功能分区做成独立的、标准的小型模块，小模块单独设计出图，各模块之间由管网连接在一起，既相互独立又相互联系，有利于设计图纸的模块组合，给施工预制化奠定了基础。

（5）建设标准统一化：例如，对站场的厂房标识、道路宽度、路面结构、环保措施等统一建设标准，既反映企业整体形象，又节约投资讲求实效，达到企业与周围环境的和谐统一。在环境保护措施上，通过采取统一过程控制措施，统一专项治理措施，创建环境友好型企业，促进油气田的清洁发展、和谐发展。

（6）安全设计人性化：在简化工艺流程，降低地面投资的情况下，坚持安全第一，以人为本的设计理念，井和站安全措施全部满足规范要求。例如，在天然气井口设计了自力式高低压紧急切断阀。为防止井口压力变化引起安全事故发生，在集气站设置气动紧急关断阀，值班人员可以在值班室进行控制，发生事故时可以紧急切断气源。在值班室附近和生产区设置紧急逃生门，方便紧急情况下逃生。

(7) 设备材料国产化：把材料国产化作为降低成本的重点突破口之一，选取主要材料——油套管、井下节流器、压缩机、分离器、阀门等设备，与原材料、设备供货商一起进行国产化试验，提高建设材料的国产化率。

(8) 生产管理数字化：通过应用井口数据传输系统，自动控制系统，气井配产与动态预测系统，远程开关井技术等技术手段，提高生产管理效率。

3.1.2 岗位标准作业程序

岗位标准作业程序是标准化管理在企业操作层面的具体表现。就是把原有“操作规程”、“作业指导书”、“作业指导卡”等多套文件进行统一、简化和完善，并用流程图将岗位操作标准化、规范化、图示化。它将油气生产操作环节的关键控制点进行细化和量化，对标准操作步骤和要求以标准化的格式进行描述，实现“只有规定动作，没有自选动作”。解决工作流程中的危险源识别和控制，目标操作的具体步骤和操作参数，符合现代企业生产管理的发展趋势，是作业指导书的简化、优化和图示化，是岗位操作最基本的要求。

岗位标准作业程序是以岗位为核心，突出的是岗位操作内容和操作标准，以简明、统一、图示化的表现形式，解决操作员工“干什么、什么时候干”，“怎么干、干到什么程度”的问题。主要包括岗位工作流程，标准操作卡和支持附件等内容：

(1) 岗位工作流程包括上岗条件确认、熟悉岗位风险与控制措施、交班接班、运行维护、生产监控、岗位操作六个基本模块：

①上岗条件确认：用图形表示了上岗应具备的基本条件，包含了岗位的应知应会、基本技能和劳动纪律的要求。

②熟悉岗位风险与控制措施：用图标及文字告知员工本岗位存在的主要危险源，按机率存在的岗位风险及控制措施，提高岗位员工的避险能力。

③交班、接班的设置：实现工作有始有终、闭环管理的要求。

④运行维护、生产监控、岗位操作：岗位工作的主要内容。运行维护综合了设备的日常维护、安全附件的定期检查等内容；生产监控是日常巡检的定点、定时、定量化，同时规定了员工的工作属地等；岗位操作是对操作内容、风险防范的高度概括，是岗位工作流程核心内容。

(2) 标准操作卡包括主操作、子操作、操作风险提示、关键确认点等内容，是操作步骤的流程化、图示化，相同的设备使用统一的标准操作卡。按照标准操作卡执行，能有效地规避操作风险，实现操作步骤最短，是操作规程的最优化。

(3) 支持附件包括完成上述岗位操作所需要的管理制度、标准和技术性文件等。

3.1.3 管理层面标准化

管理层面标准化就是要改变传统的企业管理等方式。改变各个部门只负责自己分内工作，部门沟通不够，信息交流少，管理链繁琐冗长，效率低下等问题。通过推行标准化流程管理，实现企业所有业务活动的流程化、规范化、管理目标化。在流程管理模式下，所有的部门或岗位，都是流程的一部分，需要完成的工作是流程中的一个阶段，这样部门之间的绝大多数工作衔接将按照确定的流程及标准进行，通过相互协作，共同完成任务目标，可以有效提高运营效率。

（1）开展管理层面标准化的思路：一方面是对企业现有工作流程进行梳理、规范、优化，力争使业务不交叉、管理不重叠、责任不遗漏，使各类管理资源实现优化配置；另一方面是以标准化为基础，按照“简化、统一、协调、效率”的原则，根据管理职责，梳理业务流程，修订完善规章制度，建立流程责任机制，编制统一规范的业务流程控制规范，实现“流程统一、控制集中、界面清晰、简洁高效”。

（2）管理层面标准化的内容和对象：一方面是企业机关管理部门要建立健全所有业务的管理标准，制定完善相关工作职责，明晰工作界面，明确权责关系，做到控制全面、有效，沟通及时、顺畅，运行快捷、高效；另一方面是对经营管理和各类业务活动，建立标准化的控制措施。例如，针对油气田开发、钻井等生产经营活动，制定标准化投资、标准化成本、标准化预结算、标准化造价等。

4　油气田企业推行标准化管理的效果和应注意的问题

4.1　推行标准化管理的效果

标准化管理，特别是对大型油气田企业而言，它的优点是十分突出的。在建设层面，以长庆油田为例，自开展以“标准化设计，模块化建设，数字化管理，市场化运作”的标准化创新管理模式，油田标准化设计覆盖率达到95%，气田标准化设计全部实现。与此同时，实现了“两适应”、“两提高”、“两降低”和“三有利”的目标：

（1）“两适应”：一是适应大规模产能建设的需要，二是适应滚动开发的需要。

（2）“两提高”：一是提高了生产效率。模块化建设大大减少影响建站的不利因素，缩短建站周期。以新建的长庆苏14–2集气站为例，推行标准化建设后，这个站从建设到正式运营的周期缩短了整整60d。二是提高了建设质量。模块化建设改善了预制作业环境，实现了单位工程流程化。已建场站工程质量评定结果表明，单位工程合格率达到了100%，优良率达到了92%。

（3）“两降低”：一是降低安全风险。例如，气田井口安装通过精细预配，实现了井口采气树不动火安装、井间串接不动火连头。二是工厂预制化降低了现场高空作业、交叉作业的频率；单井综合投资控制在800万元以内，与初期相比，降低了1/3以上，达到了预期目标等。

（4）“三有利”：一是有利于均衡组织生产。“标准化设计、模块化建设”的推行，使设计、施工、采购各环节有序衔接，增强了组织的均衡性，避免了以往建设中“边设计、边施工、边生产”的“三边”工程。二是有利于坚持以人为本，“标准化设计、模块化建设”的推行，转变了生产方式，提高了施工速度，降低了现场施工人员的劳动强度，改善了施工作业环境，避免了因各站工艺流程的不同造成的误操作，为施工人员和操作人员创造了以人为本的和谐氛围。三是有利于EPC模式的推广，标准化设计减少了大量的设计变更，设备的定型、施工的模块化更有利于使设计、采购、施工一体化，降低设计、采购、施工各个环节投资控制的不确定因素，提高建设质量，为上游企业推行EPC管理模式奠定了基础。

在管理层面，推行标准化流程管理，实现了公司所有业务活动的流程化、规范化。在操作层面，长庆油田组织采油、采气、集输等相关岗位技能专家，编制完成了采油、采气、油气集输、公共辅助四大油气主营业务中的531项标准操作卡，初步实现了涵盖全油田各岗位较为完善的标准操作卡，强化了员工安全意识，促进了岗位责任制的落实，控制了岗位操作风险，简化了岗位作业文件，统一了班组日常检查标准，统一了岗位培训教材，提高了培训效率。

4.2 推行标准化管理应注意的问题

标准化管理体系是对原有企业标准体系的继承和发展，是大量标准和管理方法的集成“产品”，也是企业标准体系的重要组成部分，是个体和整体、零件和成品的关系。例如，原有的企业标准体系里包含成千上万的个体标准，而这些标准是形成新的标准“产品”的“零件”，在推行新的标准化管理体系时，不能偏废原有的企业标准体系，它是进行管理创新的基石，没有了企业标准体系，好比“巧妇难为无米之炊”，没有好的零件难以完成优秀的产品，没有单个企业标准、技术文件和管理制度等作支撑，标准化管理创新就成了无本之木、无源之水。因此，日常工作中仍然要重视企业管理制度的更新完善、技术标准体系的建立等基础工作，为丰富完善创新的标准化管理体系不断地提供新鲜血液。要处理好其他管理方式与标准化管理之间的关系，例如项目管理，精细管理等，实现各种有效管理方式的协调统一，为油气田企业的科学发展插上腾飞的翅膀。

参 考 文 献

[1] 沈同，姚晓静，王长林．企业标准化基础知识（第一版）．北京：中国计量出版社，2007.3

[2] 冉新权，杨华，李安琪，张新良，沈复孝．中国石油企业．中国石油企业杂志社，2010

[3] 王静，苟永平．思想解放引领设计革命——长庆油田“标准化设计”综述之一．长庆油田分公司网站

液化天然气（LNG）站场设计标准防火间距及安全性分析平台研究

郭开华　皇甫立霞　王文静　孙　标

（中山大学 BP 液化天然气中心）

摘　要　针对 LNG 站场主要危险源及具体防火间距的要求，美国 NFPA 59A：2009 和欧洲 EN 1473 均推荐采用数学模型模拟事故后果计算来确定防火间距；我国目前的相关防火安全规范，如 GB 50183 和 GB 50028 等尚未明确规定适用于工程的事故数学模型。本文根据 NFPA 59A：2009 推荐的 DEGADIS，LNGFire3 和 PoFMISE 模型原理，研发适用于我国 LNG 工程设计的 LNG 蒸气扩散模型和池火热辐射模型，并对模型的准确性和可靠性进行了对比验证，与 Burro 实验测定值对比，研发模型的计算结果相对误差为 29.40%，优于原 DEGADIS 模型 32.88% 的相对误差；池火热辐射模型与 PoFMISE 和 LNGFire3 模型的标准结果对比，表明其能够综合两者的优点，更趋安全可靠。据此开发的“液化天然气（LNG）站场危险性分析平台”可用于 LNG 站场选址、规划和设计，对主要危险源及工艺设备的防火间距进行分析评价。

关键词　防火间距；标准；液化天然气（LNG）站场危险性分析平台；重气扩散；池火热辐射

1　引言

中国作为新兴 LNG 进口国，LNG 产业发展起步较晚，LNG 标准化建设工作正处于发展阶段。随着我国 LNG 产业迅猛发展，LNG 站场日益增多，站场的安全问题随之凸显。根据 LNG 低温、易挥发、可燃、易爆的特性，完善相关技术标准，对 LNG 站场内主要危险源及无法规定具体防火间距的情形进行有效约束，满足 LNG 工程设计和建设的应用要求，是当前亟待解决的问题。美国 NFPA 59A：2009《液化天然气（LNG）生产、储存和装运》规定[1]，对于站场内主要危险源及工艺设备的防火间距，除规定最小间距外，推荐采用可靠的事故模型进行计算，确定事故后果的危害范围，评价 LNG 站场的建筑红线（property line）、与站场周边公共区域的间距以及站场设施间距等的安全性。我国目前的相关标准，如 GB 50183—2004《石油天然气工程设计防火规范》[2]，虽提到采用事故模型计算主要危险源的防火间距，但未明确规定适用于我国工程的事故数学模型。事故数学模型的建立是支撑 LNG 站场安全性标准的确定以及防火安全距离分析评估的重要技术手段。建立科学、可靠的事故模型，分析站场潜在的危险，可保障已建站场的安全运行，为新建、扩建站场的安全设计提供依据。

本文针对LNG站场主要危险源及无法规定具体防火间距的情形，根据NFPA 59A：2009推荐采用的DEGADIS重气扩散模型原理和LNGFire3模型原理，以及PoFMISE大池火修正模型原理，研发适用于我国国情的LNG蒸汽扩散模型和池火热辐射模型，并开发了“液化天然气（LNG）站场危险性分析平台”，可用于LNG站场的选址、规划和设计，推动我国工程建设中LNG站场防火安全设计标准与国际标准接轨。

2 国内外标准对LNG站场防火间距的规定

2.1 明确规定最小防火间距

根据LNG站场的安全特性与工艺特点，NFPA 59A：2009对储罐间距（container spacing）、工艺设备间距（process equipment spacing）、气化器间距（vaporizer spacing）、装卸设施间距（loading and unloading facility spacing）等，明确给出了最小防火间距[1]。

国内标准GB 50183—2004《石油天然气工程设计防火规范》第10章、GB 50028—2006《城镇燃气设计规范》第9章，对总储量小于2000～3000m^{3}的小型LNG站场，明确给出了相关的防火间距[2, 3]。

2.2 模型计算确定防火间距

对于LNG站场内主要危险源及无法规定具体防火间距的情形，如LNG站场的建筑红线（property line）、与站场周边公共区域的防火间距、确定事故性泄漏的危害范围、站场内部无法明确规定防火安全间距的其他设施等，国内外标准做出的相关规定分述如下。

2.2.1 NFPA 59A：2009

采用数学模型模拟事故发生来计算防火间距。首先设定LNG“溢出场景”和特定的大气环境，要求在预设条件下，确保：

（1）辐射热流在站场的“建筑红线”或最近的居住区不会超过特定值（临界值）水平。

（2）在大气中LNG蒸气的浓度不会超过燃烧下限的50%（此时LNG泄漏产生的蒸气云在环境中扩散，未被点燃）。

对于重气扩散模型，NFPA 59A：2009推荐采用国际通用模型DEGADIS重气扩散基本模型；对火灾热辐射模型的选取，NFPA 59A：2009在推荐原有的LNGFire3模型的基础上，指出对于大尺寸池火宜选用PoFMISE模型。

2.2.2 GB 50183规定

GB 50183规定，LNG站场的区域布置除满足标准规定的防火间距外，尚应按“国际公认的高浓度气体扩散模型和液化天然气燃烧的热辐射计算模型”进行校核，但并未明确给出事故数学模型。

3 液化天然气（LNG）站场危险性分析平台研究

本文开发的液化天然气（LNG）站场危险性分析平台（以下简称“平台”）采用Visual Basic 6.0集成开发环境进行面向对象设计，通过Fortran计算语言对LNG蒸气扩散模型和池火热辐射模型[4, 5]进行编程计算，并封装成动态链接库［dynamic link library (DLL)］，为Visual Basic 6.0调用。平台适用于LNG站场选址、规划和设计过程中，站场主要危险源及无法规定具体防火安全间距的情形。对于LNG站场潜在的主要危险事故，如LNG泄漏扩散和LNG火灾热辐射，利用平台的泄漏场景设计和事故模型计算功能，能直观地在LNG站场布局图上显示事故的危害范围，方便站场设计人员以及评估人员确定防火间距。

3.1 事故计算模型

平台包括两种事故模型：LNG蒸气扩散模型和池火热辐射模型。这两种事故模型的开发分别基于NFPA 59A：2009推荐采用的国际通用DEGADIS重气扩散模型原理和LNGFire3池火热辐射模型原理，同时对大尺寸池火，利用PoFMISE模型原理进行修正。详细模型描述参见参考文献［4］，［5］。

3.2 模型验证

3.2.1 LNG蒸气扩散模型验证

将研发的LNG蒸气扩散模型分别与DEGADIS重气扩散基本模型计算结果和Burro实验[6]测定值做比较，来验证模型的准确性和可靠性。初始条件选取Burro系列实验条件见表1，验证结果示于表2。研发模型计算结果对实验测定值的平均相对偏差为29.40%，小于DEGADIS重气扩散基本模型计算结果的偏差32.88%。由此可见，研发的扩散模型对于LNG泄漏蒸气扩散浓度的计算是比较准确和可靠的。

表1 Burro系列实验初始条件[6]

实验序号	B3	B4	B5	B6	B7	B8	B9
溢出速率，m^3/min	12.2	12.1	11.3	12.8	13.6	16.0	18.4
持续时间，s	166.8	175	190	128	174	107	79
风速，m/s	5.94	10.14	8.42	10.16	9.56	2.40	6.49
测风高度，m	8	8	8	8	8	8	8
环境温度，℃	33.8	35.4	40.5	39.2	33.7	33.1	35.4
溢出温度，℃	−164	−164	−164	−164	−164	−164	−164

续表

实验序号	B3	B4	B5	B6	B7	B8	B9
大气压力，bar	940.0	945.0	941.0	935.0	940.0	941.0	940.0
相对湿度，%	5.2	2.7	5.9	5.1	7.4	4.5	14.4
大气稳定度	B	C	C	C	D	C	D
地表粗糙度，m	2.0×10^{-2}	2.0×10^{-2}	2.0×10^{-2}	2.0×10^{-2}	2.0×10^{-2}	2.0×10^{-2}	2.0×10^{-2}

表 2　自编蒸气扩散浓度（体积分数）计算模型验证：与 Burror 实验[6, 7]和 DEGADIS 的对比

实验序号	B3				B4			
下风向距离，m	57	140	400	800	57	140	400	800
观测值[2]，%	22.4	8.99	0.80	0.40	17.7	7.16	2.44	0.27
DEGADIS 模型，%	22.85	7.67	1.70	0.464	12.23	5.18	1.38	0.54
自编模型，%	21.85	8.38	1.85	0.59	12.03	5.28	1.17	0.36
实验序号	B5				B6			
下风向距离，m	57	140	400	800	57	140	400	800
观测值[2]，%	19.04	9.60	2.42	0.41	17.94	6.28	2.79	
DEGADIS 模型，%	14.87	5.90	1.46	0.57	13.23	5.58	1.47	0.58
自编模型，%	14.97	6.19	1.48	0.47	12.95	5.67	1.28	0.40
实验序号	B7				B8			
下风向距离，m	57	140	400	800	57	140	400	800
观测值[2]，%	17.94	7.13	3.86	0.80		16.49	4.25	1.93
DEGADIS 模型，%	16.19	6.71	1.704	0.66	58.26	18.74	2.86	0.96
自编模型，%	16.30	6.89	1.704	0.57	55.96	19.41	4.39	1.46
实验序号	B9							
下风向距离，m	57	140	400	800				
观测值[2]，%		10.60	3.96	1.40				
DEGADIS 模型，%	36.49	13.28	2.95	1.09				
自编模型，%	30.80	12.32	2.86	0.94				

3.2.2 池火模型验证

将研发的 LNG 池火热辐射模型计算结果分别与 LNGFire3 模型和 PoFMISE 模型发表的标准计算结果[8]做比较，来验证模型的可靠性，验证结果如表 3 所示。研发的模型综合了 LNGFire3 固体火焰模型原理的优点和 PoFMISE 对大型池火表面热辐射力的修正，获得的结果介于两种模型之间，对于小型池火较贴近 LNGFire3，大型池火贴近 PoFMISE，其相对误差约为 2.5% 的正偏差，说明预测结果更趋安全。由此可知，研发的池火热辐射模型综合了 LNGFire3 和 PoFMISE 模型的优点，是合理、可靠的。本模型还可对矩形池火进行模拟，表 3 中同时列出相同当量直径的矩形池火的计算结果。

表 3　自编池火热辐射计算模型验证：与 LNGFire3 和 PoFMISE 比较
（LNGFire3 和 PoFMISE 模型数据取自参考文献［8］）

<table>
<tr><th rowspan="4">池火直径
m</th><th colspan="10">池火中心到指定热辐射强度的垂直距离（验证条件：环境温度 20℃，风速 0m/s，大气透射率 1.0）</th></tr>
<tr><th colspan="5">31.5 kW/m²</th><th colspan="5">5 kW/m²</th></tr>
<tr><th rowspan="2">LNGFire3
m</th><th rowspan="2">PoFMISE
m</th><th colspan="3">自编模型计算结果
m</th><th rowspan="2">LNGFire3
m</th><th rowspan="2">PoFMISE
m</th><th colspan="3">自编模型计算结果
m</th></tr>
<tr><th>圆形围堰</th><th colspan="2">方形围堰（长 × 宽）</th><th>圆形围堰</th><th colspan="2">方形围堰（长 × 宽）</th></tr>
<tr><td rowspan="2">20</td><td rowspan="2">31.7</td><td rowspan="2">33.6</td><td rowspan="2">35.7</td><td>20 × 20</td><td>25 × 16</td><td rowspan="2">96.2</td><td rowspan="2">103.1</td><td rowspan="2">100.9</td><td>20 × 20</td><td>25 × 16</td></tr>
<tr><td>35.7</td><td>34.6</td><td>100.9</td><td>102.0</td></tr>
<tr><td rowspan="2">30</td><td rowspan="2">46.5</td><td rowspan="2">51.0</td><td rowspan="2">52.4</td><td>30 × 30</td><td>40 × 22.5</td><td rowspan="2">136.9</td><td rowspan="2">147.7</td><td rowspan="2">144.9</td><td>30 × 30</td><td>40 × 22.5</td></tr>
<tr><td>52.4</td><td>53.5</td><td>144.9</td><td>152.4</td></tr>
<tr><td rowspan="2">50</td><td rowspan="2">75.1</td><td rowspan="2">80.1</td><td rowspan="2">80.1</td><td>50 × 50</td><td>62.5 × 40</td><td rowspan="2">213.2</td><td rowspan="2">212.9</td><td rowspan="2">213.1</td><td>50 × 50</td><td>62.5 × 40</td></tr>
<tr><td>80.1</td><td>84.8</td><td>213.1</td><td>234.6</td></tr>
<tr><td rowspan="2">100</td><td rowspan="2">143.0</td><td rowspan="2">136.7</td><td rowspan="2">138.8</td><td>100 × 100</td><td>200 × 50</td><td rowspan="2">388.2</td><td rowspan="2">339.8</td><td rowspan="2">345.0</td><td>100 × 100</td><td>200 × 50</td></tr>
<tr><td>138.8</td><td>148.3</td><td>345.0</td><td>422.5</td></tr>
<tr><td rowspan="2">200</td><td rowspan="2">270.8</td><td rowspan="2">242.2</td><td rowspan="2">248.7</td><td>200 × 200</td><td>250 × 160</td><td rowspan="2">706.7</td><td rowspan="2">570.3</td><td rowspan="2">590.6</td><td>200 × 200</td><td>250 × 160</td></tr>
<tr><td>248.7</td><td>227.1</td><td>590.6</td><td>626.4</td></tr>
<tr><td rowspan="2">300</td><td rowspan="2">392.8</td><td rowspan="2">339.8</td><td rowspan="2">350.9</td><td>300 × 300</td><td>600 × 150</td><td rowspan="2">1003.0</td><td rowspan="2">785.2</td><td rowspan="2">819.9</td><td>300 × 300</td><td>600 × 150</td></tr>
<tr><td>350.9</td><td>297.9</td><td>819.9</td><td>905.5</td></tr>
</table>

4 应用举例

4.1 站场描述

设某 LNG 站用于城市燃气供应，站场有两只 2500m³ LNG 罐，总储存规模为 5000m³

（当量天然气约 300 × 10⁴Nm³）。

4.2 站场安全间距分析

站场储罐区、气化区、装卸车区等生产区均属于危险区，其中储罐储存大量 LNG，属重要危险源，本文仅对储罐区做防火间距计算，其他危险源防火间距计算原理相同，依此类推。利用平台对储罐区的重气扩散事故和池火热辐射事故进行分析计算，确定站场与周边环境（例如居民区、公共聚集地等）之间的防火间距。

4.2.1 泄漏扩散事故场景设定

设定储罐的重气扩散事故发生在围堰区的集液池内，集液池为长方形。依据 NFPA 59A：2009 中“溢出设计”的规定及该站的实际情况，对站场储罐溢出进行设定：储罐排液口位于液面以下、配备有内置切断阀、储罐充满（95%）的情况下，储罐排液管根部阀失效，LNG 从排液口泄漏，持续 10min。根据 NFPA 59A：2009 计算方法 [1]，泄漏量确定为：

$$
\begin{aligned}
q &= \frac{1.06}{10000} \times d^2 \cdot \sqrt{h} \cdot t \\
&= \frac{1.06}{10000} \times (150)^2 \times \sqrt{40} \times 10 \\
&= 150.8(\mathrm{m}^3)
\end{aligned}
$$

式中 q——每分钟泄漏量，m^3/min；

d——排液口直径，mm；

h——满罐时储罐排液口以上液体的高度，m；

t——泄漏持续时间，min。

泄漏的 LNG 流入集液池内，发生闪蒸气化，瞬时产生大量蒸气，形成低温的重气云团沿下风向扩散。依据 NFPA 59A：2009，结合当地气象条件，设定重气扩散发生时的大气及环境条件见表 4。

表 4 储罐溢出场景大气环境 [1]

风速 m/s	风向	大气稳定度	溢出表面	环境温度 ℃	地表粗糙度 m	大气压力 atm	相对湿度 %
2	东南	F	混凝土	30	0.16	1.0	70

4.2.2 池火热辐射事故场景设定

假定储罐内的 LNG 完全泄漏到一方形围堰，并引发池火事故。依据 NFPA 59A：2009，设定池火发生的大气环境条件为：风速 10 m/s，大气温度 30℃，相对湿度 70%。

4.3 安全距离计算结果

4.3.1 泄漏扩散事故安全距离计算结果

NFPA 59A：2009 规定，重气扩散事故中站场建筑红线处 LNG 蒸气在空气中平均浓度不超过甲烷燃烧下限的 50%（即 2.5%）。利用平台对集液池内的重气扩散事故进行计算分析，事故影响范围如图 1 所示。由图可知，由于设置了集液池，甲烷体积浓度 2.5% 的等值线的影响范围有限。

4.3.2 池火热辐射事故安全距离计算结果

依据 NFPA 59A：2009 标准对火灾热辐射强度安全值的规定，利用平台对矩形围堰内池火热辐射进行计算分析，热辐射影响范围如图 2 所示。

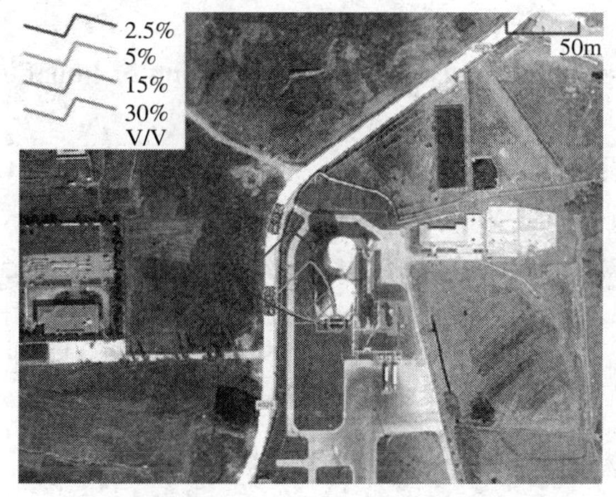

图 1 重气沿下风向扩散体积浓度等值线分布图

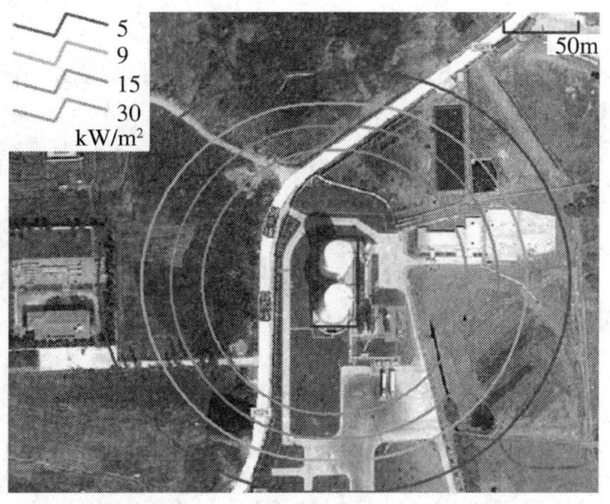

图 2 池火热辐射强度等值线分布图

NFPA 59A：2009 对热辐射安全值的限定见表 5，储罐在完全泄漏并引发池火的情况下，对站外可能造成一定范围的危害。如要符合标准限定值，应对靠近其建筑红线建设一般工业设施的安全距离进行限制。

表 5 池火热辐射事故危害标准规定 [1]

热辐射强度，W/m^2	要求说明
5000	根据溢出设计着火的辐射热流，建筑红线以该强度划定
5000	因拦蓄区内发生火灾，工厂地界线外厂址确定时存在 50 人以上户外集合点的辐射限定要求
9000	因拦蓄区内发生火灾，对工厂地界线外工厂、学校、医院、拘留所和监狱或居民区建筑物或构筑物最近点的热辐射强度限定要求
30000	超出拦蓄区范围的火灾辐射热流，建筑物（钢筋混凝土建筑物）红线以该强度划定

5 结论

(1) 对LNG站场内主要危险源和工艺设施，应采用可靠的、经实际应用验证的数学模型进行计算，预测事故后果影响的范围，确定安全距离。

(2) 事故数学模型的建立是支撑LNG站场安全性标准及防火距离安全分析评估的重要技术手段。建立科学、准确、可靠的事故模型，分析站场潜在的危险，可保障已建站场的安全运行，并为新建、拟扩建站场的安全设计提供依据。

(3) 研发的重气扩散模型和池火热辐射模型及液化天然气（LNG）站场危险性分析应用平台，可用于LNG站场选址、规划和设计，对站场主要危险源及工艺设施的防火安全间距进行分析和确定，也是建立能够保证实质性安全并在工程建设中有效采用的先进标准规范基础手段，有助于推动我国LNG站场安全技术标准与国际先进标准的接轨。

参考文献

[1] NFPA 59A：2009 Standard for the production，storage，and handling of liquefied natural gas（LNG）

[2] GB 50183—2004 石油天然气工程设计防火规范

[3] GB 50028—2006 城镇燃气设计规范

[4] 孙标，郭开华．LNG池火热辐射模型及其安全距离影响因素研究［J］．中国安全科学学报，2010，20（9）：51～55

[5] 孙标，郭开华．液化天然气重气扩散安全距离及影响因素［J］．天然气工业，2010，30（7）：110～113

[6] R.P.Koopman，J.Baker，R.T.Cederwall.BURRO SERIES DATA REPORT［R］．LLNL/NWC 1980 LNG SPILL TESTS，Volume I，1982

[7] M.Mohan，T.S.Panwar，M.P.Singh.DEVELOPMENT OF DENSE GAS DISPERSION MODEL FOR EMERGENCY PREPAREDNESS［J］．Atmosphere Environment，1995，29（16）：2075～2087

[8] Technology & Management Systems，Inc. Spectrum of Fires in an LNG Facility Assessments，Models and Consideration in Risk Evaluations［R］．DTRS56-04-T-0005，2006

苏里格气田生产建设管理标准化的探索与实践

刘 毅 单吉全 陆国雄 曹彩云 王 敏 麻艳青

（长庆油田公司第三采气厂）

摘 要 本文以苏里格气田生产建设管理的现状为切入点，结合实际，从产能建设标准化、企业管理标准化两个方面阐述了标准化管理在苏里格气田生产建设管理过程中的具体应用和取得的效果。

关键词 苏里格气田；产能建设；企业管理；标准化

1 苏里格气田生产建设管理标准化实施的背景

1.1 苏里格气田概况

苏里格气田位于鄂尔多斯盆地中北部的苏里格庙地区，气田勘探面积 $4.0\times10^4km^2$，总资源量 $3.8\times10^{12}m^3$，目前，中区已探明天然气储量 $5336\times10^8m^3$，三级储量 $8606\times10^8m^3$。预计到 2015 年，苏里格气田产气量将达到 $200\times10^8m^3$，成为长庆油田公司冲刺 5000×10^4t 的主力军。

1.2 标准化管理的概念

标准化管理是指符合外部标准（法律、法规或其他相关规则）和内部标准（企业所倡导的文化理念）为基础的管理体系。标准化管理包括技术标准、管理标准和工作标准，本文所涉及的标准化管理主要是针对管理标准和工作标准而言。标准化的形式主要有简化、统一化、通用化、系列化、组合化、模块化等，模块化是一种综合了通用化、系列化、组合化的特点，应对复杂系统类型多样化、功能多变化的标准化新形式，在苏里格气田产能建设中，标准化所体现的主要形式为模块化。

1.3 苏里格气田生产建设管理标准化实施的必要性

按照长庆油田公司的统一规划，苏里格气田天然气产量 2015 年要达到 $200\times10^8m^3$，从 2007 年到 2015 年的八年间，需新建天然气生产能力 $276.4\times10^8m^3$（含弥补递减产能），需建井 8292 口（建产井），总计 16000 口，每年需新建产能 $40 \times 10^8 m^3$、建集气站 20 座以上，艰巨的建设任务需要实施产能建设标准化，即：根据新木桶原理，结合实际，在苏里格地面集气工艺流程定型的前提下探索建立“标准化设计、模块化建设、标准化造价、规模化采购”的新模式。

产能建设的迅速发展必然引起管理方式的转变，企业管理标准化成为苏里格气田管理特色之一。

在管理层面，由于生产规模的扩大，组织机构不断完善，为发挥不同部门的管理职能，建立了多种管理体系。以长庆油田公司第三采气厂为例，目前该厂管理体系主要有：内部控制管理体系、HSE 管理体系、规章制度管理体系、质量管理体系、测量管理体系等。各体系间相互独立、形式不一，一方面没有形成统一的管理结构，另一方面多种体系共同运行必然引起体系的重复和冲突，从而造成职责与权限的交叉、混乱，发生推诿扯皮现象，增大了企业体系管理的复杂性和无序性，体系运行效果大打折扣。为解决以上问题，就必须对多种体系进行梳理、整合，建立标准化管理体系，实现管理层面的标准化。

在操作层面，随着组织机构的日益完整，员工数量持续增长，新老员工比例严重失调，大量新增员工对天然气生产及净化的工艺流程并不熟悉，操作技能较低，如何让新员工在短时间内熟悉工艺流程、设备参数，提升技能水平，避免因操作失误造成的安全事故呢？这就要求建立一套全面、系统的标准作业程序，使新员工在没有人指导的情况下，按照标准作业程序就能顺利操作，进而实现操作层面的标准化。

1.4 产能建设标准化、企业管理标准化之间的关系

产能建设标准化和企业管理标准化两者相辅相成，共同作用。苏里格气田先在建设层面探索推广了以“36911 进度计划”和“标准化设计、模块化建设、标准化造价、规模化采购”为主要内容的产能建设标准化，并向企业管理方面逐步延伸。在管理层面，先在投资、财务、内控等业务流程性强的领域推行标准化业务流程管理，再开展标准化体系建设工作，促进管理岗位工作的程序化、规范化。同时，在操作层面推广岗位标准作业程序，强化岗位员工安全意识，在员工中形成了“只有规定动作，没有自选动作”的安全理念。

2 苏里格气田生产建设管理标准化的具体实践

标准化在苏里格气田生产建设管理中的应用，主要是通过产能建设标准化和企业管理标准化来实现的。

2.1 产能建设标准化

2.1.1 产能建设标准化的概述

苏里格气田产能建设标准化主要体现为“36911”进度计划和“标准化设计、模块化建

设、标准化预算、规模化采购”管理模式，见表 1。

“36911”进度计划：

(1) 3 月份之前，完成前期大部分准备工作，包括方案部署、井位坐标发放、部分站场征借地以及地面设计。

(2) 6 月份前，60% 的场站要建成投运。

(3) 9 月份，如果没有外协等客观因素的影响，90% 的场站要建成投运。

(4) 11 月份，全部场站要建成投运，实现新井时率在去年的基础上提高 5%、综合成本降低 5%。

表 1 标准化设计、模块化建设、标准化预算、规模化采购管理模式的主要内容

标准化设计	通过对地面工程设计的研究，分析设计过程的普遍性和特殊性，分析设计内容的共性和个性，把特殊设计纳入到个性化设计的范围，把普遍可以通用的设计内容纳入到标准化设计范围，进行标准化、系列化、模块化设计
模块化建设	以场站标准化设计文件为基础，按照场站工艺技术特点划分若干功能区模块，再以功能区模块内生产单元为对象，将功能区块进一步拆解若干施工预制模块，在工厂内完成预制，最后将预制模块、设备在现场进行组合装配的场站建设过程
标准化预算	建立以标准化预算为基础的公开透明的市场价格体系
规模化采购	在设备定型化的基础上，按不同类型和不同处理量设计的油气田标准化站场，汇总全油田同类标准化站场物资需求计划，进行批量采购，送预制厂进行组装预配，分单位和标准化站场按需供应的采购模式

2.1.2 产能建设标准化在苏里格气田的探索实践

一是标准化设计。在地面工程设计上，过去一直采用个性化设计，由于不同人员对同一站点设计不同，造成材料、设备不规范，有时甚至导致“三边”工程（边设计、边施工、边生产）的出现，为虚假工作量、虚假预算提供了可能。为解决这一问题，长庆油田公司及时发布了《苏里格气田地面系统标准化设计规定》，设计基础为统一工艺流程、统一平面布局、统一模块划分、统一设备选型、统一三维配管、统一建设标准。核心内容是站场规模系列化、工艺流程通用化、井站平面标准化、工艺设备定型化、设计安装模块化、管阀配件规范化、建设标准统一化、安全设计人性化、设备材料国产化、生产管理数字化，形成了一套技术先进、相对稳定，适用于苏里格气田地面建设的设计理念。标准化设计推行后，场站建设既增强了设计的通用性、稳定性，提高了设计效率，设计图纸复用率达到 95% 以上，设计速度提高了近两倍，同时也杜绝了“三边”工程，大幅节省了投资，降低了建设成本。

二是模块化建设。模块化建设是以模块定型设计为基础，按单体模块进行预制，做到组件预制工厂化、工序作业流程化、过程控制程序化、模块出厂成品化、现场安装插件化、施工管理数字化。以苏里格气田集气站模块组装流水工艺为例，按照不同的施工专业，可划分为土建工程、工艺安装、电仪自控、防腐保温等不同专业模块，对各模块预制过程可归纳为功能划区、分项预制、流水作业、组件成模、现场拼装五个部分。这些工艺特点和技术成果，加快了场站建设速度、提高了场站建设能力，一座集气站的所有元件模块在模块预制厂内 10d 时间就可以全部完成，集气站总体有效工期由原来的 111d 降低到 50d 以内，地面建设单位工程优良率达 80%。

三是标准化预算。在工程造价的制度设计上，过去主要采用单体工程按图按量计价的方式，计价规则多样，概算、预算、结算复杂、环节较多。2007 年，长庆油田公司建立了公开透明的市场价格体系，编制发布了油气田地面建设工程市场指导价格 11 类 1342 项指标，覆盖了油气田地面建设工程 75% 以上的投资，发布了苏里格气田钻井、录井、测井以及压裂试气等工程的市场指导价、井筒工程的最高限价，形成了单元化、模块化和产品化的预算体系。推行标准化造价后，实行以单井为基础的造价体系，找到匹配的标准化指标，直接套用指标价格，直接计算汇总出项目总造价，从制度设计上杜绝了虚列工作量套取资金问题的发生。

四是规模化采购。设备定型是模块化采购的前提，设备不定型，就会出现设备规格、类型较多，导致零星采购、急用料增多，采购批次、采购环节增多等问题。目前油田公司对 14 个大类 86 个中类 1245 项物资设备进行了定型，覆盖了油气田产建物资需求品种的 85% 以上。设备定型后，通常采用集中采购、批量采购的形式，加快了建设进度，控制了投资。近两年，公司产能建设启动前 4 个月内，完成了 15 个大类 2800 多个品种的重点批量物资采购合同签订，占到两年前地面建设设计方案所需设备材料总量的 60%，物资采供周期缩短 20d 以上。苏里格气田 2002 年建设 1 座集气站投资 2721.38 万元，实施集中采购后，建设 1 座集气站投资约 1650 万元，对比节约投资约 1071.38 万元，从源头上节约了项目建设投资。

表 2 是第三采气厂压缩机配件实施集中采购前后的分析对照表。

表 2　第三采气厂压缩机配件集中采购前后分析对照表

阶段	集中采购前	集中采购后	分析对照
采购总金额，元	31481984.49	46580000	
消耗总金额，元	23451830.94	38300879.47	
消耗率，%	74	82	增浮 8
库存率，%	26	18	下降 8

通过数据对比，实现压缩机配件集中采购后，经济效益十分明显：消耗率增浮 8%，库存率下降 8%，平均每台压缩机年配件消耗资金下降 27%，节约资金约 1009 万元，并消耗往年库存配件资金约 668 万元。

2.2　企业管理标准化

企业管理标准化在苏里格气田主要表现在管理层面和操作层面的应用，管理层面体现在推行标准化流程管理和开展标准化体系建设，操作层面体现在推广岗位标准作业程序。

2.2.1 企业管理标准化在管理层面的应用

一是标准化流程管理。标准化流程管理是以目标为导向，整合人财物等资源，以保证目标的高效实现为原则，确定作业顺序、协作关系和指挥关系，突破了资源部门化，实现了资源共享，提高了效率。苏里格气田投资控制和成本管理就是标准化流程化管理的实践。

在投资管理上，将气田地面建设总投资分摊到单井，限定建设内容和控制范围，用建井数量控制地面建设投资规模，建立了以投资控制为目标，以单井为基础的地面工程标准化投资控制体系。

在成本管理上，推广应用标准成本信息系统，结合采气工艺流程，细分天然气生产作业过程，科学编制单位预算，从源头上堵塞漏洞，强化管理，达到了降低成本的目的，实现了中国石油天然气集团公司提出的油气操作成本同比降低 5%，管理支出和五项费用同比降低 10% 的目标。

苏里格气田在推行标准成本管理的同时建立了以能力素质提升为核心的管理岗位工作标准，积极开展标准化体系建设工作。

二是标准化体系建设。标准化体系建设是一个基础性的制度平台，在各种制度之间建立了有机联系；标准化体系是多目标、多标准融合的管理体系，强调整体功能，打破部门壁垒，提高工作效率。

以长庆油田公司第三采气厂为例，具体阐述标准化体系建设工作在苏里格气田的开展情况。

长庆油田公司第三采气厂标准化体系建设工作于 2010 年初正式启动，体系共包括三部分：技术标准子体系、管理标准子体系、工作标准子体系。其中，技术标准方面，中国石油天然气集团公司有完整、系统的标准体系，该厂遵照执行。故此，在标准化体系建设过程中，该厂重点建立了管理标准和工作标准两个子体系，如图 1 所示。在管理标准子系统

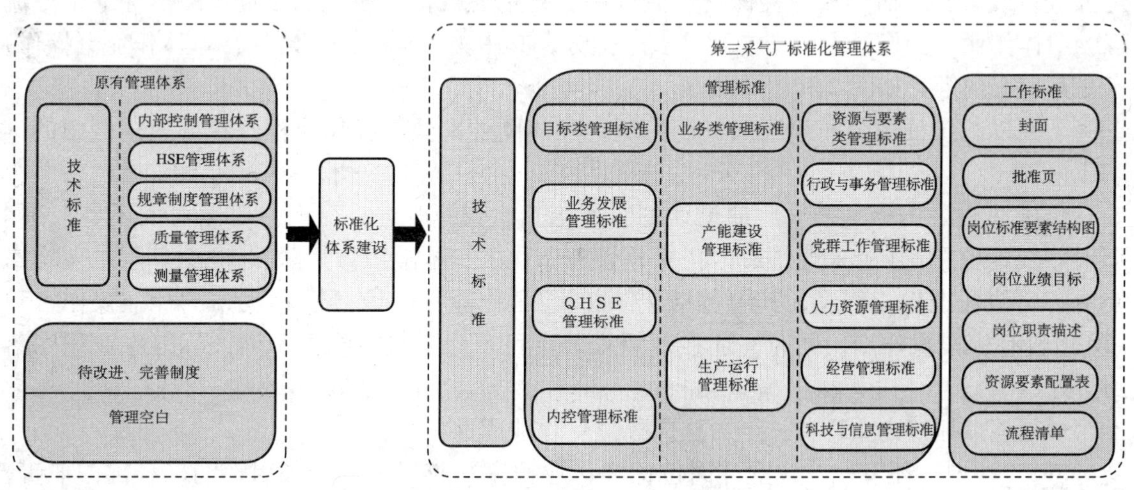

图 1 第三采气厂标准化体系建设框架图

的构建过程中，首先以业务为主线，对全厂各项工作进行了全面梳理，形成了企业运行管理数据库。其次纵向上依据企业价值链理论，将其分为“目标管理、业务管理、资源与要素管理”三类管理标准；横向上，按照系统管理理论将其分为10个管理标准分册，即：业务发展管理标准、QHSE管理标准、内控管理标准、生产运行管理标准、产能建设管理标准、行政与事务管理标准、党群工作管理标准、人力资源管理标准、经营管理标准以及科技与信息管理标准。工作标准子系统的构建包括：封面、批准页、岗位标准要素结构图、岗位业绩目标、岗位职责描述、资源要素配置表、流程清单共7项内容。

如表3所示，通过标准化体系建设，新增工作流程401个，管理制度60项，岗位标准42个，原有的多个相互独立的管理体系得到了进一步完善，形成了一套工作界面清晰化、权责关系明确化、管理活动规范化、组织运行高效化的管理体系，解决了体系分割带来的管理上的不便，扫除了管理制度“盲区”，规范了业务流程，提升了工作效率。

表3　第三采气厂标准化体系建设前后对比表

项目	标准化体系建设前	标准化体系建设后
工作流程，个	96	497
管理制度，项	188	248
岗位标准，个	114	156

2.2.2　企业管理标准化在操作层面的应用

企业管理标准化在操作层面的应用主要体现在推广岗位标准作业程序。所谓岗位标准作业程序是指在作业系统调查分析的基础上，将现行作业方法的每一操作程序和每一动作进行分解，以科学技术、规章制度和实践经验为依据，以安全、质量效益为目标，对作业过程进行改善，从而形成一种优化作业程序。它主要包括封面、批准页、岗位标准工作流程、单体作业（操作）卡、支持附件五个部分，其中岗位标准工作流程、单体作业（操作）卡是其核心内容，如图2和图3所示。

下面以长庆油田公司第三采气厂为例，具体阐述岗位标准作业程序在苏里格气田的推广应用。

长庆油田公司第三采气厂通过计划、实施、检查、改进、培训、树优六个环节，在4个天然气处理厂、4个采气作业区、探井管理作业区和抢险维修大队共10个基层单位推广使用了岗位标准作业程序，其中包括77项岗位工作流程，49项公司发布的标准操作卡和130项自有标准操作卡。同时，还在现场安装了目视化看板，确保了岗位标准作业程序落到实处。

一是重点抓好六个环节，全力推广标准化作业程序。

(1)“计划”环节——成立“岗位标准作业程序”应用推进支撑组，明确各部门职责，制定“岗位标准作业程序推行计划”，保障推行过程有章可循。

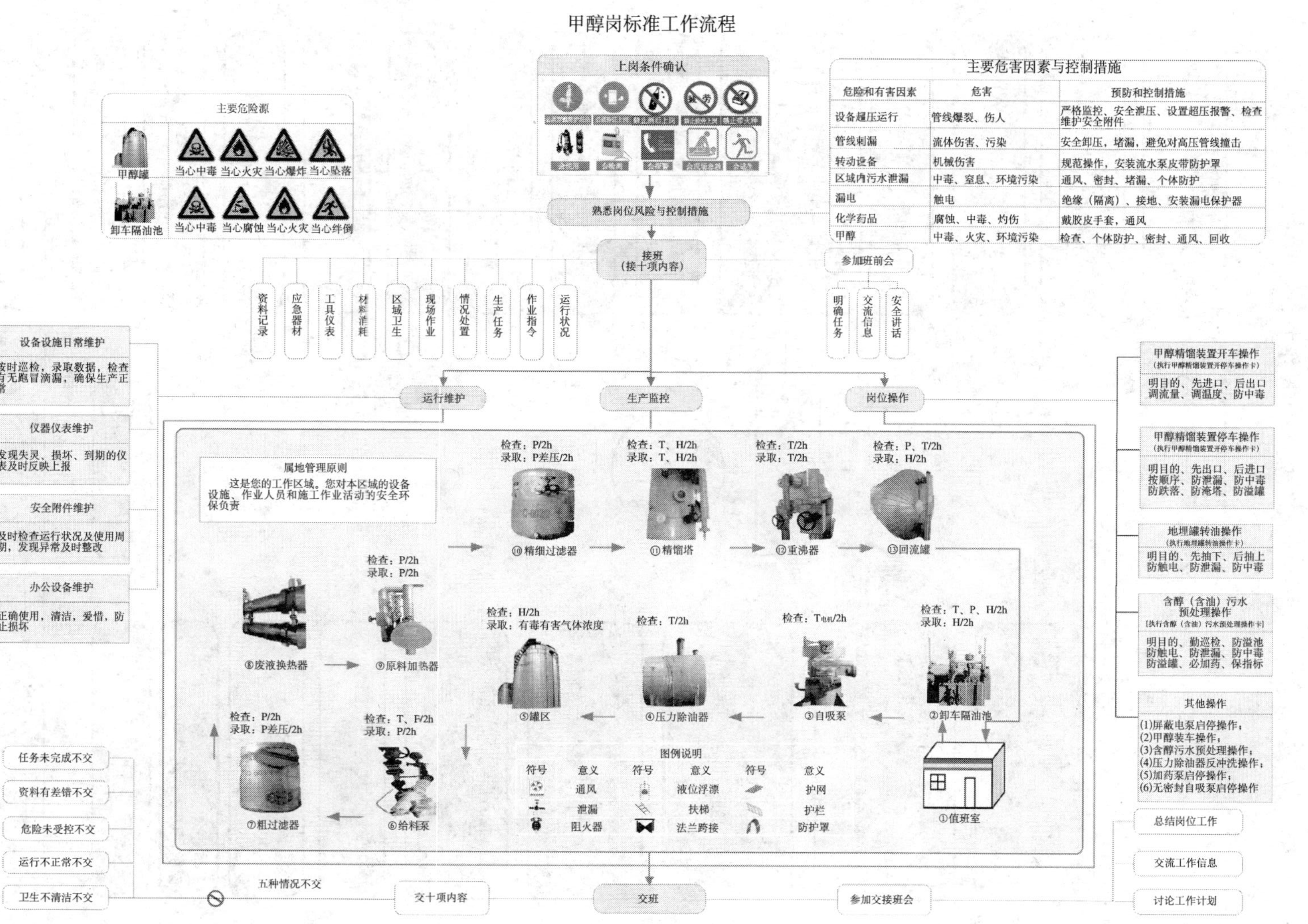

图 2　岗位标准工作流程图

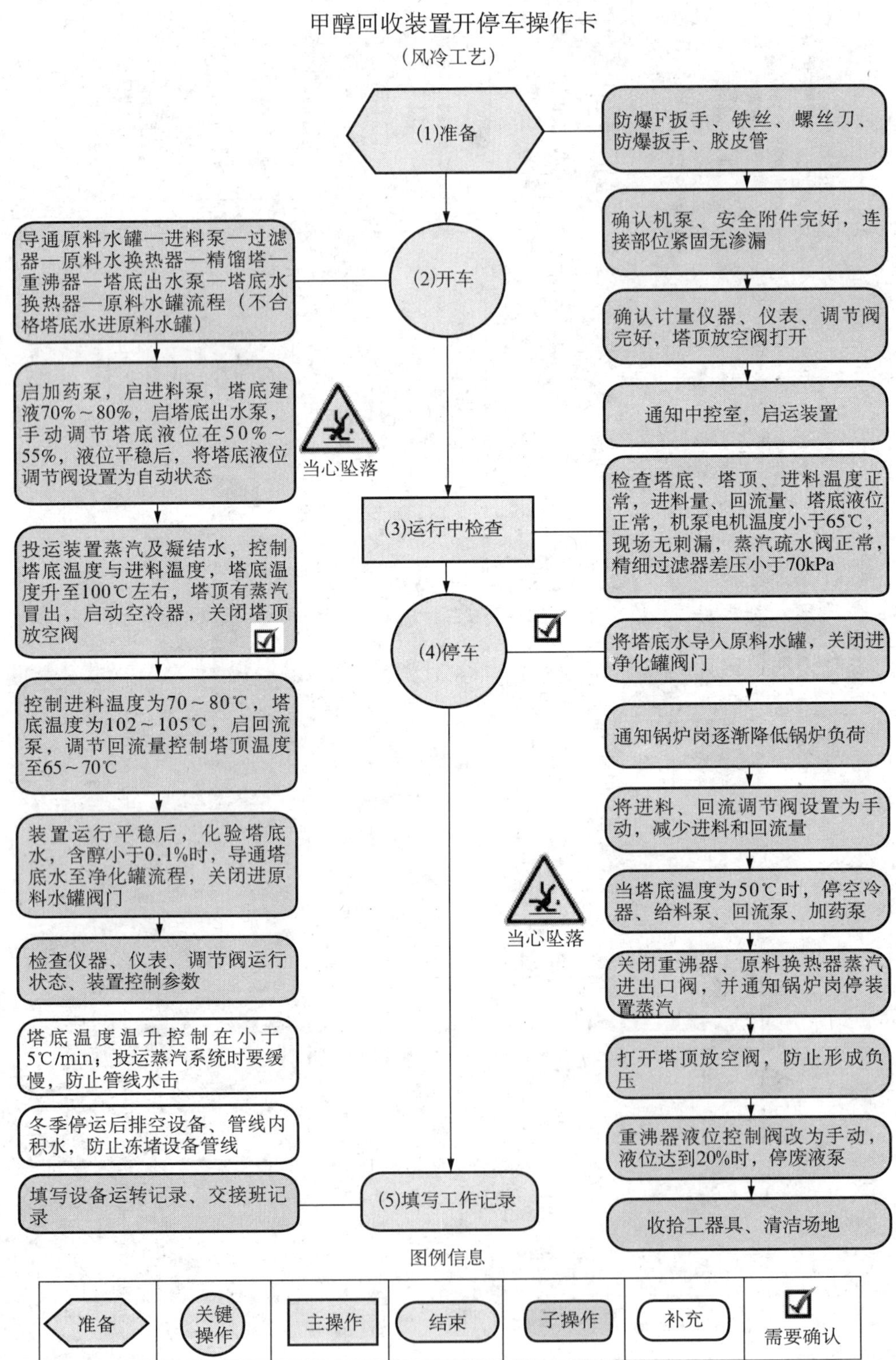
甲醇回收装置开停车操作卡
（风冷工艺）
(1)准备
防爆F扳手、铁丝、螺丝刀、防爆扳手、胶皮管
确认机泵、安全附件完好，连接部位紧固无渗漏
确认计量仪器、仪表、调节阀完好，塔顶放空阀打开
通知中控室，启运装置
(2)开车
导通原料水罐—进料泵—过滤器—原料水换热器—精馏塔—重沸器—塔底出水泵—塔底水换热器—原料水罐流程（不合格塔底水进原料水罐）
启加药泵，启进料泵，塔底建液70%～80%，启塔底出水泵，手动调节塔底液位在50%～55%，液位平稳后，将塔底液位调节阀设置为自动状态
当心坠落
投运装置蒸汽及凝结水，控制塔底温度与进料温度，塔底温度升至100℃左右，塔顶有蒸汽冒出，启动空冷器，关闭塔顶放空阀
控制进料温度为70～80℃，塔底温度为102～105℃，启回流泵，调节回流量控制塔顶温度至65～70℃
装置运行平稳后，化验塔底水，含醇小于0.1%时，导通塔底水至净化罐流程，关闭进原料水罐阀门
检查仪器、仪表、调节阀运行状态、装置控制参数
塔底温度温升控制在小于5℃/min；投运蒸汽系统时要缓慢，防止管线水击
冬季停运后排空设备、管线内积水，防止冻堵设备管线
(3)运行中检查
检查塔底、塔顶、进料温度正常，进料量、回流量、塔底液位正常，机泵电机温度小于65℃，现场无刺漏，蒸汽疏水阀正常，精细过滤器差压小于70kPa
(4)停车
将塔底水导入原料水罐，关闭进净化罐阀门
通知锅炉岗逐渐降低锅炉负荷
将进料、回流调节阀设置为手动，减少进料和回流量
当心坠落
当塔底温度为50℃时，停空冷器、给料泵、回流泵、加药泵
关闭重沸器、原料换热器蒸汽进出口阀，并通知锅炉岗停装置蒸汽
打开塔顶放空阀，防止形成负压
重沸器液位控制阀改为手动，液位达到20%时，停废液泵
(5)填写工作记录
填写设备运转记录、交接班记录
收拾工器具、清洁场地
图例信息
准备
关键操作
主操作
结束
子操作
补充
需要确认

图3　单体操作卡

（2）“实施”环节——将初步编写完成的52个岗位的标准作业程序进行试运行，在试运行过程中，细化推进工作，明确责任人，确保推进工作按计划执行。

（3）“检查”环节——为及时发现问题、整改问题，一方面下发“岗位标准作业程序运行问题反馈表”，收集基层反馈情况，共收集改进建议65项；另一方面开展现场测试，共测试操作卡47张（其中处理厂类共37张，集气站及井口类10张）。

（4）“改进”环节——针对前期收集的反馈意见和测试结果，对岗位标准作业程序进行了修改、完善，重新印刷并下发运行。

（5）“培训”环节——为推进岗位标准作业程序的有效执行，积极开展以“标准操作卡”和“岗位工作流程”为主要内容的“三级培训”（厂级、三级单位、班组），全年共组织厂级岗位标准作业程序培训4期，培训200人次。为了解培训效果，对管理干部和操作员工进行了分类考核，对考核中暴露出的问题进行了强化培训，取得了较好的培训效果。

（6）“树优”环节——选择推广工作开展优秀的单位作为“岗位标准作业程序推进示范窗口”，以点带面，深入推进岗位标准作业程序的应用。

二是积极推进目视化管理，方便员工遵照执行。该厂按照长庆油田公司“岗位标准作业程序目视化管理规范”的相关要求，率先在三个“岗位标准作业程序推进示范窗口”制作并安装岗位工作流程看板25个、标准操作卡看板120个，随后在其余基层单位继续制作安装了45个岗位工作流程看板和387个标准操作卡看板，制作安装各类目视化看板共计577块，有力地促进了岗位标准作业程序的推进应用工作。

3 产生效果

3.1 苏里格气田开发水平不断提高

从2006年苏里格气田全面开发建设启动后，规模开发的速度不断加快，到2010年，苏里格气田将建成$100 \times 10^8 m^3$的生产能力，2013年$200 \times 10^8 m^3$，所以，随着标准化管理的完善与推进，也必将会催生大气田的快速发展（表4，图4）。

表4 苏里格气田2006—2010年产量统计表

时间	日产量 $10^4 m^3$	累计建成产能 $10^4 m^3$	年产量 $10^4 m^3$
2006年	300.00	15.00	2.74
2007年	1000.00	45.70	18.01
2008年	2000.00	81.70	42.00
2009年	2159.63	110.20	78.83
2010年	3671.67	185.79	106.96

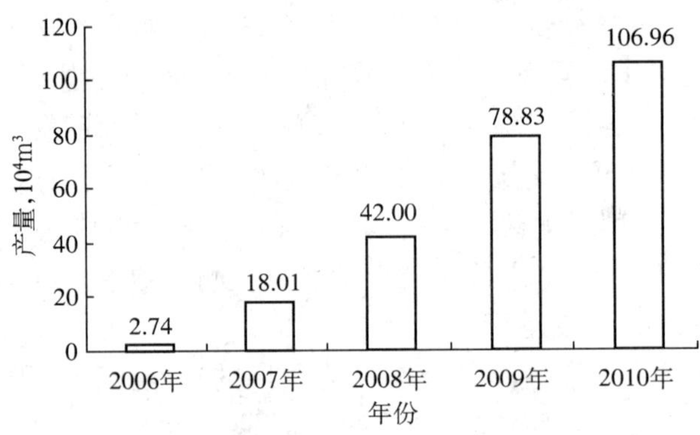

图 4　苏里格气田 2006—2010 年产量变化图

3.2　产能建设标准化使气田建设达到“两提高、两降低、三有利”的效果

由于“标准化设计、模块化建设、标准化预算、规模化采购”在苏里格气田的应用，优化了地面工艺模式，促使气田组织设置与生产布局相统一，收到了“两提高、两降低、三有利”的效果，见图 5。

3.2.1　两提高

提高了生产效率：目前，一座大型天然气处理厂只需半年便可建成，集气站从主体建设到投运仅在一个月内便可完成，总体有效工期由原来的 111d 降低到 50d 以内，单井井口安装周期平均缩短约 50%。

提高了建设质量：预制工艺方便快捷，加工精度高。流水作业有效控制了组件的焊接变形和整体组装尺寸精度，预配质量大幅度提高。

3.2.2　两降低

降低安全风险：气田井口安装通过精细预配，实现了井口采气树不动火安装、井间串接不动火连头。工厂预制化降低了现场高空作业、交叉作业的频率，井口、集气站分别安装紧急截断阀，确保了事故状态下的应急抢险。

降低综合成本：优化了工艺流程，进一步适应了苏里格气田滚动产建、快速建站的需要，大幅提高了当年产建项目的投产率。

3.2.3　三有利

有利于均衡组织生产：使设计、施工、采购各环节有序衔接，增强了组织的均衡性。

有利于坚持以人为本：降低了现场施工人员的劳动强度，改善了施工作业环境，避免了因各站工艺流程的不同造成的失误操作。

有利于 EPC 模式的推广：标准化设计减少了大量的设计变更，设备的定型、施工的模块化更有利于设计、采购、施工一体化，降低设计、采购、施工各个环节投资控制的不

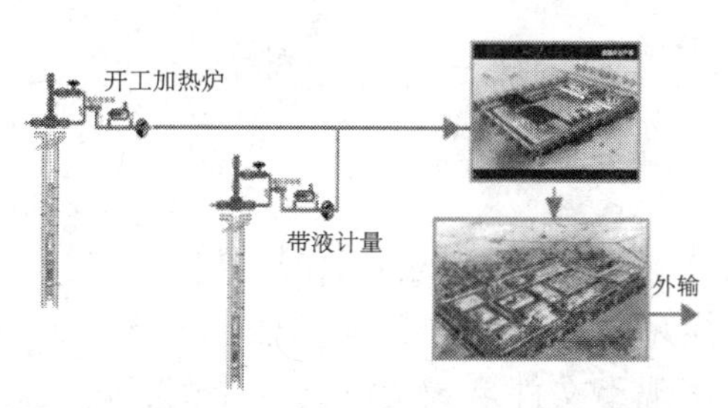

标准化集气工艺

标准化井场

标准化集气站

丛式井井场

标准化设备

图 5　标准化工艺、设备、井场、集气站

确定因素，提高建设质量，为上游企业推行 EPC 管理模式奠定了基础。

以下案例可以充分反映实施建设标准化后取得的经济效益：

实施工艺设备定型化后，以苏 14 井区为例，优化了压缩机底座灌浆材料和灌注面积，每座集气站节约投资 60 多万元。

实施设备材料国产化后，仅气井高低压截断阀一项就节省成本 23.2 万元，按气田 200 亿元开发规划建井 16000 口计算，气田节约投资将达 37.12 亿元。

实施井场平面标准化后，每座井场占地面积由原来的 3 亩变为 1.8 亩，节约用地 1.2 亩。按气田 200 亿元开发规划建井 16000 口，节约土地将达 19200 亩。

实施生产数字化管理后，以一座集气站（辖井 50 口）为例，每年每个站可节约运行费用25万元，按照开发规划计算，198座集气站至少可节约运行费用4950万元/年。

3.3 企业管理标准化在管理层面上形成了统一、完整的标准化管理体系，提升了工作效率，降低了管理成本

(1) 实现了管理体系的“一体化”，为管理岗位提供了统一的工作标准。

实施标准化体系建设后，解决了多个管理体系并存引起的管理标准“过犹”或者“不及”的问题。一方面通过文件编码“标准化”实现了文件形式上的统一；另一方面通过业务活动描述“标准化”，实现了文件结构上的统一，为管理岗位日常工作提供了统一的执行标准，减少了各部门因标准不一带来的工作冲突，提升了部门工作效率。

(2) 完善了管理制度、工作流程、岗位标准，使得体系建设的内容更加全面。

标准化体系建设涉及所有管理岗位的相关业务，它的建立，在体系统一的基础上进一步完善了体系的内容（其中新增工作流程401个、管理制度60项、岗位标准42个），实现了所有业务有章可循，为管理层面各项工作的顺利开展提供了科学、全面地指导。

(3) 提升了工作效率、降低了管理成本。

因管理岗位是“一对一”的岗位形式（即一个岗位对应一个工作人员），所以当A岗位员工临时休假时，就会出现岗位空缺，影响工作。标准化体系建设使得B岗位的人员参照工作流程就能暂时替代A岗位的工作，确保日常工作的顺利开展。同时，标准化体系建设明确了岗位标准、业务流程，减少了员工工作的失误率，降低了重复工作的次数，减少了企业管理成本、办公成本。例如长庆油田公司第三采气厂开展标准化体系建设后，使员工工作效率大幅度提升，管理成本明显下降，2011年上半年与2010年上半年相比，企业办公费下降了35%。

3.4 企业管理标准化在操作层面上实现了“两个到位、五种作用”

(1) 两个到位：

一是岗位标准作业程序应用全面覆盖，覆盖到位率100%。

二是岗位标准作业程序全面执行，执行到位率80%以上。

(2) 五种作用：

一是规范岗位操作，控制安全环保风险。岗位标准作业程序的推广，规范了岗位操作流程，大大减少了因操作失误造成的安全隐患，确保了生产安全平稳运行。

二是落实岗位工作，提高工作绩效。岗位标准作业程序在工作流程中明确了上岗条件、岗位风险及控制措施、接班、生产监控、运行维护、岗位操作、交班七项内容，这七项内容从人员、风险、设备、操作等多个方面确保了岗位工作的有序落实，同时岗位标准作业程序通过单体操作卡，规范了具体工作的操作流程，大大提升了员工技能，提高了工作效率。例如，某集气站推行岗位标准作业程序后，员工技能考试合格率由原来的64.68%提升至现在的95.42%。

三是增强基层执行力，促进基层管理。岗位标准作业程序结合现场操作实际，将日常

作业用流程图的形式表示出来，可操作性强，方便员工理解，增强了员工的执行力。同时标准作业程序覆盖了气田生产的各个专业，从源头上解决了操作方法与操作步骤相互掺杂的问题，解决了多人配合作业关系不清、分工不明的问题，解决了作业过程交叉、操作程序不明的问题，突出了关键环节的安全风险控制、作业过程的标准操作和相互监督，促进了基层管理水平的整体提升。

四是培养员工素质，培育企业文化。通过在员工中推行岗位标准作业程序，使员工深入理解标准化作业的意义，纠正了员工将“习惯”视为“标准”的行为，促进了员工安全行为的自觉养成，提升了员工安全意识，形成了“只有规定动作，没有自选动作”的安全文化理念。

五是支撑标准化建设，助推油气大发展。岗位标准作业程序是标准化体系在操作层面的具体应用，它的大力推广，促进了标准化建设在长庆油田的应用，为建设“科技、绿色、和谐”的现代化大气田提供了安全保障。

总之，标准化管理是项系统化的管理，是苏里格气田发展形势下的必然趋势，我们要不断完善产能建设标准化和企业管理标准化，为长庆油田公司油气当量达到 3500×10^4t、上产 4000×10^4t、实现 5000×10^4t 奋斗目标奠定坚实的基础。

参 考 文 献

[1] 李春田 . 标准化概论（第四版）[M]. 北京：中国人民大学出版社，2005

海洋管道建设科研标准同步发展模式的思考

刘谊君

（中国石油天然气管道局六公司）

摘　要　本文尝试在科研项目的研究过程中，通过科研工作与标准制定的有机结合，建立适合我国国情的海洋管道建设标准体系，以自主创新的科研成果来推动我国标准水平的跨越式提升，抢占海洋管道建设标准的制高点和主动权。

关键词　海洋管道建设；科研；标准；同步发展模式

1　引言

技术标准是技术创新成果产业化的重要支撑，直接体现一个国家的产业、技术水平和自主创新能力。谁最先制定和应用标准，谁就能先占领产业的制高点，掌握市场话语权。

通过对海洋管道标准的调研，目前大多技术标准的控制权掌握在挪威、美国、英国等欧美发达国家和地区，我国在该领域的竞争处于全面劣势，是被动接受状态。这就需要我们正视差距，采取措施，迎头赶上。标准的制定有一个严格而复杂的循环周期，因此如何实现海洋管道建设过程中各个环节与标准的有效衔接，是我国制定海洋管道标准所面临的共同问题。

本文尝试通过科研工作与标准制定的有机结合，建立适合我国国情的海洋管道建设标准体系，以自主创新的科研成果来推动我国标准水平的跨越式提升。

2　面临形势

21 世纪是海洋世纪，世界各沿海国家都对海洋科技高度重视。大量的海洋科技成果转化为现实生产力，支撑和引领海洋产业向高科技化发展，海洋经济成为世界经济的重要组成部分。

我国是一个海洋大国，但不是海洋强国，要实现建设海洋强国的战略目标，就迫切需要加速发展海洋科学技术。开发利用海洋资源，向海洋拓展生存与发展空间，缓解国民经济发展中的资源瓶颈制约，迫切需要海洋科技的支撑、服务和引领。要切实把握国际海洋科技迅速发展的态势和我国建设创新型国家的重要机遇，大力发展海洋科学技术，开创海洋科技发展的新局面。

3 紧迫性和重要性

长期以来，标准作为国际交往的技术语言和国际贸易的技术依据，在提高市场信任度、促进技术交流、维护公平竞争等方面发挥了重要作用。随着经济全球化进程的不断深入，标准在国际竞争中的作用更加凸显，继产品竞争、品牌竞争之后，标准竞争成为一种层次更深、水平更高、影响更大的竞争形式。因此，世界各国越来越重视标准化工作，纷纷将标准化工作提到国家发展战略的高度。

“十一五”时期是我国经济社会发展取得重大成就的五年，也是我国海洋事业实现跨越式发展的五年。五年来，尽管受到国际金融危机的影响，但海洋经济依然保持快速发展的强劲势头。据统计，“十一五”期间我国海洋经济年均增速为13.5%。国家发展规划进一步表明“十二五”期间，我国将构筑沿海管网，进一步发展海底管道建设事业。但是，目前我国还远没有形成自己的海洋管道标准体系，除了陆上管道通用标准外，海洋用主体标准基本为国外标准。

面对严峻的国际国内形势，加快我国海洋管道标准事业的发展，已经成为一项十分紧迫的任务。

4 工作原理

同步模式的工作原理如图1所示。海洋管道标准的制定在海洋管道技术研究之初就开始介入，与科研阶段、实施阶段同步并行，共同发展。根据海洋管道建设的过程，每一个阶段都应形成一套适用于该阶段的配套标准以保证核心标准的实现。每一个阶段的标准都以实现海洋管道建设，提高企业经济效益为总体目标，围绕各阶段分别制定目标，既指导、规范本阶段的工作，又同时得到验证进入下一阶段。如此产生、验证不断循环，直到形成适合海洋管道建设的正式标准体系。同时，通过标准信息的反馈环节，还可以实现标准的更新，从而通过新一轮的循环加以修正。

5 运行过程

海洋管道建设科研、标准、成果转化同步发展模式的有效运行，关键在于两个内在推动机制，即工作流程推动（工作内容）和标准推动（标准化过程）。工作流程推动过程为：市场调研立项—科研攻关—实验室研究—中试研究—现场验证—成果转化，每一个阶段对应一套试用标准和经过验证的标准；标准推动过程为：每一阶段都有标准的产生—验证—修改过程（标准化过程），其内容随工作阶段变化，直至形成完善的海洋管道建设标准及体系。

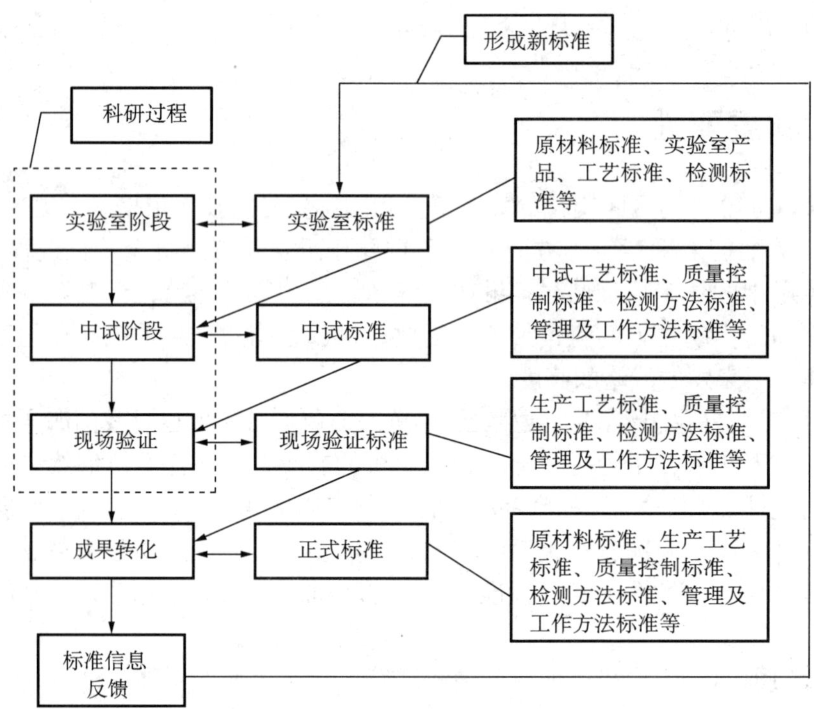

图1　工作原理图

6　保障措施

海洋管道建设科研、标准、成果转化同步发展模式的有效运行不可能自动完成，还需要以下保障措施。

6.1　加强组织领导与统筹协调

加强对海洋管道建设科技工作的领导。充分发挥中国石油天然气集团公司各单位的积极性和主动性，建立海洋科技政策协调机制，加强对海洋管道建设工作的扶持力度。加强对海洋管道建设技术的引进，在消化吸收的基础上进行技术再创新。

6.2　积极建立海洋管道建设技术资源共享机制

推进数据共享机制建设，根据“整合、共享、完善、提高”的原则，制定海洋管道技术调研、数据共享相关的管理规定。

6.3　科学制定科研过程中标准化人才培养计划

有计划地培养各类标准化人才，做到各领域标准化人才协调发展。培养集装备技术、管理、法律法规及标准化原理与方法于一体的复合型个体人才，培养专业结构、层次结构、年龄结构和职称结构合理的人才群体。

7 现实意义

7.1 加快海洋管道建设标准制定速度，可实现自主创新和跨越式发展

加强具有自主知识产权的高技术领域标准的研制，提高技术标准化能力。尽快形成具有我国自主知识产权的海洋管道建设标准，抢占高技术国际标准的制高点，逐步扭转我国高技术标准落后和受制于人的局面。

7.2 建立自主创新技术标准的绿色通道，以自主创新的科研成果来推动标准水平的跨越式提升

全面实施标准化科技发展战略，以科研成果来提高标准的技术水平和市场竞争能力，实现标准化工作的跨越式发展。

标准是构成国家核心竞争力的基本要素，是规范经济和社会发展的重要技术制度。为建立创新型国家，全面建设小康社会，整体提升我国标准化水平，充分发挥标准对国民经济和社会发展的技术支撑和基础保障作用。

标准化是建设国际一流公司的基石

夏 芳

（中海石油气电集团有限责任公司）

摘 要 标准就是“最佳的方法”，标准化工作可以“确保最佳方法的效果并持续下去”。国际一流企业的成功经验表明，标准在企业中不仅仅局限在技术范围内，而且已成为企业文化的重要组成部分，是企业软实力的重要体现。

笔者认为，标准化是企业在发展过程中发现问题、改正不足、完善程序、规范管理的基础工作，是提高企业管理水平、促进技术和管理创新、引领企业进入行业领域高端、增强市场竞争力的重要手段。从战略高度重视标准化工作已成为国际一流企业的重要特征，是构建国际一流企业的基石。

关键词 国际一流企业；硬实力；软实力；标准；标准化工作

1 引言

经过几十年的改革开放，我国经济获得了飞速发展，国内企业也获得了高速发展的环境和机遇。为了使企业做强做大，提升竞争力，成为国际一流，国家鼓励和支持企业实施“走出去”的战略。目前，不少国内企业已经进入了福布斯的世界500强。这不仅是中国经济正在崛起的结果，同时也是中国成为世界经济强国的体现。

但是，应该清醒地意识到，从利润额、市值、销售额和资产总额等硬性指标来看，入围的企业均已达到标准，但从软实力来看，即技术和管理水平，与国际一流企业相比还有很大的差距。因此，笔者从企业软实力的重要支柱——标准化工作的角度，剖析标准化工作在构建国际一流企业中的重要作用。

2 国际一流企业的条件

什么是“国际一流企业”？进入500强，是否就是国际一流企业？如何判断一个企业是否具备了国际一流企业的水准？

众所周知，有如壳牌、埃克森美孚、BP、微软、西门子、松下等企业都是国际知名的一流企业，他们除了利润额、市值、销售额和资产总额等硬性指标是国际一流之外，以下四项软性指标也是国际一流的：一是技术和管理水平，二是具有竞争力的核心产品，三是专业领域领先的幅度和广度，四是创新能力。这些企业产品的技术指标达到或超过同期国际先进水平，产品性能和质量不仅符合国际标准，而且掌控着国际标准和技术的发展趋势，掌控着相关国际标准或国外先进标准的制修订工作。他们的营销网络健全，有科学的中长期发展规划，拥有相应的筹资、研发、生产、营销等策略，有充足的项目和产品储备。他们的组织结构健全，制度先进完备，具有良好的企业文化和社会信誉。他们的资产数量和资产质量符合国际社会发展要求，具备整合全球资源的能力。

笔者认为，硬实力固然是作为衡量企业水平的重要指标，但作为国际一流的企业，在以上几个方面的软实力是不容忽视的，它是实现硬实力的基础，而这些方面恰恰是我们的软肋。在当今中国企业处于低成本运营的优势下，在国家实施并购和重组的政策引导下，可以将企业的规模、产量和利润，较快地提升到一定高度，但是要成为真正国际一流企业，仅仅有这些“硬指标”是不够的，还要依靠上述软实力的提升，而软实力的提升是离不开掌控关键的核心技术和标准化工作的。

3 我们的差距

严格意义上说，有不少企业的利润额、市值、销售额和资产总额都已有相当的规模，但属于真正具有一流竞争力的世界级跨国公司的还是凤毛麟角。

真正意义上的国际一流的跨国公司应是能在全球范围内对资源进行最佳配置，具有优秀的企业文化、健全的制度和良好的管理，掌控着行业发展的核心技术，引领着国际标准发展的趋势，在国际标准或国外先进标准的制修订工作中具有制控权。

我国虽然已有不少企业登上福布斯500强的名单，但全面地衡量和客观地说，距离真正意义上的国际一流企业尚有一定差距，尤其是在软实力上。例如技术创新不足、缺少核心技术、在国际标准的制修订中缺少话语权。商务部研究院跨国公司的研究中心主任王志乐曾经说过：中国公司与外国公司的主要差距不在硬件上，我们与国际一流公司真正的差距是在制度、管理体制上。

技术可以买来，技术标准文本也可以获取，但是掌控核心技术的实力、主导制修订关键标准或规则的能力，往往体现在企业内部的标准化工作上，体现在参与重要标准的制修订工作的话语权上。要做到这一点，需要企业在制度和管理体制上不断提升，需要付出艰辛的努力才可能实现的。

4 标准化的基石作用

标准是企业的技术储备，是提高工作效率的利器，是防止问题再发的手段，是做好人才教育培训的教材。因此，做好企业的标准化工作是构建国际一流企业的基础。标准化工作应该融入企业中，渗透在每个角落，作为企业的文化传承，它可以帮助企业发现问题、改正不足、完善程序、规范管理，实现快速发展的良性循环。

4.1 有效的技术储备

国际间、企业间的经济竞争，归根结底是技术上的竞争，而争夺技术的优势又常常是经济竞争的核心。为此，要促进经济的快速发展，并在竞争中取胜，就必须具备众多的技术人才、丰富的科学知识和先进的技术装备，也就是要有充足的技术储备。

标准化可以有效地进行技术储备，它把企业内部的创新技术、解决问题的方法、作业技巧、工作经验和管理要求，通过文件的方式加以保存，即防止因人员的流出，导致整个技术、技巧和经验跟着流失，又为新的工作人员提供了丰富的前车之鉴。

通过标准化，可以将隐性的知识和经验显性化，个人的知识和经验企业化，无形的技术有形化。例如，中国海洋石油总公司（以下简称中海油）编制的500多万字的《海洋石油工程设计指南》，是一个由几百名专家，通过七年多的时间，总结了海上工程作业几十年的经验，编制的一套设计指南。通过指南这个载体，传承了中海油几十年的海洋工程的经验。

4.2 提高工作效率

古今中外都有不少鲜活的例子，运用标准化工作的标准件、互换性、系列化、组合化、通用化等基本原则和方法，极大地提高了工作效率。

例如我国古代的活字印刷术、18世纪美国人惠特尼在生产毛瑟枪中利用标准化做法，都使制造过程简化，达到了标准组装、随意换相同零件、修理简便的提高工作效率的效果。据壳牌公司的统计，如果项目运作通过选择和制定标准，可以节约5%的成本和13%的时间。

再如缔造T型汽车时代的亨利·福特，1899年在美国成立了底特律福特汽车公司。当时，汽车对于广大民众来说还是一个新鲜事物，由于汽车价格昂贵，民众很少问津。为了让广大民众有能力购买，就必须降低成本，如何降低成本呢？他想到了“标准化”。他采用了标准化流水线的生产方式，统一产品标准，其生产的汽车无论外型、颜色和零配件完全一致。这样做既有利于保养，也易于维修，最根本的是降低了汽车的价格。随着设计和生产的不断改进，价格由825美元降至260美元。他指出：“标准化就是创业的资本”。

企业作为商品的生产者和提供者，在生产过程中具有大量的或简单或复杂的重复性劳动。应该通过标准化工作，利用标准的形式，使无序变为有序、使人为控制变成标准控制，达到有效提高工作效率和降低成本的目的。

4.3 防止问题再次发生

防止问题的再次发生，是企业管理的一项重要工作。任何异常都会衍生出改善的主题，最终的结果会引入新的标准或提高现有标准。一个问题从产生到解决，经过分析研究，新的工作程序、管理要求以及技术规范应立即予以标准化并实施，以保证同样的问题不会再发生。

通俗理解，标准就是“最佳方法”，标准化就是“确保最佳方法的效果并持续下去”。

如果发生问题以后，不通过标准化的工作进行改善，不修订标准，就有可能造成其他员工、部门、项目，甚至同一员工、部门、项目重复发生同样的错误，给企业带来不可估量的损失，致使企业的精英力量疲于奔命，到处重复救“火”，这样的企业是难以成为真正的国际一流企业的。

例如，墨西哥漏油事件发生后，全世界十分关注，中海油也组织了专项检查，查找漏洞，制修订了相关的标准，避免事故在中海油内发生。再如四川汶川、北川地震，造成重大伤亡，特别是学生的伤亡。震后，国家针对公共场所，特别是学校，提高了抗震标准，防止悲剧的再次发生。

4.4　员工的培训教材

人类的知识有很多类，其中有一种方法类知识，标准所积累的就是这类知识。标准，特别是企业标准，体现了企业的文化传承，是企业的技术规范、经验总结、管理要求、工作流程和质量指标。因此，标准成为了企业对员工进行培训的基本教材。“授人以鱼，不如授人以渔”，对进入企业的新人，初始便应被告知在什么时候、什么条件下，应该做什么和怎么做。通过标准这个载体向员工进行培训教育，有利于员工更快地进入角色和岗位，有利于员工融入到企业生产的过程中，缩短从不熟练到熟练的成长过程，使得每一个员工可以在前人的肩膀上、更高的层面上进行探索和改进，形成良性循环，避免无谓“原创”。此外，标准也确保了每一项工作即使换了不同的人来操作，在效率与品质上不会出现差异，大家熟悉的麦当劳就是一个典型的实例。

5　国际一流企业的一般做法

1911 年，美国泰勒在他的主要著作《科学管理原理》中就提出了“管理要科学化、标准化”的科学管理理论，开创了工业生产科学管理新时代。

国际一流企业非常重视科学管理，而标准化是实现科学管理的重要方法。在成熟的市场经济条件下，企业自身的标准化活动，无论制定标准还是使用标准，都能为企业带来最大的经济效益；应该强调，标准是公司资产而不是负债；高明的企业领导人总是指导标准作为手段来推进它的市场。

标准化活动主要表现在两个方面：一方面是积极地开展本企业的标准化工作，完全做到了工作标准、管理标准、技术标准、各种工作手册和规章制度的全覆盖；另一方面是积极地参与甚至掌控着重要的国际标准或国外先进标准的制修订工作，把自己的标准转化为国际标准或其他国外先进标准，努力通过自身创新技术的发展，积极地扩大在标准制修订工作中的话语权。

美国的 IBM 公司认为，标准对实现公司的目标是有战略意义的，公司有 1100 位专家、技术人员参与了公司以外的几乎所有相关的标准制定机构的工作，为其主导市场发挥重要的作用。标准化工作使 IBM 公司的管理、供应采办、技术生产等活动都有规章体制遵循，加快了新产品的研发进程；缩短了生产周期、节约了原材料和能源。

因此，标准化工作在一流企业中不仅仅是一个部门的工作，不要把标准化工作局限在制定技术标准范围内，应将其提升至战略高度、全方位融入到整个企业中，是生产、经营、管理的重要组成部分。通过标准化工作可以极大地提升企业或每个员工的工作效率和水平。

6 结论

建设国际一流企业除应满足硬性指标的要求之外，更重要的是应达到软性指标的要求，才能够在真正意义上成为国际一流，才能够永保领先地位。

要成为国际一流企业，必须在制度和管理体制上增强自身实力，要充分运用标准化技术储备、提高效率、防止再发和教育训练的作用，以此来提高企业的软性实力。

要积极地参与国家标准、国际标准和国外先进标准的制修订工作，通过技术创新，不断地提高在相关标准制修订过程中的话语权，最终达到主导。

参 考 文 献

[1] 夏芳．标准化　促进新兴产业助推器．石油工业标准化论坛论文

[2] 徐晓明，夏芳．企业标准体系表编制的思考与实践．石油工业技术监督，2011（4）

[3] 段锦伶．浅析企业标准化体系与质量管理体系的关系

强化标准化，实现地震勘探新跨越

柳旭茏　魏真洪　王　静

（胜利石油管理局地球物理勘探开发公司）

摘　要　对标准化的重要性、地震勘探所面临的问题、强化标准化在解决当前地震勘探所面临问题中的独特作用等进行了阐述与分析，以求在勘探难度以及规模越来越大、战线越来越长、要求越来越高、分工越来越细、生产协作越来越密切、竞争越来越激烈等条件下，通过强化标准化，不断实现地震勘探的新跨越；并为今后的地震勘探提供借鉴。

关键词　标准化；海量数据；瓶颈；情报；新跨越

1　标准化的重要性

标准化作为人类生产活动特别是工业化大生产的产物，伴随着时代的发展而不断变化。标准化这项活动究其历史，可以上溯到数千年前。我国古代秦国所大力推行的车同轨、书同文以及以黄钟律管作为自然基准的度量衡等制度，使得秦国国力迅速提升，并最终灭亡六国，君临天下便是其中的典型案例。而当时秦国所推行的这些制度，在现在看来，完全可以被划归为标准化活动的范畴。

此外，秦灭六国的启示为：标准化对于一个国家极其重要。如果再略翻一下现代工业发展史，就不难得出：对于现代企业来说，标准化在企业的生产、经营、管理等活动中也举足轻重，是企业现代化管理的重要组成部分和技术基础。从这个层面上推及，对地震勘探企业，标准化的重要性更是无可替代，主要表现在以下方面：

（1）　标准化是地震勘探生产、经营、管理等活动的重要组成部分。

在地震勘探生产经营、技术质量管理、科技创新等活动中，标准化作为一项重要的基础工作，直接为企业的各项活动提供了共同遵循和重复使用的准则；其次，企业如果要实现真正意义上的科学管理，就必须通过制定、贯彻和实施标准，建立起系统的符合客观经济规律和行为科学的最佳秩序。

（2）标准化是联系地质勘探各部门、各班组等的纽带。

如果没有管理标准、技术标准以及操作标准作为联系地质勘探各部门、各班组等的纽带和各项活动的基础，那么成百上千的队伍、数以万计的设备与装备、规模宏大的地震勘探施工现场、海量数据的分析与处理等将会何等地混乱不堪。

（3）标准化是提升地震勘探管理水平的有效途径。

企业只有把标准化水平搞上去了，使企业的各种产品、各项管理、各类人员都有标准可循，才能使企业的素质得到很快地提高，从而从传统的管理水平提升到现代化的管理水平，并为企业开拓市场、实现可持续发展打下坚实的基础。

(4) 标准化是全面提升地震勘探质量水平的基础。

地震勘探产品、过程以及服务等的质量管理，说到底也离不开标准化，如果标准化水平不高，就不可能有高质量。纵观近些年来的地震勘探中所发生的质量事故，均系标准化不力所致，其教训深刻，损失惨重，值得深思。

(5) 标准化是地震勘探企业获得良好经济与社会效益的重要条件。

标准化工作的好坏，将最终反映在经济与社会效益上，如通过标准化，达到高速度、高效率、高效益，达到了人员综合素质以及企业整体竞争力的提升等。

2 当前地震勘探所面临的问题

当前地震勘探所面临的问题涉及面极广，主要体现在以下几个方面：

(1) 地震勘探的地表地下情况越来越复杂。

目前的地震勘探，几乎触及了海洋、沙漠、无人区等各种地形，如起伏剧烈的山地、山前带、纵深的沙漠腹地、砾石区、巨厚黄土覆盖区、南方灰岩出露的喀斯特地区、水陆交替的滩海及沼泽地区、高楼林立的城镇区、油气水管线密集区、工矿企业以及高附加值的养殖区，等等；目前所进行的地震勘探区块，地下构造越来越复杂，二次采集区块越来越多，地质任务要求及期望值越来越高，浅、中、深层都要兼顾，地下构造如小构造、小断层、小断块、浊积扇、岩性体等都要落实或成像，参数取舍要精准，致使地震勘探面临巨大挑战。

(2) 地震勘探的规模越来越大。

近年来所施工的地震勘探项目，二维勘探的线元和三维勘探的面元越来越小，覆盖次数越来越高，直接导致了地震勘探规模越来越大，有的项目人员投入已过五千，投入的地震道数已达数万，施工区域绵延数个省，施工战线越来越长，人员设备等投入越来越多，造成生产、管理与协调等难度直线上升。

在2002年，每进行一次激发，最高可接收道数为768道，到2007年，跃至6144道，而2009年所完成的罗家高密度先导试验项目，更是创纪录地达到33600道，如图1所示。这种快速上升的势头，必然会随着勘探精度和要求、工艺和装备水平的不断提高而不断加大，甚至出乎人们的想像。

(3) 工农矛盾越来越突出。

当前，尖锐而突出的工农关系，已经严重威胁着地震队的正常生产和创效能力。工农问题，已不再是施工中的点、线、面问题，而是一项带有全局性的系统问题。极其紧张而又极其复杂的工农关系不仅常常会打乱整个地震生产的部署，而且也严重影响了生产进度，使地震勘探生产在举步维艰的同时，也蒙受了巨大损失。例如，动辄向地震队狮子大开口，索要数十万乃至上百万元费用的情况屡见不鲜；此外，偷盗、破坏以及扣押地震勘探采集设备的现象也司空见惯。

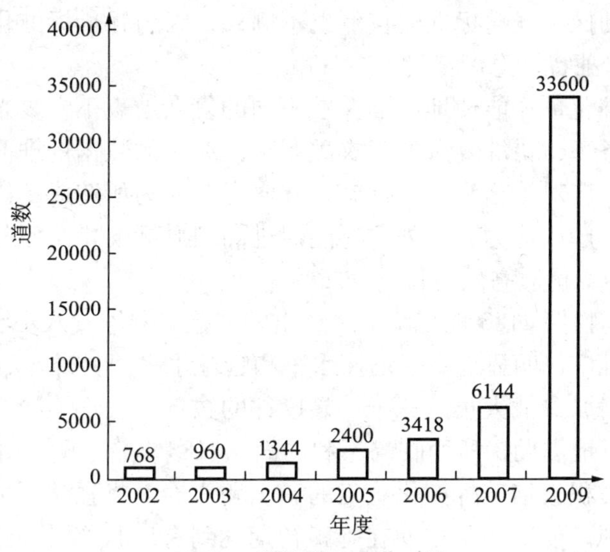

图 1　道数增长变化对比

（4）数据处理越来越庞大。

地震勘探施工点多面广、战线长，每一条测线或束线在生产中，都有成千上万的物理点以及参数，它们所产生的数据，其容量非常巨大，1km² 高密度采集三分量数据约 5 ～ 10TB，1TB 即 1024G，也就是 10 ～ 20 台电脑硬盘的容量，整个工区下来，其数据量可想而知；而如此大的数据，其处理又必须完全符合要求，不能有任何差错。

（5）许多人为造成的影响地震勘探生产的瓶颈问题尚未解决。

当前，在地震勘探生产中，尽管成果斐然，但许多人为造成的影响地震生产的瓶颈问题尚未解决，采集流程、执行的标准陈旧、更新不及时，地震标准化没有紧跟地震科技发展的步伐，严重阻碍了生产，如目前绝大多数三维采集，其覆盖次数、物理点密度等都是 20 世纪八九十年代三维采集的数倍以上，然而所执行的一些施工标准却仍然沿用以往，极其不利于生产，即使达到了标准要求，对改进资料品质等的意义也不大。比如对原始地震记录的评价，在几十道采集时所采用的方法，在几百道时还是照搬，在几千道时甚至上万道时仍然沿用，严重脱离了地震勘探的实际发展情况，成为影响地震勘探生产的瓶颈。

此外，随着地震勘探市场的不断拓展，人才流动日趋频繁，造成标准化队伍很不稳定，尤其是在基层，标准化人才已十分匮乏，新员工理论水平、技术水平与业务素质等已经满足不了或者说很难满足当前以及今后地震勘探发展的需要，并造成了许多不期望的显性或隐性结果。如单从标准方面考虑，经常出现在生产、经营与管理监督检查中片面抠标准条款，而不是从理论上、整体上去分析活动或过程结果的现象，于是看似严格执行了标准的所谓指挥、处置等，却在事实上背离了客观规律与实际情况，严重威胁着地震勘探的顺畅进行。此外，在这种背景下，一些高水平的富有建设性的标准制修订建议也很难被征集到。

3　强化标准化在解决当前地震勘探所面临问题中的独特作用

当前地震勘探所面临的问题的解决，可以说是一项规模宏大的、多学科交叉的系统工程，这其中，在地震勘探中强化标准化自然也不例外，因为强化标准化在解决当前地震勘探所面临的问题中作用独特，无可替代。

只有通过强化标准化，才能使地震勘探在不同的复杂地表下、复杂的构造条件下、高要求或苛刻的地质任务下、错综复杂的工农关系中、庞大的数据处理面前形成不同的经过标准化后的应对方法、应对策略和应对措施，并实现对人为所造成的影响地震勘探生产的瓶颈问题的快速反应、解决能力，此外，还能促进高素质标准化队伍的形成，促进科技创新，推动地震勘探安全、优质高效运行。

例如，通过对胜利物探2183地震队所总结出的“检波器埋置八步法”等标准化施工方法和管理模式的宣传推广，明显提高了勘探水平和管理水平。另外，2183队首次进入川东北复杂山地进行勘探时，参战人员近三千，是以往的数倍，且环境异常复杂恶劣，为扭转大队伍、大场面下进行地震勘探所面临的不利局面，2183队深入开展了创建标准化良好行为基层队（站）活动，积极培养标准化施工的意识和素养，将强化标准化摆在了队伍建设与管理的突出位置来抓，使队伍很快便在施工初期达到有序状态，并最终安全、优质、高效地圆满完成了勘探任务，受到甲方的一致好评。

4 地震勘探企业如何开展标准化工作

4.1 必须加大对标准和标准化工作宣传、贯彻、实施的力度，增强企业员工的标准化意识

为此，首先必须通过多种途径、多种形式和多种方法大力宣传标准化的基本知识，使企业员工了解和熟悉标准化工作的内涵、原理、目的和意义。其次，通过贯彻实施标准，把员工的一切活动置身于标准的实践和标准化的过程中，使其从切身体验中认识标准化工作对于促进企业发展的巨大作用。再者要从我做起、从现在做起、从小事做起，使员工认识到，标准化就在身边，进而从被动地、盲目地、消极地、潜意识地开展标准化工作，变为主动地、自觉地、积极地、有意识地开展标准化工作。

4.2 必须加强标准化队伍建设，促进地震勘探标准化工作的发展

标准化工作既是一门管理科学，又是一门综合性的边缘科学，理论性、知识性、政策性都很强。必须在大力普及标准化基本知识的同时，下工夫培养适应市场经济发展需要的具有较强标准意识、较高理论素养、较好技术水准和较多实践经验的标准化专业技术人才。标准化工作从本质上说是一种技术性工作，建设一支专业过硬、技术精良、能紧紧跟踪国内国际前沿技术的队伍是十分必要的；同时，许多标准的制定还需要去实践、去验证。因此，对技术人员从事标准制修订工作的培训，实行人员和知识的更新也是必不可少的；此外，对于企业来说，直接参与标准化工作，可以使企业保持技术上的领先作用，从而直接参与国际、国内市场的竞争，并在竞争中争得主动权。

4.3 必须建立健全标准化体系

确保标准化在有组织、有领导、有计划的良好条件下有序进行，建立并完善标准化体系，确保标准的配备齐全、有效，作废标准回收及时、清理彻底。

4.4 有必要组成精兵强将，对地震勘探用标准进行系统梳理及研究

收集地震勘探方面的科技情报，在思想上打破传统，进行大胆创新、大胆尝试。

例如，复杂地表地区（特别是大沙漠与山地）的次生干扰波往往具有很大的视波长，对地震生产的队伍而言，就特别希望将检波器组合拉开较大，以大组合基距压制沿地面传播的、强烈的次生干扰；但是，在这种地表条件下，如果组合基距拉开得较大，往往会出现很大的组内高差，违反有关的操作地震勘探采集标准。

2007年，中国海洋大学的魏继东通过严密论证，与李庆忠院士一起提出旧的操作规程是不合理的，并认为在很多地区过于“严格”、死板地对组内高差进行限制，恰恰是造成采集资料品质差的重要原因。因为在沙漠、山地等地区，如果组内相对高差达到 ±15m，绝对高差达到 30m，并不会对 20 ~ 40Hz 的有效波造成大的损害；相反，在允许大的组内高差的同时，将检波器组合进行横向拉开，就会有效地压制干扰波，特别是次生干扰波，大大提高信噪比，得到用于构造解释的有用剖面。他们的研究结论是：±15m 组内地形高差并不妨碍低频有效波的叠加成像。而目前的地震有效反射，其优势频带恰恰就处在低频带内。

时至今日，这一在地震勘探标准化方面具有划时代意义的成果仍然不被充分利用，使得地震勘探中的放线检波工序，不得不为了迎合标准要求而费九牛二虎之力，把员工用绳索吊到悬崖半空进行检波器埋置的事情几乎还在天天发生，的确劳民伤财、隐患无穷。

再比如，SY/T 5314—2004《地震资料采集技术规程规定》规定，组内最大高差：

$$\Delta H = v_0 / (4 f_{dom})$$

其中 v_0 为近地表地层的速度，f_{dom} 为最浅目的层反射波的主频。

然而，在低速带基本等厚的地区，如沙漠、巨厚黄土覆盖区等计算组内高差时，采用的应该是降速带的速度 v_1，而不是低速带的速度 v_0，因为产生组合时差的主要原因是降速带的起伏，计算组内高差时应该用降速带的速度。

所以，在某些地表非常复杂的地区，今后的规程应该改为采用降速带的速度 v_1 来计算组内最大高差。死抠操作规程，不解放思想，不敢使用大的组合高差，其结果只能与期望背道而驰。

如果将标准化与科研成果有机结合，积极收集地震勘探方面的科技情报，在思想上打破传统，进行大胆创新，大胆尝试，那标准化必将对地震勘探起到积极的推动作用。

5 应用实例及效果

近年来，在地震勘探中，胜利物探在生产、管理及经营中高度重视标准化工作，先后

形成了一系列标准的工作流程、技术系列、管理方法等等，收到了良好的效果。

5.1　形成了标准化的设计方法

加速了技术设计以及施工设计的速度，缩短了设计周期，为招标以及在施工的黄金季节进行施工赢得了宝贵的时间，减轻了劳动强度。

5.2　建立起标准化的野外地震勘探流程

保证了各个过程的有序进行，为过程质量控制等创造了有利条件，如针对施工指导、放线检波、钻井激发、测量、仪器操作以及资料分析与整理这六大过程均建立了相应的流程，此外，对于每个过程，又细分成标准化的工序，比如放线检波工序，就细分成找点工序、挖坑工序、放置检波器工序、填涂埋置工序等。通过细分，使员工所承担的任务逐渐走向了简单化、专业化，对于保证施工质量，提高整个生产系统的生产实效起到了根本性的促进作用。

5.3　形成了标准化的数据处理流程及自主研发软件

面对越来越多的待处理的海量数据，通过不懈的标准化，使胜利物探逐渐形成了标准化的数据处理流程及相关软件，譬如自主研发的SEISWAY软件，其中就包含了标准的SPS数据处理模块（图2），为了满足今后更大规模的数据处理需要，目前相关软件正处在加紧研发与版本升级中。

SPS数据处理 -- V1.0
文件(F)　查看(V)　帮助(H)
头卡　接收点　激发点　关系　备注　观测系统　表层调查　时距图　二维观测系统

	记录标识	野外带号	野外记录号	野外记录增量	仪器代码	炮线号	激发点号	点索引标识	起始道	终止道	道增量	接收线号	起始接收点	终止接收点	接收点索引
1 ★	X	0	0	1	1	1	10001	1	1	50	1	1	10001	10050	1
2	X	0	0	1	1	1	10001	1	51	100	1	2	20001	20050	1
3	X	0	0	1	1	1	10001	1	101	150	1	3	30001	30050	1
4	X	0	0	1	1	1	10001	1	151	200	1	4	40001	40050	1
5	X	0	0	1	1	1	10001	1	201	250	1	5	50001	50050	1
6	X	0	0	1	1	1	10001	1	251	300	1	6	60001	60050	1
7	X	0	0	1	1	1	10002	1	1	50	1	1	10001	10050	1
8	X	0	0	1	1	1	10002	1	51	100	1	2	20001	20050	1
9	X	0	0	1	1	1	10002	1	101	150	1	3	30001	30050	1
10	X	0	0	1	1	1	10002	1	151	200	1	4	40001	40050	1
11	X	0	0	1	1	1	10002	1	201	250	1	5	50001	50050	1
12	X	0	0	1	1	1	10002	1	251	300	1	6	60001	60050	1
13	X	0	0	1	1	1	10003	1	1	50	1	1	10001	10050	1
14	X	0	0	1	1	1	10003	1	51	100	1	2	20001	20050	1
15	X	0	0	1	1	1	10003	1	101	150	1	3	30001	30050	1
16	X	0	0	1	1	1	10003	1	151	200	1	4	40001	40050	1
17	X	0	0	1	1	1	10003	1	201	250	1	5	50001	50050	1
18	X	0	0	1	1	1	10003	1	251	300	1	6	60001	60050	1

图2　自主研发的标准化SPS数据处理模块处理实例

5.4　在复杂地区形成了标准化的观测系统

整个工区的观测方式不再为单一模式，根据不同的情况，可采用：不等炮检距观测系统；同一条测线不同覆盖次数观测系统；同一条测线不同道距观测系统；中间发炮，端点发炮，两边观测联合使用；过障碍特殊观测系统；大排列观测系统；面元细分观测系统；砖墙式观测系统；蛇形观测系统等，也可以采用上述方法的联合观测系统，大大提高了复杂地区的施工能力。例如在东营城区施工中，通过多种观测系统的联合应用，使施工面积在满足各项要求的前提下减少 170km^2，见表 1，明显加速了生产进度，降低了工农成本等。

表 1　标准化城区设计与常规城区设计结果对比表

项目	施工面积 km^2	资料面积 km^2	满次面积 km^2	总炮数
标准化城区设计	188	185	115	9360
常规城区设计	358	264	119	9360

5.5　形成了标准化的井深药量设计技术

根据小折射、微测井、岩性取心等已经标准化的低降速带调查方法，利用专用软件，通过室内模拟、现场实测等标准化的流程，对每口井的井深以及炸药量进行逐点落实，为地震勘探资料品质的提高奠定了坚实的基础。近年来的黄土塬、石灰岩出露区以及山前砾石区等攻关项目之所以能取得突破，标准化的井深药量设计技术功不可没。

5.6　推广应用经过标准化的高清晰卫星图片，全面提高了施工效率

推广应用经过标准化的高清晰卫星图片，提高放样效率和准确度。2009 年胜利物探购买了全部工区的高清晰卫星照片，在室内进行物理点布设和变观设计，设计点位作为测量组实地放样的参考点，大大降低了二次测量物理点的比例，全面提高了施工效率和测量数据的准确度，确保了地质任务的完成。

5.7　形成并完善了多套技术系列

如近年来，通过对钻井工具的标准化改进，形成了多种轻便钻具，一经投入生产，解决了许多难题；同时还促使形成了以下钻井技术：

（1）　水域墩钻技术。

一般使用于比较松软的泥土层的打井作业，对于因工农关系紧张造成的复杂地区及水库、沼泽、盐池、养殖池等静水覆盖的地区具有很好的推广意义。

（2）轻便钻机技术。

轻便钻机技术吸取了墩钻和车载钻机的技术思路，能够解决城镇、密林、农田、丘陵等复杂地表区的钻井问题。由于轻便钻机灵活、压地少，能够到机械化钻井设备无法进入的区域进行钻井作业。

(3) 山地钻井技术。

试验和改装了多种钻机，利用套管打井技术较成功地解决了砾石区的打井下药问题。

(4) 流沙区、淤泥区钻井技术。

采用套管技术较好地解决了在流沙区和淤泥区打井的问题。

此外，通过在地震勘探中强化标准化，也促进了滩浅海施工技术，大型水域及盐池区穿越技术，东北高寒区勘探技术，南方碳酸岩区以及西部山前沙漠砾石区勘探技术的形成和完善。

5.8 形成了对地震勘探噪声的标准化快速识别及分析处理模型

在地震勘探中，会不可避免地遇到各种各样的噪声，而如何对地震勘探噪声进行快速识别及分析处理，对提高地震勘探资料品质，加快生产进度，保障生产顺利进行都至关重要。通过在这方面的多年标准化，目前已形成了对诸如抽油机、大钻等机械干扰、高压电磁干扰、火车汽车等干扰的标准化快速识别及分析处理模型，这对地震勘探来说，其意义十分重大。

例如，在地震生产中，若发现干扰半径为3km的噪声，通过与标准化的噪声模型相比对，就会快速准确地确定这种干扰的干扰源为大钻，之后就可立即采取相应标准化对策措施（图3）。

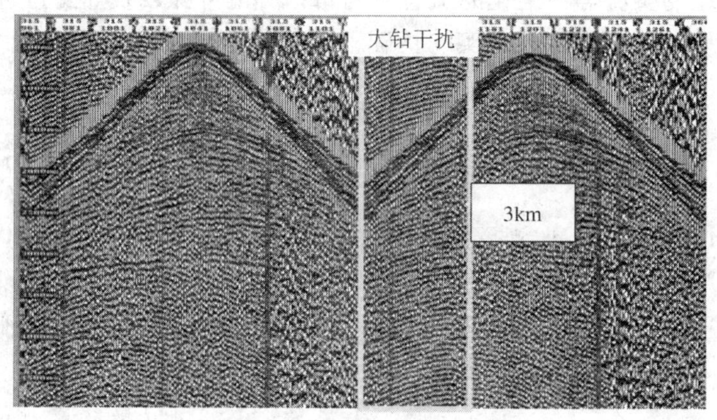

图3　标准的大钻干扰模型

5.9 形成了多套标准化的管理方法

通过在地震勘探中持续推行标准化，先后形成了标准化的工农管理法、设备管理法、质量监督与管理法、物探特色标准宣贯法等。

例如，在高经济农作物广泛分布地区施工时，首先教育野外生产的所有员工，要在确保施工质量、进度的前提下，尽量减少对高经济农作物的损毁或肆意破坏；此外，加强对各野外生产班组的管理，提高全员工农关系防范和工农成本节约意识；明确要求各野外生产班组制定与本工区特点相应的“工农管理规定”，并认真落实执行，同时强化施工人员劳动纪律，增强工农关系防范意识，这不仅有助于树立良好的队伍形象，而且还可以在确保施工质量和进度的基础上将农作物损坏最小化，从而有效减少青苗赔偿费；再者，要求野外施工车辆压地时严格按“一字作业法”，同辙进、同辙出，在确保施工生产正常进度的前提下，尽量做到能走路不压白地、能压白地不压青苗、能压青苗不压高经济作物，检波器埋置在确保质量的基础上，尽量选择在农作物之间的夹空内挖埋，要求员工施工中爱惜农作物，在必须损坏农作物时要做到避重就轻，减少工农关系的发生，以节约工农成本。

特别值得一提的是百公里耗油标准管理法的应用，此法大大降低了柴油及汽油的消耗，基本上杜绝了公油私加、公车私用的现象。

2183 队所施工的官 6 及瓦城工区无论是在工作量还是设备投入等方面都相差不大，相比来说，瓦城工区由于地处海陆交互带，其施工难度更大，但通过采用百公里耗油标准管理法，使瓦城工区的油料消耗还不及官 6 工区的一半，见表 2。

表 2　官 6 与瓦城油料消耗对比表

工区	生产炮数	柴油，t	汽油，t	千炮柴油，t	千炮柴油，t
官 6	14880	96.390	145.813	6.478	9.799
瓦城	16266	46.791	64.440	2.877	3.962

如果以 2009 年 8 月份柴油价格 5510 元 /t，汽油价格 6580 元 /t 作为参考价格，如果按照官 6 工区，瓦城工区理论上就要消耗：

柴油：$96.39\times16266\div14880=105.36$（t）

汽油：$145.813\times16266\div14880=159.3947754$（t）

于是可得瓦城工区：

节约 $=(105.36-46.791)\times5510+(159.3947754-64.440)\times6580$

$=947515.64$（元）

5.10　标准化促使生产连上新台阶

通过在地震勘探中强化标准化工作，使胜利物探地震勘探效率从 2007 年单支地震队日均生产不足 200 炮上升到 2008 年日均生产 300 多炮，2009 年达到日均生产 600 多炮，2010 年则更是创纪录的达到日均生产 800 多炮，实现了地震勘探生产一年一个台阶，一年一个跨越的预期目标；另外从个别日生产可上千炮来看，今后日均生产炮数还有很大的上升空间、提升的余地。

5.11　在地震勘探中通过强化标准化，社会效益十分明显

通过在地震勘探中强化标准化，不仅减轻了工作强度，盘活了人力资源，弥补了在人才需求方面的不足，而且也使施工质量、科技创新、技术攻关、后勤保障、队伍管理、战斗力和执行力等方面都呈现出蒸蒸日上的局面；同时，也树立了队伍良好的形象和信誉，持续提升了队伍的综合素质，为今后更好地开拓国内及国际市场、实现下一步发展目标奠

定了坚实的基础。对于这一切，是无法或者说很难用具体的经济数字来衡量的。

总而言之，通过强化标准化工作，实现了地震勘探的新跨越。至于今后如何更好地在地震勘探中开展标准化工作，仍需要长期去探索、去发展、去创新。

参 考 文 献

[1] 柳旭茏 . 束线状三维正交观测系统满覆盖次数点坐标确定方法 . 石油天然气学报，2009.4

[2] 陆基孟 . 地震勘探原理 . 华东：石油大学出版社，1990

[3] 马在田 . 三维地震勘探方法 . 北京：石油工业出版社，1985

三元注入体系中聚合物浓度检测影响因素分析及方法研究

王　静　费微娜

（大庆油田有限责任公司第四采油厂）

摘　要　大庆油田三次采油技术进入三元复合驱油阶段后，注入体系中的聚合物浓度检测仍然沿用聚驱的检测方法——浊度法，由于注入体系组成变得复杂，检测结果精度低。在应用浊度法测定单独聚合物溶液浓度的基础上，通过实验对聚合物分子质量及不同生产厂家、水质、碱（NaOH）、表面活性剂对测定结果的影响进行研究，确定影响聚合物浓度检测精度的主要因素，通过使用模拟污水进行样品稀释和含表面活性剂的二元体系绘制标准曲线，消除了表面活性剂颜色和碱性条件下污水中 Ca^{2+}，Mg^{2+} 对检测结果的干扰，建立适用于三元注入体系中聚合物浓度的检测方法，使检测结果准确度达到 95% 以上，满足了三次采油现场试验的要求。

关键词　三元体系；表面活性剂；碱；浊度法；准确度

1　引言

聚丙烯酰胺是目前世界上生产量最大的合成水溶性高分子化学品，广泛地应用于提高石油采收率、钻井、选矿、造纸、医药、水处理等许多生产部门。从 1996 年起大庆油田已进入聚合物驱工业化推广应用阶段，目前处于三元复合驱矿场试验阶段，而驱替组成变得复杂致使原有的检测技术在新的驱油领域中不适用，特别是注入体系中聚合物浓度检测是生产过程中动态监测的主要内容之一，是保证生产正常运行的重要手段。注入体系中聚合物浓度分析是否准确，直接影响矿场试验方案及工业化注入方案的设计，准确的分析结果将为油田开发和选择最佳驱油方案打下坚实基础。开展三元注入体系中聚合物浓度检测方法研究，提高测定结果的准确度，可进一步满足三次采油化验检测技术发展的要求。

2　常规聚合物溶液浓度检测方法与三元复合驱注入体系的不适应性

2.1　聚合物溶液浓度检测方法的原理

聚合物溶液浓度是应用浊度法进行检测的，正是由于聚丙烯酰胺与次氯酸钠在酸性条件下发生霍夫曼重排反应，能够生成不溶于水、悬浮在溶液中的化合物，致使溶液浑浊，其浊度值与HPAM浓度成正比，可用分光光度计测其吸光值，进而确定聚合物溶液的浓度。

2.2 聚合物溶液浓度检测方法

根据大庆油田有限责任公司企业标准中有关聚合物溶液浓度检测方法中的要求，首先绘制标准曲线。应用现场污水配制浓度为1000mg/L聚合物溶液，再用现场污水将聚合物溶液稀释成200mg/L，225mg/L，250mg/L，275mg/L和300mg/L的标准聚合物溶液，采用浊度法用分光光度计在470nm下测其吸光值，以浓度为横坐标、吸光值为纵坐标绘制标准曲线。待测样品分析：取5mL待测试样于50mL的比色管中，加入10mL的醋酸振荡，放置2min，再加入10mL的次氯酸钠振荡，放置15min，以5mL注入水、10mL醋酸、10mL次氯酸钠为参比溶液，用分光光度计在470nm下测其吸光值，对照标准曲线计算出聚合物溶液浓度。

2.3 常规浊度法检测三元注入体系聚合物浓度时检测结果与真实值差距比较大

按照检测方法要求，将含有不同浓度表面活性剂的三元体系，按一定比例稀释到标准曲线要求的聚合物浓度范围，以现场污水作为空白，应用浊度法对三元体系进行聚合物浓度检测。常规浊度法测定三元体系中聚合物浓度结果见表1。

表1 常规浊度法测定三元体系中聚合物浓度结果

聚合物浓度，mg/L	含不同表面活性剂浓度三元体系中聚合物测定值，mg/L						偏差范围，%
	0%	0.2%	0.22%	0.24%	0.28%	0.30%	
1400	1464.68	1877.12	1897.56	1849.12	1872.50	1886.15	32.1 ~ 35.7
1600	1639.68	2192.08	2163.04	2171.12	2218.40	2390.80	35.0 ~ 49.4
1800	1841.30	2349.45	2480.13	2384.28	2372.04	2190.24	21.7 ~ 37.8
2000	2036.20	2748.50	2741.90	2730.40	2759.20	2746.00	36.5 ~ 38.0
2500	2510.50	3468.63	3426.75	3371.50	3353.00	3452.75	34.0 ~ 38.8
平均偏差，%	35.59						

注：NaOH浓度为1.2%。

应用常规浊度法检测三元体系中聚合物浓度的测定值与真实值之间的差距较大，检测结果偏差均在20.0%以上，最大偏差达到49.4%。因此，应用常规浊度法来检测三元注入体系中聚合物浓度是不适用的，无法满足现场的使用要求。

3 常规浊度法检测三元注入体系聚合物浓度的影响因素分析

3.1 聚合物分子质量对检测精度的影响

对大庆炼化公司生产的600万分子质量、1500万分子质量、2500万分子质量、3500万分子质量的聚合物，使用现场污水配制、污水稀释的方式，进行聚合物标准曲线的绘制，对比不同分子质量聚合物对检测精度的影响。

通过对比大庆炼化公司不同分子质量聚合物的标准曲线，如图1所示，可以看出各分子质量标准曲线差别不大，不是影响聚合物浓度检测精度的主要因素。只有3500万分子质量的聚合物的标准曲线位置稍低，这是由于分子质量相对较高，聚丙烯酰胺在溶液中呈卷曲线团状，处于线团内部的酰胺基不如线团表面裸露的反应完全，造成吸光值偏低。

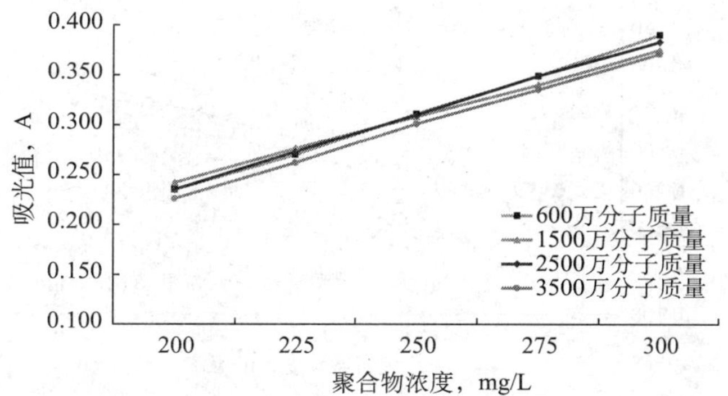

图1 不同分子质量聚合物浓度标准曲线

3.2 不同生产厂家的聚合物对检测精度的影响

对大庆炼化、上海海博、北京恒聚三个不同生产厂家的聚合物，使用现场污水配制、污水稀释的方式，进行聚合物标准曲线的绘制，如图2所示，对比不同生产厂家聚合物对检测精度的影响。

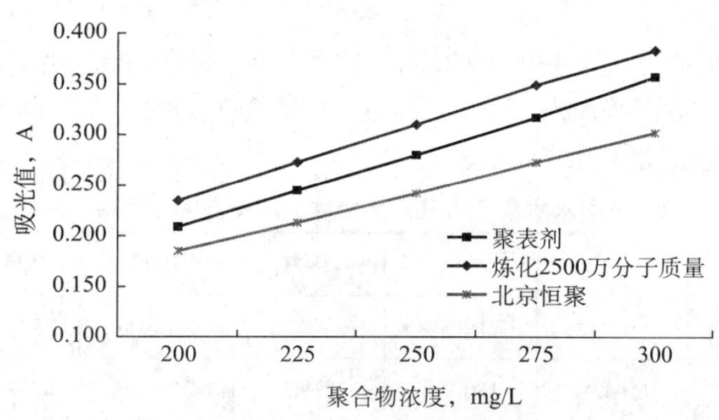

图2 不同厂家聚合物浓度标准曲线

通过对不同生产厂家聚合物的标准曲线的对比，确定由于各厂家的生产工艺的差别，造成羧酸基团在分子链上分布的差异，造成分子线团状态的差异，进而影响参与反应的酰胺基的数量，使各生产厂家的聚合物标准曲线差别很大。因此，在分析不同生产厂家的聚合物产品时，应当分别绘制标准曲线。

3.3　污水水质条件对检测精度的影响

3.3.1　污水矿化度对检测精度的影响

应用现场用水调节污水矿化度为 1000mg/L，2000mg/L，3000mg/L，4000mg/L 和 5000mg/L 左右，对比不同矿化度条件下聚合物浓度标准曲线，如图 3 所示，确定污水矿化度对检测精度的影响。

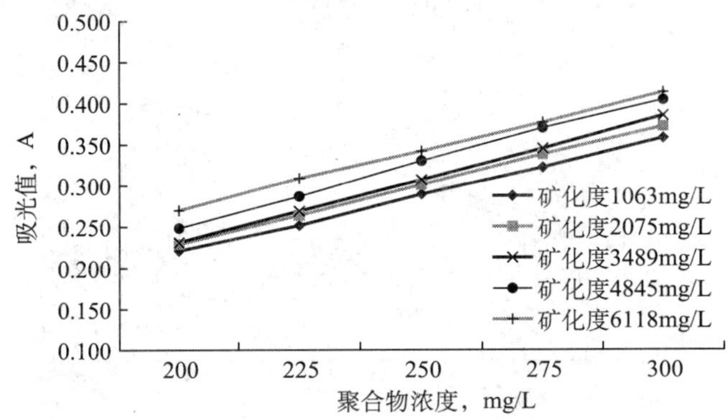

图 3　不同矿化度条件下聚合物浓度标准曲线

通过对不同矿化度水质条件下的标准曲线对比，确定随着污水矿化度的增加，标准曲线的吸光值整体偏高，使不同水质条件下的聚合物标准曲线差别很大。因此，在检测过程中聚合物浓度标准曲线要根据现场水质状况定期更换，以消除污水矿化度对检测精度的影响。

3.3.2　碱性条件下污水水质对检测精度的影响

使用现场污水和矿化度为 4800mg/L 的模拟污水进行不同聚合物浓度的三元复合体系检测，对比碱性条件下污水水质对三元复合体系聚合物浓度检测的影响。不同水质条件下三元复合体系中聚合物浓度检测结果见表 2。

表 2　不同水质条件下三元复合体系中聚合物浓度检测结果

聚合物浓度，mg/L	1400	1600	1800	2000	2500	平均偏差
现场污水，mg/L	1886.15	2190.24	2390.80	2746.00	3452.75	35.97%
模拟污水，mg/L	1544.94	1800.96	1999.78	2189.20	2727.80	10.52%

注：模拟污水矿化度为 4800mg/L，表面活性剂浓度 0.3%，NaOH 浓度 1.2%。

使用现场污水检测结果平均偏差为35%，而模拟污水的检测结果平均偏差仅为10%，说明碱性条件下污水水质条件影响检测精度。这是由于三元体系中的NaOH使污水中的Ca^{2+}和Mg^{2+}，以$CaCO_3$，$MgCO_3$，Ca（OH）$_2$，Mg（OH）$_2$微粒的形式存在，影响吸光值的测定，导致检测结果偏高。

3.4 表面活性剂浓度对检测精度的影响

采用现场污水，配制聚合物浓度为1000mg/L，表面活性剂浓度分别为0%，0.05%，0.1%，0.2%，0.3%的复合体系，应用浊度法检测其聚合物浓度，如图4所示。

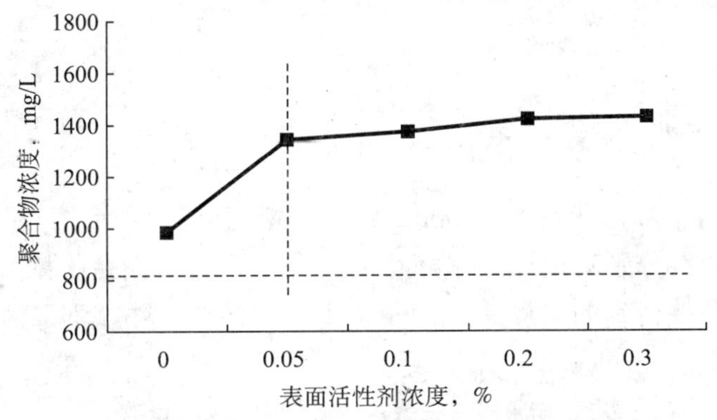

图4 表面活性剂浓度对聚合物浓度的影响

通过检测分析，在聚合物溶液中加入表面活性剂，使聚合物浓度检测结果偏高30%左右，这是由于表面活性剂的颜色对吸光值产生影响，导致吸光值偏高，聚合物浓度检测结果偏高，同时随着表面活性剂浓度的增加，聚合物浓度检测结果偏差越大。

3.5 碱浓度对检测精度的影响

采用现场污水，配制聚合物浓度1000mg/L，NaOH浓度分别为0%，0.8%，1.0%，1.2%，1.4%，1.6%，1.8%的复合体系，应用浊度法检测复合体系中的聚合物浓度，如图5所示。

通过检测分析，在聚合物溶液中加入碱，使聚合物浓度检测结果偏高20%左右，这是由于NaOH使污水中的Ca^{2+}和Mg^{2+}，以$CaCO_3$，$MgCO_3$，Ca（OH）$_2$，Mg(OH)$_2$微粒的形式存在，影响吸光值的测定，导致聚合物浓度检测结果偏高。但碱浓度的变化对聚合物浓度检测结果没有影响。

4 三元注入体系中聚合物浓度检测方法的研究

通过室内实验发现，在进行三元注入体系中聚合物浓度检测时，使用模拟污水进行标准溶液、待测样品稀释，以及采用含表面活性剂的二元体系绘制的标准曲线，对提高三元注入体系中聚合物浓度检测精度具有很好的效果，因此进行大量的实验并得出以下结论。

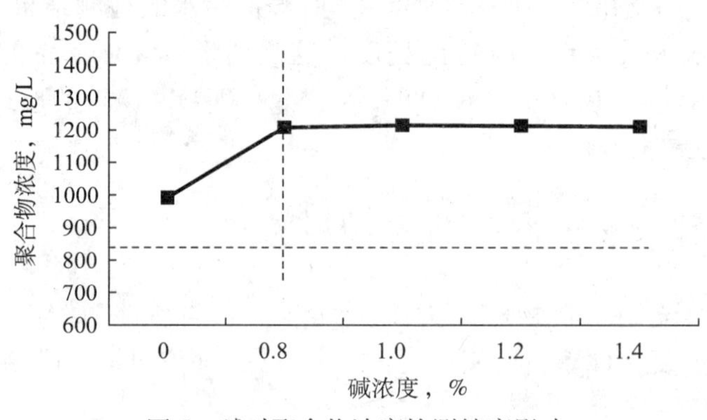

图 5　碱对聚合物浓度检测精度影响

4.1　使用模拟污水代替现场污水进行样品稀释，提高检测准确度

分别使用现场污水和矿化度为 4800mg/L 的模拟污水稀释标准溶液，同时绘制标准曲线，并应用这两条曲线分别对用相应水稀释的三元体系进行聚合物浓度检测，发现应用模拟污水绘制的标准曲线得到的检测结果偏差小于现场污水。污水对三元体系中聚合物浓度结果影响见表 3。

表 3　污水对三元体系中聚合物浓度结果影响

聚合物浓度，mg/L	1400	1600	1800	2000	2500	平均偏差
现场污水配制三元体系，mg/L	1886.15	2390.80	2190.24	2746.00	3452.75	36.25%
模拟污水配制三元体系，mg/L	1544.94	1800.96	1999.78	2189.20	2727.80	10.52%

注：模拟污水矿化度为 4800mg/L，表面活性剂浓度 0.3%，NaOH 浓度 1.2%。

4.2　使用含表面活性剂的二元体系绘制标准曲线，提高检测准确度

以现场污水配制 1000mg/L 聚合物、0.2% 表面活性剂的二元体系作为标准溶液，代替单一聚合物溶液制作标准曲线，在检测过程中，能够有效地消除表面活性剂的影响。

标准曲线的制作方法：以现场污水配制 1000mg/L 聚合物、0.2% 表面活性剂的二元体系，按照标准曲线浓度范围要求，用矿化度为 4800mg/L 的模拟污水将聚合物浓度分别稀释到 200mg/L，225mg/L，250mg/L，275mg/L，300mg/L，加入醋酸和次氯酸钠后，以模拟污水为空白进行吸光值测定，制作标准曲线。

用改进后的方法测定室内三元体系中聚合物浓度检测数据见表 4。通过室内实验检测数据可以看出，应用此方法得到的检测结果准确度达到 95% 以上。

表 4　改进后方法测定室内三元体系中聚合物浓度检测数据　mg/L

聚合物配制浓度		1400	1600	1800	2000	2500	平均偏差
表面活性剂浓度 0.3%	检测浓度 1	1472.22	1645.74	1824.55	2031.36	2497.30	2.8%
	检测浓度 2	1480.38	1691.70	1845.97	2053.28	2501.10	
	平均值	1476.30	1668.72	1835.26	2042.32	2499.20	
	标准偏差，%	5.5	4.3	2.0	2.1	−0.03	
表面活性剂浓度 0.28%	检测浓度 1	1475.76	1664.28	1842.33	1995.12	2458.20	2.7%
	检测浓度 2	1472.40	1661.94	1844.43	2032.88	2484.40	
	平均值	1474.08	1663.11	1843.38	2014.00	2471.30	
	标准偏差，%	5.3	3.9	2.4	0.7	−1.1	

注：表面活性剂浓度为 0.3%，0.28%，NaOH 浓度为 1.2% 的三元体系。

4.3　三元注入体系中聚合物浓度检测方法在实际中的应用

应用改进后的检测方法对现场井口三元体系检测分析，现场聚合物浓度检测结果，符合三元体系黏浓曲线的对应关系，能够准确反映现场三元体系的真实聚合物浓度。此方法已推广应用到三元注入站，为三元注入体系中聚合物浓度资料录取的准确性提供技术保障。三元体系黏浓对应关系曲线如图 6 所示。

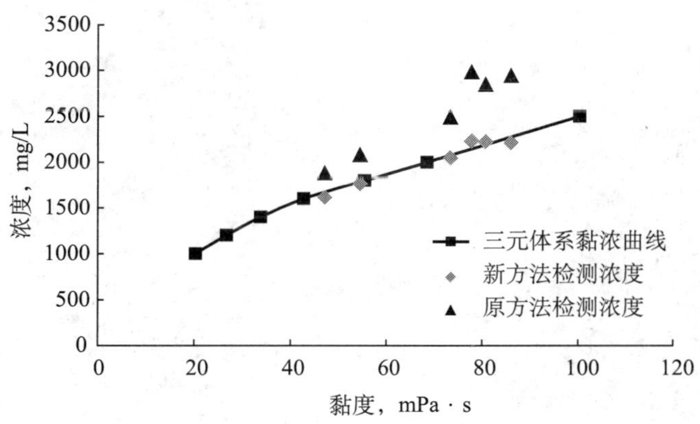

图 6　三元体系黏浓对应关系曲线

5　结论

（1）常规浊度法不适用于三元注入体系中聚合物浓度检测。

（2）常规浊度法检测三元注入体系中聚合物浓度的主要影响因素是碱性条件下 Ca^{2+} 和

Mg^{2+} 以及表面活性剂颜色干扰。

（3）使用矿化度 4800mg/L 模拟污水代替现场污水进行标准溶液和待测样品的稀释，能够消除碱性条件下现场污水中 Ca^{2+} 和 Mg^{2+} 对检测结果的影响。

（4）使用含表面活性剂的二元体系作为标准溶液，绘制标准曲线，能够消除表面活性剂对检测结果的影响。

参 考 文 献

[1] 陈彬，等．几种水解聚丙烯酰胺及其相似物浓度测定方法分析．钻井液与完井液，2005，22（3）

我国地下储气库标准化建设思路探讨

孟凡彬　王　峰　王东军

（中国石油天然气管道局天津设计院）

摘　要　地下储气库是天然气长输管道调峰的重要手段，实现地下储气库标准化建设、信息化管理是天然气工业发展达到一定程度的必然趋势。本文结合国内外地下储气库建设情况，对地下储气库标准化建设的方向和实现地下储气库标准化建设的方法进行了展望，提出了实现我国大规模地下储气库高效建设的便捷途径。

关键词　地下储气库；标准化；系列化；模块化

1　国内外地下储气库建设现状

1.1　国外地下储气库建设现状

国外地下储气库的建设起于19世纪初，目前已经历了近百年的发展历程，全世界已有20多个国家建造了地下储气库，几乎全部集中在工业发达的国家。在美国和加拿大，地下储气库早已成为天然气工业的基础设施，成为平衡冬季采暖用气的主要手段之一。

据有关资料统计，目前世界各国天然气长输管道配套储气库储备能力的平均水平，已达到天然气消耗总量的14%左右，其中美国、俄罗斯以及欧洲等主要天然气消费国，地下储气库的储备能力达到全年总耗气量的比例都在15%以上。而资源相对较少的欧洲国家，由于天然气主要依靠进口，尤其重视地下储气库的作用，其比例通常在23%～34%。

1.2　国内地下储气库建设现状

在全球天然气迅猛发展的大好形势下，我国天然气工业也进入了快速发展时期，目前我国输气管网已初具规模，全国输气管道总里程已突破4.0×10^4km，根据管道建设总体部署，“十二五”期间中国石油天然气集团公司将建设油气管道总长度约4.2×10^4km，到“十二五”末，将形成约8×10^4km的输气管道总里程。在输气管道高速建设的背景下，对配套地下储气库的调峰能力也提出了新的要求。

1999年，我国第一座大型城市调峰型地下储气库的建成，标志着我国输气管道调峰已由依靠容量小、效率低的管容调峰转变为成本低、容量大、效率高的地下储气库调峰。截至2010年底，我国已建成总储备能力达 $43.5\times10^8m^3$ 的地下储气库，储备总量占天然气消费总量的3%左右，此数据表明，同比天然气工业发达国家，我国地下储气库建设存在储备能力不足的问题，2009年全国普遍出现的“气荒”现象就说明了此问题。

为解决我国地下储气库总储备量小、输气管道调峰能力不足、管道安全供气无法保障等问题，中国石油天然气集团公司（以下简称中石油）规划在近期建成总储备能力 $450\times10^8m^3$ 的地下储气库。

2 地下储气库标准化建设的必要性与意义

大规模地下储气库的建设具有工作量大、投资高等特点，实现地下储气库高效建设，降低建设成本、缩短建设周期、提高建设效益，是国内外地下储气库建设中亟待解决的重要问题。

近年来，致力于天然气领域钻研的国内外专家与学者对地下储气库的发展方向进行了多年的研究与探讨，一致认为实现地下储气库建设的“标准化、模块化、信息化”，是满足天然气管道飞速发展需求，提高建设质量与效率，实现天然气业务快速发展的重要途径。

2.1 标准化设计是地下储气库建设高速发展的需要

2000年以来，中石油油气业务进入快速发展阶段，面临前所未有的油气项目建设高峰期，设计、施工人力资源供需矛盾突出，设计进度滞后，已成为制约项目工期的重要因素之一。通过标准化设计与建设工作，发挥各有经验的设计与建设单位的优势和特长，固化以往工程建设中形成的好的经验和成果，形成标准化设计成果，应用到同类项目中，避免低效重复，对提高项目前期工作深度和效率，提高建设质量意义重大。

2.2 标准化设计是提高地下储气库建设水平的需要

由于不同设计单位在设计过程中选用标准不统一，各运行单位要求不同，在以往工程项目建设中存在许多有争议的问题。特别是在当前建管分开体制下，设计需要结合建设单位、运行单位、调度单位等多个建设相关方的意见，因此更需要各方进一步统一理念，确保工程顺利实施。

通过标准化设计工作，形成统一的地下储气库设计理念、统一的的设计和建设标准，统一的工艺及自控水平、以实现中石油所辖地下储气库建设水平的统一，最终实现我国地下储气库建设水平质的飞跃。

2.3 标准化设计是推进地下储气库建设技术发展的需要

通过标准化设计工作，可将项目的研究成果转化成企业级技术规定，作为工程设计指导和依据，并推广应用于同类型工程建设中，实现成果共享；经实践检验成熟后，可以为企业标准、行业标准甚至国家标准的升级和完善提供宝贵的资料。

3　地下储气库标准化建设思路

虽然地下储气库按地质构造不同可分为油气藏型、盐穴型、含水层型等，且地质参数各不相同，但在储气库地面工程建设方面仍存在共性。如为了制定建库方案，必须掌握有关的原始资料：储气库的矿藏类型、生产井和注气井的数量和产量、采出气量和注入气量、采出气体温度和压力、注气压力、采出气体组分（凝析液和水分含量）等，这些都以某种方式影响技术方案的确定。对不同类型地下储气库而言，地面天然气采集、分配和处理的主要区别并不在原理上，而在具体构成和设备上，这就为地下储气库的建设从工艺流程设计到设备选择实现技术方案的统一化、标准化提供了可能性。

我国经过近 10 年的研究与探索，在地下储气库建设领域取得了一定的成绩，并且形成了配套成熟、可靠的地面工艺技术，这为实现地下储气库标准化建设提供了良好的技术基础。笔者认为，我国地下储气库标准化建设重点包括以下几个方面。

3.1　实现研究模式的标准化

地下储气库的建设是一项大规模的系统工程，其建设贯穿地质勘探、钻采工艺和地面工程整个过程。地面工程与地质、钻采工程相辅相成、相互影响、相互制约，“地下决定地面，地面影响地下”，即调峰需求、注气压缩机选型等影响地质库容及储气库运行压力区间的确定，地面设施现状影响站址选择及钻井方式、钻井数量。地质、钻采、地面工程需相互协调配合，才能确定最优库容量、地层压力区间、钻井方式及注采井数量。

地下储气库地质、钻采、地面工程可按图 1 ～图 3 所示的标准化模式进行研究。

3.2　实现工艺技术的标准化

地下储气库地面工程研究范围包括井口采气、井流物集输、天然气处理、凝液与采出水处理、干气外输，以及天然气增压、高压集输及注气的全过程。地面工程按单体站场一般分为井场、集注站、站外集输系统等。

地下储气库地质构造不同，地面集输与处理工艺也不尽相同，但对于同类型地下储气库，井口工艺、露点控制工艺、注气工艺在技术上差别不大，具备实现标准化的条件。因此可以根据储气库类型、功能定位的不同，确定统一化、标准化的井口、露点控制和注气工艺流程，同时提出注采装置规模确定准则、集输管道注采独立与合一设置准则、井口防冻方式、露点控制方式、注气压缩机选型方式、压缩机设置与运行方式、凝液处理方式、污水处理方式、放空方式、供热方式、自控水平等。

对于利用油藏和凝析气藏改建的地下储气库，根据地层中采出井流物组分的不同，采出气处理装置需要进行水、烃露点控制，结合国内外同类工程建设与运行的实践经验，露点控制工艺采用 J–T 阀制冷 + 注乙二醇防冻工艺，采出气处理工艺流程框图如图 4 所示。

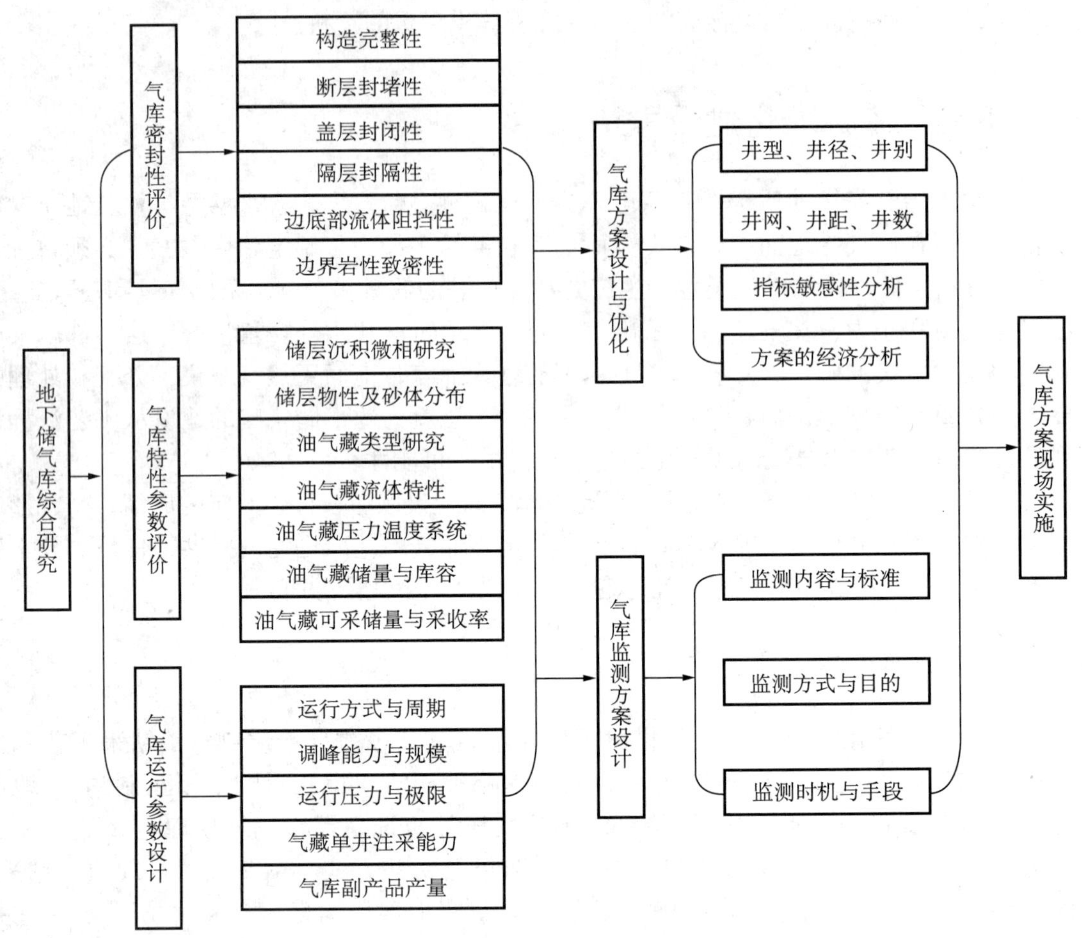

图 1　地质工程标准化研究模式图

对于利用干气藏改建的地下储气库，前几个采气周期内，采出气中可能携带一定量的地层水，为满足外输产品气露点要求，需要进行脱水处理；利用盐穴改建的地下储气库，若进行溶腔后形成储气空间，则在储气库建成的前几个周期，采出气中将携带一定量的地层水，需要进行脱水处理；而利用含水层改建的地下储气库，采出气中必然含有饱和水，需要进行脱水处理。综上，干气藏型、盐穴型、含水层型储气库露点控制可采用三甘醇脱水工艺，采出气处理工艺流程框图如图 5 所示。

工艺技术标准化是实现地下储气库标准化建设的核心，也是保障地下储气库高效建设、安全运行的重要基础，因此在标准化工艺技术确定的过程中，应集国内该领域技术专家合力，因地制宜、因时制宜、因工况制宜，根据工程实际情况确定最佳技术路线与技术方案。

3.3　实现平面布局与建筑的标准化

虽然地下储气库类型不同，但站场设置差异不大。地下储气库井场、集注站在总图布局及建筑风格、形象标识上均具备实现标准化的条件：

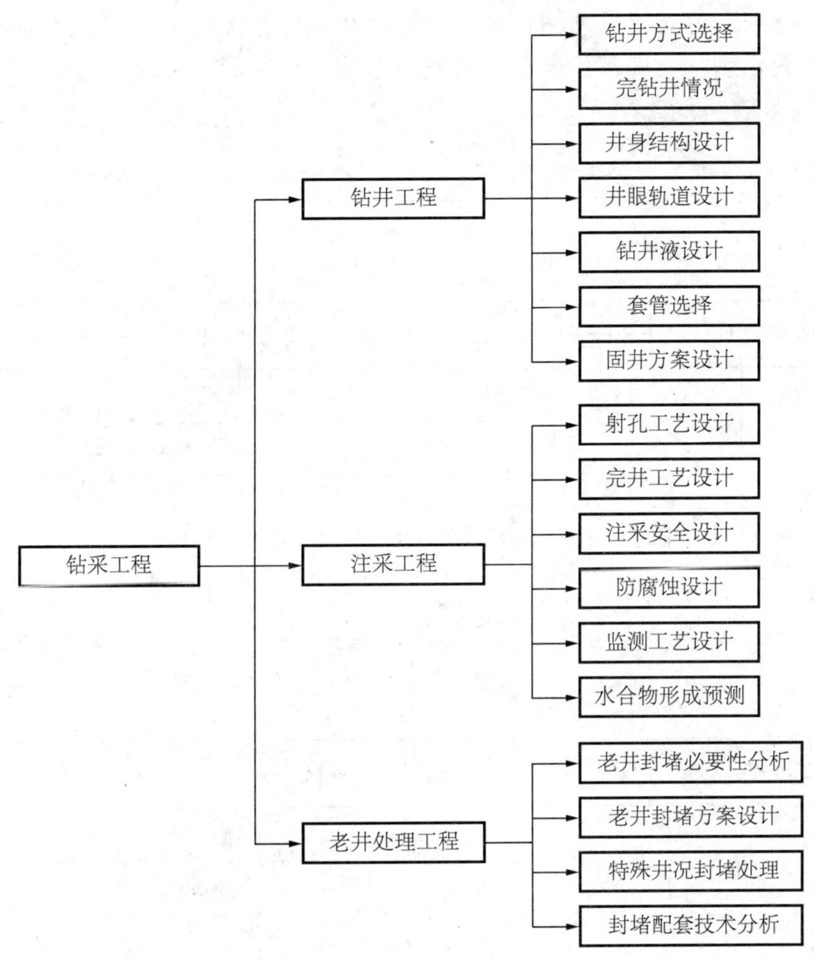

图 2　钻采工程标准化研究模式图

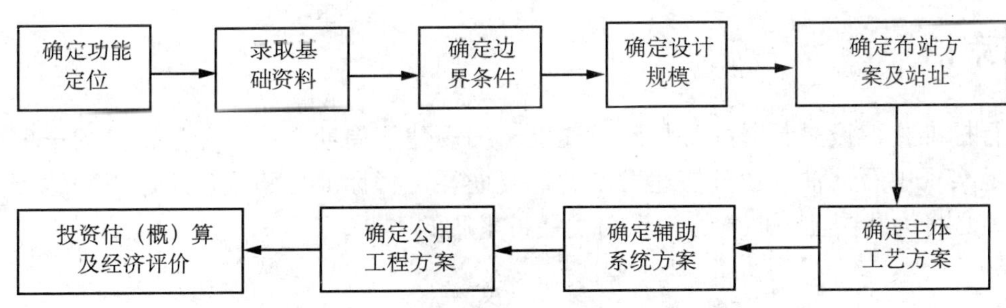

图 3　地面工程标准化研究模式图

（1）总图布局：对于井场，可按照设施功能划分为井口区、注采阀组区、辅助生产区；集注站也可按照功能，划分为综合办公与辅助生产区、采气装置区、注气装置区、配套设施区，从而实现地下储气库站场标准化总图布局。

（2）建筑单体：可在建筑单体功能、建筑风格、房间大小、房间配置等方面形成统一标准与要求。

(3) 形象标识：可对建筑物檐口色带、围墙及栏杆、大门标题墙、站场标志牌、站场指示牌、安全警示牌、门牌、风向标、设备标志等，从色彩、尺寸、材质、字体、设置位置等形成统一标准与要求。

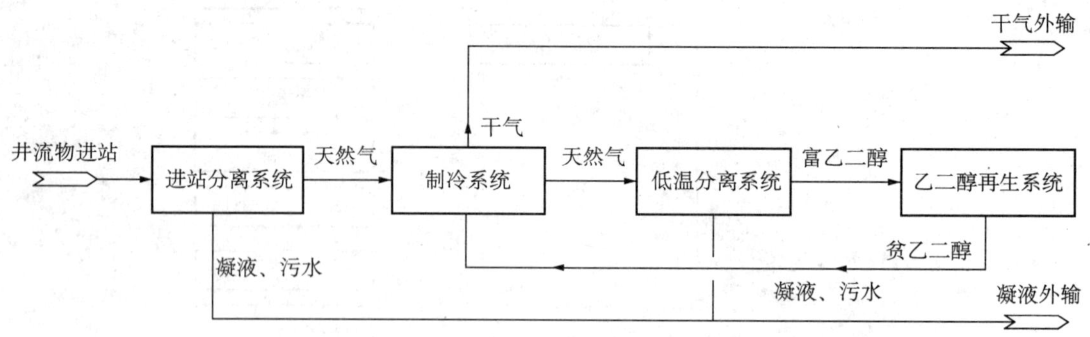

图 4　油藏、凝析气藏型地下储气库工艺流程框图

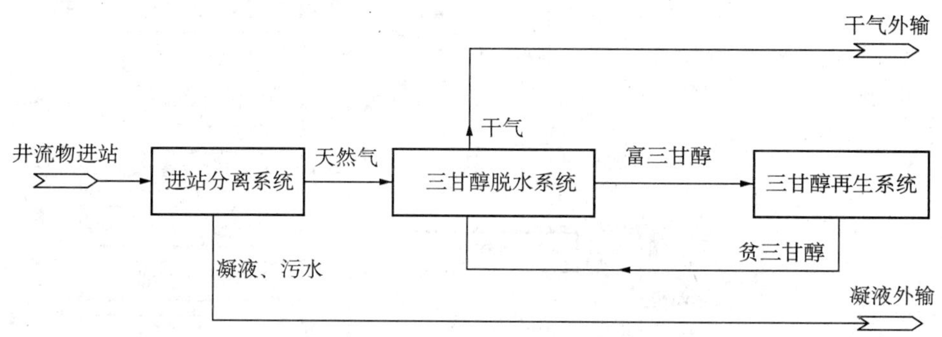

图 5　干气藏型、盐穴型、含水层型地下储气库工艺流程框图

4　结束语

进行标准化建设是新时期加快建设速度、缩短建设周期、提高建设质量的一项重要举措，也是实现中石油油气业务快速发展的重要途径，将标准化建设理念应用到地下储气库建设中，必将为我国地下储气库建设与发展带来质的飞跃。

参 考 文 献

[1] 孟凡彬．管窥地下储气库建设现状．石油建设工程，2004 (6)
[2] 张杰坤．天然气的地下储存条件及前景．油气储运，1998 (11)
[3] 孟凡彬．板桥凝析气田地下储气库建造技术．石油规划设计，2006 (2)
[4] 王皆明，等．北京地区地下储气库方案研究．石油学报，2000，21 (3)

浅谈国际钻井 HSE 标准化管理

王力耕　张翠花　谭先涛

（中原石油勘探局钻井二公司）

摘　要　本文结合国际钻井现场的两个 HSE 标准化管理实例，叙述了标准化管理的成功的经验和失败的教训，通过分析，阐明了钻井 HSE 标准化管理是企业保持国际市场竞争力的重要前提之一的观点，最后提出了加强 HSE 标准化管理的几点想法和建议。

关键词　国际钻井；HSE；标准化；管理

1　引言

中国石化集团中原石油勘探局钻井二公司作为国内钻井行业第一家迈出国门的专业化公司，自 1994 年以来，先后在孟加拉国、莫桑比克、也门、沙特、马达加斯加等国际市场与 Total，Texaco，TOTAL，Schlumberger，Aramco，DNO 等国际知名石油公司建立了良好的合作伙伴关系。近 20 年来，在开拓、稳固国际能源市场方面取得了长足的进步，逐渐成为一个比较成熟的国际石油钻井承包商。取得这样的成绩来自两个方面：一方面，国际市场要求在职业健康、安全、环境保护方面与国际接轨；另一方面，国内安全生产的发展形势要求加速规范基层单位的作业程序、标准，而实现这些要求无疑与 HSE 标准化管理密切相关。

作为境外一家较成熟的钻井承包商，在 HSE 标准化管理上，不仅要遵守我国相关的法律、法规、标准，还要遵守所在国的相关法律、法规、标准，更要遵守国际标准（ISO）和美国石油学会标准（API），并且参照国际钻井承包商协会标准（IADC），以及所在国甲方在合同规定中的 HSE 要求，同时必须按照 HSE 手册实施标准化管理。

多年的国外钻井现场 HSE 标准化管理，既有成功的经验，也有失败的教训，下面，结合我们的两个国际钻井项目，简单探讨一下国际钻井 HSE 标准化管理的经验和教训。

2　国际钻井 HSE 标准化管理的经验和教训

开始进入国际市场时，特别是在项目 HSE 标准化管理上，我们交了不少学费，吃了很多苦头，走了一些弯路，同时积累了一些经验，多年的国际钻井 HSE 标准化管理，让我们深刻体会到，要想企业保持国际市场竞争力，成为佼佼者，必须加强 HSE 标准化管理，具备“四高”：高水平的HSE标准化管理、高效率的标准化生产作业、高标准的装备配套和高素质的人才队伍。

2.1 实例1：美国德士古公司（Texaco）煤层气项目

美国德士古公司（Texaco）煤层气项目，是我公司2000年实施的一个项目，项目初期，由于我方在技术标书、设备配套、现场标准化，以及施工人员安全操作程序等方面表现良好，甲方比较满意。但是项目进展到三个月时，甲方对我方的HSE评价已从中级滑到了最低（C级）。通过沟通发现，不是我们的岗位责任制不明确，也不是没有执行安全操作规程，而是甲方在工作区域内发现有人PPE穿戴不齐，甚至还出现了明显的“三违”现象，为什么会这样呢？当时，甲方现场监督和安全总监并没有采取最严厉的停工措施，而是利用作业排采间隙展开现场培训，同时要求我方必须尽快掌握API和德士古公司安全手册，通过培训来规范全队的日常安全行为，正确理解健康、安全和环境三者之间的关系，进而使大家从整体上提高安全意识、消除隐患、降低风险。项目后期，我方在质量、安全、效率三个方面均获得了优级（A级）。

本案例启示：在钻井现场HSE标准化管理过程中，不能把健康、安全和环境三者分隔开来进行管理，而是应结合国内外职业健康、安全和环境保护的标准来进行系统地管理。从近年来的事故统计看，钻井事故的80%是人为因素造成的，其中心理状态是其中重要的因素，而对心理健康有着更为基础、深远影响的则是来自生理和环境方面的组合作用。因此，加强对员工的心理健康指导，提升自身心理调节能力，建立相互关爱的企业文化，改善员工的工作、生活环境，这对于保障员工身心健康和促进安全生产，无疑有着十分重要的意义。随着国际市场竞争的日趋激烈，我们深刻体会到HSE管理在境外项目管理中的重要作用，它是项目管理的核心，直接关系到项目能否中标，以及中标后能否正常运作。另外，在执行项目过程中，甲方强调HSE规范化管理，所有施工作业必须按程序文件和作业手册的要求进行操作。如果在项目作业过程中发生令甲方不可接受的事件，那么这个合同很可能被提前中止。比如在委内瑞拉进行钻井作业的美国圣塔非钻井公司的一台钻机在起升井架过程中，大绳出了问题，造成一名井架工的四个手指被切断，委内瑞拉国家石油公司立即终止了与该公司两台钻机的合同。在海外业务扩展迅速、管理幅度不断加大的情况下，我们必须建立满足国际市场要求的HSE管理体系和各类安全作业程序，完善和修订员工安全手册，实施以“两书一表”为主要内容的HSE体系标准化管理和运行、强化HSE监督应急预案的制定、审核，强化各级尤其是基层HSE管理人员和全员的安全技术培训，建立起从基层作业队到项目部和公司三级监督检查制度。HSE要体现全员管理的特点，要让全体员工参与HSE的管理过程。STOP卡的管理方法是体现员工参与HSE管理的最好的办法，大大调动了全员参与HSE管理的积极性，同时也大大增强了员工安全意识，为减少事故的发生起到了最直接有效的作用。通过实施，全员参与HSE管理在项目中取得了很好的效果。

2.2 实例2：法国道达尔公司（TOTAL）钻井项目

2006年4月，我们中标了法国道达尔公司（TOTAL）在中东的第一口欠平衡井

(UBD)，由斯伦贝谢采用 LWD 和 PWD 技术负责定向，GEOSERVICES 负责录井，威德福负责 UBD 和下套管，哈里伯顿负责固井。现场特殊设备繁多，工艺复杂，施工人员和作业程序与普通钻井数量上相差甚大，甲方钻井、安全监督的压力很大。面对复杂局面，中方人员精心安排，在整个施工过程中没有出现一次操作失误，在 HSE 监管过程中充分与甲方、第三方保持有效地沟通与合作，始终严格执行 HSE 各项管理规定和工作要求，最终圆满地完成了这口井的各项施工任务。期间，共召开各种安全会 150 次，Tool Box Talk 20 余次，写出 STOP CARD 210 张，开工作许可 77 个，进行 JSA 等培训 4 次，井控、消防演习两次。虽然这口井的投资庞大，但是，中方精湛的技术和优异的 HSE 业绩也给投资方带来了巨大的收益（初期日产 1700t）。

通过上述实例说明，我们虽然较早与国际接轨，开始采用国际标准和国外先进标准，建立 ISO 9001，ISO 14001，ISO 18001 认证活动，开展了国内外 HSE 管理体系研究、修订、宣贯活动，并且由此编制了由技术标准、管理标准和工作标准组成的较为健全的企业标准体系，但同国际先进水平存在差距，关键是要落实，在实际工作中发现问题，通过持续改进，才能够真正体现标准就是竞争力。API 标准部主任 David Miller 曾在一份报告中指出：API 的使命是为标准的国际化发展提供机会，以利于保持在石油天然气工业中的领导地位，因为标准能够增值并改善竞争力。

3 加强 HSE 标准化管理的几点想法和建议

3.1 构建以技术标准为主体，以管理标准、工作标准为支持的企业标准体系，是建立标准化管理模式的关键

依据有关企业标准体系制定的国家标准、中国石化集团公司、中原油田企业标准体系表，结合公司自身特点，构建以技术标准为核心的技术标准体系；再根据技术事项所涉及的管理事项制定管理标准，构建管理标准体系；同时为落实技术标准和管理标准要求，制定工作标准，构建工作标准体系。从而形成完整的、科学的、系统的企业标准体系，做到“技术有规范，管理有条例，岗位有准则，考核有办法，检查有内容，奖惩有依据”，并在生产过程中加以贯彻和执行，确保各项事务的标准化运作，建立标准化管理的模式。

3.2 加强对基层队伍进行标准化知识的培训，提高人员素质

随着国际钻井市场不断拓展，涉及 HSE 领域的各项技术标准、管理标准和工作标准将更加严格规范，基层管理人员如平台经理、带班队长、安全官都比较欠缺标准化专业知识，公司应利用宣传栏、ERP、会议等多种形式进行标准化宣传，利用职工倒班时机，结合其他培训，综合利用培训资源，开展标准化培训，以建立的企业标准体系中 HSE 标准为培训重点，通过标准的宣传和培训，使员工的标准化意识提高，增强执行标准的自觉性，不断提升 HSE 管理标准的执行力。

3.3 加大对钻井相关专业新的国际、国家标准的宣贯力度，提高标准实施的有效性

石油、天然气钻井是一项复杂的系统工程，而一些相关标准是强制性的，这就要求我们必须加大对钻井相关专业新的国际、国家标准的宣贯力度，举办不同形式的宣贯培训班，对于一些重要的、特殊工序的钻井标准的使用应组织有关专家进行讲解和培训，了解、掌握新标准，并且按最新的国际、国家技术标准的要求组织钻井生产，提高标准的实施效果，确保与第三方进行良好的合作。

3.4 加大国外标准的采标工作，为海外市场开拓提供技术保障

针对目前标准实施广度不够的现象，如有的国家或地区要求使用不低于 API 及 IADC 标准的 OSHA 标准，这不仅要求我们加大国外标准的采标力度，迅速学习跟进，更重要的是还需要在组织标准实施环节上下工夫。同时，建立并前移标准实施跟踪指导、监督机构，建立标准实施激励机制，及时发现和完善标准，将标准的实施落到实处，使标准真正起到指导生产并产生效益的作用，进一步增强境外钻井队伍的国际竞争力。

4 结束语

据有关专家预测，到 2015 年我国的采标率将达到 90%，同时，国际标准化组织在“ISO 为发展中国家之行动计划 2011—2015”报告中也表明他们的目标，这将有利于推动我国企业积极参与国际标准制定，并将我国自主创新的标准国际化。到 2020 年，我国主持制定和参与制定的国际标准要达到 2000 项。这样可以促进我国企业技术创新的国际化水平，增强主导和影响制定国际标准、国际技术规则的能力，并且和其他成员国一道分享标准化所带来的成果。

参 考 文 献

[1] GB/T 28001—2007 职业健康安全管理体系要求

[2] OHSAS 18001：2007 Occupational health and safety management systems-Requirements

[3] National institute for occupational safety and health[J]. Occupational health psychology，2009

[4] 李永鑫，务凯 . 职业健康心理学的发展和展望[J]. 中国心理卫生杂志 2008，22(6)

[5] David Miller.API and international standardization[R]. American Petroleum Institute，2004

[6] API RP 76 油气钻井和生产作业的承包商安全管理

[7] API RP 7G−2　Recommended practice for inspection and classification of used drill stem elements（Identical Adoption of ISO 10407−2：2008）

[8] 李岩．试论标准化管理与技术创新［N］．政府法制研究：黑龙江研究，2010

[9] ISO Action Plan for Developing Countries 2011−2015［R］2010

实施标准化规范化管理
提升石油工业安全生产管理水平

张海涛　廉永梅　于　国

（胜利石油管理局井下作业公司）

摘　要　本文结合石油工业安全生产工作中遇到的实际情况和一起事故案例，阐述了标准化与安全生产管理的关系，以井下作业行业为例分析了石油工业安全生产标准化方面存在的不足，并提出了对策。指出，要加快采用国际标准的步伐，构建、完善我国的井下作业技术标准体系。

关键词　标准化；安全生产；标准体系；井下作业

1　从标准化角度对一起典型事故的原因分析

2009年2月28日，某油田公司大修1队在起打捞管柱还剩6根时，发生井涌现象，对操作台下失控原因进行了分析后认为，本次安全生产事故实质上是一起典型的施工过程中不落实国家以及石油行业有关技术标准规范造成的。两名场地工负责关闭SDFZ18−35型手动半全封防喷器，因操作人员未掌握井控关井程序，没有打开套管闸门放喷泄压，直接硬关井。井口气流大，钻杆不居中，导致防喷器一侧闸板不能关闭，关井未成功。随着气流的快速增大，钻杆上顶，井口失去控制，造成井喷失控。

事故发生后，油田组织成立的事故调查组，经过认真调查，认定了本次井喷事故的原因。笔者对事故调查组认定的井喷事故原因做了以下分析：

（1）该井设计编写、审批不严格。一是地质设计没有提供地层压力等数据资料，对井控及防范措施要求不具体；二是施工设计未经甲方审批，没有对施工设计无具体安全及井控描述等严重问题提出整改意见，且没有批准人签字，直接违反了Q/SH 0098—2007《油气水井井下作业井控技术规程》。

（2）大修1队施工人员严重违反井控安全操作规程。起钻过程中未及时灌注压井液，同时起钻速度过快形成抽汲作用，使地层流体进入井筒，造成井内液柱压力不能平衡地层压力，违反“井下作业井控工作细则”。

（3）现场施工人员井控措施操作不当，在发生井喷后，操作人员违反“井下作业井控工作细则”修井作业“五．七”动作，没有开启套管闸门进行泄压，却直接关防喷器，致使钻柱顶出井口。

（4）该井未按 Q/SH 0098—2007《油气水井井下作业井控技术规程》要求安装液压防喷器，而 SDFZ18−35 型防喷器是油田早已淘汰的产品，导致在发生井喷时没能起到有效关井作用。

通过对此次事故的原因分析，不难看出标准对于安全生产的重要性，就笔者所从事的井下作业行业而言，它所生产的产品都是高危化学品，具有易燃、易爆、毒性和腐蚀性的特性；工作场所在野外，点多面广，流动性大，冬天寒风刺骨，夏天烈日炎炎，危险源有300多种，火灾、爆炸、致人中毒、化学灼伤、触电伤亡、机械伤害、物体打击伤害、井喷失控、高处坠落事故一旦发生，往往会带来严重后果，造成众多人员伤害、巨额的财产损失，还会造成严重的环境污染。为了杜绝此类事故发生，需要制定全面的标准，并严格地执行。下文将详细阐述标准化与安全生产管理的关系。

2 标准化与安全生产管理的关系

2.1 标准化是安全生产管理的基础

石油工业安全生产涉及的行业和专业范围广，生产环境和条件苛刻，过程连续性强，原材料和产品多为易燃易爆、有毒有害有腐蚀的物质，生产技术复杂，设备种类繁多，稍有不慎即容易发生事故，造成人员伤亡和国家财产的损失。由于企业员工的责任心、生产经验和知识水平等参差不齐，如果没有一系列的标准规范员工的生产行为，生产中不能明确地对每一事和每一物哪些允许做、哪些不许做、做到什么程度、如何做都做出详细规定，就难以保证安全生产，这点从前文的事故案例中就能充分说明。针对这一问题，许多工业发达国家都采取了发布技术法规和标准来解决的办法。如美国于1970年颁布的《职业安全卫生法》，开宗明义的一句话便是：为保证劳动者工作条件安全和卫生目的，执行在本法基础上应制定的各项标准。随后成立了专门机构制定了大量标准。美国在20世纪70年代以前大量采用中、低压锅炉，爆炸事故曾多达1700多起，死亡1300多人。20世纪70年代以后，虽然大量采用压力高达19.6～29.4MPa的高压锅炉，但却极少再发生爆炸事故，除了技术进步的原因之外，主要是有关锅炉安全的一系列标准发挥了作用。

我国1982年颁布了《锅炉压力容器安全监察暂行条例》以后，成立了专业标准化技术委员会，针对设备特点和关键部件开始制定安全标准，通过监督检测推动标准实施，结果“七五”期间比“六五”期间万台锅炉爆炸率下降了约20%。国家劳动部门“七五”期间通过制定劳动安全标准，并依据标准开展技术监察，有效地控制了伤亡事故发生，“七五”期间县以上企业职工因工伤死亡人数比“六五”期间减少4929人，重伤人数减少39608人。

据国际劳工组织（ILO）的统计数据表明，在很多工业化国家，工伤死亡比例是每10万个工人不到10人，而且还在下降。国际劳工组织（ILO）指出：哪里应用安全标准，哪里的劳动场所就更安全。

对于我国的石油工业来说，自1992年开始，石油工业标准化技术委员会在吸取了大兴安岭特大火灾事故教训的基础上，决定成立石油工业安全专业标准化技术委员会，十几年来共制修订了 205 项安全行业标准。几乎涵盖了石油天气开采的所有领域，为保证石油工业安全生产起到很大作用。

2.2　管理标准是安全生产管理的系统化措施

安全生产是一项系统工程，必须以系统论为指导，采取系统化的管理措施。在这方面，一些工业发达国家在总结管理经验的基础上已形成了一套系统化的管理模式，即职业安全健康管理体系（OSHMS)，受到国际劳工组织（ILO）的重视和肯定。在此基础上我国颁布了 GB/T 28001《职业健康安全管理体系规范》。为了提升企业的安全生产管理水平，用标准管理代替经验管理，避免“头痛医头、脚痛医脚”、忙乱无序、“一阵风”似的工作管理模式，促进建立科学化、规范化的安全生产长效机制，与国际大石油公司安全生产管理的惯例接轨。1997 年中国石油制定并发布了行业标准 SY/T 6276《石油天然气工业 HSE 管理体系》。接着，我国三大石油公司都先后建立和实施了 HSE 管理标准，通过实施这个管理标准，在组织内建立起一个具有自我约束、自我完善并能持续改进的管理体系，使企业找到了对安全生产问题进行规范化控制的方法和完整系统的管理模式。

2.3　工作标准是消除不安全行为的手段

据统计，在可以预防的事故中，由于人的不安全行为导致的事故高达 88%。如果没有一个科学的工作标准，作业者按自己的意愿和想法操作，尤其是在紧急情况下不按科学方法和科学规则行事，常常是酿成安全事故的原因。研究和实践都已证明，工作（作业）标准化的过程是形成群体习惯和群体行为准则的过程，是缩小个体差别、提高整体素质的过程。它不仅能有效地消除不必要的、不合理的作业程序、作业方法和作业动作，而且能促使工人克服已经形成的不合理的、随意性的操作习惯，防止个体差别和可变因素影响的扩大，增进人的作业的可靠性，从而克服和降低人的因素对安全系统的副作用。

3　井下作业安全生产标准化管理实施过程中面临的问题

随着我国经济的发展，我国石油工业快速进人全球经济大舞台。国际市场要求我们在职业安全卫生、环境保护方面与国际接轨；国内安全生产的严峻形势要求我们加速规范作业程序、规范人的行为。近几年来，三大石油公司在认真贯彻执行标准方面都做了大量而卓有成效的工作。使我们的安全管理水平有了显著提高，为石油工业尽快适应国际市场打下了坚实基础。但是，我们的安全管理水平、安全生产意识、保障员工身心健康的措施还不能满足石油工业不断发展的需要，与经济发达国家相比仍有较大的差距，许多专业标准不配套，有标不依，安全可靠性不强，违章指挥、违章操作、违规违纪现象仍然屡见不鲜，以致事故频发，突发事件时有发生，安全得不到保障，问题十分突出。仅就笔者从事的井下作业行业而论，标准化方面即存在以下不足。

3.1 标准体系不完善

在修井作业现场，几乎所有产品都可以找到生产标准。但是对于用户来说，产品标准仅可用于对产品进行入库验收，而在使用过程中不能作为修理及报废的依据。修井作业现场缺乏维护、维修和判废方面的标准。

例如，井口工具（吊卡、吊环、卡瓦、钻杆动力钳等），没有产品标准的很少，但是使用及维修、报废标准基本没有。在制定相关作业指导书的时候，没有标准可依，只能参考产品标准。所制定的作业指导书不科学，要么造成浪费，要么造成失效事故。在实际施工中，因管体螺纹、本体裂缝等造成质量事故的现象很多，损失严重，原因之一是目前没有油管报废标准及加工检验标准。产品标准是面向生产厂家制定的，而采用产品标准来代替使用、修理、报废标准是不科学的。

3.2 缺少新产品及检验方法等方面的标准

在井下作业施工中，已经出现了好多井下工具，比如防砂工具、各式各样的封隔器、防顶卡瓦等，每种工具的厂家不同，由于生产厂家不愿意公开其产品标准，导致每种工具的构造不同，不利于技术人员掌握，在施工中存在安全生产隐患。比如现在常用的防顶卡瓦，虽然各个厂家的工具原理差不多，但因为内部构造略有不同，导致捞防顶时经常失败，甚至导致油井的报废。

3.3 标准综合性状况不好

我国石油和化工行业安全标准由于专业划分过细，不同专业之间缺少有效的衔接，致使标准的对象过于单一，往往产生重复、交叉与不协调；同一类型标准，国外只有一个，而我们有多个，甚至十几个，看似精细，实质上缺乏系统性；并且国际标准和国外先进标准以基础标准、方法标准为多，而我国石油行业标准产品标准比例较大，在市场需求、经济基础、产品意识等方面与国外均不同，难以与国际标准和国外先进标准一一对应。

另外，部分标准原则性规定多，可操作性条款少，实用价值不大。因此，标准的落后已成为我国石油工业与国际先进水平的主要差距之一。

4 解决所面临问题的对策

4.1 加快采用国际标准的步伐，尽量满足石油工业安全生产的需要

随着我国石油工业的不断发展，我们要根据我国本行业的特点积极采用国际标准和国外先进标准。为进一步加快石油工业标准国际化进程，提高标准质量的实质性问题就是要

开展标准项目的前期研究工作，在充分研究同类国际标准和国外先进标准的基础上，制定我们的标准，同时参与国际标准化活动，认真研究借鉴国际标准化工作的思想和工作程序，建立与国际惯例接轨的石油工业标准化运作机制。只要适合我国国情，适合我国石油工业安全生产，我们都要实行“拿来主义”，为我所用。尽快把它们转化为我们自己的标准。

4.2 构建完善我国的井下作业技术标准体系

为了适应石油工业标准化工作的新形势，我们要借鉴适用的国外先进的标准体系，以对行业标准的“整合、提高、国际化”为重点，积极开展行业标准整合、制修订工作。针对石油行业标准现状，在积极有效地对标准进行清理、整合的基础上，减少总数量，提高单项标准的容量和集成度。对属于同一专业门类的不同标准化项目，在总体上具有共性，个体上具有针对性，技术要素相近，应进行同类合并，整合成一个标准或系列标准；对跨专业的不同标准化项目，在技术内容上具有较强的相关性，在主体要素上具有较强的相似性或在过程运作上具有紧密的连贯性，应整合成为一个标准或系列标准。对同一产品不同生产过程的标准项目应进行整合，使其成为一个标准。

4.3 加大标准宣贯和对员工标准知识的培训力度

在现场施工过程中，有相当一部分安全生产事故，不仅是由于安全意识薄弱，一个更重要的方面就是不懂标准，标准普及不够，所以要加大标准宣贯和培训力度，通过标准宣贯和培训，让广大干部、员工人人了解与工作有关的标准，人人理解标准、人人掌握标准、人人执行标准。

目前与国际先进水平相比，我国石油工业安全生产管理水平存在差距，事故隐患多的一个重要原因就是现有标准不够完善，执行标准的自觉性不高。只有高质量、高水平的标准，才会有高水平的管理。今后几年是我国经济和社会发展的重要时期，也是我国石油工业结构调整的关键时刻。实施标准化管理是保障我国石油工业飞跃发展的重要条件，只要我们转变观念，积极研究标准化工作面临的新形势、新问题，与时俱进，勇于创新，有效地实施生产安全标准化管理，我国石油工业安全生产管理水平就一定能够提升到一个新的高度。

参 考 文 献

[1] 黄飞．中国石油天然气股份有限公司企业标准化工作的回顾与展望．石油工业技术监督，2007（03）

[2] 张勇．石油工业安全专业标准化技术委员会采用国际标准和国外先进标准探讨．石油工业技术监督，2005（06）

[3] 岳大伟．浅谈石油标准化宣贯的目标管理．石油工业技术监督，2007（07）

[4] 朱惠骧．加强石油企业标准化管理工作提高标准实施的有效性．石油工业技术监督，2002（06）

[5] 姜姝．石油企业标准化管理．品牌与标准化，2009（20）

二　等　奖

（30 篇）

国IV车用汽油标准中蒸气压限值的研究

董红霞　徐小红　刘泉山　何晓兰

（中国石油兰州润滑油研究开发中心）

摘　要　使用四个不同蒸气压水平的试验汽油，在满足国IV排放标准的车型上进行了I型、IV型和VI排放试验，研究了汽油蒸气压对常温冷启动后、低温冷启动后尾气排放和蒸发排放的影响。研究结果表明，油品蒸气压越高，总蒸发排放越大。油品蒸气压过高、过低均对排放不利，而应控制在合理的范围内。根据研究结果，制定了GB 17930—2011《车用汽油》中蒸气压限值。

关键词　蒸气压；排放；限值

1　引言

随着世界环境污染问题和能源危机的日趋严重，汽车的排放问题受到了越来越广泛的重视，各国纷纷制定了严格的排放法规。美、日、欧等国家和地区的汽车行业、石化行业纷纷合作进行“汽车—发动机—燃油”关系的系统研究，提出了与逐渐加严的汽车排放法规相适应的燃油关键技术指标的限值要求。

我国政府对此也十分重视，1999年启动了全国范围内的汽车尾气排放治理行动。先后颁布了《汽车排放污染物排放标准》和《车用无铅汽油有害物质控制》的国家环保标准。2008年，北京、上海、广州等一些主要城市已开始执行国Ⅳ排放标准。为了使国Ⅳ排放标准在全国范围内实施，相应的需要提高汽、柴油的质量，以保证车辆能够稳定地达到第Ⅳ阶段排放标准。为此，开展了“符合欧Ⅳ排放标准的燃油组成与排放关系研究”项目，通过基础研究、行车试验，考察车用燃料油主要性能对汽车排放特性的影响规律，依据项目研究的相关结论，提出符合第四阶段排放要求的车用汽油国家标准建议。

影响车辆排放的汽油指标主要有烃组成、硫含量、蒸气压等。蒸气压对汽车的排放影响随着排放的降低越来越明显，它主要影响燃油的挥发过程，特别是在冷启动阶段。据文献报道，蒸气压降低，HC，NO_x，CO，苯和乙醛排放均降低。AQIRP研究表明，RVP下降6.9kPa（1psi）可降低HC排放4%，CO排放9%以及减少汽车总蒸发排放34%，同时臭氧峰值降低。蒸气压控制得过高和过低，对排放均有不利作用，因此应根据当地的气候环境和温度范围确定适合的蒸气压。各国均对此指标有过大量的研究。

国外的燃油标准中对饱和蒸气压一般都给出了最低和最高的限值要求，例如日本的燃油标准中规定冬季蒸气压范围为44～93kPa，夏季蒸气压范围为44～65kPa。欧盟燃油标准则根据欧洲各国的气候、地理情况给出了几个不同级别的蒸气压范围，其夏季蒸气压为 45 ~ 60（70）kPa 两个水平范围，冬季蒸气压则有 50 ~ 80kPa，60 ~ 90kPa，65 ~ 95kPa 等多个水平范围。而在我国燃油标准 GB 17930—2006 中只限定了蒸气压的最高限值，夏季为 72kPa，冬季为 88kPa。为更好地理解油品蒸气压对排放的影响，本项目考察了油品蒸气压对常温冷起动后排放、低温冷起动后排放以及蒸发排放的影响。

2 试验部分

2.1 试验汽油

本项目确定了四个蒸气压水平，考察油品蒸气压对排放的影响，具体试验汽油理化性质见表 1。

表 1 试验汽油理化性质

项目		油 1	油 2	油 3	油 4	试验方法
抗爆性	研究法辛烷值（RON）	93.2	94.9	93.2	93.1	GB/T 5487
	抗爆指数（RON+MON）/2	88.9	90.4	89.0	88.1	GB/T 503
蒸气压，kPa		V1	V2	V3	V4	GB/T 8017
硫含量，μg/g		10	10	9	15	SH/T 0253
芳烃含量（体积分数），%		16.4	16.8	17.0	15.6	GB/T 11132
烯烃含量（体积分数），%		8.2	7.6	8.1	8.0	GB/T 11132
苯含量（体积分数），%		0.12	0.08	0.08	0.14	SH/T 0713
氧含量（质量分数），%		1.40	1.40	1.44	1.54	SH/T 0663

注：V4>V3>V2>V1。

2.2 试验车型

试验车辆选择市场占有率较高的欧系车型，可满足欧 IV 排放标准。试验样车的主要技术参数见表 2。

表 2 试验样车主要技术参数

编号	发动技术	排量 mL	三元催化 转化器	EGR	排放标准
CAR1	V 型 6 缸 5 气门	2771	有	有	国 IV

试验前，对试验车辆的三滤、轮胎压力均进行了测量和校正，试验车满足试验要求。并且试验前和试验中均对车辆进行预处理。

2.3 试验方法

2.3.1 常温下冷起动后排气污染物排放试验

常温下冷起动后排气污染物排放试验方法为 GB 18352.3—2005《轻型汽车污染物排放限值及测量方法（中国 III、IV 阶段）》中 I 型试验。试验在室内底盘测功机上进行，试验系统由底盘测功机、稀释通道、定容采样系统、取样袋、分析柜和排放测试系统管理计算机等组成。试验循环分为两部分，即 I 部［市区运转工况（ECE）］和 II 部［市郊运转工况（EUDC）］，试验运转循环如图 1 所示。

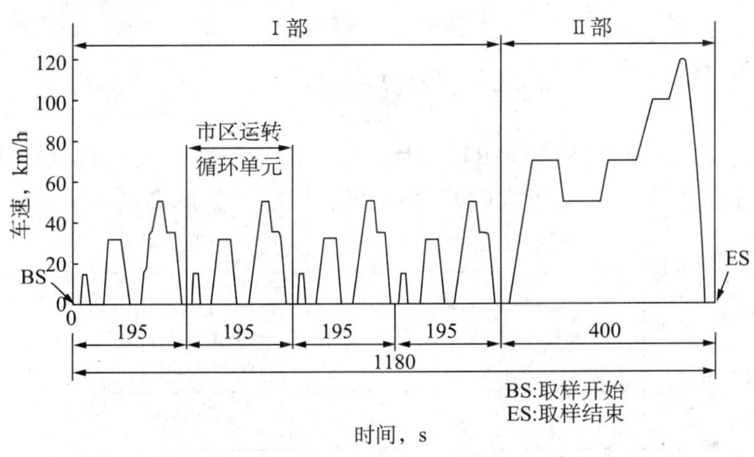

图 1 试验运转循环

2.3.2 车辆蒸发排放试验

GB 18352.3—2005《轻型汽车污染物排放限值及测量方法（中国Ⅲ、Ⅳ阶段）》中Ⅳ型试验。该试验用于确定由于昼间温度波动、停车期间热浸和城内运转所产生的碳氢化合物。其测试规程包括：

（1）由一个运转循环 1 部和一个运转循环 2 部组成的试验准备。

（2）测定热浸损失。

（3）测定昼间换气损失。

将热浸损失和昼间换气损失阶段测得的碳氢化合物的排放质量相加，作为试验的总结果。

2.3.3 低温下冷起动后排气中 CO 和 HC 排放试验

GB 18352.3—2005《轻型汽车污染物排放限值及测量方法（中国Ⅲ、Ⅳ阶段）》中 VI 型试验。

汽车冷却到 266K（－7℃）±2K 以后，放置至少 1h，然后开始低温度下冷起动后排气污染物排放试验。在整个试验运行期间进行污染物取样。起动发动机，立即取样，运行循环 I 部和发动机熄火组成一个完整的低温试验，总历时 780s。

3 试验结果与讨论

通常用蒸气压（RVP）和馏程来衡量汽油的挥发性。蒸气压与起动性能和蒸发排放相关。高温时要严格控制蒸气压，尽可能避免由于油品温度过高而出现问题，如气阻、碳罐压力过高，而且高温时控制蒸气压对降低蒸发排放有很重要的作用；低温时，需要有高的蒸发压，这样才有良好的起动性能，所以随季节的变化应改变对蒸气压的要求。

本项目考察了油品蒸气压对常温冷起动后排放、低温冷起动后排放以及蒸发排放的影响。

3.1 油品蒸气压对常温排放的影响

油 1、油 2、油 3 三种油品在 CAR1 车上进行了常温下冷起动后排气污染物排放试验，由试验结果可得油品蒸气压对 THC，CO，NO_x 排放影响，如图 2 所示。

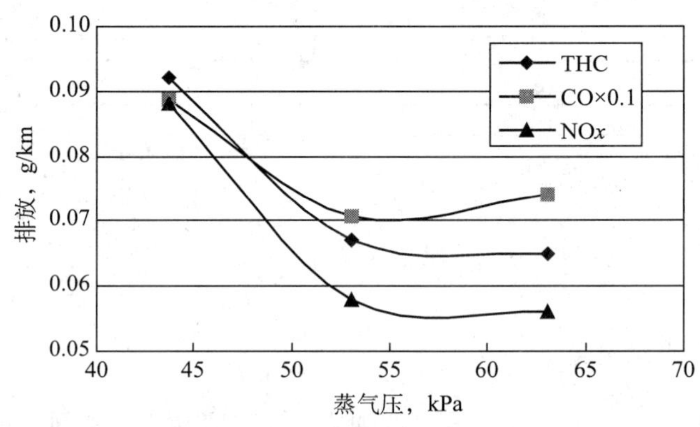

图 2　蒸气压对排放的影响

由图 2 结果可知，油品蒸气压由 V1 增加到 V2，三种常规排放物排放均降低。这是由于蒸气压过低时，车辆冷起动困难，使得排放增加。而蒸气压由 V2 增加到 V3，常规排放变化较小，趋于平稳。从常温排放角度来看，油品蒸气压控制在合理范围内可使得排放水平较低。

3.2 油品蒸气压对蒸发排放的影响

蒸发排放物是指通过燃油箱压力平衡孔和加油口、化油器压力平衡孔、油管以及进气歧管等处排放到大气的燃油蒸气。随着电控喷射技术的普及，汽车的燃油蒸发排放物主要是从燃油箱产生。汽车的燃油蒸发排放物主要是碳氢化合物。燃油蒸发排放物对环境的主要危害在于一些可挥发性有机化合物与 NO_x 经过光化学反应可以形成臭氧。空气中含有 100 μ g/m^3 的臭氧，就会使人明显感觉呼吸困难，此外，臭氧也影响植物的光合作用，是导致森林病害的主要因素之一。

油 1、油 2、油 3 三种油品在 CAR1 车上进行了蒸发排放试验，以考察油品蒸气压对蒸发排放的影响。油 1、油 2、油 3 三种油品烃组成相同，蒸气压分别在 V1，V2，V3，根据试验结果可得蒸气压与油品蒸发排放的关系，如图 3 所示。我国排放标准要求蒸发污染物排放量应不大于 2g/ 试验。

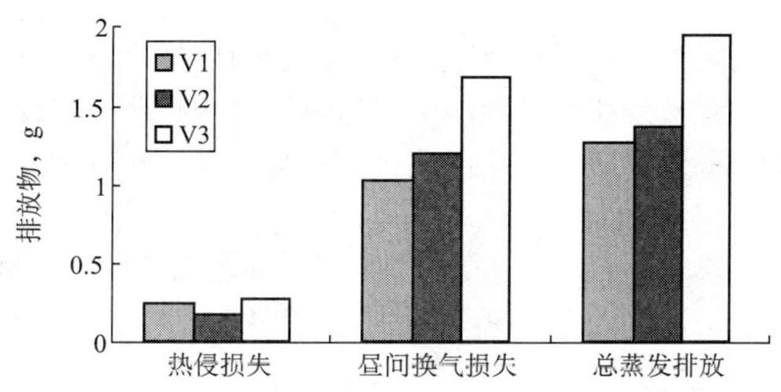

图 3　蒸气压对蒸发排放影响

从图 3 可以看出，虽然油 2 的热浸损失略低于油 3，但蒸气压对蒸发排放影响总的趋势是油品蒸气压增加，燃油箱呼吸损失、热浸损失和总蒸发排放均增加。并且油品蒸气压越高，蒸发排放增加幅度越大。油品蒸气压由 V1 增加到 V2，蒸发排放增加了 7.9%，而油品蒸气压由 V2 增加到 V3，蒸发排放增加了 42.3%。

3.3　油品蒸气压对低温排放的影响

四个油品在 CAR1 车上进行了低温下（−7℃）冷起动后排气中 CO 和 HC 排放试验。由试验结果可得蒸气压对油品低温冷起动后排放的影响，如图 4 所示。

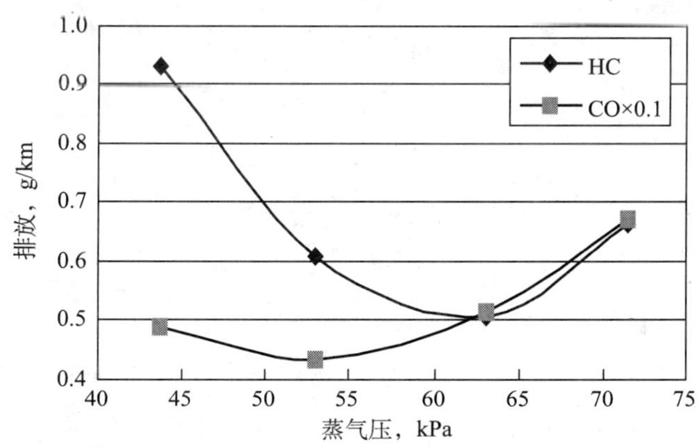

图 4　蒸气压对低温排放影响

低温下（−7℃）冷起动后排气试验结果表明，较低的饱和蒸气压对车辆低温冷起动后排放非常不利，这是因为如果燃油蒸气压过低，挥发性差，会直接造成低温情况下的起动困难，导致 CO，HC 排放增加。由图 4 可知，随油品蒸气压的增加，冷起动后 HC，CO 排放均会降低，但并不是越高越好，蒸气压超过 65kPa 后，排放还有进一步增加的趋势，因此油品蒸气压应控制在一定范围内。这与常温下冷起动后排气污染物排放试验中蒸气压对排放影响规律性基本相同。

4 结论与建议

通过油品蒸气压对常温冷起动后排放、低温冷起动后排放以及蒸发排放的影响研究可知，油品蒸气压越高，总蒸发排放越大。蒸气压对常温冷起动后排放、低温冷起动后排放以及蒸发排放的影响试验结果表明，油品蒸气压过高、过低均对排放不利，而应控制在一定合理的范围内。

根据本项目研究成果，结合国内主要炼厂成品汽油蒸气压情况，制定 GB 17930—2011 中蒸气压的限值，11 月 1 日至 4 月 30 日为 42 ~ 85kPa，5 月 1 日至 10 月 31 日为 40 ~ 68kPa。

参考文献

[1] 董红霞，刘泉山，徐小红．国内外汽车—油品—排放项目研究概述．石油商技，2008，26（2）：6 ~ 8

[2] Stephen C.Mayotte，Christian E.Lindhjem，Venkatesh Rao，etc. Reformulated Gasoline Effect on Exhaust Emissions：PhaseII：Continued Investigation of the Volatility，Sulfur，Olefins and Distillation Parameters [J]. SAE Technical Paper Series 941974：1331 ~ 1341

[3] Robert M.Reuter，Robert A.Gorse，Louis J.Painter，etc. Effect of Oxygenated Fuels and RVP on Automotive Emissions−Auto/Oil Air Quality Improvement Program [J]. SAE Technical Paper Series 920326：463 ~ 484

对《海上固定平台安全规则》进行修订的几点建议

窦培举

（中海油研究总院）

摘　要　《海上固定平台安全规则》自2000年发布实施以来，发挥了积极重要的作用。但实施已超过10年，存在诸多引用文件、规范过时、废止的情况，还有一些新的法规、标准颁布，《海上固定平台安全规则》在许多方面已经不能满足新的要求和需求，进行全面修订十分必要和迫切。本文阐述了对《海上固定平台安全规则》进行全面修订的必要性，并提出修订的一些建议。建议主要为：有关内容需要根据最新的法律、法规、标准进行修改；参考风向应以最小频率风向代替主导风向；引入H级防火分隔；执行最新的污染物排放标准；提出了临时避难所、防爆墙、安全评估、直升机坠落救援设备等一些需要考虑的问题等。

关键词　海上固定平台；安全规则；修订；建议

1　引言

《海上固定平台安全规则》自2000年12月1日发布实施以来，对指导海上固定平台在设计、建造、安装、检验、试运及生产作业等各个阶段的工作，提高安全管理水平，实现平稳、安全、清洁生产，保障经济效益、社会效益及能源安全起到了积极重要的作用。

近年来，随着能源需求的快速增长与科学技术的不断发展，海洋油气勘探开发和海洋工程也得到迅猛发展，各种类型、规模的海上平台不断增多，并由浅水领域逐步向深水与超深水领域发展。

相比陆上，海上石油开采更具高风险、高技术、高投入等特点。海洋的特点也决定了一旦出现安全事故，除了逃生、救援难度大，可能的高昂的财产损失，还较易造成大范围的环境污染和严重的生态灾难。而且，可持续发展、公司员工与社会公众的期望以及国际竞争，也使安全及海洋环境保护越发受到重视，国家政策、有关法规都对海上石油开采提出更为严格的、更高标准的要求。

《海上固定平台安全规则》（以下简称《规则》）在我国法律体系中位于部门规章层级，高于各类国家标准、行业标准和企业标准，具有较高的法律效力。但实施已超过10年的《规则》存在诸多引用文件、规范过时、废止的情况，而且存在位于较低层级的各类标准的要求超越、违背《规则》的情况，这使得《规则》的法律效力受到影响，最为重要的是《规则》在许多方面已经不能满足新的要求和需求。而近年发布的一些新的法规、规范、标准并不能取代《规则》，《规则》仍具有其特有的规范作用。

因此，对《规则》进行全面修订十分必要，而且修订工作应该尽快进行。

2 有关法律、法规、标准

（1）《规则》1.1 中提到："根据《海上石油天然气生产设施检验规定》和《海洋石油作业安全管理规定》，特制定本规则。"[1]

《海洋石油作业安全管理规定》已被《海洋石油安全生产规定》[2]（发布日期：2006 年 2 月 7 日；实施日期：2006 年 5 月 1 日）废止替代。

《海上石油天然气生产设施检验规定》[3] 是在 1990 年由当时的国家能源部颁布，距今已超过 20 年。

2009 年国家安全生产监督管理总局颁布了《海洋石油安全管理细则》[4]，提出了一些新的、更详细的要求。

（2）《规则》1.2.4 提到："浮式生产储油装置的安全规则另行颁布。在其正式颁布执行之前，浮式生产系统、浮式储油装置和其他移动式生产平台其上部设施可参照本《规则》执行。"[1]

中国海洋石油总公司 2006 年发布了《浮式生产储油装置（FPSO）安全规则》（试行稿）[5]。《浮式生产储油装置（FPSO）安全规则》（试行稿）也应考虑进行适当地修订或者正式实施。

（3）《规则》中多次提到："执行中国民用航空总局颁布的民航总局令第 67 号文件《民用直升机海上平台运行规定》。"[1]

2005 年中国民用航空总局发布的《小型航空器商业运输运营人运行合格审定规则》（CCAR−135）（民航总局 151 号令）[6] 中明确说明：自本规则施行之日起，1985 年 5 月 8 日民航总局发布的《中国民用航空直升机近海飞行规则》和 1997 年 9 月 22 日民航总局令第 67 号发布的《民用直升机水上平台运行规定》（CCAR−94FS−III）同时废止。

（4）《规则》中 14.3 固定灭火系统中的气体灭火系统，只提到了二氧化碳灭火系统。[1]

国家建设部和国家质量技术监督检验检疫总局 2005 年发布的 GB 50370—2005《气体灭火系统设计规范》[7] 中提到了七氟丙烷、IG541 混合气体和热气溶胶等三种介质的全淹没灭火系统。在实际中，由于二氧化碳存在对人的窒息风险，二氧化碳灭火系统的应用越发受到限制。

（5）《规则》中 16.1 中提到《中国北方海区石油勘探开发作业航政管理暂行规定》、《中国海区水上助航标志》和《国际航标协会关于海上构筑物上设置标志的建议》。[1]

其中，《中国北方海区石油勘探开发作业航政管理暂行规定》为天津港务监督局 1987 年发布，《国际航标协会关于海上构筑物上设置标志的建议》为 1984 年发布，均已超过 20 年。

3 参考风向选取

《规则》中关于生产区、生活区及火炬设置的叙述采用的是"主导风向"作为参考风向，如生活区应布置在平台的上风向。[1]

而我国陆地工程自20世纪70年代就已经将“主导风向”改为“最小频率风向”作为参考风向[8]。所有有关的标准、规范无一不遵循此原则，如：GB 50183—2004《石油天然气工程设计防火规范》、GB 50160—2008《石油化工企业设计防火规范》、GBZ 1—2010《工业企业设计卫生标准》、SH 3047—1993《石油化工企业职业安全卫生设计规范》等。

海上工程具备与陆地工程采用“最小频率风向”的类似条件，在海上平台总体布置设计中，直升机甲板、火炬和安全泄压系统、生活楼的布置采用“最小频率风向”作为总体布置的参考风向更为科学、安全，同时保证了海上工程与国家标准保持一致：“根据全年最小频率风向确定生活楼、直升机甲板、火炬和安全泄压系统的布置，生活楼和直升机甲板布置在下风向；火炬和安全泄压系统则布置在上风向。”[9]

4 防火分隔

《规则》中关于防火结构，提到了A级、B级、C级防火分隔[1]。但随着我国海洋石油开发工程对外合作的不断发展，“H”级防火分隔和结构防火方案在我国海洋油气开采设施上开始大量采用。

“H”级防火分隔试验燃料的主要成分是碳氢化合物，而“A”级标准耐火试验的燃料主要是纤维物（参见UK健康与安全执行报告《被动防火：性能要求与试验办法》OTI 92 606）。因此，按照国外最新规范，在“A”级防火分隔的基础上，根据燃烧物质性质的不同增加了“H”级防火分隔。据此，在能产生以碳氢化合物为主要失火物质的区域和需要进行防火保护的区域，设置的分隔为“H”级防火分隔更为合理。[10]

5 污染物排放要求

《规则》中关于污染物排放的要求是：处理后的含油污水排放标准最高容许浓度应符合国家标准GB 4914—1985《海洋石油开发工业含油污水排放标准》的有关规定。

适用于一级标准海域的为：月平均值30mg/L，一次容许值45mg/L。

适用于二级标准海域的为：月平均值50mg/L，一次容许值75mg/L。

关于生活污水的要求：生活污水处理设备的配备应符合所用规范、标准的有关规定。[1]

但是GB 4914—1985《海洋石油开发工业含油污水排放标准》已经被GB 4914—2008《海洋石油勘探开发污染物排放浓度限值》替代。

GB 4914—2008《海洋石油勘探开发污染物排放浓度限值》中重新规定了海区等级；重新规定了生产水中污染物的排放浓度限值，见表1；增加了钻井液和钻屑中污染物的排放浓度限值的规定；增加了海洋石油勘探开发中产生的生活污水和固体垃圾的排放要求/浓度限值的规定等，生活污水的排放要求/排放浓度限值见表2。[11]

表 1　生产水中污染物排放浓度限值（GB 4914—2008）

项　目	等　级	浓度限值，mg/L			
石油类	一级	一次容许值	≤ 30	月平均值	≤ 20
	二级		≤ 45		≤ 30
	三级		≤ 65		≤ 45

表 2　生活污水的排放要求 / 排放浓度限值（GB 4914—2008）

项　目	等　级		
	一级	二级	三级
COD	≤ 300mg/L		≤ 500mg/L
粪便	经消毒和粉碎等处理		—

MEPC 第 159（55）决议提出，在 2010 年 1 月 1 日当天或之后所有安装在船上的污水处理满足新标准的规定：

（1）耐热大肠杆菌几何平均值为不超过 100 个 /100mL。

（2）悬浮固体总量的几何平均值为 35mg/L（如在陆上试验）或用于冲洗的周围海水中悬浮固体最大总量不超过 35 加 ×mg/L（如在船上试验）。

（3）5d 生化需氧量 BOD_5 几何平均值不超过 25mg/L。

（4）化学需氧量 *COD* 几何平均值不超过 125mg/L。

（5）排出物的 pH 值介于 6 ～ 8.5。

上述 MEPC 提出的标准较高，可以作为近海平台生活污水排放标准的参考。

6　其他需考虑的问题

6.1　临时避难所

在英国 HSE−L30 [12]、挪威 NORSOK−S−001 [13]，ISO 13702 [14]，ISO 15544 [15] 以及 DNV−OS−A101 [16] 中均提到了临时避难所（temporary refuge）及相关要求。目前，我国海上固定平台上均不设置专门的临时避难所，但对于距岸较远的平台，一旦出现事故，撤离和救援存在较大难度，因此在风险分析中经常成为关注点。新的《规则》中应考虑对临时避难所的设置提出要求。

6.2　防爆墙

对于海上气田的生产平台，除火灾外，爆炸也是需要重点防范的风险。现《规则》中仅有“防火分隔”的有关要求，没有“防爆分隔”的有关内容，而在实际中，防爆墙的设置已经存在，但缺乏相关的明确要求作为依据。

6.3 安全分析评估

《规则》中提到了安全分析和功能评价表（简称 SAFE）、安全分析报告、安全篇、安全手册及应急计划等内容，但没有更具体的安全分析方法的要求。而在实际中，经常用到定量风险分析（QRA）、火灾爆炸分析（FEA）、隐患辨识（HAZID）、危险与可操作分析（HAZOP）、安全等级分析（SIL）等安全分析方法。因此，建议补充有关具体安全分析、评估的要求。

6.4 直升机坠落救援设备

直升机坠落救援设备在《规则》和我国其他有关的法规、规范中均没有明确的、详细的要求，在 2009 年国家安全生产监督管理总局颁布的《海洋石油安全管理细则》中也仅提到了“直升机应急工具”的称谓，没有涉及具体内容。

在实际中，海上设有直升机坪的平台均配有直升机坠落救援设备，此设置只能借鉴国外的规定或做法，如参考英国民用航空管理局（UK CAA）的 CAP437《海洋平台直升机区域规范》[17]，但有时也有不同做法。

建议在《规则》中增加关于“直升机坠落救援设备”的具体内容。

7 结束语

综上所述，《海上固定平台安全规则》应该及时进行全面修订，结合我国的实际发展和新的规划要求，通过总结宝贵的实践经验，借鉴国际上的先进做法和标准，吸收新的科技成果，才能进一步适应快速发展的要求，保持其先进性和有效的指导作用。

《海上固定平台安全规则》涵盖海上固定平台在设计、建造、安装、检验、试运及生产作业等各个阶段的工作，且涉及钻井、生产工艺、总体、结构、机电仪器、防腐、消防等等多个专业，本文所关注的方面和观点难免有局限性，其他有关专业人士一定还会有很多真知灼见，因此《规则》的修订工作一定要广泛征求意见。

参 考 文 献

[1] 海上固定平台安全规则（2000）
[2] 海洋石油安全生产规定（2006）
[3] 海上石油天然气生产设施检验规定（1990）
[4] 海洋石油安全管理细则（2009）
[5] 浮式生产储油装置（FPSO）安全规则（试行稿）（2006）
[6] 小型航空器商业运输运营人运行合格审定规则（CCAR−135）（2005）
[7] GB 50370—2005 气体灭火系统设计规范
[8] GB 50183—2004 石油天然气工程设计防火规范

[9] 窦培举，高鹏，邱里．海上平台设计中几个安全问题的探讨 [J]．安全与环境工程，2011，18（2）：100 ~ 101

[10] 田锋，张加平．“H”级防火分隔与结构防火在海洋工程中的应用 [J]．中国海上油气（工程），2003，15（4）：52 ~ 53

[11] GB 4914—2008　海洋石油勘探开发污染物排放浓度限值

[12] HSE−L30　A guide to the offshore installations − safety case regulations (2005)

[13] NORSOK−S−001　Technical safety

[14] ISO 13702:1999　Petroleum and natural gas industries–control and mitigation of fires and explosions on offshore production installations–requirements and guidelines

[15] ISO 15544:2000　Petroleum and natural gas industries−offshore industries production installation−requirements and guidelines for installation emergency response

[16] DNV−OS−A101　Safety principles and arrangements

[17] CAP437　Offshore helicopter landing areas–guidance on standards

谈 HSE“识别和风险管理”标准化的应用与实践

——“识别、评价、控制”与班组“安全信号台”相结合

樊晋疆　吉顺标

（乌石化公司矿区服务事业部生产机动部）

摘　要　危险源辨识与风险评价，是落实“HSE”管理中最重要的一环。由于“识别和风险管理”内容的多项目、综合化、多条款、细致化、多措施、具体化的特点，我们在学习和工作中，确立实施每日每个项目前，建立班组“安全信号台”与“识别、评价、控制”相结合的事前预防机制。由于“识别和风险管理”具有多项目、识别化、多风险、评价化、多专业、控制化的特殊性；我们在实践中，实施班组“安全信号台”与“识别、评价、控制”相结合的事前受控机制。以“5x”工作法有效实现管理任务，既落实了岗位人员日常列检作业活动与小区“安全信号台”相结合；又形成了全员参与形式化、内容化、制度化的有效统一。即落实了“小区安全信号台”与识别、评价、控制相结合，又形成了全员参与日常化、具体化、精细化的有效统一。有效地体现了 HSE“建标、对标、达标”三标管理的目的，较好地实现了“要我安全”向“我要安全、我会安全”的转变。

关键词　安全管理；识别、评价、控制

1　引言

为了更好地落实矿区安全环保目标，切实加强安全管理工作，调动全员学安全、讲环保、保建康的积极性，有效实践 HSE 危险源辨识与风险评价的应用。我矿区物业以小区班组物业管理站为例，建立了小区“安全信号台”。什么是“安全信号台”；信号台是一个专业平台的形式，是一个动态管理术语。引入“信号台”+ 安全，实质上是借助专业平台，导入 HSE 管理中最重要的一环即识别和风险管理。提高了全员有形的安全作业“识别”具体化、“评价”严谨化、“控制”有效化、“评审”可行化的作业能力和无形的综合意识素质。

2　从内容与形式上，结合安全主题的可行性

在推行 HSE 的活动中，我们结合矿区物业管理有序、有形、有效的特点，以小区物业的各项管理活动为基础，实施“作业和操作要受控”的主题。由于识别和风险管理内容的

多项目、综合化、多条款、细致化、多措施、具体化的特点，在实践中，我们确立了实施每日每个项目前，建立班组“安全信号台”与“识别、评价、控制”相结合的事前预防机制。例如依据物业“防保”相结合的原则，在日常工作中注重物业安全注意义务，分季节提示，做到预防措施到位；其范围一般是共用部位、共用场地、共用设施设备维护管理、绿地养护、车辆停放、秩序维护和安全防范。如“隐患项目”屋檐冰柱“预防警示”，如日常管理，“消防通道停车”定位立牌以及温馨提示“爱护一草一木”等。在维保维修中做到作业现场监护，待修项目警示，确保预防措施到位，如待修项目“挂牌警示”等。在施工管理中以小区准入证为许可制度，落实现场管理“五受控”：(1) 安全员教育卡受控；(2) 现场作业票受控；(3) 小区准入证受控；(4) 竣工验收受控；(5) 三级确认受控。取得了管理工程上千万，临工安全教育卡受控上千人，现场管理无上报事故的好成绩。

通过实践活动，我们把形式与内容有机地结合起来。突出安全主题，即以有效的形式反映内容，又以有效的形式为内容服务。时逢各级部门检查验证；检查现场“待修项目”、“隐患项目”有预防措施和警示牌；检查小区“安全信号台”有卡片标注和“识别与风险”确认；检查安全记事台有“待修项目”、“隐患项目”记事和上报机关名称。既落实了岗位人员日常列检作业活动与小区“安全信号台”事前预防相结合，又形成了全员参与形式化、内容化、制度化的有效统一，安全信号台如图 1 所示。

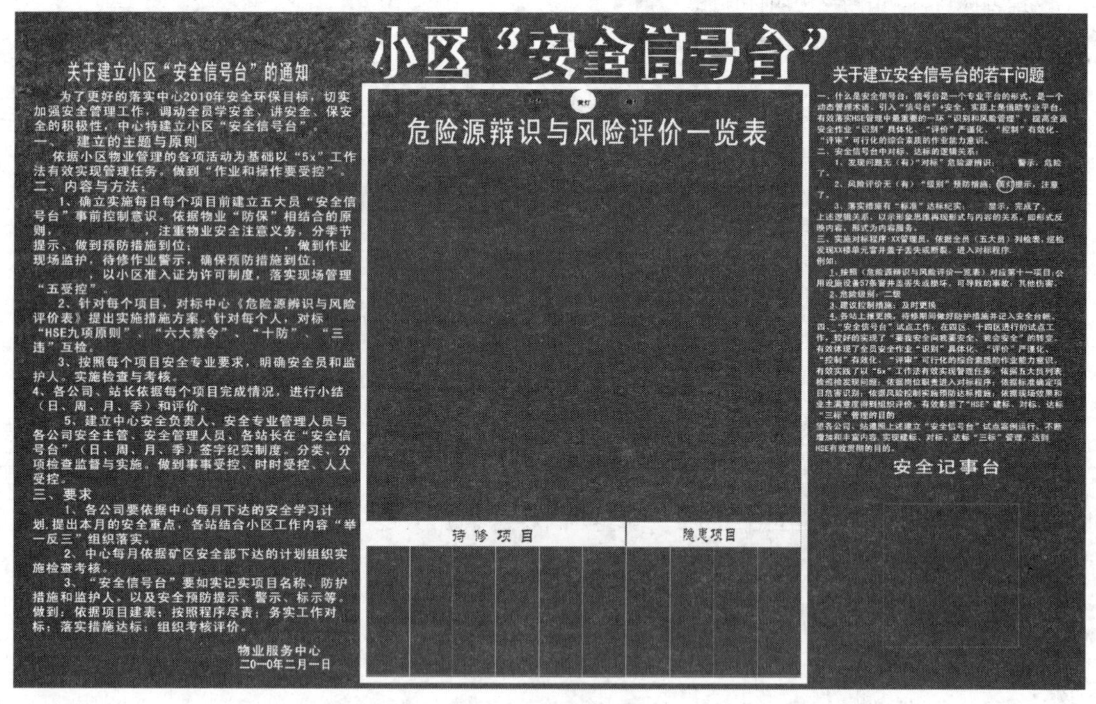

图 1　安全信号台

3　从对标与达标上，落实程序规范的可律性

本质安全管理体系是一套以危险源辨识为基础、以风险预控为核心、以管理员工不安

全行为为重点、以切断事故发生的因果链为手段，经过多周期的不断循环建设，通过闭环管理，逐渐完善提高的全面、系统、可持续改进的现代安全管理体系。由于识别和风险管理具有多项目、识别化、多风险、评价化、多专业、控制化的特殊性，我们在实践中，实施班组“安全信号台”与“识别、评价、控制”相结合的事前受控机制，重点依据矿区物业管理所形成的“危险源辨识与风险评价一览表”付诸实施。例如管理员依据日常列检表，于巡检中发现某单元楼前窨井盖子丢失或断裂，进入对标程序，见表1。

表1　小区安全信号台记录

×××管理员，依据全员（五大员）列检表，巡检现场存在：发现××楼单元窨井盖子丢失或断裂。 ________问题。进入对标程序，填写：
(1) 按照“危险源辨识与风险评价一览表”识别对应 第十一项目；公用设施设备57条窨井盖丢失或损坏，可导致的事故：其他伤害
(2) 进行时态：将来状态：异常 确认。判别依据（I～V）______
(3) 依据LEC=*D*方法进行作业条件危险性评价：*D*= 96 *D*<70　　一般危险
(4) 危险级别：三级
(5) 建议控制措施：及时更换
(6) 各站上报。待修期间（待修项目存在事故隐患）做好预防措施。把“待修项目、隐患项目”卡片和内容，分别插入和记入安全信号台
站长：×××　　　　　　　　×年×月×日
各公司安全负责人：×××　　　　　　×年×月×日
中心安全负责人：×××　　　　　　×年×月×日

(1) 按照物业管理单位“危险源辨识与风险评价一览表”识别 对应第十一项目；公用设施设备57条窨井盖丢失或损坏，可导致的事故：其他伤害

(2) 进行时态、状态确认：将来、异常。

(3) 依据LEC=D方法进行作业条件危险性 评价 一般危险。

(4) 危险级别：二级。

(5) 建议 控制 措施：及时更换。

(6) 各班组、站上报更换。待修期间做好预防措施，并记入安全记事台。

通过试点运作，我们深深地体会到，各公司在活动中，按照岗位HSE作业指导书：(1) 岗位综述；(2) 岗位风险；(3) 岗位相关法规；(4) 岗位目标；(5) 岗位职责；(6) 岗位操作程序；(7) 岗位检查表；(8) 岗位记录。积极组织学习，召开现场会。班组全员付诸实践，依试点站为范例，明确主题、组织落实、对标辨识、风险受控。既落实了小区安全信号台与识别、评价、控制相结合的事前受控机制，又形成了全员参与日常化、具体化、精细化的有效统一。有效地体现了HSE“建标、对标、达标”三标管理的目的，具有项目可控、操作规范、精细务实的特点，较好地实现了“要我安全”向“我要安全、我会安全”的转变。

4 从目标与效果上，确立有机统一的可循性

在推行“识别、评价、控制”与班组“安全信号台”相结合的实践中，以5x工作法有效实现管理任务。物业服务的日常工作是全方位、不间断的，它不仅是“劳务密集型”行业，而且是“管理密集型”行业，员工直接面对住户（居民），是一种针对性很强的产品，为建立物业安全、环保、服务的长效机制，结合物业管理行业的特点和工作实践，形成一套适合乌石化矿区物业管理的工作方法，即提出5x服务运作管理法，简称5x工作法。

4.1 实施5x工作法的目的

（1）指导岗位运行规范。

（2）明确岗位运行步骤。

（3）提升岗位运行能力。

（4）落实岗位运行责任。

通过实施5x工作法，从整体上提升了物业管理队伍的综合素质，规范了各项管理程序，达到了工作有序、责任明确的工作目标。

4.2 5x工作法的内容

工作依据是什么——计划与非计划（业主反映）。

工作程序是什么——行政组织与专业程序（上请下达或按岗职运行）。

工作标准是什么——职能职责（决策层、管理层、操作层）与专业标准。

工作结果是什么——完成任务与待完成。

工作评价是什么——组织领导与业主评价。

5 实施5x工作法的原则

计划性工作按岗位规范运行，非计划性工作按职能部室牵头运行。

按照5x工作法的运作原理：工作要有依据是前提，按什么程序运作是基础，实施什么标准是规范，达到什么结果是目的，得到什么评价是业绩，使日常服务运行管理工作形成一个完整的闭路循环，使服务运行的每个过程、环节和行为都有法可依、有章可循、有据可查，有效地推进了“识别、评价、控制”与班组“安全信号台”相结合，形成了可循的、规范的运行规律，即：

（1）依据岗位列检表发现问题。

（2）依据职责范围进入对标程序识别、评价。

（3）依据标准确定项目危害识别危险级别。

（4）依据风险实施预防达标控制：更换、上报、警示。“待修项目、隐患项目”卡片和

要求，分别插入和记入安全信号台。

（5）依据效果和业主满意度评价：各级部门考核与评价。

6 结论

贯彻落实 HSE 管理中最重要的一环即识别和风险管理，是安全环保管理的直线责任的有效保证。做到谁工作谁负责、谁管理谁负责、谁组织谁负责。实施属地管理，企业每一位领导对分管领域、业务、系统的安全环保负责，每一名员工对自己工作岗位区域内的安全环保负责。在实践中我们体会到，建立班组安全信号台这一形式，有利于把“管工作必须管安全”的要求落到实处，有利于把岗位区域安全责任制与全员安全责任书有机结合起来，有利于把落实贯标与单位安全环保目标具体化，形成内容与形式的有机统一，具有务实、可行、有效的优点。

参考文献

[1] 樊晋疆．以“5x”工作法有效实现管理任务．中国物业管理，2010

[2] 樊晋疆．浅谈专业管理模式“基层制”．中国物业管理《城市开发》物业版，2010（3）

对等同采用国外起重机规范的认识

方福胜

（中海油研究总院）

摘　要　分析了等同采用美国海上起重机规范存在的问题，如设计参数的选用、规范的适用范围与国内标准相矛盾、规范的更新与修订等问题。由此，再次提出编制我国海上起重机规范的建议，旨在与国内同行共同探讨海上起重机的技术进步与发展。

关键词　海上起重机；设计规范；等同采用；编制

1　引言

作者曾于2010年12月在《起重运输机械》杂志上发表文章《关于编制我海上起重机规范的建议》，今天，借标准化学术论坛这个平台，谈一谈对等同采用美国标准海上起重机规范的认识及建议，旨在与国内同行共同探讨海上起重机的技术进步与发展。

2　现状

1996年8月19日，中国海洋石油总公司发布并实施企业推荐标准SY/T 10003—1996《海上平台起重机规范》，该标准等同采用了美国石油协会1988年3月第四版API Spec 2C《Specification for offshore cranes》，这是一个中译本的API Spec 2C。实际上，该标准从发布之日起，就已经是一个无效标准了，因为在此之前的1995年3月，美国石油协会发布了第五版API Spec 2C，并宣布用1995年版API Spec 2C取代1988年版规范。

2002年之前，国内海上平台起重机基本上都是从国外进口，2002年之后，才有了国内厂家自己设计制造的海上起重机，不管是进口的还是国产的，起重机设计规范选用的是最新版、英文版美国规范API Spec 2C。

3　等同采用美国标准存在的问题

（1）设计参数的选用问题。

海上起重机的动载荷计算与起重机所处环境条件密切相关。起重机安装在浮式平台（如FPSO，半潜式钻井/生产平台等）上，待吊货物放置在供应船上，起重机作业时，在波浪作用下，起重机、平台、供应船都处于运动之中，浮式平台的横倾和纵倾、起重机吊臂头部的垂直运动速度以及供应船甲板的垂直运动速度等，这些参数是进行起重机动载荷计算所必须要有的基本参数。对于这些参数，API Spec 2C和EN 13852−1《海上起重机》的取值是不同的，EN 13852−1明确指出，这些参数适用于北海。在国际上，也有人认为API Spec 2C不适用于北海。我国海上油气田分布在四个海域，即渤海、东海、南海西部和南海东部，这些海域的环境条件既不同于墨西哥湾，也不同于北海，因此国外规范中的一些设计参数并不一定完全适合我国的实际情况。

（2）规范的适用范围不符合我国国情。

2010年3月，第七版API Spec 2C（草稿，尚未正式发布）的适用范围从以前仅适用于海上平台起重机，扩大到船用起重机和海上重型起重机。然而，我国已有船用起重机规范GB/T 12932—2010《船用臂架起重机》，如果等同采用API Spec 2C，则与我国国家标准相矛盾。

（3）发布时间滞后问题。

通常，API规范每五年修订一次，新版发布，旧的版本即被取代。表1列出了API Spec 2C历年发布日期，基本上是每五六年更新一次。如果要等同采用API Spec 2C，则中译本时间滞后而导致的版本失效问题是一个很难控制的问题。

表1　API Spec 2C历年发布日期

日期	1971年3月	1972年2月	1983年3月	1988年3月	1995年4月	2004年3月	2010年3月
版次	1	2	3	4	5	6[a]	7[b]

[a] 规范内容修改很大。

[b] 规范内容修改非常大。草稿，尚未正式发布。

（4）规范的更新与修订问题。

随着时间的推移，科学技术的进步以及规范实施过程中出现的问题，设计规范需不断更新修订。特别是2010年第7版API Spec 2C（草稿，尚未发布），修改、增加的内容非常多。单从篇幅上看，第一版API Spec 2C只有十几页，但第7版API Spec 2C超过百页，规范的适用范围也从海上平台起重机扩大到船用起重机和海上重型起重机。如果我国不着手编制自己的规范，而仅仅是等同采用国外标准，我们在海上起重机技术领域，就只能跟着别人改来改去，而技术上处于空白。

（5）规范的引用问题。

一份起重机设计规范，通常要引用大量的其他设计标准和规范，才构成一份完整的设计规范。如欧盟标准EN 13852−1《海上起重机》引用了62份欧盟规范、6份ISO规范和1份IEC规范，美国标准API Spec 2C（2004年第6版）引用了45份美国规范和2份ISO规范，而在引用的规范里又有被引用的规范，规范的反复引用使得规范的数量非常大，对于我们母语为汉语的中国人来说，要想找齐并真正理解这些规范难度相当大。

4　认识和建议

（1）鉴于等同采用国外海上起重机规范存在上述诸多问题，更是为了促进我国海上起重机的技术进步与发展，有必要编制适合于我国海域的海上起重机规范。

（2）建议开展海上起重机设计的基础研究，如动载系数的计算，海上浮式平台和供应船运动特性的研究等。

（3）编制我国海上起重机规范的有利条件：

①对于海上起重机，我们有二十几年的选型设计、安装、使用、入级检验等经验，有十几年的设计制造经验。我国还有那么多海上油气田有待开发，这也意味着我国对海上起重机的需求会很大。

②我国已有完整的、详尽的陆用 GB/T 3811—2008《起重机设计规范》，也有船用起重机规范 GB/T 12932—2010《船用臂架起重机》，而且都是国家标准，还有中国船级社（CCS）编制的《船舶与海上设施起重设备规范》，这些规范的编制经验，将有益于海上起重机规范的编写。

（4）建议由国家主管部门负责组织编制海上起重机规范，并将其纳入国家起重机设计规范范畴。参加编写的单位包括中国船级社、国内起重机研究设计单位、起重机制造厂及用户等。

5 结束语

鉴于等同采用国外海上起重机规范存在诸多问题，更是为了促进我国海上起重机的技术进步与发展，作者认为现在着手编制我国自己的海上起重机设计规范是有必要的，也是有条件的，而且动手越早越好。

作为一名在海洋石油领域工作过多年的科技工作者，我期盼着海上起重机规范编制工作早日启动，也期待着该规范能早日面世。

参考文献

[1] 方福胜 . 关于编制海上起重机规范的建议 [J] . 起重运输机械，2010（12）

[2] GB/T 3811—2008　起重机设计规范

[3] GB/T 12932—2010　船用臂架起重机

[4] 船舶与海上设施起重设备规范（2007）

[5] API Spec 2C（sixth edition 2004）　Specification for offshore pedestal mounted cranes

[6] EN 13852-1:2007　Crane-offore crane—Part 1：General purpose offshore cranes

油田常用非金属管道的质量控制及相关标准的研究

郭建华

（大庆油田有限责任公司天然气分公司检测中心）

摘　要　非金属管道在解决油田腐蚀问题上取得了明显的效果，通过工程实际应用，大多数非金属管道生产运行基本正常，但部分工程在生产维修中存在一定问题，暴露出不同程度的渗漏、断裂损坏等问题。为了进一步规范非金属管道的工程设计、产品检验、施工与验收、维护和管理工作，有必要完善非金属管道标准体系。本文重点对油田实际应用的非金属管道设计选用条件、基本规定、技术界限、计算方法及管道敷设与连接等，以及产品检验、施工验收、维护和管理中应执行的标准进行研究。

关键词　非金属管道；腐蚀；质量控制；风险分析；标准化

1　非金属管道在油田的应用

目前我国石油、化工等工业领域使用的管材主要是金属管材。多数金属管材在酸、碱、盐介质或高温等恶劣条件下易造成化学/电化学腐蚀，导致跑、冒、滴、漏甚至造成恶性事故，使国家财产和人民生活蒙受损失和危害。仅以油田为例，随着油田开发的不断加深，油田采出液的综合含水量越来越高，有的高达90%以上，由于污水的矿化程度高，一般都在1×10^4 μg/L以上，有的井高达7×10^4 μg/L，再加上砂磨影响，对钢管的腐蚀相当严重。随着油田开发技术的不断发展，三次采油技术的应用，新型介质加速了钢质管道的腐蚀速度，在强腐蚀区新建的钢管道，3～6个月就开始穿孔，6～12个月就要大修，1～2年就要报废重建，据2004年统计，大庆油田管道腐蚀穿孔频次约为0.51次/（km·年），年更换管道近2000km（与新建管道数量相当），造成巨大的经济损失。虽然非金属管道在石油工业已应用了40多年，但在国内相对于传统的钢质管道仍为一类新型的管道，用户和工程设计部门对其技术特点、生产工艺、质量控制、工程设计及施工验收、生产维护还缺乏足够的认识，制约了非金属管道优势的发挥。

钢质管道腐蚀问题是影响油气田地面工程安全运行及经济效益的重要屏障之一，制约着石油工业的快速发展。非金属管材作为一类新型的管道材料，具有优良的耐蚀性和水力特性，内壁光滑、磨阻系数低、输送能耗低及安装维护费用低、不需阴极保护、使用寿命长、综合经济效益好等优点，已在国内外石化行业得到广泛应用。

由于玻璃钢管道具有耐腐蚀性强、内壁光滑、输送能耗低等一系列优点，已广泛应用于腐蚀性较强的生产系统。例如，1992 年在迪拜，管径 *DN*150，压力 14MPa 螺纹连接的玻璃钢管应用在温度为 113℃，深度为 3m 的高温观察井套管 130m。1994 年在加拿大的 Harmattan–Alberta（图 1）和 Simonette–Alberta（图 2），将管径为 *DN*50 ~ *DN*200 螺纹连接的玻璃钢管应用在工作压力 5.5 ~ 8.6MPa、温度为 82℃高温混相流管线 62km。在德国 Rehden，使用 26MPa 玻璃钢管输送天然气 2.2km 以解决沿海陆上气田的腐蚀问题在井下，玻璃钢管的应用不是很广泛。

图 1　Harmattan–Alberta 观察井

图 2　Simonette–Alberta 输气管线

截至 2008 年底，中国石油各油气田在集油、输油、集气、输气、供水、注入系统中的非金属管道应用统计数据见表 1 ～表 6。

表 1　集油管线采用非金属管道统计数据表　　km

编号	油田公司	玻璃钢管	钢骨架塑料复合管	柔性复合管	增强塑料复合管	其他	合计
1	大庆	1191.34	148.88	285.20	393.58	112.83	2131.83
2	吉林	2195.55	1.00	61.15	24.33		2282.03
3	辽河	8.66					8.66
4	华北	32.05	105.57	3.60	35.66		176.88
5	冀东	25.70					25.70
6	大港	36.30	17.00	2.10	16.10	37.70	109.20
7	塔里木	115.54		4.70	235.20		355.44
8	新疆	20.00	260.00		620.00		900.00
9	吐哈	11.10					11.10
10	青海	17.00	25.00				42.00
11	玉门	5.00		0.50			5.50
合　计		3658.24	557.45	357.25	1324.87	150.53	6048.34

表 2　输油管线采用非金属管道统计数据表　　km

编号	油田公司	玻璃钢管	钢骨架塑料复合管	柔性复合管	增强塑料复合管	其他	合计
1	大庆	13.20	17.10				30.30

续表

编号	油田公司	玻璃钢管	钢骨架塑料复合管	柔性复合管	增强塑料复合管	其他	合计
2	吉林	396.72					396.72
3	辽河	0.50		7.50			8.00
4	华北	5.69	5.80				11.49
5	塔里木	5.70	4.55			7.50	17.75
6	新疆	72.00					72.00
7	吐哈	8.00	2.60				10.60
8	青海	9.00	1.00				10.00
9	玉门	2.00	0.20				2.20
合　计		512.81	31.25	7.50		7.50	559.06

表 3　集气管线采用非金属管道统计数据表　　km

编号	油田公司	玻璃钢管	钢骨架塑料复合管	柔性复合管	增强塑料复合管	其他	合计
1	大庆	13.00	3.60	12.63			29.23
3	辽河	2.20	4.00	6.00			12.20
4	华北			34.64		144.63	179.27
5	长庆			7.43			7.43
6	西南	7.06					7.06
合　计		22.26	7.60	60.70		144.63	235.19

表 4　输气管线采用非金属管道统计数据表　　km

编号	油田公司	玻璃钢管	钢骨架塑料复合管	柔性复合管	增强塑料复合管	其他	合计
1	大庆	12.25	28.84				41.09
2	辽河	2.00	3.50		16.00		21.50
3	长庆		0.04				0.04
4	新疆		5.00				5.00
5	西南	39.11					39.11
合　计		53.36	37.38		16.00		106.74

表 5　供水管线采用非金属管道统计数据表　　km

编号	油田公司	玻璃钢管	钢骨架塑料复合管	柔性复合管	增强塑料复合管	其他	合计
1	大庆	110.54	530.97		3.06	74.05	718.62
2	吉林	65.90	22.00				87.90

续表

编号	油田公司	玻璃钢管	钢骨架塑料复合管	柔性复合管	增强塑料复合管	其他	合计
3	辽河	69.74	37.35		2.24	10.38	119.71
4	华北		20.35		0.98		21.33
5	冀东	2.20	5.97	0.23	3.70		12.10
6	大港	74.20	59.10		10.70		144.00
7	长庆	62.61	15.07		6.98	0.20	84.86
8	塔里木		47.87		2.65	37.60	88.12
9	新疆	230.00	340.00		140.00		710.00
10	吐哈	2.00	25.89	1.39			29.28
11	青海	30.90	4.00		10.00		44.90
12	玉门	5.00	4.00				9.00
13	西南	614.24	187.79			49.07	851.10
合　计		1267.33	1300.36	1.62	180.31	171.30	2920.92

表 6　注入管线采用非金属管道统计数据表　　km

编号	油田公司	玻璃钢管	钢骨架塑料复合管	柔性复合管	增强塑料复合管	其他	合计
1	大庆	3665.57	18.89	31.22	41.78	140.50	3897.96
2	吉林	437.71		0.90	13.28		451.89
3	辽河	61.02					61.02
4	华北	91.83			40.02		131.85
5	大港	41.80	6.30		25.50	1.20	74.80
6	长庆	355.88	36.10	1565.54	31.94	0.99	1990.45
7	塔里木	16.59				6.20	22.79
8	新疆	100.00		5.00	480.00		585.00
9	吐哈	53.60					53.60
10	青海	290.37					290.37
11	玉门	4.50					4.50
12	西南	237.70	3.80				241.50
合　计		5356.57	65.09	1602.66	632.52	148.89	7805.73

根据以上统计数据，按照非金属管道在油气田的应用范围分类，中国石油所属各油气田非金属管道应用统计汇总见表 7；按非金属管材类型分类，中国石油各油气田非金属管道应用统计汇总见表 8。

表7　中国石油非金属管道应用汇总（按应用范围分类）

编号	油田公司	不同应用范围下的应用数量，km						合计 km	比例 %
		集油	输油	集气	输气	供水	注入		
1	大庆	2131.9	30.3	29.2	41.1	718.6	3897.9	6849.1	38.7
2	吉林	2282.1	396.8			87.9	451.9	3218.6	18.2
3	辽河	8.7	8.0	12.2	21.5	119.7	61.1	231.1	1.3
4	华北	176.9	11.5	179.3		21.3	131.9	520.9	2.9
5	冀东	25.7				12.1		37.8	0.2
6	大港	109.2				144.0	74.8	328.0	1.9
7	长庆			7.4	0.04	84.9	1990.5	2082.8	11.8
8	塔里木	355.4	17.8			88.1	22.8	484.1	2.7
9	新疆	900.0	72.0		5.0	710.0	585.0	2272.0	12.9
10	吐哈	11.1	10.6			29.3	53.6	104.6	0.6
11	青海	42.0	10.0			44.9	290.4	387.3	2.2
12	玉门	5.5	2.2			9.0	4.5	21.2	0.1
13	西南			7.1	39.1	851.1	241.5	1138.8	6.4
合　计		6048.4	559.1	235.2	106.7	2920.9	7805.7	17675.9	100.0
比例，%		34.2	3.2	1.3	0.6	16.5	44.2	100.0	

表8　中国石油非金属管道应用汇总（按管材类型分类）

编号	油田公司	不同类型管道的应用数量，km					合计 km
		玻璃钢管	钢骨架塑料复合管	柔性复合管	增强塑料复合管	其他	
1	大庆	5005.90	748.28	329.05	438.42	327.38	6849.04
2	吉林	3095.88	23.00	62.05	37.61		3218.54
3	辽河	144.12	44.85	13.50	18.24	10.38	231.09
4	华北	129.57	131.72	38.24	76.66	144.63	520.82
5	冀东	27.90	5.97	0.23	3.70	0.00	37.80
6	大港	152.30	82.40	2.10	52.30	38.90	328.00
7	长庆	418.49	51.21	1572.97	38.92	1.19	2082.78
8	塔里木	137.83	52.42	4.70	237.85	51.30	484.10
9	新疆	422.00	605.00	5.00	1240.00		2272.00
10	吐哈	74.70	28.49	1.39			104.58
11	青海	347.27	30.00		10.00		387.27
12	玉门	16.50	4.20	0.50			21.20
13	西南	898.11	191.59			49.07	1138.77
合　计		10870.57	1999.13	2029.73	2153.70	622.85	17675.99
比例，%		61.5	11.3	11.5	12.2	3.5	100.0

截至2008年底，中国石油13个油气田应用各类非金属管道达到了17676km。按照2008年中国石油统计的油气田内部管道建设统计数据，截至2007年底，中国石油13个油气田内部管道总长180337km，非金属管道占油气田内部已建管道的9.8%。

尽管如此，非金属管道相对于传统的钢质管道仍为一种新型的工程类管道，与我国巨大的管道市场相比，非金属管道所占份额仍很低，其原因主要在于国内非金属管道生产、应用、施工等方面还不规范。高压玻璃钢管道的原材料还不能完全国产化，部分原材料尚依赖进口。由于非金属管道品种的多样性以及材料和结构的复杂性，至今国内石油行业仍缺乏统一的非金属管材耐化学腐蚀性评价方法和试验标准，同时缺乏配套的非金属管材的专业技术标准、检测方法及相应的性能指标，这给工程设计和技术质量监督工作，尤其是推广应用带来一定的不利影响。非金属管道作为一种具有广泛前景的新型材料，由于用户和设计部门对其技术特性及工艺特点还缺乏足够的了解，在设计、施工以及维护、抢修措施等方面还存在一些认识误区，因此在管道应用中出现渗漏、破损、穿孔及断裂等问题，制约了非金属管道耐蚀性等方面优势的充分发挥。

2 非金属管道工程质量控制流程及相关技术标准分析

随着科技的进步，新材料、新工艺的应用，非金属管道在油田建设中大量应用。非金属管道的设计、制造、施工没有技术标准，为了保障油田地面管道的建设质量，根据流程各节点的要求，制定了非金属管道的系列标准，为非金属管道的建设提供了技术保障。

2.1 非金属管道工程质量控制流程

非金属管道工程质量控制流程如图3所示。

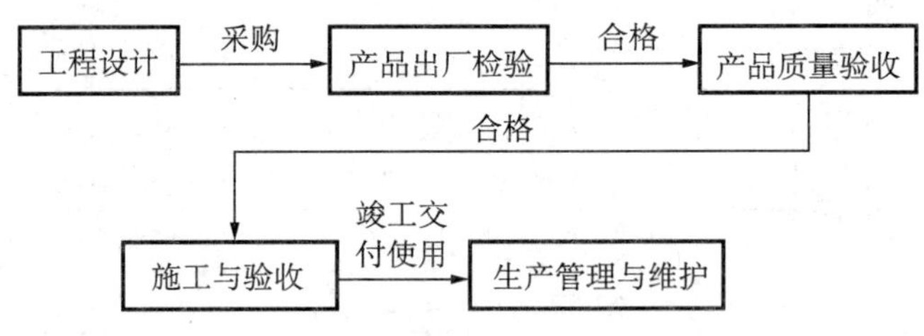

图3 非金属管道工程质量控制流程

2.2 流程各关键节点所依据的标准

流程各关键节点所依据的标准见表9。

2.3 非金属管道流程中各关键节点的风险分析及依据标准的确定

油田地面工程质量管理是属于碎片化、多环节的综合管理过程，整个工程的质量控制

表 9　各关键节点所依据的标准

质量控制程序	管道名称			
	高压玻璃钢管	钢骨架塑料复合管	连续增强塑料复合管（柔性复合管）	塑料合金防腐蚀复合管
工程设计	SY/T 6769.1—2010《非金属管道工程设计规范　第 1 部分：高压玻璃纤维管》	SY/T 6769.2—2010《非金属管道工程设计规范　第 2 部分：钢骨架聚乙烯塑料复合管》	Q/SY DQ 1092.3—2005《非金属管道工程设计规范　第 3 部分：连续增强塑料复合管》	SY/T 6769.3—2010《非金属管道工程设计规范　第 3 部分：塑料合金防蚀复合管》
出厂检验	SY/T 6267—2006《高压玻璃纤维管线管》	CJ/T 123—2010《给水用钢骨架聚乙烯塑料复合管》	SY/T 6794—2010《可盘绕式增强塑料管线管的评定》 SY/T 6795—2010《石油天然气工业用钢骨架增强热塑性树脂复合连续管及接头续增强塑料复合管》	HG/T 4087—2009《塑料合金防腐蚀复合管》
质量验收条件	SY/T 6770.1—2010《非金属管材验收条件　第 1 部分：高压玻璃钢管线管》	SY/T 6770.2—2010《非金属管材验收条件　第 2 部分：钢骨架聚乙烯塑料复合管》	Q/SY DQ 1094.3—2005《非金属管材验收条件　第 3 部分：连续增强塑料复合管》	SY/T 6770.3—2010《非金属管材验收条件　第 2 部分：塑料合金防蚀复合管》
施工与验收	SY/T 6769.1—2010《非金属管道工程设计规范　第 1 部分：高压玻璃纤维管》	SY/T 6769.2—2010《非金属管道工程设计规范　第 2 部分：钢骨架聚乙烯塑料复合管》	Q/SY DQ 1092.3—2005《非金属管道工程设计规范　第 3 部分：连续增强塑料复合管》	SY/T 6769.3—2010《非金属管道工程设计规范　第 3 部分：塑料合金防蚀复合管》
生产维护与管理	SY/T 6769.1—2010《非金属管道工程设计规范　第 1 部分：高压玻璃纤维管》 SY/T 6419—1999《玻璃纤维管的使用与维护》	SY/T 6769.2—2010《非金属管道工程设计规范　第 2 部分：钢骨架聚乙烯塑料复合管》 计划规划部制定的《非金属管道管理规定》	Q/SY DQ 1092.3—2005《非金属管道工程设计规范　第 3 部分：连续增强塑料复合管》 计划规划部制定的《非金属管道管理规定》	SY/T 6769.3—2010《非金属管道工程设计规范　第 3 部分：塑料合金防蚀复合管》 计划规划部制定的《非金属管道管理规定》

程序包括产品的出厂检验（合格证）→产品质量验收（二次检验）→工程设计→施工与验收→生产维护与管理五个环节，每一个环节的质量都必须依据相应的规范和标准进行约束和控制。使整个工程管理成为一个系统的、合理的、规范化的管理链条，才能保证非金属管道在油田地面工程建设中长久、安全地运行。

为此，我们对高压玻璃钢管、钢骨架聚乙烯塑料复合管、连续增强塑料复合管（柔性复合管）及塑料合金防腐蚀复合管应用全过程中所涉及的相关标准进行了系统地调研和研究，对各环节中存在的安全风险和质量控制需求进行了系统分析，结合油田的实际情况，对已有的标准进行了研究和筛选，对缺乏相应标准、现场应用量较大、技术较为成熟的管道通过试验研究，制定了相应的标准和石油行业标准，使工程质量的每一个环节得到系统、规范地控制，见表 10 ～表 14。

表 10　工程设计相关规范

序号	标准编号及名称
1	SY/T 6769.1—2010《非金属管道工程设计规范　第 1 部分：高压玻璃纤维管》
2	SY/T 6769.3—2010《非金属管道工程设计规范　第 3 部分：塑料合金防蚀复合管》
3	Q/SY DQ 1092.1—2005《非金属管道设计规范　第 1 部分：高压玻璃纤维管》
4	ASTM D2992《增强热固性树脂管及管件的静水压设计基数的测定方法》
5	JC552—94《纤维缠绕增强热固性树脂压力管》
6	SY/T 6267《高压玻璃纤维管线管》
7	API Spec 15HR：2001《高压玻璃钢管线管规范》
8	SY/T 6769.2—2010《非金属管道工程设计规范　第 2 部分：钢骨架聚乙烯塑料复合管》
9	Q/SY DQ 1092.2—2005《非金属管道设计规范　第 2 部分：钢骨架聚乙烯塑料复合管》
10	CJ/T 123《给水用钢骨架聚乙烯塑料复合管》
11	CJ/T 124《给水用钢骨架聚乙烯塑料复合管件》
12	HG/T 3690《工业用钢骨架聚乙烯塑料复合管》
13	HG/T 3691《工业用钢骨架聚乙烯塑料复合管件》
14	CJ/T 189—2004《钢丝网骨架（聚乙烯）塑料复合管》
15	Q/SY DQ 1092.3—2005《非金属管道设计规范　第 3 部分：连续增强塑料复合管》
16	Q/CGX01—2003《连续增强塑料复合管》
17	Q/CGX11—2003《连续增强塑料复合管工程技术规程》
18	CJJ63—95《聚乙烯燃气管道工程技术规程》
19	SY/T 6769.3—2010《非金属管道工程设计规范　第 3 部分：塑料合金防蚀复合管》

表 11　产品出厂检验规范

序号	标准编号及名称
1	SY/T 6267—2006《高压玻璃纤维管线管》
2	SY/T 6266—2004《低压玻璃纤维管线管和管件》

续表

序号	标准编号及名称
3	HG/T 3690《工业用钢骨架聚乙烯塑料复合管》
4	CJ/T 123—2010《给水用钢骨架聚乙烯塑料复合管》
5	SY/T 6794—2010《可盘绕式增强塑料管线管的评定》
6	SY/T 6795—2010《石油天然气工业用钢骨架增强热塑性树脂复合连续管及接头》
7	HG/T 4087—2009《塑料合金防腐蚀复合管》

表 12 产品质量验收规范

序号	标准编号及名称
1	SY/T 6770.1—2010《非金属管材验收条件 第 1 部分：高压玻璃钢管线管》
2	Q/SY DQ 1094.1—2005《非金属管材验收条件 第 1 部分：高压玻璃钢管线管》
3	GB/T 2577—1989《玻璃纤维增强塑料树脂含量试验方法》
4	GB/T 5349—1985《纤维增强热固性塑料管轴向拉伸性能试验方法》
5	GB/T 5351—1985《纤维增强热固性塑料管短时水压失效压力试验方法》
6	GB/T 5352—1985《纤维增强热固性塑料管平行板外载性能试验方法》
7	JC 552—1994《纤维缠绕增强热固性树脂压力
8	SY/T 6770.2—2010《非金属管材验收条件 第 2 部分：钢骨架聚乙烯塑料复合管》
9	Q/SY DQ 1094.2—2005《非金属管材验收条件 第 2 部分：钢骨架聚乙烯塑料复合管》
10	GB/T 2918—1998《塑料试样状态调节和试验的标准环境》
11	GB/T 6111—2003《流体输送用热塑性塑料管材耐内压试验方法》
12	GB/T 6671—2001《聚乙烯管材纵向尺寸收缩率的测定》
13	GB/T 15558.1—2003《燃气用埋地聚乙烯（PE）管道系统 第 1 部分：管材》
14	GB/T 8806—1988《塑料管材尺寸测量方法》
15	Q/SY DQ 1094.3—2005《非金属管材验收条件 第 3 部分：连续增强塑料复合管》
16	GB/T 18474—2001《交联聚乙烯（PE−X）管材与管件交联度的试验方法》
17	GB/T 6111—2003《流体输送用热塑性塑料管材耐内压试验方法》
18	GB/T 8806—1988《塑料管材尺寸测量方法》
19	GB/T 2918—1998《塑料试样状态调节和试验的标准环境》
20	SY/T 6770.3—2010《非金属管材验收条件 第 3 部分：塑料合金防蚀复合管》

表 13 施工及验收相关规范

序号	标准编号及名称
1	SY/T 6769.1—2010《非金属管道工程设计规范 第 1 部分：高压玻璃纤维管》
2	SY/T 0323《玻璃纤维增强热固性树脂压力管道施工及验收规范 》
3	SY/T 6419《玻璃纤维管的使用与维护 》

续表

序号	标准编号及名称
4	SY/T 6267《高压玻璃纤维管线管 》
5	Q/HV 818—2002《高压玻璃钢管道施工与验收规范》
6	SY/T 5199—1997《套管、油管和管线管用螺纹脂》
7	SY/T 0415《埋地钢质管道、硬质聚氨酯泡沫塑料防腐保温层技术标准》
8	《玻璃钢管道系统安装说明》
9	SY/T 6769.2—2010《非金属管道工程设计规范　第 2 部分：钢骨架聚乙烯塑料复合管》
10	HG/T 3690《工业用钢骨架聚乙烯塑料复合管》
11	HG/T 3691《工业用钢骨架聚乙烯塑料复合管件》
12	CJ/T 123《给水用钢骨架聚乙烯塑料复合管》
13	CJ/T 124《给水用钢骨架聚乙烯塑料复合管件》
14	CJ/T 125—2000《燃气用钢骨架聚乙烯塑料复合管》
15	CJ/T 126—2000《燃气用钢骨架聚乙烯塑料复合管件》
16	SY/T 0415《埋地钢质管道、硬质聚氨酯泡沫塑料防腐保温层技术标准》
17	CJJ/T 98—2003《建筑给水聚乙烯类管道工程技术规程》
18	CJ/T 189—2004《钢丝网骨架（聚乙烯）塑料复合管》
19	《钢骨架塑料复合管技术手册》
20	《钢丝网骨架聚乙烯复合管使用手册》
21	CJJ63—95《聚乙烯燃气管道工程技术规程》
22	Q/CGX01—2003《连续增强塑料复合管》
23	Q/CGX11—2003《连续增强塑料复合管工程技术规程》
24	HG/T 4087—2009《塑料合金防腐蚀复合管》
25	Q/WHT 003—2004《塑料合金复合管材施工与验收规范》

表 14　维护管理相关规范

序号	标准编号及名称
1	SY/T 6419《玻璃纤维管的使用与维护》
2	《非金属管道管理规定》
3	《玻璃钢管道系统安装说明》
4	《钢骨架塑料复合管技术手册》
5	《钢丝网骨架聚乙烯复合管使用手册》
6	CJJ/T 98—2003《建筑给水聚乙烯类管道工程技术规程》
7	《非金属管道管理规定》
8	Q/CGX 11—2003《连续增强塑料复合管工程技术规程》
9	《非金属管道管理规定》
10	Q/WHT 003—2004《塑料合金复合管材施工与验收规范》
11	《非金属管道管理规定》

例如，自20世纪90年代初，先后在水驱、聚驱及三元复合驱的注入管线、集输油及供给管线，已累计应用7000多公里，在缓解油田管道腐蚀、抑制结垢等方面起到了显著的作用。历经多年的应用，其制造技术和应用技术已逐渐成熟，虽然国内外有很多相关标准，如高压玻璃钢管有ASTM D2992《增强热固性树脂管及管件的静水压设计基数的测定方法》、JC552—1994《纤维缠增强热固性树脂压力管》、SY/T 6267《高压玻璃纤维管线管规范》、API Spec 15HR：2001《高压玻璃钢管线管规范》，SY/T 6267—1996《高压玻璃纤维管线管规范》直接等同于美国石油学会API Spec 15HR《高压玻璃纤维管线管规程》，重点针对制造过程质量控制要求，就用户购货时对产品质量检验的技术要求很少，可操作性小；ASTM D2992《增强热固性树脂管及管件的静水压设计基数的测定方法》主要针对高压玻璃钢管道生产过程的结构设计，JC552—1994《纤维缠绕增强热固性树脂压力管》适用于分层敷设生产的玻璃钢压力管，而目前油田所用高压玻璃钢管线管的整个工艺均为浸胶的纤维束在一定张力作用下连续缠绕成型的，且采用螺纹连接，无法指导玻璃钢管线管工程质量的产品的质量验收检验。

为此，系统总结了多年来非金属管道在油田应用情况及工程特点，通过对高压玻璃钢管、钢骨架聚乙烯塑料复合管、连续增强塑料复合管（柔性复合管）及塑料合金防腐蚀复合管的大量的技术研究和试验论证的基础上，确定出体现各类非金属管道在油田应用中的关键技术参数，根据试验验证数据，结合近十年的应用经验、材料特性、成型工艺，同时借鉴国内外应用经验、技术标准，确定出其性能指标及性能评价方法，修正/确定了高压玻璃钢管、钢骨架聚乙烯塑料复合管及连续增强塑料复合管的沿程水头损失计算公式、经济合理埋设深度、保温层的最佳经济厚度，确定了满足产品质量检验及施工周期的关键技术参数、技术指标及评价方法，在此基础上，编制了大庆油田公司企业标准Q/SY DQ 1094.1～3《非金属管材验收条件》和Q/SY DQ 1092.1～3《非金属管道设计规范》，并于2005年发布实施。通过对企业标准三年的实施和施工验收经验的总结，对相应条款进行了适当补充和完善，在此基础上，编制了高压玻璃钢管线管、钢骨架聚乙烯塑料复合管及塑料合金防腐蚀复合管的石油行业标准SY/T 6770.1～3《非金属管材质量验收规范》和SY/T 6769.1～3《非金属管道设计、施工及验收规范》，使该标准更符合工程实际情况，更具操作性，为规范非金属管道在油田地面工程建设的规范性应用提供理论依据。

3 非金属管道标准体系的研究与完善

在对相关标准进行分析论证的过程中发现，除高压玻璃钢管道有使用与维护标准SY/T 6419《玻璃纤维管的使用与维护》之外，其他非金属管道均缺乏相应的使用与维护规范，只能依据厂家提供的《工程技术规程》和油田公司提出的《非金属管道管理规定》进行操作，缺乏针对性和准确性。

例如，高压玻璃钢管有GB/T 2577—1989《玻璃纤维增强塑料树脂含量试验方法》、GB/T 5349—1985《纤维增强热固性塑料管轴向拉伸性能试验方法》、GB/T 5352—1985《纤维增强热固性塑料管平行板外载性能试验方法》、GB/T 5351—1985《纤维增强热固性塑料管短时水压失效压力试验方法》、ASTM D2992《增强热固性树脂管及管件的静水压设计基数的测定方法》、JC552—1994《纤维缠绕增强热固性树脂压力管》、SY/T 6267《高压玻璃纤维管线管》、API Spec 15HR：2001《高压玻璃钢管线管规范》，GB/T 2577—1989《玻璃纤维增强塑料树脂含量试验方法》、GB/T 5349—1985《纤维增强热固性塑料管轴向拉伸性能试验方法》、GB/T 5352—1985《纤维增强热固性塑料管平行板外载性能试验方法》及GB/T 5351—1985《纤维增强热固性塑料管短时水压失效压力试验方法》分别是对玻璃钢管道的树脂含量、轴向拉伸性能、平行板外载性能短时水压失效压力试验方法的约束，但对这些性能指标没有明确指出，而SY/T 6267—1996《高压玻璃纤维管线管》直接等同于美国石油学会API Spec 15HR《高压玻璃纤维管线管规程》，重点针对制造过程质量控制要求，就用户购货时对产品质量检验的技术要求很少，可操作性小；ASTM D2992《增强热固性树脂管及管件的静水压设计基数的测定方法》主要针对高压玻璃钢管道生产过程的结构设计，JC552—1994《纤维缠绕增强热固性树脂压力管》适用于分层敷设生产的玻璃钢压力管，而目前油田所用高压玻璃钢管线管的整个工艺均为浸胶的纤维束在一定张力作用下连续缠绕成型的，且采用螺纹连接，无法指导玻璃钢管线管工程质量的产品的质量验收检验。

综上所述，随着非金属管道应用量及应用领域的扩大，已建的非金属管道应用技术标准内容不能涵盖新的应用领域，应及时修订和完善，将新的内容纳入到标准中的同时，对新型的非金属管道在油田的应用情况及应用条件进行系统跟踪调查，对条件成熟的管道应及时制定相关标准或列入已有的标准中，以使非金属管道及时纳入规范化、系统化、标准化应用，为油田工程建设质量控制提供基础保障。

参 考 文 献

[1] 樊震军，张娅娣．玻璃钢管道的技术特点及在我国的应用．中国水电建设集团十五工程局有限责任公司

[2] 王长杰．塑料合金复合管应用于注水管线．油气田地面工程，2006（06）

标准作业程序在石油企业基层的推行与完善

梁亚文　郝生亮　张　娟　李建秦　杨建新

（长庆油田公司第三采油厂胡尖山采油作业区）

摘　要　本文通过对标准作业程序概念的简述，从适应“大油田管理、大规模建设”的必要性入手，总结了标准作业程序在基层的构建过程及载体形式，并详细介绍了标准作业程序在石油基层企业的实施过程，分析了面临的问题，给出了对应的解决措施，为石油企业的管理起到了抛砖引玉的效果。

关键词　石油企业；标准作业程序

1　引言

“361号潜艇”事故使70名官兵魂归西天，重庆开县“12·23”井喷特大事故243人中毒死亡、2142人因硫化氢中毒住院治疗、65000人被紧急疏散安置。前者是因为只开了抽气阀忘开了进气阀，后者是因为违章卸下原钻具组合中的回压阀防井喷装置，加之未能执行“每起出3柱钻杆必须灌满钻井液”的规定，导致井喷失控……诸如此类小错误导致的大事故，留给人们的是太多的反思，主管纳闷：手下低级错误为何总是层出不穷？公司在疑惑：规范管理实施已有些年头，为何难见起色？员工委屈：经验不足，操作犯错，为何动辄得咎？我们急需标准的、量化细节后的SOP，同时急需强有力的推行保障机制。

2　什么是SOP

SOP是standard operation procedure三个单词中首字母的大写，即标准作业程序，就是将某一事件的标准操作步骤和要求以统一的格式描述出来，用来指导和规范日常的工作。SOP的精髓，就是将细节进行量化。通俗地说，SOP就是对某一程序中的关键控制点进行细化和量化，即SOP=作业程序（手册）+细节的量化+细节的坚持。

3　石油企业推行标准作业程序的必要性分析

石油企业具有区块广袤，管理单位众多等特点，而人是最基本的管理单元，也是被管理单元。石油企业矿场的地理分布决定了其现场的管理模式与普通的车间管理模式有所不同，面对安全风险系数较高、占到60%以上人员的操作层，诸多的野外作业、有限区域的操作项目，数不清的可见风险及隐性风险的存在，大量不同设备的使用、易燃易爆流体特性等，规范操作和规避企业风险使得标准作业程序的实施提到了一个新的高度。

3.1 石油企业大发展的需要

长庆油田公司第三采油厂从1971年建厂至今已经走过了38年的光辉历程，从1993年的20×10^4t到现在的300×10^4t，原油产量连续14年增长了15倍。1998年原油产量跨越100×10^4t，2003年原油产量突破200×10^4t，达到222×10^4t，2006年原油年产量达到265.4×10^4t，2007年突破300×10^4t。面对长庆油田确定了2015年实现油气当量5000×10^4t的发展规划，目前进入了加快发展的新时期。随产能的提升、管理区域的加大以及在企业优化组合中员工的分流引进等，生产一线必将有大批新增人员，对于管理层而言，如何建立一支基础扎实、操作规范的员工队伍无疑是重中之重，标准作业程序的推出迫在眉睫。

3.2 建立和谐企业的重要组成部分

构建社会主义“和谐企业”是国有大型企业的文化发展主题。“和”者，和睦也，有和衷共济之意；“谐”者，相合也，有协调顺和之意。“和谐企业”，就是指构成企业系统中的各部分和要素处于一种相互协调的平衡发展状态。其核心是通过促进企业内外“和谐”，达到企业的经济效益、环境效益与社会效益相统一，最终实现企业可持续协调发展。和谐企业的本质是“管理规范、凡事有矩可循”。中国石油天然气集团公司（以下简称中石油）企业文化理念中也对构建“和谐”提出了“进一步完善管理体制，形成能够充分调动全体职工和各方面积极性的制度性安排。大力倡导融洽的人际关系，创造和谐愉悦的工作氛围”。标准作业程序无疑是企业对员工操作行为的制度性安排，需要人人遵守的章程要求，从这个角度而言，必然是创建和谐企业的重要组成部分。

3.3 提高工作效率的有效途径

效率简言之就是把全部时间用来干正确的事情，以促成目标的实现。石油企业矿场工作性质决定了其日常工作有两个基本的特征：一是许多岗位的人员经常会发生流动，二是一些日常工作的基本作业程序相对比较稳定。不同的人，由于不同的成长经历、性格、学识和经验，可能做事情的方式和步骤各不相同。即使做事的方式和步骤相同，但做每件事的标准和度仍会有一些差异。比如沃尔玛规定员工面对顾客要常露微笑——“露出八颗牙”。如果不执行这个标准，那么不仅微笑的效果可能大打折扣，甚至可能影响企业的美好形象，这就是标准，就是对细节的量化。SOP是在实践操作中不断进行总结、优化和完善的产物，在这一过程中积累了许多人的共同智慧，因此相对比较优化，能提高操作效率。通过每个SOP对相应项目效率的提高，企业的整体管理效率必然提高。

3.4 实现安全管理的要求

“以人为本，安全第一”是中石油的安全文化理念。具体描述为“以充分尊重人的生命价值为己任，把社会公众和广大职工的生命安全放在首位。努力追求零事故目标。加强对变化着的环境中不安全因素的风险识别和风险预测，不断提高风险防范能力，努力消除各种事故隐患，实现本质安全”。而人、物、环境三要素中人是关键因素，所以必须认真研究人体生物节律在面对物、环境时可能出现的不安全行为或倾向，处理各种显性及隐性风险，并形成规律、程序、经验积累的相关制度和操作规程，标准作业程序是众多企业人智慧的结晶，无疑将为此提供捷径，最大限度地消除人的不安全行为和物、环境的不安全状态。

3.5 企业文化不断深化、发展、完善的必然要求

企业文化这个术语由美国学者创造，但这个术语所包含的生动内容却首先源于日本。同心动力认为：企业文化（corporate culture）或称组织文化（organizational culture）是企业为解决生存和发展的问题而树立形成的，被组织成员认为有效而共享，并共同遵循的基本信念和认知。企业文化集中体现了一个企业经营管理的核心主张，以及由此产生的组织行为。企业文化的内容十分广泛，但其中最主要的应包括七点，如图 1 所示，可知企业制度的完善是重要的组成部分之一，标准作业程序作为员工操作行为的规范性制度要求，自然将构成企业文化不断发展完善过程中必不可缺的内容。

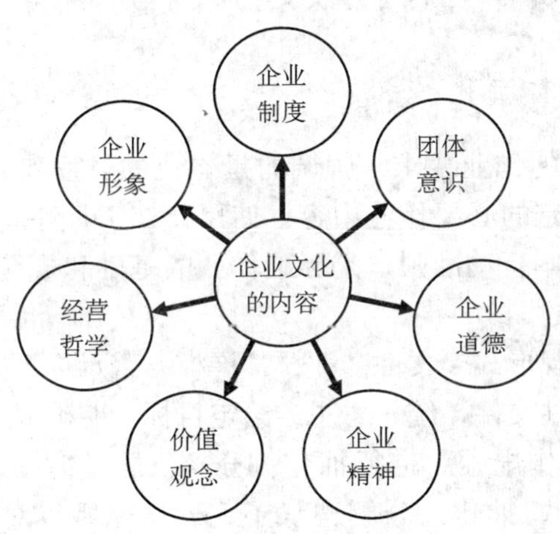

图 1 企业文化的内容

4 石油企业标准作业程序的构建和实践应用

4.1 标准作业程序的构建

SOP 是 TPS（toyota production system，即丰田企业生产管理模式）中的一个重要组成

部分，其精准的应用，使丰田的企业效率和效益大大增加，被誉为当代企业管理最成功的典范之一，其核心为去除浪费、安全生产。石油企业以其独特的地域场矿分散、作业区域集约等特点，决定了其标准化的构建有其不同于丰田车间流水线的一面。长庆油田公司第三采油厂标准作业程序的出台首先基于企业发展的需要、基于安全管理的需求，是在集合分散区域的众多设备的原有的《操作规程》基础上，按照生产区域、岗位工种、设备分类等对所有操作项目经过抽化、细化、分解、补充、讨论等环节制定出来的。并经历 PDCA 的四个阶段（图 2）：作业标准化（P）、标准化作业（D）、变化点管理（C）、完善优化（A），不断循环完善，最大限度符合现场应用，提高企业的生产效率、生产效益。

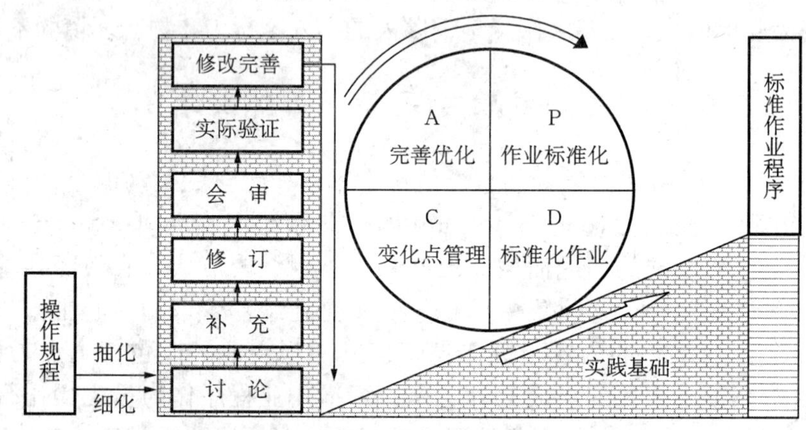

图 2　PDCA 的四个阶段

4.1.1　环节之一：作业标准化

作业标准是对作业者的作业要求，强调的是作业的过程和结果。它是根据工艺图纸、安全规则、环境要求等制定的必要作业内容、使用什么工具和要达到的目标。作业标准是每个作业者进行作业的基本行动准则，是标准作业的基础和规范性的要求、文件，是以文字记录、警示等形式表现的。

作业标准化的外在表现形式：文件、教材、展板、警示标识。

（1）文件：下发指导性文件，统一思想、给定目标、明确要求、设计方法。

（2）教材：在对《操作规程》进行抽化、分解、总结时，首先分析了石油企业的生产特性，归类了现场操作，抽化、分解遵从了 5W1H 原则，对操作地点（where）、对象（who）、时间（when）、内容（what）、目的（why）、方法（how）等进行了梳理，然后重点对每一个具体项目从作业配置、作业风险、作业工序、作业要求、作业监控、作业总结六大部分进行作业程序的完善和再造，形成作业标准手册。

（3）展板：主要针对增压点、接转站等油气集输增压点主要岗位的主要操作设立。展板以真人演示、现场拍照的方式，将操作动作分解抽取核心，将各个步骤中的关键进行演示。例如 2009 年，长庆油田公司第三采油厂五里湾第二采油作业区共计制作 65 块展板，应用于 14 个站点，具体项目包含了采油、注水、集输等设备的操作要领。

（4）警示标识：针对现场油气场所的特性，主要有以下表现形式：

①针对压力容器、加热炉等的安全附件如压力表、液位计，标识压力表盘、液位计警示线（红色胶带条）。

②针对设备、电气柜等标识旋转方向、润滑液位、按钮提示、危险提示、安全操作区域及危险部位颜色警示等，常用警示牌、文字提醒、颜色喷涂（黄色、红色）等。

③针对地面流程及地下隐蔽流程走向，采用管线颜色区分输送介质、箭头标识走向、流程文字标注提醒等方式。

④针对生产区域特点，有操作区域、禁止区域、安全区域、危险区域、放置区域、巡回检查区域、逃生区域等警示，常用红、黄、绿颜色喷涂划分，并带有相关警示文字、警示牌。

4.1.2 环节之二：标准化作业

标准化作业是指严格按照作业标准化的要求实施作业，强调人的动作，是以人在作业过程中的行为表现出来的。

石油企业的非车间流水特性及设备运转、高危流体等，决定石油现场标准作业主要有环境控制、作业顺序、参数监控三要素，如图 3 所示。

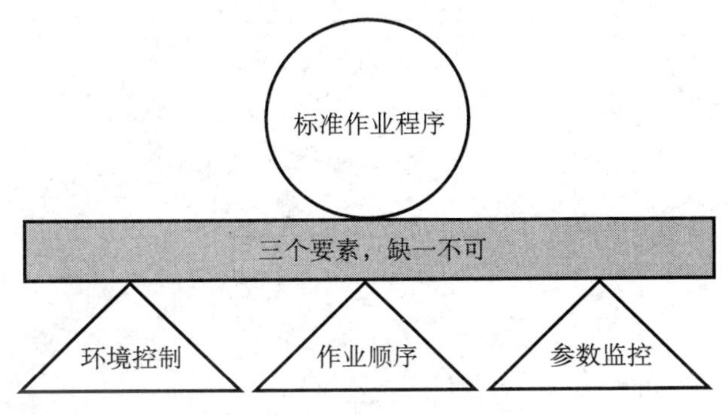

图 3　标准化作业三要素

（1）环境控制：包含场地环境（室内室外、灯光、地面情况、周围介质特性及存在量、电气分布、设备分布、人员分布、流程概况、物料等）和自然环境（如风、雨、雪、雾、林草、地形等）。

（2）作业顺序：包括作业内容（明确目的）、作业安全措施（劳保穿戴：手套、安全帽、安全带、防静电鞋和工作服、护目镜、空气呼吸器等）、作业方法（工用具使用、操作先后等）、作业记录（过程资料记录，主要时间、人员、参数等）等。

（3）参数监控：石油企业主体是油气水的泵送、处理，全程伴随主体参数包括流体在管道中运移时或容器内的压力、温度、流量，集油时的液位，设备运转的电流、电压，区域有毒有害可燃气体浓度等。详细监控参数的正常与否是操作人员判断设备运转、流体泵送、生产运行的“眼睛”，这也组成了单个操作项目标准作业的基本要素之一。

4.1.3 环节之三：变化点管理

变化点可以理解为在人（操作人员）、机（设备、工具）、介（介质流体油气水）、法

（技术方法）、环境（自然和场地）五个环节中，因为缺乏实践深化验证而导致在作业标准中出现的失控和误控项。受采油现场设备种类、流程连接、环境及编制者现场经验等影响，必然存在个别甚至部分作业标准在细节上不能与现场完全吻合，变化点往往从心理上对于操作层产生很大影响，会使推行的效果和力度大打折扣，影响员工的信任感，所以变化点的反馈、解决很关键，对于变化点的收集主要由基层单位收集汇总、上报。

4.1.4 环节之四：完善优化

2007 年，完成了长庆油田公司第三采油厂作业标准第一版，2009 年又对其变化点进行修订完善，并增加了 101 项井下作业项目，形成了涵盖修井作业、措施井作业、油井操作等 20 大类的 457 项操作标准。在再造过程中，增加了工具使用项、设备原理、内部结构示图、后续效果分析、生产工艺流程图等，另外对于隐患排查与控制、工作—生产参数量化进行了严格的论证和翔实的补充，突出了作业标准的科学性、实用性。形成了工用具准备、风险辨识与削减、操作主程序、操作子程序、参数控制、总结记录六个方面作业标准程序，如图 4 所示，并汇集成“作业标准程序手册”，下发基层每位员工。

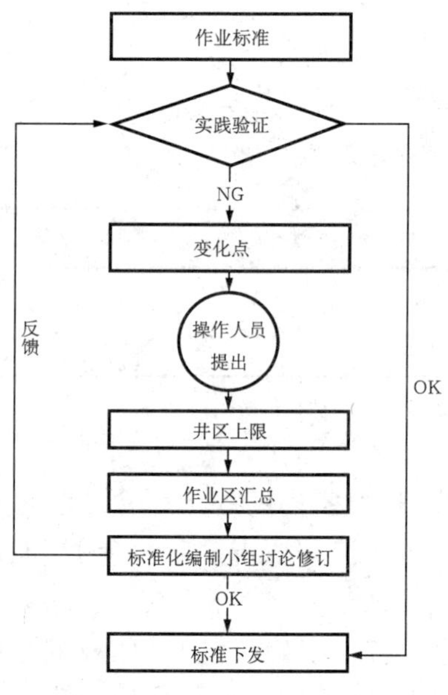

图 4 作业标准程序

4.2 标准作业程序的实践应用

采油作业区作为采油厂生产一线的生产管理相对集中、独立的生产单元，是原油生产、人员管理最直接的承担者，同时也是标准作业程序的落脚点及实施关键点。以长庆油田公司第三采油厂五里湾第二采油作业区为例，简述标准作业程序在基层的实践应用。

4.2.1 采油作业区基本工种构成及员工基本情况分析

采油作业区基本工种构成及员工基本情况分析如图 5 和图 6 所示。

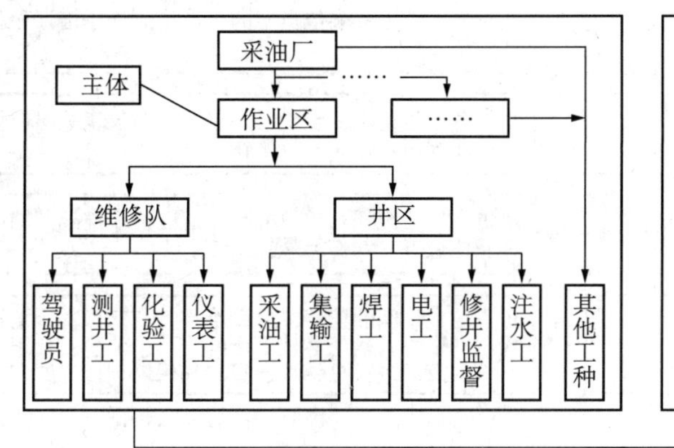

分 析

表现两点：操作层员工技术等级高，中级工以上达到 67%，参加工作三年以上占到 81%，经验基础扎实。但技能骨干尤其技师比例小（3%），其次新员工比例高（19%），在标准作业推行上容易因岗位技能、现场经验不足等导致运用上效率不高

图 5 采油作业区基本工种构成框图及分析

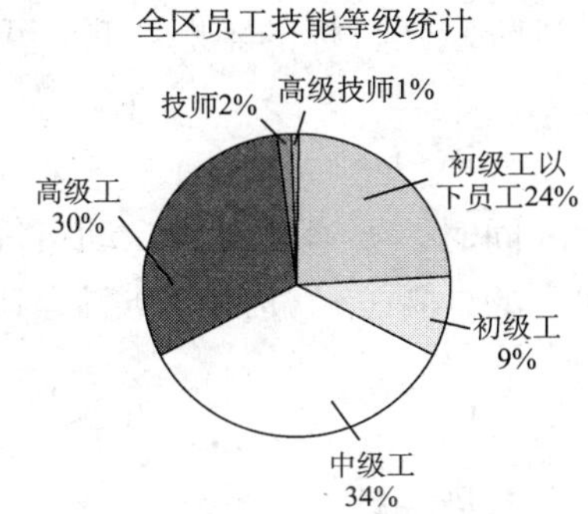

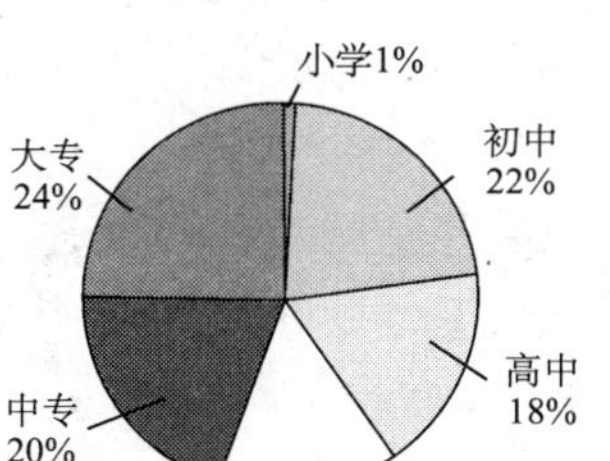

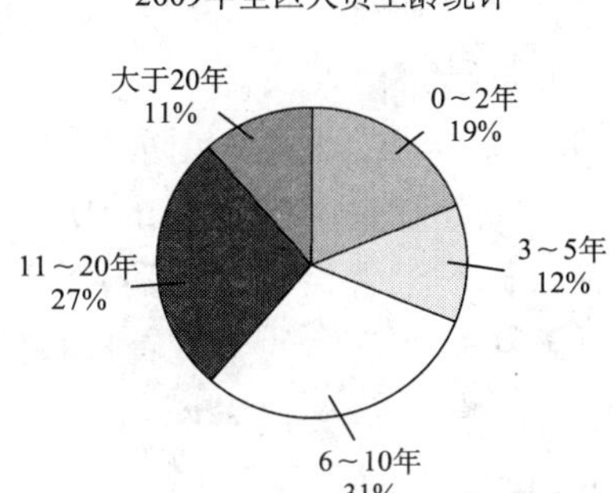

图 6 员工基本情况

4.2.2 具体应用措施

针对人员分析及工种分布，五里湾第二采油作业区在具体实践应用中，采取以下措施：

（1）建立统一的思想体系。

标准作业程序作为一项对操作细节的量化模式，在实施中，第一，从统一管理者思想入手，进行相关培训。经培训，明白标准作业程序内容，规范什么，对管理有什么作用；明了标准作业程序的最终目标，提高贯彻执行中的标准；明晰标准作业的程序，提升自身技术素质。第二，从参与培训的培训人员入手，不断提高标准作业技能水平，确保构建中的正确实施。第三，为避免因标准作业与原有的作业习惯相互冲突引起的员工在学习执行中的抵触情绪，在员工中开展座谈会、事故讨论会，通过对比讲述，让员工明白标准作业在提高技能水平、保障安全、提高工作效率中的作用，推动员工自主学习的积极性。

（2）建立组织机构。

简洁的组织机构和明确的职责是促进标准程序作业执行的组织保证，也是高标准、高起点地落实标准程序作业的保证。组织机构如图 7 所示。

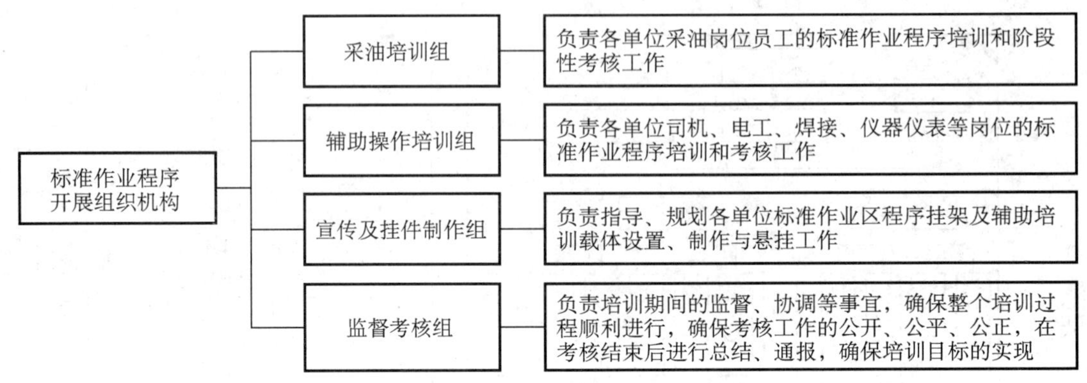

图 7　组织机构

4.2.3　制定可行的阶段目标和任务

标准作业程序的实施是一项递进的过程，在实践中，通过阶段性目标的不断实现，可以有效提升推进速度。

4.2.3.1　第一阶段：动员阶段

要充分发挥井区基层的力量，井区在制定具体实施方案的同时，要通过宣传、动员等手段，让员工领会标准化程序对于纠正、预防违章的意义和目的，树立“违反标准就是违章，就是破坏正常的生产管理秩序”的意识。

4.2.3.2　第二阶段：强化培训和考核阶段

（1）强化培训以“说”、“教”、“练”、“考”“改”五个环节开展培训。

①说：设立班前标准化操作仪式，开展讲标准、知操作，讲流程、知步骤，讲原理、知性能，讲案例、知风险的“四讲四知”活动。

②教：各单位深挖井区班站长、技能突出型员工等有效人力资源，创建人人参与，骨干带动的良好局面；其次按照岗位熟悉本岗位的操作项目，做到心中有数。对于掌握较为薄弱的群体，上报作业区，由培训组统一培训。

③练：以现场操作演练与班站长日常操作纠错相结合促进员工实际操作水平提高，并将作业区技能大赛中操作明星的示范性操作，录制下发光盘，方便员工对照练习。

④考：通过实际操作形式，以月考、季考为手段，力促作业区操作层员工标准化达标全面完成，实现人人都是岗位操作能手的目标。

⑤改：标准化程序的制定有其普遍性，同时存在特殊性，全体员工在执行中要客观对待，正确认识，要正确处理普遍与特殊的关系。广大干部、骨干要加强引导，对于与实际不等的地方，由井区上报培训组，统一收集评估，向厂相关部门反应，寻求解决。

（2）考核检验：每月定期由井区主管培训副井区长根据培训考核计划表，申报下月标准作业程序考核人员名单，培训副井区长要做好培训记录。此阶段考核由井区（队）

负责。每月月初、月末作业区复查、抽查考核，并由作业区在每个季度末统一进行考核验收。

4.2.3.3　第三阶段：总结和验收阶段

作业区培训督导小组要对全年标准化培训效果进行分析总结，对问题进行研究，制定措施，可以采取评比标准操作明星等形式予以奖励。

4.2.4　应用有效的培训方法

4.2.4.1　集中讲授——理论引导

作业区采取集中授课的方法，对标准作业程序进行全面讲解，讲解中重点突出引导和提升，对“标准程序手册”中的应用重点进行讲解，由各组室对安全隐患辨识，并对工作礼仪礼节、工具使用等进行指导，提高理论知识水平。

4.2.4.2　现场培训——固化行为

（1）层次培训法，如图 8 所示。操作员工：着重开展普及性培训，保证操作的正确性；班站长：着重进行更专业的技术培训，保证成为大力推广标准化操作的领导者和示范者；新增及工种变更员工：突出岗位再培训，以师徒帮带、强化行为模仿作用，加快操作熟练程度。

（2）重复教学法。培训小组以重复教学方式加深员工对标准作业程序的学习，同时，不断查漏补缺，提升培训效果。在培训过程中，利用骨干开设“实训课堂”，通过培训员对员工互动讲课，实施人员梯级带动。

（3）示范课堂。采取树立标杆站，评选操作明星的形式，形成以点带面的推动作用，并将示范性操作录制成光盘下发，形成视频教学与现场培训结合，规范操作。

（4）活动推进。以开展标准作业程序操作比赛，召开标准化操作推进会，开展内、外部观摩交流的方式，全面推动标准化操作培训、推广、落实，形成体系化建设。

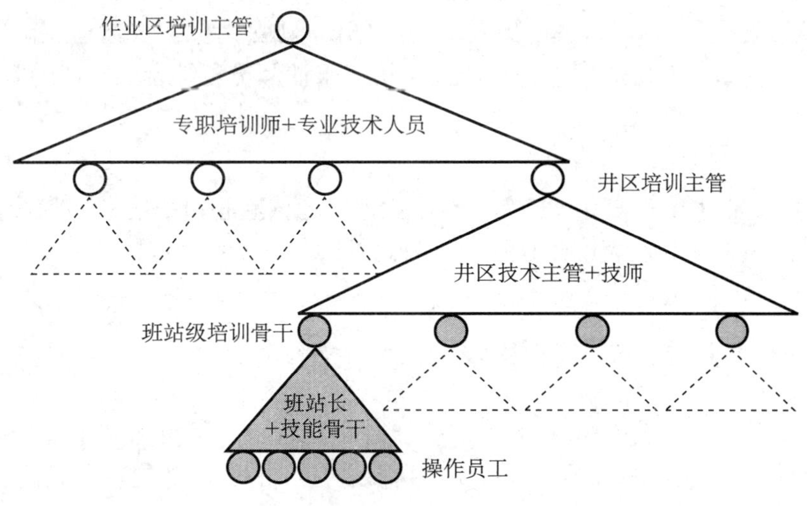

图 8　层次培训法

4.2.4.3 机制变革——持续推进

标准作业程序培训开展以来，培训模式由主管领导牵头、培训组负责到底，转变为主管领导牵头、培训组负责全面培训、井区、班站负责日常培训的形式，有效保证培训压力的纵向传递，提高了井区、班站层面的培训意识，使培训工作由培训组一个点转为全员参与、全员重视，将培训、考核更多转向日常应用培训督促上。

分类使标准操作系统化、目视化。

按照设备分布、流程走向、岗位区域，梳理出各自的操作项目，具体为：单井（25项）、增压点（31项）、拉油点（28项）、转油点（38项）、接转站（30项），以转油点举例，如图9所示。

4.3 实施效果

4.3.1 实现安全生产无事故

作业区推行标准化操作管理以来，员工对标准操作流程更加清晰明了，员工的风险源辨识及消减能力日渐增强，从而实现作业区“零事故”的目标。

4.3.2 反“三违”取得了明显的效果

随着新增员工的不断增加，对照“标准作业程序”能够准确表述规范操作流程，在很大程度上对风险源辨识充分，控制事故的发生；同时对老员工操作程序随意简化、操作步骤颠倒顺序等不规范行为，有效遏制了各类“三违”行为。

4.3.3 提高了员工的操作能力和综合素质

通过实施，员工准确识别和防范控制能力有所增强，员工程序化操作能力和意识已经形成，员工应急处理和自我调控能力得到一定提升，新上岗员工快速适应岗位、满足安全要求的能力明显提高，使快速发展的长庆油田第三采油厂员工综合安全能力有了显著增强。

4.3.4 厂标准化考核验收

图10为长庆油田第三采油厂三次标准作业程序考核验收情况统计柱状图，表明优秀率提高，整体学习氛围提高，表明正在形成一种习惯。

5 目前存在不足及后期发展设想

虽然目前标准作业程序的推进取得了明显的企业效益，但也遇到了部分问题，通过对43名不同层面的员工就标准化推行程度、实际操作应用等项目开展问卷调研（表1），以便于分析原因，制定对策，更好地推进作业标准的实施。

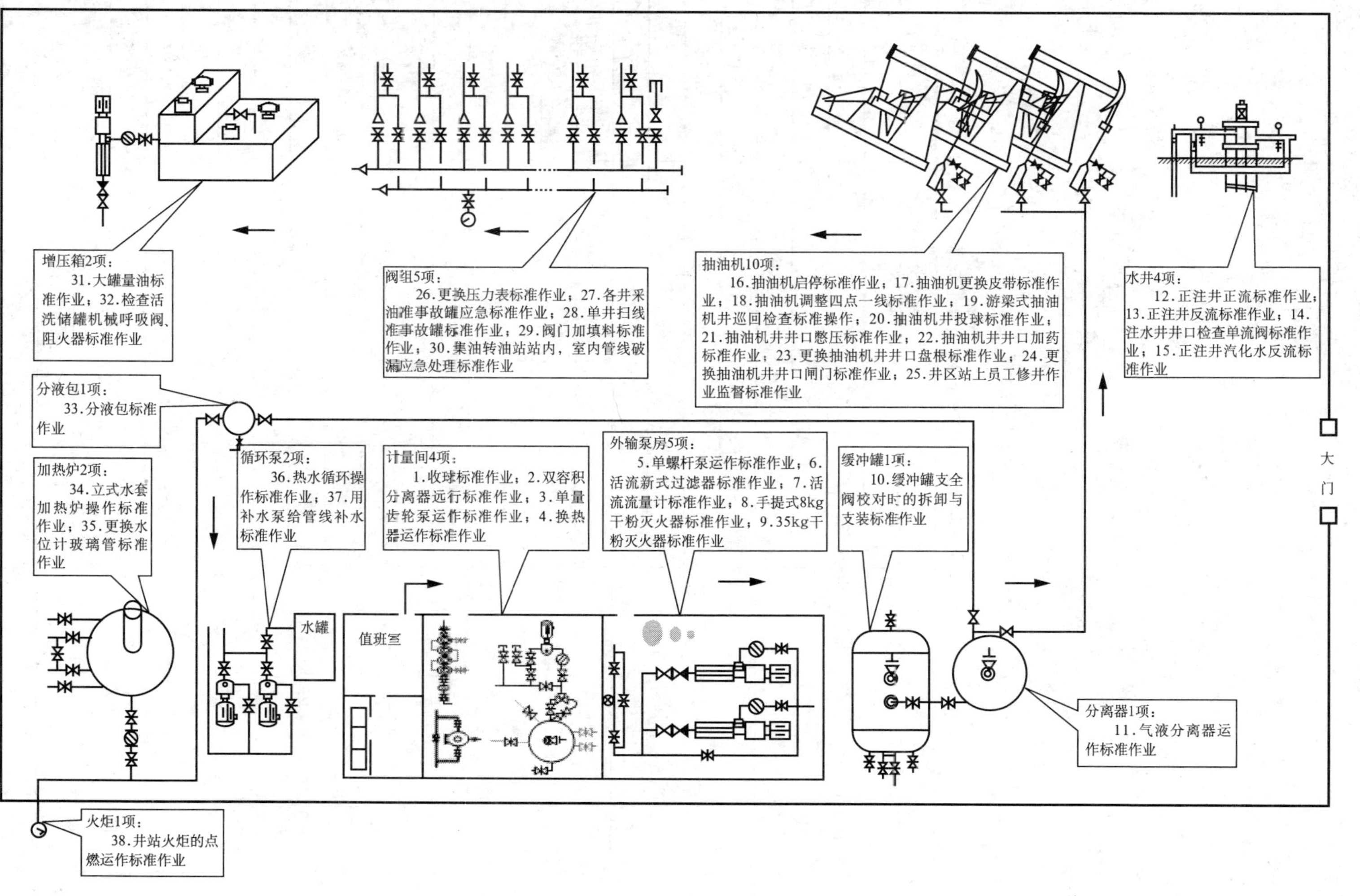

图 9　转油点标准作业程序操作内容 38 项

2008—2009 年度作业区三次标准程序操作验收成绩如图 10 所示。

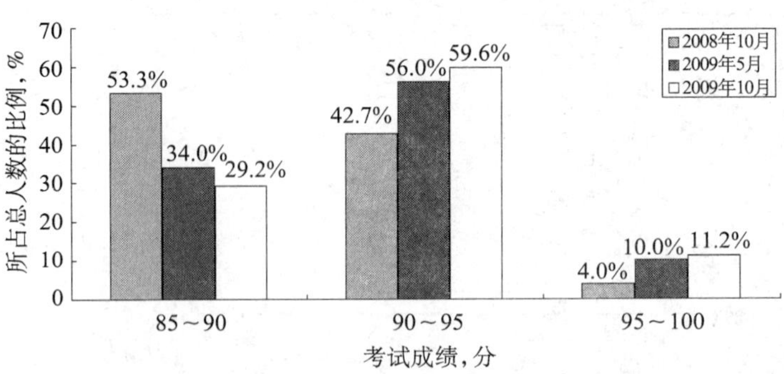

图 10　三次标准作业程序考核验收情况统计柱状图

表 1　采油作业区标准作业程序问卷调查汇总表

序号	问卷内容	答案	选项人次	所占比例
1	在平时操作时，因需要浏览标准操作的次数	0 次	6	14%
		3 次以上	22	52%
		5 次以上	4	10%
		很多	10	24%
2	你认为标准作业区程序对工作有帮助吗	很重要	25	60%
		还行	13	31%
		不重要	2	5%
		可有可无	2	5%
3	你对标准作业程序提出过的建议被采纳过吗	0 次	18	43%
		1 ～ 2 次	18	43%
		3 ～ 5 次	5	12%
		5 次以上	1	2%
4	你觉得标准作业程序与实际相符吗	相符	37	88%
		不相符	5	12%
	相符的程度达到多少	0% ～ 20%	0	0%
		20% ～ 40%	3	7%
		40% ～ 60%	7	17%
		60% ～ 80%	22	52%
		80% ～ 100%	9	21%
5	你觉得如果严格按照标准程序作业区哪些环节最浪费你的时间	劳保	3	7%
		隐患排查	18	43%
		工具准备	9	21%
		主操作	5	12%
		子操作	7	17%
	为什么	重复	35	83%
		没有必要	1	2%
		多余	6	14%

续表

序号	问卷内容	答案	选项人次	所占比例
6	觉得标准作业程序操作若有 10% 不符合实际，你的接受程度是多少	100%	5	12%
		90%	8	19%
		70% ～ 60%	23	55%
		＜ 60%	5	12%
		不接受	1	2%
7	你周围的人有多少在执行标准作业程序操作	0%	0	0%
		20% 左右	2	5%
		20% ～ 40%	13	31%
		40% ～ 60%	8	19%
		60% ～ 80%	11	26%
		80% ～ 100%	8	19%
8	在标准作业程序操作中，常会有例如“劳保上岗”而未指出究竟如何劳保上岗；“检查泵电流电压是否正常”而未具体量化多少为正常，对于此类问题，你认为不够细化、量化的操作程序占到你平时操作的多少	0% ～ 10%	3	7%
		10% ～ 20%	4	10%
		30% ～ 60%	14	33%
		60% ～ 80%	18	43%
		80% ～ 100%	3	7%

分析表 1：

（1）由序号 1、序号 2、序号 4 可知，员工能够应用标准作业程序操作，91% 的人员认为对工作有帮助，认可度较高，与实际的相符程度也较高。

（2）由序号 5、序号 6、序号 8 可知，标准作业程序仍需要在实践中不断完善、改进，而且在标准作业程序中如果有不符合项的存在，会使其权威性和认可度大大降低。由序号 6 可知，当有 10% 不符合实际时，其接受程度在 60% ～ 70%，大打折扣。

（3）由序号 3 可知，给予员工参与改进仍有提高的空间。

（4）由序号 7 可知，现场的执行程度未能达到预期，需要提高的空间很大，侧面反映有效的监督体系未能建立。

6 完善建议

6.1 建立有效的变化点改善环境是标准作业程序推进的润滑剂

标准作业程序为员工在操作中避免了显性的、常规的问题，但由于现场情况的复杂性和众多不可预见性，以及诸多隐性的、突发的问题，加之矿场多样性，常常使标准作业程序需要对变化点有针对性的改进。因此，需要建立简单易操作的变化点改善机制，要求员工体会自己的工作经验，并提高基层员工合理建议的积极性，以使标准作业程序更符合实际应用。

6.2　完善员工知识结构是保证标准作业程序推进的基础

标准作业程序构建中的环节之一是变化点的管理，变化点包括人、机、介、法、环境五项要素，只有很好地理解了工具、设备的结构、原理、性能，介质的基础知识，环境对操作的影响等，才能脱离背书式的学习，在真正理解的基础上运用标准作业。因此，基层在对标准作业程序进行培训时更应重视基础知识的培训，建立基础知识培训—标准作业培训—实际运用的合理模式。

6.3　建立有力的监督体系是保证标准作业程序持续推进的动力

监督（supervise），即对现场或某一特定环节、过程进行监视、督促和管理,使其结果能达到预定的目标。石油矿场由于分散特性，推行标准作业程序，如果没有一支技能素质高、责任心强的队伍履行监督职能，很难想像此项工作开展的持续性和有效性。

采油作业区是石油企业的基本管理单元，决定了这个层面建立有效监督层的必要性。标准作业主要在生产一线完成，在建立监督模式中，核心在基层领导，领导的高度重视是不断推行的基础；重点在井区，井区负有承上启下作用，既要保证监督职责的落实同时也承担着标准作业运用中的问题反馈；关键点在班站，班站作为标准作业最直接的执行者，班站长也是日常操作运用是否到位的最终保证者。

参 考 文 献

[1] 陈亭楠．现代企业文化［M］．北京：企业管理出版社，2003，12 ~ 19

标准化在管道泄漏检测中的应用

何景丽　谢孝宏　邵连鹏　慕学东　尹立华　王　辉　代伟平

（胜利油田分公司东辛采油厂）

摘　要　泄漏是输油管道运行中的主要故障。管道的腐蚀穿孔、突发性的自然灾害（如地震、滑坡、河流冲击）以及人为破坏等都会造成管道泄漏乃至破裂，威胁到长输管道的安全运行。因此，在输油管道的工况调节中，及时发现管线泄漏具有十分重要的意义。按损失程度的不同，泄漏可分为小漏（低于正常流量的 3%）、中漏（在正常流量的 3% ～ 10% 以内）、和大漏（超过正常流量的 10%）三种。产生泄漏的原因可能千差万别。

因此，管道标准化、规范化和典型化，是保证输油管道工作的一个重要方面，它可以简化管道设计、节省大量的制图和计算时间，尽早发现并确定泄漏地点，及时采取限制泄漏扩大和减少损失的措施。

关键词　标准化；管道泄漏；工艺；经济效益

1　管道设计标准化

应根据国家管道标准化，实现管道全面标准化，尽力提高管道标准化系数。首先要按照国家标准、行业标准以及参考图册，编制矿标准，制修订管道各部件的标准。进行管道设计时，尽量采用各部件的标准化，各通道应分别配备标准管道。

根据输油管线运行的实际情况，泄漏检测的目的主要是针对管道上的非法打孔盗油，在检测过程中必须进行一整套的标准化工作，具体要求如下：

（1）管道检漏标准化系统的设备只能集中在站内，沿线不能有任何测试点，防止盗油分子破坏。

（2）泄漏检测与定位的过程时间要短。

（3）对小流量的泄漏能够准确识别并报警。

（4）定位必须要相对精确。

（5）系统要具有远传和网络功能（符合标准化范围）。

2　管道工艺及制造标准化

输油管线长，跨越地段复杂，途经村庄，是打孔盗油最严重的管段，管径 529mm，出口压力 3.0MPa，进口压力 0.1MPa，出站温度 50℃左右，进站温度 30℃左右；最大输量

740m³/h，最小输量 470m³/h。可检测到的泄漏量为 30m³/h，占管线总输量的 20% 左右，泄漏点定位精度未检测出。

基于泄漏所产生的负压波对集输管线的泄漏进行检测和定位。我们应用最精确的标准化方法最小可检测到的泄漏量为 5m³/h，占管线总输量的 1% 左右，泄漏点定位精度约为管线总长的 2% 左右。

管道工艺的标准化，主要是编制标准制作工艺，有效地指导管线的制作、使标准化设计在管道过程中顺利推行和使用。

这个标准化制造规范能衔接设计、工艺和制造各环节，各部件都可以采用标准工艺。

(1) 通过采用相关分析和小波变换等先进的信号处理手段，在检测到并识别泄漏引发的负压波方面取得突破性的进展，提高了负压波法检测泄漏系统的准确性和灵敏度。

(2) 多种检测方法并用，在管线两端仅有两个测点的情况下，保证了较高的泄漏检测灵敏度、定位精度和系统的可靠性，适合我国长输管线的实际情况，便于推广使用。

(3) 系统能够在 2 ~ 3min 内自动完成泄漏检测、定位和报警，实现泄漏检测的自动化。

(4) 通过采用微波通信进行数据传输，能实时监测管线运行状况并进行泄漏的检测和定位。

2.1 原因分析

各检测方法对比见表 1。

表 1 各检测方法对比

序号	检测方法	原理	优点	缺点	备注
1	负压波	利用泄漏点负压波在管道中传输的时间差，计算泄漏点	检测方便、检测点少	小泄漏点不易检测	
2	流量法	上下站流量进行对比，定量分析泄漏情况	检测方便、检测点少、小泄漏经累计后能定性检测	不能定位	
3	超声波	泄漏点发生超声波，与负压波原理相似	小泄漏点能检测出	干扰较强、管线长度较短	
4	振动	检测破坏管线时产生的振动	能事前发现	检测距离短	采用 RTU

结合输油管线的特殊性——偷盗油现象较为严重，应采取上述四种方法综合检测：

(1) 在首末站安置压力、流量检测。

(2) 在易发生偷盗的输油管段进行振动、超声波检测。

(3) 全线重点利用负压波、辅助以流量，以振动、超声波为核实。

(4) 重点管段以超声波为主、振动为辅，提前进行预防。

(5) 结合重点管段的检测点，可以同时进行压力检测。

压力下降，既然是压力下降，在智能采集时，采集器只对压力的下降进行有效检测，在压力不变和上升时，采集器只做数据采集，并不进行数据网络传输；保证只对有效数据进行采集和传送。

在判断性 / 有效性检测 / 采集时，不必进行压力采集的工程原值进行网络传输，可以进行比较判断，如压力上升时，判断为 +1，压力不变时为 0，压力下降为 −1，三种状态。

如果进行含值判断时，如将 ±0.002（工程值）作为一个有效误差带，这样可以将数据采集的微小波动滤掉，减少更多的数据传送量，数值分析见表 2。

表 2　采集数据数值分析

本次采集数据	上次采集数据	比较后结果 X	再次与 ±0.002 比较	结果	工程情况	设定值	是否上传
			X>0.002	>0	压力上升	+1	否
			0.002>X>−0.002	=0	压力不变	0	否
			X<−0.002	<0	压力下降	−1	是

以上数值分析只是解决了重点段 GPRS/CDMA 网络的数据传输问题，如果在重点段只有一个数据采集器时，只能是辅助首末站的压力采集数据的分析；如果在重点段有两个或两个以上的数据采集器，则可能进行“时差”分析，可以不顾首末站的数据采集器而独立分析，这样可以检测到小泄漏量时的负压波，从而弥补了负压波的不足。

2000 年 9 月，开始进行现场施工，安装了现场至调度室的数据采集系统，12 月将硬件设备全部安装完毕，随后安装软件系统，完成对数据采集与软件调试工作。随后，我们分别在 2001 年 3 月 8 日和 4 月 26 日进行了两次现场试验，取得了满意的效果。

2.2　第一次现场试验

2.2.1　试验条件

辛三站 3 月 8 日上午 10 点的取样参数见表 3。

表 3　辛三站取样参数（3 月 8 日）

压力，MPa	油温，℃	地温，℃	气温，℃	含水，%	密度，g/cm³
3.1	48	11	23	0.4	0.9297

泄漏量计量方式：罗茨流量计计量。

泄漏点位置：辛三站东管线总长 32km，漏点距首站 15.5km。

2.2.2　试验目的

在管理区和旁接油罐两种运行方式下，系统对不同漏量的检测效果。

2.2.3　试验结果

（1）第一组试验（旁接方式、大泄漏量）。

共进行了两次泄漏试验（其中第 2 次为试验软管脱落，泄漏量突然加大），试验的压力波形如图 1 所示，泄漏检测和定位结果见表 4。

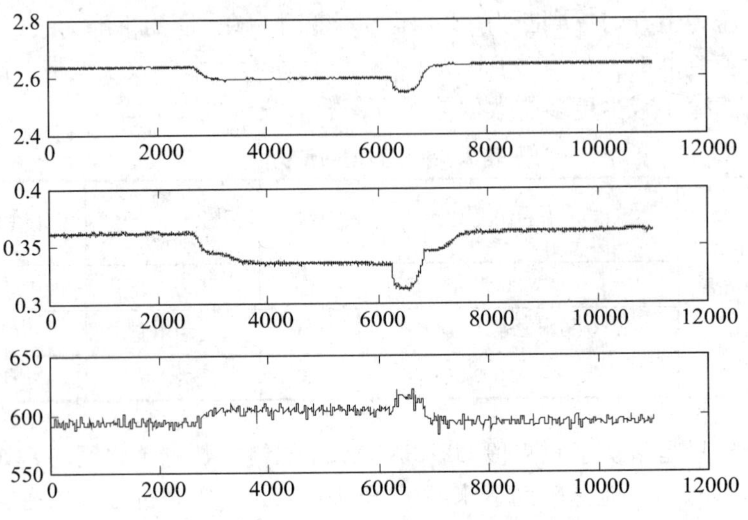

图 1　第一组试验压力波形

（2）第二组试验（越站方式）。

11 点 50 分，辛三站停泵越站，之后进行了泄漏试验，至下午 1 点结束。泄漏时压力波形和流量变化如图 2 所示。

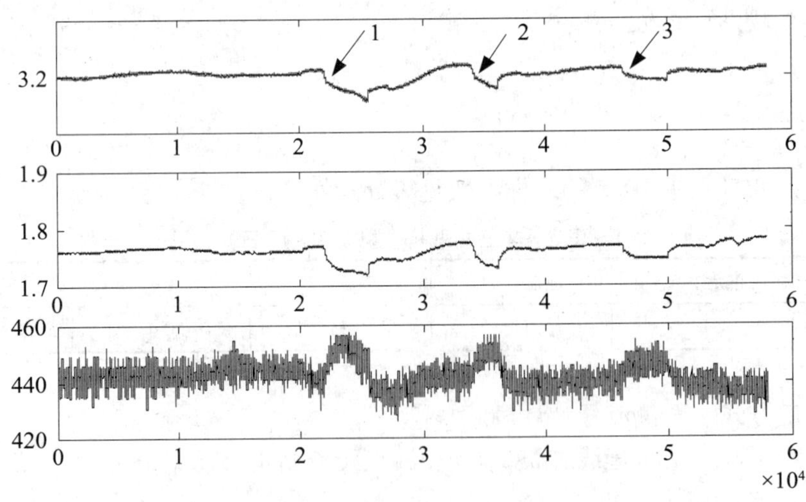

图 2　第二组试验压力波形

第二组试验一共进行了三次泄漏试验，试验分析结果见表 4 中的序号 3，4 和 5。

（3）第三组试验（旁接方式、小泄漏量）。

辛三站运行旁接油罐方式，进行 5 次泄漏试验。试验压力波形如图 3 所示。

试验结果见表 4 中的序号 6，7，8，9 和 10。

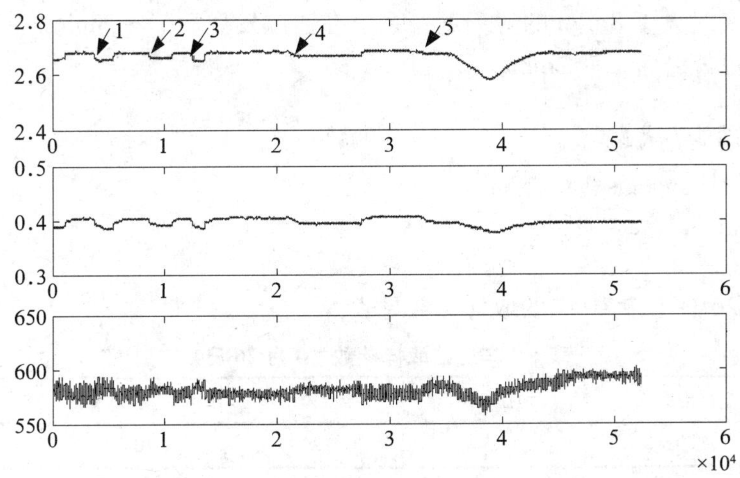

图3 第三组试验

表4 泄漏试验结果（2001年3月8日）

序号	辛三站运行方式	泄漏量 m³/h	泄漏检测		泄漏点定位，km	
			小波	相关	小波	相关
1	旁接方式	20	2	3	15.54	16.41
2	旁接方式	爆管事故	2	3	16.15	16.20
3	越站方式	12	2	3	15.10	15.50
4	越站方式	8	2		15.00	15.50
5	越站方式	5	2	3	16.00	16.10
6	旁接方式	15	2	3	16.00	16.20
7	旁接方式	12	2		16.50	16.50
8	旁接方式	10	2	3	16.10	16.10
9	旁接方式	8		3	16.40	16.40
10	旁接方式	5				

2.2.4 试验结论

（1）第一次现场试验共进行三组10次，进行两种运行方式（旁接油罐方式和越站方式）的对比，证实在越站方式下比在旁接油罐方式下泄漏检测的灵敏度要高。

（2）泄漏试验过程中进行了压力波速的测定，确定了压力波的传播速度大约1026m/s。

（3）泄漏量大于8m³/h，定位误差在2km范围内。第10组试验定位偏差较大，因为泄漏量比较小。

（4）试验证实对大于 8m³/h 的泄漏量，系统在泄漏发生后 2 ～ 3min 内报警，相关分析报警在小波变换报警之后 1 ～ 2min。

2.3 第二次现场试验

2.3.1 试验条件

辛三站 4 月 26 日上午 10 点的取样参数见表 5。

表 5 辛三站取样参数（4 月 26 日）

压力，MPa	油温，℃	地温，℃	气温，℃	含水，%	密度，g/cm³
3.0	42	15	29	0.6	0.9308

泄漏量计量方式：标准油罐车计量。

泄漏点位置：漏点距离首站 7.9km。

2.3.2 试验目的和结果

在旁接方式下，该系统对不同泄漏量的漏点检测灵敏度及定位精度。第二次试验数据采集数据见表 6。

表 6 第二次试验数据采集数据

本次采集数据	上次采集数据	比较	结果	工程情况	设定值	是否上传
			>0	压力上升	+1	是
			=0	压力不变	0	是
			<0	压力下降	−1	是

输油管道在正常情况进行的数据采集：在数值分析端（服务器上）我们就收到如下一组数据，见表 7。

表 7 数据统计表

采样点总数	+1	0	−1
31	10	9	12
	+1	0	−1
相对的百分比	0.32	0.29	0.39

从上例看出，在正常的压力波检测的“离散化”过程中，压力检测的波动是相对平衡的。

2.3.3 试验结论

（1）第二次现场试验共进行了三组 15 次试验。通过试验可以看出，该系统对于管线排量 1% 以上的泄漏量在 2 ~ 3min 之内能够检测到并自动进行定位。

（2）定位能比较准确，定位精度在管线长度的 5% 之内，不同方法（小波与相关）定位误差在 1km 范围内，定位精度随泄漏量减小而有所下降。

（3）泄漏检测、定位、报警以及干扰排除完全由系统自动完成，不需人工干预。

2.3.4 小波分析法

将首末站采集的压力变化进行离散化（DISCRETE），这样可提高采集速度，工程人员关心的是工程压力的变化情况，即上升、不变、下降三种情况。由于上升、不变都不是我们关心的，因此只将压力的下降作为重点研究对象。

要真正采集到泄漏点的负压波并非易事，压力波的影响有前几个方面的客观影响，并且这些影响只对本地采集点产生影响，一般不会对另一采集点产生影响。同时另一采集点同样会受到它本地相关设备的影响，这样就产生了各式各样的压力波动，也就是我们所说的“误报警”，如何消除这些由于站内设备产生的“负压波”，这也是我们研究的主要内容。如将站内供电电压进行波动检测，“压力波”如果与供电的波动相一致时，就可以判断为站内操作；对原油储罐的启停时间进行检测，与采集的“压力波”进行对比，如果相一致时，就可判断为站内操作，同样也可将站内上油阀等有泄压的地方进行采集，如在锅炉上油阀、加热炉上油阀、流量计启停状态等进行检测，只记录相应的动作时间，与采集的“压力波”状态进行时间上的对比分析，这样可屏蔽站内操作引起的“压力波动”。

2.3.5 指数加权分析法

针对输油管道压力波的波动，如何从数值上体现出波动的程度呢，可能通过 +1，0，−1 连续脉冲数的加权，具体加权见表 8。

表 8 具体加权

序号	连续脉冲次数	加权法则	+1	0	−1
1	第一次	20	+1×20=1	0×20=0	−1×20=−1
2	第二次	21	+1×21=2	0×21–0	1×21= 2
3	第三次	22	+1×22=4	0×22=0	−1×22=−4
4	第四次	23	+1×23=8	0×23=0	−1×23=−8
5	第五次	24	+1×24=16	0×24=0	−1×24=−16
6	第六次	25	+1×25=32	0×25=0	−1×25=−32

针对原始图，我们可以得出加权后的结果，见表 9。

表 9 加权后结果

序号	脉冲值	+1			0			−1		
		法则	连续数	值	法则	连续数	值	法则	连续数	值
1	+1	+1×20=1	1	1	0×20=0			−1×20=−1		
2	−1	+1×21=2			0×21=0			−1×21=−2	1	−1

续表

序号	脉冲值	+1			0			−1		
		法则	连续数	值	法则	连续数	值	法则	连续数	值
3	0	+1 × 22=4			0 × 22=0	1	0	−1 × 22=−4		
4	+1	+1 × 23=8	1	1	0 × 23=0			−1 × 23=−8		
5	0					1	0			
6	−1								1	−1
7	−1								2	−2
8	−1								3	−4
9	0					1	0			
10	0					2	0			
11	+1		1	1						
12	+1		2	2						
13	−1								1	−1
14	+1		1	1						
15	0					1	0			
16	−1								1	−1
17	−1								2	−2
18	−1								3	−4
19	−1								4	−8
20	0					1	0			
21	+1		1	1						
22	−1								1	−1
23	+1		1	1						
24	+1		2	2						
25	+1		3	4						
26	+1		4	8						
27	0					1	0			
28	0					2	0			
29	0					3	0			
30	−1								1	−1
31	−1								2	−2

在加权分析后，与原始数据对比我们可以看出：

（1）采集点数减少。

（2）更体现了脉冲的惯性（加权后的结果），便于工程人员的进一步分析。

2.3.6 原值加权法

所谓原值加权法就是加权值等于原始采集脉冲的面积，从图4和图5我们可以得到另一组加权分析图，如图6所示：

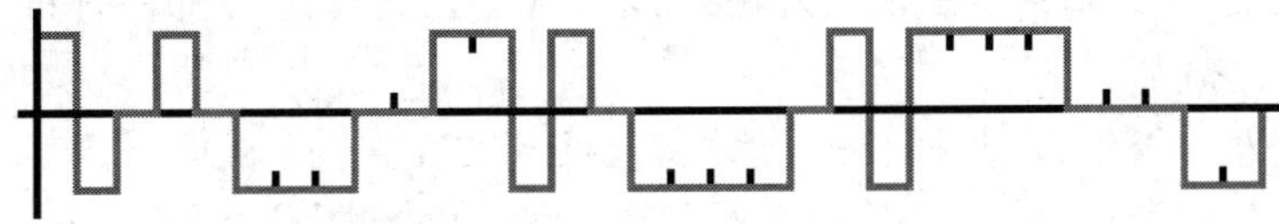

图4 原始采集图

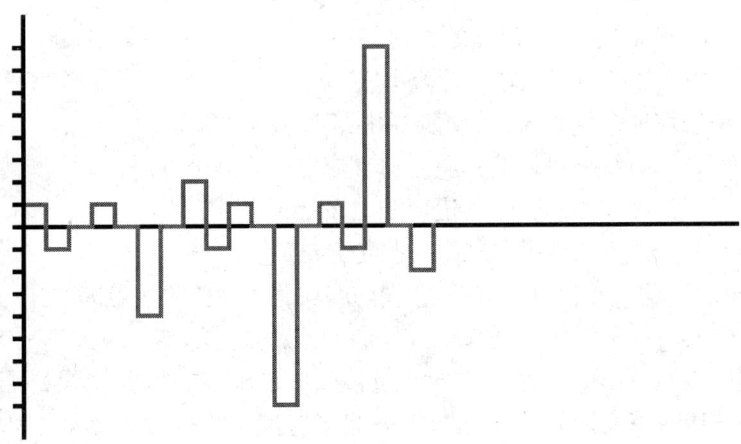

图5 加权后分析图

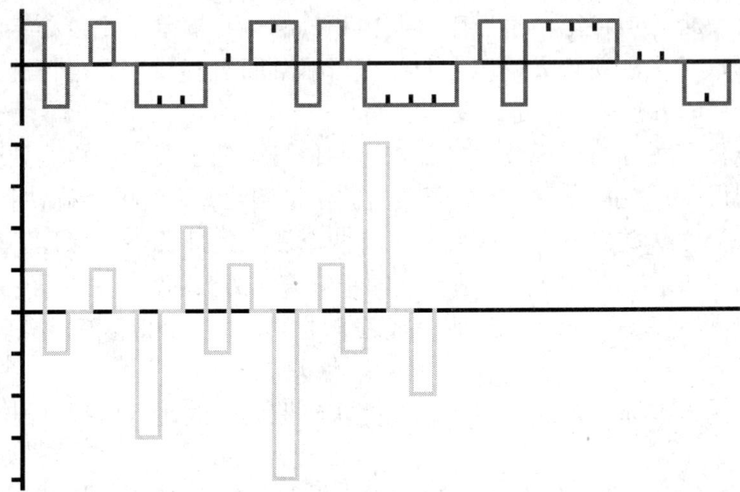

图6 原始加权法分析图

与指数加权法相比较，发现：

(1) 图形极为相似，只是幅值发生了变化。

(2) 原值加权法获得了与原始数据相等的“面积”或者说是相等的“能量”，给工程技术人员的进一步分析提供了好的基础。

3 标准化在管道泄漏检测中取得了显著的经济效益

为了适应我矿的需要，首先从管道的设计入手，将管道各部件标准参考资料修订纳入了矿标准，它包括：

Q/SL 0037—1986《产品图样及设计文件格式的完整性》

Q/SL 0191—1988《油气集输管道焊接、绝缘、保温操作规程》

SY/T 5291—1991《原油管道输送计量器具配备规范》

SY 5984—1994《油（气）田容器、管道和装卸设施接地装置安全检查规定》

Q/SDC 273—1989《作业现场质量检查考核》

Q/SDC 274-181—1989《质量指标检查考核办法》

SYJ 30—1987《埋地钢质管道及储罐防腐蚀工程基本数据》

SYJ 32—1988《电力线路对埋地钢质管道交流电干扰测试方法》

SYJ 33—1988《油田和原油长输管道变配电设计规定》

SYJ 4018—1987《设备及管道散热损失测定方法》

SYJ 4020—1988《埋地钢质管道石油沥青防腐层施工及验收规范》

SYJ 4022—1988《油田集输管道施工及验收规范》

SY/T 6068—1994《油气管道架空部分极其附属设施维护保养规程》

SY/T 6069—1994《原油管道输送数据采集与监控系统技术规范》

SY/T 6234—1996《埋地输油管道总传热系数的测定热平衡法》

上述标准规范给我矿管道设计打下了标准化基础，在使用过程中还未发现有系数偏差。实践中，经过研究发现管道在正常情况下，其体积（标体）输差是比较稳定的。如果出现输差的稳定状态被破坏，出现较大幅度上升，就可以判断出管线有异常情况发生。因此可以采用实时监视输差的方法来判断是否发生泄漏。

(1) 通过采用相关分析和小波变换等先进的信号处理手段，在检测到并识别泄漏引发的负压波方面取得突破性的进展，提高了负压波法检测泄漏系统的准确性和灵敏度。

(2) 多种检测方法并用，在管线两端仅有两个测点的情况下，保证了较高的泄漏检测灵敏度、定位精度和系统的可靠性，适合我国长输管线的实际情况，便于推广使用。

(3) 系统能够在 2 ~ 3min 内自动完成泄漏检测、定位和报警，实现泄漏检测的自动化。

(4) 通过采用微波通信进行数据传输，能实时监测管线运行状况并进行泄漏的检测和定位。

(5) 最小可检测到的泄漏量为 $5m^3/h$，占管线总输量的 1% 左右，泄漏点定位精度约为管线总长的 2% 左右。

由于管道标准化的开展，大大提高了其利用率，建立了一套行之有效的运行技术，并且充分重视和发挥标准化人员的作用，在技术准备和生产制造中，采用负压波法检测管道小流量泄漏，具有检测灵敏度高。反应迅速、定位相对准确等优点，适合我矿实际情况，对于打击非法盗油具有强大优势，是一项具有良好推广前景的先进技术。认真开展标准化工作，就能改变工艺装备制造欠债较多，“工艺装备”制造周期较长的现状，就能收到显著的技术经济效益，就能大大提高生产效益，降低产品成本，使企业兴旺发达。

美国石油炼制工业污水排放标准的特点与启示

江 敏 刘 瑾 范 巍

（中国石油安全环保技术研究院）

摘 要 本文在详细介绍美国石油炼制工业污水排放标准的制修订、分类等内容的基础上，分析了美国石油炼制工业污水排放标准的主要特点，以及我国石油炼制工业当前执行的污水排放标准现状，结合正在开展的我国石油炼制工业污水排放标准的制修订，提出相关建议。

关键词 美国；石油炼制；水污染物；排放标准

1 引言

美国CWA《清洁水法》中规定，所有向国家水体（包括河流、湖泊、港湾和海洋等地表水）排放污染物的工业点源必须按照NPDES《国家污染物排放削减制度》取得NPDES许可证的授权，而遵守工业污水排放标准是每个工业设施取得NPDES排污许可证的基本条件。在美国，工业污水排放标准也是联邦环境法规的重要组成部分，联邦环境法规40 CFR chapter I subchapter N parts 400 ~ 471就是针对各行业的污水排放标准。

按照美国CWA《清洁水法》，工业污水排放标准由EPA（美国环保局）负责开发、颁布。至2011年，EPA已颁布了65个工业与市政污水排放标准。作为美国重要基础产业之一的石油炼制业，至1982年，EPA已经颁布了5大类共计50余项石油炼制工业污水排放标准。作为强制性的技术法规，美国炼油企业严格执行石油炼制工业污水排放标准，对于《清洁水法》提出的防止水质污染与改善水体质量环境的目标而言，美国石油炼制企业已经为国家的水污染物减排做出了重要贡献。

2 美国石油炼制工业污水排放标准

美国石油炼制工业污水排放标准编纂在CFR《联邦法典》中，即：40 CFR subchapter N—effluent guidelines and standards part 419—Petroleum refining point source category（以下简称40 CFR part 419）。

2.1 石油炼制工业污水排放标准制定与修订

美国国家工业污水排放标准是美国联邦环境法规的重要组成部分，EPA制定了一套严谨的监管开发程序（regulatory development process），或称行动开发程序（the action development process），以规范、指导联邦污染物排放标准的制修订工作。制定石油炼制工业污水排放标准同样遵循了这样的工作程序。在标准制定过程中，EPA组织相关人员对石油炼制工业污染防治技术、各类炼厂排污现状等进行详细调研，收集大量相关数据，包括原料、产品、生产工艺、设备、装置规模与年代、水资源利用、废水组成等。经过前期严谨细致的基础工作，EPA分析了各类炼厂装置废水的排放特点，确定了各类污水排放标准计算系数；明确了拟订污水排放标准中应考虑的废水组成；评估并确认了正在应用或未来可以应用于炼厂的各种水污染防治技术，最终综合考虑不同类型炼厂工艺水平，选择了几类最佳可行的水污染控制技术，并以此为技术依据，以不同水污染物为控制目标，制定完成了各类石油炼制装置的污水排放标准。

美国石油炼制工业污水排放标准是一套动态且日趋严格的标准。EPA定期对现行标准进行审查，考核其实施情况，同时根据石油炼制工业技术发展与行业污染防治技术的进步，以及各装置单元生产工艺用水技术的改进，适时地进行标准修订，从而保证标准的切实可行，并与石油炼制工业先进技术与水污染防治最佳可行技术保持同步。

2.2 石油炼制工业污水排放标准分类

2.2.1 石油炼制行业次级分类——炼厂分类

在40 CFR part 419中，按照石油炼制工业生产工艺特点与产品类型，EPA将炼厂分为五类：直馏型炼厂、裂解型炼厂、石油化工型炼厂、润滑油型炼厂、综合型炼厂。针对每种类型炼厂，基于各种污染防治最佳可行技术，EPA分别开发了六类污水排放标准。

美国石油炼厂分类参见表1。

表1 美国石油炼制行业次级分类——炼厂分类

炼厂类型	炼厂类型分类代码	各类炼厂对应的工艺装置
直馏型炼厂	A	包括常减压蒸馏、催化重整及其他炼油装置，但不包括热加工，如焦化、热裂解（减黏裂化）等装置及催化裂解装置
裂解型炼厂	B	包括常减压蒸馏、催化重整、裂解装置及其他炼油装置
石油化工型炼厂	C	包括常减压蒸馏、裂解等炼油装置及石化产品加工装置（生产醇、酮、异丙苯、苯乙烯及苯、甲苯、二甲苯、烯烃、环己烷等产品）
润滑油型炼厂	D	包括常减压蒸馏、裂解、润滑油装置
综合型炼厂	E	包括常减压蒸馏、催化重整、裂解、润滑油生产、石化产品生产等装置

2.2.2 石油炼制工业污水排放标准控制的主要污染物项目

根据美国CWA《清洁水法》，污染物（项目）分为三大类，即：

（1）常规污染物，包括生化需氧量、总悬浮物、大肠杆菌、pH值，以及EPA规定的其他污染物，如 EPA 在 1979 年 7 月的联邦公报（44 FR 44501）中规定油和油脂作为其他常规污染物。

（2）有毒污染物，目前 EPA 已经识别 65 类有毒污染物并进行了分类，其中将 126 种特殊物质作为优先污染物。

（3）非常规污染物，没有被列入常规或有毒污染物的其他所有污染物被视为非常规污染物。

根据石油炼制工业产生的废水种类及其组成特点，在 40 CFR part 419 中污水排放标准控制的主要污染物项目包括生化需氧量、化学需氧量、总有机碳、油和油脂、氨氮、酚类化合物、硫化物、铬。按照《清洁水法》中要求的污染物分类，石油炼制工业污水排放标准控制的要求为：

（1）常规污染物项目为：生化需氧量、总悬浮物、pH 值、油和油脂。

（2）有毒污染物为：总铬、六价铬、酚类化合物。

（3）非常规污染物为：化学需氧量、总有机碳、氨氮、硫化物。

针对各类污染物，40 CFR part 419 中规定了其每日最大值与连续 30d 日均最高限值的两种污染物排放负荷指标。

2.2.3 石油炼制工业污水排放标准分类

在 40 CFR part 419 中，五类炼厂对应的六类污水排放标准分别为：BPT−ELG（基于现有最佳实用技术的水污染物排放限值指南）、BCT−ELG（基于最佳常规污染物控制技术的水污染物排放限值指南）、BAT−ELG（基于经济可行最佳可得技术的水污染物排放限值指南）、NSPS［即新建炼油设施新增污染源须执行的基于现有最佳示范技术（BADT）的新源实施标准］及两种预处理标准 PSES（现有点源预处理标准）、PSNS（新点源预处理标准）。

对于根据废水排放口位置区分的污染源类型，排放标准分为排放限值指南与预处理标准。排放限值指南适用于直接排放源，即装置废水经处理后排放到自然水体的情况，这些标准包括 BPT−ELG，BCT−ELG，BAT−ELG，NSPS；而预处理标准则适用于间接排放源，即各装置废水经过预处理后进入污水处理厂或公共污水处理厂（POTWs）时需要达到的进厂标准，包括 PSES（现有点源预处理标准）与 PSNS（新点源预处理标准）两类标准。

对于根据装置建设时段区分的污染源类型，排放标准分为现有点源排放标准与新点源排放标准。现有点源排放标准包括 BPT−ELG，BCT−ELG，BAT−ELG 及 PSES，而新点源排放标准包括 NSPS 与 PSNS。

对于各类石油炼制装置产生的不同种类水污染物，适用的排放标准也各有侧重，BCT−ELG 只适用于常规污染物，BAT−ELG 适用于有毒污染物与非常规污染物，而 BPT−ELG 可适用于各类水污染物的控制。

上述有关内容可参见表 2 和表 3。

石油炼制工业污水排放标准示例参见表 4。

表 2　基于不同污染源类型的美国石油炼制工业污水排放标准

污染源类型	BPT–ELG	BCT–ELG	BAT–ELG	NSPS	PSES	PSNS
直接排放源（现有源）	✓	✓	✓			
直接排放源（新源）				✓		
间接排放源（现有源）					✓	
间接排放源（新源）						✓

注：✓为选择项。

表 3　针对不同污染物类型的美国石油炼制工业污水排放标准

污染物类型	BPT–ELG	BCT–ELG	BAT–ELG	NSPS	PSES	PSNS
优先污染物（有毒污染物）	✓		✓	✓	✓	✓
非常规污染物	✓		✓	✓	✓	✓
常规污染物	✓	✓		✓		

注：✓为选择项。

表 4　美国石油炼制工业污水排放标准示例（以综合型炼厂的 BPT–ELGs 为例）

污染物项目	综合型炼厂的 BPT–ELGs	
	日最大值	连续 30d 日均最高限值
	单位（kg/m^3 进料，不包含 pH 值）	
生化需氧量	54.4	28.9
总悬浮物	37.3	23.7
化学需氧量	388.0	198.0
油和油脂	17.1	9.1
酚类化合物	0.40	0.192
氨氮	23.4	10.6
硫化物	0.35	0.158
总铬	0.82	0.48
六价铬	0.068	0.032
pH 值	6 ~ 9	6 ~ 9

表 4 中各类数据并非最终的污染物排放限值（不包括 pH 值），最终的标准数值计算公式为：

$$标准值 = 表中数据 \times f_1（装置规模系数）\times f_2（工艺系数）$$

式中 f_1 与 f_2 分别与装置规模、工艺配置相关。针对各种类型炼厂，40 CFR part 419 中都有与装置规模、工艺配置等因素相关的各类计算系数表及相关计算说明。

3 美国石油炼制工业污水排放标准特点

3.1 基于最佳污染防治技术的强制性技术法规

与美国其他工业污水排放标准相同，石油炼制工业污水排放标准以各类最佳水污染防治技术为制定依据，并作为技术法规由EPA负责发布并监督企业实施，具有强制执行的法律效力，广泛适用于各类炼厂。

此外，美国石油炼制工业污水排放标准与受纳水体环境功能区不相关。排放标准并未考虑各类炼厂所处的地域、地理位置及受纳水体环境状况等因素，因此，这种以污染防治技术为依据的单一排放标准在实施过程中对所有炼厂可以做到公正、公平。同时排放标准的强制执行，也积极推进了美国石油炼制工业水污染防治最佳可行技术的有效实施。

3.2 基于合理分类兼具针对性与实用性的标准

美国石油炼制工业污水排放标准依据生产工艺特点与产品类型对炼厂进行合理的分类，每个炼厂执行与之对应的污水排放标准。标准制定者在综合考虑了各类炼厂的生产工艺特点、装置规模与建设时段、设备年限、废水排放特性等诸多因素的基础上，按照废水排放口位置的不同、装置建设期的差异以及水污染物类型等，详细规定了各类炼厂的直接源与间接源、新源与现有源等各类水污染点源的排放限值与预处理标准，并强调对新源及有毒污染物的控制。

值得一提的是，美国石油炼制工业污水排放标准还规定了各类非工艺废水排放限值。例如对于A类炼厂，特别规定了基于BPT，BCT，BAT污染控制技术的《压载水排放限值》(Effluent limitations for ballast water) 与《压载水新源实施标准》(NSPS Effluent limitations for ballast water)。对于各类炼厂，都规定了《受污染雨水径流排放限值》(Effluent limitations for contaminated runoff)。可以看出，美国对石油炼制工业废水的处理也充分体现了“清污分流”、“雨污分流”、“分而治之”的思想。

这种分类科学、条文严谨的标准，对于每个石油炼制企业而言，在实施过程中的确可以做到有的放矢。

3.3 基于污染物排放负荷限值指标的有效性标准

美国石油炼制工业污水排放标准采用的是负荷法排放指标，标准中直接规定了各类水污染物排放负荷限值。对于每个水污染物项目，标准中分别规定了其每日最大排放限值与连续30d日均最高限值。这种以污染物排放负荷作为限值指标的排放标准有效地控制了美国境内来自石油炼制企业的水污染物排放总量。

4 我国石油炼制工业现行污水排放标准分析

4.1 综合排放标准未能体现行业特点

目前我国已发布了30余项工业污水排放标准，但其中并未包括石油炼制业。作为我国支柱产业的石油炼制工业，至今还没有真正意义上的国家层面的行业污水排放标准。石油炼制业现执行的是GB 8978—1996《污水综合排放标准》，或按照企业属地原则执行地方颁布的有关污水排放标准。由于GB 8978—1996是针对具有共性的水污染源与污染物而制定的，并未全面考虑石油炼制工业生产工艺、水污染防治技术、行业污染物特点等因素，某些水污染物项目的排放限值或宽或严，且一些指标取值已不适应当前的行业技术水平，因此，对于石油炼制工业而言，现行的GB 8978—1996已缺乏针对性与可操作性。

4.2 以浓度指标为主不利于总量控制

我国污水排放标准以水污染物浓度指标控制形式为主，尽管GB 8978—1996在规定包括石油炼制在内的行业水污染物排放浓度指标外，还规定了加工吨原料或生产吨产品的最高允许排水量指标，但我国对工业企业执行的排污收费、监督监测等环境管理制度大都以浓度指标为依据，因此标准在实施过程中仍以浓度指标为主，而这并不利于石油炼制工业以及其他行业水污染物排放总量的控制。

5 我国石油炼制工业污水排放标准建议

5.1 制定基于最佳污染防治技术的水污染物分类排放标准

鉴于石油炼制工业的原料组成、生产工艺及产品结构都较复杂，而且一些污染物具有明显的行业特征，因此，借鉴美国的经验，我国石油炼制工业污水排放标准应充分体现行业特点，准确反映石油加工过程及相关辅助设施的生产特点及水污染物排放特性。例如，借鉴美国作法，按照重点加工工艺及主要炼油产品将炼厂进行分类，我国炼厂一般分为燃料型炼厂、燃料—润滑油型炼厂、燃料—化工型炼厂、综合型炼厂，可根据上述不同类型炼厂，以各种最佳可行水污染防治技术为依据，以各类水污染物排放负荷为控制指标，考虑现有各类炼厂工艺技术现状、污染物产生量水平、废水处理技术等因素，制定有区别的石油炼制工业水污染物分类排放标准。

5.2 编制石油炼制工业水污染防治环境技术指导性文件

严格执行石油炼制工业污水排放标准，对各类水污染物的排放进行有效控制，源于石油炼制企业切实应用各种最佳污染防治技术，这是美国的成功经验，值得借鉴。无论是制定石油炼制业污水排放标准，还是出于当前与未来行业水污染减排的目的，我国石油炼制工业都需要国家层面有关行业水污染防治的环境技术指导性文件。2007 年的《国家环境技术管理体系建设规划》就已经提出，到 2010 年，“主要完成针对重点污染行业相配套的技术管理体系建设，包括重点污染行业的污染防治技术政策、污染防治最佳可行技术导则等”，规划中已将“石油炼制工业污染防治最佳可行技术导则”列入“污染防治最佳可行技术导则体系表”中。国内外石油炼制业水污染防治最佳可行技术既可为我国石油炼制工业污水排放标准制定与实施提供有效的技术支撑，同时又可引领炼化企业选择污染物达标排放的技术路线与工艺。

参 考 文 献

[1] 宋国君，沈玉欢 . 美国水污染物排放许可体系研究（J）. 环境与可持续发展，2006（1）：20 ~ 22

[2] 美国环保局官方网站，http://www.epa.gov：Code of Federal Regulations，40 CFR Chapter I Subchapter N Parts 400 ~ 471 Effluent Guidelines and Standards

[3] 美国环保局官方网站，http://www.epa.gov：Code of Federal Regulations，40 CFR Chapter I Subchapter N Part 419 – Petroleum Refining Point Source Category

岗位标准作业程序的开发与应用

李佰涛

（长庆油田公司第三采油厂）

摘　要　岗位标准作业程序以规范岗位操作、优化工作流程、控制 HSE 风险、提高工作绩效为目的，告知员工日常作业的安全环保风险及标准作业方法，有着良好的应用前景。它是安全操作规程、岗位工作职责、生产管理要求的具体化和流程化，应用效果明显。应用实践证明，岗位标准作业程序是管理者提高管理质量、实施风险管理的利器；是岗位员工增强岗位技能，保障自身安全的法宝。

关键词　岗位；标准化；操作；开发；效果

1　岗位标准作业程序的提出

1.1　企业生产规模的快速扩大，迫切需要规范岗位管理和操作

长庆油田公司作为国家石油生产的重要接替区，2007 年以来，油气当量以每年 500×10^4t 的速度快速增长，2013 年油气当量将达到 5000×10^4t。企业生产规模的持续扩大，离不开基层的一线操作岗位，这些岗位直接参与生产作业的执行并创造财富，但是 HSE 风险高，对生产效率影响也大。一线操作岗位中，新员工、转岗员工增多，三年以内工龄的员工占到近 50%。如何让大量的非熟练员工尽快提高风险防范意识、提升岗位操作技能、控制作业风险显得尤为紧迫和需要。规范岗位管理和岗位操作成为满足上述需求的有效手段。

1.2　规范岗位管理和操作，需要建立一种简明的标准管理体系

从“大油田管理、大规模建设”和推进标准化战略、走向国际化发展的实际需要出发，需要在规范岗位操作和岗位管理上创新。通过对国内外大量的事故案例进行剖析和总结，规范岗位管理和操作、降低作业风险的主要方法有：防止工作疏漏、防止工作迟延或不当提前、防止方法不当、防止程序错误、防止质量缺陷、防止信息缺失、完善岗位规范、明晰岗位责任。要做到这些，就需要建立简明的作业文件，让员工尽知在岗位上“干什么、什么时候干、怎么干、干到什么程度、有什么风险”，明细岗位工作“由谁管、由谁干”，“听谁指挥”，“与谁协作”，“谁的区域”，“安全环保由谁负责”。

2007 年以来，长庆油田公司立足企业发展实际，借助 HSE 管理平台，结合公司标准化战略，吸收 SOP 发展成果，综合“属地管理”、“直线责任”等要求，探索和实施了以岗位为核心、化繁为简的“岗位标准作业程序”，以期系统地预防和控制生产过程的 HSE 风险。

2 岗位标准作业程序的介绍

2.1 定位

岗位标准作业程序是企业标准化管理在生产操作层的具体表现，是 HSE 体系中作业文件新的表现形式，是作业指导书的简化、优化、程序化，是岗位操作的最基本要求，适用于工作环境、工艺流程、设备设施相对固定、重复性、生产连续性强的操作岗位。岗位标准作业程序以岗位为单元，突出的是岗位，通过岗位来覆盖设备的操作。

2.2 结构、内容及表现形式

岗位标准作业程序由封面、批准页、岗位工作流程、标准操作卡和支持附件五个部分组成。核心内容是岗位工作流程和标准操作卡（图 1），系统、简明、图示的告知操作员工在岗位上“干什么、何时干、怎么干、干到什么程度、有何风险、如何预防、与谁协作、听谁指挥”。将标准操作步骤和要求以统一的格式描述出来，对油气田生产操作环节的关键控制点进行细化和量化，更简洁明了、更贴近实际、更易掌握和执行。

岗位工作流程规范了岗位员工上岗期间的基本流程，包括上岗条件确认、熟悉岗位风险与控制措施、接班、运行维护、生产监控、岗位操作和交班七个基本模块。标准操作卡基于 HSE 风险控制，是规范岗位操作的核心文件，主要包含主体操作、分项步骤、操作顺序、操作条件、操作参数、协作关系、关键环节、注意事项、记录要求等。

2.3 功能

岗位标准作业程序明确指出所有操作都必须严格按程序进行，一个环节执行完成后才能开始下一个环节的操作，跳跃、省略、变更、违反参数、逆转任意一个操作环节都属于违章行为，都有可能诱发事故。具有明确岗位工作、规范岗位操作、降低操作风险、提升培训效果、提高工作效率等多项功能。

2.4 岗位标准作业程序与 HSE 体系的关系

岗位标准作业程序严格遵循 HSE 体系“风险管理、过程控制、全员参与、培训提高、持续改进”等思想，涵盖 HSE 体系要素，是 HSE 体系的组成部分，是 HSE 体系管理的新载体。其对“作业指导书”、“四有一卡”、“安全操作规程”进行优化、简化、流程化，是 HSE 管理体系作业文件的一种新的表现形式，和 HSE 管理体系紧密结合才会有生命力。HSE 管理体系有岗位标准作业程序的有力支撑，才会在基层得到更好地落实和执行。

外输岗工作流程

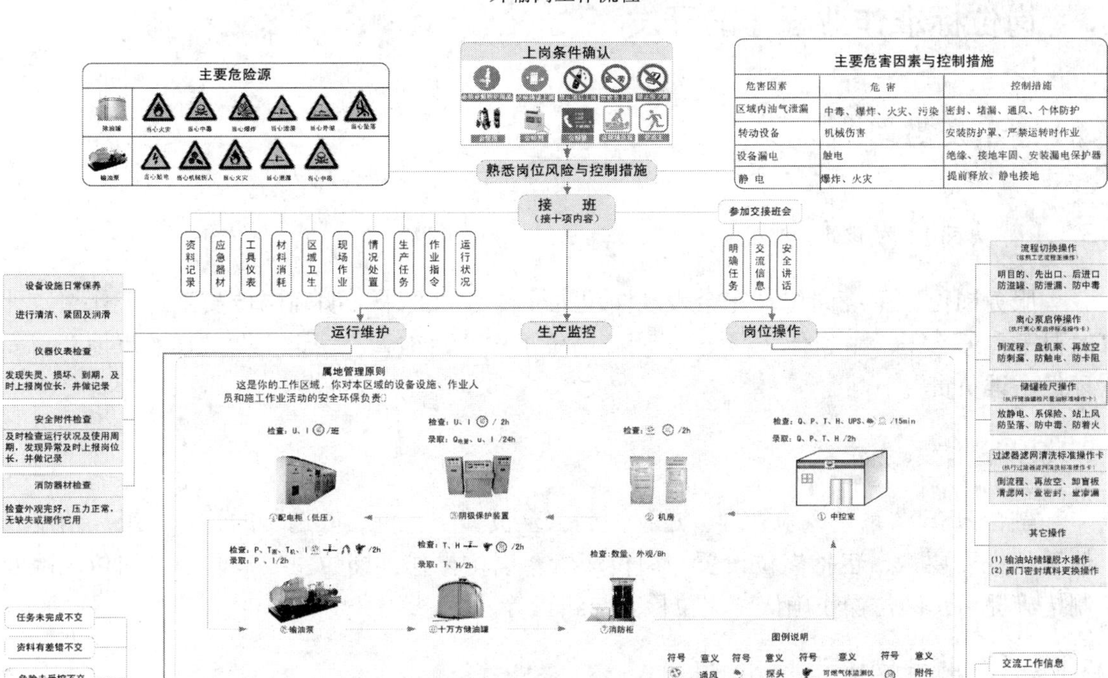

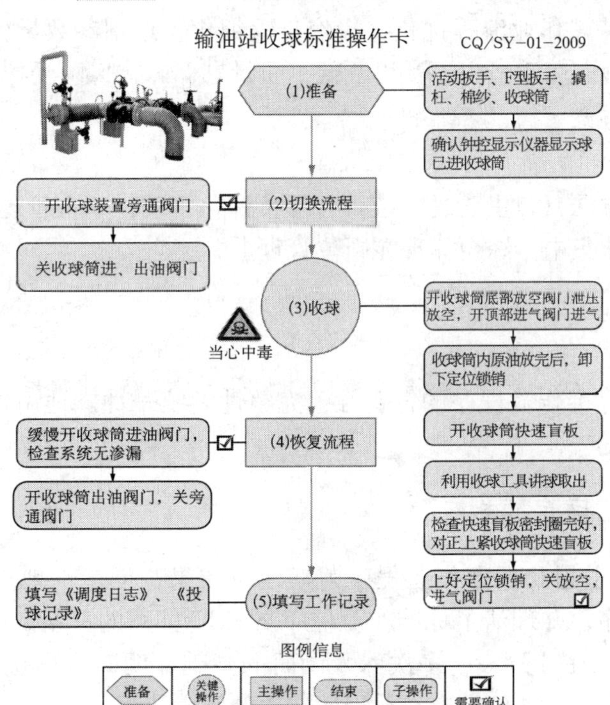

图1　岗位工作流程和标准操作卡例图

3 岗位标准作业程序的开发

3.1 开发思路

3.1.1 以岗位为核心

服务岗位，围绕岗位，完全表现岗位工作内容和要求，明确岗位员工“干什么、什么时候干、怎么干、干到什么程度”，明确岗位工作“由谁管、由谁干”、“谁的属地”、“安全环保由谁负责”。

3.1.2 以体系为主线

融合 HSE 体系“风险管理、过程控制、全员参与、持续改进”的管理思想，涵盖 HSE 体系的主要要素，包括岗位设置、岗位职责、岗位操作、岗位主要危险源、岗位风险及控制措施提示、岗位操作确认、岗位检查与纠正等。

3.1.3 突出岗位操作

以规范岗位操作、控制操作风险为切入点，对风险集中的关键单项操作编制标准操作卡，编制过程中坚持“作业流程优化，操作步骤细化，控制参数量化，图式结构简化”的原则，确保流程最短、劳动最少、费用最低、质量有保障、风险受控制。

3.1.4 涵盖岗位管理

将有效的管理方法（自主管理、统筹管理、优化管理、闭合管理等）、管理理论、管理制度和企业生产要求集中、综合体现在岗位管理上。

3.2 开发过程

为了保证岗位标准作业程序的符合性、完整性、统一性、适用性，需历经以下三个阶段逐步形成。

3.2.1 理论探索，确定模板

研究 HSE 体系思想和标准作业程序前期建设成果，创造性地提出了以“岗位”为核心建立标准作业程序，并理清了标准作业程序与 HSE 体系的关系。坚持“统一、简化、协调、最优化”原则，在分阶段、多次深入调研的基础上明确了岗位工作流程的模块内容，设计出程序模板，确定了岗位标准作业程序文件的开发流程。

3.2.2 先导试点，系统提升

深入油气区生产站点，结合现场实际，综合数字化管理、标准化设计的思路，融入岗位责任制内容，编制计量输油岗、司炉岗等岗位的标准作业程序，并试点运行。对模板各模块功能再分析，明确了岗位标准作业程序的功用。

3.2.3 系统组织，全面开发

历经现场开发、集中审查、专家评审、现场测试、修订完善、批准发布等六个环节，对油气田的重复性、关键性、高风险性操作编制标准操作卡，对一线的操作岗位编发岗位标准作业程序手册（开发流程如图 2 所示）。共开发油气田生产的标准操作卡 531 项，同时在 9846 个操作岗位建立了岗位标准作业程序文件 9846 份。

图 2 岗位标准作业程序开发流程图

4 岗位标准作业程序的推行和应用

本着“以点带面、重点突出、全面推广，结合岗位、丰富载体、按岗培训”的推行原则，突出操作岗位层面，加强管理决策层面，使岗位标准作业程序在油气生产中发挥无限的生命力。

4.1 分层次强化培训，提升执行能力

企业中级管理人员、基层管理人员、操作岗位员工三个层面，按重点、分层次编制培训教材，组织开展岗位标准作业程序培训工作。公司培训厂里骨干，厂里培训作业区骨干，作业区到岗位上去培训，最终培训到岗位、培训到现场、培训到实践，以提高管理者和操作员工认同、接受、掌握的程度。各基层单位重点加强对操作层员工的培训，大胆创新、探索实践了“说、学、培、练、考、纠”培训、“分解式”培训、“需求式”培训、“交互式”培训、“一对一”培训、“五步法”培训等方法，促使岗位标准作业程序入耳、入目、入脑、入心、入行。

4.2 多途径丰富手段，促进现场执行

全面推行安全目视化管理。制定《岗位标准作业程序目视化管理规范》，通过可视的文件、清晰的图版等简单、明了的形式，将岗位标准作业程序展现在必要的工作场所，让

操作员工方便、及时、清楚地看到、用到，引导员工的意识、行为和习惯，做到“显于表、植于心、用于行”。“显于表”就是要印成册，要上墙，要到岗位；“植于心”就是要让员工理解、掌握、清楚、明白；“用于行”就是一步一步地去做，认真执行。

自主研发实施信息化应用系统。利用计算机、通信、网络和数字化技术，建设岗位标注作业程序应用系统平台，同时搭载数据库，实现了岗位培训有演示、岗位工作有提醒、生产作业有指令、作业内容有提示、操作步骤有确认、关键工序有监控、操作过程有记录，拓展了文本文件的功能。用信息化手段实现自动化，自动提醒员工什么时候该做什么，强化现场执行，提升应用效果。

创造标准作业程序的应用环境。与新闻中心联合，在报刊、网络、电视三大媒体同时开设“岗位标准作业程序”专题栏目，通过动态篇、科普篇、经验篇三个子栏目，广泛深入地介绍、宣传岗位标准作业程序，及时反应油田公司及各单位推行标准作业程序的动态消息，反映工作进展和阶段性成果。同时制作《推行岗位标准作业程序，夯实企业发展基础》电视专题片，在公司电视台多次循环播放。

5　岗位标准作业程序的应用效果

岗位标准作业程序经过两年的开发、推进和应用，取得了非常明显的效果。

5.1　得到了广大员工的普遍接受

岗位标准作业程序以工作流程化、信息图示化的形式，明确了岗位责任，告知了工作流程，清晰了操作步骤，提示了作业风险，有利于员工学习和记忆。目视化更是方便员工逐步对照执行，直观，简洁、实用。岗位工作记录只留下巡回检查表和交接班记录，大大减轻了岗位工作负担，深得员工的接受。

5.2　促进了岗位责任制的落实

岗位标准作业程序的建立，从岗位职责划分入手，理清了各岗位的工作界面，明确了岗位的工作内容和要求，加之清晰的工作“属地”，使岗位责任明确，促进了岗位责任制的落实。

5.3　降低了一线岗位操作风险

岗位标准作业程序强化风险控制，上岗前告知员工主要的危险源及按发生概率与危害程度排序的岗位风险，操作中对操作风险再次提示，提高了员工的风险意识，有效降低了操作风险。

5.4　简化了操作岗位作业文件

岗位标准作业程序代替了以前的作业指导书、作业指导卡、安全检查表，岗位作业文件得到简化。岗位工作记录只留巡回检查记录和交接班记录，岗位资料大大简化，也减轻了岗位员工的工作负担。

5.5　统一了班组日常检查标准

岗位标准作业程序为管理者检查、评价、考核岗位工作提供了一种标准，通过考核岗位标准作业程序，就可以实现对班组 HSE 的检查和考核，使操作层的管理更系统、更完善、更直接、更简单。

5.6　提高了新增员工培训效率

岗位标准作业程序包括员工上岗基本技能、岗位风险识别、岗位工作内容、岗位操作标准等内容，员工只要熟练掌握、严格执行，就能具备上岗操作的最基本条件。通过培训岗位标准作业程序，能成批地培养出合格的岗位员工，可以提高培训效率。

6　结束语

岗位标准作业程序是根据长庆油田公司实际情况，结合标准化战略和 HSE 体系的产物，对岗位责任制、生产管理制度、安全操作规程等制度、方法进一步规范和统一，使操作层管理更系统、更完善、更直接；对油气田生产操作环节的关键控制点进行细化和量化，将标准操作步骤和要求以统一的格式描述出来，更简洁明了、更贴近实际、更易掌握和执行，受到了各级管理者和基层岗位员工的认可。

随着长庆油田公司的持续快速发展，数字化建设和改造的不断完善，需要加深与 HSE 体系的有机融合，加大应用培训，及时组织岗位标准作业程序的补充和变更，深化应用和执行；需要加快与油气田数字化管理的结合，持续推进岗位标准作业程序。

钻井液用降黏剂评价方法分析与探讨

经淑惠　乔　军　张星梅　袁利君

（胜利石油管理局钻井工艺研究院）

摘　要　针对现有的钻井液用降黏剂评价标准与方法中存在的问题，首先分析了现行相关标准的试验程序及技术要求，试验探讨了胜利油田常用的钻井液用降黏剂在不同固相及不同盐水浆中的降黏效果，从而为钻井液用降黏剂评价方法的最后确定提供技术支撑，研究确定钻井液用降黏剂通用技术条件。

关键词　钻井液；降黏剂；评价方法

1　引言

随着钻井向深井、超深井发展，由于深井井底温度高，高密度钻井液的处理异常复杂，经常陷入“加重—增稠—降黏—加重剂沉降—密度下降—再次加重”的恶性循环，影响钻井的正常进行，甚至可能引起严重卡钻事故，因此，对钻井液用降黏剂产品质量的要求越来越高。由于环保的要求，含铬较高的钻井液用铁铬木质素磺酸盐逐渐退出市场，取而代之的很多产品像以硅氟等为原料的降黏剂、一些小分子量的聚合物等，由于没有统一的质量标准，各油田的质量监督检验机构只能以厂家的产品质量标准为依据对厂家的产品进行质量监督。另外，虽然已有行业标准 SY/T 5243—1991《水基钻井液用降黏剂评价程序》，但由于膨润土发生改变，评价方法中基浆经热滚后黏度下降很多，无法正确评价降黏剂的实际效果。因此需要结合国内钻井液处理剂发展制定一个新的钻井液用降黏剂通用技术条件，以便更好地控制产品质量，为现场使用提供更好的技术支撑。

2　现行标准中存在的问题

（1）已有行业标准 SY/T 5243—1991《水基钻井液用降黏剂评价程序》，由于已难找到合适的膨润土，使用现用的膨润土，按照原评价程序配制的基浆经热滚后黏度下降很多，无法正确评价处理剂的降黏效果。同时，由于该评价程序只规定了评价程序，并没有给出技术要求，无法从实验结果直接判断各降黏剂的性能。

（2）在起草与降黏剂相关的产品标准中，并没有引用 SY/T 5243—1991 的实验方法，而是各自规定了自己的基浆配制方法及要求，使标准失去存在意义。

(3) 石油天然气行业相关产品标准之间在评价产品的评价方法上差别很大。主要表现在配浆原材料的品种和加量不同，例如 SY/T 5702—1995《钻井液用铁铬木质素磺酸盐》评价处理剂在钻井液中的性能时，是以 8% 钠膨润土 +16% 评价土配制的基浆基础上加入一定量的处理剂，经室温及高温养护后样品浆的表观黏度和降黏率来评价；SY/T 5092—2002《钻井液用磺化褐煤》则是以 6% 钠膨润土配制的基浆基础上加入一定量的处理剂，经室温及高温养护后样品浆的表观黏度、降黏率、1min 静切力等指标来评价产品质量；SY/T 5695—1995《钻井液用两性离子聚合物降黏剂》则是以 7% 钠膨润土 + 0.21%Na_2CO_3+0.1%FA367 配制的基浆基础上加入一定量的处理剂，经室温及高温养护后样品浆的表观黏度和降黏率来评价。

(4) 各产品标准对基浆的性能要求差别较大。SY/T 5702—1995 要求基浆 600 r/min 的读数为 70 ~ 90；SY/T 5092—2002 对基浆的性能要求是 600 r/min 的读数为 25 ~ 35，100 r/min 的读数为 13 ~ 18；SY/T 5695—1995 对基浆的性能要求是 100 r/min 的读数为 80 ~ 120。

(5) 各产品标准的技术要求中对主要评价指标“降黏率”的要求不同。SY/T 5702—1995 规定产品在淡水及盐水钻井液中降黏率室温分别为≥ 85% 和≥ 70%，高温后分别为≥ 65% 和≥ 55%；SY/T 5092—2002 只规定了产品在淡水浆中室温降黏率≥ 75%，高温后降黏率≥ 80%；SY/T 5695—1995 产品在淡水浆中室温降黏率≥ 70%。

由上可知，降黏剂产品标准的差异使现场工程师难以依据标准科学、合理地选择适用的处理剂。同时，标准不统一、实验方法不统一、技术要求不统一，则难以对厂家产品进行有效地质量监督和控制，极易引起厂家间不公平竞争。

3 钻井液用降黏剂及作用机理

钻井液稠化的主要原因是在钻井过程中，随着井深的增加，钻井液中固相颗粒逐渐增多，在现场固控措施不够完善时，黏土颗粒形成网状结构，引起钻井液黏度升高，严重影响泥浆泵送，降低机械钻速，过高的固相滞留在井壁甚至会黏附钻具，造成各种井下事故。

降黏剂的主要作用在于优先吸附于黏土边缘水化弱的地方，其亲水基增加这些地方的水化层，削弱或拆散黏土颗粒构成的网状结构，放出自由水，减少黏土颗粒之间的流动摩擦阻力，使钻井液的切力和黏度降低。降黏剂吸附于钻屑表面，如能抑制钻屑水化膨胀和分散，则能减少固体颗粒数目，也有利于降低钻井液黏度，提高流动性。

降黏剂是钻井过程中不可缺少的钻井液处理剂，它对调节钻井液流变性、提高钻井速度起着非常重要的作用。因此，结合国内钻井液处理剂的发展，制定一个钻井液用降黏剂通用评价程序，在相同的实验条件、以相同的技术指标评价钻井液用降黏剂产品，以便更好地控制产品质量、选择合适的降黏剂，降低钻井综合成本，确保油田的整体经济效益具有重大的意义。

4 实验研究及结果

根据市场调研，现有产品中主要有以腐植酸为原料的固体降黏剂和有机硅等为原料的液体稀释剂，主要作用是拆散黏土颗粒形成的空间网络结构，即通过分散作用或反絮凝作用，使钻井液这种胶态体系的动切力及表观黏度降低，实现钻井液在高固相情况下也能有一个较好的流变性的目的。因此在选择评价处理剂降黏效果的基浆时，不建议采用加聚合物提黏后的基浆，因为聚合物一般使体液增稠，引起钻井液塑性黏度升高，这种增黏作用不应当用加入降黏剂（反絮凝剂或分散剂）的手段去矫正。

另外，降黏剂的实际加量会直接影响现场使用成本，因此有必要规定有效物含量指标要求，以便用户根据产品在钻井液中有效加量及在相同的实验条件下得到的降黏率等实验结果，对产品质量优劣进行判断，科学合理地选择出高效处理剂。

4.1 有效物含量

根据产品生产工艺及不同厂家产品测试结果研究确定了有效物含量的试验方法及技术要求：在（105+3）℃烘干 4h 后，固体（S）有效物含量大于或等于 90%，液体（L）有效物含量大于或等于 30%。实验结果见表 1。

表 1 不同降黏剂产品有效物含量实验结果

稀释剂	高温降黏剂	硅氟稀释剂	稀释剂	有机硅稀释剂	两性离子降黏剂
92.5%	90.5%	32.0%	28.0%	30.5%	28.9%

4.2 基浆的选择

通过对现场钻井液的流变性能，尤其是钻井液 100r/min 读值（室温）和膨润土含量、固相含量的测试结果分析和讨论，研究确定出在基浆应达到的固相含量及性能指标，见表 2；通过添加不同量的钠膨润土（模拟现场钻井液中有效固相）和英国评价土（模拟现场钻井液中的劣质固相）配制成与现场钻井液性能接近的基浆，通过测试钻井液的 100r/min 读值，研究确定出基浆配方和性能要求，而且基浆要具有一定的高温稳定性。因此，在进行基浆配方优选的同时，用 4%NaCl、复合盐和重晶石模拟现场各种污染条件进行常温及 180℃ /16h 老化后 100r/min 读值测试，研究确定出各种污染条件下基浆配方和性能要求，见表 3。

由现场数据可以看出，现场钻井液固相含量一般在 20% 以上，膨润土含量一般控制在 6% ～ 8%，室温测试钻井液 100r/min 读值一般在 70 ～ 90。因此室内以符合标准 SY/T 5677—1993 要求的钻井液用评价土代替现场混入钻井液中的劣质固相，配以实验用钠膨润土模拟高固相钻井液，通过调整钠膨润土与评价土的加量，控制钻井液 100r/min 读值在 60 ～ 90 范围内。

表 2　部分井现场钻井液性能

井号	坨 791	义 107–1	利 96	义 34–6–10 井
井深，m	—	3885.0	—	3795.0
膨润土含量，kg/m³	40.0	64.3	78.0	57.0
固含，%	24.0	21.5	25.0	21.0
100r/min 读值（室温）	86	91	76	65

表 3　基础钻井液配方实验结果

测试项目	配　方			
	6% 钠土 +18% 评价土	7% 钠土 +18% 评价土	8% 钠土 +18% 评价土	8% 钠土 +15% 评价土
100r/min 读值（室温）	42	58	95	65
100r/min 读值（180℃，16h）	38	65	110	90
4% 氯化钠污染后 100r/min 读值（室温）	25	28	70	68
复合盐污染后 100r/min 读值（室温）	30	32	85	87
加重至 1.80g/cm³ 100r/min 读值（室温）	52	56	138	115

由实验结果可以看出：8% 钠土 +15% 评价土组成的钻井液 100r/min 读值比较符合现场实际，而且在各种污染条件下可以保持较好的稳定性。

4.3　降黏率技术指标的确定

根据现场不同条件下对钻井液用降黏剂的要求，结合已有的相关产品标准中的技术要求，以及对部分产品测试结果的分析与讨论（表 4），研究确定了钻井液用降黏剂的技术指标。

表 4　部分产品测试结果

实验条件	基浆数据		SF–1		GHM		GJX	
	100r/min 读值	滤失量 mL	降黏率 %	滤失量 mL	降黏率 %	滤失量 mL	降黏率 %	滤失量 mL
淡水浆	65	9.0	84.6 (1%)	12.0	85.0 (1%)	11.5	75.0 (1%)	10.5
淡水浆（180℃，16h）	90	10.0	84.4 (1%)	12.0	92.0 (1%)	11.0	71.5 (1%)	12.0
4% 氯化钠污染后	68	37.0	76.5 (2%)	40.0	32.3 (2%)	36.0	78.5 (2%)	35.0
4% 氯化钠污染后（180℃，16h）	55	46.0	86.0 (2%)	48.0	30.0 (2%)	42.0	82.6 (2%)	48.0
复合盐污染后	87	58.0	63.5 (2%)	60.0	60.0 (2%)	60.0	74.2 (2%)	58.0

续表

实验条件	基浆数据		SF−1		GHM		GJX	
	100r/min 读值	滤失量 mL	降黏率 %	滤失量 mL	降黏率 %	滤失量 mL	降黏率 %	滤失量 mL
复合盐污染后（180℃，16h）	63	59.0	84.0（2%）	62.5	65.0（2%）	65.0	68.5（2%）	60.0
加重至 1.80g/cm³	115	38.0	91.0（2%）	40.0	70.8（2%）	40.5	45.0（2%）	45.0
加重至 1.80g/cm³（180℃，16h）	80	34.0	70.0（2%）	33.0	56.8（2%）	38.0	38.5（2%）	40.0

注："（　）"内为样品在基浆中的加量。

4.4 钻井液用降黏剂技术要求

通过上述实验研究，在综合分析现场资料和实验结果的基础上，最终确定了中石化企业标准《钻井液用降黏剂通用评价程序》的技术要求及指标，见表 5。

表 5　钻井液用降黏剂技术要求

项　目		指标	
		固体	液体
钻井液类型	有效物含量，%	≥ 90.0	≥ 30.0
淡水钻井液	室温降黏率，%	≥ 80.0	
	室温滤失量增加值，mL	≤ 5.0	
	180℃热滚后降黏率，%	≥ 65.0	
	180℃热滚后滤失量增加值，mL	≤ 10.0	
4% 氯化钠污染钻井液	室温降黏率，%	≥ 65.0	
	室温滤失量增加值，mL	≤ 10.0	
	180℃热滚后降黏率，%	≥ 60.0	
	180℃热滚后滤失量增加值，mL	≤ 20.0	
复合盐水（4.5% 氯化钠＋ 0.5% 氯化钙＋ 1.3% 氯化镁）污染后钻井液	室温降黏率，%	≥ 60.0	
	室温滤失量增加值，mL	≤ 10.0	
	180℃热滚后降黏率，%	≥ 50.0	
	180℃热滚后滤失量增加值，mL	≤ 15.0	
加重钻井液（密度：1.80g/cm³）	室温降黏率，%	≥ 70.0	
	室温滤失量增加值，mL	≤ 15.0	
	180℃热滚后降黏率，%	≥ 60.0	
	180℃热滚后滤失量增加值，mL	≤ 10.0	

5 结论及建议

（1）分析了与降黏剂产品相关标准的试验程序及技术要求，指出了现有的钻井液用降黏剂评价标准与方法中存在的问题。

（2）通过分析整理现场钻井液测试结果，结合室内实验，研究确定了钻井液用降黏剂评价的基础条件。

（3）实验研究了胜利油田常用的钻井液用降黏剂在各种污染条件下对钻井液的降黏效果，研究确定出钻井液用降黏剂通用评价程序的技术要求。

（4）钻井液用降黏剂通用评价程序实施后，建议各相关技术部门在起草钻井液用降黏剂标准时以本测试方法和技术要求为准，将有利于油田规范市场，使厂家做到有序竞争，为油田降低生产综合成本起到积极的作用；并为现场选择钻井液用降黏剂提供科学的数据依据和指导作用，大大减少处理剂选择过程中的盲目性，使钻井工程的顺利完成得到进一步保障，具有良好的经济和社会效益。

参 考 文 献

[1] 鄢捷年．钻井液工艺学［M］．东营：石油大学出版社，2000，57 ~ 87

[2] 徐同台，陈乐亮，罗平亚．深井泥浆［M］．北京：石油工业出版社，1994，9 ~ 19

[3] GB/T 16783.1　石油天然气工业　钻井液现场测试　第 1 部分：水基钻井液

[4] ISO 10414−1　水基钻井液现场标准测试程序

浅论建立油田橡胶制品标准体系的必要性

李　明　袁海滨

（大庆石油管理局技术监督中心）

摘　要　油田橡胶制品通常是油田设备中的常用部件，其性能及使用寿命与油田生产环境密切相关。现行的橡胶制品类的国家标准和行业标准不能满足油田生产工矿环境的要求。本文分析了油田橡胶制品标准和质量现状，提出了建立油田橡胶制品标准体系，制定满足油田特殊要求的石油行业系列标准的建议，并对标准的主要内容和关键指标进行了阐述，以此标准作为组织指导产品生产、质量检测评价、选型应用、保养维护等的依据，可以从根本上解决目前油田橡胶制品标准和质量方面现存的问题。

关键词　橡胶制品；标准体系；必要性

1　引言

橡胶制品在石油工业中的用途十分广泛，种类繁多，涉及石油勘探、开发、储运等各个环节，依据用途主要可以分为四类。

一是橡胶密封制品，是以橡胶为主要材料，用来防止流体或固体微粒从相邻结合面间以及外界杂质，例如灰尘、泥沙、水分等侵入的零部件。其常用材料有丁腈橡胶、氟橡胶、硅橡胶、天然橡胶等。按作用分类可分为轴密封、孔用密封、防尘密封、导向密封及固定密封等，常用密封制品有O形密封圈、唇形密封圈、密封垫等等。橡胶密封制品广泛应用于油田各个生产领域，例如采油、钻井、油田测试、油气集输等。具体应用于抽油机井口密封、油田用泵密封、井下测试仪器密封、钻井泵介杆密封等等。油田橡胶密封制品主要以O形密封圈为主，其材料以丁腈橡胶居多。

二是石油胶管，是油田橡胶制品中用量最大的一类，近年得到长足发展，目前每年国内用量大约超过1200×10^{4}m。其内径从一般水利胶管的50～200mm发展到300～500mm，巨型管甚至达到1000mm，压力从常用的1～2MPa发展到15～25MPa，使用量和应用范围都在不断扩大。一般采用编织及缠绕方法制造，补强层为钢帘线或钢丝，并在中间夹有胶层，内外层橡胶也比普通胶层厚50%～100%。其中，内径ϕ（18～32）mm管用于小型石油钻机，ϕ（38～64）mm管用在中型石油钻机以及类似的水压采煤机，ϕ（76～102）mm以及更大的管多用在大型钻机上，并作为水龙头与立管弯头之间的连接管。目前，陆上、海洋石油开发、石油运输和储存都已无法离开胶管，其已成为石油工业的重要器材。

三是橡胶V带，主要包括抽油机V带和钻机V带，钻机V带的质量及使用相对处于较平稳的状态，而抽油机V带则是随着油田开采方式的转变，抽油机井在油田所占的比例越来越大，其用量几乎成几何技术递增。抽油机井的动力传动是V带完成的，因此其质量直接关系到原油生产任务的完成和油田的经济效益。

四是封隔器胶筒，属于特殊用途的油田橡胶制品，其产品有相应的行业标准，能够作为质量评定的依据。

本文重点探讨油田橡胶制品的技术特性和标准现状，浅议建立相应标准体系的必要性。

2 目前国内外油田橡胶制品标准和质量状况

目前国家发布橡胶制品类的国家标准、化工行业、机械行业、建筑行业标准共300多项。可分为分类与术语、胶料、橡胶原材料、外观质量、尺寸公差、试验方法、产品技术要求等七大类，其中术语类标准主要有GB/T 5719—2006《橡胶密封制品术语》等；胶料标准主要有GB/T 14647—2008《氯丁二烯橡胶CR121、CR122》，HG/T 2810《往复运动橡胶密封圈胶料》等；橡胶原材料标准有GB/T 11407—2003《硫化促进挤M》，GB/T 7044《色素炭黑》；外观质量标准有GB/T 3452.2—2007《液压气动用O形橡胶密封圈 第2部分：外观质量检验标准》，GB/T 15325《往复运动橡胶密封圈外观质量》等；尺寸公差标准有GB/T 3452.1—2005《液压气动用O形橡胶密封圈 第1部分：尺寸系列及公差》，GB/T 13352—1996《汽车V带尺寸》等；试验方法标准有GB/T 14562—1999《V带疲劳试验方法 有扭矩法》，GB/T 11211—2009《硫化橡胶式热塑性橡胶 与金属粘合强度的测定 二板法》等；产品技术要求标准有GB/T 1171—2006《一般转动用普通V带》，GB/T 10546—2003《液化石油气（LPG）用橡胶软管和软管组合体 散装输送用》等。可以说基本涵盖了除油田橡胶制品外的各类橡胶制品及相关标准。

根据现有资料检索，国外此类产品的标准也有较多，特别是试验方法类标准，以美国试验材料学会（American society for testing material）标准为主。产品标准多为涉及安全环保类的标准。

我国发布的橡胶制品标准中，外观质量主要是对成品的飞边、流痕、杂质、错位、偏移等缺陷的检查。尺寸公差主要是形状及公差要求，一般采用工具显微镜测量。对于胶料的性能指标要求一般为硬度、拉伸强度和拉断伸长率、压缩永久变形、热空气老化（一般为70℃或100℃）、耐液体（1号、3号标准油，试验温度一般为100℃或125℃），脆性温度（−25℃或−40℃）。由于橡胶制品的形状和尺寸限制，胶料的性能试验一般采用与产品相同工艺条件下制作硫化样板，用其制备各项目试样的方式进行检测。

依据和参考现行的国家标准和行业标准，对油田橡胶制品进行质量检验，根据笔者10多年的数据积累和对相关机构的调研，产品的综合合格率在95%以上。

3 现行标准应用于油田橡胶密封制品的局限性

油田橡胶制品通常是油田设备中的常用限制性部件，其性能及使用寿命与油田生产环境密切相关。油田橡胶制品使用环境主要有化学环境、温度条件及压力条件等。化学环境主要指制品接触的化学流体，包括油田中的液体和气体。常见流体中的基本化学品（流体—钻井，完成和生产）有原油、天然气、冷凝烃、硫化氢及二氧化碳等，二代的化学物（流体—测试，清洗，调节，处理）有汽油、喷气机油、腐蚀抑制剂、污垢抑制剂、表面活性剂、无机盐类及煤油、甲醇、高级芳香烃等溶剂。温度条件通常分为三个级别，标准环境温度范围（井口大多数）为 −40 ～ 120℃，高温范围为 120 ～ 180℃，低温范围为 −60 ～ −30℃。井下压力条件变化不定，压力可以逐渐地或剧增，骤降在密封件上，以常值或周期性方式。高压可以造成密封件寿命减短。钻井高压可达 10000psi 以上。随着现代石油开采技术的不断深入，作业环境更加苛刻，例如气采中蒸气喷射温度高达 300℃，三元复合驱开采的强碱化学环境，超深井开采中的高压、突然失压、硫化氢、二氧化碳及各种腐蚀性添加剂对密封制品的质量性能都提出了更高的要求。

通过对这些标准的分析研究，在外观质量和尺寸公差方面，现行标准基本可以满足油田橡胶制品的使用要求。但其通用的质量指标都是胶料自身的物理机械性能，不能满足油田生产工矿环境（介质、温度及压力等）条件对于橡胶制品质量的要求。依据这些标准组织生产的橡胶制品，即便是合格产品，也难以满足油田生产的需要，可能因质量问题造成安全事故、质量事故等，会影响油田生产建设。

分析现行的橡胶制品标准，应用于油田的主要局限是：

一是检验项目少。常规的物理机械性能指标，一般产品都可以达到，不能体现产品的整体和综合水平。油田橡胶制品的配方设计、工艺控制、制造技术、特殊性能都无法得到验证。

二是技术指标偏低。现行标准中的相关指标，多属于正常胶种普通配方的中限甚至低限数值。依据现行标准进行检测，95% 以上为合格产品，应用于现场工况却反映出较大的质量差异。

三是试验方法受产品尺寸限制，存在与产品偏差较大的可能。由于是采用产品工艺条件单独制备试样胶片，难免与实际产品性能产生偏差，橡胶制品又多为单件加工生产，每件产品之间往往也存在质量差异。

四是缺少模拟使用性能的试验项目，橡胶密封制品随所用场所或在机械上的位置，一般处于动态环境中，仅靠物理机械性能指标检验，根本不能反映产品的实际质量状况和失效寿命。V 带产品缺少动态性能评价指标，例如耐屈挠强度、强化寿命、传动效率等指标。

五是由于油田生产和矿场机械的特殊性，现行标准还无法涵盖各类产品，一些油田特殊密封制品无标可依，例如注水泥胶塞、抽油机密封等。

4 解决油田橡胶密封制品质量和标准问题的探讨和建议

上述分析可见，尽管现行国家标准、行业标准具有比较完备的橡胶制品标准体系，但是使用现行标准作为油田橡胶制品生产、检验、使用的依据，具有难以克服的局限，特别是“合格的产品在油田现场性能达不到要求，使用寿命短”的问题。因此我们认为，要提高油田橡胶制品的产品质量水平，首先应该建立完善的标准体系，以现行的国家标准和相关行业标准为依据，充分考虑油田生产工矿和矿场机械特性等要求，借鉴国际标准和国外先进标准，完善标准体系表，制定包括名词术语、尺寸与公差、胶料、橡胶添加剂、试验方法、产品技术要求、使用保养等内容的标准或系列标准，用以组织指导产品生产、质量检测与评价、选型应用、保养维护等环节，从而在根本上解决现存的问题。标准的编写应突出以下几方面内容：

一是对油田橡胶产品的胶料性能根据使用环境进行细化分类，例如耐油（燃料油、润滑油脂等）、耐酸碱（化学剂等）、耐高低温、耐压等类别。也可根据胶料性能分类，例如丁腈橡胶制品、天然橡胶制品、聚氨酯橡胶制品、氟橡胶制品等。

二是根据类别完善检验项目，有针对性地增加反映产品特殊性能的项目，例如耐高温制品，其相应的试验温度要提高、试验周期要加长；耐化学溶剂制品，试验介质要模拟现场情况，选用多种典型化学剂进行试验，V 带和胶管类产品应突出疲劳性能、使用寿命试验等。

三是增加动态性能或模拟工况试验，借鉴一些台架试验等方式，对密封制品进行密封性能、动态应力应变性能试验、应力松弛和蠕变试验、疲劳试验、气候老化试验、加速寿命试验以至一些腐蚀性能的试验项目。对 V 带类产品进行增强负荷的使用寿命试验、胶管的耐压力疲劳试验等，通过这些试验数据，全面评价产品性能。

四是提高胶料的物理机械性能指标，在现行标准的基础上，根据使用需求和试验结果，对相应指标进行 20% ~ 50% 的提高。

五是规范油田橡胶产品的安装、维护、保养等现场操作，确定运输、贮存等要求。

综上所述，通过建立油田橡胶制品标准体系，制定油田橡胶制品系列标准，规范产品的生产、运输及使用，促进产品质量和使用管理水平的提高，从而增加产品使用寿命，减少停机及更换维修次数和时间，降低安全质量事故的发生，油田橡胶制品标准体系的建立将带来显著的经济效益和社会效益，提升中国石油产品质量管理水平。

参 考 文 献

[1] 李明．抽油机 V 带执行标准现状及有关问题探讨．石油工业技术监督，2003，19(7)：1 ~ 2

施工现场标准化管理

李惠珠

（大庆油田创业集团大庆油田自动化仪表有限公司）

摘　要　施工现场工作的标准是有关单位和个人应当遵守的共同准则和依据，在施工现场管理中尤为重要。本文分析了施工现场标准化管理的释义、内涵和特点、推进措施，分析了推广施工现场标准化管理带来的效益，最后谈了推广标准化管理的几点体会。

关键词　施工现场标准化；信息化；程序化

1　推广施工现场标准化管理的具体做法

1.1　施工现场标准化管理的释义

施工现场管理标准化就是借鉴工业生产标准化理念，通过引进系统理论，整合原有的安全生产、文明施工、工程质量、队伍管理等单体概念，形成密切相关、交织科学的施工现场管理新体系。其目标是以实施施工现场管理标准化为突破口，整合管理资源，建立有效的预防与持续改进机制，全面改革现场管理方式和施工组织方式，做到市场行为规范化、场容场貌秩序化、管理流程程序化、内部管理信息化、监控手段科学化，从而提高企业管理水平，提高企业核心竞争力。

1.2　施工现场标准化管理的内涵和特点

施工现场管理标准化，就是要坚持以人为本、可持续发展的理念，积极引入国内外先进的管理理念、管理方式，不断强化安全生产、文明施工、工程质量的管理，将标准化活动贯穿于施工现场管理的始终，促进企业管理的科学化、规范化和系统化。其内涵和特点主要包括六个方面：

(1) 将以往分割、独立的安全生产文明施工管理、质量管理、工程管理、队伍管理进行整合与熔炼，使四项管理互相渗透、互为作用，成为一个统一的管理体系，并将国际通行的质量、安全、环保三大管理标准的管理理念与管理方法有机融入其中，优化管理流程，形成管理合力，实现管理理念与管理方式的升华，促进施工现场由传统管理向现代管理的转变。

（2）对施工现场人、机、料、法、环五大生产要素的协调、有序管理做出标准化要求，注重施工对周边环境的影响，体现可持续发展观的管理理念，实现场容场貌的秩序化，进而彻底扭转社会对施工现场“脏、乱、差”的传统印象，塑造全新的形象。

（3）体现“以人为本”的管理理念，把对从业人员的职业技能、职业素养、行为规范的要求贯穿于标准的全过程，建立对从业人员和执业行为的自律约束机制，促进企业素质的快速提升。

（4）提出工程建设活动全过程的行为准则和检查考核标准，建立监督制约机制，使企业对应做什么、如何做、做到何种程度明明白白，大大提高其自控意识和自控能力，实现市场行为的规范化。

（5）对工程施工活动的各个环节实行程序化管理，做到质量与安全管理环环相扣、层层把关，始终处于受控状态；尤其是通过标准化管理体系的运行，建立预防与持续改进机制，有效消除质量安全隐患，提升质量安全管理水平。

（6）整合现场管理资源，优化管理流程和施工组织方式，通过推行“施工现场信息管理系统”和“施工现场视频监控系统”，实现内部管理信息化、监控手段科学化，减少管理失误和施工浪费，降低管理成本和施工成本，提高企业经济效益。

1.3 施工现场标准化管理的推进措施

推行标准化施工建设采取先试点、后推广的方式，不断巩固和扩展标准化施工创建成果，塑造全新的企业形象。

1.3.1 高起点制定标准，提高施工现场科学管理水平

全面总结近几年企业施工现场管理经验，就当前和今后一个时期的施工现场管理工作，提出既体现先进管理理念、管理思路和管理方法，又便于操作的基本规定、基本尺度和基本指标，是指导施工管理规范化、标准化、程序化的基本管理标准，也是最低管理要求，对于转变施工现场管理方式具有重大的现实意义和深远的影响。通过实施标准，重点解决好管理理念落后、管理方式陈旧、管理方法简单；“以人为本”的理念没有牢固树立，不注重维护职工利益、不尊重职工权益；没有引入科学管理理念，运用经验式管理、作坊式管理；管理体系有缺陷、管理机制有漏洞；施工现场“脏、乱、差”现象不同程度存在等诸多问题，实现施工现场管理方式的革新。

1.3.2 加大工作力度，确保标准化施工建设工作扎实推进

（1）深入发动：

①加强标准学习。让全体从业人员全面理解标准、正确运用标准、严格执行标准，做到人人明白，照章行事。

②坚持典型引路。及时总结好的做法和经验，并用于指导标准化施工建设。通过表彰典型、鼓励先进，迅速形成“比、学、赶、帮、超”的竞争氛围，加速标准化工作的推广步伐。

（2）创新手段：

①推行施工现场信息管理系统。将日常监管的危险源、影响工程质量安全、工程监理、队伍管理等各类要素，真实、完整地记录到信息系统中，并通过分析、总结，准确把握施工现场的规律，持续改进现场管理，进而完善企业的管理体系和现场的保证体系、监督体系，堵住制度上的漏洞，纠正管理上的缺陷，不断提高施工现场管理水平。

②大力推广施工现场视频监控系统。施工现场配备摄像监控系统，对重点环节和关键部位进行监控，及时发现和纠正施工现场存在的突出问题，确保施工全过程处于受控状态，提高监管效能。通过创新手段，彻底扭转问题不能及时发现、缺陷得不到及时纠正、错误重复发生的粗放管理方式，向精细化、科学化、规范化管理方式转变。

③改善职工的作业和生活环境。始终坚持科学发展观，牢固树立“以人为本”的理念，并转化为企业和项目管理人员的管理方式和管理行为，落实在日常管理的各个环节和各个过程，体现在对全体从业人员的生产作业环境的不断改善和生活环境的不断优化上，让从业人员切身感受到标准化工地带来的变化和实惠，从而以饱满的热情投入到创建活动中。

（3）突出重点：

①提高管理人员的决策能力和执行能力。施工现场各责任主体和管理人员是标准化工地建设的关键，在实施标准化管理中负有决策和执行的重要职能，彻底扭转重工程轻管理、重数量轻质量、重速度轻安全的错误意识和做法，着力提高推行标准化管理的决策能力，并加大对现场管理的投入。项目具体管理人员着力提高执行能力，把科学管理具体落实到工地的每个环节、每个过程和每个岗位。

②不断提高班组长等业务骨干的作业能力。企业不断加强对作业人员特别是班组长等业务骨干的培训，提高他们执行标准的自觉性；同时，要强化现场监督，督促作业人员严格按标准要求操作，及时发现并纠正违反标准的行为和现象，促使标准深入到施工现场的各个环节、各个部位，把标准转化为全体人员的工作准则。

（4）强化激励：施工管理成效与奖金挂钩。

1.3.3 建立“三个机制”，不断提高标准化施工质量

（1）建立标准化施工评审机制。建立“严格管理、动态检查、全程监控、透明公开、确保质量”的标准化施工评审机制，建立领导负责、专人管理、及时检查、不断改进的自我评价机制，按时上报有关材料报表，并确保资料的真实性、完整性。

（2）建立施工现场持续改进机制：施工现场健全质量保证体系、安全保证体系、现场监督体系，落实人员，明确职责，形成执行—检查—改进—提高的封闭循环链。形成定期检查的制度，对反复出现的问题，研究解决的办法和措施，形成一个制度不断完善、工作不断细化、各类要素不断优化的持续改进机制，促进现场管理水平不断提高。

（3）建立监督约束机制：建立巡查制度，对施工进行不打招呼检查，重点检查施工执行标准的自觉性和自控力；对导致事故隐患严重或重复出现的，坚决依法严肃查处。通过强化监督检查，最大限度地促进严格执行标准的积极性、主动性、自觉性，形成激励先进、鞭策落后、重点突破、全面推进的监督约束机制。

2 推广施工现场标准化管理带来的效益

推广标准化管理为企业注入了标准化管理的新思维、新理念、新模式，从高层管理者到一般的管理人员，标准化理念已经深入人心，标准化管理已经渗透到日常工作之中。标准化的浪潮超过了预期的温度，创出的成果超出了先前的想像，创新的做法和经验超出了原先的估计。

2.1 实施“标准化管理”适应了构建和谐社会的需要，进一步确保了工程质量安全

走“标准化管理”之路，把施工管理的所有相关要素最大限度地整合，使其系统化、规范化、信息化、精细化，符合工地管理的发展方向，最大限度地减少质量安全事故，为构建和谐社会做贡献。

2.2 实施“标准化管理”适应了创建节约型社会的需要，提高企业经济效益和社会效益

从前施工现场实行的是粗放式管理，机械、材料、人工等浪费严重，生产成本高，经济效益低，能源消耗和发展效率极不匹配，并制约了企业发展。实行标准化管理，对现场管理流程再造，把科学管理具体落实到工地的每个细节、每个过程、每个岗位，使各项管理流程程序化，实现对现场的准确、快速、全过程的监管，不仅有利于现有施工规范条件下的生产节约、降低成本，而且有利于把新技术、新产品真正运用到实践中，加快技术创新，促进技术进步，提高企业的经济效益，为建立循环经济模式和创建“节约型社会”做贡献。

2.3 实施“标准化管理”适应了建设文明社会的需要，提高了产业文明度，提升了企业新形象

实行标准化管理，可以进一步强化文明施工，改变场容场貌，使场容场貌秩序化，并不断增强施工人员文明意识，提升其自豪感、责任感和满意度，从而全方位地提高企业文明度，提升企业新形象。

2.4 实施“标准化管理”适应了时代发展的需要，提高了企业管理水平和监管水平

管理标准把原来比较分散的质量、安全、队伍管理等各项重点管理要求有机地整合串联起来，形成一个清晰、明确的链条，有利于企业学习掌握和在实践中有效贯彻。同时，

标准化管理侧重了对企业的行为管理，可促使企业不断查找管理缺陷，堵塞管理漏洞，提高企业的自控意识和自控能力，实现监管方式从运动突击式和重审批、重处罚向长效的管理服务型转变。同时还通过施工现场计算机管理系统和视频监控系统的推行以及两个系统与管理部门的联网，监管部门的信息获取由被动变主动，对工地的管理有了“潜望镜”和“直通车”，使信息化管理与工程管理得到有机结合，实现监管部门的有限监管力量发挥最大的监管效果，提高监管水平。

3 推广标准化管理的几点体会

施工现场管理作为运行的平台和载体，既是矛盾集中点，又是工作着力点，实行标准化管理，就是抓住了企业创新的关键点，把握了时代发展的脉搏，逐步实现企业管理方式由“粗放型”向“集约型”转变，提高企业整体管理水平和核心竞争能力；实现监管方式由“传统包办管理型”向“管理与服务型”转变，提高监管水平和服务效能；实现产业发展由“低水平徘徊”向“可持续发展”转变，提高企业发展水平，增强产业发展后劲。

推行标准化管理以来，我们深切地感受到，一件新生事物的推出，既要有思维观念上的超前，更要有实践观念的创新，同时辅之以不断健全完善的机制的保证。这些体会具体可以归结为以下三个必须。

3.1 必须坚持以项目部为主体，推广标准化才具有坚实基础

发挥好企业的主观能动性是保证标准化顺利推行的基础。一方面，为鼓励施工向标准化管理迈进，我们制定了奖励措施；另一方面，建立巡查制度，对已评为标准化施工现场的进行不打招呼的暗访检查，两次发现问题当场处理。通过激励和约束这两种不同的作用力，最大限度地激发了企业严格执行标准的积极性、主动性、自觉性。

3.2 必须坚持以工人为主角，推广标准化才具有最佳效果

企业的发展，离不开大量高素质、能拼搏、善打硬仗的熟练工人，在推广标准化工地工作中，我们牢牢以工人为主角，把改善工人的生活条件、生产条件当作核心之一，最大限度地满足工人应有的需求。

3.3 必须坚持以持续改进为动力，推广标准化才具有坚实保障

推广标准化是一个渐进的过程，需要及时总结、不断完善、持续改进。加快标准化系列产品的开发，努力增加产品的周转次数，降低生产总成本，为企业解除后顾之忧。

参 考 文 献

[1] 陈子望．浅谈施工企业现场标准化管理．施工技术，2008

天然气与管道技术标准内容揭示技术研究及系统开发

刘 冰 张 欣 税碧垣 刘艳双

（中国石油管道研究科技中心）

摘 要 本文介绍了标准检索系统现状及发展趋势，分析了传统标准检索方法的局限性、内容揭示系统的创新性以及标准内容揭示技术在天然气与管道标准领域应用的重要意义。通过将标准内容揭示技术应用于天然气与管道领域，建立了天然气与管道技术标准知识体系（本体知识）和天然气与管道数据揭示体例，实现了天然气与管道标准内容揭示功能，开发了天然气与管道标准内容揭示系统。

关键词 标准；天然气与管道；检索；内容揭示；本体；体例

1 标准检索系统现状及发展趋势

1.1 传统标准检索系统的特点和局限性

标准查询系统建设与维护是标准信息化的重要工作。目前中国石油天然气集团公司等单位都建有标准检索系统，主要提供标准题录检索查询、全文浏览下载、信息发布以及技术论坛等功能。传统常用的标准检索方式为“基本字段信息”检索，一般仅能提供对标准名称、主题词进行检索，其不足主要体现在以下两方面：

（1）不能对技术标准内容进行精确检索。传统数据库检索方式是通过分类、标题、摘要及叙词等手段对标准文献进行题录数据加工，来实现对技术标准的检索。但是技术指标一般会分散在技术标准中，传统的检索方式只能通过题录数据库检索到相关标准，逐一阅读原文技术指标的内容。但是这样的方法较为耗时，并且难以保证查全率。

（2）不能同时检索到不同标准的技术指标，不能实现不同标准同一技术指标的对比。同一技术要求或技术指标经常会出现在不同的国际标准、国家标准、行业标准、地方标准和企业标准中，用户经常需要对不同标准中的相同产品的技术指标进行对比研究，但传统的检索方法不能同时检索到不同标准的技术指标，无法实现不同标准中同一技术指标的对比。

1.2 标准内容揭示技术现状

标准内容揭示技术是一种新的标准检索技术，其通过对标准技术指标的系统揭示和有效组织，能够实现从“基本字段信息”到“重要技术指标”的高效的标准信息检索。在国内，只有中国标准化研究院将标准内容揭示技术初步应用在食品、农产品的国家标准、行业标准中，并建设了相应的揭示系统平台，实现对标准内容指标的揭示。目前国外未见以此技术开发的商业数据库。

1.3 标准内容揭示技术实现功能

标准内容揭示技术主要克服了传统检索方式的缺点，实现了以下三种功能：

（1）能够实现对标准内容中技术指标的精确定位与检索。在检索结果中直接显示所需要的标准检索内容，而不需要用户对文献通篇阅读并查找信息，从而提高了检索效率。

（2）技术指标相关的标准体系检索。在检索标准时，可以通过上位登录，在检索到特定标准技术指标时，也可以检索到其他相关标准。

（3）不同标准中同一技术指标的对比。在检索中，通过对“范畴”的选择，可以实现同一技术指标在不同标准中的规定，从而了解不同标准对同一技术指标的规定。

2 天然气与管道标准内容揭示技术及系统开发

2.1 总体技术路线

将标准内容揭示技术应用于天然气与管道领域，不能照搬其他技术领域的经验，必须结合天然气与管道标准特点，制定可行的技术路线，如图 1 所示。天然气与管道标准内容揭示的技术难点在于天然气与管道标准知识体系（本体）和揭示体例的建立。

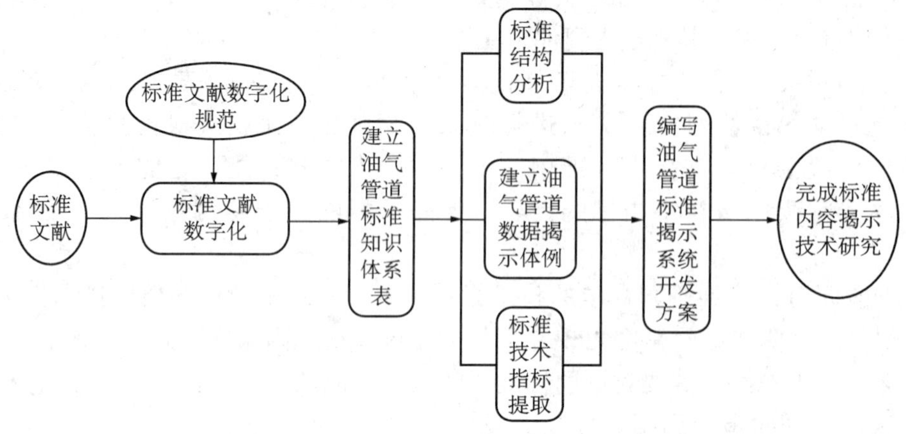

图 1　标准内容揭示技术研究与系统开发技术路线

2.2 天然气与管道标准知识体系（本体）的建立

2.2.1 天然气与管道标准知识体系（本体）建立的原则

天然气与管道标准知识体系（本体）也就是标准化的对象，是标准揭示的基本元素。在建立天然气与管道标准知识体系表时，应符合天然气与管道专业现状、行业习惯以及通用的检索习惯，尽可能利用已有的、成熟的专业分类的成果，尽可能保证其实用性和易用性。层次和类别的划分应参照专业知识，而不宜以标准化管理归口为参照。

知识体系结构划分时应遵循以下基本规则：

（1）各子项的外延之和应等于母项的外延。

（2）划分的各子项，其外延宜相互排斥。

（3）每次划分应按同一原则进行。

（4）划分应按层次逐级、由高到低、由简到繁进行，宜结合天然气与管道主营业务粗细结合。

（5）对于交叉学科和新技术领域，在类目设置上应留有发展余地。天然气与管道标准知识体系应随着标准的不断更新，进行持续的补充调整。

2.2.2 天然气与管道标准知识体系（本体）的基本步骤

（1）调研并分析天然气与管道技术体系与管理体系现状。

（2）分析现有天然气与管道标准，以标准中涉及的技术内容为基础。

（3）运用分类学技术对天然气与管道标准内容分类。

（4）结合天然气与管道标准知识体系建立的依据以及天然气与管道标准知识体系建立的原则，并根据需要的目标，建立相应的满足要求的天然气与管道标准知识体系。

（5）在标准加工过程中，将所有一级揭示指标收录在本体表中，逐渐完善丰富知识体系（本体）的内容。

以完整性管理概念为例，建立的知识体系（本体）表参考样例，见表1。

表1 知识体系（本体）表样例

顶级概念	一级概念	二级概念	三级概念	四级概念	五级概念
完整性管理	石油天然气管道工程完整性管理	线路完整性管理	数据采集与管理		
			风险评价		
			完整性检测及评价	检测	内检测
					外检测
				评价	风险评价
					完整性评价
			维修维护	管道本体	

续表

顶级概念	一级概念	二级概念	三级概念	四级概念	五级概念
				储罐	
				压缩机	
				泵	
				防腐层	
				保温层	
				水工保护	
				通信设备维护检测	
				电力装置	
				消防设施	
				阀	
			日常管理		
		站场完整性管理	静设备	数据采集与管理	
				风险评价	
				完整性检测及评价	
				维修维护	
				日常管理	
			动设备	数据采集与管理	
				风险评价	
				完整性检测及评价	
				维修维护	
				日常管理	
			仪表	数据采集与管理	
				风险评价	
				完整性检测及评价	
				维修维护	
				日常管理	

2.3 天然气与管道数据揭示体例的建立

天然气与管道数据揭示体例是不同标准具有可比性的框架结构，是装载揭示属性与指标的重要架构。天然气与管道数据揭示体例的建立主要有以下七个基本步骤：

（1）对现有天然气与管道标准按照专业主题范畴分布进行归类。

(2) 分析同一主题范畴标准的体例特征，根据专业特点以及体例的结构相似度大小判断是否需要将同一主题范畴的标准继续细分为不同类，例如对于管道运行标准，根据以上分析，分为气体管道运行和液体管道运行两类。

(3) 分析同一类中所有标准的体例特征，提炼出每项标准的体例元素，归并此类中不同标准的相似体例元素。

(4) 在建立体例结构表时，需要充分考虑专业元素和结构元素，不同等级体例元素要具有严格的逻辑关系。

(5) 每一类标准的一级体例元素要涵盖此类标准的所有内容，要保证标准知识的完整性；二级、三级以及其他级体例元素要具有共同性，即对于含有相同一级体例元素的标准，应该均能提炼出此一级体例元素下的二级、三级以及其他级体例元素。

(6) 每一级体例元素名称要具有概括性和通用性，根据标准内容以及专业知识，修饰体例结构，对每一体例元素增加同义词，从而增加用户检索的入口。

(7) 通过以上工作，基本完成体例结构表的建立，在后期的标准引用工作中，需要对体例结构表不断调整，以便更好地满足检索的需要。

以天然气管道运行类标准为例，建立的体例结构表见表2。

表2　天然气管道运行类体例结构表

一级体例	二级体例
适用范围	
规范性引用文件	
术语和定义	
总则	
一般规定	
运行原则	
运行要求	
工程预验收	
运行管道试压	
试运投产	
输气工艺	
管道控制与操作＝管道系统控制＝控制与操作原则＝管道运行控制	
运行控制参数	设计输量
	设计压力
	运行压力
	运行温度
	流量控制参数
	气质要求

续表

一级体例	二级体例
	设备参数 = 设备运行参数 = 设备控制参数
运行管理 = 工艺运行管理	
清管及内检测作业 = 清管作业 = 内检测作业	
事故预防与处理 = 异常工况 = 干线故障判断及处理 = 紧急工况与事故处理 = 异常工况判断及处理 = 管道维修 = 管道抢修	
管道维护	
附录	

注："="表示概念等价或等同对待。

2.4 天然气与管道揭示系统功能设计

（1）标准文献内容揭示数据检索功能。实现对检索标准内容中技术指标的精确定位与检索，在检索结果中直接显示所要的标准检索内容，同时实现技术指标相关的标准检索以及不同标准中同一技术指标的对比显示。

（2）标准文献内容揭示指标加工功能。实现对新标准的揭示指标进行加工处理功能，主要包括：

①能够新建、查看、编辑标准体例结构表。

②能够进行标准数据揭示操作，数据揭示指标。

（3）系统管理功能。系统管理员登录系统可以实现信息管理以及网站管理，主要包括：

①信息管理：进入信息管理界面，可以添加文章、分类管理。

②用户管理：进入系统管理员登录页面的菜单栏的"网站管理"选项，单击"用户管理"，进入用户管理列表，可以编辑用户信息，包括用户基本信息、用户角色、密码管理、档案信息管理。

（4）标准资讯。标准资讯栏目包括标准研究最新进展、国家标准动态、国外标准动态、行业标准动态、企业标准动态、其他信息。

（5）任务管理。通过系统实现任务查询、任务统计、下载揭示加工系统三个功能。

2.5 天然气与管道标准内容揭示系统的基本功能

将标准内容揭示技术应用于天然气与管道领域，依据建立起来的天然气与管道技术标准知识体系（本体知识）、天然气与管道数据揭示体例，按照揭示系统的功能设计，完成了天然气与管道标准内容揭示系统的开发。

用户可单击天然气与管道技术标准内容揭示系统菜单中的"揭示数据检索"，进入标准文献内容揭示数据检索界面，如图 2 所示。

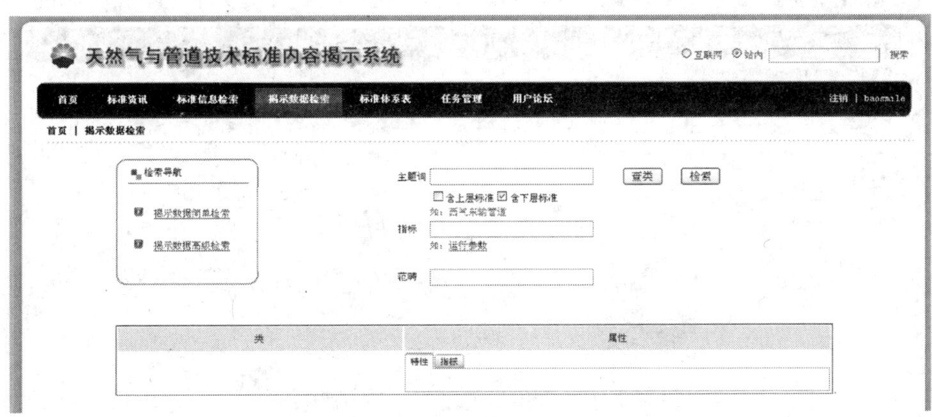

图 2　标准文献内容揭示数据检索界面

2.5.1　揭示系统简单检索

如需简单检索，单击左侧“揭示系统简单检索”，进入简单检索界面。在主题词输入框中输入关键词，以空格相分隔，选择含上层标准、含下层标准，单击检索按钮，可以查询结果，如图 3 所示。

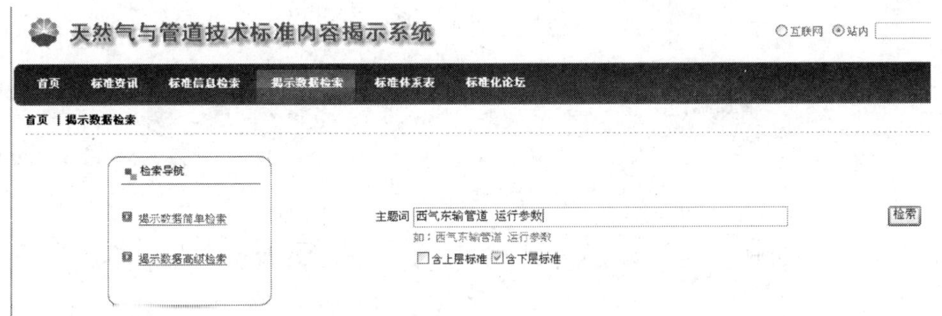

图 3　揭示系统简单检索界面

2.5.2　揭示数据高级检索

如需高级检索，单击左侧“揭示数据高级检索”，进入高级检索界面，如图 4 所示。

高级检索有两种查询方式，一种为直接查询，另一种为向导式查询。

直接查询就是在高级检索界面中，在主题词中输入要查询的对象（本体类），在指标中输入想要查询的指标，如“运行参数”，选择含上层标准、含下层标准，单击“检索”进行查询，如图 5 所示。

向导式查询就是在主题词栏中，输入关键词，如“西气东输管道”，单击“查类”按钮，本体类按照上级本体、本级本体、下级本体显示在结果栏左侧，查询本体的特性以及指标分别显示在属性栏里面的“特性”、“指标”选项卡中，如图 6 所示。

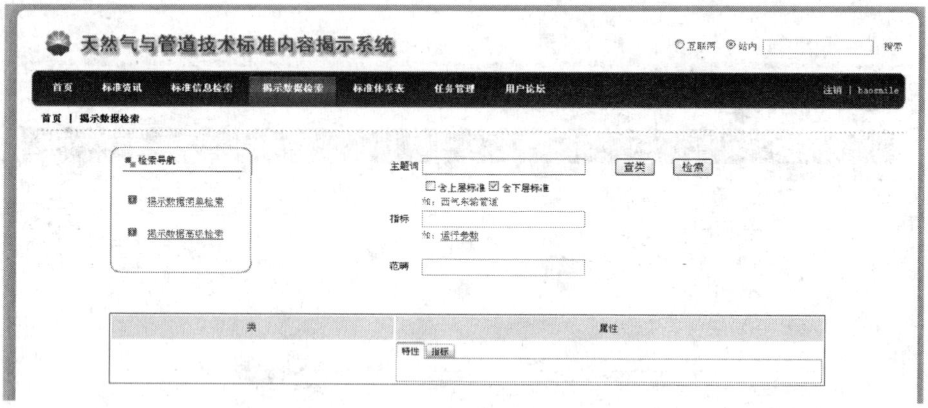

图 4　揭示数据高级检索界面

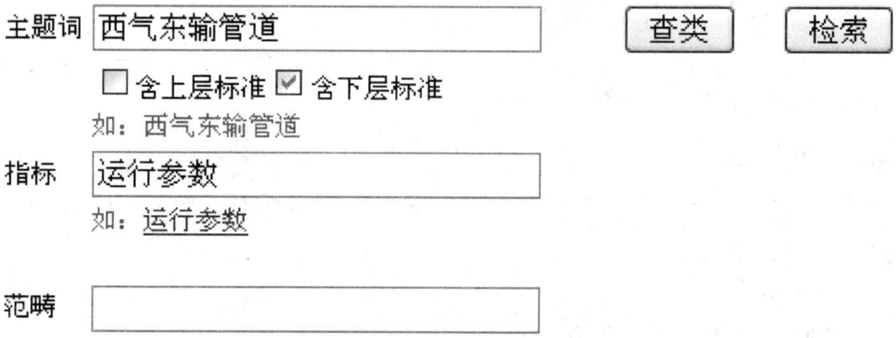

图 5　揭示数据高级检索直接查询界面

图 6　揭示数据高级检索向导式查询界面

选好指标或者特性后，就可以单击“检索”按钮进行查询了，检索结果如图 7 所示。

首页 | 揭示数据检索

上一页　下一页　共有结果10项，每页 10 项 共2页，转到 1 页，按照 排序码 进行 升序 排序　返回高级检索　返回一般检索

标准种类	检索对象	属性类型	技术指标	内容	内容注释	来源	相关标准	标准体系
企业-石油	西气东输管道	运行-管道控制与操作	控制模式	管道运行控制具有中心控制、站控控制和就地控制三种方式。		Q/SY 1157.1-2009		503.2.1.2天然气管道运行管理规程
企业-石油	西气东输管道	运行-管道控制与操作	流程切换	流程切换前应请示中心调度，并确认流程无误，依据作业指导书进行操作，实际操作时宜有专人监护。		Q/SY 1157.1-2009		503.2.1.2天然气管道运行管理规程
企业-石油	西气东输管道	运行-管道控制与操作	球阀操作	操作球阀时，应全开或全关。当前后差压大于0.5MPa（表压）时，应通过旁通平衡阀门前后压力，再开球阀。打开球阀后应关闭旁通阀。		Q/SY 1157.1-2009		503.2.1.2天然气管道运行管理规程
企业-石油	西气东输管道	运行-管道控制与操作	分输调压装置操作	分输调压及计量装置应有备用。主路调压装置运行时，备用路调压装置及其进出口阀门应处于全开状态，以便主路调压装置出现故障时能够自动切换到备用路调压装置。		Q/SY 1157.1-2009		503.2.1.2天然气管道运行管理规程
企业-石油	西气东输管道	运行-管道控制与操作	分输调压压力设定	分输调压装置压力设定按照压力从高到低的顺序依次为安全截断阀、监控调压阀、工作调压阀。		Q/SY 1157.1-2009		503.2.1.2天然气管道运行管理规程
企业-石油	西气东输管道	运行-管道控制与操作	压缩机组匹配及控制	压缩机组的匹配方案应根据运行方案确定。机组控制原则是机组进出口压力及温度不超限，机组运行时尽量减少启停操作。		Q/SY 1157.1-2009		503.2.1.2天然气管道运行管理规程
企业-石油	西气东输管道	运行-管道控制与操作	压缩机组切换运行	对于多机组站场，当单台机组运行时间达到10000h后，应合理安排机组运行，同站机组间的运行时数差距不低于4000h，相邻场站的压缩机组运行时数差距不低于4000h。		Q/SY 1157.1-2009		503.2.1.2天然气管道运行管理规程
企业-石油	西气东输管道	运行-管道控制与操作	储气库注采气原则	储气库在注采气过程中，应保证金坛储气库的西1#、西2#、岗1#、岗2#、东2#井同时注采气，不应单井注采气。金坛储气库井口采气压力范围宜保持在9.0MPa～13.6MPa，应急采气时可将井口压力采至6.6MPa，但应在一周内将井口压力回注至9.0MPa以上，采气速率宜控制在每天井口压力下降0.3MPa～0.5MPa。		Q/SY 1157.1-2009		503.2.1.2天然气管道运行管理规程

图 7　揭示数据高级检索检索结果

在检索结果中，单击来源列的标准，可以连接至此标准文献题录页面。

天然气与管道技术标准内容揭示系统菜单栏的任务管理包括任务查询、任务统计、下载揭示加工系统三个功能。任务查询功能可对当前用户的任务进行一段日期内的任务查询。任务统计功能，可统计出当前用户的工作任务条目。任务类型包括加工任务、质保任务、管理任务。加工人员接受加工任务，质保人员接受质保任务，管理人员完成管理任务。单击任务条目查看列，进入任务详细情况页面，单击“下载 PDF 文件”可以下载相应标准的 PDF 文件；单击“下载当前任务”，下载任务包，任务包为 zip 格式，可以直接导入内容揭示专家加工系统。当使用专家加工系统完成任务之后，就可以在任务管理界面上传任务结果。

3　天然气与管道标准内容揭示技术应用展望

3.1　应用价值及重要意义

天然气与管道行业中，从管道的设计，到管道的建设、投产、运营、管理与维护，甚至是管道的报废，技术标准及标准化工作贯穿始终。标准信息化是标准工作基础手段，是做好标准工作的重要基础。对于负责天然气与管道工程建设的工程项目管理人员、实施人员，天然气与管道标准内容揭示系统可以方便快捷地利用关键指标控制管道设计和施工建设；对于天然气与管道运行操作人员、管理人员，可方便快捷地查询、对比操作参数、方

法；对于科研人员，可以实现国内外标准关键指标差异分析、判断技术差异，分析体系内各标准间的协调性。开发的内容揭示技术能满足广大管道工程技术人员对标准检索的更高需求，为天然气与管道领域广大技术人员提供增值的标准检索服务。

3.2 展望

随着标准的重要性逐步提升，生产技术的发展以及信息量的急剧增加，在生产实践和科学研究中，用户对标准的检索要求不仅仅局限于对标准名称、主题词、摘要等传统检索项的检索，为了节省人力以及时间，用户希望能够直接检索到标准文献的内容，或者是标准的具体技术指标。标准内容揭示系统是标准信息检索的最新发展方向，相信随着研究的不断深入和工作的积累，在不远的将来一定能够建成功能强大、界面友好、简便易用的专业的系统平台，标准揭示技术将获得广泛的应用，标准信息化将进入新的历史发展阶段。

参 考 文 献

[1] 周洁，王宇平．“标准文献平台”数据库建设．中国标准化，2010（4）：11 ~ 14

[2] 胡长峰．关于文献内容揭示的几点思考．图书馆学研究，2002（3）：53 ~ 55

[3] 俞君立，陈树年．文献分类学．武汉：武汉大学出版社，2001

天然气水含量与水露点关联换算

罗 勤 肖学兰 何 斌

[中国石油大学（北京)]

（中国石油西南油气田公司天然气研究院）

（中国西南油气田公司科技信息处）

摘 要 借助天然气水含量与水露点关联关系，可将在线测定的常压下水含量换算为工况条件下的水露点值，以此判定天然气是否满足 GB 17820 对水露点的要求。本文介绍了 GB/T 22634—2008 和 ISO 18453：2004 规定的天然气水含量与水露点关联换算方法及其适用范围和不确定度，通过适应性考察给出了该方法在长输管道的应用实践，表明该方法更适合我国长输管道天然气水含量与水露点关联换算，应广泛推广和实施，从而保证换算获得水露点值的准确性，有效指导现场对天然气中所含水实施监控。

关键词 天然气；水含量；水露点；关联；标准

1 引言

天然气中所含的水和烃在一定的压力、温度、流量条件下可能会形成水合物，引起管线水堵，甚至冰堵。水还可能会使管内壁、压缩机、除尘设备和计量、分析仪表产生腐蚀，直接影响管网的安全运行和计量的准确度。因此，为了有效控制天然气中水含量，GB 17820—1999《天然气》规定："在天然气交接点的压力和温度下，天然气的水露点应比最低环境温度低 5℃"。

为了有效监控天然气中的水含量，目前越来越多的长输管道在输配和计量站安装电子分析原理的水含量或水露点测定设备，使用的方法包括电解法、电容法、晶体振荡法、激光法和光纤法。其中电解法、晶体振荡法、激光法只能在常压下测定水含量，而在一定的压力下，天然气水露点与水含量存在关联关系。因此，借助水含量与水露点之间的关联关系，可将在线测定的常压下水含量换算为工况条件下的水露点值，以此判定所测天然气是否满足 GB 17820 对水露点的要求。

国际上水含量与水露点的关联换算标准主要有 ISO 18453：2004《天然气 — 水含量与水露点之间的关联》和 ASTM D1142：1995（2006）《通过测定露点获得水蒸气含量的标准测试方法》。我国修改采用 ISO 18453，同时参考 ASTM D1142 和 IGT 8（1955）研究报告《天然气平衡水含量》制定 GB/T 22634—2008《天然气水含量与水露点之间的换算》。

2 天然气水含量与水露点的关联换算

欧洲气体研究组织（GERG）为解决天然气中水含量与水露点的换算问题，开发了露点温度在 −15 ～ +5℃，压力在 0.5 ～ 10MPa（绝压）范围内的有代表性天然气水含量和对应的水露点值全面和准确的数据库。基于这个数据库，建立了基于组成数据的天然气水含量与水露点的关联换算公式，既适用于已知工况条件水露点下水含量的计算，也适用于已知常压条件水含量下水露点的计算。

ISO 18453:2004 将由 GERG 开发的天然气水含量与水露点关联换算过程标准化。GB/T 22634—2008 修改采用 ISO 18453，提供了由 GERG 研发的天然气中水含量与水露点的数学关联式，并给出了关联式的不确定度、溯源性、组成影响、单位换算和有关的热力学原理。

2.1 关联换算方法

由 GERG 开发、被 GB/T 22634 和 ISO 18453 采用的关联换算方法基于 $p–R$ 状态方程，见式（1）。

$$p(T,V_m)=\frac{RT}{V_m-b}-\frac{\alpha(T)}{V_m^2+2bV_m-b^2} \quad \cdots\cdots (1)$$

其中：

$$\alpha(T_R)=[1+A_1(1-T_R^{1/2})+A_2(1-T_R^{1/2})^2+A_3(1-T_R^{1/2})^4]^2 \quad \cdots\cdots (2)$$

为确保准确计算在冰态和液态之上的水蒸气压，将新 α 函数分解成两部分：

(1) 温度范围 223.15 ～ 273.16K，使用在冰态之上的水蒸气压数据。

(2) 温度范围 273.16 ～ 313.15K，使用液态水之上的水蒸气压数据。

通过满足特定统计准则获取二元参数 k_{ij} 的最佳参数。可通过最小二乘法拟合使目标函数最简化。

2.2 关联换算适用范围及不确定度

GB/T 22634 和 ISO 18453 规定的关联换算方法主要适用于经处理后的管输天然气。

压力范围：0.5MPa $\leqslant p \leqslant$ 10MPa。

露点温度范围：−15℃ $\leqslant t \leqslant$ 5℃。

组成范围：见表 1。

由水含量计算水露点的不确定度：±2℃。

由水露点计算水含量的不确定度。β_W<580mg/m³：0.14+0.021β_W±20（mg/m³）；$\beta_W \geqslant$ 580mg/m³：−18.84+0.0537β_W±20（mg/m³）。

表 1　GB/T 22634 和 ISO 18453 适用的天然气组成范围

化合物	%	化合物	%
甲烷（CH_4）	≥ 40.0	正丁烷（C_4H_{10}）	≤ 1.5
氮气（N_2）	≤ 55.0	2，2－二甲基丙烷（C_5H_{12}）	≤ 1.5
二氧化碳（CO_2）	≤ 30.0	2－甲基丁烷（C_5H_{12}）	≤ 1.5
乙烷（C_2H_6）	≤ 20.0	正戊烷（C_5H_{12}）	≤ 1.5
丙烷（C_3H_8）	≤ 4.5	C_6^+（已烷和更高烃类的总和）（C_6H_{14}）	≤ 1.5
2－甲基丙烷（C_4H_{10}）	≤ 1.5		

2.3　扩展工作范围与不确定度

该换算方法的应用范围可外推至如下范围，但不确定度尚难以确定。

（1）压力扩展范围：0.1MPa ≤ p<0.5MPa 和 10MPa<p ≤ 30MPa。

（2）露点温度扩展范围：−50℃ ≤ t<−15℃和 +5℃ <t ≤ +40℃。

（3）组成范围：与表 1 相同。

3　天然气水含量与水露点关联换算的实践

上述关联换算方法涉及大量的拟合计算，必须借助计算机和相应的软件才能得以完成和实现。

3.1　GB/T 22634 关联换算流程和软件

依据 GB/T 22634 和 ISO 18453 给出的换算方法，已知水含量计算水露点的流程图如图 1 所示，已知水露点计算水含量的流程图如图 2 所示，采用的是数值拟合法。依据图 1 和图 2 给出的流程图开发了天然气水含量与水露点关联换算软件，获得国家版权局国家计算机软件著作权登记证书。

3.2　GB/T 22634 关联换算软件正确性验证

GB/T 22634 和 ISO 18453 提供计算示例用以验证依据标准开发的关联换算软件。表 2 为水含量 β_w=60mg/m^3，在不同压力和组成下关联换算软件计算的水露点值与国家标准示例中提供的水露点值的比较，表 3 为水露点 −5℃，在不同组成和压力下关联换算软件计算的水含量值与国家标准示例中提供的水含量值的比较，标准参比条件为 101.325kPa，0℃。可以看出，由水含量计算水露点，软件计算值与国家标准计算示例提供的计算值之间的最大差值为 0.1℃，由水露点计算水含量，软件计算值与国家标准提供的计算值之间的最大差值为 0.2mg/m^3，均在可接受偏差范围内。

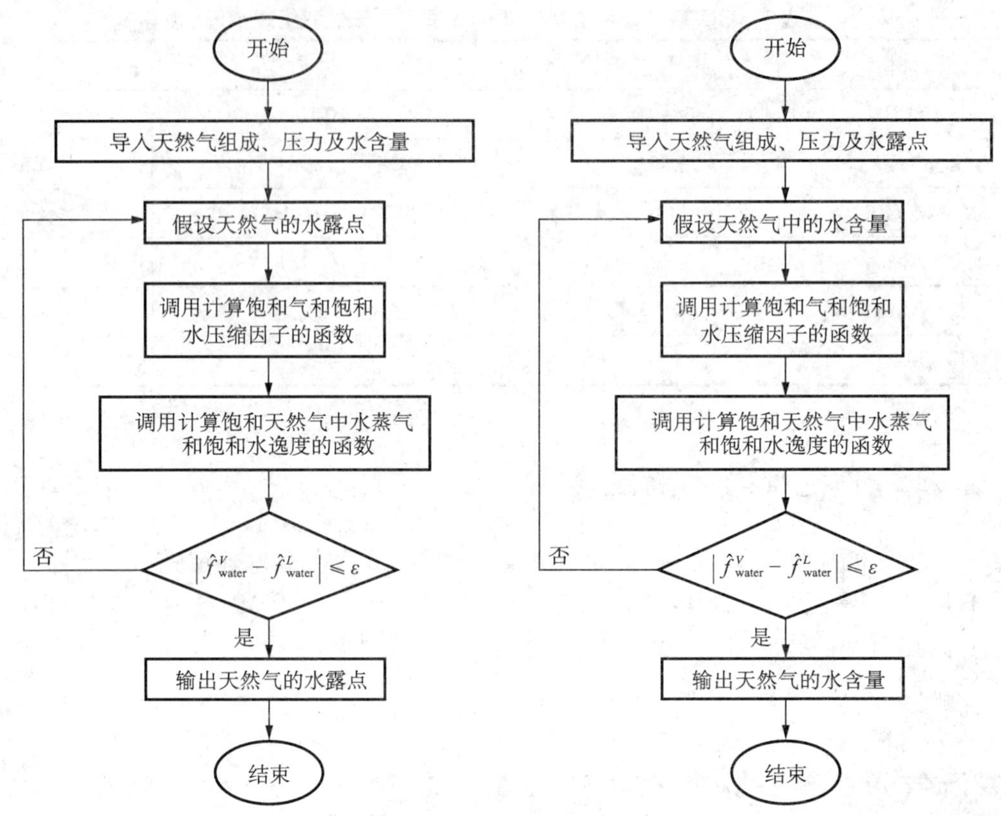

图 1　已知水含量计算水露点的流程图　　图 2　已知水露点计算水含量的流程图

表 2　GB/T 22634 提供计算示例与关联换算软件计算水露点的比较

干气组成，%	p（绝对）=2MPa t，℃		p（绝对）=5MPa t，℃		p（绝对）=8MPa t，℃	
	提供示例值	软件计算值	提供示例值	软件计算值	提供示例值	软件计算值
90 甲烷，8 乙烷，2 丙烷	−16.3	−16.3	−6.7	−6.7	−2.0	−2.0
80 甲烷，13 乙烷，4 丙烷，3 二氧化碳	−16.3	−16.3	−6.8	−6.8	−2.2	−2.2
75 甲烷，16 乙烷，4.5 丙烷，4.5 二氧化碳	−16.4	−16.4	−6.9	−6.9	−2.2	−2.2
70 甲烷，20 乙烷，4.5 丙烷，5.5 二氧化碳	−16.4	−16.4	−6.9	−6.8	−2.1	−2.1

表 3　GB/T 22634 提供计算示例与关联换算软件计算水含量的比较

干气组成，%	p（绝对）=2MPa β_w，mg/m³		p（绝对）=5MPa β_w，mg/m³		p（绝对）=8MPa β_w，mg/m³	
	提供示例值	软件计算值	提供示例值	软件计算值	提供示例值	软件计算值
90 甲烷，8 乙烷，2 丙烷	167.3	167.3	70	69.9	45.3	45.3

续表

干气组成，%	p（绝对）=2MPa β_w，mg/m³		p（绝对）=5MPa β_w，mg/m³		p（绝对）=8MPa β_w，mg/m³	
	提供示例值	软件计算值	提供示例值	软件计算值	提供示例值	软件计算值
80 甲烷，13 乙烷，4 丙烷，3 二氧化碳	168.5	168.4	70.9	70.9	46.1	46.1
75 甲烷，16 乙烷，4.5 丙烷，4.5 二氧化碳	169	168.8	71.3	71.2	46.3	46.2
70 甲烷，20 乙烷，4.5 丙烷，5.5 二氧化碳	169	168.8	71.1	71.1	45.7	45.7

3.3 GB/T 22634 关联换算方法和软件适应性考察

将依据 GB/T 22634 和 ISO 18453 开发的换算软件的计算结果与在线分析仪自带的换算方法换算得到的结果，以及实际测量值进行比较，考察其对我国管输天然气（最高输送压力达到 12MPa）的适应性。分别在现场测定真实天然气水含量与水露点值，然后按不同方法进行水含量与水露点的换算，结果见表 4。从表 4 中可以看出，按 GB/T 22634 换算的水露点与实测的水露点较为接近，最大差值为 2.5℃。而用自带的换算方法计算的水露点与实测的水露点相差较大，计算的水露点明显偏低，最大偏低 9.1℃，且计算值与测量值差值的绝对值随工况压力的增大而增大，如图 3 所示。由此可见，GB/T 22634—2008 更适合我国管输天然气水含量与水露点之间的换算。

表 4　在线水含量分析仪测定水含量分别采用 GB/T 22634 和仪器自带方法换算成工况压力下的水露点与冷镜面法露点仪测定结果的比较

序号	水含量体积比 $\times10^{-6}$	工况压力 MPa	GB/T 22634 换算水露点，℃	仪器自带方法换算水露点	GB/T 22634 Z 值检验结果	仪器自带方法 Z 值检验结果	冷镜面法测定露点，℃	换算值－实测值 ℃	
								GB/T 22634	其他方法
1	37.2	5.1	−13.8	−19.3℃	0.43	3.06	−12.7	−1.1	−6.6
2	86.9	4.5	−6.0	−9.8℃	0.33	3.91	−5.3	−0.7	−4.5
3	59.1	4.9	−9.3	−14.1℃	0.04	2.94	−9.4	0.1	−4.7
4	64.2	2.5	−15.2	−13.2℃	0.53	0.40	−13.8	−1.4	0.6
5	46.0	4.2	−13.3	−18.0℃	1.00	1.09	−15.8	2.5	−2.2
6	35.6	9.3	−8.6	−17.9℃	0.09	4.53	−8.8	0.2	−9.1
7	52.1	5.8	−9.0	−14.6℃	0.62	4.22	−7.6	−1.4	−7.0

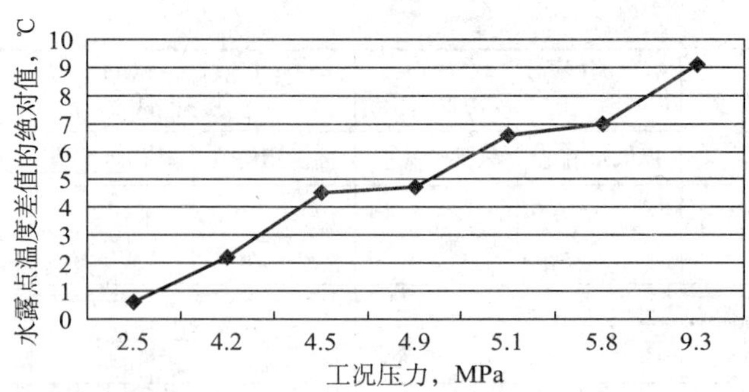

图 3　仪器自带方法换算的水露点与实测水露点的差值随压力的增加而增大

3.4　GB/T 22634 关联换算方法和软件在长输管道输配站场的应用

将 GB/T 22634 和 ISO 18453 提供的关联换算方法应用于安装有在线水含量分析设备的长输管道输配站场。表 4 是我国某长输管配备的水含量分析仪测定的水含量值用不同关联换算方法将其换算为水露点后，与用冷镜面凝析湿度计法实际测定的水露点值的比较数据。采用 Z 值检验法，对不同方法的换算结果与实测水露点值的一致性进行判定，结果见表 4。从表 4 可以看出，当使用 GB/T 22634 提供的关联换算方法得到的水露点与冷镜面法露点仪实际测量的水露点值是一致的，其 Z 值均小于 1.96。而用方法换算得到的水露点与冷镜面法露点仪实际测量的水露点在多数情况下 Z 值都大于 1.96，且 Z 值随压力的升高而增大，表明两者的一致性随压力的升高而逐渐变差。这也证明了 GB/T 22634—2008 更适用于长输管道天然气水含量与水露点的换算，更能真实反映现场管输天然气的水露点情况，有利于对天然气中水含量和水露点的监控。

4　结论和建议

综上所述，GB/T 22634—2008 和 ISO 18453：2004 提供的天然气水含量与水露点关联换算方法更适合我国长输管道天然气水含量与水露点之间的换算，应予以广泛推广和实施。目前，我国长输管道输配站使用的在线水含量分析仪多数没有使用 GB/T 22634 和 ISO 18453 提供的关联换算方法。尽管这些在线水含量分析仪能够测得准确可靠的水含量数据，但换算后获得的水露点值却与真实的水露点值存在较大差异，其原因是目前在线水分分析仪配备的计算软件的计算方法在计算时均不需要天然气的组成数据，没有考虑压缩因子对水蒸气分压的影响。随着我国高压长输管道的投入运行，在高压下在线分析仪显示的水露点与实际水露点的差异更为显著。在这种差异存在下，就可能出现当水含量实际已经超标，而现场分析仪显示的水露点值却没有超标的情况，从而造成监控失察。故，对电解法、晶体振荡法、激光法这类提供水含量数据的分析仪，建议配备使用 GB/T 22634 关联换算软件。

在现场推广和实施 GB/T 22634 和 ISO 18453 规定的关联换算方法，首先必须选用经正确性验证并满足 GB/T 22634 和 ISO 18453 要求的关联换算软件；其次需要获取准确的天然气组成，这可以通过配备的在线气相色谱仪获取，也可通过离线组成分析或赋值取得；最后就是对在线水含量分析仪获取的水含量值正确地导出和换算，并上传至SCADA系统供监控使用。

参考文献

[1] 何斌，等. 中国石油西南油气田公司天然气研究院. 管输天然气水含量与水露点在线测定技术应用研究，2010

[2] Bukacek，R. F. Institute of Gas Technology，Research Bulletin 8 of IGT，Equilibrium Moisture Content of Natural gas，1955

[3] GB 17820—1999　天然气

[4] GB/T 22634—2008　天然气水含量与水露点之间的换算

[5] ISO 18453：2004　Natural gas—Correlation between water content and water dew point

[6] ASTM D1142−95：2006　Standard test method for water vapor content of gaseous fuels by measurement of dew-point temperature

标准化在测井仪器生产中的应用探讨

任丽娟　董　斌　董继辉　程　峰

（中国石油集团测井有限公司技术中心）

摘　要　通过介绍在测井仪器生产过程中编制接线表、布线图、调校细则、调试报告、最终检验报告等技术、工艺文件及应用过程和经过标准化后产生的良好效果，说明技术成果有形化与标准化相结合，提高了工作效率，并以此引起广大员工对标准化的重视，加强员工标准化意识。

关键词　标准化；工作效率；生产成本；产品质量

1　引言

EILog 测井装备自研发制造推广应用以来，公司在贯彻执行、制定、实施标准等方面取得了丰硕的成果，产品图样和技术文件标准、产品标准、工艺标准、检验标准、曲线验收标准等各项标准都不断完善，发挥着各自的作用。

作为生产制造一线工作的员工，通过在测井仪器生产中将技术成果有形化与标准化结合应用的过程，提高了工作效率，体会颇深，感触良多，在此一一阐述，希望能够引起员工对标准化工作的重视。

2　在实际生产中发现问题

在 EILog05 测井仪器生产初期，各生产环节中发现一系列问题。

2.1　没有接线表

下线时，由于没有统一规定，也没有可依据的资料，工作人员只能根据实际仪器比划尺寸剪线、布线、焊接，工作效率低；各种导线没有统一规定颜色、型号等等，比较混乱，造成仪器的多样性和复杂性。

2.2　没有布线图

焊接时，根据仪器原理连线图布线，不够直观，线多容易看串出错，降低了工作效率。

2.3 没有调试细则、调试报告和最终检验报告

调试和最终检验仪器时，只能咨询相关技术人员，没有可以执行工作的资料依据，没有判定仪器是否合格的标准。

总之，由于缺乏各种技术资料而使工作效率很低，并且还不能有效保证仪器质量，因此，急需编制接线表、布线图、调校细则、调试报告和最终检验报告来满足生产需要。

3 编制资料，应用到生产中

通过技术人员的集思广益，讨论沟通，把生产过程中的问题进行归纳总结，陆续编制了接线表、布线图、调校细则、调试报告、最终检验报告等技术文件、工艺文件并进行标准化，应用到生产实际中。

3.1 接线表的编制和应用

编制的接线表中给每条线都编上三位数的号码，第一位代表每条线的起点处，第二、三位代表从一个起点处引出线的各个编号。例如插头座，根据管脚号的由小到大，编制引出线的编号顺序。接线表里，每根线的起点、终点、导线的颜色、长度、型号，都必须根据实际需要填写。

组装仪器前，首先统计生产数量，然后根据接线表统一下线，下线时每根高温导线的两端都用胶带贴上线号，之后把每支仪器所用的高温导线根据引出线处的不同分类扎成小束，并且把一支仪器所用的线都一包一包分出来，最后大量展开焊接工作，焊接人员每人拿一支仪器的所用线即可。这样，下线工作可以和焊接工作分开进行，节省了下线和焊接需要转换浪费的时间。其次，接线表规范统一了高温导线的颜色和长度，每一支仪器相同线号的线使用同色同型号的高温导线，使产品在工艺上达到了统一，也为将来调试和维修人员提供了方便；长度的统一规定，也避免了某些导线因把握不准长度而下长线导致的浪费。

3.2 布线图的编制和应用

布线图把线路骨架上的电路板、插头、插座等各类元器件都对应位置表现在图上，各引出线画至骨架边缘，标记出走线方向，引出导线都标上与接线表中对应的线号和导线的颜色，各种不同型号的导线由不同的图符标记表示。

使用布线图之后，首先，降低了对焊接人员的技术要求，布线图浅显易懂，一目了然，不需要看懂原理图，一根根内含技术参数的线变成了只有编号的线，只要找到相同线号的位置走向就可以了。这样很大程度地节约了生产成本中的人员成本一项，以前的焊接人员需要有经验的师傅或者学习过电路基础知识的工作人员，而现在就不需要有那么高的要求，只要会焊接、会看位置、认识编号的工人就可以完成。专业技术人员就有更多的时间和精

力致力于仪器调试配接交付工作，使车间的各项工作可以协调展开。其次，统一了每根线的走线位置，不只是从工艺上达到了规范统一的要求，还保证了仪器工作性能。因为有的导线布得位置不对，会引起仪器的信号干扰，从而导致降低仪器的工作性能，更有甚者导致仪器不能正常工作。最后，焊接时又省略了工作人员对技术资料的分析时间，根据线号"对号入座"焊接，根据布线图理顺走线位置，这样既快速又准确。与之前相比，粗略估计，焊接一支电子线路短节的工时至少可以节省三分之一时间。

3.3 调校细则、调试报告、最终检验报告的编制和应用

调校细则中首先给出仪器的各项技术指标，其次是所用的测试仪表和设备及所需技术图样，让我们为调试工作做好全面充分的准备，最后是最主要的调试部分，先是单板调试的部分，然后是整机调校部分。每部分都告诉工作人员需要怎么检测和调校，要获得哪些技术参数。一般还要对仪器进行加温试验、连续工作时间试验、振动试验和高压试验。调校细则主要是描述怎么调校和检测，调试报告主要内容是各种检测结果和各项技术参数的填写记录。

调校细则和调校报告的应用规范了、统一了仪器的调试工作，使技术人员有据可循，不需工作人员对这种仪器的原理深入了解和学习，只要会使用万用表、示波器等相关检测工具和设备，根据调校细则一步一步调节、测量、试验，使各项技术参数达到要求的数值，就是一支调试合格的仪器了。而调试报告的正确及时填写又方便我们清楚地了解仪器的各项参数，同时也为今后的相关工作提供可查依据。

最终检验报告主要是列出必须要检测的各个项目，包括外观检测、最重要技术参数检测（此项必须足以证明仪器可以正常工作）、加温检测、连续工作时间检测、振动检测和高压检测。此报告为仪器的终检工作提供了可靠的具体的依据，根据它来检验产品，精准而迅速，保证仪器功能的前提下，节约时间成本，又能保证检验的效果。

4 结论

这些文件资料首先是在生产一种仪器时试用，之后又推广应用到所有仪器的生产中，充分说明了应用它们的价值。

这些资料是应生产需要产生的，是标准化与技术成果有形化的结果，是经过工作人员实践的检验，剔除弊端、不断修改之后编制的资料。

应用这些资料，就是无形中在生产中实行了标准化，由此也很有力地说明了标准化的重要性。实行标准化，不只编制一些中看不中用的很多人认为可有可无的资料，填写之后应付领导检查。标准化无处不需，无处不在。

标准化合理应用在测井仪器生产中，可以在不改变产品质量，不降低产品功能的前提下，减少产品的多样性、复杂性，可以使所有产品从形式上到功能上都统一。消除由于不必要的多样化而造成的混乱，可以使生产制造工作在科学和有序的基础上进行，在技术上保持高度的统一和协调。提高了工作效率、节约了生产成本、保证了仪器质量，最终为企业赢得了更大利益，推动企业不断进步和发展。

渤海井口平台标准化设计研究

沈晓鹏　侯金林　于春洁　王艳萍

（中海油研究总院）

摘　要　伴随着我国海洋石油开发工程的发展，海上平台标准化设计的研究逐渐成为工程设计和研究的热点。本文介绍了针对渤海地区的井口平台设计进行的标准化的研究工作，在设计井口平台的导管架、组块、生活楼和施工安装程序等多个方面进行了标准化的尝试。在此基础上进行的标准化设计研究，对渤海井口平台的标准化设计有一定的推动作用。

关键词　标准化设计；井口平台；渤海

1　引言

近几年，我国海上油气产量逐年提高，海上油田的投产要求非常迫切。海上油田建设工期紧张的矛盾日益突出，经常要面临同时进行多个油田建设，出现难以保证各个油田按时投产的情况。为缩短采办和设计周期，采取各种方法来保证油田的按时投产，采用标准化设计无疑是一种切实可行的方法。

海上平台标准化设计是指在水深相近、环境条件和土壤地质条件也相似的油田，考虑相同功能和规模的平台形式，进行标准化设计的工作。标准化设计的主要内容包括总体布置、结构形式、材料规格等，通过标准化设计可以有效地节约人工时，缩短设计和采办周期，确保油田的按时投产，对于提高油田开发的效益有显著的作用。

对于我国已开发的海上油田，在平台结构的标准化设计方面已有不少有益的尝试，特别是在渤海区域的井口平台设计上。随着中海油渤海突破 3000×10^4t 油气产量，将来的增产稳产需要建造大量规模相当、功能类似的井口平台，这给井口平台的标准化设计提供了广阔的应用空间，也进一步促进了平台的标准化设计研究和应用工作。

2　标准化设计研究的基础和主要内容

伴随着设计规范标准的逐渐成熟和国产材料的普遍采用，渤海区域的固定式海上平台具备标准化设计的基础和条件。同时，以往工程项目积累了一定的标准化经验，如渤海前些年投产的 SZ36−1，QHD32−6，BZ25−1 等油田和近年设计的 BZ29−4 和 BZ34−1 油田。

根据目前渤海地区油田众多，工程经验比较成熟的特点，我们对已建成的平台进行了大量地调查研究，以目前正在进行前期研究和设计的渤海地区油气开发项目为切入点开展标准化设计研究工作。重点研究渤海地区的井口平台，将工程经验和理论分析计算相结合，研究标准化设计所需的共性，并通过系统地分析进行综合性的设计优化。

此次在渤海地区两种典型的水深（20m 和 30m）以及与之对应的环境条件，对有相似功能和规模的井口平台进行标准化设计的研究工作，主要内容包括：

（1）导管架和桩基设计标准化。

主要研究工作点尺寸及标高、腿柱直径、构件形式及尺度、常用钢管的直径和壁厚、常用工字钢的规格、常用材质要求等；桩结构根据不同的土壤条件确定打入深度和分段，难以实现标准化，但可采用标准化泥面加厚段长度和非主受力段厚度。

（2）平台甲板组块设计标准化。

主要研究常用的层高、悬臂尺寸和工字钢规格等，对上部设施，井口布置、钻修机、生产和公用设施的布置进行标准化设计，对平台上部的主要设备进行标准化和系列化选型，如吊机、修井机等设备。

（3）生活楼设计标准化。

针对不同的平台定员采用标准化的住房和公用设施布置、采用标准化救生艇配置、生活楼单元空间尺寸合理化研究。

3 导管架和桩基设计标准化

根据重点研究的井口平台的形式，对导管架结构设计重点研究如下内容：

（1）工作点尺度及标高。

（2）标准化的腿柱直径。

（3）常用构件的尺度，钢管的直径、壁厚及材质。通过调研分析结果和总体布置规划的结构方案，确定五种研究的井口平台形式，见表 1。

表 1　五种标准化井口平台类型

平台类型	导管架工作点间距，m×m	井槽数	修井机（规格）	甲板面积，m×m	生活楼定员
平台类型 1 四腿平台	11×12	8	无	EL.（+）20.0，21.5×18.0 EL.（+）15.0，21.5×17.0 EL.（+）11.5，11.0×6.0	无
平台类型 2 四腿平台	11×16	12	LIFTBOAT	EL.（+）21.5，26.0×30.5 EL.（+）16.5，24.0×30.0 EL.（+）11.5，24.0×28.0	10
平台类型 3 四腿平台	18×20	20	H×J135	EL.（+）24.5，29.5×43.5 EL.（+）16.5，28.5×39.0 EL.（+）11.5，23.0×33.0	30
平台类型 4 外挂井槽	10×11	8	H×J135	EL（+）19.0，24.0×13.0 EL（+）13.0，25.0×13.0 EL（+）10.0，16.0×9.5	无
平台类型 5 独腿平台	12×20	3	无	EL.（+）16.0，14.4×15.7 EL.（+）11.5，3.4×10.0	无

通过选取渤海地区的两种典型水深（20m 和 30m）以及对应的环境条件（渤中地区和绥中地区）和载荷进行计算，完成相应的导管架设计，确定 10 种导管架结构形式及主体构件规格。以平台类型 1 为例，导管架结构模型如图 1 所示，工程量见表 2。

通过认真地调研、计算和分析，研究了 10 种平台的导管架的结构形式，完成了导管架主结构图纸和料单统计分析。对常用构件的尺度以及钢管的直径、壁厚和材质进行了统计整理，平台类型 1 的结果如图 2 所示。研究整理得出的钢材壁厚材质统计分布图能为钢材采办提供支持，方便进行钢材的提前采办，缩短油田工程建设周期。

图 1　平台类型 1 导管架结构

表 2　平台类型 1 导管架结构工程量

渤中地区（20m 水深）	绥中地区（30m 水深）
8 井槽，四腿导管架 采用钻井船修井	8 井槽，四腿导管架 采用钻井船修井
桩径 1219mm，桩重 350t	桩径 1219mm，桩重 430t
导管架主结构 250t，附属结构 90t	导管架主结构 360t，附属结构 110t
隔水导管 610mm，重 250t	隔水导管 610mm，重 280t
900 吨级浮吊吊装	900 吨级浮吊吊装

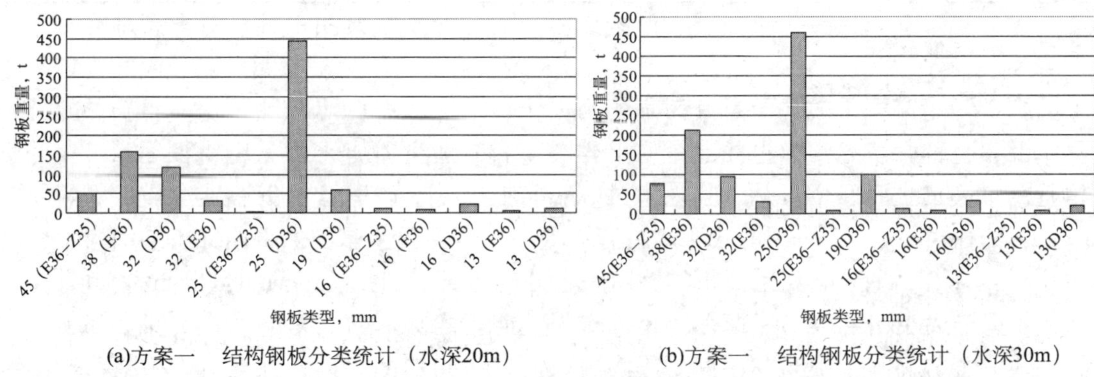

(a)方案一　结构钢板分类统计（水深20m）　　(b)方案一　结构钢板分类统计（水深30m）

图 2　平台类型 1 钢材壁厚材质统计

4　平台甲板组块设计标准化

根据重点研究平台的形式，对平台上部组块结构设计重点研究如下内容：(1) 常用的层高、悬臂尺寸；(2) 常用工字钢及其他构件规格；(3) 甲板梁格布置原则；(4) 甲板不同荷载分区结构；(5) 甲板组块立面立柱和斜撑的用材和布置形式。通过调研分析结果和

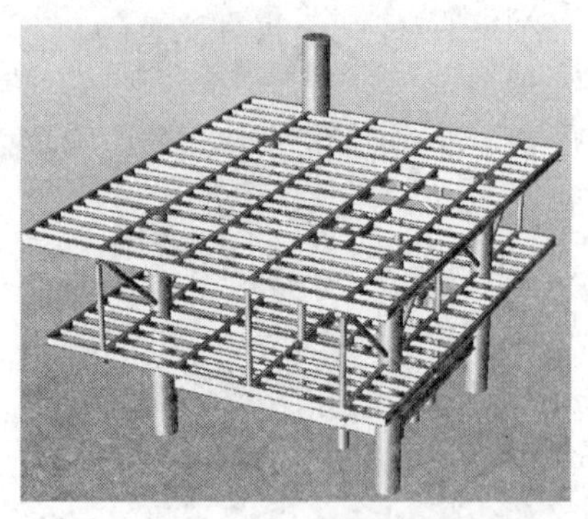

图 3　平台类型 1 甲板组块结构

总体布置规划的结构方案，确定五种研究的井口平台形式，见表 1。

通过调研、计算和分析，我们确定了该项目所研究的五种平台的甲板组块标准化结构形式。在考虑平台功能及设备布置要求，同时兼顾结构优化要求时，完成相应的甲板组块结构设计，确定五种甲板组块结构形式及主体构件规格。以平台类型 1 为例，甲板组块结构模型见图 3，工程量见表 3。

在确定这五种平台甲板组块的结构形式和使用钢材的过程中，我们得到了以下的结论：(1) 所有平台组块的梁格结构均为工字钢梁。(2) 对于小型无人、无修井机平台，平面主梁平行于任何方向（横向或纵向）且选用较小型号的工字钢（H700 及以下）；对于要支撑生活楼或修井机的平台，其主梁的方向应该适应所支撑的修井机或生活楼的要求，并且一般采用（H900 及以上）的工字钢。(3) 平台甲板小梁的布置方式对于平台结构重量影响不大，其对结构强度和刚度等的影响主要取决于小梁的跨度，研究结果表明 3.5 ～ 4.5m 是比较适宜的。

表 3　平台类型 1 甲板组块工程量

项目	平台类型 1
甲板主结构重量，t	230
甲板附属结构重量，t	65
工作间结构重量，t	20
合计，t	315

5　生活楼设计标准化

生活楼设计标准化考虑了不同的平台定员采用标准化的住房和公用设施布置。通过对国内外海上平台生活楼的调研，进行生活楼各功能空间尺寸的合理化研究，进行平立面布置的标准化研究工作。重点研究 5 种规格的生活楼标准化设计，包括 10 人、30 人、60 人、90 人和 120 人生活楼。

调研中了解到，现有生活楼结构层高均按 3.5m、房间最小净空按 2.3m 进行设计。标准化研究生活楼的平面尺寸和层高在参考现有生活楼设计的基础上，按照人均面积 13 ～ 15m^2，结构层高 3.5m 进行设计。标准化后的不同类型生活楼的总体尺寸见表 4。

生活楼设计标准化研究通过调研国内现有的典型生活楼，进行大量的对比分析，确定了 10 人、30 人、60 人、90 人、120 人系列的生活楼总体尺寸、层高层数、单双通道、救生艇布置、更衣间布置、医务室布置、餐厅厨房的布置、1 人间和 2 人间的配比、单人房和办公区域的布置、卫生单元的配比、ROOF 层的布置，生活楼单元空间尺寸、房间内设施的配置等，并根据调研结果对很多细节布置问题进行了优化，最终形成了标准化的总体布置和结构设计。

表 4　五种规格生活楼的总体尺寸

项目	10 人 生活楼	30 人 生活楼	60 人 生活楼	90 人 生活楼	120 人 生活楼
长 × 宽 × 高，m×m×m	19×7×3.5	23×11.5×7	27×11.5×10.5	28×11.5×14	33×12×14
层数，层	1	2	3	4	4
结构层高，m	3.5	3.5	3.5	3.5	3.5

6　结论和建议

由于渤海在未来的几年以至十几年都将是中海油油气开发的主战场，井口平台又是使用数量最多的平台形式，渤海井口平台标准化设计研究成果将具有较好的应用前景。根据上述井口平台标准化设计的初步研究成果，提出如下初步结论和建议：

(1) 海洋石油平台结构设计的标准化可有效缩短设计和材料采办工期，实现钢材的提前采办和规格采办。这对于缩短海上油气田工程建设周期，保证油田按计划投产是一项有效的措施，在渤海地区有较好的应用前景。

(2) 研究工作目前仅限于井口平台，还不能覆盖钻井和生产平台，对于结构尺度、环境条件和上部荷载类似的其他功能平台，进行的研究工作具有一定的参考作用，但不能简单套用。标准化的实施建议先从同一个项目中的井口平台开始，逐步扩展至不同项目间的井口平台。

(3) 研究成果中的结构重量是一般性的计算结果，并不具备针对性，计算的工况数量和深度也比较有限，因此，标准化研究的成果不应取代设计分析。但可为结构设计管理决策提供一定的参考。对于具体的项目，还是应该按照程序完成必要的设计分析。

(4) 应正确认识和处理结构标准化和结构优化的关系。充分注意到平台标准化和结构优化是一对矛盾，在讨论标准化设计的时候不应过分强调结构优化，标准化提供的是一种普遍适用的、偏于保守的结果，难以体现项目个体的差异，标准化的目的不是节省结构钢材，而是通过标准化节省设计和建设工期，提前投产时间，追求项目总体上达到最优。此外，标准化应该适度掌握，不应强求一刀切，对于有特殊要求的平台，不宜硬性采用标准化设计。

参 考 文 献

[1] 侯金林．渤海井口平台标准化设计探讨．首届海洋石油工程技术年会论文集，2010，71 ~ 76

[2] SY/T 10030—2004　海上固定平台规划、设计和建造的推荐作法　工作应力设计法

用标准化提升物资供应过程控制能力

史丰民

（中国石化江汉油田分公司供应处）

摘　要　本文用标准化管理思路详细剖析了物资供应过程中关键风险点的控制，着重从需求计划、供应商管理、合同质量标准、质量管理与监督、仓储管理五个方面实施标准化，降低物资供应风险，提升物资供应的过程控制能力，提高企业综合经济效益。

关键词　标准化；物资供应；过程控制

1　引言

物资供应是企业不可或缺的组成部分，没有原料、材料、设备等物资的保障，企业就无法进行正常的、连续的生产经营活动。物资供应管理快速发展到今天，已经不再是简单的持币购物，而是起源于物资需求的产生、结束于物资需求满足的一种技术经济行为，成为维系整个供应链安全性、可靠性和及时性的重要手段，得到越来越多企业的高度重视。物资供应管理已被纳入企业的资源管理范畴，发挥着获取资源、控制经营成本、保障生产正常运行的核心功能。企业必须加强物资供应全过程的控制，对物资供应各个环节存在的风险进行有效识别，主动采取措施加以防范和化解。

2　物资供应过程控制存在的风险

随着经济快速发展，国内能源需求不断增长，中国石化在石油勘探、开发投入力度不断加大，直接导致物资供应工作量的快速增长，这给物资供应企业管理带来了巨大的压力，企业必须面对大幅增长的工作量带来的各类风险，主要包括以下几个方面：

一是需求计划标准化程度低，增加物资采购及储备成本风险。

二是供应商管理制度不健全造成的物资供应资源和质量风险。

三是采购合同质量条款不准确，导致企业利益受损或涉诉风险。

四是质量管理及控制措施不健全，造成采购物资质量风险。

五是仓储物资管理标准化程度不高，造成库存物资内在质量受损或性能降低，造成交付质量风险。

3 标准化在物资供应过程控制中的应用

3.1 物资供应企业标准化特点

物资供应企业的标准化与工业企业的标准化有相同之处，也有不同之处，从标准体系结构上说，主要的区别在技术标准体系上，物资供应企业的技术标准体系中缺少产品生产流程中的设计技术标准、工艺技术标准、半成品技术标准等，同时更加注重管理标准体系建设与应用，也正是物资企业在过程控制中需要加强的内容，管理贯穿于物资供应的全过程，只有抓好管理标准的建设和应用，才能有效提升物资供应过程控制的能力。

3.2 用标准化降低各类物资供应风险，提升物资供应过程控制能力

3.2.1 推进需求计划标准化，降低物资采购和储备成本

企业生产中都需要采用各种不同牌号和规格的材料与外购件，但材料与外购件品种规格比较多，如果不结合本企业的特点合理选择品种规格，必然会导致使用与管理上的混乱。因此，合理压缩牌号和品种规格，就会扩大采购批量，减少储备量，加快资金周转，而物资需求计划标准化水平是影响采购和储备的重要因素。

在实际工作中，物资供应部门应建立需求计划对接制度，由设计、生产、机动、工程及用户单位共同参与，通过核实物资需求的技术要求尽量减少个性化需求，并提出改制、代用的建议，例如某用户依据工程设计，提报了外径76mm、壁厚分别为7mm，9mm，12mm，14mm四种不同规格无缝钢管，其中9mm，12mm两种规格分别只需要20～30m，物资供应部门提出进行设计更改，减少采购的规格，利用库存ϕ76mm×10mm的钢管代替ϕ76mm×9mm的设计用料，将壁厚14mm的钢管代替12mm钢管，这样通过代用直接减少了采购的规格，为批量采购创造了条件，减少了不常用规格产品的小批量采购造成的资源困难。

需求计划标准化不但有利于物资供应部门准确把握需求，减少确认需求时间，而且能够有效提升采购前期的工作效率。

3.2.2 加强供应商管理标准化，有效降低资源和质量风险

供应商是物资供应企业重要的外部资源，供应商管理控制是企业安全供应、及时供应、经济供应的关键环节，应从以下三个方面的标准化对供应商进行管理与控制。

一是供应商准入条件标准化。从源头上控制供应风险，确保吸收整体实力强、技术装备先进、产品质量优良、售后服务及时的供应商。其关键控制点是严格按事先制定的标准进行资质审查和现场考察，把不合格的供应商拒之门外；选择供应商优势产品，确定许可供应产品目录，杜绝“万能供应商”；优先选择生产厂商，严格控制中间商，减少中间环

节，降低供应风险。

二是供应商的使用标准化。其关键控制点是保持适当的竞争氛围，原则上选择三家以上（含三家）同挡次的供应商参与竞争，避免指定或独家采购；注重供应商的历史业绩，向优秀供应商倾斜，避免看重一次性报价而导致低价恶意竞争；重要合同签订前要对拟定供应商进行综合评估，避免不掌握供应商真实情况带来的供应风险。

三是供应商考核标准化。其关键控制点是按项目、按合同、按年度对供应商进行量化考核，动态掌握供应商整体实力和综合业绩情况；应用供应商综合考核评估结果确定主力供应商群体，淘汰不合格供应商，实现扶优汰劣，优化供应商网络结构。

当然，供应商管理相关标准制定后的执行力才是最重要的，需要各部门的分工协作，用制度管人和事，用制度约束管理行为。严格执行供应商的资格预审制，加强供应商的现场考察，建立供应商供应产品目录制，推行公开竞争选择供应商和厂家直购模式，加强供应商动态量化考核，结合供应商的年审制、业绩引导订货制和处罚淘汰机制，供应商最终得到有效管理和控制，有效降低物资供应资源风险和质量风险。

3.2.3　提高合同质量标准条款符合率，降低合同文本风险

采购合同内容应符合标准和规定的要求，经济合同是当事人双方设立、变更、终止经济关系的协议，合同的内容具有法律效力，当事人必须按照合同约定，全部履行自己的义务。采购物资的质量在有标准时，一定要在合同中注明。

在物资采购合同订立过程中，经常碰到需求计划未注明产品执行的质量标准，而供应商也不一定能够提供准确的标准，造成合同文本中的质量标准条款存在错误，主要表现为标准过期作废、不适用，或者企业标准未备案等情况。

针对上述问题，物资部门应加强对合同质量标准条款技术符合性进行审查，降低合同文本风险，主要包括以下几方面的措施：

一是在供应商准入环节进行标准水平确认，过期作废的标准将不允许供应商申报，同时对企业标准进行评审后进行备案管理。

二是加强采购业务人员的标准化知识培训，学习如何对标准的适用性进行核实，并通过合同检查过错追究制度督促其增强业务工作的责任心。

三是技术部门应加强对合同签订前的标准化审核把关，有效降低合同文本中标准应用的差错率，减少合同纠纷。

四是针对很多存在质量标准问题的情况是发生在与中间商所签订的合同中，通过减少中间商的供货份额，减少合同造成的供应风险。

3.2.4　完善质量管理与监督体系，增强企业质量控制能力

采购物资是否达到质量要求，直接关系到企业的本质安全，物资供应部门必须牢固树立质量意识，把安全供应放在首位，从需求产生到物资采购和使用的全过程，严格把好质量关。作为专业的物资供应部门，应建立完备的质量管理体系和质量监督机制，从以下几个方面增强企业质量控制能力。

一是严把物资入库质量关，针对常用的重要物资，制定物资入库检验管理的标准，实施入库检验制度。依据检测能力及管理需要，制定必检物资目录，对目录内的物资入库前进行检测，检测结果合格后方可验收入库。通过物资入库检验管理标准的实施，能够有效地杜绝不合格物资进入生产建设环节。

二是加强重要物资质量监造工作，按照制定的监造目录和监造方案，对供应商生产制造的全过程或关键点进行现场验证、检验和审核，增强对重要物资生产过程的质量控制。

三是建立质量跟踪和质量回访制度，对出库物资使用后的质量进行跟踪回访，掌握在用物资的质量情况，及时处理有关质量问题，改进物资供应质量管理工作，定期发布重要物资质量情况信息，增强物资出库后的质量控制。

四是建立物资质量问题的处理标准，严格按标准对物资质量问题进行处理，对质量不合格物资进行更换、退货或索赔。规范的处理程序不但保护了企业的自身利益，也增强了质量问题相关供应商对企业的信任，促进供应商逐步提高产品质量，保证企业获得更优质的产品和服务。

3.2.5 用标准规范仓储物资管理，提高物资交付质量合格率

少花钱就是为企业提高效益，物资供应部门就是担负着这样一个利润增长点的角色，作为物资供应工作的重要环节，仓储物资管理占有很重要的位置。能否保证在库物资的质量安全，是提高物资交付质量合格率的重要前提，这是节约成本，也是提升企业综合经济效益基础，物资供应部门应借助仓储管理标准化使物资交付质量合格率有效提高。

一是加强仓储物资保管、保养标准化，制定仓储物资保管保养标准，对常用物资储存的环境要求、堆码方式、维护保养按照物资的不同属性做具体规定，使在库物资的质量性状得到应有的维持。

二是针对储存有期限的物资实行预警制度，建立时效性物资登记台账，严格控制物资在时效范围内得到正确处理，减少因超过保管期限引起的物资损失。

三是制定吊装作业、中转服务标准规范，确保物资在吊装、中转时得到有效的质量防护，避免因此造成的质量损失。

4 扎实推进企业标准化管理水平，不断提升物资供应过程控制能力

对于物资供应企业，在物资供应过程中需要进行控制的关键环节或者风险点还很多，例如采购计划控制、采购价格控制、进度控制、物流控制、采购资金控制等，通过标准化工作，促进管理秩序、管理业务和生产过程实现规范化，只要企业在管理上引起足够的重视，对各关键过程实施标准化改造，物资供应过程的能力就会自然而然得到有效提升。

油气勘探开发信息标准化探讨

万智民　付　伟

（中国石油化工股份有限公司石油勘探开发研究院）

摘　要　信息技术的发展有效地提升了油气勘探开发产业的技术和管理水平，信息的标准化是油田企业信息化建设的基础，是勘探开发"一体化"的基础，是建设数字油田的基础。

现代油气勘探开发涉及到众多学科和专业，每个学科和专业都会产生多种类型的大量数据。近年来随着油气勘探开发技术的不断发展，油气勘探开发过程中多学科、多专业协同"作战"的需求也在不断增多，油气勘探开发向着"一体化"迈进，实现不同学科之间的融合，必须对各专业的数据进行统一管理，这就要求在油田数据中心建设之初，在数据的采集、存储、管理、应用等环节统一设计的数据模型标准，建立相互间协调一致的信息标准。

关键词　勘探开发；一体化；数据资源；信息标准化

1　油气勘探开发数据特点

随着信息技术和计算机技术的快速发展，信息技术在石油行业中得到了广泛应用，在石油勘探开发源头信息采集方面，形成了地震资料采集、石油测井数据采集、钻井参数数据采集系统、海上石油钻井平台数据采集以及井场数据的自动采集等多专业数据现场采集系统；在石油勘探开发专业应用方面，形成了地震资料处理、地质资料解释、测井处理解释、油藏描述、数值模拟等领域的计算机专业应用系统；在石油勘探开发生产管理方面，形成了钻井、采油、作业等生产过程动态参数的远程回传系统等等；这些专业信息系统会产生大量数据，且随着技术的不断发展，产生的数据量呈剧增态势。这些数据可以归纳为以下数据类型：

（1）体数据：地震勘探数据体、测井数据体等。

（2）格式化数据：钻井井史等井筒数据、油气田开发生产数据、各环节生产报表等。

（3）图形数据：各种油气勘探开发成果图、地质地形图、地理图和各种影像图等。

（4）文档数据：各类研究报告的电子文档等。

2　国外油气勘探开发数据管理信息化与标准化现状和发展趋势

国际上大石油公司信息化发展一般经历数据集成、专业集成、部门集成和企业集成四个阶段。20世纪80年代，国际大石油公司通过解决不同格式的井筒、地震等数据的统一和数据兼容性问题，统一专业数据格式和数据采集规范达到本专业的数据集成。进入20世纪90年代，世界著名石油公司的信息系统建设在高速计算机网络传输平台上，通过采用项目管理的工作方式，即采用地质、测井、地震、油藏工程等多学科协同工作的项目组方式，构建资源共享的地球模型，提高研究水平，缩短项目周期，降低成本，达到专业集成应用阶段。20世纪90年代中期，各油田通过建立数据管理中心，将数据资产转化为知识资产，在此基础上，通过软件集成化工作，形成石油勘探开发“一体化”解决方案，实施不同项目组之间的集成。2000年以来，一些主要的石油公司信息系统建设已经达到企业集成、智能决策阶段，其石油数据管理的发展趋势是数据集成和应用集成。例如：石油开放软件协会（Petrotechnical Open Software Corporation）开发的POSC数据模型标准，包含1500多个有关勘探开发的技术和事物对象，其标准规范包括：基础计算机标准、Epicentre数据模型规范、数据存取与交换规范、数据交换格式规范、E&P用户界面风格指南、应用程序间的通讯、石油工业计算机图形元文件规范等七个方面标准。这些标准覆盖了整个油气勘探开发应用软件开发、集成、数据存取与交换等各个环节，是一套油气勘探开发应用软件的系列标准。

3 国内油气勘探开发数据管理信息化与标准化现状和发展趋势

20世纪80年代后期，数据库技术开始应用到石油勘探开发领域，国内各石油企业信息标准化工作开始起步，建立了以DBASE，FOXBASE等数据库系统为载体的勘探数据库系统和开发数据库系统，这些数据库所选用的数据模型多是各个部门独立构建的。20世纪90年代，石油天然气行业标准化技术委员会在关系数据库基础上，分别制定了一系列专业数据库标准，如：石油勘探数据库文件格式、油田开发数据库文件格式、气田开发数据库逻辑结构、石油钻井工程数据库文件格式和油气储量成果文件格式等。

（1）勘探数据标准。

SY/T 6239—1996《石油勘探数据库文件格式》，该标准规定了油气勘探数据库系统开发、应用的有关文件格式，主要是指规定了数据库的逻辑结构、数据项要素定义和数据项的填写说明。在此标准的基础上，各油田自行修订后，分别建立本地区勘探数据库标准。

（2）开发数据标准。

SY/T 6184—1996《油田开发数据库文件格式》，该标准包括开发静态数据、开发动态数据、开发监测数据、采油工艺数据、方案规划数据、开发实验数据、生产管理、油气集输数据和储量管理数据等九个部分数据。2000年在此标准基础上补充了一些新的文件格式，删除了一些不合理表结构，形成SY/T 6184—2000《油田开发数据库表结构》。各油田基本遵循该标准进行建库工作，分别对该标准进行本地化和扩充，建立满足本油田管理要求的开发数据库企业标准。与此同时，开发系统又编制了SY/T 6329—1997《气田开发数据库逻辑结构》，并在各气田公司推广应用，此时油田和气田开发数据库是自成体系、分别建立的。

（3）钻井数据标准。

SY/T 5705—1995《石油钻井工程数据库文件格式》，该标准规定了与石油钻井工程数据库系统开发、应用有关的文件格式及填写规定，包括钻井工程设计数据、钻井地质设计数据、工程标准规范数据、设备工具手册数据、设计经验数据、钻井工程生产数据和钻井工程管理数据等。按此数据库标准，各油田分别建立了钻井数据库。

（4）储量数据标准。

SY/T 5706—1995《油气储量成果数据文件格式》，该标准规定了石油和天然气储量计算成果数据和储量分析数据的文件格式及填写规定，包括石油储量、天然气储量、凝析油储量。该标准是当年在全国储委油气专委建立的储量成果数据库基础上制定的，适用于当时的油气储量管理。

上述这些标准在国内石油企业中曾得到较广泛地应用，但随着油气勘探开发技术和信息技术的不断发展，这些标准已不能满足现代油气勘探开发“一体化”的需要，主要存在以下几个方面的问题：

（1）数据库专业分割现象严重。

目前各石油企业以及各石油企业的每个部门分别拥有自己的数据库，油气勘探、油气开发、钻井工程以及储量管理等专业数据库所选用的数据模型多是各个部门独立构建的，很大程度上与其他部门的数据库是相对独立的。分专业、按油田、分散建库的信息系统建设方式，专业分割现象严重，这导致数据传输和同步化的困难，很难达到不同学科之间的融合和数据信息资源共享，更不可能为勘探开发各级领导宏观决策提供及时、准确、动态、完整的数据。

（2）各专业数据库的专业名词术语和代码体系不一致。

由于各专业都有各自的名词术语和代码体系，同一“对象”的名词术语在各专业间定义、解释是不完全相同的。其专业代码的分类方法以及编码规则也不相同，各专业均按自身专业习惯进行信息分类并赋予专业代码，同样造成同一“对象”在不同专业数据库系统中其代码不同。这也是专业数据库不能有效融合的原因之一。

（3）缺乏统一的数据模型标准。

数据库建设通常是按专业建设的，如油气勘探数据库、油气开发数据库等，数据分散在各部门的专业系统中，导致由于数据来源不同数据存在差距。没有统一的数据模型标准，很难集成为统一的数据库管理，难以在整体上形成勘探开发宏观管理和决策所需的信息，也不符合勘探开发一体化的趋势。

近年来，面向油气勘探开发的综合数据管理问题正在受到石油工业界越来越多的关注，国内已开始进行勘探开发数据模型技术的研究和应用。许多油公司正在或已经按照统一、完整的石油天然气勘探开发数据模型标准，动态、有效地组织管理油公司的各种数据，为数据的综合应用、共享、网络协作以及知识挖掘和智能决策提供了应用基础。

4 建立现代油田企业数据标准体系

油气勘探开发数据是石油公司的重要资源，是寻找、评价和开发油气田的基础，与石油公司油气战略发展紧密相连。现代的油气勘探开发正朝着一体化和多学科综合化的方向发展，油气勘探开发的综合研究和油气勘探开发一体化科学决策都需要多专业协同工作。

标准化是数据管理系统化和信息化的基础，没有标准化就没法做到系统化，没有标准，所有的系统都不相互支持。但仅有标准是不够的，只有把标准做成系统，标准化才能有一个全局作用。依靠系统把标准整合，才能互相之间进行支持性的发展。把标准放在系统中，就是每一个环节都有协调一致的标准支持，才是油气勘探开发各专业数据资源融合的前提，才可能实现不同学科之间的融合和数据信息资源的充分利用。为此，应对勘探开发业务和勘探开发数据的现状进行统一地分析和设计，通过详细分析油气勘探开发全过程的数据需求和业务需求，从顶层设计基于“石油天然气勘探开发数据模型”的数据标准体系。从而完成数据管理的集成化、集成数据模型的标准化、数据管理系统与其他应用软件的无缝连接、实现数据—信息—知识—智慧（决策）的增值。数据标准体系应从六个方面建立健全相关标准。主要包括以下六方面内容：

（1）统一规范的油气勘探开发数据管理的元数据。

首先应建立勘探开发数据管理元数据标准，借鉴国际数据模型标准，运用面向对象的思想，达到对勘探开发数据中心的分层驱动。

（2）统一规范的油气勘探开发全业务域的业务活动描述。

充分细致地梳理油气勘探开发数据流和业务流程，规范业务模型，实现基于统一标准的业务活动描述。

（3）标准化的油气勘探开发全过程的源头数据采集体系。

统一标准、一次采集、全面覆盖。建立油气勘探开发全过程的源点信息采集体系，保证源头数据采集严格按统一标准进入油田数据中心，确保数据的唯一性、准确性。

（4）统一的油气勘探开发专业代码体系。

信息分类编码的标准化是实现数据交换、信息处理和信息资源共享的重要基础，信息分类宜选择分类对象最稳定的本质属性或特征作为分类的基础和依据，并按一定排列顺序予以系统化，形成一个科学合理的分类体系。分类要从系统工程角度出发，把局部问题放在系统整体中处理，达到系统最优。

（5）统一规范的油气勘探开发空间和图形标准。

目前，石油系统内使用的图形数据格式和应用软件多种多样，使得图形数据格式多且较为混乱，制定一套有关石油天然气勘探开发图形的图式图例和格式标准规范，从根本上解决目前图形数据格式不一致、不规范、不完整和覆盖面不全等问题，实现图形信息集成、共享，满足勘探开发一体化和管理应用的需求。

（6）适用的信息（含图形）交换标准。

在油气勘探开发综合研究中，目前有一批技术相对成熟的大型专业软件（如GeoFrame，OpenWorks，JASON，Petrel，VIP，ECLIPS等）以及绘图软件（如ArcInfo，MapInfo，GeoMedia，MAPGIS，GeoMap，DGR3000，AutoCAD等），这些软件已成为勘探开发综合研究工作中必不可少的工具。因此，为减少各综合研究项目的数据重新收集和数据加载，以支持大型专业软件和绘图软件的应用为切入点，应建立相应的数据交换标准，保障不同应用间数据共享，支持项目的可持续性研究，打通所有业务环节数据沟通和信息交流的渠道，使其能够横向桥联各专业数据库系统和业务应用系统，纵向支撑各专业项目数据库和大型应用软件。

上述六方面的标准，相互关联、彼此协调，通过统一的规划设计，采用统一的数据模型标准，来建立覆盖跨部门的勘探开发全业务域的全面、统一、兼容、可集成的数据标准，从总部和下属油田企业两个层面，按照横向（部门间）和纵向（总部和企业间）两条线整合已有的信息系统，同时推动各部门、各企业积累数据的共享服务，规范勘探开发数据共享行为，有效避免数据重复投资开发，提高现有资源的利用率。使信息技术逐渐成为推动企业快速发展与变革的主要动力，企业信息化、标准化将朝着更高、更深的层次发展。

5 结束语

开放的、可扩展的油气勘探开发数据模型标准体系是数字油田的重要技术支撑，是勘探开发一体化技术创新体系的轴心。数据模型的标准化是现代油田企业数据管理区别于传统油田数据资源管理的重要特征。通过标准化的相关信息技术，可以整合和激活资源，推动自主创新，加速技术积累、科技进步、成果推广、创新扩散、产业升级。

参考文献

[1] SY/T 5705—1995 石油钻井工程数据库文件格式
[2] SY/T 5706—1995 油气储量成果数据文件格式
[3] SY/T 6184—1996 油田开发数据库文件格式
[4] SY/T 6184—2000 油田开发数据库表结构
[5] SY/T 6239—1996 石油勘探数据库文件格式
[6] SY/T 6329—1997 气田开发数据库逻辑结构

安东石油作业标准化实践与思考

吴　霞　郭正清　杨云霞

[安东石油技术（集团）有限公司标准化研究所]

摘　要　油田工程技术服务行业的市场竞争已经进入了由技术、人才和管理为主导的新阶段。本文就安东石油技术（集团）有限公司在机遇与挑战并存、希望与困难交织的发展环境下，作为国有油田服务力量有益补充的优秀民营油田服务公司，坚持稳扎稳打，通过加强作业标准化管理，强化作业项目的标准流程和管理，提升产品和服务质量，增强企业核心技术竞争力，保证生产安全，保护环境，保障员工健康；保持与国有油田服务公司在业务上的良性互补关系，发展与国际大公司的战略合作关系等，阐明了标准化在企业管理和技术成果有形化转化中的基础作用和意义。

关键词　作业；标准；实践；成果；转化

1　引言

随着经济全球化和我国市场经济的逐步建立，技术标准在企业发展中的作用和地位日益突出。技术标准已成为企业竞争的焦点，成为企业取得市场竞争优势的重要工具。其中，作业标准化①是应对新时期市场经济特点（如高新技术更新速度、员工流动、市场变化加快等）的有效措施，使得“作业有程序、安全有措施、质量有标准、检测有依据”。“铁打的营盘、流水的兵”，作业标准就是我们铁打的营盘，作业标准化是新形势下企业提高产品和服务质量、保证生产安全以及保护环境、保障员工健康的重要手段，是发展和保护核心技术的重要措施。

2　安东石油标准化工作概况

安东石油技术（集团）有限公司（以下简称“安东石油”）以“帮助别人成功，自己就能成功”的公司文化理念、“稳中求变，稳中出新，稳中制胜”的战略思想，采取标准化与公司其他管理工作有机结合的做法，立足公司实际，积极跟随，在传统中创新，走适合公司发展的标准化道路。2006 年先后建立了完善的内控体系和质量控制体系，并通过了 ISO 9000 质量管理体系认证、HSE 健康安全环保体系认证和美国石油协会 API 认证。“管

①作业标准化详见本文 3.1。

理体系”和“认证”的建设与加强，实现了“按标生产，按标管理”，推动了公司管理向标准化、规范化和科学化的方向稳步发展。

2010年年底，为进一步系统地开展标准化工作，在安东研究设计院下设了标准化研究所，并成立了集团公司标准化委员会；在各产业单位建立了标准化组织网络，为公司标准化工作的顺利开展提供有效的组织保证；及时开展了“基础管理体系标准化建设”等在内的标准化专项研究和标准制修订工作。安东石油作为全国石油钻采（TC96）标委会和石油管材专标委的委员单位，积极参与包括《套管螺纹气密封检测系统》等5项（其中主导制定2项，参与3项）行业标准的制修订，同时公司拥有众多科研成果和180多项专利、30余项企业作业和产品标准。

在生产作业的纵向管理上，重点加大在作业方法、实践经验、安全操作规程等作业标准的制修订投入，逐步实现从专家型作业到标准化作业的转化，解决因人员流动而导致技术、经验成果流失等的问题。通过作业标准化，将众多科技成果、宝贵的个人经验转化为企业的财富，将众多创新专利成果及时转化为标准，提升以标准化为基础的现代企业品牌服务形象，实现了公司稳步发展。作业标准化的支撑作用在公司的可持续发展中逐步展现出来。

3 安东石油作业标准化实践

3.1 作业标准化

所谓“作业标准化”，就是对处于企业生产一线的作业系统，在进行充分调查分析的基础上，将现行作业方法、实践经验、操作程序以及专利创新成果等的每一项内容和每一个动作进行分解，以科学技术、实践经验和法规制度为依据，以安全、质量效益为目标，对现行作业要求进行改善，对专利、科技创新成果及时地进行转化，从而形成一批科学的、规范的、优化的作业标准，达到安全、准确、高效、省力的作业效果的工作过程。

3.2 作业标准化的作用

作业标准在石油工程技术服务公司的标准体系中占有重要地位，它是公司技术实力、核心竞争力的突出体现。它不但是企业在参与市场竞争中扬己之长、克己之短的有效技术手段，而且已成为甲乙双方遵守的共同语言、合作沟通的纽带和桥梁，从根本上保证和促进了技术服务市场的良好秩序和健康发展。

3.3 深入开展标准化工作调研

为有效地开展企业作业标准化工作，安东石油标准化研究所以访谈、问卷调查及现场调研等形式，对公司核心的钻井、完井、井下作业、钻具服务及管材制造等四大业务集群的产业单位及子公司进行了广泛地标准化调研，包括标准化基本情况、现行作业标准、施工作业文件的收集、流程梳理和统计工作等。

通过对调研结果的分析和研究，明确了现阶段标准化工作的重点和目标：建立健全作业标准（门类）体系和规范现场操作手册及技术文件。

3.4 积极开展标准化培训，提升员工标准化意识

在全公司范围开展了以“树立现代标准化意识，推动公司标准化进程”为主题的标准化培训活动。通过邀请石油工业标准化研究所的老师和有关专家，进行理论结合实际地讲解，让大家了解和学习国内外石油公司以标准化促进工作质量与效率、以标准化实现技术积累和技术进步、以标准化提升企业的核心竞争力的优秀做法。标准化培训提升了全体员工的标准化意识，加深了对标准的重要性的认识。

3.5 建立健全作业标准（门类）体系

油田工程技术服务和产品生产是安东石油的核心业务。各专业作业流程的规范和管理即作业标准化，对增强安东石油的产品和服务质量至关重要；各产业单位标准化作业流程的建立健全，从根本上保障并增强了作业项目的系统性、规范性和科学性。因此，公司适时建立企业的作业标准（门类）体系，制定并不断完善标准体系的管理制度，对现行的油田工程技术服务和产品生产的各项具体作业流程、施工设计、作业方法、作业条件以及应急预案等进行重新审核，制修订其标准，具体作法如下：

依据安东石油《产品及服务目录》，在对钻井、完井、定向井、井下工程等核心作业项目的作业流程进行梳理及优化的基础上，按专业门类进行归并整合，建立起三个层次的作业标准（门类）体系，展现出安东石油已有、应有和计划制定的作业标准的全面蓝图，如图 1 所示。

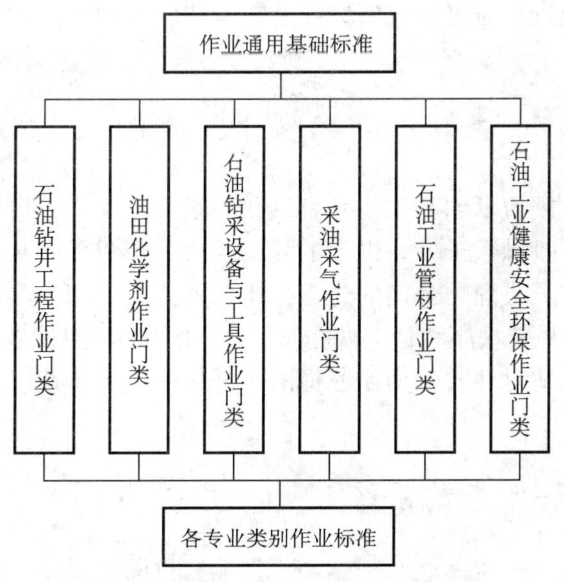

图 1　安东石油标准体系总框架图

3.6 建立健全作业标准制修订制度

为加强公司在方法、作业实践、操作流程等基础标准的制修订工作，规范各产业单位作业文件，形成统一的作业标准，公司制定了企业标准《作业规程编制指南》；同时强调作业标准体系与质量安全管理体系的融合，增强体系之间的系统性和关联性。

在作业标准项目立项时，找准重点项目，抓关健的安全生产的核心作业流程，建立作业标准。如井下业务模块的设备项目中的气密封检测技术、连续油管作业技术、制氮车气举等作业项目，分别制定了《连续油管作业规程》、《气密封检测作业规程》等作业标准，规定了在一定条件下，作业的前期准备、施工设计、工作程序、应急预案、验收、记录文件等施工中的各项要求。

《连续油管作业规程》标准项目制定过程中，标准起草组深入研究了国内、国际连续油管的相关标准，组织经验丰富的现场工程师，将连续油管的新技术、新方法讨论总结，尤其加强了对安全风险的识别和应急措施，重点研究了连续油管的报废指标范围，进行报废预警控制，加强了对连续油管作业的风险控制。

作业标准的编制过程严格按公司发布的《标准制修订细则》执行，经过技术专家的层层审核与把关，保证了制定标准的质量和有效性，取得了良好的效果。

3.7 强化作业标准宣贯力度，增强执行力

安东石油建立并完善长效的标准化宣贯机制，做到：

（1）及时组织新颁标准的培训，使企业员工了解、熟悉并掌握新颁标准。

（2）对重要标准、核心标准在实施中反映出的问题，适时举行研讨，保持标准的先进性、技术性、经济性、约束性和政策性。

（3）对标准的实施进行监督，做到标准就在身边，按标生产，使员工素质在标准执行过程中得到提升。

3.8 加强作业科技成果和专利的转化，实现“技术有形化”

公司管理层十分重视技术创新和技术有形化的转化工作，积极开拓并建立技术创新和成果转化的平台，每年投以数千万元以上的科研经费，形成了180余项专利技术和多项专有技术，并运用标准的形式固化公司的先进技术、成熟经验和优秀成果，以高新专有技术抢占市场，以期“获得最佳秩序和社会效益”，保持企业的稳定发展。安东石油目前大多核心、专有作业技术，已适时地转化为作业标准，并按标应用于油田的生产技术服务和解决油田整体方案上。

3.9 建立标准数据库查询系统

安东石油公司本着“求真务实”的精神，遵循“最大化使用外部标准”的标准化工作原则，统计梳理出与公司作业项目相关的外部标准350多项，建立了包括企业产品标准、

技术标准和外部标准的标准数据库查询系统，为产业单位提供了高效便捷的标准查询、检索服务平台，同时实现了标准使用意见的及时反馈，从标准使用策略上逐步实现从“为我所有”到“为我所用”的转变，促进了标准的信息化管理。

4 作业标准化工作引发的几点思考

4.1 作业标准化有利于提高企业的核心竞争力

作业标准，尤其是核心技术作业标准已经成为企业取得市场竞争优势的重要工具，甚至成为一个企业实行技术保护的重要措施。因此，研究提高企业作业标准水平，建立并完善作业标准（门类）体系，已经是摆在每个企业面前的一个十分紧迫而又非常重要的任务，作业标准化成为市场竞争的必然。安东石油在企业标准化管理的众多环节中，以作业标准为突破口，首先在“作业标准化”方面进行了有益的尝试，保证了作业标准对公司主营业务发展的有效支撑和引领作用，提高了企业的核心竞争力。

4.2 作业标准（门类）体系是企业标准体系的基础

安东石油作业标准（门类）体系是一套层次分明的作业文件体系，作业标准体系的建立健全为进一步建立全面的企业标准体系打下了良好的基础。公司业务、技术重点在体系表中一目了然，为管理层提供了决策依据。作业标准真正使企业的生产管理事事有人管，人人有专责，办事有标准，工作有检查，解决工作中互相推诿、效率低的局面，实现作业管理创新，从而提升标准化管理水平和技术水平。

4.3 作业标准化能够有效促进科研成果的迅速转化

标准化是科技成果转化为生产力的“船”和“桥”。为了推进科技成果转化，使成果转化成标准后，及时生产出性能可靠的产品，并在短时间内为市场所接受，企业必须建立科技成果转化机制，以系统论的观点将“科技研发、成果转化和技术标准”融为一体。特别是在科技研发的进程中，同步转化制定技术标准，以提高科技研发的效率，研发出更多更好的高附加值、具有非常好的产业化前景的科技成果，提高科技成果及时转化为标准的转化率，保障公司在激烈的市场竞争中立于不败之地。

5 结束语

安东石油标准化工作充分地运用了标准化的四大目的即技术储备、提高效率、防止再发、教育训练，突出标准的实用有效，用标准搭建起科研、生产、使用三者间的桥梁，共同营造出一个良好的公司标准化的活动氛围。厚积薄发，逐步实现公司标准化的最佳能效，形成标准化的生产、经营、管理理念，以标准化促进公司的技术水平和管理水平，实现公司“打造全球领先的油田技术服务公司”的战略目标。

参 考 文 献

[1] 国家标准化管理委员会．标准化良好行为活动实施指南．北京：中国标准出版社，2006

[2] 黄永衡．标准化是科技成果转化的“船”和“桥”．世界标准化与质量管理，2008（2）：2 ～ 13

[3] GB/T 15497—2003　企业标准体系技术标准体系

试油测试标准实施与监督的现状和对策

杨 成

（胜利石油管理局井下作业公司）

摘 要 胜利油田通过40多年的发展，在试油测试方面，针对不同类型的油气藏类型，积累了丰富的经验，也逐步形成了自己的一套较完善的试油测试标准体系。目前随着勘探的深入，油水关系日益复杂，工农关系问题更加突出，以及生产关键岗位人员的缺乏，使标准的执行力度打了折扣，现场监督也面对更大挑战。针对以上问题，本文在总结了以往现场监督的经验的基础上，提出了一些现场加强试油测试标准实施和监督管理的对策。

关键词 试油测试；监督；对策

1 引言

勘探是综合性系统工程，它具有投资大、风险高、建设周期紧、技术含量高、隐蔽性强、涉及面广的特点。试油测试工作作为勘探转入开发的最后一个环节，对于及时发现油气层至关重要，试油测试同样是一项复杂的、多工种的、多学科的系统工程，主要目的是取得储层的压力、产量以及各项地层参数，准确评价储层，满足储量计算，最终为编制开发方案服务。试油成功与否，将直接影响到能否对储层做出正确的评价和储量能否上报。目前，胜利油田通过40多年的发展，在试油测试方面，针对不同类型的油气藏类型，积累了丰富的经验，也逐步形成了自己的一套较完善的试油测试标准体系。从试油讨论、设计编写、现场施工，到试油测试总结编写，基本上做到了有标准可依、依标准而行，极大地保障了勘探试油测试顺利实施，节约了勘探投入，提高了勘探实效，加快了勘探进度。

2 标准实施与监督的现状

近几年来，为确保试油测试标准的贯彻执行，井下作业公司各种措施多管齐下，公司多次组织各级领导干部学习试油测试相关标准，熟悉实施要点及控制要求，明确分工和职责。对负责具体运行的人员，专门聘请专家举行新标准培训，使他们全面、系统、快速地掌握了试油井的试油测试要求，同时结合生产实际，强化现场操作人员的技能培训，提高勘探试油施工工序的一次成功率，并使试油施工工序一次成功率保持在95%以上。

在标准实施方面，为了进一步加强各种试油测试标准的执行力度，井下作业公司作为试油测试工作的主要施工单位，进一步完善了内部监督制度，形成了由监督中心、地质所及各施工队伍等多部门、分层次、全方面、全过程的监督管理。在不断明确各部门监管职责的同时，更进一步深化各部门的协同监督管理。同时，随着信息化工作进一步加强，生产过程实时监测，标准实施监管更加及时、有效。 总而言之，近10年来，随着试油测试标准化工作的不断加强，试油不合格工序和错漏资料数逐渐减少，保障了勘探试油测试的全优率，达到了试油测试的目的，见表1。

但是随着勘探的深入，勘探的目标已逐渐转向了各种特殊岩性油藏、低电阻油藏及低渗透油藏，但此类油藏落实各种试油资料的难度也在加大。储层油水关系的日益复杂、工具管材等厂家鱼龙混杂、工农关系等问题进一步突出和交叉影响，对试油测试标准的实施和监督管理工作提出了各种挑战。

表1　2000—2010年井下作业公司地质质量考核汇总表

年份	验收层数 层	质量评定			工序质量			资料录取			质量指标		
		优质层数 层	合格层数 层	不合格层数 层	合格工序		不合格工序 个	应取资料数 个	实取资料数 个	错漏资料数 个	试油全优率 %	工序一次合格率 %	资料录取率 %
					一次合格工序 个	一次不合格工序 个							
2000	279	261	18	0	5118	30	11	37579	37492	87	93.55	99.21	99.77
2001	220	215	5	0	3650	20	10	28141	28073	68	97.73	99.18	99.76
2002	155	147	8	0	2931	17	8	21407	21377	30	94.84	99.15	99.86
2003	187	184	3	0	3266	36	1	25174	25134	40	98.40	98.88	99.84
2004	169	164	5	0	2980	40	7	22723	22673	50	97.04	98.45	99.78
2005	122	120	2	0	1878	18	2	14974	14962	12	98.36	98.95	99.92
2006	130	126	4	0	2382	23	1	17417	17399	18	96.92	99.00	99.90
2007	115	110	5	0	2125	40	5	16136	16124	12	95.65	97.93	99.93
2008	130	123	7	0	2025	19	4	15281	15280	1	94.62	98.88	99.99
2009	98	95	3	0	1864	28	1	13995	13988	7	96.94	98.47	99.95
2010	122	122	0	0	2061	35	0	15607	15601	6	100.00	98.33	99.96

3　标准实施面对的挑战

挑战一：储层油水关系复杂和工农关系问题交叉影响，标准执行难度日益加大。

目前随着勘探工作的深入，深层、低渗透、低丰度储量成为东部老区勘探增储的主体，储层油水关系比较复杂，储层改造力度进一步加大，试油井排液力度和排液量也在急剧增加。但是，由于目前工农关系问题的进一步突出，地面排液引发的工农关系变得日益复杂，工农处理费用也急剧增加。在目前实际施工中，为了避免工农关系复杂化，在工农关系复杂的区域，施工液及地层液往往不能直接外排，这样一来，给现场施工人员排液计量及落实油水比等关键数据带来了困难，加大了标准的执行难度，对资料的标准化录取提出了较大的挑战。

挑战二：工具管材等材料的生产厂家鱼龙混杂，对供应商监督手段缺乏。

随着油田市场的开放，各种工具管材等材料供应厂家鱼龙混杂，由于目前公司对一些工具材料缺乏相应的检测权限和必要的监测手段，往往导致不合格工具材料入井。

挑战三：生产关键岗位人员缺乏，造成标准执行力度大打折扣。

在一些探井排液期间，由于生产关键岗位人员缺乏，施工现场还存在油水性等试油关键资料漏取、错取的现象，使试油资料录取的标准的执行力度大打折扣，有时还造成油水层的定性困难。

4 标准实施及监督对策

2011 年是“十二五”的开始之年，油田确定 2011 年分公司新增探明石油地质储量 1×10^{8}t。作为试油主要施工方，公司加强了对施工人员进行试油测试标准和操作技能的培训，提高了施工对整个过程的监督力度，主要采取了如下措施：

4.1 加强各层次的技术力量培训

（1）公司继续组织开展每年一次的技术员“金钥匙”大比武活动，并对优胜者进行重奖，这有利于提高公司所有技术人员对勘探试油技术的钻研热情。

（2）强化了生产关键岗位的操作技能培训。生产关键岗位操作技能的高低对施工质量和生产时效影响程度高。对生产关键岗位操作岗位人员开展日常操作技能培训，同时改进检查方式和方法，将被动检查，改为岗位人员自查。

（3）以公司地质、工艺部门为依托，针对目前的试油工艺特点及难点，以施工小队为主要对象开展了技术培训，进一步提高施工人员的技术力量。

4.2 抓好开工验收及生产材料控制

继续抓好开工验收，严格控制入井材料的数量和质量，在探井试油开工之前，公司相关职能科室会同施工单位生产技术人员，对施工方人员、设备、井下工具、施工材料、安全设施配备情况进行检查验收，凡不符合设计要求、准备不充分的井不得开工。

4.3 加大对生产所用物资的监督力度

（1）继续加大入库检验和产品抽检力度，做到关口前移。在做好入库检验的同时关注现场使用情况，对关键工具、设备建立使用信息台账，杜绝错检、漏检，做到有据可依、有号可查、有账可追。

（2）加强供方控制，尤其是加强对技术服务供方所提供产品的监督。因技术服务方提供的工具设备等造成的工程质量事故和无功作业占有较大比例，各单位把技术服务方所提供的工具列入管理范畴，建立合格供方台账，完善相应责任追究制度。使用前应要求其提供工具产品相关合格证明或检测报告。

4.4 强化试油施工质量监督管理

（1）技术监督中心、技术发展科、地质研究所等机关职称科室作为井下作业公司试油监督管理的主要执行者，要逐步加大对现场施工工序、施工质量的控制力度，各科室根据现场施工动态进行施工质量监督控制和现场指导，每口试油井的特殊工序必须有以上技术人员进行监控。

（2）持续推进勘探试油标准化施工，以围绕如何提高各级人员的标准化意识、强化生产现场的技术标准为工作重点，不断加强标准的更新、宣贯和考核力度。努力提高全员，特别是现场操作人员以标准指导生产的意识。将标准贯彻实施的检查重点放在执行力和有效性上，使各单位的生产组织者和管理人员严格按标准要求组织、指挥和运行生产，逐步杜绝各级人员违犯标准的行为。

（3）坚持以往不定时、不定期、灵活有效的监督检查形式，强化体系运行覆盖的横向宽度和纵向深度，在贯彻落实《井下作业公司 QHSE 管理体系运行实施办法（试行）》文件的基础上，创新运行考核机制，使体系运行重心由基层操作岗向上一级管理岗逐级转移。

参考文献

[1] 常子恒．石油勘探开发技术．北京：石油工业出版社，2001

[2] 杨军，陈吉勇．试油井技术监督的实施对策．石油工业技术监督，2004（07）：47 ~ 48

石油测井仪器使用维修手册标准模版的设计及应用

杨善森　阎水浪　张　悦　国　昭

（中国石油集团测井有限公司技术中心）

摘　要　通过收集国内外测井公司仪器使用维修手册资料并进行对比，找出了现有石油测井仪器使用维修手册资料存在的问题和差距，就编写内容、叙述方式和编排结构等进行了详细补充、完善和设计，并进行了标准化、规范化和通用化处理。设计了可供推广应用的石油测井仪器使用维修手册编写模版，使新编写的石油测井仪器使用维修手册具有实用性、完整性和可操作性。

关键词　石油测井仪器；使用维修手册；标准化

1　引言

近年来，随着EILog成套装备在各事业部及其他矿区的大量使用，仪器维修的工作量越来越大，油田的维修工程师们对仪器使用维修手册中编制内容的实用性、完整性、可操作性以及仪器探头（及推靠器等）的拆卸方法等信息都提出了更高的要求。

我们通过收集国内外公司石油测井仪器使用维修手册资料，并进行了对比，找出了先前存在的问题和差距。为了满足各事业部及其他矿区对石油测井仪器的维修工作之需要，我们选择仪器结构（包括电子仪和探测器探头等）具有广泛代表性的三参数仪器使用维修手册为例，对仪器使用维修手册的编写内容、框架格式、叙述方式和编排结构等进行了详细设计。为了使中国石油集团测井有限公司（以下简称为CPL公司）的企业范围内所有测井仪器的使用维修手册的编写工作有统一标准作为依据，我们将手册进行了标准化、规范化和通用化处理，设计了可供推广应用的石油测井仪器使用维修手册的编写模版与方法。

2　仪器使用维修手册的现状与资料对比

油田矿区及CPL公司各事业部目前正在使用的测井仪器使用维修手册大多是对各仪器的测量原理进行了详细讲解，对测量电路进行了简要分析，但对仪器故障的检查维修、刻度方法、拆卸步骤、系统连接等实用性信息，阐述的内容相对较少，致使油田工程师们在仪器出现故障需要参考《仪器使用维修手册》时，无法真正从中找到可以参照的依据和标准，只能靠维修人员的个人素质和积累的经验对仪器进行故障的判断与排除，也缺乏可以操作和维修技巧的传承性。

为了解决现有仪器使用维修手册中存在的上述缺失，我们收集并调研了大量国内外测井公司的仪器资料，通过对四家测井公司的测井仪器使用维修手册资料进行对比，分析了它们在内容描述方面的差别，结果见表1。

表1　石油测井仪器使用维修手册的资料对比表

项目分类	EXCELL2000	5700	ERA2000	EILog05
总体描述	有	有	有	有
安全事项	有	有	无	有
仪器工作原理	有	有	有	有
探测器 / 探头原理与结构	有	有	无	无
仪器刻度设备与刻度步骤	有	有	无	有
仪器的故障检测与维修方法	有	有	无	无
常见仪器故障与解决办法	有	有	无	有
仪器拆卸与装配步骤	有	有	有，但不详细	有，但不详细
系统配接操作方法与注意事项	有	有	无	无
仪器常用的备附件表	有	有	无	有
仪器的元部件位置图	有	有	无	无
仪器的元部件明细表	有	有	无	无
部件总成图及明细表	有	有	有，但不详细	有，但不详细
仪器总体装配图	有	有	无	无
仪器总装部件表	有	有	有	有
测井标准曲线或模拟井曲线	有	有	无	无

从表1中可以看出，现有资料同国外公司的仪器使用维修手册相比，从项目分类上有必要增加论述章节，在实质内容上更需要进行大量补充与完善，才能与国内外的技术手册相媲美，也只有这样，才能相互取长补短，更好地满足现场仪器维修人员对手册内容的实用性、完整性及可操作性的实际需要。

3　三参数仪器使用维修手册的设计

为了克服上述缺陷，经过讨论与论证，我们认为三参数仪器包括电子仪和探测器探头，虽然属于小型仪器，但其结构具有广泛代表性。因此，小组人员针对该三参数仪器使用维修手册的编写项目、内容格式、表述方式等进行了设计和规范，除了传统的对各仪器的测量原理、测量电路进行了分析阐述，我们还做了大量的资料收集、测量点的波形记录和编辑、操作界面的录屏与截取以及调校中的基础数据采集等基础工作，并与原项目组人员进行了密切沟通，使新编写的仪器使用维修手册中增加了大量从前没有进行描述过的仪器维修内容，做到了内容充实、信息准确。文中以图表展示和文字说明相结合的方式进行阐述，使新的使用维修手册具有更强的可操作性，方便了维修人员使用。同时，在此基础上进行了归纳、总结与提取，完成了仪器使用维修手册编写模版的设计。

3.1 增加了探头（探测器）部分的原理与结构描述

针对现有仪器使用维修手册中的内容缺失，我们对三参数仪器探头部分（包括泥浆电阻率电极环、温度传感器、张力传感器和压力平衡装置）进行了资料搜集和仔细研究，编写补充了仪器中该探头部分的结构描述、工作原理、保持压力平衡的工作过程等几方面的内容。

3.2 增加了故障检测与维修方法的章节论述

通过对仪器在生产过程中遇到的各种故障现象的总结和仪器在现场使用时出现的各种故障反馈信息进行归纳，我们提出了仪器预防性检查应包括外观检查和通电检查，而通电检查中应分别对整体仪器性能的定性检查、定量检查方法进行论述，并明确列出仪器检修中必须达到的各项指标。

同时，在电路板的检查与维修章节中应详细列举检查仪器时所需的检测设备，在电路板的故障检测时应列举每个测量点的直流电压大小、波形幅度、脉冲宽度、信号频率等信息。我们在三参数仪器使用维修手册中就以插图形式大量编入了这部分内容，方便了仪器维修人员进行仪器检修工作，同时有了直观实用的参数量化标准，使得他们掌握了重要的故障判断依据，具有非常实用且重要的参考价值。

3.3 补充完善了常见仪器故障与解决办法

通过与调校人员、矿区服务人员的沟通了解，在总结归纳的基础上，在新手册中列举了更多常见仪器故障，经过实验、论证和分析，分别提出了与其每个故障相对应的判断方法和适当的解决办法，作为现场维修工程师们可以参考的重要依据。

3.4 增加完善了仪器拆卸与装配步骤

在油田各个矿区，当仪器出现故障必须打开仪器进行维修时，就需要对仪器进行拆卸。特别是当对探测器、推靠器部分（或探头）进行维修、需要更换零部件时，尤其需要知道如何才能将仪器打开、如何把需要更换的元部件拆卸之后再装配起来，这就是我们新编手册中增加大量阐述、完善补充的内容之一，也是一线的仪器维修人员最想获知的仪器信息。过去的仪器维修手册大多对这部分内容都是轻描淡写，只有一两个自然段的文字描述就结束了。在新手册里，我们加入了大量的插图，用图解和叙述相结合的方式对仪器的拆卸与再装配步骤进行了详细的描述。

3.5 增加了仪器刻度方法与所需刻度设备的内容

众所周知，所有仪器在维修完成后或测井前，都要进行一定的刻度工作，包括内刻与外刻检查等。对于带推靠的电法仪器来说，有井径刻度、电阻率刻度；对于线圈系、电极系来说，在与电子仪联配时也必须进行刻度；对于放射性仪器，更是存在几级刻度问题。过去的仪器使用维修手册对该部分的内容写的很少，即使有些个别手册在编写时叙述了，也往往是没有展开进行详细论述。我们以三参数为例，详细阐述了仪器在调校车间或维修车间分别进行参数刻度的方法和实施步骤，设计了各种记录表格以供现场的维修工程师们方便使用。

3.6 增加了仪器与系统配接时的操作步骤与注意事项等内容

目前广泛使用的仪器维修手册中大多不包括仪器与地面系统联配时的连接方法、操作步骤与注意事项，这部分内容只在为地面系统人员提供的操作手册中进行了论述。不过，油田维修人员在进行仪器检查和维修完成后，也必须与系统进行联调一下，以验证仪器整体指标的正确性，是否满足仪器性能指标的要求，这就需要对仪器的操作方法有所了解。我们经过与操作人员合作，从地面系统计算机上实施录屏，记录下了与三参数仪器操作步骤相关的多个操作界面，在进行适当的编辑处理后，以插图形式增补到了新的使用维修手册当中。同时也对刻度参数的输入方法、安装注意事项、测后保养事项做了详细的说明和论述。

3.7 增编了仪器元部件位置图、元件明细表、总装图、总装部件表、总体连线图等内容

仪器在野外发生故障，野外维修工程师们在对仪器进行维修时，必须拥有必要的仪器图纸和元部件信息。旧版本仪器使用维修手册中大部分只提供电路的原理图，但在实际维修工作中，不但要知道仪器的电路原理，更要知道原理中的每个元部件的位置、需更换的元部件的具体型号，这就要求在新修订的仪器维修手册中增编了大量的仪器元部件位置图、元件明细表、仪器部件总装图、总装部件表、仪器的总体连线图以及仪器常用的备附件表等内容。

4 石油测井仪器使用维修手册标准模版的应用

为了满足 CPL 公司各事业部及其他矿区对石油测井仪器的维修工作之需要，也为了使各仪器资料的编写整理工作的规范化、标准化和通用化，我们在上述工作的基础上，对仪器使用维修手册的编写内容、框架格式和编排结构等进行了详细设计和规范，进行了标准

化的处理与审核工作，设计了可供推广应用的石油测井仪器使用维修手册编写模版，并提出了仪器使用维修手册编写内容的标准化要求。该手册编写模版的框架内容主要应包括以下 16 个方面：

（1）封面（包括仪器系统、型号、名称）。

（2）资料修改的历史及版本信息。

（3）手册目录及页码信息。

（4）仪器总体描述（包括系列、用途、指标信息及结构示意图等总体描述信息）。

（5）安全注意事项（包括人身安全、仪器安全）。

（6）仪器电路工作原理及电子线路分析（包括电路功能介绍、线路描述及原理分析等）。

（7）仪器探头概述（包括探头的原理、结构、用途及内部连线图等方面）。

（8）仪器的故障检测及维修方法（包括仪器预防性维修检查和电路板维修检查等，特别是关键测量点的判别标准如幅度、相位或波形，仪器与维修测试设备的连接及使用方法等）。

（9）仪器的装配步骤及拆卸方法［包括仪器探测器、推靠器、或其他探头的详细装拆步骤和方法，最好是以（三维）图片方式呈现代替纯粹的文字描述，并附有仪器结构示意图或机械维修装配图等］。

（10）仪器的刻度设备与方法（包括刻度时所需的专用设备型号、使用方法、刻度原理、刻度步骤及参数的合格标准等）。

（11）常见的仪器故障及解决办法（包括经常或容易出现的故障现象、判断方法及解决办法等）。

（12）仪器测井的操作步骤与注意事项［包括仪器的组合方式、连接顺序、安装注意事项、测前刻度（或调用刻度数据）方法、测井操作步骤、测后校验方法以及测后保养的相关事项等］。

（13）附表（包括仪器维修时常用的备附件表、电路板元件表、装配大部件明细表等，每个表格都包含名称、型号、位置代号、ERP 编号等信息）。

（14）附图（包括仪器总体装配图、骨架装配图、探测器装配图、电路原理框图、电路板原理图、仪器总体连线图等）。

（15）仪器测井曲线（含标准井测井曲线或典型目的层的实际测井曲线）。

（16）读者意见及反馈表。

石油测井仪器的项目技术人员在编写仪器使用维修手册时应包含以上基本内容，根据特定仪器的具体结构或功能，部分章节要求逐项展开来进行详细阐述，做到内容充实、信息准确、可操作性强，尽可能多地使用插图和表格形式进行直观表述，以满足油田维修人员的实际需要。此外，在石油测井仪器使用维修手册编写过程中应严格遵守手册模版对文档页眉、页脚、字体、字号、间距等方面的标准化规定与相关要求。

该石油测井仪器使用维修手册编写模版可以逐步推广应用到其他所有老仪器使用维修手册的修订和新研发仪器的使用维修手册编制等工作中。未来手册编制时必须包含模版中规定的各大章节与分项，依据模版的结构框架进行编写和逐项细化，涉及仪器调试和拆装部分，最好用信号波形插图或录像截图的形式展现，以达到仪器使用维修手册表述详尽、内容全面、呈现直观、可操作性强的良好效果。

5 应用前景与未来趋势

随着石油测井仪器使用维修手册编写模版的不断推广与应用，可使不断增多的新型仪器在编写仪器使用维修手册时有了一个可以参考的编写标准，在老仪器改造和仪器资料修订时也可以将此使用维修手册编写模版作为借鉴和参考依据，进行编写整理工作的规范化与标准化，必将促使石油测井仪器使用维修手册的编写修订工作更上一个台阶。

随着电子技术的发展，未来可以将石油测井仪器使用维修手册的编制和修订工作推上一个新的水平。网络技术的发展可使无纸化的仪器使用维修手册应用成为可能，用户可通过网络平台进行资料阅读、图纸查看，指导仪器的装配和维修工作；仪器的设备升级文件和技术更新文件的传递工作会更加便捷、及时和完善；三维立体图像技术文件链接的应用，可以使仪器使用维修手册的编制内容更加丰富；仪器探测器拆装录像文件的链接技术也可作为石油测井仪器使用维修手册电子版的一项重要补充内容。

参 考 文 献

[1] Atlas Wireline Services，3510XA WTS Common Remote EFT Manual，Apr 1990

[2] Atlas Wireline Services，2222 Z-DENSITY Maintenance Manual，Mar 1990

[3] Atlas Wireline Services，2727 MSI C/O Instrument Maintenance Manual，May 1987

[4] Atlas Wireline Services，1016 Diplog Tool Maintenance Manual，Dec 1989

[5] Atlas Wireline Services，1019 Six Arm Diplog Maintenance Manual，Jan 1993

[6] Atlas Wireline Services，1022 STAT Maintenance Manual，Dec 1999

[7] HALLIBURTON，NATURAL GAMMY RAY TOOL（NGRT-A）Service Manual，August 1985

[8] HALLIBURTON，Six-ARM DIPMETER Service Manual，Jan 1991

[9] HALLIBURTON，DITS 2 Telemetry Sub（D2TS-A）Service Manual，Mar 1994

[10] 中国石油集团测井有限公司．TTMR5320 张力井温泥浆电阻率短节使用维修手册，2007.11

[11] 中国石油集团测井有限公司．TTMR6321 张力井温泥浆电阻率短节使用维修手册，2010.01

[12] 中国石油集团测井有限公司．ECIM5540 电极系井径连斜微电极组合仪使用维修手册，2006.11

[13] 中国石油集团测井有限公司．CDMF5440 补偿密度－微球组合测井仪使用维修手册，2006.12

[14] 西安石油勘探仪器总厂．DDQJ-B 地层倾角测井仪使用维修手册，2004.02

[15] 西安石油勘探仪器总厂．ZGPG-C 自然伽马能谱测井仪使用维修手册，2004.03

[16] 西安石油勘探仪器总厂．TTRM24XA 三参数使用维修手册，2004.03
[17] GB/T 9969　工业产品使用说明书　总则
[18] SY/T 5099　石油测井仪器环境试验及可靠性要求
[19] SY/T 5158　石油勘探数控测井系统技术条件

企业标准体系表编制的思考与实践

徐晓明　夏　芳

（中国海洋石油总公司）

摘　要　根据多年的研究与实践，针对编制企业标准体系表过程中遇到的问题，论述解决的思路，介绍具体的编制做法，期望能为企业标准体系表的编制有所启示。

关键词　标准；企业标准；企业标准体系表；体系表编制

1　引言

中国海洋石油总公司是一个新兴企业，自1982年成立以来，坚持改革开放，加强对外合作，做到与时俱进，保持了公司持续、快速、健康地发展，形成了由原来单一从事油气田开采主业的上游公司，逐步发展成为原油生产、专业技术服务、金融服务以及新能源等上中下游一体化的综合型能源集团公司，综合竞争实力大幅度地提高，实现了企业的跨越式发展。实践证明，企业只要重视基础工作、重视内部管理和重视科学发展，才能做到高速、高效地发展，这是公司取得成就的重要经验。

标准化作为企业夯实基础和加强管理的重要工具，已成为策划、分析、设计、建立、实施和评估企业标准体系和企业标准化工作的重要方法和手段，它将企业内需要的标准按其内在联系形成科学的有机整体，编制成相应的标准体系表，因此编制企业标准体系表也已成为企业管理的基础工作。但是，由于目前企业（特别是大型企业）经营的多样性，其所需标准涉及的行业、门类和要求的复杂性，以及不同于国家标准和行业标准的特点，使得在编制企业标准体系表时，各级标准化工作人员在认识上产生众多歧见。认识和理解的差异大，造成编制的难度高，问题始终没有很好地得到解决。为此，首先达成对企业标准体系表编制的统一认识，就成为搞好这一工作的重要前提。

从20世纪80年代起，石油工业的行业标准体系表已经编制出版了三版以上，中国海洋石油总公司的企业标准体系表也经历了三版的修订，目前正在进行第4版的修订。笔者根据多年参与或主持编制行业标准体系表和企业标准体系表的实践，对标准体系表，特别是企业标准体系表编制的思路和具体方法，谈谈笔者的理解和认识。所谈认识难免存在谬误之处，但期望能为标准体系表的编制乃至标准化工作略尽微薄之力，起抛砖引玉的作用。

2 编制企业标准体系表所面临的问题

企业标准体系表是指导企业标准化工作的蓝图，随着GB/T 13016—2009《标准体系表编制原则和要求》和GB/T 13017—2008《企业标准体系表编制指南》的发布，明确提出了编制企业标准体系表要目标明确、全面配套、层次恰当和划分清楚的四项原则，公司法的实施和现代企业制度的建立，虽然使我们对这些标准的认识有了进一步的理解，但在实施过程中还存在着不同的理解和认识。笔者认为编制企业标准体系表主要问题有：

（1）企业标准与国家标准、行业标准的界面问题。

尽管标准化法和相关的管理条例都明确了企业标准和国家标准、行业标准的关系，但实际工作中，至今国行标准和企业标准的界面还在不断地理清中。因此，在编制企业标准体系表中如何处理企业标准和国家标准（甚至有国际标准、国外先进标准）、行业标准的关系，还是经常困扰着我们。

（2）企业标准在体系中的位置问题。

大型企业组织机构复杂、经营范围广泛。从横向上看，在主业之外，还涉及多个其他的行业领域。主业中还有分属不同的管理部门的质量管理体系、安全管理体系和环境管理体系等；从纵向上看，企业标准涉及具体生产的各个环节、各个工种以及管理的各个层次，在存在大量技术标准的同时，还存在含有大量技术要求的管理标准或工作标准，除一般的标准文本形式外，还可能会以管理规定、工作手册、程序文件、岗位描述等多种形式出现。因此，涉及的标准数量、范围、内容乃至表现形式都十分繁杂和宽泛。哪些标准应该置于体系表内，或应该在何时置于体系表内，或置于标准体系表的什么位置，是编制企业标准体系表必须考虑的一个重要问题。

（3）企业标准体系的分级问题。

一个大型企业，纵向上存在着多层次的隶属关系，在母公司之下，还存在着多层次的子公司和控股公司等形式。虽然从管理角度上看，母公司与这些公司是上下级关系，但实际上这些公司是独立的法人，有相当的独立性，不能用传统的方法管理，不能包办代替，标准不能全部在一个企业标准体系表中体现，需要分级管理和建立。这也是编制企业标准体系表的又一个重要的问题。

实践中遇到的问题还很多，在此仅就上述这些问题谈谈我们多年来的实践。

3 编制企业标准体系表的思考与做法

3.1 明确目标

这是GB/T 13016—2009中所强调的四项原则的第一项，是与GB/T 13016—1991对比而新增的一项，也是我们多年来实践中体会十分深刻的一项。

我们所理解的这个目标的含义就是编制标准体系表体现在主要目的、涵盖范围和延伸时间跨度等三个方面。因为不同的目标，可以编制出不同的标准体系。而GB/T 13016—2009中要求的全面配套、层次恰当和划分清楚等编制原则，是建立在目标的基础上。这一条做不好，体系表的编制工作将难以展开。

编制的目标不是所谓的什么“标准化工作的蓝图……”等等较为空乏的含义，而是指具体的编制目标，它有编制的具体目的、涵盖范围和时间跨度三个含义。

中国海洋石油总公司这一级标准体系表的编制目的：仅是为总公司编制标准化五年实施计划奠定的基础，是要解决总公司范围内的现有和潜在的问题。这涉及总公司全局的标准，它包括健康安全与环保、财务管理、质量控制、风险管理，以及油气的勘探、开发、钻完井工程、海洋工程等主业的标准，也包括液化天然气（LNG）、炼化等总公司近年来拓展领域的标准。明确这个体系表不是用来对标准实施进行监督的依据，而所属公司和其他板块的企业标准体系表可根据不同的目的自行编制。

3.2 简化层次

按照GB/T 13016—2009的要求，体系表应该层次恰当、划分清楚。由于我们的标准体系是由总公司和各个所属公司的标准体系集合构成，总公司标准体系只纳入需要在总公司统一的标准。基于这一原则，我们参照国际和国外标准化组织的做法，总公司级体系只设置了通用和专业两个层次，如图1所示，即同一专业的标准，按其自身内在的关系依次排序。改变了过去那种层层嵌套、空表繁多和查找不便的传统编制方式，简化了结构，易于查找，方便使用。

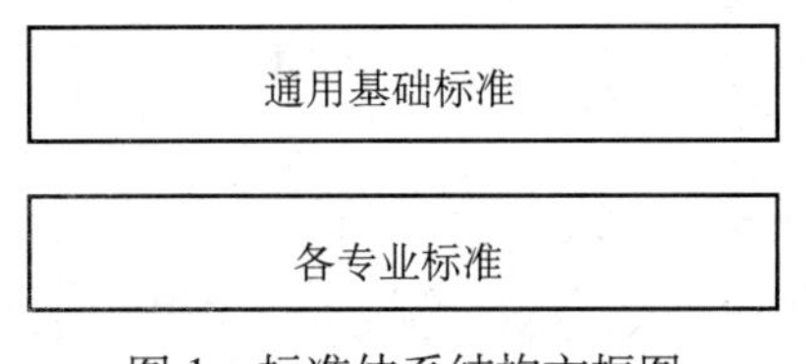

图1　标准体系结构方框图

几年来的实践证明了在企业标准体系表中，简化层次是非常必要的。克服和避免了对通用标准划分或位置确定的困难和争议，做到了简单明了，提高了体系表编制或修订的水平。

3.3 统筹考虑，分级管理

中国海洋石油总公司是一个超大型的企业，随着近年来不断地兼并和拓展，总公司从原来油气勘探、开发、生产为主的行业，扩展到新能源、石油化工、盐化工、煤化工、液化天然气及发电等许多领域。如果按照GB/T 13016—2009的要求编制体系表，将是数量庞大、内容繁杂、层次不清，既费时又费力，难以实施。

我们的创新做法是：采取统筹考虑,、分级负责的编制方法，由总公司、各个板块和各个具有独立法人资格的分公司、子公司或控股公司根据自身的特点和编制体系表的目的分别编制各自的标准体系表。体系表之间没有主体系与子体系的关系，相互之间是独立的，但各体系表集合，就形成一个符合GB/T 13016—2009要求的完整的体系表。这样做简化了体系表内容，明确了编制的目标和分级的责任，降低了编制的难度，又便于实施和修订，解决了各企业标准在企业标准各级体系的位置问题。同时，也调动了各所属公司的自身积极性，使得编制总公司标准体系表以及各所属公司的标准体系表都能实现相对简单、实用有效的目的。

从总公司三个版次体系表数量对比来看（图 2），虽然专业增加了，但平均的专业标准数量却没有增加。体现了我们用有限的资源，解决急需和重大的问题这一理念。

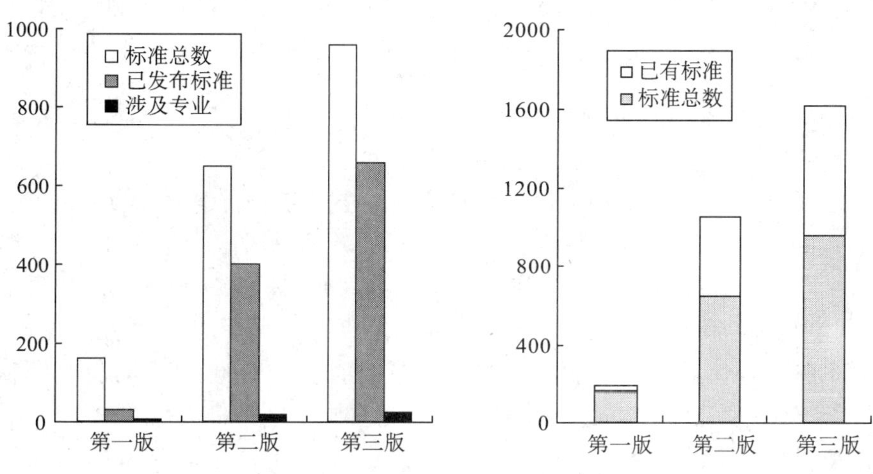

图 2　三版标准数量对比

3.4　突出重点，解决实际

中国海洋石油总公司自 1982 年成立以来，标准化工作经历了三个阶段。第一阶段（1982—1996 年）为“引进吸收”阶段，经过四轮招标，共与外国公司签订了 39 个石油合同和协议。由于对外合作勘探初始以及自营勘探开发工作量剧增，引进和使用了许多国际标准和国外先进标准，如 ISO，IEC，API，DnV，ABS，ASME，ASTM 等系列标准，此期间共颁布企业和行业标准 29 项。解决了海洋石油工程设计、建造、安装生产急需的问题；第二阶段（1996—2000 年）为“体系建立”阶段，此间恰逢国际油价狂跌，国际市场竞争激烈，给海洋石油勘探开发持续发展带来了巨大困难。面对这种形势，为了有序地开展对外合作，有效地组织勘探开发生产，保证海洋石油工业的持续、高速、高效地发展，总公司编制了第一版体系表，确定了根据实际需要，等同等效采用以美国石油学会（API）标准为主的国外先进标准，不足之处再采用其他标准或制、修订标准的原则。建立并完善了以海洋石油工程和安全为主的行业标准体系和企业标准体系。为提高总公司管理水平，降低桶油成本，建立科学化、规范化、标准化的现代企业制度，发挥了重要的基础支撑作用；第三阶段（2001—2010 年）为“拓展领域”阶段，在这 10 年里，海洋石油拓展了液化天然气、重油利用和化学化工等领域，编制了两版体系表，起草并制定了具有填补空白的《液化天然气一般特性》等一系列液化天然气产业的国家标准、行业标准和企业标准，制定了《中海 36−1 重交通道路沥青》和《富到尿素》等系列重油利用和化肥产品标准，解决了这些领域生产管理和经营的需要。

笔者认为，追求一部“全面配套”的企业标准体系表是很困难的，而且从某种程度上看也是不必要的。这不仅仅是由于企业受到科技进步和市场竞争的促进，所需要的标准门类或标准的内容不断地变化，始终处于动态变化中，如果由一个层面考虑并解决是难以实现的，也是不符合现代企业制度的。应该正确地理解 GB/T 13016—2009 中对全面配套的要求，从实际出发，解决高层面的实际问题，这是我们实践中获得的体会。否则，企业标准体系表的变化迅速，往往在体系表中的有些标准还没有来得及制定就已成为不必要的了，而急需制定的又有没纳入，使得企业处在经常修订标准体系表的繁杂工作中。

3.5 明确时限，解决急需

由于科技发展迅速，企业并购重组日益频繁，我们在三个紧贴（紧贴生产、紧贴管理和紧贴实际）的原则下，将企业标准体系表内标准项目的时限定为五年，也就是只将已有的标准，和生产管理上急需编制的，在五年内能够完成的标准，编制在体系表中。

对于那些单纯从标准的系统性和全面性要求需要的，在五年的时间跨度内，难以完成的标准，暂不编制在体系表内，留待体系表修订的时候，按照当时的需要和科技发展的实际，不断地补充和完善，这种做法既减少了单纯追求完整所带来的巨大工作量，也符合企业发展变化和科技进步的实际。

凡已经发布的或者已知有计划制定的国家标准、行业标准和所在地的地方标准，可列入企业标准体系表中，但原则上不再制定企业标准。只有在因市场竞争的需要，而我们又有可能实现高于国家标准、行业标准或地方标准的要求的，才安排制定企业标准，并纳入到体系表中。必要时，在体系表相应位置的企业标准上备注它所对应的国家标准、行业标准或地方标准的名称和编号。例如制定相关的重交通道路沥青的企业标准就是十分典型的例子。

4 结论

企业体系表的编制应做到：目标明确，重点突出；减少层次，界面清晰；提高质量，控制数量；统筹考虑，分级管理。好处是：目标明确，分别实施落实，可以整体解决企业重大和突出的现有和潜在的问题。

一个企业（尤其是大型企业）的标准体系，由母公司和其所属公司分别编制各自的标准体系表，共同构成整个企业的标准体系。这种做法，较之由很多不同级别门类、专业所组成的一个标准体系表更加合理、清晰、简单易行。

企业编制体系表是企业标准化工作的蓝图，体系表内容应该围绕着企业的实际需要，坚持实用有效的原则。

参考文献

[1] 徐晓明．论企业标准与行业标准的差异．中国标准化，2004（10）

欠平衡钻井/控制压力钻井国内外标准分析

杨顺辉

（中国石油化工股份有限公司石油工程技术研究院）

摘　要　近年来，欠平衡钻井（UBD）和控制压力钻井（MPD）由于能大幅度提高机械钻速、有效降低井下复杂情况的发生、减少非生产时间，使得这两项技术得到了飞速发展，国内外也对两项技术制定了相当多的行业标准。本文首先对与之相关的石油行业标准、IADC 标准、API 标准进行了综述，然后着重讨论了目前欠平衡钻井和控制压力的标准现状，探讨了以后我国石油行业可能建立控制压力标准所包含的主要内容。

主题词　欠平衡钻井；UBD；控制压力钻井；MPD；IADC；API

1　引言

欠平衡钻井（UBD）技术始于 20 世纪 80 年代，随后迅速在世界各地推广应用，该项技术随着井口旋转防喷器和井下控制阀的发展而得到了进一步地推广；控制压力钻井（MPD）技术最早于 2004 年 IADC/SPE 阿姆斯特丹钻井会议上被提出，该项技术更注重于井底压力的精确控制，与欠平衡钻井各有侧重，由于这两项技术可以有效解决多种井下复杂问题，降低非生产作业时间，因此这两项技术目前在国内外得到了广泛地应用。

为了更加规范地应用这两项技术，国内外都制定了相关的作业标准，特别是欠平衡钻井技术由于发展时间较长，国内外的标准发展也比较完善，而控制压力钻井国外已经开始制定相关的分类和作业标准，国内目前还处于探索阶段，还没有相关的作业标准。

2　国内欠平衡钻井标准现状分析

为了更好地进行欠平衡钻井，我国于 2003 年首次颁布欠平衡行业标准 SY/T 6543《欠平衡钻井技术规范》，该标准共分为三部分，第 1 部分：设计方法，第 2 部分：欠平衡钻井进口压力控制装置及地面装置配备要求，第 3 部分：施工规程，以及 SY/T 6551—2003《欠平衡钻井安全技术规程》。

在 SY/T 6543.1—2003《欠平衡钻井技术规范　第 1 部分：设计方法》中主要规定了欠平衡钻井设计的内容和原则。该部分主要包括欠平衡钻井方式和分类、对地质设计的要求、欠平衡钻井方式选择、欠平衡压差设计、钻具组合、欠平衡钻井参数设计、钻井流体选择的一般原则、防火、防爆、防硫化氢安全设计等内容。

在 SY/T 6543.2—2003《欠平衡钻井技术规范　第 2 部分：欠平衡钻井进口压力控制装置及地面装置配备要求》中主要规定了欠平衡钻井井口压力控制装置及地面装置的配备型式和技术要求。该部分主要包括欠平衡钻井井口压力控制装置配备型式、欠平衡钻井井口压力控制装置配备要求、钻具、井口特殊工具配备、地面装置配备型式、地面装里配备要求、防火、防爆、防硫化氢装置的配备等内容。

在 SY/T 6543.3—2005《欠平衡钻井技术规范　第 3 部分：施工规程》中主要规定了液相欠平衡和充气钻井的准备与实施，不包含强行起下钻、欠平衡测井和欠平衡完井作业的内容。该部分主要包括术语和定义、作业前的准备、作业程序、压力控制、数据采集和健康、安全与环保要求。

同时为了更加安全地进行欠平衡钻井，还制定了 SY/T 6551—2003《欠平衡钻井安全技术规程》。该标准主要规定了陆上石油欠平衡钻井过程中的安全技术要求，适用于陆上油气井液相欠平衡钻井作业，气相、气液混相欠平衡钻井作业可参照执行。该标准主要包括实施作业的基本条件、钻井特殊安全要求和应急等内容。

在 2009 年又颁布实施了 SY/T 6751—2009《欠平衡测井作业技术规范》，该标准规定了欠平衡测井的要求、上井前准备、井场准备、井口安装、仪器下井和数据采集、井口拆卸及健康、安全、环境保护要求，适用于在井筒介质为液（气）体条件下的欠平衡作业。

在 2008 年和 2009 年，对老的欠平衡标准 SY/T 6543《欠平衡钻井技术规范》的 3 个部分进行了整合，形成了两个新的欠平衡标准 SY/T 6543.1—2008《欠平衡钻井技术规范　第 1 部分：液相》和 SY/T 6543.2—2009《欠平衡钻井技术规范　第 2 部分：气相》，替代了原先的 SY/T 6543《欠平衡钻井技术规范》下属的 3 个部分，形成了以流体类型为分类标准的分类体系。

3　IADC 欠平衡作业和控制压力钻井的分类标准

国际钻井承包商协会（IADC）为了规范地推广欠平衡钻井和控制压力钻井技术，其下属的欠平衡作业（UBO）/ 控制压力钻井（MPD）委员会制定了相关的分类标准。

IADC 井眼分类标准主要是为了描述欠平衡作业（UBO）和控制压力钻井（MPD）中的风险等级、应用类别和流体系统。油井主要依据风险等级（0 ~ 5）、应用类别（A，B 或 C）及流体系统（1 ~ 5）进行分类。该标准主要是为确定最小的设备需求、特殊的操作程序以及安全管理措施。

（1）风险等级。

通常作业风险随着作业的复杂性和油井产能的提高而增加，下面的例子仅为指导性说明。

0 级：仅仅提高钻井效率，不涉及油气层。例如利用空气钻井提高机械钻速。

1 级：靠自身压力油气无法流到地面，油井是稳定的并且从井控的角度来使风险较低。例如低于正常压力系统的油井。

2 级：依靠自身压力油气可以流到地面，但是可以通过常规的压井方法进行控制。如果发生设备失效仅能带来有限的影响。例如异常压力水层、低产的油井或气井、产能衰竭的气井。

3 级：地热井和非产层。最大预计关井压力（MASP）小于欠平衡作业 / 控制压力钻井设备的额定压力。例如含硫化氢的地热井。

4 级：油气储层。最大预计关井压力（MASP）小于欠平衡作业 / 控制压力钻井设备的额定工作压力，如果发生设备失效可能会立即导致严重后果。例如高压或高产油藏、酸性油气井、海洋环境、同时钻井和生产的作业。

5 级：最大预计关井压力（MASP）大于欠平衡作业 / 控制压力钻井设备的额定工作压力，如果发生设备失效可能会立即导致严重后果。例如任何 MASP 大于欠平衡作业 / 控制压力钻井设备额定压力的油气井。

（2）应用类别。

A 类：控制压力钻井（MPD），钻井液返至地面，保持环空内钻井液密度大于或等于裸眼井段孔隙压力当量密度。

B 类：欠平衡作业（UBO），流体返至地面，保持环空内流体密度小于裸眼井段孔隙压力当量密度。

C 类：钻井液帽钻井（MCD），注入流体和岩屑进入漏失地层而不返至地面，在漏失层上面的环空内保持一段钻井液柱。

（3）流体系统。

①气体：气体作为流动介质，没有液体进入。

②雾状流：有液体进入，气体为连续相，典型的雾状流液体小于 2.5%。

③泡沫：液体为连续相的两相流，泡沫来源于液体中添加的表面活性剂和气体。典型的泡沫包含 55% ~ 97.5% 的气体。

④充气液体：流体中含有气泡的钻井液体系。

⑤液体：流体中仅含有单相液体。

4 API 关于欠平衡作业和控制压力钻井的标准

目前 API 关于欠平衡作业和控制压力钻井的标准有两项，API Spec 16《旋转控制设备》和 API RP 92U《欠平衡钻井操作》。在 API Spec 16 中规定了欠平衡和控制压力钻井的关键设备——旋转防喷器的各种技术数据，包括性能、压力等级、材质、检测、保存、运输等内容，不包含现场的安装和测试。

在 API RP 92U 中对陆上和海上的欠平衡作业的设计、风险评估、设备安装、测试、作业都做了详细地说明。具体的目录如下：

1 范围

1.1 目的

1.2 井控

1.3 防喷器（BOP）的安装

1.4 欠平衡钻井控制设备的安装（UBD–CDS）

1.5 设备准备

1.6 极端温度作业
1.7 控制系统蓄能器容量
2 引用标准
2.1 标准
3 定义 / 简略语与说明
3.1 定义
4 设计规划
4.1 范围
4.2 技术可行性
4.3 钻机设备选择
4.4 安全研究和审查
4.5 项目批准
4.6 应急响应预案（ERP）
4.7 欠平衡钻井作业计划
5 井控
5.1 范围
5.2 井控目的
5.3 井控事件的定义
5.4 井控矩阵
5.5 压井程序
5.6 加重压井液
5.7 职责分工
5.8 防喷器和井口设备
5.9 内钻柱设备
6 返回流程控制设备
6.1 范围
6.2 返回流程控制系统的要求
6.3 设备规格
6.4 弹性体
6.5 检验和测试——临界含硫井
7 钻柱
7.1 范围
7.2 通过钻杆注入气态流体
7.3 总体要求——钻杆
7.4 关于井底钻具组合的一般性建议（BHA）
8 循环介质
8.1 范围
8.2 介质性能

8.3 压井液
8.4 腐蚀、冲蚀的监测与缓解
8.5 钻井液的处理、存放及运输
8.6 废物处理
9 油井完整性
9.1 目的
9.2 概述
10 欠平衡钻井（UBD）作业
10.1 含硫欠平衡井钻井作业
10.2 井控设备
10.3 最低限度的设备
10.4 欠平衡钻井溢流控制装置
10.5 压力测试——防喷器
10.6 试运转期间的压力测试
10.7 作业期间的压力测试
10.8 作业指南
11 现场安全
11.3 培训与证书
11.4 现场培训与安全会议
11.5 井场照明
11.6 通讯
11.7 特别事项：IADC（国际钻井承包商协会）4 级或 5 级井
12 井场监督
12.1 范围
12.2 综述
12.3 职责
12.4 国际钻井承包商协会 4 级和 5 级油气井的监督

5 对目前国内外标准的分析

从上面的标准现状可以看出，在国内对于欠平衡钻井已经有了比较详细的标准体系，SY/T 6543 经过修订后形成了以液相和气相为分类标准的分类体系，两个标准里详细地规定了欠平衡的适用条件、设计内容、设备配套、施工工艺、计算方法等内容，基本上满足了现场需要。同时结合 SY/T 6751—2009《欠平衡测井作业技术规范》及 SY/T 6551—2003《欠平衡钻井安全技术规程》形成了相对完整的欠平衡作业标准体系。但对于控制压力钻井，目前国内尚未有相关的标准。

在国外国际钻井承包商协会（IADC）在 2005 年对原有的欠平衡作业分类体系进行了更新，将欠平衡作业和控制压力钻井合在一起，形成了 6 级、3 类、5 种流体类型的分类标准。而 API 仅对欠平衡作业有相关的作业标准，而没有涉及控制压力钻井。IADC 目前正在制定关于控制压力钻井作业方面的相关标准，主要包括控制压力工具和现场施工工艺两个方面的内容。

从上述分析可以看出，随着欠平衡作业 20 多年的飞速发展，无论是从设备配套还是施工工艺等方面都有了可以参照的行业标准，但对于控制压力钻井由于时间尚短，尚未形成完善的标准体系，而我国目前尚未对控制压力钻井做出规范的定义，更没有制定相关的标准。

6 对以后控制压力钻井标准的探讨

由于控制压力钻井对于复杂地层的钻进有着无可比拟的优越性，能够有效减少井下的复杂情况，降低非生产时效，目前国内外都在大力发展该项技术，IADC 正在完善相应的标准体系，在不久的将来，必将形成分类标准、设备选择、施工工艺等一整套作业标准，从而使控制压力钻井进入规范化施工阶段。

我国目前的控制压力钻井还处于探索阶段，现场的施工也大多参照国外的经验和欠平衡作业的相关标准。因此，为了使我国的控制压力钻井技术能够迎头赶上，除了大力发展配套的工具设备以外，制定配套的标准、规范控制压力钻井现场操作也成为首要之选。关于控制压力钻井的标准内容应包括以下几个方面 ：

（1）范围，明确该标准适用的范围。

（2）规范性引用文件，包括引用的其他标准。

（3）术语和定义，包括与控制压力钻井相关的定义。

（4）控制压力的钻井条件，主要描述控制压力钻井的适用条件、选择方法。

（5）控制压力钻井设计，主要包括设计依据、设计内容等。

（6）控制压力井身结构设计。

（7）井口控压值的设计，主要根据地层压力和井口设备情况确定井口的控压值。

（8）控制压力参数设计，主要包括环空压力梯度的计算方法。

（9）控制压力钻井钻井液密度和相态的选择。

（10）控制压力钻井压井液密度和数量的确定。

（11）控制压力钻井井口、地面设备、钻具和井口工具的配备。

（12）钻具组合。

（13）作业准备，包括技术交底、设备的安装、试压、开钻验收等内容。

（14）控制压力钻进，包括钻进准备、循环流程、井口压力控制、各种工序的操作程序和应急预案等内容。

（15）健康、安全与环保要求。

7 结论

（1）欠平衡钻井和控制压力钻井技术能大幅度提高机械钻速、有效降低井下复杂情况的发生、减少非生产时间，因此在国内外得到了广泛地应用。

(2) 国内外对欠平衡钻井制定了比较完善的作业标准，涵盖了欠平衡钻井设计、工具选择及现场施工工艺等各方面。

(3) 国外在 2005 年对控制压力钻井制定了分类标准，并且已经开始对设备配套和现场作业制定标准，我国尚没有相关标准。

(4) 石油行业应尽快从定义和分类、设计、设备配套、工艺措施等方面制定控制压力钻井的相关标准，促进该项技术的规范发展。

参 考 文 献

[1] SY/T 6543.1—2003　欠平衡钻井技术规范　第 1 部分：设计方法

[2] SY/T 6543.2—2003　欠平衡钻井技术规范　第 2 部分：欠平衡钻井进口压力控制装置及地面装置配备要求

[3] SY/T 6543.3—2005　欠平衡钻井技术规范　第 3 部分：施工规程

[4] SY/T 6551—2003　欠平衡钻井安全技术规程

[5] SY/T 6751—2009　欠平衡测井作业技术规范

[6] SY/T 6543.1—2008　欠平衡钻井技术规范　第 1 部分：液相

[7] IADC Well Classification System for Underbalanced Operations and Managed Pressure Drilling，IADC，2005

[8] API RP 92U：2008　Underbalanced drilling operations

[9] API Spec 16：2005　Drill through equipment—Rotating control devices

浅谈油田基层修旧利废的标准化管理

杨晓存

（大庆油田有限责任公司第四采油厂）

摘　要　本文围绕油田基层单位开展修旧利废的质量管理环节，对油田基层修旧利废标准化管理工作进行论述，得出的结论是：要持续开展油田基层修旧利废活动，需要组建具有修旧高水平的管理主体与操作主体，需要研发符合修旧实际的操作方法与技术手段，需要建立具有规范管理特点的质量标准与管理机制，将大庆油田优良传统持续传承的同时，在修旧利废质量管理标准化上发展创新。

关键词　油田基层；修旧利废；标准化；管理

1　引言

修旧利废是大庆油田的优良传统，是企业降本增效的主要手段。油田基层单位面对修旧利废种类繁多的实际，要持久保证修旧质量、持续开展利废活动，必须探索、推行确保修旧利废质量的标准化管理体系。本文探讨的是油田基层修旧利废的质量管理问题，研讨的是修旧利废标准化管理的必要性和可行性。

2　油田基层修旧利废标准化管理的必要性分析

油田基层单位要将修旧利废活动开展得富有成效，前提是必须把住修旧质量，只有确保修旧质量，才能确保利废效果。要把住修旧质量，必须满足修旧利废三个环节的标准化管理要求。

2.1　满足修旧利废标准化管理的主体要求

油田修旧利废活动的主体是管理骨干和岗位员工，能够保证修旧质量的人员是精通修旧专业的管理人员和精细修旧的部分员工。要确保基层单位修旧利废的持续开展，前提是要明确会管理修旧利废的人员和优选懂修旧、能修旧的员工，一同围绕修旧利废做工作，形成修旧利废标准管理操作与管理体系，以此满足油田基层单位修旧利废标准化管理的主体要求。

2.2 满足修旧利废标准化管理的手段要求

油田基层单位开展修旧利废活动，由于缺少修旧操作技法，设备的修旧解体与修复后的组装成为难题。要保证油田生产岗位废旧设备与物件的修复质量，不但要求修旧人员会修旧操作，还要求修旧主体能够研发、应用与修旧物件相匹配的操作技法与技术。所以，修旧技法是修旧利废标准化管理主要手段，其研发与应用是确保修旧利废安全和质量的必要条件，能够满足油田基层单位修旧利废质量管理的技术要求。

2.3 满足修旧利废标准化管理的机制要求

油田传统的修旧利废工作，大多没有制度上的约束，修多修少会靠员工的修旧能力和热情。面对油田生产成本逐年紧张的实际情况，基层单位要持续开展修旧利废、不断挖掘降本增效潜力，必须将修旧利废纳入到日常工作之列，建立并推行以确保修旧质量为主线的标准化管理机制。因此，要持续开展油田修旧利废活动，严把修旧质量关，必须建立修旧利废标准化管理机制，以此满足油田基层修旧利废工作的要求。

3 油田基层修旧利废标准化管理的思路和途径

油田基层修旧利废的标准化管理，出发点是提高废旧物件修复的成功率，落脚点是解决制约修旧利废的瓶颈，目标点是充分挖掘修旧工作的效益潜力。要推进油田基层修旧利废的管理工作，持续提升活动水平，必须注重修旧利废过程的标准化管理。现就围绕“明确运作主体、研发操作技法、创新管理机制”三个方面，进行油田基层修旧利废标准化管理观点的探讨。

3.1 要持续开展油田基层修旧利废标准化管理活动，必须优选确定具有善于修旧攻关的各类人员，组成修旧不同主体

作为油田基层单位，面对以往修旧利废缺少技术性、缺乏持续性、欠缺标准性的问题，必须有针对性地选点定人，确定修旧攻关主体，建立并推行能够持续主动修旧、集中定点修旧的油田基层修旧利废标准化管理组织机构。以我们第二油矿运行专业化修旧利废“三定”管理为例，说明油田基层单位确定修旧主体、持续开展修旧利废质量管理活动的必要环节。

3.1.1 要定点运作修旧利废

基层单位围绕修旧利废标准化管理工作，要选定日常工作专业性比较强的、多年探索专业修旧途径的、修旧利废经验丰富的基层队，确定为本单位专业化修旧利废活动点，实行定点修旧利废，如图 1 所示。

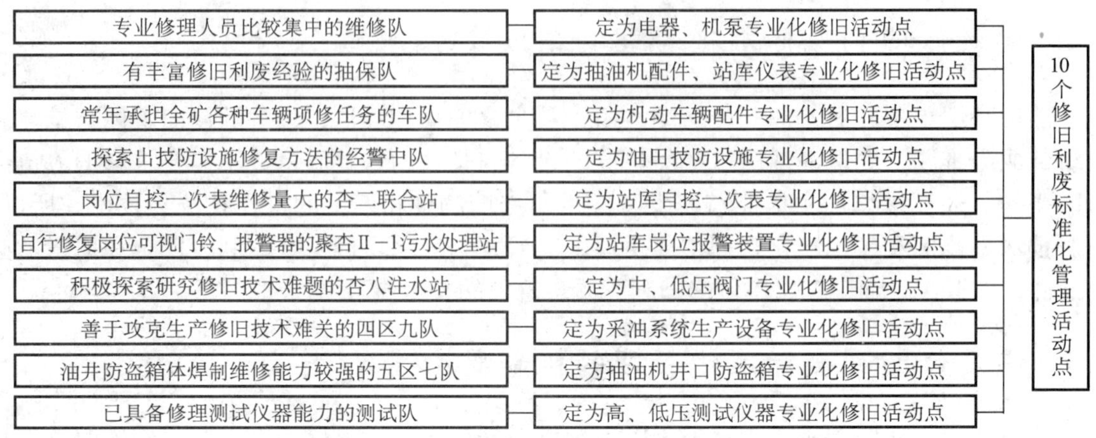

图 1　第二油矿修旧利废标准化管理定点设置图

3.1.2　要定人组织修旧利废

基层单位要设立修旧集中运作、分专业管理的组织机构，确定精通专业技术、策划能力强的矿领导组织专业化修旧利废的机构设立、制度制定、物料落实和定期讲评，要选懂专业修旧、会监督修旧、能管理修旧的机关各路专业技术干部进行，抓专业修旧活动的开展与管理、检查与指导和抓修旧存在问题的协调与落实、研发与攻关的工作，并且修旧利废标准化管理活动点的基层队干部也要细化分工、各负专责，如图 2 所示。

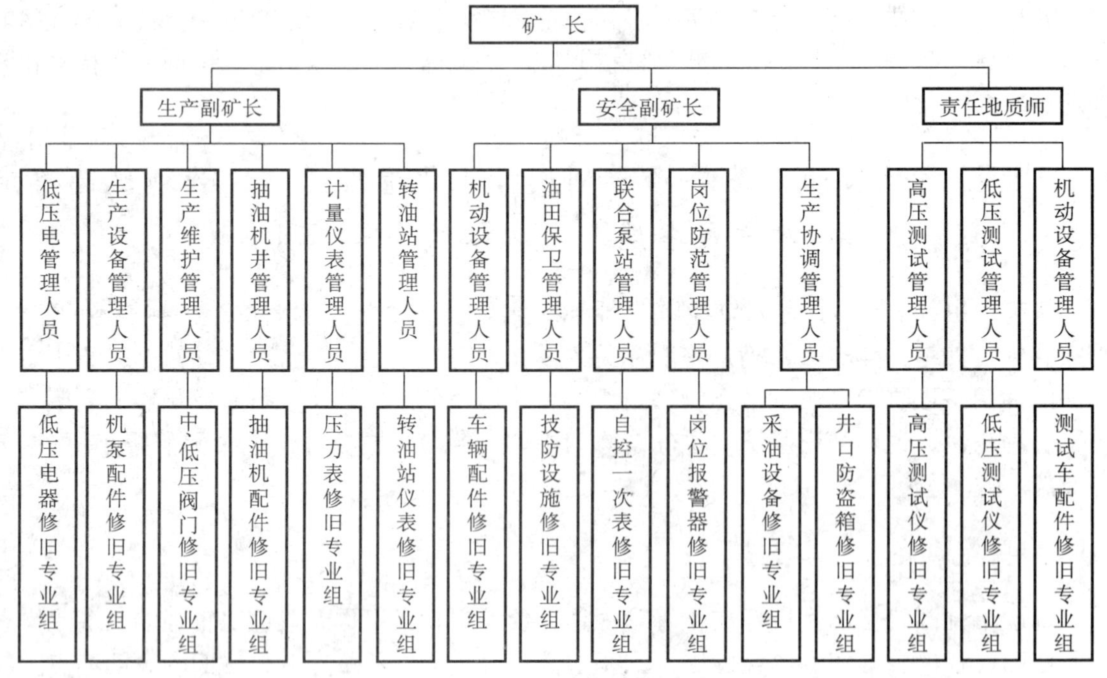

图 2　第二油矿修旧利废标准化管理组织运作、管理分工网络图

3.1.3 要定员实施修旧利废

根据修旧利废标准化管理活动的专业特点，要细分修旧专业，组建多个修旧专业组，优选精通专业技能、善于钻研修旧的员工作为修旧专业组成员，形成了具有专业化特点的定员修旧劳动组织结构，如图3所示。

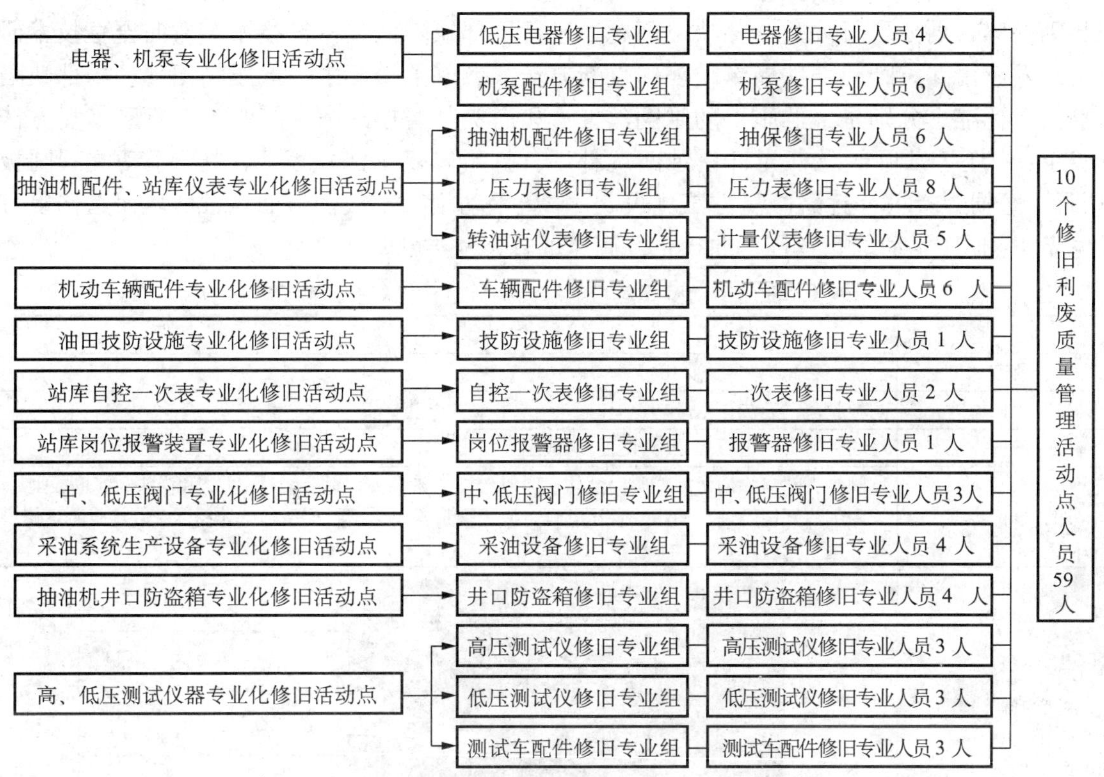

图3 第二油矿修旧利废标准化管理定员修旧劳动组织结构图

通过以上“三定”修旧利废管理机构的设立与分析，可以确定：要持续开展油田基层修旧利废标准化管理活动，必须明确修旧管理点位、明确修旧运作机构、明确修旧操作人员，三个修旧主体的确定是油田基层修旧利废标准化管理活动开展的前提。

3.2 要持久运行油田基层修旧利废标准化管理工作，必须研发应用具有符合修旧实际的操作技法，构成修旧技术支撑

油田基层单位面对制约修旧利废活动持续开展的缺少修旧操作技法难题，途径只有一条，就是自行研发、应用与修旧物件相匹配的专项操作方法与技术。所以，要常年开展修旧利废活动，必须攻克制约修旧利废的瓶颈，在修旧利废标准化管理上实现新的突破。以大庆油田第四采油厂杏八注水站（以下简称杏八注水站）近几年围绕阀门修旧研发专用配

套操作技法、注重探索创新修旧利废操作手段的做法为例，对研发应用符合修旧实际的操作标准的必要性进行探讨与论述。

3.2.1 针对阀门部件的局部磨损、变形缺陷，开展修补恢复技术攻关活动，研发应用阀门部件局部缺陷修复新方法

杏八注水站干部与阀门修旧人员紧密结合，在对报废中低阀门解体的过程中，区别不同类别阀体，划分自行攻关修复缺陷问题，进行局部缺陷修补恢复技术、弯曲压直技术研究，研发应用 5 种阀门部件局部缺陷修复新方法，形成了一套中、低压阀门部件局部缺陷修复技术标准。分别是：低压手动闸阀丝杠“和尚头”磨损缺失焊接修补、打磨修复方法见表 1；中压手动闸阀丝杠光杆锈蚀凹坑补焊、打磨修复方法见表 2；中压手动闸阀闸板“耳眼”磨损焊接填补打磨修复方法见表 3；中压手动闸阀闸板密封面锈蚀凹坑研磨修复方法见表 4；低压手动球阀丝杠弯曲校正、施压取直修复方法见表 5。

表 1　低压手动闸阀丝杠“和尚头”磨损修复方法简介

项　目	内　　容
一、修旧部位	丝杠“和尚头”
二、修旧原因	闸板脱落，无法正常开启，“和尚头”磨损缺失严重
三、修旧方法	对“和尚头”进行焊接修补、打磨成型
四、修旧步骤	1. 阀体表部清除油污；2. 阀门解体；3. 对丝杠“和尚头”焊接修补；4.“和尚头”打磨成型；5. 内部零部件锈蚀、油污、杂质处理；6. 更换石棉垫、密封圈；7. 阀体组装；8. 检查判定修复效果
五、附图及说明	断裂缺失处焊补、打磨成型，达到正常提升闸板
六、修旧注意事项	1. 阀门解体用力适当，防止阀体破裂；2.“和尚头”打磨成型，与闸板配合要好，灵活不脱落；3. 内部零部件锈蚀、油污、杂质处理，不要伤其表面出现划痕；4. 组装时闸板滑道、提升旋转部位，要加注黄油润滑；5. 石棉垫、丝杠、密封圈要更换；6. 组装时各紧固螺栓受力均衡，防阀体破裂
七、判定修旧效果	1. 开关灵活，能够正常提升闸板；2. 试压无渗漏

表 2　中压手动闸阀丝杠光杆锈蚀凹坑补焊、打磨修复方法简介

项　目	内　　容
一、修旧部位	丝杠光杆锈蚀凹坑
二、修旧原因	密封圈加不住渗漏，开关不灵活
三、修旧方法	对凹坑进行补焊、打磨
四、修旧步骤	1. 阀体表面清除油污；2. 阀门解体；3. 对丝杠光杆凹坑进行堆焊补修；4. 打磨光滑成型；5. 清除阀体内部杂质；6. 更换石棉垫、密封圈；7. 除油、润滑组装；8. 检查判定修复效果

续表

项　目	内　　容
五、附图及说明	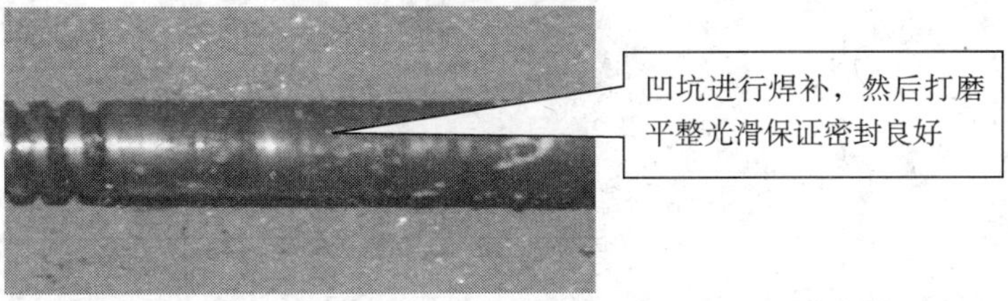 凹坑进行焊补，然后打磨平整光滑保证密封良好
六、修旧注意事项	1. 阀门解体用力适当，防止阀体破裂；2. 阀体内部油污、杂质要清除干净；3. 丝杠光杆凹坑堆焊完要打磨平整光滑；4. 石棉垫、密封圈要更换；5. 组装时各紧固螺栓受力均衡，防阀体破裂
七、判定修旧效果	1. 丝杠光杆平滑，无凹坑；2. 开关灵活好用；3. 试压无渗漏

表 3　中压手动闸阀闸板“耳眼”磨损焊接填补打磨修复方法简介

项　目	内　　容
一、修旧部位	闸板“耳眼”
二、修旧原因	闸板脱落，闸板“耳眼”抱不住“和尚头”，“耳眼”磨损严重
三、修旧方法	对闸板“耳眼”焊接填补。打磨成型
四、修旧步骤	1. 阀体表面清除油污；2. 阀门解体；3. 闸板“耳眼”焊接；4.“耳眼”打磨成型；5. 阀体内部除垢、清除杂质；6. 更换石棉垫、密封圈；7. 阀体组装；8. 检查判定修复效果
五、附图及说明	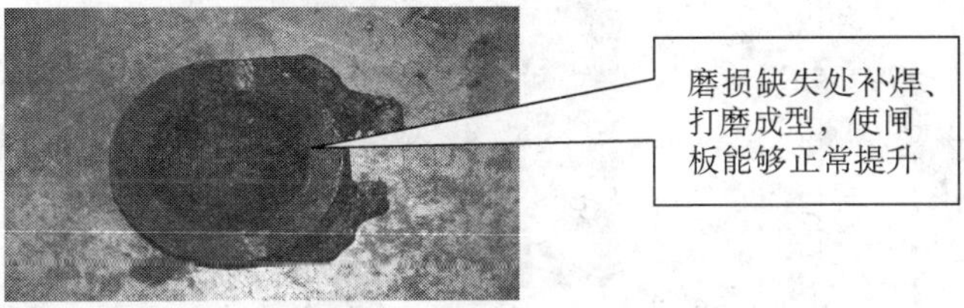 磨损缺失处补焊、打磨成型，使闸板能够正常提升
六、修旧注意事项	1. 阀门解体用力适当，防止阀体破裂；2. 阀体内部油污、杂质要清除干净，不要伤其表面出现划痕；3. 闸板“耳眼”焊接填补完成，要重新打磨；4.“耳眼“与”和尚头“紧密咬合；5. 组装时要更换石棉垫、密封圈；6. 各紧固螺栓受力均衡，防阀体破裂
七、判定修旧效果	1. 开关灵活好用，闸板无滑脱；2. 试压密封良好，无渗漏

表 4　中压手动闸阀闸板密封面锈蚀凹坑研磨修复方法简介

项　目	内　　容
一、修旧部位	闸板密封面研磨
二、修旧原因	闸板密封面锈蚀凹坑
三、修旧方法	焊接填补凹坑，研磨平滑，达到密封效果
四、修旧步骤	1. 阀体表面清除油污；2. 阀门解体，取下闸板；3. 闸板凹坑填补；4. 对填补凸起部位粗磨后，进行细磨，使之平滑；5. 清除阀体内部杂质；6. 更换石棉垫；7. 阀体组装；8. 检查判定修复效果

续表

项　目	内　　容
五、附图及说明	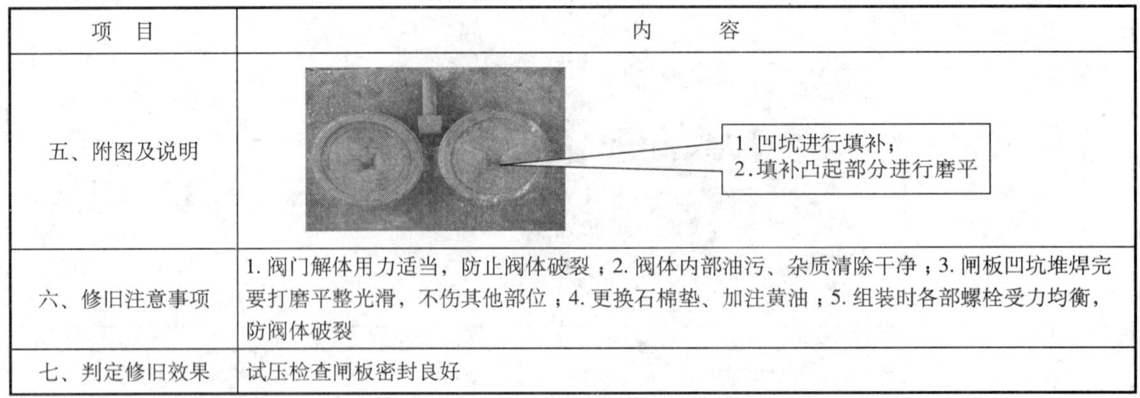
六、修旧注意事项	1. 阀门解体用力适当，防止阀体破裂；2. 阀体内部油污、杂质清除干净；3. 闸板凹坑堆焊完要打磨平整光滑，不伤其他部位；4. 更换石棉垫、加注黄油；5. 组装时各部螺栓受力均衡，防阀体破裂
七、判定修旧效果	试压检查闸板密封良好

表 5　低压手动球阀丝杠弯曲校正、施压取直修复方法简介

项　目	内　　容
一、修旧部位	丝杠弯曲
二、修旧原因	丝杠弯曲，不易操作，对密封圈与铜套磨损，并且与密封圈压盖偏磨
三、修旧方法	对丝杠进行校正，施压取直
四、修旧步骤	1. 阀体表面清除油污；2. 阀门解体，取出丝杠；3. 确定丝杠弯曲部位；4. 弯曲部位固定在液压定位器上，对弯曲部位施压；5. 校直丝杠；6. 更换石棉垫、密封圈；7. 涂油润滑组装；8. 检查判定修复效果
五、附图及说明	对丝杠进行校正，施压取直
六、修旧注意事项	1. 阀门解体用力适当，防止阀体破裂；2. 内部密封面处理不能有划痕；3. 丝杠弯曲部位不能敲击，而是施压；4. 对弯曲部位施压，要做好防护，不伤表面；5. 组装时要润滑，更换石棉垫、密封圈；6. 各紧固螺栓受力均衡，防阀体破裂
七、判定修旧效果	1. 开关灵活好用；2. 丝杠不与铜套或压盖偏磨；3. 试压密封良好，无渗漏

3.2.2　针对阀门部件的整体损坏，开展换件修复方法攻关活动，研发阀门部件加工、整体更换修复新方法

对于中、低阀门解体之后，查出零部件整体损坏无法修复时，区别不同类别阀体，进行零部件加工与更换技术研究，杏八注水站研发 3 种阀门部件加工与更换修复新方法，建立了中、低压阀门部件加工与更换修复技术标准。分别是：低压手动闸阀丝杠铜套加工、整体更换修复方法见表 6；低压手动闸阀密封圈压盖加工、整体更换修复方法见表 7；低压

手动球阀丝杠球端卡环损坏煨制填加更换方法见表 8。

表 6　低压手动闸阀丝杠铜套加工、整体更换修复方法简介

项　目	内　　容
一、修旧部位	更换丝杠铜套
二、修旧原因	丝杠铜套磨损严重，丝杠与铜套间隙大
三、修旧方法	更换磨损的丝杠铜套
四、修旧步骤	1. 阀体表面清除油污；2. 阀门解体，取下磨损严重的丝杠铜套；3. 更换安装所需的铜套 4. 清除阀体内部杂质；5. 更换石棉垫、密封圈；6. 各部做好润滑；7. 阀体组装；8. 检查判定修复效果
五、附图及说明	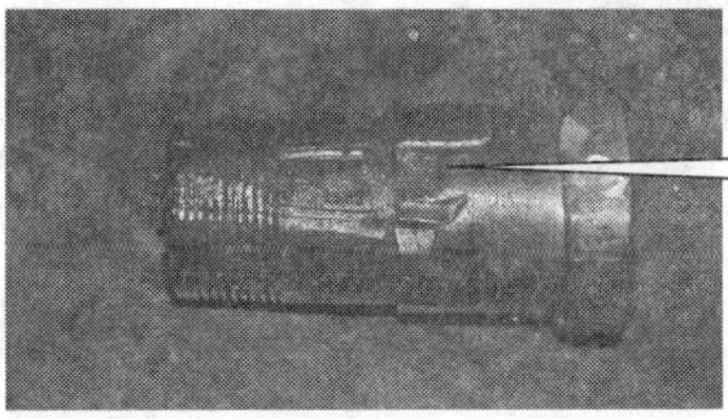 铜套磨损、更换
六、修旧注意事项	1. 阀门解体用力适当，防止阀体破裂；2. 清理内部杂质，密封面不能出现划痕；3. 铜套与丝杠、阀体接触良好；4. 组装时要更换石棉垫、密封圈，并加注黄油；5. 各紧固螺栓受力均衡，防阀体破裂
七、判定修旧效果	1. 开关灵活，丝杠不松动；2. 试压无渗漏

表 7　低压手动闸阀密封圈压盖加工、整体更换修复方法简介

项　目	内　　容
一、修旧部位	更换密封圈压盖
二、修旧原因	密封圈压盖锈蚀严重、破裂
三、修旧方法	更换锈蚀破裂的密封圈压盖
四、修旧步骤	1. 阀体表面清除油污；2. 阀门解体，取下锈蚀破裂的密封圈压盖；3. 更换安装所需的密封圈压盖；4. 清除阀体内部杂质；5. 更换石棉垫、密封圈；6. 各部做好润滑；7. 阀体组装；8. 检查判定修复效果
五、附图及说明	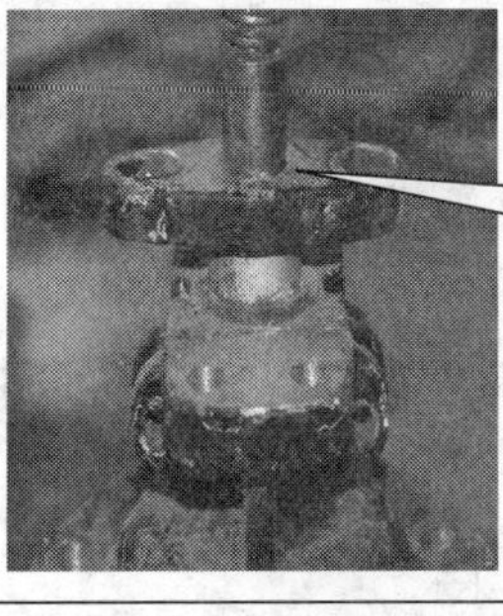 压盖断裂，更换密封圈压盖
六、修旧注意事项	1. 阀门解体用力适当，防止阀体破裂；2. 清理内部杂质，密封面不能出现划痕；3. 密封圈压盖不能压偏；4. 要更换石棉垫、密封圈；5. 各紧固螺栓受力均衡，防阀体破裂
七、判定修旧效果	1. 密封圈压盖不偏磨；2. 试压密封圈不渗漏

表8　低压手动球阀丝杠球端卡环损坏煨制填加更换方法简介

项　目	内　　容
一、修旧部位	丝杠球阀卡环
二、修旧原因	阀球无法正常提升，控制失灵
三、修旧方法	更换阀球与丝杠连接卡环
四、修旧步骤	1. 阀体表面清除油污；2. 阀门解体；3. 对丝杠光杆凹坑进行堆焊补修；4. 清理阀球、丝杠卡槽的结垢和锈蚀杂物；5. 安装阀球与丝杠卡环，使阀球与丝杠连接牢固，不脱落；6. 更换石棉垫、密封圈；7. 阀体组装；8. 检查判定修复效果
五、附图及说明	1.杆槽均匀； 2.阀球卡槽无垢塞； 3.更换阀球卡环
六、修旧注意事项	1. 阀门解体用力适当，防止阀体破裂；2. 内部零部件锈蚀、油污、杂质处理不要伤其表面，出现划痕；3. 清理发球与丝杠连接槽，不能使槽形发生改变；4. 组装时丝杠、卡槽内、阀球接触面涂黄油；5. 石棉垫、丝杠、密封圈要更换；6. 组装时各紧固螺栓受力均衡，防阀体破裂
七、判定修旧效果	1. 丝杠光杆平滑，无凹坑；2. 开关灵活好用；3. 试压无渗漏

3.2.3　针对阀门修旧缺少配件机加途径的问题，确定一个配件加工渠道，建立阀门配件加工“三个一”管理流程

杏八注水站将阀门修旧缺少配件机加途径确定为影响中、低压阀门修复成功率的最大问题，确定了“一项预算指标”、明确了“一个审批程序”、开通了“一条加工通道”如图4所示。

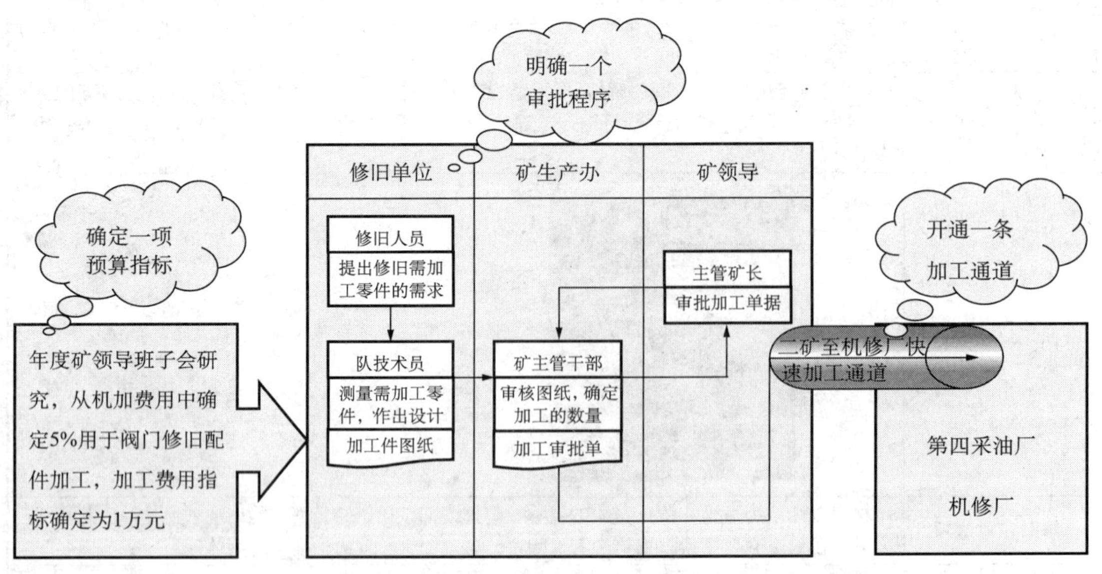

图4　中、低压阀门零部件加工“三个一”流程图

杏八注水站研发 5 种阀门部件局部缺陷修复新方法、3 种阀门部件加工与整体更换修复新方法、建立阀门配件加工管理流程，形成了油田基层修旧利废的技术标准化支撑。从应用效果来看，消除了影响中、低压阀门修旧质量的许多因素，提升了废旧中、低压阀门的修复成功率。所以，要持久开展油田基层修旧利废活动，必须在修旧专用技法研发与应用上不断实现新的突破。

3.3 要不断落实油田基层修旧利废标准化管理要求，必须探索创新具有规范管理特点的质量标准，形成修旧管理机制

质量管理标准是衡量产品质量或工作质量的必要条件。油田的修旧利废既然是一项工作，要持续保证修旧利废工作质量，必须建立相应的质量管理标准。以我们第二油矿“建立管理标准，持续保证修旧利废质量”做法为例，对质量管理标准在油田基层修旧利废中的管理可行性进行分析。

3.3.1 要建立修复件的使用时限标准

油田基层单位要通过深入生产岗位，对以往修复件投用时间的核查、使用情况的调查，并与矿分专业管理干部、技术人员相结合，才能制定出切合实际修旧修复使用质量标准。例如，第二油矿对 15 个修旧专业组 51 项修旧利废的设备、配件、材料确定修复使用时限标准见表 9。分别是：井站低压电器时限标准 3 项，机泵配件时限标准 4 项，抽油机配件时限标准 6 项，转油站仪表时限标准 4 项，井站压力表时限标准 1 项，车辆配件时限标准 6 项，油田技防设施时限标准 4 项，站库自控一次表时限标准 3 项，站库岗位报警装置时限标准 2 项，中、低压阀门时限标准 1 项，高压阀门时限标准 1 项，抽油机井口防盗箱时限标准 2 项，高压测试仪器时限标准 5 项，低压测试仪器时限标准 4 项，测试车辆配件时限标准 5 项。

表 9 第二油矿修旧利废活动点修复件使用时限标准明细表

<table>
<tr><th>序号</th><th>修旧利废负责单位</th><th>修旧利废活动点名称</th><th>划分修旧小组</th><th>修复设备（配件）名称</th><th>修复件使用时限标准</th></tr>
<tr><td rowspan="7">1</td><td rowspan="7">维修队</td><td rowspan="7">电器、低压阀门修旧利废活动点</td><td rowspan="3">低压电器修旧组</td><td>抽油机电机控制柜（55kW）</td><td>72 个月</td></tr>
<tr><td>电机部件（90kW 以下）</td><td>48 个月</td></tr>
<tr><td>变压器部件</td><td>120 个月</td></tr>
<tr><td rowspan="4">机泵配件修旧组</td><td>机泵叶轮（DGR65−50X5）</td><td>72 个月</td></tr>
<tr><td>机泵首级叶轮(DGR46−50X5)</td><td>72 个月</td></tr>
<tr><td>机泵电机轴</td><td>120 个月</td></tr>
<tr><td>机泵轴套（DGR−50X4）</td><td>72 个月</td></tr>
<tr><td rowspan="6">2</td><td rowspan="6">抽保队</td><td rowspan="6">抽油机配件、转油站仪表修旧利废活动点</td><td rowspan="6">抽油机配件修旧组</td><td>抽油机中轴</td><td>96 个月</td></tr>
<tr><td>抽油机尾轴</td><td>96 个月</td></tr>
<tr><td>抽油机曲柄销子</td><td>72 个月</td></tr>
<tr><td>抽油机连杆</td><td>120 个月</td></tr>
<tr><td>抽油机刹车装置</td><td>72 个月</td></tr>
<tr><td>抽油机其他零部件</td><td>48 个月</td></tr>
</table>

续表

序号	修旧利废负责单位	修旧利废活动点名称	划分修旧小组	修复设备（配件）名称	修复件使用时限标准
2	抽保队	抽油机配件、转油站仪表修旧利废活动点	转油站仪表修旧组	转油站二合一容器液位浮球	48 个月
				转油站温度变送器	48 个月
				转油站油流量计表头	24 个月
				转油站数字显示器	24 个月
			压力表修旧组	井站压力表	24 个月
3	车队	机动车辆配件修旧利废活动点	车辆配件修旧组	沈阳 −50 机动车离合器	24 个月
				沈阳 −50 机动车压盘总成	36 个月
				沈阳 −50 机动车启动机总成	24 个月
				沈阳 −50 机动车发电机总成	24 个月
				EQ140 机动车化油器总成	36 个月
				宝典机动车发电机总成	24 个月
4	保卫队	油田技防设施修旧利废活动点	技防设施修旧组	油井井口防盗箱锁	24 个月
				油井井口防盗箱供电电缆	24 个月
				可控部位红外探头	36 个月
				其他各类报警器	24 个月
5	杏二联合站	站库自控一次表修旧利废活动点	自控一次表修旧组	温度变送器	36 个月
				压力变送器	36 个月
				液位计变送器	36 个月
6	聚杏Ⅱ −1 站	站库岗位报警装置修旧利废活动点	岗位报警装置修旧组	岗位可视门铃	6 个月
				女工岗位报警器	6 个月
7	杏八注水站	中、低压阀门修旧利废活动点	中、低压阀门修旧组	各种中、低压阀门	48 个月
8	四区九队	采油系统生产设备修旧利废活动点	采油设备修旧组	250 阀门、其他生产设备	48 个月
9	五区七队	抽油机井口防盗箱修旧利废活动点	井口防盗箱修旧组	抽油机井口防盗箱上盖	48 个月
				抽油机井口防盗箱整体	72 个月
10	测试队	高、低压测试仪器修旧利废活动点	高压测试仪器修旧组	高压测试扶正器	6 个月
				高压测试投捞器	4 个月
				高压测试数据线	6 个月
				高压测试滑轮	6 个月
				高压测试防喷管堵头	4 个月
			低压测试仪器修旧组	低压测试枪机	2 个月
				低压测试传感器	2 个月
				低压测试数据线	6 个月
				低压测试加力管钳	3 个月
			测试车辆配件修旧组	测试车启动机等配件	36 个月
				测试车发电机	36 个月
				测试车离合器	24 个月
				测试车刹车总泵	6 个月
				测试车刹车分泵	6 个月
合计	10 个基层队	10 个修旧利废活动点	15 个修旧小组	51 项修旧利废时限标准	

3.3.2 要建立仪器仪表修旧检验流程

针对油田基层修旧利废的仪器、仪表修旧，要其保证修复质量、达到可以使用的要求，必须采取专业资质部门校检、专业人员资质标定等手段，建立各种修旧检验流程，通过仪器仪表修旧的质量标定、校检验收，增加精密仪器、仪表修旧的质量把关技术手段。例如，我们第二油矿所建立、推行的测试仪器修旧送检、转油站仪表修旧检定、井站压力表修旧校对、站库自控一次表修旧标定等 4 项修旧检验流程，如图 5，形成了仪器仪表修旧检验标准体系。

3.3.3 要建立修旧质量签认管理细则

要进一步提升修旧质量，规范修旧利废工作，必须针对基层队定点修旧、其他各单位分散修旧和生产岗位现场修旧，制定并实行层层验收把关、专人签认的修旧质量管理方法，推行体现贴近班组修旧、符合专业验收、确保修旧质量的“定点修旧质量签认、分散修旧质量签认、现场修旧质量签认”管理细则。例如，第二油矿制定“修旧质量签认管理细则”，并明确修旧矿级签认工作分工。

（1）定点修旧质量签认细则。矿修旧利废活动点在每月末进行修旧分类、数量的盘点，与矿修旧签认对口负责人联系，进行修旧质量全面验收签认，在每件修复设备、配件的修旧合格证上签名，由修旧利废统计员负责将签认的修旧合格证对号入座，用宽面透明胶带在修复验收合格件上做覆盖式透明封闭粘贴。对于不能等到月底验收签认的修复急用设备、配件，由修旧利废活动点负责人与矿修旧签认对口负责人联系，进行紧急验收签认，在做好签署、粘贴修旧合格证之后，方可发放使用。

（2）分散修旧质量签认细则。除了矿 10 个修旧利废活动点，其他各单位开展分散修旧利废活动，必须有修复的实物成果，而且要经过基层队长、矿修旧对口负责人验收把关，签认修旧质量，填写分散修旧合格证和修旧签认单，修旧签认单在矿主管领导审核签认之后，报送给矿财务主管，进入矿季度基层队修旧利废专项加奖之中。

（3）现场修旧质量签认细则。在生产系统维修、生产故障抢修过程中出现的设备、配件紧急修旧，必须经基层队长、矿修旧对口负责人在现场签认修旧质量，填写现场修旧合格证和现场修旧签认单，现场修旧签认单由矿主管领导进行终审，在层层签认之后，将签认单送交矿财务主管，进入矿季度修旧利废专项加奖之中。

3.3.4 要建立修旧利废质量奖惩办法

油田基层单位修旧人员，每人都有自己的本职岗位。修旧是这些人的兼职工作，每天不但要完成油田生产管理维护，还要开展修旧活动，确保修旧利废活动持久创效。对此，油田各单位单位有必要从细化奖惩办法入手，制定、实行奖罚分明、具有激励作用的修旧利废质量奖惩管理制度。例如，我们第二油矿研究确定季度区别原值、划分奖励区间、细算修旧净值（修旧利废价值减去修旧领用材料价值）等修旧利废质量管理奖惩办法，对修旧利废质量工作进行细化奖惩，按修旧利废原值划分四个奖励区间，按修旧净值计算奖励

金额，最大限度地鼓励员工的修旧利废工作热情。我矿修旧利废考核办法既有加奖标准又

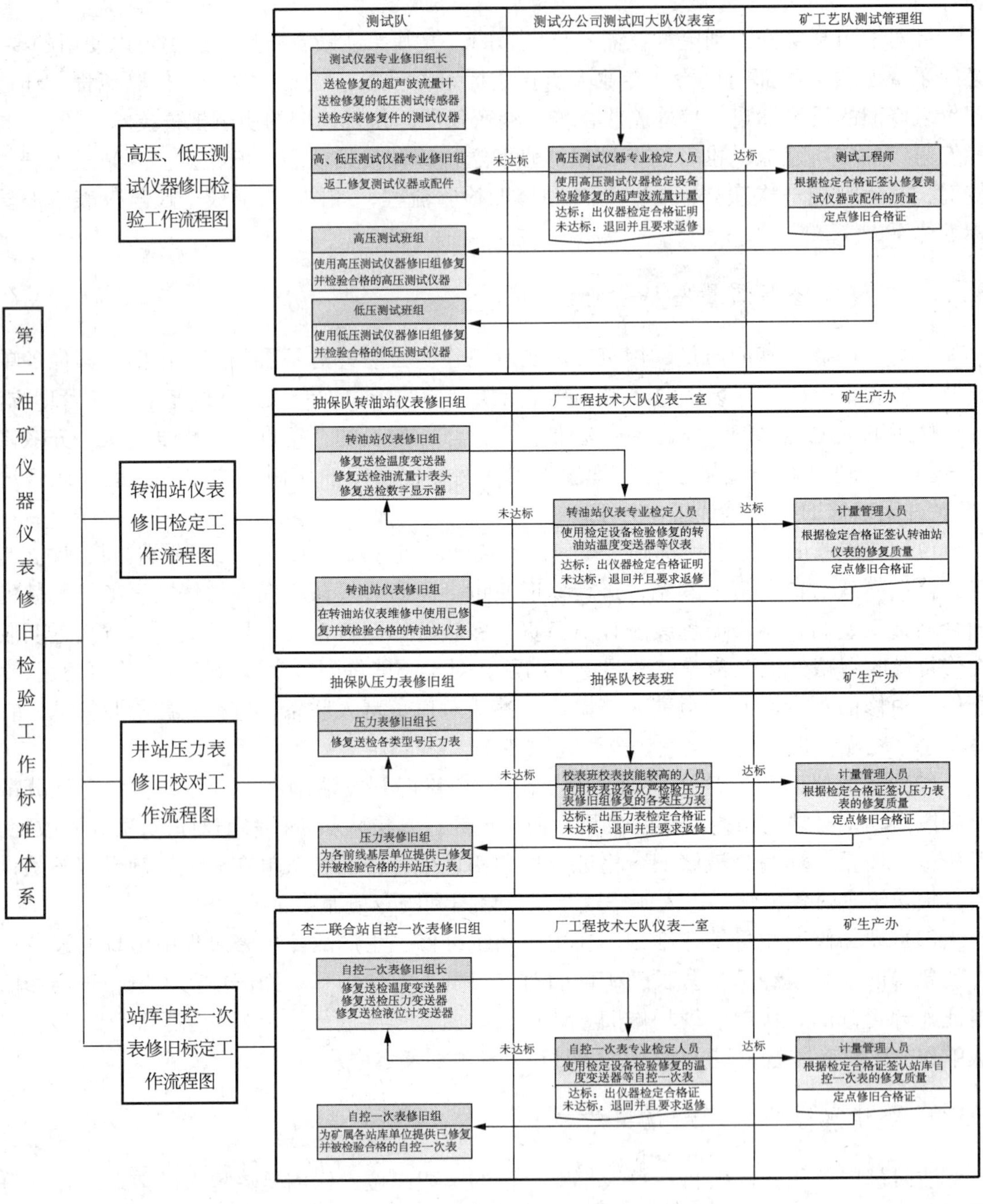

第二油矿仪器仪表修旧检验工作标准体系

高压、低压测试仪器修旧检验工作流程图

测试队
测试分公司测试四大队仪表室
矿工艺队测试管理组
测试仪器专业修旧组长
送检修复的超声波流量计
送检修复的低压测试传感器
送检安装修复件的测试仪器
高、低压测试仪器专业修旧组
返工修复测试仪器或配件
未达标
高压测试仪器专业检定人员
使用高压测试仪器检定设备检验修复的超声波流量计量
达标：出仪器检定合格证明
未达标：退回并且要求返修
达标
测试工程师
根据检定合格证签认修复测试仪器或配件的质量
定点修旧合格证
高压测试班组
使用高压测试仪器修旧组修复并检验合格的高压测试仪器
低压测试班组
使用低压测试仪器修旧组修复并检验合格的低压测试仪器

转油站仪表修旧检定工作流程图

抽保队转油站仪表修旧组
厂工程技术大队仪表一室
矿生产办
转油站仪表修旧组
修复送检温度变送器
修复送检油流量计表头
修复送检数字显示器
未达标
转油站仪表专业检定人员
使用检定设备检验修复的转油站温度变送器等仪表
达标：出仪器检定合格证明
未达标：退回并且要求返修
达标
计量管理人员
根据检定合格证签认转油站仪表的修复质量
定点修旧合格证
转油站仪表修旧组
在转油站仪表维修中使用已修复并被检验合格的转油站仪表

井站压力表修旧校对工作流程图

抽保队压力表修旧组
抽保队校表班
矿生产办
压力表修旧组长
修复送检各类型号压力表
未达标
校表班校表技能较高的人员
使用校表设备从严检验压力表修旧组修复的各类压力表
达标：出压力表检定合格证
未达标：退回并且要求返修
达标
计量管理人员
根据检定合格证签认压力表表的修复质量
定点修旧合格证
压力表修旧组
为各前线基层单位提供已修复并被检验合格的井站压力表

站库自控一次表修旧标定工作流程图

杏二联合站自控一次表修旧组
厂工程技术大队仪表一室
矿生产办
自控一次表修旧组长
修复送检温度变送器
修复送检压力变送器
修复送检液位计变送器
未达标
自控一次表专业检定人员
使用检定设备检验修复的温度变送器等自控一次表
达标：出仪器检定合格证
未达标：退回并且要求返修
达标
计量管理人员
根据检定合格证签认站库自控一次表的修复质量
定点修旧合格证
自控一次表修旧组
为矿属各站库单位提供已修复并被检验合格的自控一次表

图5　第二油矿仪器仪表修旧检验工作标准体系构成图

有考核内容，达到了“六个明确”：

（1）明确每季度采取区别原值进行修旧利废加奖的标准。废旧设备、配件、材料经专业化修旧活动点人员修复并投入使用后，每季度区别原值对专业化修旧点进行不同标准奖励。原值在100元以下的，按修旧净值的20%进行加奖；原值在100元至500元之间的，

按修旧净值的15%进行加奖；原值在500元至1000元之间的，按修旧净值的10%进行加奖；原值在1000元以上的，按修旧净值的5%进行加奖。

（2）明确各基层队按标准落实修旧利废加奖的建议比例。要求各基层队制定修旧利废加奖标准，纳入到本单位月度奖金考核细则之中。建议将矿奖励基层队修旧利废加奖总额的70%加奖给修旧人员，余下用于加奖本单位修旧利废组织者、配合人员以及他相关人员。

（3）明确修旧利废质量不达标问题奖项的具体追回办法。基层队定点修旧、分散修旧、现场修旧出现质量问题，修复件使用未达到规定时限，在之后的季度修旧利废专项加奖中，将已奖励过的该项奖金予以扣除追回。

（4）明确定期检查考核修旧利废活动点管理工作的方式。每月由矿财务人员与矿材料组人员联合检查修旧利废活动点的管理情况，做好记录，搞好讲评，对克服困难积极开展修旧利废活动的单位，+1.0分；对条件具备仍不主动开展修旧利废活动的单位，−1.0分。

（5）明确半年、年度开展修旧利废总结活动的评比细则。修旧活动点的负责单位，要在半年度、年度搞好修旧利废活动经验总结，开展工作互相交流学习活动。年终，矿开展修旧利废工作总评比，被评为矿修旧利废先进单位，+3.0分；因修旧利废工作出色而被选树为厂级及厂级以上层面的先进单位，+5.0分。

（6）明确落实上级部门下发专项奖金的奖励范围和原则。对于厂下发的年度有关修旧利废的奖金，在不违反上级要求的同时，以“按劳分配、多修多得”为原则，将全部专项奖发放到对矿修旧利废有突出贡献的单位和个人，充分发挥专项奖激励作用，促进全矿修旧利废管理水平的不断提升。

4 油田基层修旧利废标准化管理的结论和方向

油田基层单位修旧利废是大庆油田优良传统的传承，要将修旧利废活动持久开展的富有成效、持续创造更多的经济效益，前提是必须把住修旧质量，只有确保修旧质量，才能确保利废效果。要把住修旧质量，必须注重修旧利废的标准化管理。我们第二油矿自2007年开始，探索、运行油田基层修旧利废标准化管理体系，累积研发修旧操作标准27项、研制修旧专用工具8套，在修旧利废创新管理上实现了新突破；4年累积修复废旧设备及配件5326件，创修旧利废价值748.5067万元。修复率由2006年的48.3%上升至2010年的83.2%，提高了34.9个百分点。通过对油田基层修旧利废的标准化管理课题探讨，得出的结论是：要持续开展油田基层修旧利废标准化管理活动，需要组建具有修旧高标准的管理机构与操作主体，需要研发应用符合修旧实际的操作技法与技术手段；需要探索创新具有规范管理特点的标准化管理标准与机制。可以说，作为大庆油田优良传统的修旧利废，不但需要持续传承，更需要在标准化管理上发展创新。

参 考 文 献

[1] 石油工业标准化研究所编．石油工业标准起草人手册．北京：石油工业出版社，

2006.9

[2] 尤建新，邵鲁宁，吴小军，谭璇．质量管理：理论与方法．大连：东北财经大学出版社，2009.6

[3] 马林主编．全面质量管理（第二版）．北京：中国科学技术出版社，2006.4

输气管理处 HSE、完整性管理体系融合探索

——标准化精细化，安全管理的基石，企业文化的载体

余 进 胡 剑 黄 海

（中国石油西南油气田公司输气管理处）

摘 要 针对输气管理处推行 HSE、完整性管理以来，在管理观念、体系建设和常态化运行中存在的问题，分析了两大体系各自的特点和优势，提出了融合建立标准化精细化的制度体系的思想，从日常工作，建设综合信息、审核系统和推进中心，配置人力、物力资源等多方面进行了有益地探索，逐步形成渗入输气安全生产各个环节并实现常态化的适应性强、特色鲜明的企业安全文化。

关键词 HSE；完整性管理；标准化；精细化；融合

1 引言

石油天然气行业是一个高风险的行业，几乎所有的生产、维修活动中都存在着风险因素。如何预防和削减风险，如何使管道始终处于安全可控的状态。提升安全性，这是摆在石油天然气行业企业面前的重要课题。

国际通行的做法是建设标准化的 HSE 或完整性管理体系来进行安全管理。它是以建立“最佳执行标准”为目标，根据国际 HSE 或完整性管理（PIM）的技术标准和理论、行业最佳实践方法对企业的管理技术和运行系统等方面进行建设和综合评估，发现优势与不足并有针对性地持续改进，以提升企业安全管理水平，促进和保证本质安全。输气管理处在同步推进 HSE 和完整性管理体系建设，实施标准化的安全管理工作中，做出了有益的探索。

2 融合安全标准化体系建设新“引擎”

安全管理是以 HSE 管理体系为基础，以安全文化为灵魂的综合性科学。文化管理是石油企业管理的重要组成部分，也是统一思想、凝聚力量、实现可持续发展的重要源泉。建设标准化的安全文化则是企业可持续发展的重要基石。

输气管理处在 2007 年开始大力推行 HSE 管理体系建设，2009 年开始全面推进完整性管理体系建设的过程中，通过引进、消化和吸收，逐步认识到把 HSE 和完整性管理这两种

舶来的安全管理方法进行有机融合、协同共进和标准化实施的重要性。这样，一方面使得安全工作更有针对性，一方面更具有可操作性。为此，我们有针对性地开展了一系列卓有成效的工作，从而顺利实现了企业安全管理由传统管理到系统建设，从经验主义到制度科学的转变，发动了安全标准化体系建设的新“引擎”。

3 HSE、完整性管理体系融合的基础和可行性

作为备受业界推崇的两大安全管理体系，HSE 体系从 1997 年起即在中国石油内部开始推广，而 2002 年前后，完整性管理体系（美国国会于 2002 年 11 月通过并经布什总统签字批准了《2002 年管道安全改进法》，在此法中首次归纳出已被当前管输行业奉为运行指南的概念——管道完整性管理）才开始在国内石油管道企业推广，输气管理处真正贯彻执行完整性管理在 2007 年，两者时间跨度较大，涵盖范围不同，必须找准这两大体系的区别与联系，才能顺利实现融合。

3.1 将 HSE 与完整性管理的释义进行对比

HSE 是健康、安全、环境的英文简称。HSE 管理体系是指一个组织在其自身活动中，对可能引发的风险采取管理措施，控制其发生，以减少可能引起的人员伤害和环境破坏，最终实现企业的 HSE 方针和目标的一种系统的管理方法。

完整性管理是从可研到运行全阶段，对所有影响管道完整性的因素进行综合的、一体化的管理，是以预防事故为主的主动应对、主动维护的模式。常态化管理后，通过完整性管理系统就能完成数据采集、分析和决策支持等功能，而管理人员只需通过审查来制定控制风险的计划，然后决定投资方向，先解决主要矛盾，再是次要矛盾。通过如此不断循环，较大或者中高风险就会被削减，自然而然地预防了事故。

据此，HSE 和完整性管理落实到一句话就是基于风险的安全管理。

3.2 将中国石油天然气集团公司（以下简称中石油）HSE 管理 28 要素与 DNV 完整性管理 11 大程序 47 子程序对比

HSE 管理要素与完整性管理程序对比见表 1。

表 1 HSE 管理要素与完整性管理程序对比

中石油 HSE 管理 28 要素	DNV 完整性管理 11 大程序 47 子程序
1. 领导和承诺 2. 健康、安全与环境方针 3. 策划（4 个二级要素） 4. 组织结构、资源和文件（7 个二级要素） 5. 实施和运行（8 个二级要素）	1. 领导及承诺（4 个） 2. 计划及资源的总要求（2 个） 3. 实施的总要求（5 个） 4. 变更管理（5 个） 5. 风险管理（3 个） 6. 信息、记录和数据管理（3 个） 7. 培训和能力（6 个）

续表

中石油 HSE 管理 28 要素	DNV 完整性管理 11 大程序 47 子程序
6. 检查和纠正措施（6 个二级要素） 7. 管理评审	8. 承包商（2 个） 9. 事件报告、调查和跟踪（2 个） 10. 站场完整性管理具体要求（6 个） 11. 管道完整性管理具体要求（9 个）

注：DNV 是挪威船级社的英文简称，该机构在促进完整性管理方面贡献较大。

从上述要素对比中不难看出，两大体系在许多要素中都具备共通性。

3.3 HSE、完整性管理相关理念、标准、潜在风险受体对比

HSE、完整性管理相关理念、标准、潜在风险受体对比见表 2。

表 2 HSE、完整性管理理念、标准、潜在风险受体对比

名称	理念	政府监管的执行的标准	主要危险因素	主要预防措施	潜在风险受体
PIM	缺陷是无处不在的，只有不断识别、跟踪缺陷的发展，并不断消除缺陷，才能本质安全	加拿大：NEB OPR–99 第 40、41 部分 美国：交通部管道安全办公室负责监管，执行联邦法规第 49 卷第 186—1999 部分，要求所有液体管道和气体管道都必须编制完整性管理程序。 标准：API RP 1129 API RP 1160 液体管道 ASME 31.8G：2001 气体管道 CEGB/R/H/R6（英） SY/T 6621，Q/SY 1180	内外腐蚀、应力腐蚀、制造缺陷、施工缺陷、设备失效、第三方损害、误操作、天然气与外力因素（过冷、雷击、大雨或洪水、地壳运动）等 9 类 21 种风险	数据资料的收集和整合；定性或定量风险评价，识别风险并排序（尤其确定高后果区域）；对重大风险进行完整性评价（检测、试压或直接评价）；制定事故减缓措施	管道及管道设施（含站内设施）
HSE	“一切事故都是可以避免的”，“员工的健康和安全是第一位的”，“安全是每一名员工的责任”，“环境保护和持续发展是一切企业活动的基石”	ISO/CD 14690（1996 年发布）、SY/T 6267—1997（国内 HSEMS）、ISO 9000（质量体系标准）、ISO 14000（环境体系标准）、2004 年《石油及天然气管道安全监察管理规定》（国内）、2010 年《中华人民共和国石油天然气管道保护法》（国内） SY 6276，Q/SY 1002.1	火灾、高空作业、挖掘作业、噪声、电车辆、坠物、冷热温度、抛射物、喷射、辐射、高空电缆、受限区域、易燃物、可燃物、腐蚀物、吸入危险物、有毒物、泄漏、单人作业等	风险矩阵分析，安全工作许可制度；持证上岗培训；个人防护用具；应急反应计划	员工、附近社区群众、环境（江河湖海、大气、土壤、野生动植物等）

从表 2 可以看出，两者是既有区别又有联系。

3.4 将两大体系方针进行对比

完整性管理方针：资产完整、全员参与、安全可控、持续改进。

HSE 管理方针：以人为本、预防为主、全员参与、持续改进。

从上面几方面的对比中不难看出，尽管各有侧重，遵循的标准也不尽相同，但完整性

管理与 HSE 的本质都是进行风险管理，都是为了安全，从根本上可以统一；在组织机构和管理人员，生产设备、工艺设备管理和检测技术、评价方法，操作要求、文件制度、基础管理、培训，审核、效能评价等很多方面都有很强的共通性，可以实现融合。这些也正是两大体系融合运行的稳固基础。

据此，按照“统一、规范、简明、可操作”的原则，我们又将完整性管理与 HSE 分别提炼简化为：完整性管理是基于风险的标准化的主动精细化管理；HSE 管理是以人为本的标准化的预防性精细化管理。这样，就将两者都落足在精细化、标准化管理上，从而为顺利实现两者的融合奠定了坚实的基础。

4 输气管理处 HSE、完整性管理体系融合探索

毋庸置疑，管道运输是石油天然气最经济、最合理的运输方式，但管道安全问题也由来已久。安全问题是个高度复杂和高度综合的问题，任何一项安全事故的发生都有其特殊成因。无论是安全事故的发生还是安全问题的解决，都和人的因素（人的不安全行为——事故发生的直接原因）、物的因素（物的不安全状态——事故发生的直接原因）以及安全管理（事故发生的间接原因）这三大因素密切相关。要提高安全管理的水平，必须从这三方面同时入手，提出综合解决方案。

为此，国内外许多管道公司都进行过有益的探索，他们共同的答案正是世界上最先进的管道安全管理模式——HSE 和管道完整性管理。这两大管理体系各有特点和优势，如果能够强强联合、优势互补、融合发展的话，势必将管道企业的安全管理水平提升新的台阶，达到更高的本质安全的高度。为此，输气管理处在 HSE、完整性管理体系融合实践中做出了有益的探索（图 1），形成了标准化的融合体系，用先进、规范的制度去保证管网运营安全，并最终逐渐固化和深入人心，打造本质安全型企业，形成具有输气管理处特色的安全文化。

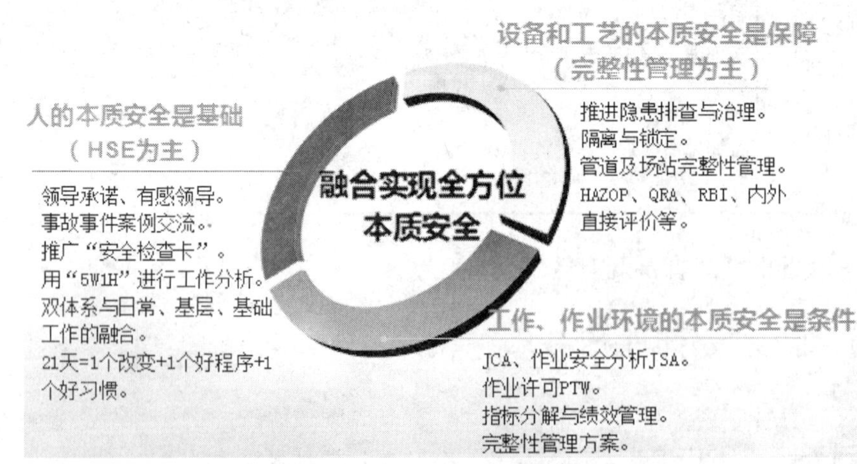

图 1　输气管理处 HSE、完整性管理三方面融合工作示例

上面提到的本质安全型企业系指事故存在在隐患的环境条件下也能够依靠内部系统和组织保证长效安全生产的企业。我们知道，广义的本质安全是指包括人、机、环境、管理在内的系统表现出的安全性能，通过优化资源配置和提高其完整性使整个系统安全可靠，尽管缺陷无处不在，但只要不断识别和跟踪缺陷的发展并进行治理，就可消除缺陷和风险，即所有事故都是可以预防和避免的。

5 输气管理处 HSE、完整性管理体系融合打造标准化、精细化的本质安全型企业具体实践

输气管理处从“人、机、环境、管理”四个管理要素着手，本着人的本质安全是基础(HSE 为主)，设备和工艺的本质安全是保障（完整性管理为主)，工作、作业环境的本质安全是条件三个管理思想，重点落实“人员无差错，设备、工艺无隐患，作业环境危险可控，管理无缺陷”四个控制目标，切实提高人、设备和工艺、作业环境和管理的本质安全化，确保全处安全生产全过程、全方位可控、在控，探索出了一条创建标准化、精细化的本质安全型企业的新路子。其具体实践举例如下。

5.1 在日常、基层、基础工作中的融合，标准化制度的“活化”

首先，根据大量实地调查和咨询访谈，明确了 HSE、完整性管理体系推进在日常、基层、基础工作中存在的问题：

（1）体系运行中与实际操作不相符、存在只注重短期效应的“两张皮”现象。

（2）全员参与度不够，认为有人制定体系制度，自己只需执行即可。

（3）没有真正在思想上实现从“要我安全”到“我要安全”的转变。

（4）培训走过场，课件不得力，理论一大堆，实际不能用。

其次，有针对性地通过如下五方面的工作，促进双体系融合共进：

（1）加强细节管理，落实操作卡和日常检查，实行人机一体化管理。

（2）全员参与危害识别，共同制定管理方案，主动防控风险。

（3）实事求是，多层次多方法进行培训，并对效果进行评估。

（4）启动双体系建设性提案程序，激励员工、承包商积极参与。

（5）设立“安全爬坡奖”，激励各作业区争当安全环保先进集体。

第三，应用“5W1H”方法进行工作分析，持续对现有工作进行改进。

在开展工作前，一线员工及其基层直接领导用“5W1H”方法对工作进行分析，真正理清了工作思路，全面把握可能出现的问题，使管理迁移，从而有效地避免了工作中的风险。“5W1H”方法内容及分析步骤，如图 2 所示。

“5W1H”在日常、基层、基础工作的应用：

（1）取消：就是看现场能不能排除某道工序，如果可以就取消。

（2）合并：就是看能不能把几道工序合并。

（3）改变：改变一下顺序，改变一下工艺或能提高效率和安全性。

（4）简化：将复杂的程序变得简单一点，提高可操作性。

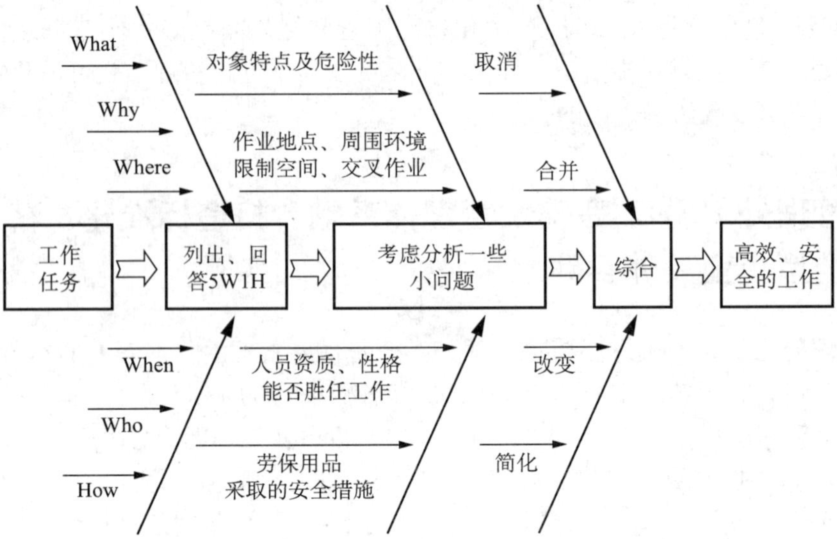

图 2 “5W1H”方法在日常、基层、基础工作的应用

最终实现，关于安全，在日常工作中，不用再去要求，员工都会自觉遵守去执行去改进的目的。

通过上述工作后，标准化的 HSE、完整性管理体系制度就自然而然地与我们日常、基层、基础工作有机地结合在了一起，实现了两大体系的和谐发展。

5.2 多种形式助推体系教育

（1）推行以“学知识、保平安”为主题的“每天从安全开始，一日一题”活动，借助网络，宣传体系知识，解读规章禁令等。

（2）推行关于“未遂事件（事故）学习，HSE 管理情况、完整性管理技术通报”为主要内容的学习活动，建立长效机制。

（3）由体系推进中心（1 名 HSE 培训专员、1 名完整性管理培训专员）与相关科室和各作业区一起，深入一线，推广实施“21 天 1 个改变 1 个习惯”活动，通过详尽分析双体系与实际工作的结合点，制作课件进行培训。培训注重持续性和灵活性，并严格考核。

（4）建立每周“HSE 督察通报”机制（配合精细化管理检查），各基层单位进行对照，宣传好的做法；对于不足，举一反三，避免类似安全问题的重复。

5.3 统筹安排 HSE、完整性管理工作，建设综合信息系统

根据体系文件对所有业务流程和管理流程重新进行分析、梳理，对未完全规范化的业务流程进行改进，扩大流程固化面；对双体系进行全面梳理，分析关键控制点上信息系统对体系的支撑度，以“完整性管理应用系统”为基础，分析排查信息孤岛状况。

遵循 PDCA 工作法（图 3），在综合管理体系信息系统中植入闭环控制管理模型。该模型

可以自动对监控到的数据进行统计、对比、分析，及时暴露存在的问题，形成体系运行分析报告，帮助我们实现持续的自我改进。

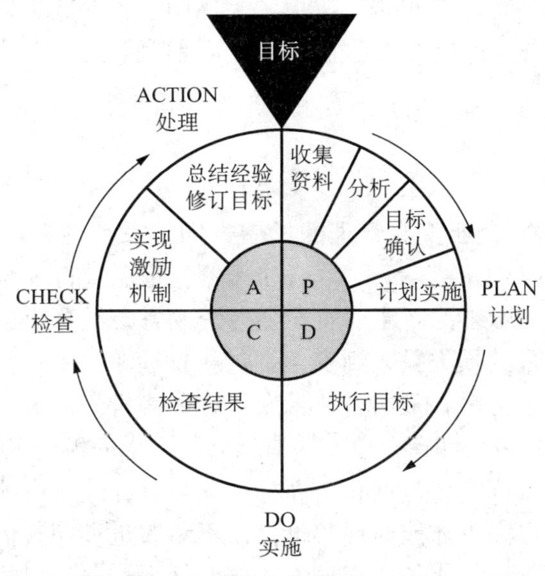

图 3　双体系融合 PDCA 工作法

5.4　建设输气管理处体系推进中心的规划方案简介

按照输气管理处要求，成立推进中心以深入研究 HSE、完整性管理体系，从软、硬两方面着手，以体系推进中心为紧密层，各机关职能科室和作业区为松散层建立一个学习型、成长型的和谐团队。抓住技术、管理、人才等核心要素，进行攻关和创新实践，逐步探索建立起全方位安全风险识别、管理和控制体系。

通过将 HSE、内控体系及管道完整性管理有效融合，把高后果区识别、国际安全评级（ISRS）、量化风险评估（QRA）、三大完整性评价（RBI，RCM，SIL）、危害与可操作性分析（HAZOP）等国际通行的风险管理技术有机地应用到全处安全管理中去，立足自我基础、发展多元特色、研发生产并重，改进循环提高，持续改进安全管理工作，形成一套“以风险预控为目标，以 HSE 管理 \ 完整性管理为核心，以全过程控制为重点，技术先进、管理严谨、提前防控”的管道安全管理新模式。

5.5　统筹安排 HSE、完整性管理工作，建设综合审核系统

国内外石油天然气企业的安全管理体系运行各具特色，在进行体系审核时，难以用通用的标准去审核每一个二级单位。同时，在不符合发现、不符合程度确认、审核结论描述等方面也存在难以一致的问题；另外，审核员能力不平衡，审核结果不能量化也制约了体系运行效果审核的效能。

为此，我们根据中国石油集团公司印发的“HSE 体系运行质量评估标准”，分公司所印发“西南油气田分公司完整性管理审核”标准，本着“简明、规范、统一、可操作的要

求”，逐步制定完善“输气管理处体系量化审核标准”，将两种审核系统进行融合，并将难以理解部分进行解释，对定性的描述进行量化，对打分指标进行量化，打造出一套可操作的审核系统，形成体系运行审核报告，避免了上述问题，提高了审核结果的有效性，不但让作业区和机关科室也可自行打分，还可以据此实现自我改进。

6 结论

HSE管理体系是今后企业安全管理的发展方向，完整性管理是管道企业安全生产的指南，HSE、完整性管理“双管齐下”是石油天然气企业进行安全管理的必由之路。按照HSE、完整性管理的先进思想，创建本质安全型企业将会给企业创造更好的经济效益和社会效益：预先把事故带来的损失投入到安全上，从长远考虑不仅没有增加成本，反而是节约了成本，同时既挽救了生命，又给企业带来良好的声誉，大大提升企业的竞争地位和社会地位，同时对于我们建设“和谐企业、和谐社会”产生积极的影响。

管理靠制度，规章制度需要标准化，而标准化只有在运行中才能体现其生命力，也只有在持续改进、完善和提高中才能体现其价值，不断改进和完善体系文件、控制文件，按照标准化的要求主板完善和细化工作指导书、作业规程，并强化执行力度，使风险削减到最低限度，形成领导重视、全员参与、各部门严格执行的安全文化氛围，才能使安全意识形态逐步在员工的心灵深处扎根，才能适应持续改进的安全生产工作需要。

输气管理处通过大力创建本质安全型企业，创新地将HSE、完整性管理两大安全管理体系进行融合，打造了一套综合多能的标准化安全管理体系，以“转变观念、养成习惯、提高能力”为目标，以“深解读、带好头、做到位、零死角、全提升”十五字法则为主线，扎实推进HSE、完整性管理体系建设，全员实现了从“要我安全”到“我要安全”转变，大大降低了生产安全事故的发生，形成了以“立体的教育培训、精细的安全管理、有力的技术保障、闭环的监督检查、严格的岗位执行”为主要内容的输气特色安全文化，这样的探索和实践是非常有益的。

参 考 文 献

[1] 王治学．浅析HSE管理体系对企业设备管理的作用[J]．内蒙古石油化工，2010(11)

[2] 王盘林．基于HSE管理体系体系下的现代企业安全管理与安全文化[J]．湖南农机，2010(7)：94 ~ 95

[3] 王柏苍．石油企业软实力之七：文化管理力[J]．石油科技论坛，2010(2)：47 ~ 49

[4] 孙岩冰，孙兆光．管道延伸责任，油气铸就使命[J]．中国石油石化，2010(10)：81 ~ 83

[5] 祁钰．浅析HSE管理中的主要要素及对策[J]．科技传播，2010(11)(上)：72 ~ 73

[6] 吕荣洁."号脉"管道完整性管理[J].中国石油石化,2010(20):53~55

[7] 石国武,廖红茹.标准——安全管理的基石[J].安全生产与监督,2010(2):36~37

[8] 徐海祥,支景波.HSE管理体系量化审核方法浅析[J].体系建设,2009(2):13~15

[9] 覃邦迁.完善江汉油田HSE管理体系的几点认识[J].安全与环境工程,2009(5):92~94

[10] 赵蓓.浅谈石油石化企业HSE管理体系实践性研究[J].现代经济信息,2010(12)

[11] 赵春玲.推行HSE管理体系,提高企业设备的管理水平[J].经济与管理,2008(6)

[12] 黄飞.中国石油天然气股份有限公司企业标准化工作的回顾与展望[J].石油工业技术监督,2007(3)

[13] 杜民,张敏.中国石油HSE专业标准化工作探讨[J].油气田环境保护,2010(3)

[14] DordiHoivik, Moen BE, Ka thryn Mearns, et al.An explorative study of health, safety and environment culture in a Norwegian petroleum company [J]. Safety Science2009,(47):992~1001

[15] 中国石油天然气集团公司.中国石油天然气集团公司HSE管理原则学习手册[M].北京:石油工业出版社,2009

[16] The Keil centre for the health and safety executive.Strategies to promote safe behaviour as part of a health and safety management system [oL], www.hse.gov.uk

[17] 中国石油天然气集团公司.钻井HSE两书一表编制指南[M].北京:石油工业出版社,2009

谈谈标准创新与企业管理创新

于金佩　彭晓英　苏欲波　岑瑗瑗

（胜利油田分公司胜利采油厂）

摘　要　标准创新和企业管理创新相辅相成，标准创新可以促进企业自主创新和技术创新，可以促进企业产品适应市场需求，可以提升企业的管理水平，它对企业发展和构建科学的文件化的企业管理体系有着非同一般的意义。

关键词　标准创新；企业；管理创新

1　引言

标准化和计量工作是国家经济发展的重要技术基础工作，是社会主义现代化建设的基础工作。标准和计量技术的水平，在一定意义上标志着一个国家的科技和经济发展水平，对科技进步和经济发展有直接的影响。随着国内外市场竞争压力的增加，标准化管理工作越来越体现出其重要性。作为国民经济重要支柱的石油企业要想提高核心竞争能力，实现可持续发展，必须对标准化管理进行积极地创新定位和思考，用标准化的创新管理推动企业的技术创新。对于石油企业来说，标准作为技术的载体，与技术创新是密不可分的。标准创新是企业技术创新的内容和结果，没有标准化创新的技术创新是没有生命力的。因此可以说，标准化管理创新是企业提升竞争力的重要举措。

2　标准化创新是企业可持续发展的重要保障

标准化创新，是指在社会主义市场经济条件下，企业必须改变标准化管理现状，以建立差别优势，更好地满足顾客的期望和需要，提高企业竞争能力，实现企业的可持续发展为目的；在标准化管理的观念、标准及标准体系、模式及管理机制等方面进行的一系列活动。

2.1　观念创新是企业标准化创新的前提和依据

没有适应市场需求的新的标准化管理观念，企业不可能实施创新行为。随着经济的发展和竞争的激烈，企业标准化工作表现出明显的滞后性，没有创新观念的标准化成为制约企业核心竞争力的重要因素，甚至制约了企业生产经营活动的改进与提高。事实上，国内外先进企业在标准化活动上投入了大量资源，通过取得国际标准化活动的控制权占领市场份额，因此，结合石油企业面临的内外形势，必须树立标准化的“竞争管理”观念，其管理宗旨是通过获得“差别优势”，让顾客更满意。具体来说，就是要树立四个意识：一是要树立标准化管理的竞争意识，它是“竞争管理”观念的核心。竞争意识表明标准化不仅仅是企业的一项基础管理工作，而且是企业参与市场竞争的重要武器。二是要树立标准化管理的战略意识，它是“竞争管理”的依据。企业必须进行标准化的战略规划，制定明确的企业标准化战略目标，并拟定具体的实施方案和策略。企业标准化战略应与营销战略紧密结合，为企业整体经营战略服务。三是要树立标准化管理的协作意识。企业营销环境复杂多变，要求企业必须与科研院所、标准化行政主管部门、同行业竞争者、供应商以及客户紧密协作。携起手来，结成标准化战略联盟，共同研究和制定相同领域的技术标准。四是要树立标准化管理的超前意识。要求企业时刻把握世界经济、技术发展的脉搏，洞悉市场需求的变化趋势，标准化活动要有前瞻性，不仅要满足消费者的现实需求，还要满足消费者潜在的期望和需求，才能始终处于行业发展的前沿，在国内外市场上具有绝对的竞争优势。

2.2 标准创新是企业标准化管理创新的核心

企业标准化实质就是制定和实施标准的活动。标准创新的具体内容包括以下几个方面：

（1）在标准的确定和使用程序上要有创新。

企业要改变生搬硬套国家标准这一传统思路，而应以市场为导向，在参照国家标准的基础上制定本企业的内控标准。企业必须通过市场调研获取潜在顾客和其他利益相关者的需求特性。然后，研究、建立技术要素与顾客利益的联系，把顾客需求转换成产品的技术特性，通过评价和测试，最终形成产品标准。

胜利采油厂已经进入特高含水期开发阶段，开采难度越来越大，随着稠油和超稠油的开发，以及三次采油的实施，入井液越来越多，开采工艺逐渐复杂，采出液成分越来越复杂，针对这些现状，中心化验室和技术监督科协同有关部门对石油天然气行业标准 SY/T 5329—1994《碎屑岩油藏注水水质推荐指标及分析方法》中在分析复杂含油污水中的悬浮固体含量时，采用常规含油污水悬浮固体含量分析方法不能准确反映出悬浮固体含量的真实数据。因此，在分析这类含油污水中的悬浮固体含量时，必须针对其水质特性加以改进。结合实际操作中存在的问题，通过大量实际测定数据和实验研究，制定了适合于现场实际的厂标《污水化验操作规程》。该规程由于考虑到了从整个污水处理过程经过注水站到达配水间和注水井，都是在密闭系统中运行的，因此注入水水质可以不用考虑曝氧因素，所以在作悬浮固体测试时，应该将因 Fe^{2+} 氧化形成的 $Fe(OH)_3$ 悬浮物去掉。与局技术检测中心针对污水水质分析进行了多次数据比对和方法探讨，在采用铁离子稳定剂方面达成共识，铁离子稳定剂的使用，可以有效防止 Fe^{2+} 被氧化成 Fe^{3+}，避免了 $Fe(OH)_3$ 黄色悬浮物的生成，使 Fe^{2+} 能够顺利通过滤膜，从而，确保了悬浮固体测试的准确性。实施以来，胜利采油厂 2009 年污水水质指标超过局指令性指标 3 个百分点。

（2）在标准的内容上要创新。

创新主要表现在以下几个方面：

第一，与竞争产品相比，除规定必备的质量、技术和功能要求外，要充分体现产品的个性化特征，反映企业独特的资源优势。

随着油田开发的需要，针对高压充填工艺技术存在的问题，我们研究应用了高黏度、低摩阻、低残留 XS−A 型携砂液。查阅了大量的国内外同类产品，结合现场应用和产品实际，我们制定的厂标《XS−A 型携砂液技术规范》，该规范中 XS−A 型携砂液的技术指标明显高于同类产品，并且考虑到携砂液进入地层后，与岩石矿物及流体接触，应不产生原油乳化物或沉淀物，以免堵塞地层造成充填效果不理想或失败。为此，我们分别取三种不同黏度等级脱水油样进行乳化实验，具有明显的个性特征，体现了产品标准的独特资源优势。

第二，要具有超前意识，充分考虑产品满足顾客的潜在需求。在制定标准时必须把员工的职业健康、消费者的生命、健康和环境保护放在首要位置。确定和贯彻绿色标准是企业今后标准化活动的必然趋势。不重视员工和消费者的生命和健康、生产经营过程破坏环境、浪费资源的企业不可能实现可持续发展，注定要被市场竞争所淘汰。“个性化”和“绿色化”的标准有利于增强产品的差别优势。

第三，标准体系是一个动态的系统，企业要根据市场需求、国内外技术发展动态以及竞争者等情况适时修订和完善，始终保持标准的先进性、适宜性、协调性和配套性，才能为企业开展生产经营提供坚实的技术基础。

第四，标准创新的同时要进行技术创新。标准是技术要素和特性的载体，标准创新实质是技术创新的一部分。标准内容确定之后，需要把具体的技术要求变成现实。这就要求企业一定要增加技术创新的资源投人，否则不可能处于行业的技术领先地位。企业竞争实践表明，产品生命周期正随着技术生命周期的缩短而缩短。企业要想生存和发展，就必须增加资源投人，不断地进行技术创新。不重视技改资金投入和产品研发的企业，即使制定了高水平、具有差别优势的产品标准，也没有能力付诸实施。

2.3 机制创新是企业标准化管理创新的保证

具体包括标准化管理的用人机制、科研与激励机制、监控机制、评价机制等内容。

2.3.1 要建立新型的标准化管理用人机制

要充分重视标准化管理人才的引进和培养。不断提高标准化管理人员的素质，引进专门的标准化管理人才，同时培训企业相关人员；同时标准化管理人才的知识面要广、内容要新，要熟悉企业生产经营情况；要经常借用“外脑”，聘任专家、学者为企业标准化活动出谋献策。

标准化管理人才不仅要懂得标准化管理的基本原理，还要具备计量、质量管理和质量认证方面的知识和经验。标准化管理人员应是一种具备良好的职业道德素质、创新能力及综合技能的复合型人才。因此，企业应该定期对管理人员进行培训，使企业始终掌握本领域标准化发展动态。

2.3.2 要建立标准化活动的科研与激励机制

这里的科研不仅仅指与技术研发有关的标准化问题，还包括企业的标准化战略、某些专项问题等相关内容的研究和攻关活动。激励机制与科研活动密不可分，完善的激励机制能够促进企业标准化科研成果的积累和提升。

2.3.3 建立标准化管理的监控机制

技术监督部门要切实指导和监督企业标准化的科研及管理活动。负责企业标准化管理的具体工作。

2.3.4 建立标准化管理的评价机制

即要定期对企业标准化活动效果进行评价。评价的依据是与同类企业和部门相比企业标准化的差别优势和顾客的满意度。差别优势是企业获得比竞争者更高的顾客满意度的途径，更高的顾客满意度是差别优势的直接结果。两者相辅相成，缺一不可。

3 标准化创新有效地促进了企业的管理创新

标准化为企业的各项管理工作建立了平台。标准化的创新也就为企业的管理创新提供了舞台，首先，标准化创新能为企业的各项生产、经营活动，在质和量的方面直接提供了全新的共同遵循和重复使用的准则；其次，企业进行创新管理，必须通过制定、贯彻和实施标准，建立起系统的、可控的、符合客观规律和行为科学的最佳程序；再次，充分利用标准化的简化、统一、协调、优化原则，对企业进行科学管理和创新，能够不断提高工作效率，保证各项工作质量和产品质量，提高经济效益。标准化是制度化的最高形式，可运用到生产、开发设计、管理等方面，是一种非常有效的工作方法。企业要跟上发展的新形势，标准化的基础必须打牢，标准化工作创新是我国经济结构和经济体制创新的必然要求和必然选择。实行标准化管理体制和运行机制创新的关键是标准化如何与企业和市场的需要结合，如何与经济发展的需要结合。它能作为一个企业能不能在市场竞争当中取胜的法宝，也能决定着企业的生死存亡。

3.1 标准化能够促进企业自主创新

科技成果要转化为生产力，标准是一个重要通道和纽带，通过将专利转化成标准，是当前技术发展的一个主要模式，是走新型工业化道路的一个发展途径。这是因为标准是技术成果的规范化和规则化，它可以通过技术许可的方式来获取高额利润。它通过对知识产权政策的制定和利用，不仅扩大了知识产权的潜在收益，而且使得收益的获得具备了法律基础。所以它从根本上调动了科技创新者的研发积极性，也刺激着企业投资科技创新。因此标准已成为高新技术产业竞争的制高点，当今高新技术产业的市场竞争，实质上就是标准之争。标准可以造就一个国际竞争力较强的优势企业，可以带动一批相关企业的发展，可以推动一个产业的结构优化升级。因此，一个企业要成为有核心竞争力的企业，只有在某项技术上占有绝对优势，并形成标准，才能成为同行业的佼佼者，才能在竞争上占有优势，因此，企业只能通过自主创新，不断创造科技成果，并将专利转化成标准，才能上竞争中立于不败之地。

随着胜坨油田开发进入后期，油层出砂越来越严重，高压充填技术得到不断发展和完善，但在现有设备和技术的应用中，油田净化水作为携砂液，已远远不能满足现场施工对大排量、大砂比的要求。采用回注污水作为携砂液，回注量大，含水恢复周期长，携砂比小，充填砂与地层混合带过宽。针对高压充填工艺技术存在的问题，我们在调研了国内外大量标准的基础上，研究应用了适合于高压充填用的高粘度、低摩阻、低残留 XS−A 型携砂液。该携砂液体系，具有材料来源广、良好高温适应能力，并能较大限度的减少携砂液对储层的伤害程度。现场应用情况表明，XS−A 型携砂液的使用缩短了施工时间，有效的增大砂比。返排液黏度测量表明，该携砂液破胶彻底，对地层伤害底，计算结果表明，使用 XS−A 型携砂液能够有效降低摩阻，提高设备的利用率。

3.2 标准化能够促进企业产品适应市场需求

完善的法律体系和健全的标准体系是市场经济正常运行的必要条件，而标准是市场准入的基本尺度。标准是对市场进行规范和整顿最有力的一道门槛，能够将标准性能不合格的产品阻挡在市场之外。因此，一个企业要想在竞争中获胜，首先自己的产品要符合产品标准，只有产品能够进入市场，才有在市场上与其他对手竞争的资格。其次，还要由达到技术标准的要求转为追求消费者的满意度，根据消费者不同需求，建立更新的产品标准，形成绿色壁垒，使自己的产品处于领先地位，获得市场制高点。

胜坨油田自主研发的低伤害树脂防砂工艺经过多年的实践，已经非常成熟，初期制定的标准也有效的队产品和施工起到了指导作用，但是随着开发的不断深入，井况越来越复杂，很多漏失井及注聚见聚井的出现给低伤害树脂的应用带来了难题，针对新问题，技术人员通过科技攻关，提出了预充填 + 低伤害树脂的防砂工艺，并首先在 ST1−4x135 井去的成功，该井于 2008 年 10 月 25 日补孔改层，单采沙二 11 层。同年 12 月 26 日砂埋油层停产，探冲砂砂柱 636.2m，原层挤入树脂 $2.1m^3$。2009 年 3 月 31 日再次供液不足停产，探冲砂砂柱高 392m，预充填石英砂 1t 后，挤入低伤害树脂 $4m^3$，下泵生产，三次作业情况见表 1。

表 1 ST1−4x135 井三次作业情况统计

时间	工作参数	液量，m^3	油量，m^3	含水，%	免修期，d	动液面，m
第 1 次作业	70 × 4.2 × 4	33.9	6.3	81.5	72	1083
第 2 次作业	56 × 4.2 × 4	35.2	5.4	84.6	62	1149
第 3 次作业	56 × 4.2 × 3.5	47.8	9.7	79.8	486	883.7

通过预充填＋低伤害树脂防砂后，不但取得良好的防砂效果，并且保证了油井良好的产能，增产效果明显。

对根据市场需求开发的新工艺及时更新了标准，新标准给企业带来了新的规范和新的效益。

3.3 标准化可以提升企业管理的管理水平

3.3.1 企业参与标准创造和提升

企业不仅贯彻实施标准，而且要直接参与到“标准的创造”和提升活动中去，在标准化活动过程中，可以发现现有标准是否适宜、实施效果是否达到预期，针对影响效果的根本原因实施改进，甚至进行流程再造以实现突破性改进，最终落脚点是把这些最佳实践固化到企业的技术标准、管理标准、工作标准中去，促使企业标准化水平迅速提升，进而增加了企业竞争力，推动了企业技术、管理进步和社会进步。

准确地核定单井和交接系统原油含水，直接关系到生产决策和产量、质量的交接，由于习惯上采用的质量分数表示原油含水，现有的国标和行标在实际执行过程中操作性不强，为此，结合胜利采油厂实际和各类标准，我们对 GB 8929—2006《原油水含量测定法（蒸馏法)》及 Q/SH SLJ 1555—2002《含游离水原油水分测定法》标准进行部分修改。形成了厂标《原油含水测定操作规程》，对标准汇总没有涉及的技术问题进行了规范要求，主要是增加了原油含水分析测试仪的使用频次、方法，增加了含游离水原油重量法测试的细则与计算方式，使之具有更好的可操作性和科学合理性。

3.3.2 企业不仅是标准化实践的主体，更是“标准”的创造者

无论是技术标准、管理标准还是作业标准，都需要实践者进行更新和发展。它有助于发现和解决当前企业贯彻技术和管理标准不到位的问题，也有助于发现和解决现行标准不能满足用户需求或落后于当前生产力水平而需要修订、完善和发展的问题。这其实也是对标准的适宜性和实施情况的反馈与评估。先进、适用的标准是对顾客需求的精确理解和诠释，是技术进步的结晶。通过分析才能发现标准需要更新和完善的地方，再通过项目实践来完善标准，就可以使企业在技术和管理上保持领先优势。

4 标准化创新的思路与方法

标准化的创新为企业的产品设计开发、生产制造提供技术支持，促进企业产品质量的提高与企业技术的进步；标准化创新也是提高企业管理水平，实现管理科学化的基础，促进企业组织系统的有效运行；是提高企业综合能力、市场竞争力和经济效益的有效手段。企业运用标准化技术不仅加快了新产品的开发，提高了产品质量，提高了劳动生产率，而且提高了企业的现代化管理水平。一个管理效率高、经济效益好的企业，不管其有意还是无意都运用了标准化的管理手段。市场竞争在很大程度上是围绕着以知识创新为基础的新

产品的竞争，企业必须大力发展新产品才能在竞争中求得发展。标准化创新是实现产品多样化和个性化的最好助手，任何新产品的开发都离不开现有的技术基础，而标准是被公认的公开的技术基础，同时也为新产品在安全、卫生、环保等市场准入方面提供了可靠的设计依据。在产品的生产过程中，标准化创新的效应贯穿全过程，标准化是缩短产品设计制造周期的有效方法和手段。

企业的目标是追求效益，标准化工作转化为企业的效益，是企业标准化工作的根本所在。这体现在企业生产产品的保护环境、公共安全和生命健康等社会效益，它又与企业的直接效益密切相关，符合这些标准的规定就等于取得了产品入市的通行证。标准化在企业转化为经济效益，表现为缩短技术准备周期和减少重复劳动产生的效益；按标准组织生产，提高和稳定产品质量，减少质量损失带来的效益；优化产品部件零件，减少部件零件品种和规格，简化生产，扩大批量，降低制造成本带来的效益等等。

4.1 要有统筹兼顾的大局观

大量先进企业实施标准化创新的经验证明，成功的关键是公司高层要身体力行地把企业管理模式的改变和企业文化的演变结合起来。传统管理企业向标准化管理模式转变，不是简单地采用相应的“标准”就可以完成，而必须使全体员工的理念发生改变。它不是招聘几个质量师或者管理专家就可以解决的。企业质量的稳定和提升，是很多部门甚至所有部门的共同管理、统筹兼顾才可以达到的，任何一个环节出现问题都可能影响企业标准化实施的效果。

4.2 要有与时俱进的先进观

企业在制定、执行标准时，由于企业所面临的内外质量环境一直在变化的，因此不能全盘照搬照套，而是必须根据企业资源、产品、消费者以及质量环境的整体变化，灵活变通地运用，彻底贯彻“因品制宜”、“随机制宜”的采用标准、应用标准及制定标准，进行适应性的标准管理。尽量避免标准的滞后性和不合拍。

4.3 要有总揽全局的系统观

制定标准体系和标准化创新不是简单地将各个标准化管理体系的文件汇编成册，而是要从取得竞争优势的战略视角，以提高企业核心竞争力为目标，对整个管理体系进行全面设计。设计时只有结合各个管理体系深入调查和诊断，理清各种管理体系的相互作用关系，识别各个管理体系的共性和个性，将各个管理体系有机融合在一起，才能形成一个完整的体系。

5 结论

标准化创新管理表面上看起来是业务流程的优化和规范，但实质上是企业管理理念和企业文化的创新和再生，标准化创新工作既是国民经济、企业生产和经营管理的基础，也是技术进步的保证。提高产品质量，降低消耗，提高企业素质和经济效益，加强科学管理，加速企业的技术改造和技术进步，都离不开标准化的创新工作，它是企业发展和技术进步的基础。

参 考 文 献

[1] GB/T 1.1—2009 标准化工作导则 第1部分：标准的结构和编写
[2] 张琪．采油工程原理与设计．东营：石油大学出版社，2001.4
[3] 赵福麟．采油用剂．东营：石油大学出版社，1997.6

《螺杆泵井热洗清蜡操作规程》的改进与实施

张　滨　魏翼祥　洪　海

（大庆油田有限责任公司第六采油厂第一油矿）

摘　要　针对 Q/SY DQ 0628—2004《螺杆泵井热洗清蜡操作规程》的实施过程中存在的热洗周期确定不适应、热洗参数确定不适应、热洗井口压力控制要求不适应问题，通过现场试验摸索，总结出一套提高螺杆泵热洗质量的方法，对标准进行了完善、补充，实施后提高了螺杆泵井管理水平，节约了降耗。

关键词　螺杆泵井；热洗清蜡；操作规程；改进；实施

1　引言

螺杆泵采油技术具有结构简单、体积小、重量轻、噪声小、能耗低、投资少以及使用、安装、维修、保养方便等特点，油田正逐步扩大应用范围。随着螺杆泵采油技术在油田大范围推广应用，螺杆泵井在原油产量和生产成本所占比重逐年提高，其管理水平的高低，对确保超额完成原油生产任务及成本节余具有重要的意义。在螺杆泵井管理中，热洗质量的好坏是关键环节，不仅影响螺杆泵井的有效生产时率，而且决定着螺杆泵井检泵率的高低。因此，摸索螺杆泵井合理热洗方法，对提高螺杆泵井管理水平及油田生产经济效益意义重大。

2　Q/SY DQ 0628—2004《螺杆泵井热洗清蜡操作规程》不适应性分析

2.1　热洗周期确定不适应

Q/SY DQ 0628—2004《螺杆泵热洗清蜡操作规程》中 3.3 规定热洗周期：电流上升 20% 就需要进行热洗清蜡。影响电流上升的有管杆结蜡、动液面、套压、油压等因素，管杆结蜡、动液面下降、油套压升高都会导致螺杆泵电流上升。这些因素只有管、杆结蜡需热洗处理，而动液面下降应调小转速、套压高应合理调控套压、油压高应通地面管线；如果仅凭电流变化超过合理范围，不分析是什么原因造成的就热洗，可能出现不必要热洗；同时，不同泵径、产液电流值差别大，统一按电流上升 20% 标准确定热洗周期不合理，影响热洗周期的有效延长。

2.2 热洗参数确定不适应

Q/SY DQ 0628—2004《螺杆泵热洗清蜡操作规程》中第 5 章规定热洗参数：产液小于 80m³/d，热洗排量 5 ～ 10m³/d，热洗时间 190 ～ 270min；产液 80 ～ 120m³/d，热洗排量 10 ～ 15m³/d，热洗时间 190 ～ 270min；产液大于 120m³/d，热洗排量 15 ～ 20m³/d，热洗时间 190 ～ 270min。热洗时间规定最长 270min，现场应用热洗时间短，不能保证热洗质量；一般转油站没有热洗计量，热洗排量无法调控。

2.3 热洗井口压力控制要求不适应

Q/SY DQ 0628—2004《螺杆泵热洗清蜡操作规程》中 7.4 规定热洗井口压力控制在 2 ～ 4MPa，现场观察螺杆泵井热洗正常热洗时，井口压力没有超过 1.0MP。该标准的这一条是因为螺杆泵井口机械密封承压不能超过 3.0MP，为了保证井口机械密封而制定的。螺杆泵热洗时杆易脱，中转站热洗汇管压力一般不超过 3MPa，采油六厂转油站热洗泵排量 45m³/h，为了保证热洗汇管压力一般不超过 3MPa，转油站需要开高低压循环来降低热洗压力。这样不仅浪费的电能，而且热洗液大部分走近路流失站内，真正到达井口有效热洗油井的热洗液大大减少，平均热洗 3h，井口出油温度才 60℃，比抽油机井热洗平均延长 1.5h，影响了油井热洗化蜡、排蜡质量。

3 开展热洗技术研究，为修订完善热洗标准提供理论依据

3.1 应用综合分析法，制定螺杆泵井合理热洗周期

采取对影响螺杆泵井电流上升的因素综合分析判断的方法，动态管理的不定期热洗法。即发现螺杆泵井电流上升，先到现场逐项落实动液面、套压、油压，如果是因为动液面、套压、油压变化造成电流上升，采取相应的处理措施，并落实效果。在非结蜡影响螺杆泵井电流上升的因素中，油压波动对电流上升影响明显。例如，喇 5−P3325 井油压上升 0.5MPa，电流上升 5A，产液下降 17t，见表 1。为了避免油压上升影响螺杆泵生产，要求员工每天严格录取单井油压，高产井见聚井加密录取，发现油压升高及时通地面管线处理。排除以上因素，泵型 500 以下螺杆泵井电流变化超过正常工作电流 10%；泵型 500 以上螺杆泵井电流变化超过正常工作电流 15%，就立即洗井。这样实现了及时发现处理结蜡井，避免误洗，有效延长了螺杆泵井热洗周期。2010 年，通过实施不定期热洗法，使全队螺杆泵平均热洗周期达 135d，比 2009 年延长了 54d。

表 1　油压对螺杆泵电流影响对比

井号	转速 r/min	产液 t	产油 t	含水 %	套压 MPa	油压 MPa	电流 A	浓度 mg/L
5–P3325	91	110	28	74.5	0.44	0.78	27	92
	91	93	24	74.5	0.5	1.3	32	92

3.2　正交试验优选热洗参数，提高热洗质量

影响热洗质量的因素有：洗井压力（A）洗井温度（B）洗井时间（C）。我们把这三个因素分成三个位级（表 2）进行试验，采用 L9（3^3）正交表。

表 2　影响洗井质量位级

位级	因素		
	A 洗井压力 MPa	B 洗井温度 ℃	C 洗井时间 h
1	2.0	90	6
2	2.5	85	7
3	3.0	80	8

我们将全队螺杆泵井按产液、含水不同分成三个级别分别进行试验，现以日产液 23t、日产油 5t、综合含水 78.2% 的喇 9–3336 井为例演示确定最佳热洗方法的试验过程（表 3），根据试验结果得到全队螺杆泵井合理洗井参数，见表 4。

表 3　选择最佳热洗方法试验

试验号	因素			
	A 洗井压力 MPa	B 洗井温度 ℃	C 洗井时间 h	油井产量 t
1	1 (2.0)	1 (90)	1 (6)	22
2	1 (2.0)	2 (85)	2 (7)	21
3	1 (2.0)	3 (80)	3 (8)	25.5
4	2 (2.5)	1 (90)	2 (7)	23
5	2 (2.5)	2 (85)	3 (8)	23.5
6	2 (2.5)	3 (80)	1 (6)	24
7	3 (3.0)	1 (90)	3 (8)	20
8	3 (3.0)	2 (85)	1 (6)	19.5
9	3 (3.0)	3 (80)	2 (7)	23

续表

试验号	因素			
	A 洗井压力 MPa	B 洗井温度 ℃	C 洗井时间 h	油井产量 t
Ⅰ	68.5	65	65.5	
Ⅱ	70.5	64	67	
Ⅲ	62.5	72.5	69	
极差 *R*	8	7.5	3.5	

从极差可以看出，影响螺杆泵热洗质量的因素依次是压力、温度、时间。

表 4 不同产液、含水级别螺杆泵井热洗方法

级别	项目		
	洗井压力 MPa	洗井温度 ℃	洗井时间 h
产液＞80t，含水＞80%	3.0	85	6
产液＞80t，含水＜80% 产液 80 ~ 40t，含水＞60%	2.5	80	7
产液 80 ~ 40t，含水＜60% 产液 40t 以下	2.0	80	8

为了保证热洗质量，我们研究编制了采油井热洗方案设计表和热洗质量跟踪单（见附表 1 和附表 2）。技术员根据单井生产状况制定最佳的热洗参数，岗位员工全过程跟踪录取热洗参数，对没达到热洗方案设计的参数及时调整。油井热洗工作实现了系统化、规范化管理，热洗质量不断提高。通过对不同生产状况的井采取不同的热洗参数，加强热洗质量跟踪，2010 年，全队螺杆泵井没有出现因热洗质量造成的泵况变差井。

3.3 实施热洗泵改造，合理调控热洗泵排量

通过将转油站热洗泵减级和更换叶轮来降低热洗压力的方案，该方案在采油 104 队转油站 2# 热洗泵实施，叶轮由 12 级减为 11 级，45m^3 泵叶轮更换为 25m^3 泵叶轮，流道直径由 10mm 改为 7mm，排量由 45m^3/h 降至 25m^3/h，如图 1 所示。我们在喇 5−P3325 井进行改造泵热洗试验，从试验数据看，随着热洗时间延长、热洗压力的提高，热洗产液保持不变，热洗液损失保持较高水平，井口套压逐渐上升。针对这一情况，我们小组成员进行了认真分析，认为螺杆泵是渐进容积式泵，由定子和转子组成，两者的螺旋状过盈配合形成连续密封的腔体，通过转子的旋转运动实现对介质的传输，在某一转速下的最大排量是有限度的，如图 2 所示。螺杆泵井热洗逐渐提高压力，将增加热洗液侵入油层；井口套压逐渐上升，对泵杆有一定的顶托作用，增加管、杆偏磨的几率。所以，我们认为螺杆泵井热

洗后半段，应降低热洗压力。我们间隔 10d 后又在喇 5−P3325 井进行控制热洗压力试验，从两次试验数据对比看（表 5），通过在热洗过程中控制喇 5−P3325 井热洗压力，在保证热洗质量的前提下，控制热洗套管压力上升幅度试验比不控制热洗套管压力少影响热洗液 39t（少倒灌油层）。根据试验取得的经验，并在多口井验证后，我们规定螺杆泵热洗 1.5 ~ 3h 后，要逐步控制热洗压力，降低热洗对泵、杆和油层的危害。通过多口井热洗验证，热洗泵改造实现了既保证螺杆泵热洗压力，又不开站内高低压循环，热洗液温度从井口返回时间缩短 50min，热洗时间缩短 30min，热洗泵工作电流下降 80A，平均单井节电 190kW · h。此项成果已在全矿转油站推广应用。

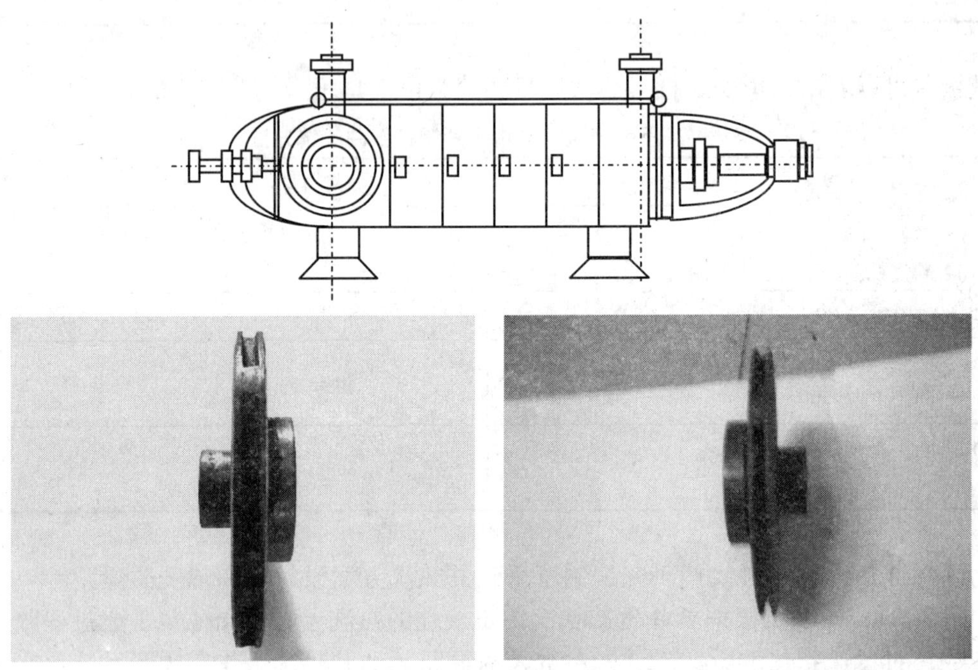

45m³泵叶轮　　25m³泵叶轮

图 1　热洗泵减级图

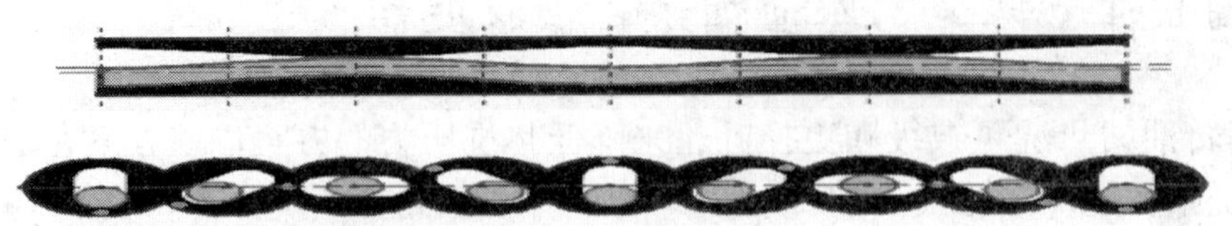

图 2　螺杆泵工作原理图

表 5　5−P3325 调控热洗压力效果对比表

热洗时间 hh：mm	热洗压力 MPa		井口套压 MPa		流量损失 m^3		热洗产液 t	
8：00		2.8		0.5				114
9：00	2.7	3.0	0	0.65			119	133

续表

热洗时间 hh：mm	热洗压力 MPa		井口套压 MPa		流量损失 m^3		热洗产液 t	
10：00	2.8	2.8	0.45	0.5		31		113
11：00	3	2.5	0.65	0.45	29		137	
12：00	3	2.2	0.95	0		20		
13：00	3	2.2	1.15	0	43		151	112
14：00	3	2.2	1.23	0				116
15：00	3	2.2	1.32	0	31	13	148	114

4 实施效果评价

本次螺杆泵热洗技术试验在第六采油厂采油104队实施，通过一年试验摸索推广，取得了较好的经济效益。

（1）全队螺杆泵井管理水平不断提高，检泵率为13.4%，比2009年同期低26.6个百分点，相当于少检泵4口，单井作业费平均12万元，节约作业费48万元，全队螺杆泵井免检周期达851d。

（2）全队螺杆泵井平均热洗周期达135d，比2009年延长54d，相当少洗井27次，多产油235t，平均单井热洗耗电430kW·h，耗气1600m^3，每度电0.57元，每立方米天然气1元，每吨原油800元计算，获效益=235×800+（430×0.57+1600×1）×27=23.8（万元）。

（3）热洗泵减级、更换叶轮，45m^3泵叶轮单价750元，25m^3泵叶轮单价520元，获效益=12×750−11×520=3280（元）。

（4）热洗泵改造后，热洗单井平均节电190kW·h，每度电0.57元，全年螺杆泵井热洗41井次，获效益=41×190×0.57=4440（元）。

（5）防冻便捷式取压装置制作安装单井费用230元，全队15口螺杆泵井安装使用防冻便捷式取压装置费用=15×230=3450（元）；热洗泵改造利用热洗泵三保机会，不需额外支出费用。

五项合计获纯效益：48+23.8+0.328+0.444−0.345=72.2（万元）。

通过合理控制热洗套管压力上升幅度，可有效减少油层污染，提高螺杆泵井生产时率，经济效益更大。通过本次螺杆泵热洗技术试验，2010年对Q/SY DQ 0628—2004《螺杆泵热洗清蜡操作规程》进行了修订并发布，对提高油田螺杆泵井管理水平有一定的借鉴作用。

5 几点认识

(1) 热洗规程标准的制定、修订完善对热洗工作的指导具有适应性，具体性、全面性、可操作性。

(2) 热洗标准只有配合有力的监督才能真正贯彻执行，通过监督才能及时掌握标准是否适应生产实际，为修订标准提供可靠的依据。

(3) 开展热洗技术研究过程，既是一个实施已有热洗技术标准的过程，也是修订、完善标准及制定新技术标准的过程。

(4) 热洗管理要加大技术含量，充分发挥技术管理在热洗工作中的作用。

附表 1 104 队采油井热洗方案设计表

设计时间： 年 月 日

<table>
<tr><td>队别</td><td>井号</td><td>井别</td><td>站间号</td><td>发现时间</td><td colspan="2">上次热洗日期</td><td>本次计划时间</td></tr>
<tr><td></td><td></td><td></td><td></td><td></td><td colspan="2"></td><td></td></tr>
<tr><td>项目</td><td>产液</td><td>产油</td><td>含水</td><td>含聚浓度</td><td>油压</td><td>电流</td><td>泵况分析</td></tr>
<tr><td>正常</td><td></td><td></td><td></td><td></td><td></td><td></td><td></td></tr>
<tr><td>目前</td><td></td><td></td><td></td><td></td><td></td><td></td><td></td></tr>
<tr><td>差值</td><td></td><td></td><td></td><td></td><td></td><td></td><td></td></tr>
<tr><td>洗井原因</td><td colspan="7"></td></tr>
<tr><td>洗井方案</td><td colspan="6">转油站输油工</td><td>洗井工</td></tr>
<tr><td>一次加温</td><td colspan="2">时间：</td><td colspan="4">温度：</td><td>流程改入时间</td></tr>
<tr><td rowspan="2">地面循环</td><td colspan="2" rowspan="2">时间：
电流：</td><td colspan="2" rowspan="2">温度：</td><td colspan="2" rowspan="2">泵压：</td><td></td></tr>
<tr><td>流程改出时间</td></tr>
<tr><td rowspan="2">通井循环</td><td colspan="2" rowspan="2">时间：
电流：</td><td colspan="2" rowspan="2">温度：</td><td colspan="2" rowspan="2">泵压：</td><td></td></tr>
<tr><td>操作注意事项</td></tr>
<tr><td>冲替阶段</td><td colspan="2">时间：
电流：</td><td colspan="2">温度：</td><td colspan="2">泵压：</td><td rowspan="4"></td></tr>
<tr><td>强化热洗</td><td colspan="2">时间：
电流：</td><td colspan="2">温度：</td><td colspan="2">泵压：</td></tr>
<tr><td>其他</td><td colspan="2">内容：
泵压：</td><td colspan="2">时间：
电流：</td><td colspan="2">温度：</td></tr>
</table>

设计编制人：

附表2　104队采油井热洗质量跟踪单

跟踪时间：　　年　　月　　日

<table>
<tr><td>队别</td><td>井号</td><td>井别</td><td>站间号</td><td>发现时间</td><td>热洗日期</td><td>热洗时间</td></tr>
<tr><td></td><td></td><td></td><td></td><td></td><td></td><td></td></tr>
<tr><td>生产情况</td><td>产液</td><td>产油</td><td>含水</td><td>油压</td><td>电流</td><td>泵况分析</td></tr>
<tr><td>洗前</td><td></td><td></td><td></td><td></td><td></td><td></td></tr>
<tr><td>洗后</td><td></td><td></td><td></td><td></td><td></td><td></td></tr>
<tr><td>差值</td><td></td><td></td><td></td><td></td><td></td><td></td></tr>
<tr><td colspan="7">热洗情况描述</td></tr>
<tr><td rowspan="2">热洗时间</td><td colspan="3">转油站</td><td colspan="3">计量间</td></tr>
<tr><td>泵压</td><td>排量电流</td><td>汇管温度</td><td>泵压</td><td>来液温度</td><td>回油温度</td></tr>
<tr><td></td><td></td><td></td><td></td><td></td><td></td><td></td></tr>
<tr><td></td><td></td><td></td><td></td><td></td><td></td><td></td></tr>
<tr><td></td><td></td><td></td><td></td><td></td><td></td><td></td></tr>
<tr><td></td><td></td><td></td><td></td><td></td><td></td><td></td></tr>
<tr><td></td><td></td><td></td><td></td><td></td><td></td><td></td></tr>
<tr><td></td><td></td><td></td><td></td><td></td><td></td><td></td></tr>
</table>

跟踪人：　　　　　　　　　　　　　　　　　　　　审核人：

参 考 文 献

[1] Q/SY DQ 0628—2004　螺杆泵热洗清蜡操作规程

浅谈石油产品试验方法标准内容的更新与升级

张　帆　温永红　汪芝龙

（玉门油田分公司炼油化工总厂）

摘　要　通过对大量石油产品试验方法的长期操作与研究，发现某些国家标准和行业标准由于制定年代久远等原因，已难以适应现在日新月异的分析技术水平要求和仪器更新，因此建议对现有石油产品试验方法标准进行认真梳理，加快石油产品试验方法的更新和升级。

关键词　试验方法；更新；升级

1　引言

标准是一种技术要求、技术规范，是对重复性事物和概念所做的统一规定。它以科学、技术和实践经验的综合成果为基础，经有关方面协调一致，由主管机构批准，以特定形式发布，作为共同遵守的准则和依据。以试验、检查、分析、抽样、统计、计算、测定、作业等各种方法为对象制定的标准是方法标准。方法标准是考核和测定产品质量是否符合标准要求而采用的一种方法和手段，它是产品制造部门和用户确定产品是否合格所共同遵守的基本原则。方法标准包括操作和精度要求等方面的统一规定，对所用仪器、设备、检测或检验条件、方法、步骤、数据计算、结果分析、合格标准及复验规则等方面的统一规定，按照标准化层级可以将标准划分为不同层次和级别的标准，如国家标准、行业标准、地方标准和企业（公司）标准。

玉门炼化经过70多年的发展，已建成年加工量250×10^{4}t的短流程燃料—化工型综合型炼化企业，主要生产各种牌号的汽油和柴油、3号喷气燃料等大宗产品以及液化气、聚丙烯、航空液压油等多种特色产品，而化验分析监测中心作为玉门炼化的过程控制和质量把关机构，严格执行产品标准，熟练掌握各类实验方法，严细认真地按照试验方法标准对产品进行化验分析，做到了化验分析准确度100%，然而，我们在长期的化验分析过程中发现，尽管我国近年来在石油产品分析方法标准化方面取得了较大的进展，但仍存在一定问题，例如发现经常使用的部分石油产品国家标准、行业标准、专业标准不能完全适应当今油品分析技术水平的要求，其内容相对现在的仪器和技术，已经明显落后，甚至造成个别试验方法标准可参照性不强，影响分析结果的准确性。为此，我们根据部分试验方法的实际使用情况对石油产品试验方法标准出现的问题谈一些浅见，希望能对石油产品试验方法标准化进展起一点推动作用。

2 石油产品试验方法存在的不足及建议

2.1 某些试验方法内容老化过时，需要及时更新或者升级

作为石油产品检验机构，我们绝大部分试验方法均执行石油和石油产品试验方法国家标准和石油产品试验方法行业标准，这些试验方法大部分制定于1978年或者是20世纪80年代初期，后来部分试验方法标准进行了修订，并且增加了一批新制定的标准，然而还有一部分试验方法标准没有修订，只是更新了试验方法标准年代号，其内容实质没有变化，造成部分试验方法中所使用的某些设备仪器，由于科学技术的发展、设备的更新，早已经淘汰，这种情况在石油产品国家标准表现得尤为突出，大致情况见表1。

表1 试验方法标准存在的问题

标准号	试验方法标准名称	存在的问题	建 议
GB/T 267—1988	石油产品闪点与燃点测定法（开口杯法）	煤气灯、酒精喷灯早已不使用，不会出现方法中的“内坩埚放在点燃的煤气灯上加热，除去遗留的溶剂油”	将此条款删除
GB/T 510—1983	石油产品凝固点测定法	材料中的冷却剂早已不用水和冰、盐和碎冰，以及乙醇和干冰。现在的凝固点测定仪已采用压缩机制冷，可以精确调节达到实验要求的外浴温度	将有关制冷方面的描述进行更新和升级
GB/T 2430—2008	喷气燃料冰点测定法	仪器中出现的不镀银的真空保温瓶胆，作为制冷设备，现在已更新成有降温、控温功能的压缩机制冷用的酒精浴缸	将有关制冷设备方面的描述进行更新和升级
GB/T 6536—1997	石油产品蒸馏测定法	用作低温浴的介质不再是碎冰和水、冷冻盐水或冷冻的乙二醇，而是改为压缩机制冷	将相关制冷方面的内容进行更新，尤其是附录
GB/T 8018—1987	汽油氧化安定性测定法（诱导期法）	用剧烈沸腾的水浴维持温度，在高海拔的地区难以达到，现在的仪器多采用油浴，并且用电脑工作站来控制充氧或者放氧以及自动判断实验结果	将有关水浴部分进行修订，并且与工作站控制进行更新

从表1不难发现，试验方法标准主要存在的问题是由于技术和仪器设备的更新和升级，试验方法标准没有随之更新和升级，造成了多年以前的设备现在早已淘汰，但仍出现在试验方法标准中，因此我们建议国家标准委员会应及时对实验方法进行修订，以适应不断发展的新技术和新仪器。

2.2 小宗产品标准多年未更新，涉及的试验方法只能用现行标准代替执行

常用的大宗产品，升级换代比较及时，如车用汽油和3号喷气燃料的最新版本为2006年版，车用柴油的标准更新为2009年版，然而有些特种专用产品的标准多年都没有更新和升级，造成其中涉及的方法标准仍然是多年以前的老标准，在现行受控的国家和行业标准及其他有关标准中都找不到，例如GJB 1177—1991《石油基航空液压油》这个产品标准，就出现上述的问题，详见表2。

表2 GJB 1177—1991《石油基航空液压油》已过期的方法标准及替代试验方法

序号	测定项目	试验方法	替代方法
1	水分，*wt%*	SY 2122	GB/T 11133
2	磨斑直径（75℃，1200r/min，392N，60min），mm	ZBE 36021	SH/T 0204
3	剪切安定性 40℃运动黏度下降率，% −40℃运动黏度下降率，%	SY 2626	SH/T 0505
4	泡沫性能（24℃）	SY 2669	GB/T 12579

表2中所列方法标准在现行的行业标准中难以找到，而产品标准又不升级更新，为了分析工作的正常开展，我们只能在现行的方法标准中找替代方法，因此相关部门早日更新有关标准已迫在眉睫。

2.3 标准方法要求使用的仪器及计量器具要求已过时，导致执行标准困难

在我们的日常分析中经常会碰到方法标准升级更新，所使用的仪器和计量器具也随之更新，但产品标准中的要求已过时，导致执行产品标准困难，分析工作很被动，如GB 3405—1989《石油苯》中要求用GB/T 2013—1980《苯类产品密度测定法》来测定密度，此试验方法要求的“石油密度计：符合SH/T 0316《石油密度计技术条件》。计量时，规定使用SY－I型石油密度计。”，而现行的SH/T 0316—1998《石油密度计技术条件》范围的内容为“本标准规定了SY−02，SY−05和SY−10三个系列固定质量的玻璃石油密度计（以下简称密度计）的技术条件”。并没有涉及SY－I的密度计技术要求，为了使石油苯产品出厂，我们只能使用SY−02，SY−05和SY−10三个系列固定质量的玻璃石油密度计进行测定。因此建议归口部门应该及时更新产品标准和所需标准试验方法，使实际化验分析工作更有可操作性。

2.4 分析技术不断发展，需要制定新的试验方法国家标准或行业标准

化验分析是指借助仪器来测量物质的理化性质以确定其化学组成、含量及化学结构的一

类分析方法，近年来，由于电子、计算机、激光等大量新技术的发展，促使分析化学和实验技术发生了深刻地变化，许多老的分析方法出现新面貌，新的仪器和分析方法不断出现。电化学分析法、光谱分析法、色谱分析法、质谱分析法等分析方法不断开拓新的领域，尤其是近红外光谱分析技术是近年来分析化学领域迅猛发展的快速分析技术，以及越来越多的全自动快速分析仪器出现在油品分析领域，使分析技术驶入了快速分析的轨道，然而这些分析技术并没有制定新的国家标准或者是行业标准，大部分试验方法只能作为本企业的标准在内部使用，使新技术难以在整个行业推广，玉门炼厂部分试验方法企业标准见表3。

表3　玉门炼厂部分试验方法企业标准

分析方法企业标准		
序号	文件名称	文件编号
1	催化裂化催化剂碳含量测定法（色谱法）	Q/SY YM 0146—2003
2	汽油辛烷值快速测定法（近红外线光谱测定法）	Q/SY YM 0148—2003
3	氢纯度测定法（气相色谱法）	Q/SY YM 0149—2003
4	循环冷却水中总磷酸盐的测定法（抗坏血酸法）	Q/SY YM 0151—2003
5	氧含量测定法（气相色谱法）	Q/SY YM 0152—2003
6	油浆中的固体含量测定法（离心法）	Q/SY YM 0153—2003
7	烯烃中微量氧测定法	Q/SY YM 0193—2008
8	轻质油品中碱土金属测定法（原子吸收法）	Q/SY YM 0194—2008
9	水中环丁砜测定法（气相色谱法）	Q/SY YM 0195—2008
10	醚化反应物组成测定法	Q/SY YM 0196—2008
11	甲醇和水混合液中甲醇纯度测定法	Q/SY YM 0197—2008
12	C_4，C_5 混合汽碱度测定法	Q/SY YM 0198—2008
12	MTBE 原料中阳离子测定法	Q/SY YM 0199—2008
13	工业溶剂中烃含量测定法（蒸馏法）	Q/SY YM 0200—2008
14	液化石油气中碱性氮含量测定法	Q/SY YM 0201—2008
15	酸性气组成测定法（气相色谱法）	Q/SY YM 0206—2009
16	硫磺尾气中硫化氢和二氧化硫测定法（容量法）	Q/SY YM 0207—2009
17	酸性水贫液中硫化氢测定法（碘量法）	Q/SY YM 0208—2009
18	酸性水胺含量测定法（容量法）	Q/SY YM 0209—2009

从表3可以看出，大部分企业标准都是运用新的分析技术，优质高效地配合装置平稳生产，有些企业标准使用多年，也没有制定相应的国家标准，比如汽油辛烷值快速测定法(近红外线光谱测定法)，在10年前已经在石化企业普遍使用，但是这么多年来，国家标准委员会一直未制定相应的试验方法国家标准，同时无行业标准，全国石化企业都普遍采用自己的企业标准，因此我们认为，随着分析技术不断发展，国家标准委员会应与时俱进，不断制定新的试验方法国家标准或行业标准，以满足不断发展的分析行业新技术对试验方法标准的要求。

2.5 试验方法标准规范化，需要补充制定新的国家标准或者行业标准

随着质量体系的严格执行以及实验室标准认证工作的展开，要求实验室的任何分析方法都要有标准，无论是国家标准、行业标准、企业标准，都必须有成文执行。经过梳理，发现有些试验方法并没有标准，只有按仪器说明书去操作，势必影响试验结果的准确性，因为仪器说明书操作相对更注重于日常仪器操作，对数据处理部分中的精密度不做严格要求。比如催化装置催化剂平衡剂的微反活性分析，该仪器从1993年从石油科学研究院购置使用后，化验分析一直采用石油科学研究院提供的仪器用户说明书进行操作，石化行业也没有制定任何试验方法国家标准或者行业标准，不完全符合质量体系要求以及实验室标准认证工作要求，在实际工作中还存在不少这样的情况。因此为了试验方法标准规范化，我们建议要求有关标准委员会对长期使用的试验方法补充制定新的国家标准或者行业标准，有利于提高石化行业的化验数据准确度。

2.6 产品标准要求使用的方法标准应在满足适用和环保的前提下，尽可能多样化

随着国际的交流，石油原料及产品的进出口迅猛增长，欧美分析方法及ISO国际标准的引进和转化工作越来越多，再加之科技的进步，进口仪器的使用已占石油产品分析的半壁江山，部分产品的升级更新，其分析项目所使用的试验方法也随之更新，大部分更新的试验方法多采用先进仪器分析，省时省力，结果准确，如GB 252—2000《轻柴油》中硫含量的分析采用GB/T 380《石油产品硫含量测定法（燃灯法)》，但在GB 19147—2009《车用柴油》中硫含量分析采用SH/T 0689《轻质烃及发动机燃料和其他油品中总硫含量测定法（紫外荧光法)》。由于燃灯法分析硫含量从准备到计算结果，至少需要4h，而用紫外荧光法在仪器稳定后却只需不到10min，且经过实验室长期的分析对比，荧光法的分析重复性更高，尤其在超低含量的分析中更显优势，极大地满足当今社会对环保的要求。但是通过在一线岗位的分析和总结发现，有些产品标准中对分析项目所使用的方法标准既不更新又过于刻板单一，如液化石油气中总硫的分析要求用SH/T 0222《液化石油气总硫含量的测定（电量法)》，在分析实践中发现，除了用电量法测定以外，采用其他方法如GB/T 11140《石油产品硫含量测定法（X射线光谱法)》、GB/T 17040《石油产品硫含量测定

法（能量色散X射线荧光光谱法）》、SH/T 0253《轻质石油产品中总硫含量测定法（电量法）》、SH/T 0689《轻质烃及发动机燃料和其他油品中总硫含量测定法（紫外荧光法）》等试验方法，在配置气体进样器的前提下，均可准确分析该样品。这样的示例很多，在表4中举例说明。

表4 分析实践中可参照的方法

产品名称	分析项目	规定使用的试验方法	可参照使用的试验方法	参照理由	有何优缺点
石油苯	总硫含量	SH/T 0253	GB/T 11140 GB/T 17040 SH/T 0689	3号喷气燃料（GB 6536—2006）总硫含量试验方法有GB/T 380，SH/T0253，GB/T 11140，GB/T17040，SH/T 0689，如有争议以GB/T 380为准	SH/T 0253为电量法，每次分析之前需更换新的电解液，用硫标样进行标定，且分析时间长、重复性差；GB/T 11140，GB/T 17040，SH/T 0689基本都属于光谱分析，无需每次标定，且仪器稳定后，5min左右可得分析结果
车用汽油	实际胶质	GB/T 8019	GB/T 509	3号喷气燃料（GB 6536—2006）实际胶质试验方法GB/T 8019，GB/T 509，如有争议以GB/T 8019为准	GB/T 8019恒重及分析时间很长，分析一组样品大约需要8h；而GB/T 509却只需要约4h
	馏程	GB/T 6536	GB/T 255	石脑油（Q/SY 26—2009）馏程试验方法GB/T 6536 GB/T 255，如有争议时以GB/T 6536为准	GB/T 6536计算校准过程比较复杂；而GB/T 255相对比较简单
石脑油	铅含量	SH/T 0242	GB/T 8020	本实验室用这两种试验方法处理重整加氢原料样，进行了对比试验，分析结果符合GB/T 8020和SH/T 0242的再现性要求	这两个方法都属于原子吸收光谱法，但GB/T 8020的样品处理过程比较简单，无需萃取等步骤，且车用汽油使用GB/T 8020，分析人员可使用相同的试剂和仪器分析条件分析不同样品

基于以上论述，建议产品标准要求的分析项目所使用的方法标准应在满足适用和环保的前提下，尽可能多样化，以便适应不同实验室所拥有的设备资源和增加方法的可选择性。

3 结论

尽管我国近年来在石油产品分析方法标准化方面取得了较大的进展，但仍存在一定问题：试验方法内容老化过时，需要及时更新或者升级；标准方法要求使用的仪器及计量器具厂家已不生产，导致岗位分析工作很被动；分析技术不断发展，试验方法的制定已经远远落后新技术和新仪器的发展；产品标准要求使用的方法标准应在满足适用和环保的前提下，尽可能多样化。同样试验方法标准规范化，需要制定新的试验方法国家标准或行业标准。因此建议相关部门认真梳理石油产品试验方法，加快石油和石油产品试验方法的更新和升级。我们相信在不久的将来，我国石油产品试验方法标准内容的更新与升级工作将越做越好！

参 考 文 献

[1] GB 252—2000 轻柴油
[2] GB/T 255—1977（1988） 石油产品馏程测定法
[3] GB/T 267—1988 石油产品闪点和燃点测定法
[4] GB/T 268—1987 石油产品残炭测定法（康氏法）
[5] GB/T 380—1977（1988） 石油产品硫含量测定法（燃灯法）
[6] GB/T 509—1988 发动机燃料实际胶质测定法
[7] GB/T 510—1983（1991） 石油产品凝点测定法
[8] GB/T 1884—2000 原和液体石油产品密度实验室测定法（密度计法）
[9] GB/T 2013—1980（1988） 苯类产品密度测定法
[10] GB/T 2430—2008 喷气燃料冰点测定法
[11] GB 3405—1989 石油苯
[12] GB 6536—2006 3 号喷气燃料
[13] GB/T 6536—1997 石油产品蒸馏测定法
[14] GB/T 8018—1987 汽油氧化安定性测定法（诱导期法）
[15] GB/T 8019—2008 车用汽油和航空燃料实际胶质测定法（喷射蒸发法）
[16] GB/T 8020—1987 汽油铅含量测定法（原子吸收光谱法）
[17] GB/T 11140—1989 石油产品硫含量测定法（X 射线光谱法）
[18] GB 11174—1997 液化石油气
[19] GB/T 17040—1997 石油产品硫含量测定法（能量色散 X 射线荧光光谱法）
[20] GB/T 17144—1997 石油产品残炭测定法（微量法）
[21] GB 17930—2006 车用汽油
[22] GB 19147—2009 车用柴油
[23] GJB 1177—91 石油基航空液压油
[24] SH/T 0222—1992（2004） 液化石油气总硫含量测定法（电量法）
[25] SH/T 0242—1992（2004） 轻质石油产品铅含量测定法（原子吸收光谱法）
[26] SH/T 0253—1992 轻质石油产品中总硫含量测定法（电量法）
[27] SH/T 0316—1998 石油密度计技术条件
[28] SH/T 0689—2000 轻质烃及发动机燃料和其他油品中总硫含量测定法（紫外荧光法）
[29] Q/SY 26—2009 石脑油

柴油中的芳烃及其检测方法现状

张大华

（中国石油兰州润滑油研究开发中心）

摘　要　介绍了世界各国清洁柴油对总芳烃以及多环芳烃含量的限值状况和发展趋势，并对目前用于柴油中芳烃含量测定的各种方法进行了探讨。

关键词　柴油；总芳烃；多环芳烃；清洁燃料

1　引言

内燃机排放污染问题是内燃机技术面临的最严峻挑战。据报道，欧 6 标准将于 2014 年正式执行。根据欧 6 标准，对汽车排放的颗粒物和尾气限制，远高于目前的欧 5 标准，同时执行的包括油品标准和内燃机的排放标准。面对世界石油资源日趋枯竭给社会发展带来的压力，面对汽车保有量急剧增长对环境的影响，世界汽车界不停地在寻找实现汽车工业可持续发展的解决方法。

近 30 年来，发达国家均采取了改进发动机设计、改善燃烧条件的机内净化和汽车安装尾气转化器的机外净化等一系列措施，虽然使汽车带来的大气污染状况有所减轻，但并没有根本解决问题。为此，先进国家分段、适时推出了汽柴油标准。多年来，随着机内净化和机外净化技术的不断进步，以及清洁汽油 / 新配方汽油和清洁柴油的出现，汽车尾气排放的有害物质有了很大程度的降低。

汽油发动机和柴油发动机都属于内燃机，工作原理大体是相同的。汽油发动机与柴油发动机的最主要的区别在于燃料物理特性所引起的点火方式的区别，从而表现出各自不同的热效率、经济性，以及外形特点等。详见表 1 的比较。

表 1　汽油发动机与柴油发动机的比较

燃料	汽油	柴油
燃料能量密度	柴油为各日常燃料中最高，比液化天然气高出近 1 倍，比汽油高出 10% 以上	
燃料挥发性	较强	不易挥发
燃料燃点	220 ~ 250℃	着火点较高，300℃以上
点火方式	火花塞点燃	压燃式
压缩比	一般≤ 10	一般为 16 ~ 22
热效率	35%	45%
经济性	柴油机较高，比汽油节油 15% ~ 30%	

由此可见，在高效环保方面，柴油机要远远优于汽油机。自柴油机问世 100 多年来，柴油机技术得以全面的发展，应用领域起来越广泛。大量研究成果表明，柴油机是目前被产业化应用的各种动力机械中热效率最高、能量利用率最好、最节能的机型。全球车用动力“柴油化”趋势业已形成。在美国、日本以及欧洲 100% 的重型汽车使用柴油机为动力。在欧洲，90% 的商用车及 33% 的轿车为柴油车；在美国，90% 的商用车为柴油车；在日本，38% 的商用车为柴油车，9.2% 的轿车为柴油车。据专家预测，在今后柴油机将成为世界车用动力的主流。

为满足日益严格的柴油发动机排放法规，仅靠单类技术措施来达到目标是非常困难的。除柴油机本身技术以外，燃油理化特性对有害污染物的排放也有十分重要的影响。在燃油诸多理化参数中，芳烃含量是非常关键的指标之一，也是燃油标准控制的重点参数，它对柴油机有害排放有着不同程度的影响。其对排放的影响主要有两个方面：（1）芳香烃碳氢比高，燃烧火焰温度高，芳烃含量增加造成 NO_x 排放量上升；（2）芳香烃（特别是多环芳香烃）作为碳烟生成的前驱体，其含量增加导致 PM 排放上升。《世界燃油规范》认为降低柴油芳香烃可以显著降低 NO_x 排放，降低多环芳香烃可降低 PM 排放。总体来看，随着柴油芳香烃含量增加，柴油机的 NO_x，PM，HC 排放均呈上升趋势，CO 变化趋势不明。因此世界各国的清洁柴油标准中，均将芳烃总量或（和）多环芳烃含量作为一个必要的限制指标写入产品标准中。

2 世界各国清洁柴油对芳烃含量的限制

目前国际上较为先进的柴油规格主要有《世界燃油规范》，EN 590，ASTM D975，JISK 2204 等。柴油燃料标准的主要变化是降低硫含量、降低芳烃含量和提高十六烷值。世界上最清洁的柴油出现在北欧的瑞典，瑞典 I 级柴油标准是目前世界上最为严格的柴油标准，柴油硫含量达到 10μg/g，总芳烃含量不大于 5%（体积分数），多环芳烃（PNA）含量不大于 0.02%（体积分数）。因此可认为欧洲柴油的发展代表着世界柴油的发展方向。

2.1 世界燃油规范

《世界燃油规范》（第四版）中对柴油的总芳烃和多环芳烃含量的限值。可以看到随着柴油品级的提高，总芳烃和多环芳烃含量限值降低，第四类柴油的总芳烃含量不大于 15%，多环芳烃含量不大于 2.0%。

2.2 美国柴油标准

美国在 2006 年实时的柴油标准中要求柴油总芳烃含量不大于 35%，对多环芳烃含量没有作出规定。而加利福尼亚州早在 1993 年执行的柴油标准中就要求柴油芳烃总含量为 10% ~ 20%，对大炼油厂要求最大值为 10%，对小炼油厂要求最大值为 20%。另外，美国汽车和发动机制造商协会希望将总芳烃的含量降到 15% 以下，并且田纳西州和德克萨斯州正在寻求将总芳烃降低到 10% 的办法。

2.3 欧盟柴油标准

欧盟在2000年和2005年执行的柴油标准中要求柴油多环芳烃含量不大于11%，而对柴油总芳烃含量没有提出限值，瑞典1级柴油时目前世界上最严格的柴油标准，规定总芳烃含量小于5%，多环芳烃含量小于0.02%。欧洲经济共同体执行委员会在2007年1月31日对燃油质量提出建议，将在不长的时间内强制执行硫含量新标准。在六项新建议中，其中一项规定，2009年开始柴油的多环芳烃含量必须降低到8%以下。

2.4 亚太地区柴油

就亚太地区的柴油总芳烃和多环芳烃含量限值看，韩国、澳大利亚和新西兰在2006年执行的柴油标准以及印度2005年执行的Bharat 3柴油标准，中国香港2002年执行的超低硫柴油标准中均要求柴油的多环芳烃含量不大于11%，而对总芳烃含量没有提出要求，中国台湾在2002年实施的柴油标准中要求总芳烃含量不大于35%，而对多环芳烃含量没有要求，日本目前执行的柴油标准JISK 2204—2007中对总芳烃含量和多环芳烃含量均没有要求。

目前世界各国柴油标准对芳烃含量的限值总结见表2。

表2　世界各国柴油标准对芳烃含量的限值

地区	规格	总芳烃含量，%	多环芳烃含量，%
美国柴油规格	ASTM D975-04	35	—
	ASTM D975-10	35	—
	CARB（1993）大型炼厂	10	1.4
	CARB（1993）小型炼厂	20	4
欧盟（EN 590）	2009年	—	11
瑞典	1993年以前	—	—
	Ⅰ级柴油（现行）	5	0.02
	Ⅱ级柴油（现行）	20	0.01
	Ⅲ级柴油（现行）	21	1
德国	2001年	10	2
	2003年	10	2
世界燃油规范	Ⅰ类柴油	—	—
	Ⅱ类柴油	25	5
	Ⅲ类柴油	20	3
	Ⅳ类柴油	15	2

我国在2000年之前并没有专门的车用柴油标准，所有柴油产品均执行GB 252《普通柴油》，2001年我国制定了第一个车用柴油标准GB/T 19147—2003《车用柴油》，以

上两个标准中均对柴油中芳烃未提出任何要求。为满足新的排放法规的要求，2009 年对 GB/T 19147 进行了修订，修订后柴油标准中要求多环芳烃含量不大于 11%。同时我国一些发达地区出于环保的要求，还制定了一些地方标准，这些标准中也一致将多环芳烃的含量限制在 11% 的范围内。

我国柴油标准对芳烃含量的限值见表 3。

表 3　我国柴油标准对芳烃含量的限值

名称	规格	总芳烃含量，%	多环芳烃含量，%
轻柴油	GB 252—2000	—	11
	GB 19147—2003	—	11
	GB 19147—2009	—	11
	DB11/239—2007（北京）	—	11
	DB31/428—2009（上海）	—	11
	DB44/695—2009（广州）	—	11
	DB46/T 128—2008（海南）	—	11

3　柴油中芳烃含量测定的试验方法

目前，国内外常用的测定柴油中芳烃含量的试验方法见表 4。

表 4　国内外常用的测定柴油中芳烃含量的试验方法

方法	对应标准	适用范围	所用仪器	分析结果
荧光指示剂法	GB/T 11132 ASTM D1319	＜ 315℃馏分	层析柱，紫外灯	芳烃总量
质谱法	ASTM D2425 SH/T 0606	直馏柴油	质谱仪，层析柱	各种芳烃的详细分类
超临界流体色谱法	ASTM D5186	车用柴油、航空煤油	超临界流体色谱法	单环芳烃、多环芳烃
液相色谱法	ASTM D6591 IP391 EN 12916	150 ～ 400℃的馏分	液相色谱仪	单环、双环、三环及三环以上

3.1　荧光指示剂法

荧光指示剂法（FIA 法）是一种经典的油品分析方法，其基本原理是利用烃类产品中不同族类物质极性的差别，极性大小依次为：芳烃＞烯烃＞饱和烃，在极性吸附剂硅胶柱中用强极性溶剂洗脱前，经过反复地吸附、脱附过程，最终达到分离的目的。鉴于柴油中饱和烃、芳烃基本为无色，因此测定过程中需要用荧光指示剂对吸附剂进行染色，并在紫外光下根据各组分在层析柱上的色带长度进行定量，因此其准确性、重复性均较差，且柴油的馏分范围已超出该方法的馏分范围，本方法只能给出总芳烃的含量，因此不适用于作为柴油芳烃含量的测定方法。

3.2 质谱法

质谱法的检测原理是，样品咋子质谱仪的电子轰击离子源中被一定能量的电子轰击后，分子结构发生断裂，不同类型化合物会有不同的断裂模式，产生各自的特征碎片离子，通过对不同碎片离子的识别，并根据碎片离子的强度就可以计算出各种类型烃的含量，但是由于饱和烃以及芳烃组分间的部分特征离子会产生重叠，因此在进行质谱分析之前需要对样品进行预分离，将样品首先利用柱色谱等手段分为饱和烃、芳烃两部分，然后用质谱仪分别进行分析。质谱法的优点是对不同组分的分类准确，结果准确，重复性好，同时提供的信息量大，因此在研究领域应用广泛，但是由于其所使用的质谱仪设备昂贵，普及性不强，同时操作过程较为复杂，且样品需要预处理，因此不适合作为常规检测手段。

3.3 液相色谱法

液相色谱法的测定原理是，将样品注入填充了极性固定相的液相色谱柱，用正庚烷作为流动相进行冲洗，由于极性固定相对饱和烃几乎没有亲和力而对芳烃具有很好的选择性。因此，饱和烃和芳烃被分开，同时，芳烃组分根据环的结构被分离成单环芳烃、双环芳烃、三环及三环以上芳烃，在双环芳烃流出以后，对色谱柱进行反冲，将三环及三环以上芳烃反向冲出形成一个尖峰，以便于定量并减少极性物质在色谱柱上的吸附，将各类烃用外标法进行定量，得到单环芳烃、双环芳烃、三环及三环以上芳烃的含量。液相色谱法的优点是，准确性好，重复性好，操作简单，设备普及，易于推广，但是由于其用外标法进行定量，所以标准曲线需要定期检查，因此比较适于作为日常常规检测方法。

3.4 超临界流体色谱法

超临界流体色谱法的分离原理与液相色谱法基本相同，只是在流动相方面采用处于超临界流体状态的CO_2，检测器方面使用氢火焰离子化检测器代替了示差折光检测器，在仪器方面也采用超临界流提色谱仪。该方法在美国加州被选择作为柴油芳烃含量的测定方法，在欧洲以及我国应用较少。

4 结论

（1）柴油中芳烃含量的高低直接影响燃料的燃烧性能并对柴油机的排放产生不同程度的影响。因此在世界范围内各国所制定的洁净燃料标准中，已经将总芳烃含量和（或）多环芳烃含量作为必需的限值之一，并且呈现出继续降低的趋势。

（2）从重复性、准确性、仪器设备的普及程度以及操作方便性多方面考虑，液相色谱法比质谱法更适合于作为柴油产品中芳烃含量测定的日常分析检测手段。

参 考 文 献

[1] 陈文淼，王建昕，帅石金，等．柴油品质对发动机排放性能的影响．汽车工程，2008，30（8）：657 ~ 663

[2] 王志伟，杜宝程，蒋习军，等．柴油质量对柴油机排放的影响．重庆工学院学报（自然科学），2008，22（8）：17 ~ 21

[3] Hosseini V，Neill W，Guo H，et al. Effects of Cetane Number，Aromatic Content and 90% Distillation Temperature on HCCI Combustion of Diesel Fuels. SAE Paper 2010−01−2168

[4] Butts R T，Foster D，Krieger R，et al. Investigation of the Effects of Cetane Number，Volatility，and Total Aromatic Content on Highly−Dilute Low Temperature Diesel Combustion. SAE Paper 2010−01−0337

[5] Song J，Lee K O. Fuel Property Impacts on Diesel Particulate Morphology，Nanostructures，and NO_x 165 Emissions. SAE Paper 2007−01−0129

[6] 白正伟，李怿，林玉，张瑞风，等．柴油芳烃含量测定方法评价．测试与评定，2009（3）：86 ~ 91

[7] 孙若男，郭武，管嵩，邹雯雯，王静静．高效液相色谱—示差折光检测器测定柴油中多环芳烃．福建分析测试，2010，19（4）：10 ~ 12

井下作业井场标准化现场施工探讨

尹炳发　李克忠　李忠贵　宁运申　李京船　周海涛

（胜利油田分公司孤东采油厂）

摘　要　井下作业标准化现场是井下作业修井施工中的一个标准。目前修井作业现场有了统一的现场标识图，但是没有形成现场施工设备、用具的统一标准，从而使井下施工现场用具各式各样，有的现场看起来整齐，然而有的现场则显得非常的凌乱，如何使我们作业现场看起来既整齐又形成一个统一的标准是我们研究和探讨的主题。

关键词　标准化现场；整洁；凌乱；统一

1　引言

在这里探讨的井下作业井场标准化，主要是针对在井下作业施工中，井场使用的工具、铁池子、值班房等现场摆放的标准。目前，井下作业施工现场没有针对井场用具和设备形成一个统一的规划设计和加工，作业中各种用具的随机摆放、用具的随意加工、施工时各种各样的施工方式等等，使作业现场看起来很凌乱。通过探讨，使井下作业的施工现场能够形成一个统一的标准化格局，施工形成一套统一的标准化模式，这样在作业时便可以做到整齐地摆放、快速地施工及实现快速地搬迁（可以将很多物品统一管理和统一整理，这样不但可以解决统一吊装的问题，还可以减少井上不用物品的回收工作），从而显得井场清洁整齐，同时也使各作业队形成一种统一的形象。另外一个就是井口简易操作台的合理设计加工，形成一个统一的标准，从而在外部树立作业大队的形象。综合以上两个方面，首先将井场使用的工具池、油管杆支架等进行统一、合理、综合地设计加工，其二就是井口简易操作台的统一设计加工。

2　设备标准化现场的构思

目前，井下作业现场使用的用具有以下几个：工具池、工具台、管杆短节支架、冲砂池、油管杆支架、小滑车支架等。统一设计加工以上用具，则是实现井场施工现场标准化的前提，从而使修井作业现场达到一个统一的标准。主要有以下几个方面的标准：

（1）井口设备标准化。在起下钻时，统一安装井口自封装置，统一使用井口污油回收装置，实现井场无污染化，实现清洁施工。

(2) 冲砂钻塞设备标准化。使用统一的冲砂装置和设备，统一制作、合理使用，实现井内和井口及循环设备的统一。

(3) 井场工具摆放标准化。使用统一的井场摆放工具池及井场管杆架以及统一的施工用具等。

3 井下作业现场施工统一用具的设计加工

就井场工具摆放标准化和设计使用统一的井口简易操作台进行探讨，下面是我们提出的加工意见，仅供参考，希望有更好的建议。

3.1 工具架的设计加工

工具架用以摆放油管短节、油杆短节等杆类物以及悬挂管钳吊卡等，使以往将所使用的短节类工件摆放在地面的现象消失。该工具架利用 2in 废旧油管加工，结实耐用，副支架用 7/8in 报废抽油杆加工，焊接到主支架上时，先在主支架上打洞，将切割好的报废抽油杆（副支架）放入该洞内再进行外部焊接，整个加工实现环环相套，以使其坚固耐用以及使用长久。该工具支架不但可以摆放油管杆短节，同时可以摆放螺杆钻等重物，只要是短物都可以进行摆放，同时还可以悬挂其他物品，如备用吊卡等。摆放时两面同时摆放，避免一面过重、一面过轻而导致翻倒事故。该支架的设计尺寸为：长 1600mm、宽 600mm、高 1400mm。工具架设计图及实物图如图 1 和图 2 所示。

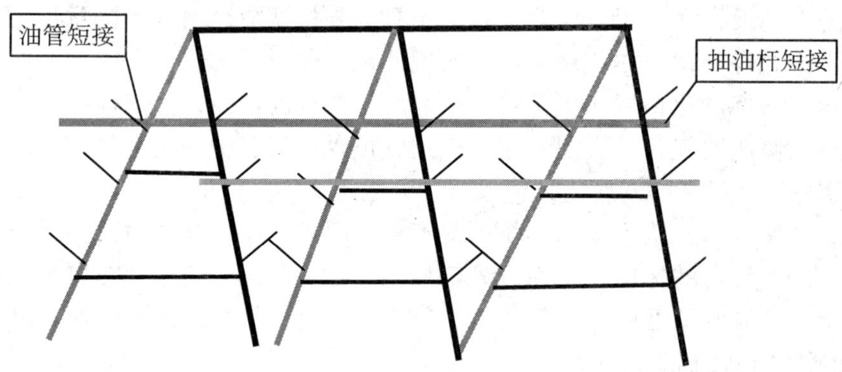

图 1　工具架设计图

3.2 工具摆放台的设计加工

工具摆放台内部一半的空间设计了许多杆柱，用以将变扣、接头等一些临时不用的物品摆放在里面；在搬家时，可将用过的变扣、接头等摆放到里面，防止在使用时将扣碰坏，起到一定的保护作用；同时，施工时也便于寻找，起到了整齐划一的作用。其底部设计使用 2in 报废油管做主架，如 5/8in 油杆做支柱，加工时先将主架打眼，再将支柱（加工好的 5/8in 油杆）放入，然后进行焊接，这是由于底部使用 2in 报废油管做主架，如不进行密

图 2　工具架实物图

封，则会产生许多缝隙，工具摆放台的设计便于使用蒸汽车时可以进行整体内部清洁，将一些油土等物质清洗并从底部漏出，一半做成有底板的空间，将钳油、黄油等小桶油水放入该处，确保搬迁时的保护。该工具摆放台可加工一个上盖，同时加工起吊挂钩，便于搬家吊装。工具摆放台设计尺寸为：长 1500mm、宽 1000mm、高 500mm、支腿高 130mm，其设计图及实物图如图 3 和图 4 所示。

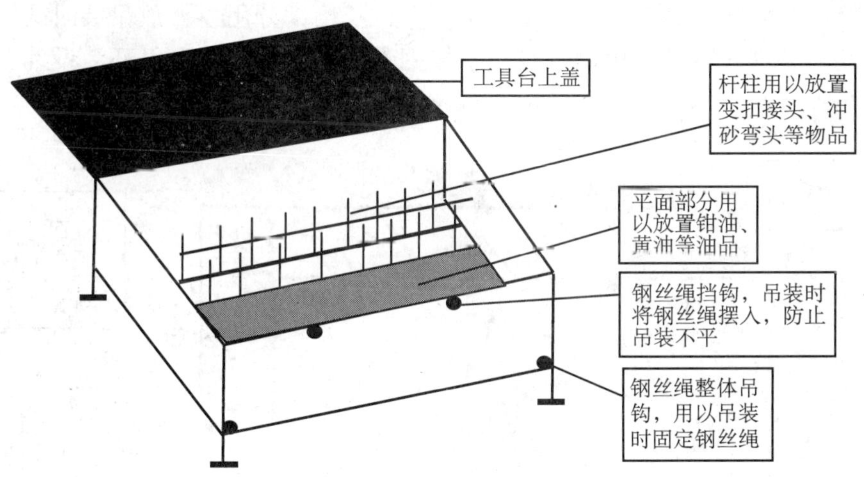

图 3　工具摆放台设计图

3.3　污油回收及循环池的设计加工

该工具池不但可以在起下油管杆时回收污油，同时在冲砂洗井作业时可用来循环、沉砂，而且在搬迁时，可以将油管杆支架、油管杆短节、水龙带、循环管线等物品摆放其中，便于整体搬迁。

图 4　工具摆放台实物图

加工说明：该循环池中间隔板底部可以相互加工一个流通孔，流通孔用活式挡板阻隔，在冲砂时将挡板放下，起到四级沉砂的作业，如在井内注水泥等施工时打开挡板，则可形成大的通道，设计容量为 3m³，但连通不是在一直线上，便于清洁时排水。焊接一定要结实耐用，包括隔板。利用 2in 或 $2^1/_2$in 报废油管加工主体，该池设计长度为 2000mm、宽 1500mm、高 1000mm。每隔 500mm 做一挡板，挡板高度为 400mm，550mm 和 700mm 三个，进行四级沉砂。在沉砂池上部加工两条拉筋，长出部分用以摆放吊装时的钢丝，底部加工四条拉筋，外部长出部位用以吊装时悬挂钢丝绳。污油回收及循环池设计图及实物图如图 5 和图 6 所示。

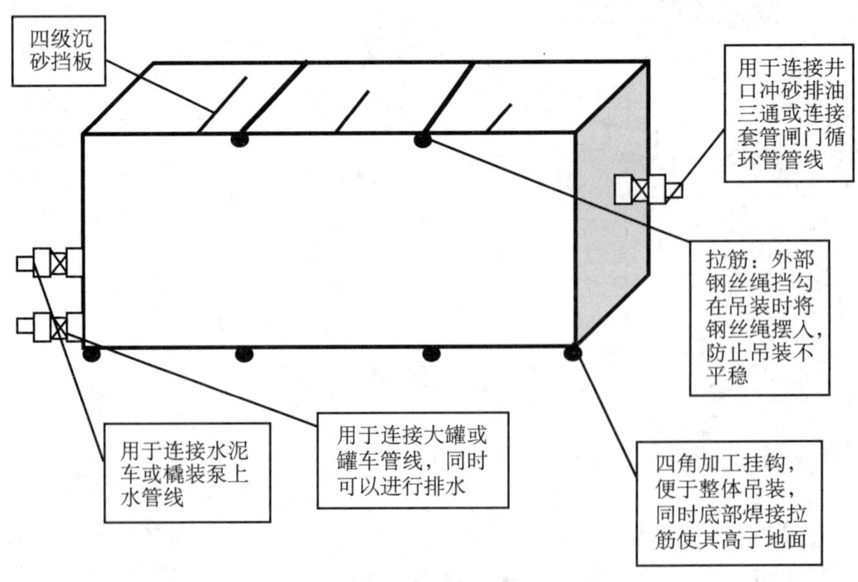

图 5　污油回收及循环池设计图

图 6　污油回收及循环池实物图

3.4　可调节油管、杆支架的设计加工

该支架用 20mm 钢板做底座，底座为 400mm × 400mm，用 ϕ 89mm 废旧油管做外筒，用 ϕ 73mm 废旧油管做内筒，外筒高为 300mm、内筒高为 350mm，用 ϕ 89mm 的废旧油管一分为二做油管托。在施工中由于地面不平整及虚土原因，造成无法将全部支架摆平，该工具则可以用来调节高度，达到摆放油管杆的平整性要求。同时，该工具还具有简单、轻巧的优点。焊接时，首先将底板上掏一个 ϕ 89mm 的洞，将外筒（ϕ 89mm 的废旧油管）上下焊接在钢板上，使其牢固、不易损坏，同时在内外筒上部连接处焊接一个挡环，使内外筒不易脱离，加工好后形成一个不可分离的整体。可调节油管、杆支架不但可以摆放油管，同时还可以摆放抽油泵，如图 7 所示。

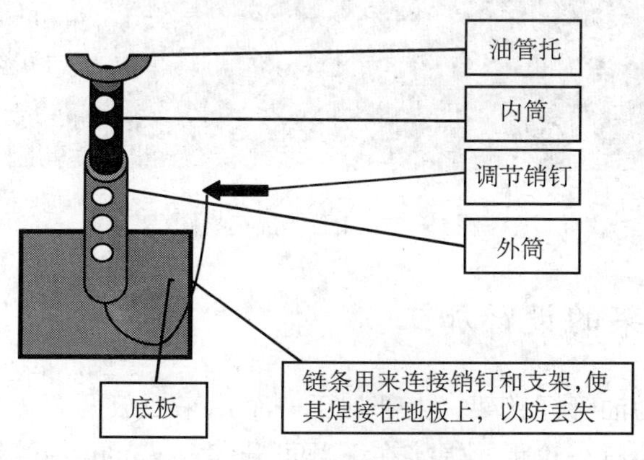

图 7　可调节油管、杆支架

3.5 井口工具台的设计加工

在作业施工时，将该工具摆放在井口，用以摆放井口操作随时使用的工具及变扣、接头、榔头、井口螺栓、管钳、钢丝刷等施工用具，使施工时工具的使用方便、及时，合理保证了井口的正常施工。该工具台的设计尺寸为：长 1000mm、宽 500mm、高 750mm。该工具台台面四周焊有挡板，高为 60mm，以防止小件物品从工具台上滚落。使用该工具台是为了方便井口用具以及抽油机物品等的摆放，防止物品到处乱摆乱放的现象，并且实现了交接班清点，不用的则分别放入工具池及工具柜中。井口工具台的设计图和实物图如图 8 和图 9 所示。

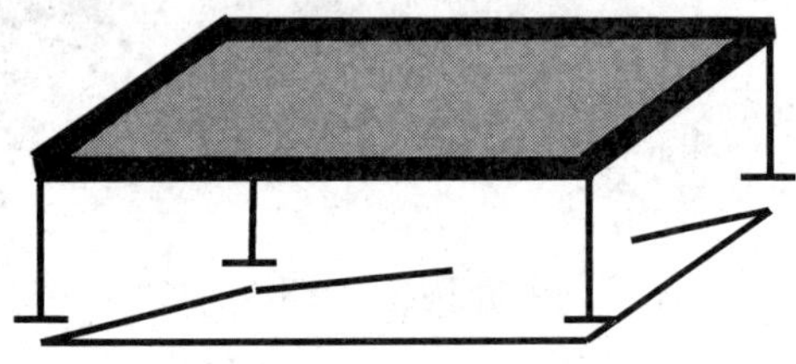

图 8　井口工具台设计图

图 9　井口工具台实物图

3.6 油管滑道支架的设计加工

该图的设计原理为油管杆支架。上部加工一个用来摆放两个 ϕ 73mm 油管的支架，两个油管摆放槽宽度为小滑车轮距，焊接在下部可升缩 ϕ 73mm 油管短节上，焊接一定要坚固，也可在上打眼后进行上下焊接。高度设计为可调式，便于地面不平及油管层数有变化时方便调节使用，用以减少场地工的工作量。同时在起下钻时，将靠钻台处稍微调高，便于小滑车的向后滑动。每个井场配备三个油管滑道支架供施工时使用，如图 10 所示。

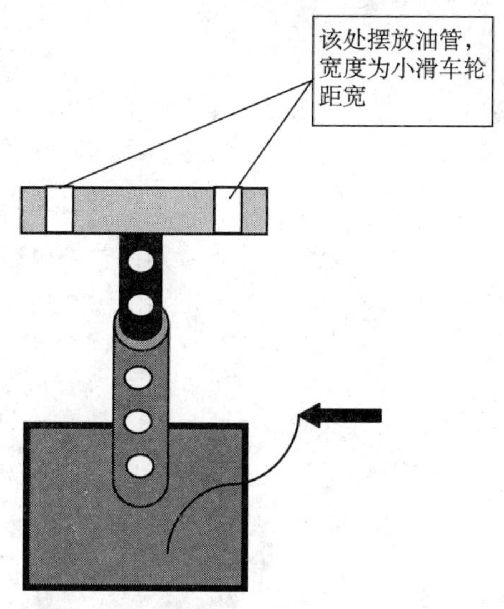

图 10　油管滑道支架

4　结束语

4.1　推广标准化现场的意义

井下作业井场统一摆放，是为了进一步完善井下作业施工标准化施工方案。各种用具的统一使修井施工作业整齐、清洁，使各作业现场达到一个统一的标准，形成一种全新的形象，为更好地加快施工特别是搬迁进度，打下了良好的基础，可减轻修井工的重复劳动，减少井场凌乱发生的几率，为更好地施工进行合理地安排，同时便于各类检查的统一、各种施工现场用具的统一。

4.2　下步打算

下一步打算加工一种井口地面油管举升设备，用来将油管举升到简易钻台上，在井口配合小滑车滑道使用，该设计的构想是利用废旧油管加工一种液压举升工具。此外，还打算加工一种油管自动滚动装置，使油管在起下钻时，特别是在下钻时，自动滚动到油管举升设备上，大大减小了作业工人的劳动强度，提高了生产时效，从而逐步实现修井工作的半自动化。

参 考 文 献

[1] SY 5727—2007　井下作业安全规程
[2] Q/SH 0095—2007　油水井井下作业现场安全检查规范

三　等　奖

（50 篇）

以全方位标准化管理，促进企业技术创新

曹万秋　宗志敏　田勇海

（大庆油田有限责任公司第一采油厂）

摘　要　本文阐述了标准化管理与技术创新相互依赖，相互促进的关系。建立适应市场经济的企业标准体系，用标准化促进技术创新，全面提升企业核心竞争能力。

关键词　标准化；技术创新；竞争力

1　引言

当今企业竞争成败的关键取决于以技术创新为核心的综合力，取决于技术转化为标准从而获得经济收益的能力。市场的竞争在很大程度上已经演变成为技术标准的竞争，推进标准化，大力提高标准的技术水平，实现企业标准化与技术创新协调发展已经成为现代企业的客观要求。因此，探讨企业标准化与技术创新，对提高企业市场竞争力具有十分重要的意义。

2　标准化和技术创新的关系

标准化是综合竞争力的基本要素，是规范经济秩序的重要技术方法，更是增强企业核心竞争力的源泉。伴随着创新年代的到来，企业必须从依靠技术发展朝着既依靠技术又依靠标准同时并举的方向发展，两者的关系最终表现为互为促进、协同发展。

第一，技术创新必须以已有的技术和技术标准为基础。技术标准是科研、生产的经验总结，是技术成果与生产力的桥梁，要进行技术创新，必须在一定的基础上进行，而现行有效的技术标准则是一种重要的基础，没有现行的标准（技术的积累），创新也就失去了起飞的平台。

第二，技术创新的成果一旦纳入标准，成为标准的内核。技术创新的目的和成效也就以“标准”这个载体在市场的运作中得到充分的体现，进而成为新的技术标准。同时，新的技术标准又为创新提供了更广阔的空间、更稳定的平台和更高的起点。

第三，技术标准可以减少技术创新的不确定性，降低创新风险，使其快速被市场接受。技术标准是创新成果迅速向现实生产力转化的桥梁和催化剂，标准的广泛使用使得其中包含的技术得以快速扩散，有效地节约其他企业积累这些基本技术信息的时间，加快了技术

创新的速度。

第四，创新的技术是未来技术标准的源泉。技术创新包含对现有标准的突破，突破之后，新的技术将形成新的标准，因此，技术创新是提高技术标准水平的前提。

另一方面，技术标准也可能阻碍创新。技术标准化可能导致技术依赖，过早设置的技术标准可能会阻碍创新，而落后的、陈旧的技术标准化可以导致技术胶着的后果，从而抑制创新，只有在技术发展的恰当阶段设置技术标准才是明智之举。不过，由于标准可引导市场的发育和基于创新的经济增长，标准对创新的阻碍效应往往被弱化或抵消。研究表明，标准的阻碍效应与创新的强度为显著负相关。英国的一份关于标准与创新的调研报告同样显示，标准可能阻碍创新的企业，其自身的创新也最为活跃。在标准化工作开展良好的企业，技术标准化与技术创新表现为互相促进，呈现出阶梯形互动，如图 1 所示。

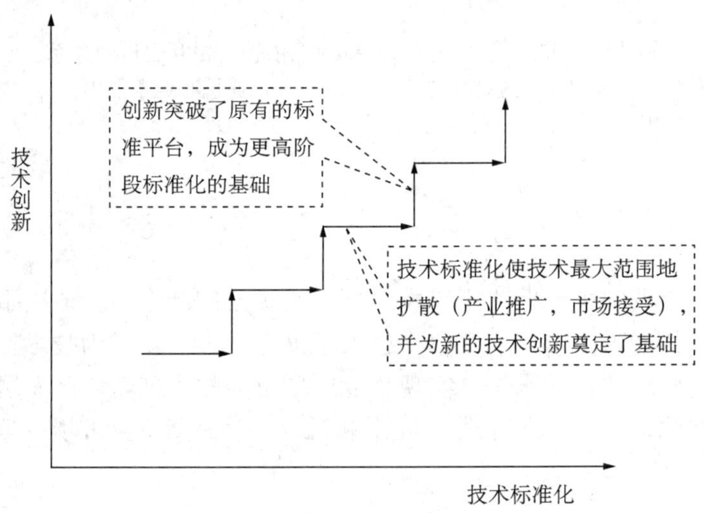

图 1　技术标准化与技术创新的互动

3　建设“一流、先进”的企业标准体系，充分发挥其对提升技术创新能力与关键技术领域的引领作用

3.1　建立标准化活动的科研机制，以技术创新夯实企业标准的技术基础

企业的技术创新源自于历史实践的经验与科学理论的指导，企业标准水平得益于科学试验与技术创新的成果。建立标准化活动的科研机制，我厂先后开展了聚合物驱和三元复合驱、天然气驱、微生物吞吐等重大现场试验及配套技术研究，创新了“二三结合”开发模式，由此带来的油田聚驱累计产油达 1×10^8t 以上，为油田的可持续发展做出了巨大贡献，而以这些技术、科研成果为基础的三元复合驱开采等一系列标准即将进行推广应用。以科学、技术为基础，以科研项目带动企业标准化活动水平，使企业标准体系建设同步于

技术创新成果的形成，使标准在成果转化过程中接受检验、提升与发展，真正成为企业共同遵循的准则，促进生产力的快速发展。

3.2 开展前瞻性与动态性的企业标准化活动

企业建立标准不应迁就局限于企业的设备与技术现状，要着眼于发展与创新，应更加注重标准的前瞻性，引领企业技术创新活动。标准体系是一个动态的系统，我厂每年依据各岗位实际要求，对油田公司、国家及石油等标准需求变化，需经相关科室、生产单位、厂领导审核后对《大庆油田有限责任公司第一采油厂在用标准目录》进行修订、核定，确认其能够满足我厂生产实际，能够与各生产专业、主要生产岗位及生产工艺流程相结合，始终保持标准的先进性、适宜性、协调性和配套性，为企业开展生产经营提供坚实的技术基础。

3.3 强化队伍建设，带动提升企业标准的技术水平

标准化工作既是一门管理科学，又是一门综合性的边缘科学，理论性、知识性、政策性都很强。必须在大力普及标准化基本知识的同时，下工夫培养具有较强标准意识、较高理论素养、较好技术水准和较多实践经验的标准化专业技术人才。为此，我厂组织了一个在“企业第一领导者”领导下，各部门负责人参加的企业标准化“综合体结构”，在基层采油矿形成标准化员、管理层各路工作人员、基层单位技术人员、班组的四级标准化管理网络，并通过这个网络坚持把执行标准的重要性灌输给管理者与员工，建设一支专业过硬、技术精良，具有高水平、高素质的技术队伍，进而带动企业标准的技术水平不断提高。

4 结束语

企业既是技术创新的主体，也是标准化的主体，开展技术创新和标准化工作是企业的责任，更是企业发展的必由之路。企业标准化活动是技术创新成果的载体，企业技术创新是提升企业标准水平的基础。单个的创新很难给企业带来持续的利益，标准化工作更不是孤立的、局部的，只有持续的、常规化的创新，与标准化工作的全面融合，才能为企业发展带来不竭的动力。

参 考 文 献

[1] 刘振刚 . 技术创新、技术标准与经济发展 . 北京 ：中国标准出版社，2005

[2] 刘双桂，陈建明，王俊秀 . 企业成功的秘密——标准转型与标准运作 . 北京 ：中国标准出版社，2005

推进标准化建设，规范海上油田驱油用聚合物理化性能检测工作

陈士佳　王京博　王成胜　易　飞
黄　波　朱洪庆　史锋刚　李　峰
（中海油能源发展股份公司钻采工程研究院）

摘　要　本文结合聚合物驱在 SZ36−1 油田应用情况，参照其他油田聚合物驱评价方法，规范了海上油田对驱油用聚丙烯酰胺固含量、粒度、特性黏数、溶解速度、水不溶物等检测内容，建立了一套适合海上油田特点的驱油用聚合物理化性能评价技术，优化了检测方法及判定指标，确保海上油田聚合物注入质量，为海上油田注聚效果保驾护航。

关键词　聚合物；理化性能；评价

1　引言

2003 年 9 月，缔合聚合物首次在渤海 SZ36−1 油田进入现场试验，经过 7 年多的聚合物驱油试验，渤海油田注聚全面推进，目前已经注入井达到 34 口。聚合物产品质量是注聚效果的主要因素之一，经过长期的理论研究并结合现场实践，对于驱油用部分水解聚丙烯酰胺，陆地油田已建立了系统的评价指标和评价方法。这些指标涵盖了聚合物质量性能评价、聚合物溶液性能评价、聚合物溶液稳定性能的评价和聚合物溶液的驱替性能评价。但是，由于海上油田的特殊性，需要建立适合海上油田的聚合物产品质量检测方法。

2　陆地油田聚丙烯酰胺评价

陆地油田聚丙烯酰胺评价方法见表 1。

表 1　陆地油田聚丙烯酰胺评价方法

序号	性质	测试方法与指标
1	固含量	GB 12005.2—1989，恒重法 120±2℃，烘 2h，固含量＞88%
2	粒度	GB 12005.7—1989，50g 样品，振动时间 6min，振幅 2.0mm，间隔 4s
3	水不溶物	SY/T 5862—1993，1000mg/LNaCl 溶液配置 5000mg/L 溶液 5000mL，25μm 钢网负压过滤恒重网上残留物小于 0.2% 合格

续表

序号	性质	测试方法与指标
4	溶解速度	GB 12005.8—1989，目标油田水配制 5000mg/L 溶液 100 目钢网负压过滤恒重网上残留物小于 1% 合格
5	特性黏数	GB 12005.1—1989，蒸馏水配制 1000mg/L 溶液，乌式黏度计法

3 海洋油田现行评价方法与指标

海上油田具有独特的油藏特征和工艺生产特征，聚合物的溶液性质和驱替特征的评价方法与目前陆上油田现行的标准或方法不尽相同，用于海上油田注聚的聚合物评价方法就不能照搬照抄陆上油田的方法，需要建立一套用于海上油田注聚的聚合物评价方法。同时，近两年超高分子量聚合物和缔合聚合物的不断应用和标准自身存在的不足，逐渐暴露出一些不适应的问题。为此，针对应用中存在的问题 ，重点对新型聚丙烯酰的固含量、粒度、特性黏数、溶解速度、水不溶物等主要理化参数开展了更加深入细致地研究，进一步搞清了它们对注入能力及驱油效果的影响 ，对比优化了检测方法及判定指标，为修订完善中国海洋石油总公司聚合物检测标准奠定了技术基础。因此，有必要建立适合渤海油田注聚的各类新型聚合物标准，以确保注入聚合物质量。根据海上注聚聚合物的干粉性能，结合现场需要，制定了以下检测指标。

3.1 聚丙烯酰胺（粉状）固含量

干粉状部分水解聚丙烯酰胺产品是由其凝胶状产品经过烘干、造粒和筛分后得到的，产品不可避免会带有一定量的水分。所谓固含量就是指聚合物干粉或者胶状聚合物中除去水分等挥发物质后聚丙烯酰胺固体物质的含量，通常是以百分数表示。它是评价聚合物质量性能的一个重要指标，一般聚合物干粉的固含量应在 88% 以上。

实验方法：取三个洁净的称量瓶，在（120±1）℃下干燥 30min，放入干燥器冷却 30min，记录其质量 m_1，准确至 0.0001g。在已恒重的三个称量瓶中，分别称入 1.0 ~ 2.0g 试样，记录其质量 m_2，准确至 0.0001g。将称好试样的称量瓶置于（105±1）℃真空度 530mb 的真空电热干燥箱中，加热干燥 5h。取出称量瓶，放入干燥器内，冷却 30min 后称量，记录其质量 m_3，准确至 0.0001g，计算固含量。

实验数据处理：按公式（1）计算试样固含量。

$$S=\frac{m_3-m_1}{m_2}\times 100\% \qquad \cdots\cdots (1)$$

式中 S——试样固含量，用百分数表示；

m_1——恒重后称量器皿质量，g；

m_2——干燥前试样质量，g；

m_3——干燥后试样及称量器皿质量，g。

本试验中，改变原有的规则将原标准 120℃烘干 2h 改为 105℃，真空度 530mb 条件下烘干 5h。针对海洋油田平台空间有限的情况，要求聚丙烯酰胺的固含量应该大于 90%。

3.2 聚丙烯酰胺（粉状）粒度

粒度指粉状聚合物试样，在规定时间内经振筛机机械振摆，试样通过不同规格的筛网，求取不同粒径的粉末在试样总量中所占的百分数。粒度不仅反应了试样的均匀程度，而且直接影响其溶解速度。经造粒后得到的部分水解聚丙烯酰胺产品，粒径小于 150μm 的聚合物颗粒极易悬浮在空气中，给工作环境造成污染，易于造成溶解时的鱼眼现象；而粒径大于 1000μm 的聚合物颗粒充分溶解所需的时间较长，很难满足现场实施的需要。另一方面，聚合物在现场工艺流程混配时，颗粒粒径较大时容易造成干粉传送螺杆进样不均匀，不能符合下料与电机频率呈线性关系，使得计量不准确。将造成现场使用时下料速度的控制困难，使聚合物的浓度与设计产生差异。通常情况下，要求粒度大于 1000μm 和小于 200μm 的质量百分数都小于 5.0%。

实验方法：称量 1000μm 和 200μm 的两个实验筛并记录筛子质量 m_{1000} 和 m_{200}，然后按照筛孔大小叠套起来，1000μm 筛子在上，200μm 筛子在下，并在两个筛子下面套上一个空框，组成筛堆。称取 100g 试样 m_0（准确至 0.01g）置于上层的试验筛中，将筛堆固定在筛分仪上，启动筛分仪，调节定时器，振筛 6min，超声波打击每次 4s，最大振幅 2.5mm。振筛结束，仔细地自上而下逐一分开筛堆，迅速称量载有筛留物的每个试验筛质量 m_{1000-1} 和 m_{200-1}（准确至 0.01g）。

实验数据处理：粒度百分数按公式（2）和公式（3）计算。

$$R_{1000}=\frac{m_{1000-1}-m_{1000}}{m_0}\times 100\% \qquad (2)$$

式中 R_{1000}——试样粒度大于 1000μm 的质量百分数，用百分数表示；

m_{1000}——1000μm 实验筛质量，g；

m_{1000-1}——载有筛留物的实验筛质量，g；

m_0——试样质量，g。

$$R_{200}=\frac{m_{200-1}-m_{200}}{m_0}\times 100\% \qquad (3)$$

式中 R_{200}——试样粒度大于 200μm 的质量百分数，用百分数表示；

m_{200}——200μm 实验筛质量，g；

m_{200-1}——载有筛留物的实验筛质量，g；

m_0——试样质量，g。

因此，规定了粒径小于 200μm 或大于 1000μm 的颗粒含量均应小于或等于 5%。

3.3 水不溶物

聚丙烯酰胺的水不溶物是指丙烯酰胺单体在发生聚合反应时生成别的不溶于水的物质。通常情况下，水不溶物含量过高，用于驱油的聚丙烯酰胺就会堵塞地层，一般要求小于

0.2%，但是用于特高渗透层的调剖堵水处理，通常对水不溶物要求就低一些。

实验方法：配制 1000mg/L 氯化钠溶液，考虑固含量加入所需重量的聚丙烯酰胺样品 W 克（准确到 0.0001g），配制成 5000mg/L 的聚丙烯酰胺溶液。用水洗净 100 目的不锈钢网，在 120℃下烘干恒重，称重，记录其质量 m_1（准确到 0.0001g）。将钢网夹在抽滤器上，过滤聚丙烯酰胺溶液。用蒸馏水冲洗搅拌器、烧杯、抽滤器和钢网三次。取下钢网，在 120℃烘干 2h，称重，记录其质量 m_2（准确到 0.0001g）。水不溶物按下式计算：

$$I_c = \frac{m_2 - m_1}{m} \times 100\% \quad \cdots\cdots (4)$$

$$m = W \cdot S \quad \cdots\cdots (5)$$

式中 I_c——水不溶物，用百分数表示；

m_2——过滤后的钢网重，g；

m_1——过滤前的钢网重，g；

m——所称聚丙烯酰胺重，g。

本实验中，将用 25μm 改为用 100 目的钢网过滤，主要是考虑海洋油田的渗透率比较大，水不溶物对其影响不明显。因此，对水不溶物的指标仍定为 0.2%。

3.4 聚丙烯酰胺（粉状）特性黏数

特性黏数［η］的定义是聚合物溶液的浓度趋近于零时对比黏度的极限值，特性黏数是表示单位聚合物分子在溶液中所占流体力学体积的相对大小，也是量度聚合物分子尺寸的一个重要参数。因此，测定聚合物的特性黏数对评价聚合物的增黏性能及分子尺寸有重要指导意义。特性黏数与分子质量密切相关，因此也常用特性黏数来表征聚合物的分子质量。

实验方法：将装有 400mL 蒸馏水的烧杯放置于溶解装置上，以（400±20）r/min 的速度开始搅拌。称取 0.44g 聚丙烯酰胺样品，精确到 ±0.0001g。将称出的聚丙烯酰胺样品均匀地撒在旋涡的坡面上，连续搅拌 90min 后，放置过夜。用孔径 0.101mm 的不锈钢网过滤聚丙烯酰胺溶液。取 50.00g 滤液放入 200mL 烧杯中，加 2.92gNaCl 于其中，搅拌使其溶解均匀。取 20mL 该溶液放入数字黏度计套筒中，在（25±1）℃下，用常规 S00 号转子在 60r/min 条件下测其黏度 s_{Vobs}。

数据处理：

$$s_{\mathrm{V}} = s_{\mathrm{Vobs}} \times 104.64\ (0.1 - C_0) \quad \cdots\cdots (6)$$

式中 s_{V}——标准黏度，mPa · s；

s_{Vobs}——视黏度（数字黏度计读数），mPa · s；

C_0——聚丙烯酰胺溶液实际浓度，用百分数表示。

$$C_0 = W \cdot S/400 \quad \cdots\cdots (7)$$

式中 W——称取聚丙烯酰胺样品重量，g；

S——聚丙烯酰胺固含量，用百分数表示。

$$[\eta] = 4s_V - 1.8 \quad \cdots\cdots (8)$$

式中 〔η〕——聚丙烯酰胺溶液特性黏数，dl/g。

3.5 聚丙烯酰胺（粉状）溶解性

溶解速度是指定量的试样溶解在定量的溶液中所需要的时间。溶解就是溶质分子通过扩散与溶剂分子均匀混合，成为分子分散的均相体系。它是一种聚合物能否用于油气开采的首要要求，尽管对此没有十分具体或明确的要求，但显然溶解性差的聚合物会导致现场施工困难并带来一系列后续问题。因此，聚合物的快速溶解一直是国内外研究人员的追求目标。

聚合物的溶解过程要经过两个阶段，首先是溶剂分子渗入聚合物分子内部，使其重量和体积都相对增加、膨胀，此过程称为溶胀；然后才是高分子均匀分散在溶剂中，达到完全溶解，形成均一的溶液。聚合物的溶解速度受聚合物干粉颗粒大小、溶解温度、溶解水矿化度、搅拌方式等影响，干粉颗粒小（条件是不能形成鱼眼）、溶解温度高、溶解水矿化度低，搅拌强度大则溶解速度加快。

溶解时间的长短，确定了配制聚合物溶液所需要的时间和空间。对海洋油田的实际应用具有非常重要的意义。因为海洋平台的空间是有限的，在井组注聚过程中，相同条件下，溶解速度越快，其完全溶解需要的时间越短，一定时间内，溶解等量体积的聚合物溶解罐空间体积就可以越小（非储存罐）。溶解水温度和矿化度对缔合聚合物干粉的溶解速度影响更显著，另外，缔合聚合物的溶解浓度也对溶解速度有重要影响，一般建议缔合聚合物溶解浓度不低于5000mg/L，溶解温度不小于40℃。

部分水解聚丙烯酰胺干粉溶解速度一般采用电导法或黏度法，前者是基于阴离子型聚丙烯酰胺在水溶液中离解成离子，随着其不断地溶解，溶液的电导不断增大，全部溶解后，电导值恒定，电导值达到恒定的所需时间即为试样的溶解时间；后者是不断测试溶解过程中聚合物溶液的黏度，黏度达到恒定所需时间即为试样溶解时间。但是，对于目前正在SZ36−1油田使用的AP−P4疏水缔合聚合物，采取的是在不同的温度条件下溶解5000mg/L的聚合物，或者在相同的温度条件下，对45℃溶解不同浓度的聚合物，在不同时间检测其黏度变化。

4 推进聚合物干粉检测标准化成果

聚合物干粉检测工作是保证注聚有效的基础工作，是对聚合物质量控制的重要手段之一。最初主要是参考陆地油田的检测方法，但是在运行中，发现有很多不适用海上的特性，因此针对海上油田的特性，开发了适合海上油田生产的聚合物干粉检测标准，通过该工作的标准化的推进，取得了以下几个方面的成果。

（1）标准化让聚合物干粉检测管理精细化。

制定了海上油田聚合物检测的三项企业标准，分别是《海上油田驱油用丙烯酰胺类耐盐聚合物的性能指标和检测方法》、《海上油田驱油用聚合物样品采集及检测方法》、《海上油田驱油用聚合物溶液现场取样及检测方法》。海上油田注聚用聚合物干粉检测不仅需要经历取样、送样、登记、检测、报告发放等过程。标准化工作的推进将各个工作节点有机地衔接起来，避免管理中的空白与真空。随着聚合物干粉检测标准化的推进，注聚干粉检测工作的管理界面清晰，责、权、利相对统一；聚合物干粉检测中的各个节点中都做到了有组织地实施，每个环节都做到有监管，从无序管理向精细化管理迈进。最终，通过标准化的推进，推动了该项工作的持续改进，通过不断完善，做到了“人无我有，人有我优，人优我精”的服务品牌。

（2）标准化让聚合物干粉检测技术有形化。

海上油田注聚用聚合物干粉检测是依据海洋石油企业标准组织实施的。正是有标准化的检测依据，客户才会将检测工作委托我公司进行分析，预计每年可以进行 200 多批次的聚合物干粉检测，可以为公司创造产值近 500 万元。

（3）标准化让聚合物干粉质量优良化。

随着聚合物干粉检测标准化的推进，使用方、检测方、供应商等对聚合物检测内容的认同，可以有效地保证注聚用聚合物干粉的质量。没有标准化的推进，势必造成“公说公有理，婆说婆有理”各方各执一词。标准化的推进，可以更好地统一检测方法，有助于促进聚合物产品质量的提升。

5 结论

（1）针对海上油田的特殊性，结合现场注入需要，制定了聚丙烯酰胺固含量、粒度、水不溶物、特性黏数、溶解速度等检测指标，规范了检测方法。

（2）通过聚合物理化性能评价标准化的推进，保证了渤海注聚油田的顺利发展。

（3）通过聚合物理化性能检测标准化推进，每年检测聚合物干粉将超过 200 个，带来巨大的产值。

参 考 文 献

[1] 曹同玉，刘庆普，胡金升．聚合物乳液合成原理性能及应用［M］．北京：化学工业出版社，1999

[2] 卢祥国，牛金刚．化学驱油理论与实践［M］．哈尔滨：哈尔滨工业大学出版社，2000

[3] 马世煜．聚合物驱油使用工程方法［M］．北京：石油工业出版社，1995

[4] 王刚，孙刚，刘洪兵．超高分子量聚合物性能评价方法研究［A］．大庆石油地质与开发，2001：101 ~ 104.

[5] 李华斌，罗平亚．大庆油田疏水缔合聚合物驱物理实验模拟［J］．油田化学，2001，18（4）：338 ~ 341.

发挥标准化优势 提高岗位工作质量

陈水木

（江苏石油勘探局地质测井处）

摘 要 本文通过对“标准具有其他规章制度不可替代的优势与特点；岗位工作质量是企业质量工作的关键与核心；创新思维科学标准化，强化人的综合能力，提升岗位工作质量”的论述，阐明了为什么要发挥标准化优势，提高岗位工作质量，以及如何发挥标准化优势，提高岗位工作质量的问题。文中突显了“以人为本”的思想和可持续发展的理念，尤其强调只有运用创新思维的方法，辩证思维的方法和发挥人的主观能动性来发挥标准化优势，才能更为有效地提高岗位工作质量。

关键词 发挥；标准化；优势；提高；岗位工作；质量

1 引言

标准化是质量工作的基础。标准具有编制目标明确、结构严谨、用词达意、词意准确、要求细致等特点。标准具有科技的性质，科技是第一生产力，标准也是生产力。标准还具有准法律性质。在标准化工作过程中，不但各级领导重视，员工的接受程度高，企业多方面重视。油田的不少企业还建立起标准化管理体系。技术规范、行为要求、产品质量、安全环保等标准较为齐全，一旦新工艺、新设备成熟应用，即刻编制标准进行覆盖。

质量是企业的生命。通常一提到质量，人们很自然想到的是产品质量，而我们是油田中搞测、录井作业的，属于安全生产高风险行业。在这样的企业质量管理中，产品质量固然重要，但已不单单是产品质量所能概括的，其质量工作应该包括“工程安全质量、岗位工作质量和产品资料质量”。

当今，在现代企业管理中，突显了以人为本的理念。我们做企业质量管理工作不能脱离这条主线。岗位工作质量是承启测、录井工程安全质量，链接测、录井产品资料质量的核心与关键，重视岗位工作质量就牵住了企业质量管理工作的牛鼻子。本人这么认为，也是撰写本文的意图。

2 标准化具有其他规章制度不可替代的优势与特点

（1）企业在正常的生产经营活动中，安全质量需要规章作保障，岗位工作质量（包括生产作业质量与操作质量等）需要规程为依据，产品资料质量需要规矩（尺度）来界定、去判别，所有这些都离不开标准。

（2）编制标准，主要显示原因和结果，表述准确、具体，可操作性强，需用图表和数字表述的较多，避免抽象、模棱两可的用词等。标准化工作还具有享受专利，保护专有，起着开拓市场与传承文化的作用，有优化企业的经营环境与优化社会环境和自然环境等功能。重要性可见一斑。

（3）标准肩负着发展企业、壮大企业的责任。国际上，有的国家把标准归属与经济法，要求人们像遵守其他法律一样去执行标准规范，具有很强的约束力。在贯彻过程中，显得更加顺利。这对于标准化工作人员是件十分有利的事情。

（4）标准化工作支撑企业生产经营全过程。从野外施工、原始资料采集到入室验收，资料处理解释到成果检验发送，设备的维修保养，甚至到测、录井工作的准备、汇报，都有相应的程序规定、行为规范。

（5）我们企业经过多年的意识要求、行为强化和现实教育，形成了一套较为完整的标准内容的培训、执行方法。广大员工在一般情况下都能自觉遵守与主动执行。对于一些生疏的内容及新方法、新工艺、新流程，管理部门与基层单位会要求编制规程、设计培训计划、安排培训时间、完成培训考核，以保障标准顺利实施。

（6）标准化工作与企业的生产经营日趋紧密，在企业管理中是一种极为有效的工作方法与手段。标准化工作涉及面宽，覆盖领域全。

①我们企业虽然不太大，但专业相当多。既有测井专业又有录井专业，测井专业中可粗分为裸眼测井、套管测井和射孔；录井专业又可分为综合录井与地质录井。在测、录井专业分类表中可了解得更多、更细，见表1。

表1　测、录井专业分类表

专　业	类　别	项　目
裸眼井测井	成像测井、数控测井	完井电测、中途电测、对比电测、套前电测、FMT测井、井壁取心、自然电位测井、补偿中子测井、声波感应测井、八侧向测井、电、声图像测井、偶极子测井、EFET地层压力测试、倾角测井、微球测井等
套管井测井	吸水剖面测井、注水剖面测井	环空测试、PND测井、井温测井、电磁探伤、陀螺测井、钆中子测井、变密度测井、工程测井、氧活化测井等
射孔	电缆射孔、油管传输射孔	60弹射孔、89弹射孔、102弹射孔、127弹射孔、1m弹射孔、复合弹射孔、桥塞、校深等
录井	探井录井、开发井录井	综合录井、地质录井、气测录井、地化录井、能谱录井、工程录井、钻井液录井、钻时录井、钻井取心录井、井壁取心录井、MAS录井等

②不管是哪种项目、哪种方法，都有标准覆盖。全处现行标准多达220多项。有国家标准、行业标准、中国石化集团企业标准、江苏石油勘探局企业标准和地质测井处标准，分布到位，覆盖全面。各中心、各小队在标准执行过程中，根据现行性、符合性实际，都会依据体系运行要求，结合年度质量改进计划进行修订、完善，并记录。

（7）标准化工作又有极强的专业性。一个企业能不能在市场竞争中取胜，决定着企业的生死存亡。企业的标准化工作能不能在市场竞争中发挥积极的作用，这又决定着标准化在企业中的生存地位与作用。西方国家的一些企业甚至把标准作为设置技术壁垒的一种手段。

(8) 我国开始重视标准化工作，可以追溯到20世纪的80年代。

①近年，国家花巨资推进标准化工作，鼓励各行各业去抢占标准化工作的制高点。如今，人们已经认识到了标准制定者的种种优势，明白了自主知识产权的重要性，包括领先性、权威性、专属性，在商业经济领域甚至体现出了某种奴役性。

②以上种种，企业标准化的优势与特点已显现无疑。怎样才能将标准化优势转变成企业的发展优势？需要通过员工的岗位工作来实现，也只有通过员工的岗位工作才能实现。为此，岗位工作的优劣、岗位工作质量的高低就显得非常重要。

3 岗位工作质量是企业质量工作的关键与核心

(1) 强调企业员工岗位工作质量的重要性，就是为了有效地贯彻“以人为本”的思想理念。现代经济社会发展的本质要求突显这一理念。

①以人为本，就是以实现人的全面发展为目标，从人民群众的根本利益出发谋发展、促发展，不断满足人民群众日益增长的物质文化需要；把以人为本作为发展的最高价值取向；尊重人、理解人、关心人，把不断满足人的全面需求、促进人的全面发展，作为发展的根本与出发点。

②根据以人为本“三个层面”的含义理解，社会的发展应是以人为本的发展，而不应是以物、经济等其他形式为本的发展；发展应是以绝大多数人为本的发展；企业是社会的细胞，企业的发展也应该基于这三层含义之上。这是可持续发展的理念。我们在这里强调岗位工作质量的重要性，正是贯彻可持续发展理念的具体体现。

③根据这一理念，员工是企业发展的主体，创新的主体，也是享受发展成果的主体。无可厚非，油田测、录井企业也应如此。企业的标准化质量工作，该是在贯彻这种理念中进行与深入展开，围绕“人”字做文章。

④上面说过，我们企业的质量工作包括工程安全质量、岗位工作质量与产品资料质量三个方面。但在生产经营过程中，这三方面又互相搓揉、相互穿插，表现为你中有我、我中有你，且相辅相成。

(2) 工程安全质量与岗位工作质量。工程安全质量主要指野外作业过程中涉及的质量，包括工程安全与工程质量。工程安全质量涉及的面比较宽。比如说测井，要开展一项裸眼井测井项目，既涉及到测井队、测井工程，又涉及到钻井队与录井队、钻井工程与录井工程；既涉及地面，也涉及井下；既涉及人员，又涉及设备；既涉及到客观因素，也涉及到主观原因。一项完美的测井工作，需要方方面面的配合与协调，缺了哪一方、缺了哪一方的认真都不行。套管测井、井壁取心和射孔工作与裸眼测井工作基本类同。

(3) 在具体的作业操作中，无论是规避不利的客观因素，还是战胜主观因素，都与员工的岗位工作质量息息相关，这就是质量工作的根本。复杂的井况需要员工的经验做参考，仪器设备的技术状态是否良好，需要操作员去判断，一项工作内容的完成，最终也离不开上级人员下达指令与下级人员的有效执行。任何一个工程安全质量点的控制与控制是否有效，都离不开人们的所作所为，一切如此。

（4）产品资料质量与岗位工作质量。产品，在我们油田测、录井企业就是资料，在纸上记录着弯弯曲曲地质信息的曲线。产品质量，主要包含有原始资料质量，室内解释质量与处理成果质量。

①产品资料质量。无论是单井原始资料的采集，还是后续室内资料质量的验收；是测井资料的处理，还是解释成果评价；是区域性学科技术的运用，还是多学科综合分析；它们的质量高低，是否有油、有气？是否值得进一步研究？地层地质构造怎样？什么物性、电性？符合性如何？等等，都与作业人员、验收人员与解释人员的岗位工作质量直接相关。综合多方面因素表明，重视员工素质及具备素质能力的人员所从事的工作质量，是质量管理、企业管理工作的重要内容。

②员工的岗位工作质量。既是测、录井工程安全质量的关键，又是产品资料质量的决定力量，是做好整个测、录井企业质量工作的核心与关键，必须引起方方面面的高度关注。

4 创新思维科学标准化，强化人的综合能力，提升岗位工作质量

（1）创新思维，就是要以中外、远近及最新的马克思主义理论为指导，用唯物辩证的方法，结合岗位实际以及需要解决的问题，围绕提升岗位工作质量，为开展科学合理的标准化工作作打算。创新思维，就是要学会尊重劳动、尊重知识、尊重人才、尊重能够提升人们潜能的一切努力与创造。人是创造、创新的种子。创新思维，尊重人才是第一位的，只有在尊重他人的基础上，才能强化、提升人们的综合能力。创新思维，还要尊重以人为本的管理机制，人与自然的和谐发展，人与社会的和谐发展和人与人的和谐发展。在这基础上，进行科学标准化，也只有在这基础上创新思维，才能进行科学标准化。

（2）人生是单向的，但人的思维必须是双向甚至是多向的。创新思维科学标准化，离不开辩证思维的方式方法，离不开强化人的综合能力，离不开努力提升岗位工作质量。最近，地质测井处在射孔方面就遇上件非要辩证思维才能抉择事情：电缆射孔该不该一律“封口”作业？

①什么是“封口”作业？简单地说，就是在射孔时用防喷罩把井口保护起来。以前，因为我们江苏油田地层压力较低，电缆射孔是不封井口的。现在，局有关部门从工程安全与上级要求的角度考虑，拟实施一项新规：凡是射孔，一律进行“封口”作业。但是，这一决定执行起来有很大的难度。不仅需要配置井口封堵装置，还要增加工程吊车配合装卸来保障现场作业，射孔工作量增加，作业时间延长，影响钻井速度。这对于低压井而言，纯粹是一种浪费，而且是很大的浪费。当然，为了预防“低压井”中万一有井喷，也是有这个必要的。可这种情况出现的几率非常非常低，当然谁也不敢说没有。

②射孔作业方的管理部门经过细致地研究与商讨，提出了“探井、重点井等压力情况不明地，实施封堵井口的射孔作业，开发地增量井保留现行作业法”的方案，这与相关部门的要求有距离。

③目前，作业部门与管理部门的领导层正在做更为深入细致的工作，两部门的上一层领导也在调研、协调。虽然一时难以决断，但是，我们有理由相信，只要奉行辩证思维的原则，遵循普遍性与特殊性、原则性与灵活性相结合的方法。最终的决定一定会体现科学

合理性，并落实于标准化。

④工作靠近标准化一步，工作质量上水平一分。标准化工作是质量工种的一部分，扎实做好了标准化工作，岗位工作质量得到提升也就在其中了。真正做到科学标准化，首先，应该从深入学习《标准化法》着手，扎实做好标准化知识的宣传教育，进一步提高符合现实意义上的广大员工的标准化意识和执行标准的意识。其次，结合其他标准规范开展标准化工作，采用恰当的方法，掌握、验证操作层对岗位标准内容的了解深度与实质应用水平，对于存在的不足与问题，在执行过程中短斤少两的行为，落实必要的措施予以纠正。再次，管理人员要反复比较、对比分析与研究，做好自编标准的适宜性，引用标准的符合性与现行性工作。确保在用标准的准确、有效性，以保障、提高岗位工作质量。最后，不仅要杜绝无标准生产，更要做到高标准生产。要有编制领先标准的决心、信心与能力，并围绕这些不断地去改善，去进步。

⑤强化人的综合能力，提升岗位工作质量，就是认真地依照贴切企业经营、符合生产作业要求及其相应的制度做好每一件事。这既是岗位工作的责职使然，也是岗位工作质量的基本要求。强化人的综合能力，尤其需要发挥人们的主观能动性，但也离不开以标准、规范规程为依据。主观能动是一切工作之魂，也是提高岗位工作质量之魂。

⑥主观能动的最大的特征是先行一步。只有主动才有先行。主动思考，主动计划，主动选择，主动请示与汇报；主动布置、落实与确认，主动协调，主动检查与被检查；主动做好思想政治工作，主动诉求培训教育工作，主动落实好队伍建设，主动抓好现场管理；主动学技术，主动练本事，主动提升岗位工作能力，直至避免或减少错误。总之，只有主动才能做好质量工作、提升岗位工作质量，主动是做好一切工作的落脚点与出发点。

(3) 围绕岗位工作贯彻执行岗位标准，提升工作质量。在质量管理中，要求体系相关人员主动做好质量管理体系的岗位运行工作，完成好与之联系密切的HSE管理体系的日常运行。技术管理人员要主动收集国内外测、录井信息，及时推广运用适合于本地区的新技术、新工艺。设备、材料管理人员主动做好设备的维护保养与材料质量调查检测，使设备处于良好的技术状态，并确保配件质量。质量管理人员要主动做好质量回访，采集宝贵的意见建议信息，确保质量控制渠道的畅通与有效；做到月度质量指标的统计精准，控制得当；季度质量分析细致，考核严格、奖惩分明；确保工程优质，队伍资质有效。

(4) 齐心协力，以德养心，同心同德，提高岗位工作质量。发挥标准化优势需要“以人为本”、“可持续发展”的理念来统领，提高岗位工作质量离不开齐心协力，同时还需要高尚的道德作保障。不过，再严细、精准的标准或制度，随着企业的发展与时间的推移，都会发现缺陷，显现不足。各岗工作人员要用主观能动的激情来查找企业发展中的标准化差距，及时填补，不影响岗位工作质量；用主观能动的激情来做好各项工作，不留遗憾，确保岗位工作质量；用主观能动的激情来发现所做工作的不足与问题，不断完善而推进岗位工作质量。同时，还要进一步完善岗位工作的评价、判别方法，形成更为有利的激励机制，强化人的综合能力，更为有效地提升岗位工作质量。

录井企业标准化的管理

程修雷　葛景凯

（大庆钻探工程公司地质录井一公司）

摘　要　标准化是企业的综合性管理工作，它是企业生产经营的基础，是推动企业技术进步的保证。地质录井作为石油工业的重要组成部分，在装备标准化管理方面与通用石油装备有其共性，但由于受到工作分布地点、工作环境条件等因素的影响，存在着“重使用、轻管理”的现象，因此，推进标准化进程工作已成为企业的发展进步的重要措施。质量安全标准化管理是企业生产经营活动中的一项基础建设，是提高安全管理水平，提升企业形象的有效途径。

关键词　录井；标准化；管理

1　引言

标准化是实施质量安全管理的基础。录井行业的质量安全管理工作已取得不少的成绩。然而，如果忽视了企业标准化工作，那么会使质量安全管理工作只存于表面，无法深入地开展。因此，质量管理工作要以标准化管理为基础，以技术标准为依据，以管理规范为立足点，在原有管理经验的基础上，大胆创新，全面推行标准化。

地质录井作为石油工业的组成部分，在石油天然气的勘探开发过程中占有十分重要的位置。早期主要靠从国外引进设备，经过近几年的快速发展，基本实现了国产化，拥有了大批自主研发的不同类型的综合录井仪。在技术指标方面，国产装备与进口装备已经难分伯仲；国内生产厂家的新型装备的发展也与国际发展处于同一水平。尤其是在一些专用录井仪的研制方面，完全摆脱了国外公司的束缚，具有了完全的知识产权，有力地提高了录井行业的整体技术水平。

录井技术是标准化工作的基础，通过标准化可以把各种规程、规范以标准的形式科学地固化下来，使其更具可操作性。由于受到工作环境艰苦、信息交流不便等原因的限制，录井现场装备操作人员的标准意识淡薄，认为自己的工作就是保证装备正常运转，至于相关操作步骤、装备性能的检定等是否符合标准要求于己无关，从而形成了录井装备只看重使用的局面。

标准化对于录井生产经营管理有重要意义。在市场经济环境下，企业的生存与发展靠的是市场竞争力。只有认识到标准化在提高企业竞争力方面的作用，才会对标准化工作给予重视，才能在生产经营中自觉运用标准化手段，以适销的产品和良好的服务最大限度地占领市场。地质录井工作特点是专业面广、专业化强、生产工艺特殊、作业现场分散、作业劳动强度大。针对地质录井工作特点，标准化管理也应结合企业实际，有针对性地开展工作，加强标准的实施和监督管理，确保标准有效地实施。

2 完善企业标准体系是标准实施的基础

标准资料是标准化工作的基础，标准实施离不开标准文本，实际工作中标准的配备是实施标准的前提。标准在实施过程中要落实到位，实行定人、定岗管理，每个人、每个岗都要配备相应的岗位标准，并严格执行标准，按标准操作。具体要求如下：

（1）建立健全各级标准化管理组织，完善标准体系，按标准的分类及岗位实施规范做好标准的配备工作。

（2）根据体系表分别做好登记，建立目录，分专业、分类别加以管理，实现了集中统一管理与分散管理相结合。

（3）对工作中所缺的各类标准及时订购，并有重点地收集有关的标准信息，系统了解和掌握本行业标准的制修订动态，及时购买新发布的标准和发布作废信息，保证各使用现场均为现行有效版本。

3 标准宣贯是标准实施的必要条件

实施质量安全标准管理必须脚踏实地，真抓实干。抓人员到位、资金落实，及时解决实施过程中出现的问题，通过检查、督促、整改、提高，全面提升水平，确保企业安全生产标准化工作取得实效。

标准宣贯是标准化工作的基础，标准离开了具体的学习，深入贯彻，其工作就成了无基之石，无本之木。为提高标准实施的有效性，真正发挥标准的作用，对现行标准，特别是重点标准进行宣贯是非常必要的。针对录井企业的工作特点，对标准宣贯应采取多种方式进行。具体情况如下：

（1）岗位自学：根据工作需要，对岗位执行的标准进行自学，提高自身素质和业务水平。

（2）集中授课培训：利用录井施工淡季和倒班时间，公司利用人员相对集中的机会，请公司技术专家统一授课，对标准条款进行讲解，使岗位员工掌握标准要领，按标准操作，提高工作质量。对新员工，公司组织技术人员对岗位标准进行培训，将录井仪器搬到教室，模拟出录井现场实际工作环境，并从现场取回钻井液、岩屑等实物，在教室中，手把手、面对面教与学，做到了理论与实际相结合，达到学习标准的目的。

（3）参加上级业务部门举办的标准培训班，对标准化人员进行培训考核，持证上岗。通过标准宣贯学习，使岗位员工全面了解和掌握标准内容，达到了员工精通岗位标准，为标准的实施打下了坚实的基础。

4　加强重点标准的实施监督是标准实施的保障

4.1　标准分类

在石油行业中执行涉及的标准很多，许多标准是相互关联、相互配套的。为了在日常工作中充分发挥标准的作用，立足以岗位为基础点，加强重点标准的实施监督工作。一般情况下，把实施的标准分为重点标准、常用标准和辅助标准，要求岗位员工掌握重点标准和常用标准内容，在工作中要严格执行，对辅助标准员工作为参考标准了解既可。

4.2　重点标准

在重点标准实施过程中，标准化管理人员经常深入生产现场进行监督、检查、指导，把实施过程中出现的问题及时整理反馈，并解决处理，切实把标准化工作落到实处，确保标准的有效实施。具体要求如下：

（1）加强地质录井设计标准的实施监督，确保设计符合要求。

（2）加强采集资料标准的实施监督，确保第一手资料的准确性。

（3）加强岗位责任制为内容的工作标准的实施监督，提高岗位员工技术能力和综合技能。

（4）加强验收标准的实施监督，确保录井质量。

（5）加强安全标准的实施监督，提高安全管理水平。

5　加强标准实施过程的监督检查，及时制修订适应生产经营的标准

5.1　及时制修订适应生产需要的标准

录井企业的标准化贯穿于录井装备的全过程，在录井装备的研发初期，相关技术研发人员就要针对该装备需要实现的目的进行仔细研究分析，了解工作现场实际情况，吸收成熟技术，为该装备制定出先进的性能技术指标、合理简单的结构。装备研制成功后，在销售给用户之前，针对录井行业特点，制定出切实可行的操作规范，指导现场操作人员进行标准化操作、保养和维护，确保装备实现正常工作。

5.2　加强标准实施监督管理

作为录井企业，针对新型装备的投产要尽快形成自己的企业标准，对该装备的管理、使用、保养、维修、数据应用等方面制定出严格的规定。在做到标准宣贯的前提下，还要加强日常管理工作，对装备管理人员、操作人员、维修人员、资料应用人员进行定期或不

定期的检查与督促，确保标准实施的有效性。标准的内容可以说就是技术法规、管理制度。对于地质录井来说，标准的实施和监督就是把在录井采集中所涉及到的方法标准、安全标准等规定的内容加以执行，对因违反标准造成的后果以至重大事故，要根据情节轻重，进行严格考核。在实际工作中，主要对使用的行业标准、企业标准执行情况进行监督。检查工作过程中是否按标准进行操作，如地质设计是否按标准设计录井方案，资料验收是否按相关标准验收，生产现场是否执行安全标准等，监督到每一口井，检查到每一个现场，确保标准有效实施，充分发挥了标准的应有作用。

6 结束语

开展标准化工作是企业提高基础管理水平，实现安全生产，提高工作质量的关键所在。质量安全标准化为危害辨识、运行控制、绩效改进提供了有效方法和手段，企业通过不断完善风险评价组织体系，做到全员、全过程参与风险评价和风险管理，从而有效地控制风险。安全标准化的实施，是创造和谐社会、切实保护员工人身安全、保证正常的生产运作，实现安全生产长效机制的重要保障。通过标准实施和监督检查，夯实了各项基础工作，有利于促进地质录井的技术发展，为石油天然气资源的勘探开发做出应有的贡献。

参 考 文 献

[1] 李永平 . 安全质量标准化在企业中的运用 [J] . 河南城建学院学报，2009（5）
[2] 王淑芳 . 对石油工业标准化工作的几点建议 [J] . 石油工业标准与计量，1990（6）
[3] 石油工业技术监督 .2004（2）

石油化工设计中实行标准化的意义

常一舟

（中国寰球兰州工程公司）

摘 要 本文介绍了标准化的定义，简要地介绍了中国石油天然气集团公司，并讨论了在石油化工容器的设计制造过程中实行标准化的意义、如何才能提高石油化工容器设计的效率、实行标准化与节能减排、绿色发展的关系。

关键词 石油化工容器设计；标准；效率；节能

1 标准化简介

1.1 标准化定义

为在一定的范围内获得最佳秩序，对实际的或潜在的问题制定共同的和重复使用的规则的活动，称为标准化。它包括制定、发布及实施标准的过程。标准化的重要意义是改进产品、过程和服务的适用性，防止贸易壁垒，促进技术合作。

1.2 标准化的作用

（1）上述活动主要包括编制、发布和实施标准的过程。

（2）标准化的主要作用在于为了其预期目的改进产品过程或服务的适用性，防止贸易壁垒，并促进技术合作。

2 中国石油天然气集团公司简介

中国石油天然气集团公司（简称中国石油集团，英文缩写 CNPC）是根据国务院机构改革方案，于 1998 年 7 月在原中国石油天然气总公司的基础上组建的特大型石油石化企业集团，系国家授权投资的机构和国家控股公司，是实行上下游、内外贸、产销一体化、按照现代企业制度运作，跨地区、跨行业、跨国经营的综合性石油公司。中国石油集团注册总资本 1149 亿元，现有总资产 9137 亿元，在中国境内东北、华北、西北、西南等广大地区拥有 13 个大型特大型油气田企业、16 个大型特大型炼油化工企业、19 个石油销售企业和一大批石油石化科研院所和石油施工作业、技术服务、机械制造企业，在中东、北非、中亚、俄罗斯、南美等地区拥有近30个油气勘探开发和生产建设项目。2010年国内生产原油11176.1×10^4t，生产天然气944.80×10^8m^3，加工原油12277.5×10^4t；同时在海外获取权益原油产量7581.6×10^4t、天然气产量88.4×10^8m^3。全年实现销售收入14654.2亿元，实现净利润1398.7亿元，实现利润在国内企业中位居榜首。

3 在石油化工容器设计中实行标准化的重要意义

3.1 实行标准化在各部门间的意义

一个石油化工容器从最初的技术要求，到最后的成为一个可以运转的设备，要经过工艺、设备设计、土建、机械加工厂等多个环节的，所以往往从甲方提出技术要求到最终投入运行需要很长的一个周期。在现在的流程中，往往各部门由于没有统一的标准、在图纸上的表现方法不一样而出现的理解偏差和理解错误导致返工、延长设计时间。如果能推出一套有效的石油化工容器标准流程或标准设计规程，让各个部门之间都能熟悉这个标准流程或标准设计规程，可以使各部门更能清楚的理解其他部门的设计构思，减少因为沟通上的偏差而导致的时间延长，能有效地提高各部门之间的配合效率，减少不必要的时间浪费。

3.2 实行标准化对设备设计的意义

石油化工容器的设备设计是一个繁杂而细致的工作，不但要画出容器的真实比例图，还要罗列出各个部件的材料、型号、质量，还要在图中标出各种机械加工所必须知道的尺寸等。在设备设计的过程中往往重复的无用功浪费了工作人员的时间，降低了效率。所以为设备设计制定一套行之有效的标准，如图签、图面技术规定、字体、标注样式等，是可以提高工作效率，节省工作中重复性的浪费的。

如果中国石油内部能设置一个标准化部门，建立一个标准的CAD模板，包括图签、字体、图面技术规定、标注样式等，还可以绘制一些标准件模板，如法兰、焊接节点图等，把这些已经有标准的东西制作成资料库性质的标准，不但在各个部门间交流的时候更具有一致性和辨析性，而且大量节约了设计人员的时间，能让设计人员把时间专心放在容器的设计上而不是重复地绘图上。

3.3 实行标准化对节能减排、绿色发展的意义

在石油化工设计中要使用电脑上的各种设计相关软件，要使用打印机，要用软件绘制大量的草图、底图等。实行标准化的目的就是为了有一个统一的标准，让各部门都按照标准来做，使之提升效率。提升效率就是更少的使用纸张、打印机、电脑等，就是在节能减排、绿色发展。只有实行了有效的标准化流程，才可以有效的提升效率，才可以达到节能减排、绿色发展。

4 总结

在各个行业都在强调效率的今天，实行标准化无疑是一条“捷径”，在中国石油天然气集团公司每年都需要建设大量的石油化工容器、设备等设施，在设计过程中推行标准化有利于提升效率，缩短项目周期，节省宝贵的时间和资源。

《汽油抗爆添加剂甲基环戊二烯三羰基锰（MMT）验收规范》的研究和制定

崔文峰　艾宏承

（兰州石化公司质检部）

摘　要　通过研究工作，确定了汽油抗爆剂验收规范技术要求、检验规则和安全要求等内容，建立了汽油抗爆剂（MMT）验收规范，为汽油抗爆剂的准入及验收提供了技术依据。

关键词　汽油抗爆添加剂；MMT；验收规范；研究制定

1　制定意义和依据

汽油抗爆添加剂是用于提高汽油辛烷值的添加剂。随着汽油产品质量标准不断提升，以及降低生产成本的客观要求，适度添加汽油抗爆剂因其经济、快捷、灵活的特点成为提高辛烷值，降低生产成本的重要手段。可以提高汽油辛烷值的化学品有很多种，目前我国车用汽油国家标准 GB 17930《车用汽油》只允许使用甲基环戊二烯三羰基锰。

甲基环戊二烯三羰基锰［methylcyclopentadienyl manganese tricarbonyl（MMT）］是车用汽油无铅化后代替四乙基铅的主要汽油抗爆剂，目前被包括我国在内的一些国家采用。由于中国石油天然气集团公司（以下简称集团公司）的各炼油企业均在使用 MMT，而国内至今没有相应的国家标准和行业标准，有必要采用科学可比的方法建立汽油抗爆剂验收规范，对抗爆剂理化性质及其抗爆性增值性能等方面加以综合性评价，以确保采购和使用满足质量及经济性要求的抗爆剂。

本规范在制定过程中参考了国内外 MMT 生产厂商的产品企业标准和相关试验方法标准。

2　汽油抗爆剂生产、使用及标准现状

2.1　生产厂家

目前国内市场上使用的汽油抗爆剂产品中，进口剂占了相当大的比例，主要来自美国雅富顿（Afton）公司。近年来，由于利润较高，刺激了国内的研发和生产，已经有多家国内企业生产该产品，其价格与国外公司的产品相比有较大优势，对汽油抗爆剂的使用单位

来说，可以扩大采购范围、降低采购成本。

国内外各企业所采用工艺各不相同，其辛烷值提高效率也有较大差距。按照同等加剂量分别对国产和进口的七种汽油抗爆剂产品，在不同牌号车用汽油中按照加剂后锰含量为18mg/L 的加剂量，进行加剂后汽油辛烷值增值试验。试验结果如图 1 所示。

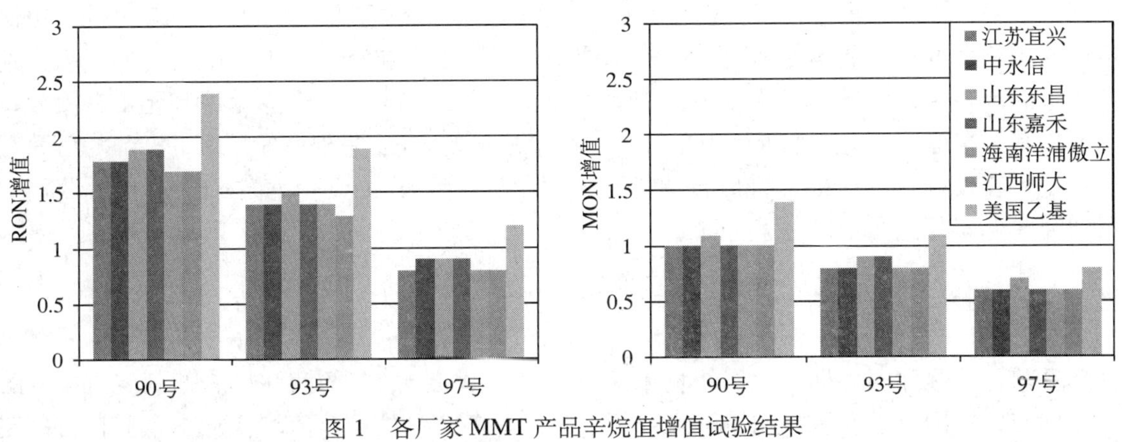

图 1　各厂家 MMT 产品辛烷值增值试验结果

从试验结果来看，不同厂家的汽油抗爆剂针对不同牌号的汽油所获得的辛烷值增值存在一定的差异。

2.2　炼油企业使用情况

为了解集团公司内部各炼油企业目前汽油抗爆剂的使用情况，使本规范最大限度地满足使用需要，向 23 个炼油企业发出了《关于〈汽油抗爆剂（MMT）验收规范〉企业标准制定问卷调查的函》，收到 14 家公司的回函，其中 12 家公司使用汽油抗爆剂。根据回函，按照使用量对各公司使用的汽油抗爆剂种类和生产厂家进行了统计，结果如图 2 所示。

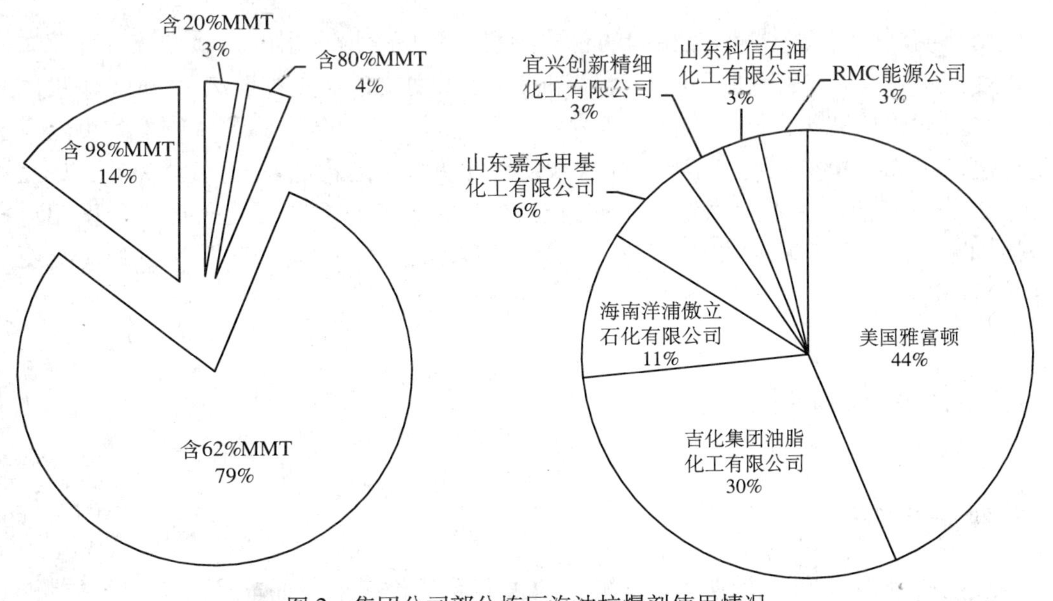

图 2　集团公司部分炼厂汽油抗爆剂使用情况

从调查结果来看，12 家炼厂中有 9 家使用了 MMT 纯度为 62% 的汽油抗爆剂，该纯度的剂用量占了总量的 79%；使用 MMT 纯度为 98% 的汽油抗爆剂的有 3 家炼厂，使用量占总量的 14%；还有两种 MMT 纯度分别为 20% 和 80% 的汽油抗爆剂，这两种纯度的剂在市场上很少见，从回函结果来看，这两种剂每种均只有一家炼厂在使用。在所使用的抗爆剂生产厂家中，美国雅富顿公司和吉化油脂化工公司的产品占了总量的 74%，12 家炼厂中使用这两家公司的产品的各有 8 家；海南洋浦傲立石化公司和宜兴精细化工公司的产品分别有两家炼厂在用，前者由于炼厂用量较大，占了总量的 11%；山东嘉禾甲基化工有限公司的产品有一家炼厂使用，由于使用量较大，占了总量的 8%；另外两家厂家的产品均各只有一家炼厂在使用，其中山东科信石油化工公司所用剂纯度为 20%，美国 RMC 能源公司所用剂纯度为 80%。

2.3 产品标准

目前，国际和国外标准化组织均未对以 MMT 为主要成分的汽油抗爆剂制定过相应的产品标准，我国也没有制定相关国家或行业标准，各产品生产厂家均执行本企业自行制定的产品标准。从国内各生产厂家的标准来看，其检验项目和技术指标主要由美国雅富顿公司质量典型值衍变而来。表 1 列出了部分国内外 MMT 生产厂家的企业标准或典型数据，及中石化 MMT 采购技术要求。

从表 1 来看，各企业标准的一些关键项目，如 MMT 纯度、锰含量、密度和凝点等，其技术指标或典型数值较为接近，但并不完全相同。检验项目也不完全相同，其中 MMT 浓度、锰含量、密度和凝点四个重点项目是所有生产厂家共有的技术参数。而中石化的验收技术要求更重视与使用效率有关的 MMT 纯度和辛烷值增值。

2.4 检验方法

根据前期调研情况，即使是相同的检验项目，各厂家所采用的试验方法也有较大的差异。如锰含量的测定分别有原子吸收光谱法、原子发射光谱法和容量法；MMT 纯度的测定虽然多采用气相色谱法，但具体操作条件和样品处理方式也各有不同；密度的测定方法有密度计法［GB/T 1884《原油和液体石油产品密度实验室测定法（密度计法）》]、比重瓶法［GB/T 2540《石油产品密度测定法（比重瓶法）》和 GB/T 4472《化工产品密度相对密度测定通则》］和 U 型管振动法（ASTM D4052《数字密度计测定密度和液体相对密度的试验方法》）等。

3 标准内容及说明

3.1 标准定位

本规范的制定是为了满足汽油抗爆剂的采购和评价需要，而非产品的出厂质量控制，

表 1　各企业 MMT 标准及典型值

项　目		美国雅富顿公司		吉化油脂化工有限公司		山东科信石油化工有限公司		山东嘉禾甲基化工有限公司		海南洋浦傲立石化有限公司			宜兴市创新精细化工有限公司		中石化 MMT 技术要求
		HiTEC3000	HiTEC3062	KT9298	KT9262	KMMT96	KMMT62	SD−98	SD−62	Q502	Q506	Q509	GKJ−9918	GKJ−9908	
外观		橙色液体	橙色液体	橙色透明液体		橙色液体		橙色透明液体		浅黄色	橙色液体		橙色液体		
锰，% ⩾		24.4	15.1	24.4	15.1	24.4	15.1	24.4	15.1	5±0.5	15.5±0.5	24.5±0.5	24.7±0.3	15.2±0.2	24.4
密度，g/mL		1.38	1.11	1.36 ~ 1.39	1.10 ~ 1.13	1.38	1.11	1.35 ~ 1.38	1.10 ~ 1.12	0.95±0.05	1.15±0.05	1.35±0.05	1.38±0.05	1.1±0.1	1.36 ~ 1.38
沸点，℃		232	179 ~ 212			232	179 ~ 212						231±3		
凝固点，℃ ⩽		−1	−18	−5	−22	−1	−30	−1	−22	−30	−30	−30	−1	−22	
闪点（闭口），℃ ⩾		86	42	80	50	96	40	80	40	40	50	50			
蒸汽压（20℃），mmHg ⩽		0.05	1.8			0.05	1.6			30±10	2.0±0.5	0.1±0.01	0.05±0.01	1.6±0.1	
黏度（25℃），mm²/s ⩽		3.95	1.47			3.95	1.47						4.50±0.20	1.60±0.15	
溶解性	汽油、甲苯	可混溶	可互溶	汽油易溶		可混溶				可互溶	可互溶	可互溶	互溶		
	水（20℃），10^{-6}	10	可互溶			10							10		
	甘油，%	5													
成分组成，%	MMT ⩾	96[a]		98	62			98	62	20	62	98	98	62	96[a]
	二甲苯 /n- 庚烷 ⩾	2	2.7											2 ~ 3	
	三甲基苯 ⩾		15.2												
	轻质溶剂油 ⩾		11.4											芳烃溶剂	
	其他芳香烃 ⩾		8.7											37 ~ 38	
水分，mg/kg ⩽				200				200							
辛烷值增值（加剂后锰⩽ 18mg/L）	研究法（RON）⩾														1.6
	马达法（MON）⩾														1.2

注：表 1 中无极限描述的数值项目均为典型值。

[a] 为含锰化合物中 MMT 的含量。

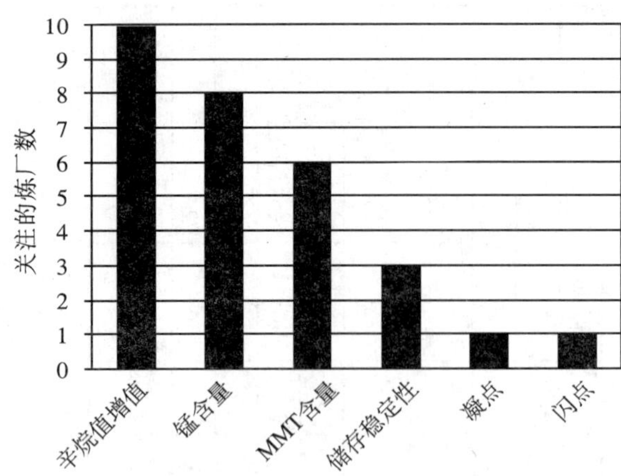

图 3　各炼厂重点关注的汽油抗爆剂性能参数

因此对各炼厂在抗爆剂的验收情况和最关注的性能参数进行了调查，以便根据实际需要制定标准，结果如图 3 所示。

从调查情况来看，辛烷值增值、锰含量和 MMT 含量是各炼厂最关注的参数。在验收时，有两个炼厂对锰含量进行了检验，一个炼厂对 MMT 含量进行了检验，六个炼厂对辛烷值增值进行了检验，其试验方法和结果的表达差异较大。

为满足炼厂的实际需要，本规范对与产品的使用性能有关的参数：MMT 含量、锰含量和辛烷值增值做了规定，且为保证北方冬季汽油抗爆剂的使用效果，规定了凝点的技术要求，并通过外观项目反映产品的清净性。

有三个炼厂比较关注汽油抗爆剂的加剂后储存稳定性，为考察加剂后储存稳定性，对进口和一种国产剂进行了加剂（锰含量 8mg/L）后的贮存稳定性试验，结果如图 4 所示。

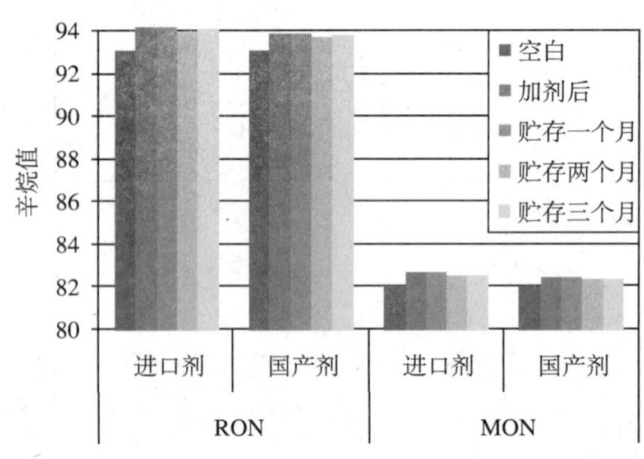

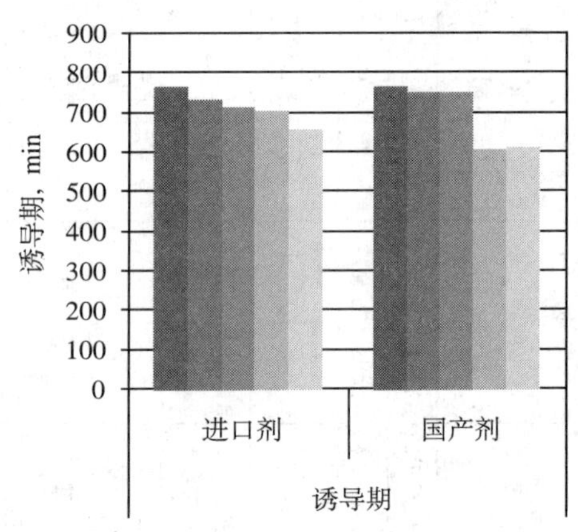

图 4　车用汽油加入汽油抗爆剂的贮存试验结果

加剂后油品经三个月的贮存后，研究法辛烷值下降不超过 0.2，马达法辛烷值下降不超过 0.1，均在试验方法的重复性范围内；汽油加入抗爆剂后，随着贮存时间的延长，诱导期有明显下降，经三个月贮存后，下降幅度在 10% 以上；其余理化性质均无显著变化。MMT 见光易分解的特性会在一定程度上影响加剂汽油的氧化安定性，在汽油产品的储运环节注意避光可以在一定程度上减缓诱导期的下降。由于贮存试验周期长，影响因素较多，特别是诱导期与催化汽油的性质和组成有关，难以进行精确地定量检测，故本规范不对该项目进行规定。各炼厂可根据本厂所生产的汽油组分性质自行考察。

闪点为涉及到储运安全方面的指标，与汽油抗爆剂的使用效果关系不大，故本规范不对该项目进行规定。

为满足部分炼厂对加剂后汽油质量和污染物排放的要求，本规范增加了对产品的污染物排放和污染控制装置耐久性试验规定。

由于目前集团公司各炼油企业所使用的汽油抗爆剂以美国雅富顿公司和少数实力较强的国内企业产品为主，本规范的技术指标以雅富顿 MMT 产品的典型值作为标杆，同时参考国内生产企业产品的一般质量水平进行设定，尽可能使各炼厂在使用该标准时既有较大的选择空间，又能够保证一定的质量水平。

由于本规范旨在对炼厂所使用的原材料质量进行控制，而非生产产品标准，为明确规范的用途，在范围一章增加了“本规范适用于汽油抗爆添加剂的准入和验收，不适用于产品质量判定和性能评价”的说明。

3.2　分类

根据汽油抗爆剂的市场调查，最常见的 MMT 纯度是 98% 和 62% 左右，也有极个别的厂家根据用户需要生产其他纯度的产品。与高纯度产品相比，低纯度产品凝点、闪点和黏度较低，对调合较为有利。目前集团公司炼厂使用的汽油抗爆剂绝大多数为含 MMT62% 的产品，并有部分厂家使用含 MMT98% 的产品，这两种类型的产品占了总用量的 93%。另有极个别炼厂使用 MMT 含量为 20% 或 80% 的产品，由于这两种产品不论生产厂商还是用户都很少，且在使用效果上与 MMT 含量为 98% 和 62% 的产品相比，并无显著优势，为了保证标准的简洁和高效，本规范只涉及了 MMT 含量为 98% 和 62% 的产品。为区分两种纯度的汽油抗爆剂，将 MMT 纯度在 98% 左右的产品规定为 I 型，MMT 纯度在 62% 左右的产品规定为 II 型。

3.3　要求和试验方法

3.3.1　锰含量

3.3.1.1　技术指标

对锰含量做出规定一方面是由于锰是构成 MMT 的必要元素，另一方面是为了对加剂后汽油的锰含量进行控制，以满足车用汽油国家标准的要求。目前大部分市售的汽油抗爆剂锰含量 I 型产品在 24.4%、II 型产品在 15.1% 左右。由于在汽油抗爆剂中，MMT 并不是唯一的含锰化合物，总锰含量的高低并不能代表产品质量，测定锰含量的意义主要在于控制加剂后汽油的锰含量，故本规范将锰含量规定为实测。

3.3.1.2　试验方法

目前汽油抗爆剂中锰含量的测定方法有原子吸收光谱法、原子发射光谱法和容量法。通过前期调研，取得了原子吸收光谱 / 发射光谱法（中石化企业标准）和容量法（吉化集团油脂化工有限公司企业标准）的资料。两种方法各有利弊：原子吸收法涉及标准样品的配制，试验周期较长，精密度相对较差；容量法需要使用溴、氨水、氯仿等挥发性有毒有害试剂，对操作人员健康不利。分别采用这两种方法对四个汽油抗爆剂样品进行了分析，试验结果见表 2。

从试验结果来看，原子吸收法测定结果与生产厂家提供的数值相差较大（大于 3%），相比之下容量法测定结果与生产厂家提供的数值较为接近（小于 0.2%）。

由于锰含量的试验结果会影响到辛烷值增值的评价，故选择容量法作为锰含量测定方法，并在标准中增加安全防护的相关提示。

表2　汽油抗爆剂锰含量试验方法对比

样品编号	样品来源	原子吸收法试验结果（质量分数）	容量法试验结果（质量分数）	生产厂家提供数值（质量分数）
1	国产	19.74%	15.82%	15.71%
2	进口	18.30%	15.31%	15.20%
3	国产	28.04%	24.34%	24.40%
4	进口	29.25%	24.50%	24.60%

3.3.2　MMT 纯度

3.3.2.1　试验方法

各生产企业所用的汽油抗爆剂 MMT 纯度的测定方法均为毛细管气相色谱法：雅富顿公司标准采用直接进样法，仅测定Ⅰ型产品含锰化合物中的 MMT 纯度，Ⅱ型产品 MMT 纯度通过稀释比例计算获得；而国内生产厂家多采用将样品稀释后进行测定，Ⅰ型产品通过面积归一法定量，Ⅱ型产品通过内标法定量。本规范需要在稀释比未知的情况下，测定Ⅰ型和Ⅱ型产品中 MMT 的含量，因此采用后者作为测定方法。用该方法对四个汽油抗爆剂进行 MMT 纯度测定（由于进口剂不提供产品总量中的 MMT 含量，故四个样品均为国产剂），测定结果见表3。

表3　汽油抗爆剂中 MMT 纯度测定

样品编号	试验结果（质量分数）	生产厂家提供数据（质量分数）	相对偏差
1	97.16%	97.47%	−0.3%
2	98.55%	98.37%	0.2%
3	61.38%	62.00%	−1.0%
4	62.78%	62.20%	0.9%

从试验结果来看，与生产厂家提供的数据较为接近，其相对偏差在 ±1% 以内。

3.3.2.2　技术指标

汽油抗爆剂中除 MMT 外，还有 CMT（环戊二烯三羰基锰）和 $(CH_3)_n$CMT 等其他含锰化合物。由于我国 GB 17930《车用汽油》中规定不允许加入除 MMT 外的其他类型含锰添加剂，因此有必要对汽油抗爆剂中的 MMT 纯度进行测定，在确定有效组分含量的同时，监控非 MMT 含锰化合物的含量。

目前市售汽油抗爆剂产品 MMT 含量的典型值为：Ⅰ型产品在 98% 左右、Ⅱ型产品在 62% 左右。国内产品通常都以上述值作为技术指标下限；而进口剂（雅富顿）的技术指标为“含锰化合物中 MMT 的含量不小于 96%”，即使其“含锰化合物中 MMT 的含量”在 98% 以上时，MMT 在汽油抗爆剂中的含量可能达不到 98%，此外，进口产品一般不对Ⅱ

型剂进行分析，其值均由Ⅰ型剂溶剂的调和比例计算而来。为考察汽油抗爆剂产品的 MMT 含量水平，对两批进口剂和三种国产剂的 MMT 含量进行了测定，结果见表 4。

表 4　汽油抗爆剂中 MMT 含量考察

样品名称	型号	MMT 含量（质量分数）
进口 1	62	61.44%
进口 1	98	96.16%
进口 2	62	60.37%
进口 2	98	94.52%
国产 1	62	62.78%
国产 1	98	97.29%
国产 2	98	98.33%
国产 3	62	62.13%

从试验结果来看，进口剂的 MMT 含量相对较低。为避免将进口剂排除在采购范围之外，本规范将 MMT 含量规定为：汽油抗爆剂中 MMT 含量：Ⅰ型产品不小于 96%、Ⅱ型产品不小于 62%。

3.3.3　凝点

汽油抗爆剂凝点过高，在低温环境下使用时，可能会从汽油中结晶析出，对汽油的调和产生不利影响。国内汽油抗爆剂企业标准中凝点指标Ⅰ型产品有“不高于 −1℃”、“不高于 −5℃”等，Ⅱ型产品有“不高于 −22℃”和“不高于 −30℃”等多种指标。

Ⅰ型汽油抗爆剂多在气温较高的南方或夏季，对添加剂的低温性能要求不高时使用，故本规范将Ⅰ型产品凝点指标定为“不高于 −1℃”。分别选取Ⅰ型国产和进口剂各两个样品进行凝点测定，结果均低于 −10℃，能够达到该指标的要求。

为考察Ⅱ型汽油抗爆剂的凝点质量情况，对三个技术指标为“不高于 −22℃”的国产Ⅱ型汽油抗爆剂和一个进口Ⅱ型汽油抗爆剂进行凝点测定，试验结果均低于 −40℃。为保证汽油抗爆剂在北方冬季的使用效果，本规范将Ⅱ型汽油抗爆剂凝点规定为“不高于 −30℃”。为缩短试验时间，增加了“如果对凝点没有特殊要求，测定结果低于 −30℃时可按‘＜ −30℃’报出”的说明。

凝点采用 GB/T 510《石油产品凝点测定法》进行测定。

3.3.4　外观

采用目测法对产品外观进行观察，可直观地了解产品的清净性，防止产品在生产或储运过程中造成的污染。方法参考了 GB 17930《车用汽油》中对汽油外观的测定方法。

3.3.5　辛烷值增值

3.3.5.1　试验方法

加剂后汽油的辛烷值增值，能够最直观地了解汽油抗爆剂的使用效果。从问卷调查结果来看，各炼油厂对该项目均十分关注。为考察各类汽油调和组分和车用汽油成品对 MMT 的感受性，采用同一个进口汽油抗爆剂样品，对重整生成油、工业异辛烷、非芳烃、直馏汽油、催化裂化汽油和各牌号成品汽油在不同 MMT 加剂量下进行研究法、马达法辛烷值增值试验。试验结果如图 5 和图 6 所示。

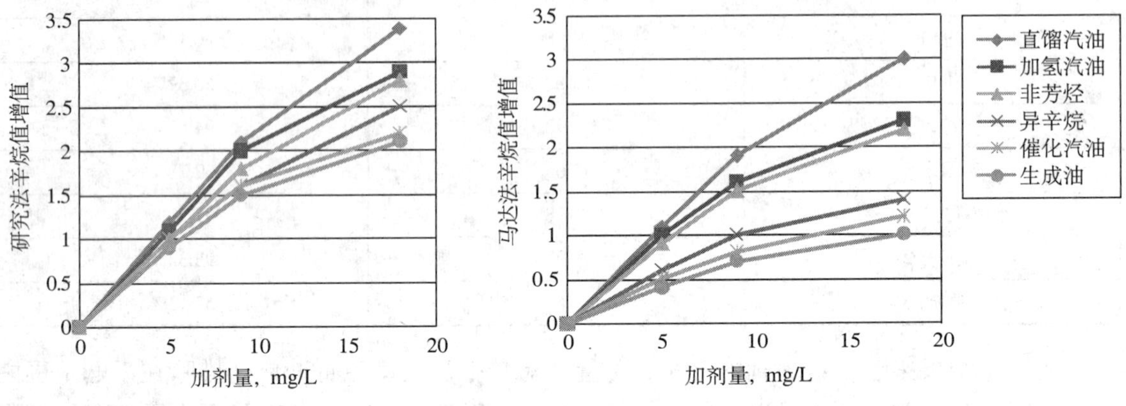

图 5　汽油组分感受性试验

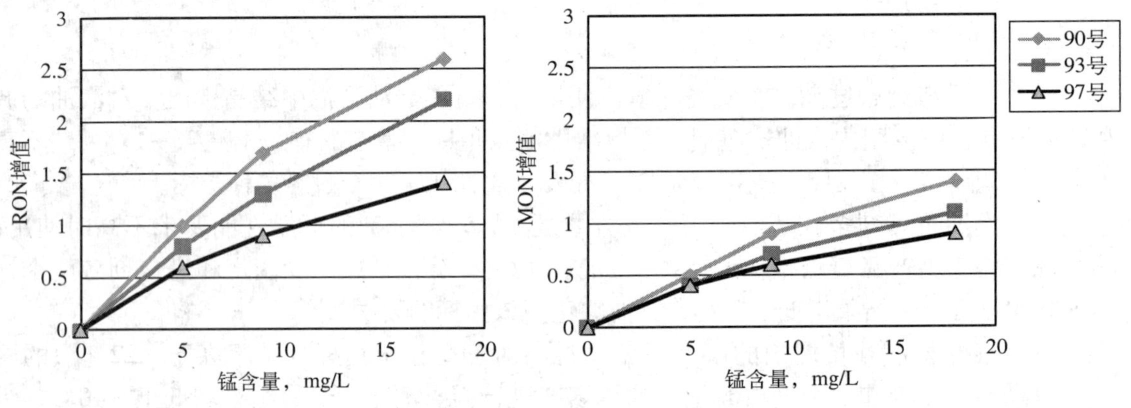

图 6　成品汽油感受性试验

从图 5 和图 6 可以看出：

（1）同等加剂量时研究法辛烷值感受性好于马达法辛烷值。

（2）各调和组分对汽油抗爆剂的感受性为：直馏汽油 > 加氢汽油 > 非芳烃 > 异辛烷 > 催化汽油 > 生成油。

（3）加剂前辛烷值越低，对 MMT 的感受性越好。

（4）各调和组分及成品汽油辛烷值增值随加剂量的增加呈逐渐减缓的趋势。

根据以上试验结果，各厂工艺和原料上的差异导致所生产的汽油调和组分性质不同，成品调和配方不同，因而所生产的车用汽油对汽油抗爆剂的感受性必然存在差异；在调和不同牌号的汽油时，加剂前油品的辛烷值不同，对加剂后的感受性也会不同；随着加剂量的增加，单位加剂量所产生的辛烷值增值也逐渐减小。这也就意味着只有采用组成单一、辛烷值恒定的纯物质，在规定加剂量下进行试验，才能得到统一、准确、复现性好的评价结果。因此本规范采用符合 GB/T 5487《汽油辛烷值测定方法（研究法）》和 GB/T 503《汽油辛烷值测定法（马达法）》规定的甲苯标定燃料作为基础燃料以保证试验结果的准确性和复现性。为适应目前汽油产品高牌号化的趋势，采用接近 93 号汽油抗爆性的基础燃料：甲苯 74%、正庚烷 26%，其马达法辛烷值为 81.6±3，研究法辛烷值为 93.4±3。

现行 GB 17930《车用汽油》Ⅲ号标准的锰含量要求不大于 16mg/L，2010 年《车用汽油》修订稿中Ⅳ号标准的锰含量要求不大于 12mg/L。为了适应车用汽油国家标准的升级，同时考虑到试验误差，本规范将试验加剂量规定为加剂后锰含量 10mg/L。通过测定加剂前后基础燃料的研究法辛烷值和马达法辛烷值，得到汽油抗爆剂的辛烷值增值结果。

将上述评价方法的试验结果，与同厂家不同批次的汽油抗爆剂按照加剂后锰含量为 18mg/L 的加剂量加入 93 号汽油中所得到的辛烷值增值情况进行对比，结果如图 7 所示。

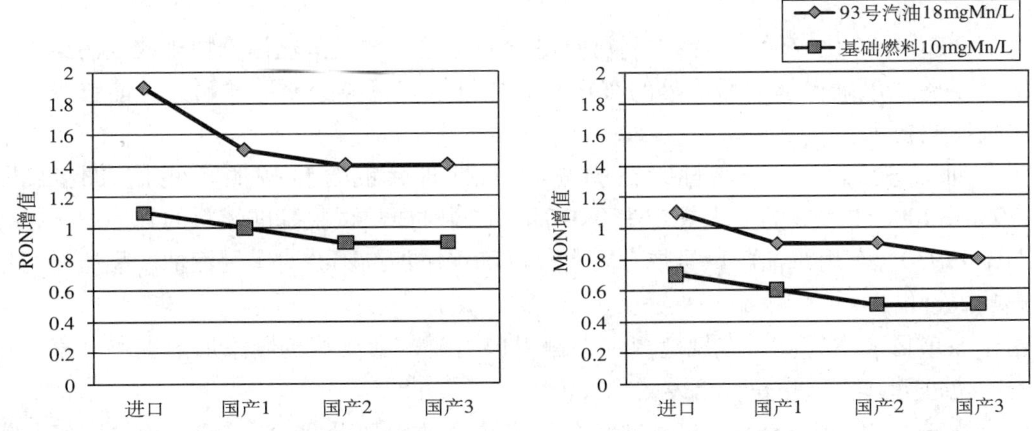

图 7　标准评价方法与实际使用效果对比

从图 7 来看，在空白燃料、加剂量和产品批次不同的情况下，标准评价方法与实际使用时所得到感受性趋势是相似的，说明该标准评价方法可以在一定程度上反映出不同剂种间的相对增值效果。

3.3.5.2　技术指标

按照上述方法对四个厂家的六种汽油抗爆剂样品进行辛烷值增值评价（根据前期调查的回函统计，这四个厂家的产品占了总使用量的 83%），试验结果见表 5。

从试验结果来看，大部分汽油抗爆剂的加剂后辛烷值增值能够达到：研究法辛烷值增值 1.1 以上，马达法辛烷值增值 0.7 以上。为保证采购产品的加剂感受性，本规范将辛烷值增值指标确定为研究法辛烷值增值不小于 1.1，马达法辛烷值增值不小于 0.7。

表 5　辛烷值增值评价

样品编号	样品来源	型号	研究法辛烷值增值				马达法辛烷值增值			
			第一次测定	第二次测定	第三次测定	平均值	第一次测定	第二次测定	第三次测定	平均值
1	进口	62	1.2	1.2	1.3	1.2	0.7	0.8	0.8	0.8
2	进口	98	1.1	1.2	1.2	1.2	0.7	0.8	0.8	0.8

续表

样品编号	样品来源	型号	研究法辛烷值增值				马达法辛烷值增值			
			第一次测定	第二次测定	第三次测定	平均值	第一次测定	第二次测定	第三次测定	平均值
3	国产 1	62	1.0	1.1	1.1	1.1	0.6	0.7	0.7	0.7
4	国产 1	98	1.1	1.1	1.2	1.1	0.7	0.7	0.8	0.7
5	国产 2	98	1.1	1.1	1.2	1.1	0.8	0.8	0.7	0.8
6	国产 3	62	0.9	1.0	1.0	1.0	0.5	0.6	0.6	0.6

3.3.6 车辆污染物排放及污染控制装置耐久性试验

根据 2010 年炼化专标委年会中委员所提出的意见，增加车辆污染物排放及污染控制装置耐久性试验，以确保加剂后产品的车辆污染物排放及污染控制装置耐久性能够满足中国第Ⅲ阶段排放要求。

为保证试验结果的可靠性，在脚注中将加剂后锰含量按照车用汽油国家标准 GB 17930—2006 中表 2 的要求规定为 0.016g/L；同时要求试验基准燃料的其他理化指标应满足 GB 17930《车用汽油》Ⅲ号技术要求，以确保添加剂不会对车用汽油产品质量产生不良的影响。

由于该项目成本较高，本规范规定根据用户需要，由汽油抗爆添加剂生产厂家负责安排中立单位进行试验，并提供相关试验报告。

试验方法采用 GB 18352.3《轻型汽车污染物排放限值及测量方法》，至少应包含常温下冷起动后排气污染物排放试验（Ⅰ型）和污染控制装置耐久性试验（Ⅴ型）试验两个关键项目。

3.4 检验规则

根据本规范的制定目的和应用范围，将检验类型分为准入检验和验收检验。准入检验是在选择供应商或产品型号时进行的检验，检验项目包括了标准规定的所有技术要求，其中车辆污染控制装置耐久性试验项目在用户有要求时，由生产商安排中立单位进行试验，并提供相关试验报告。验收检验是对已通过准入的正式供应商和产品进行的常规入厂检验。

考虑到锰含量与汽油抗爆剂质量性能相关性不大，且试验方法毒性较大；辛烷值增值试验过程较复杂；车辆污染物排放及污染控制装置耐久性试验成本较高，故这三项不作为常规验收检验项目；凝点对于北方地区冬季产品调和来说较为重要，可根据需要进行检验；常规验收通过 MMT 纯度和外观进行检验。

根据标准审查会中专家的意见，删除原第 7 章“标志、包装、运输、贮存”，在验收检验中增加对包装的检验，并在 6.4 增加“验收人员应采用目测法对产品的包装进行检验，产品应以铁桶或特制的储罐包装，容器应紧闭和密封。”

3.5 安全要求

根据国际化学品安全卡，MMT 在中国危险性类别中列为第 6.1 项毒性物质。本规范在正文起始设置了警告段落，并根据国际化学品安全卡在规范第 8 章对相关安全事宜及防护措施进行了说明。

参 考 文 献

[1] 谷涛，等．汽油高辛烷值添加组分的应用与发展．石化技术与应用，2005.23（1）：5 ~ 10

[2] 刘俊化，等．汽油抗爆剂的研究进展．辽宁石油化工大学学报，2004.24（3）：48 ~ 52

[3] 张广林．现代燃料油品手册．北京：中国石化出版社，2009

《液体容积式流量计检定规程》标准的实施分析

代二去

（中原油田分公司油气储运管理处）

摘　要　在流量计检定过程中，影响流量计检定结果的因素很多，其中影响流量计检定最直接的因素就是检定介质及检定环境。本文通过对容积式流量计检定规程认真分析的基础上，理论计算温度、压力等参数对检定结果的影响，并进行现场检定实验，对影响流量计的检定因素进行研究，并通过实验数据进行最终的分析、比对，确定各影响因素的影响程度，从而有效地指导生产运行。

关键词　流量计；检定；影响因素；分析

1　引言

原油动态计量是原油贸易交接的主要方式，使用的计量器具主要是容积式流量计。柳屯油库对外交接用流量计共有 3 台，均为腰轮流量计，为保证流量计的计量准确，每半年利用标准检定装置对其定期检定，确定流量计系数，采用流量计系数交接。流量计检定结果的好坏不仅影响到计量交接以及技术指标的完成，同时直接关系到我处的经济效益，每年外销原油为 160 多万吨，如果流量计检定系数比实际运行低万分之一，将会造成 160t 原油损失，因此开展流量计检定影响因素分析对提高计量精度具有重要意义。

在流量计检定过程中，影响流量计检定结果的因素很多，有检定介质的物性参数、被检流量计的性能、换向阀的漏失以及标准检定装置自身存在问题等，都可能会对流量计检定产生影响，其中影响流量计检定最直接的因素就是检定介质。因此油库以腰轮流量计作为实验对象进行检定实验，以采油厂来油作为检定介质，对影响流量计的检定因素进行研究，并通过实验数据进行最终的分析、比对，确定各影响因素的影响程度，从而有效地指导生产运行。

2　JJG 667—2010《液体容积式流量计检定规程》分析

为了解流量计检定的影响因素，我们首先要了解流量计检定规程，柳屯油库使用的腰轮流量计是容积式流量计的一种，检定采用标准体积管检定法。

首先是对检定做一些技术要求，与检定参数有关的是流量计至体积管的温降不超过 1℃，压力降小于或等于 2kgf/cm^2。

2.1 技术要求

2.1.1 允许基本误差

在遵守下列条件的情况下，流量计在规定流量范围内的允许基本误差，以流经流量计液体实际量的百分数表示，精度为 0.2 级和 0.5 级的流量计分别不超过 ±0.2% 和 ±0.5%。

流量计的安装应符合说明书的要求。

检定时液体的流动应均匀，并无剧烈变化和波动。

检定时为防止杂物和气体进入流量计，在流量计进口端应装有过滤器和气体分离器。

当用电远传信号时，周围应无强烈磁场干扰。

2.1.2 重复性误差

在相同的试验条件和相同的流量下，流量计经多次测量，其示值的最大差值不应超过流量计允许基本误差绝对值之半。

2.1.3 压力损失

在最大流量时应不大于 1.2kgf/cm^2，如果用黏度为 355cP（1cP=1mPa · s）的轻质油，此时压力损失不应大于 0.4kgf/cm^2。

2.1.4 检定时的温度

标准温度为 20℃。

检定时的液体温度应尽量保持一致。

检定时流量计和标准装置中液体的温度要修正到同一温度。

2.2 检定流程

用标准体积管检定容积式流量计的流程如图 1 所示。

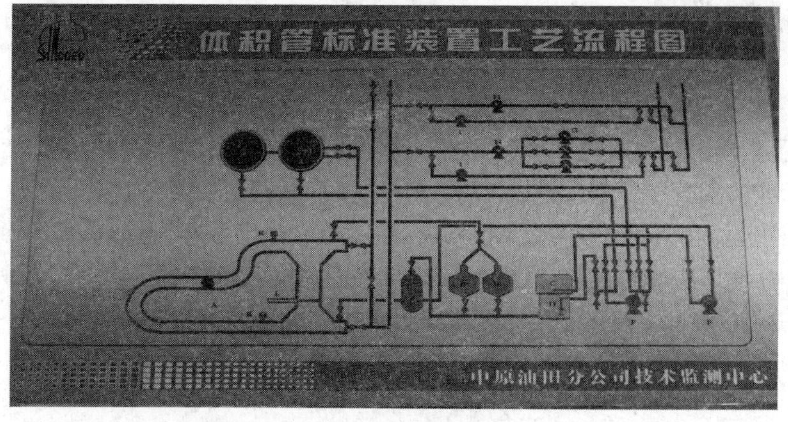

图 1　用标准体积管检定容积式流量计的流程示意图

2.3 检定过程

2.3.1 系统密封性试验

关闭流量计的进口阀，出口阀和标定阀及一切能产生泄漏的阀门，然后将流量计进口阀之间的这段密封系统加压，超过进口阀前压力 5kgf/cm²，观测 30min，压力降小于或等于 2kgf/cm² 就认为密封性良好。

2.3.2 流量计示值检定

打开流量计的进口阀、标定阀和标准体积管的出口阀，关闭出口阀，使流量计和标准体积管连在一起，构成检定系统。

投球运行几次（每个球一次以上），直到确认整个检定系统内液体温度稳定并排除气体，便可开始检定。

首先将流量计流量调整到最大掂量的 50%，再将流量计系数调整到 1。

按规定的检定点，待流量稳定后，操作体积管检定流量计，球通过第一个检测开关时，脉冲计数器开始计数，球通过第二个检测开关时，计数器停止计数，记下球通过两个检测开关之间流量计发出的脉冲数 N。

重复上述检定程序，记下流量计发出的脉冲数 N。

2.3.3 流量计系数计算公式

流量计系数 ξ 计算公式如下：

$$\xi = \frac{V_{t_f,\ p_f}}{N_{t_f,\ p_f} \cdot K}$$

$$V_{t_f,\ p_f}=V_{20}\ (1+X_{pm}+X_{tm}+X_{pw}+X_{tw})$$

式中 $V_{t_f,\ p_f}$——在 t_f 和 p_f 下标准体积管的液体体积，L；

V_{20}——标准体积管在 20℃和一个物理大气压下的标准容积，L；

X_{pm}——标准体积管压力修正系数，$X_{pm} = \frac{D}{E \cdot t} \cdot p_m$；

D——标准体积管内径，cm；

E——标准体积管材料纵向弹性模数，kgf/cm²；

t——标准体积管壁厚，cm；

p_m——标准体积管工作压力，kgf/cm²；

X_{tm}——标准体积管温度修正系数，$X_{tm} = \beta_m\ (t_m - 20)$；

β_m——标准体积管温度体膨胀系数，1/℃；

t_m——标准体积管工作温度，℃；

X_{pw}——实验液体压力修正系数，$X_{pw} = F_m\ (p_m - p_t)$；

F_m——实验液体压缩系数，$(kgf/cm^2)^{-1}$；

p_t——流量计工作压力，kgf/cm^2；

X_{tw}——实验液体温度修正系数，1/℃，$X_{tw}=\beta_w(t_f-t_m)$；

β_w——实验液体膨胀系数，1/℃；

t_f——流量计工作温度，℃；

N_{t_f, p_f}——在 t_f 和 p_f 下流星计的脉冲数；

K——在 t_f 和 p_f 下流量计的仪表系数，1/Hz。

由计算公式可以看出，参与流量计系数计算的由以下几部分组成：脉冲数、体积管物理参数（容积、壁厚、管材）、检定时流量计运行参数（温度、压力）、检定时体积管运行参数（温度、压力）。其中，体积管物理参数无法改变，对流量计检定主要影响因素为检定时的运行参数，脉冲数除了受流量计性能影响外，还与运行油品的黏度有关，黏度越高，漏失量越小，流量计系数偏小，对于中原油来说，密度越高、温度越低，原油黏度越大，检定时流量计系数偏小。因此在检定过程中，新乡首站一直要求检定过程中密度控制在运行密度之上，温度控制在运行温度之下。

3 理论计算各参数的影响程度

为了弄清楚各参数对流量计检定数据的影响程度，我们首先通过理论计算，选取一组 2007 年 11 月份的检定数据，假定脉冲数不变的情况下，以体积管和流量计的温度、压力作为变量，以分析各参数的影响程度。

3.1 温度变化，其他参数不变

温度以 3℃为一个阶梯，温差保持不变。计算结果见表 1。

表 1 其他参数不变温度变化计算结果统计表

序号	检定点 m^3/h	不同温度下流量计系数				
		47.8℃	50.8℃	53.8℃	56.8℃	59.8℃
1	135	1.0016	1.0017	1.0018	1.0019	1.0020
2	210	1.0002	1.0003	1.0004	1.0005	1.0006
3	370	1.0004	1.0005	1.0006	1.0007	1.0008

通过计算可以看出，其他参数不变的情况下温度每增加 3℃，流量计系数提高 0.01%。

3.2 其他参数不变，温差变化

其他参数保持不变，温差以 0.02℃为一个阶梯，计算结果见表 2。

表 2 其他参数不变温差变化计算结果统计表

序号	检定点 m³/h	不同温差下流量计系数				
		0.2℃	0.4℃	0.6℃	0.8℃	1.0℃
1	135	1.0015	1.0017	1.0018	1.0019	1.0021
2	210	1.0002	1.0003	1.0004	1.0005	1.0006
3	370	1.0003	1.0004	1.0006	1.0007	1.0008

由以上计算可以看出，流量计与体积管的温差每增加 0.2℃，流量计系数增加约 0.01%，其中体积管的温度指进出口温度的平均值。

3.3 其他参数不变，压力变化

其他参数保持不变，压力以 0.02MPa 为一个阶梯，计算结果见表 3。

表 3 其他参数不变压力变化计算结果统计表

序号	检定点 m³/h	不同压力下流量计系数				
		0.06MPa	0.08MPa	0.10MPa	0.12MPa	0.14MPa
1	135	1.0017	1.0017	1.0017	1.0017	1.0017
2	210	1.0003	1.0003	1.0003	1.0003	1.0003
3	370	1.0005	1.0005	1.0005	1.0005	1.0005

由以上计算可以看出，其他参数不变，压力由 0.06MPa 升至 0.14MPa，流量计系数没有变化。

3.4 其他参数不变，压差变化

其他参数保持不变，压差以 0.02 MPa 为一个阶梯，计算结果见表 4。

表 4 其他参数不变压力变化计算结果统计表

序号	检定点 m³/h	不同压差下流量计系数				
		0MPa	0.02MPa	0.04MPa	0.06MPa	0.08MPa
1	135	1.0017	1.0016	1.0016	1.0016	1.0016
2	210	1.0003	1.0003	1.0003	1.0003	1.0003
3	370	1.0005	1.0005	1.0005	1.0005	1.0005

由以上计算可以看出，其他参数不变，压力由 0MPa 升至 0.08MPa，流量计系数基本没有变化。但从计算数据来说，压差越小越好。

小结：

通过对检定过程分析及检定数据计算可以得出以下结论。

(1) 根据油库生产实际，压力变化基本上对检定数据没有影响。

（2）其他参数不变的情况下温度每增加 3℃，流量计系数提高 0.01%。

（3）其他参数不变的情况下流量计与体积管的温差每增加 0.2℃，流量计系数增加约 0.01%，其中体积管的温度指进出口温度的平均值。

以上结论是在假定流量计脉冲数不变的情况下得出的，实际上，温度上升，流量计漏失量增加，脉冲数相应减少，对流量计系数影响程度变大。另外，流量计的脉冲数还受到检定介质（密度）和检定装置的影响，但检定装置进行周期检定，且相对固定，在此不做讨论。为了解密度和温度对检定结果的影响程度，我们进行了现场试验。

4 试验验证温度密度参数对流量计检定结果的影响

4.1 密度对流量计性能的影响

中原油田原油各采油厂原油密度变动范围较广（0.836 ~ 0.8880g/cm³），黏度变化也较大，原油黏度与密度基本上变化一致。

试验方法：利用离线检定，介质温度相对保持不变，改变原油密度。

（1）温度保持在 56℃，分别用一四厂、二厂五厂混合油、三厂五厂混合油试验，排量为 90m³/h。试验结果见表 5。

表 5 温度 56℃排量 90m³/h 密度变化实验结果统计表

介质	密度，g/cm³	温度，℃	脉冲数	流量计系数
一四厂	0.8365	56.4	11979	1.0054
二厂五厂混合油	0.8585	55.8	11991	1.0042
三厂五厂混合油	0.8800	57.3	11997	1.0039

（2）温度保持在 58℃，分别用一四厂、二厂五厂混合油试验，排量为 90m³/h。试验结果见表 6。

表 6 温度 58℃排量 90m³/h 密度变化实验结果统计表

介质	密度，g/cm³	温度，℃	脉冲数	流量计系数
一四厂	0.8365	58.5	12044	0.9999
二厂五厂混合油	0.8585	57.8	12056	0.9988
三厂五厂混合油	0.8800	59.2	12062	0.9985

通过试验可以看出，温度相对稳定的情况下，原油密度越高，流量计系数越低，一四厂原油与二厂五厂混合油系数相差 0.11% ~ 0.12% 左右，而二厂五厂混合油与三厂五厂混合油系数相差 0.03%，即密度在 0.8585 ~ 0.8800g/cm³ 之间相差 0.03%。

4.2 温度对流量计性能的影响

温度上升，流量计漏失量增加，脉冲数相应减少，但温度降低后，体积管受热膨胀，容积适当增加，脉冲数应增多，受两方面的影响后具体如何变化，需要试验验证。

试验方法：

结合油库生产实际，目前罐内储存高低密度（0.8820g/cm^3 和 0.8550g/cm^3 左右）两种油品，我们分别用这两种油品做试验。

（1）用三厂原油（63℃）和罐内高密度原油（48℃）配比出 48℃，51℃，54℃温度进行离线检定。

（2）用二厂原油（54℃）和罐内高密度原油（47℃）配比出 47℃，50℃，54℃温度进行离线检定。

从试验结果来看，温度每上升 1℃，流量计系数提高 0.01% 左右。

5 结论及认识

通过流量计检定影响因素分析可以得到如下结论：

（1）根据油库生产实际，压力变化和密度基本上对检定数据没有影响。

（2）检定介质密度由 0.8585g/cm^3 提高到 0.8800g/cm^3，流量计系数降低 0.03%，密度参数对流量计检定影响很小。

（3）检定温度对流量计检定影响较大，每增加 3℃，流量计系数提高 0.03% 左右。检定时应尽量接近生产运行时的温度。

（4）其他参数不变的情况下流量计与体积管的温差每增加 0.2℃，流量计系数增加约 0.01%，其中体积管的温度指进出口温度的平均值。

另外磁场对流量计检定也有一定的影响，检定过程中，应尽量避免强磁场干扰。

参 考 文 献

[1] JJG 667—2010 液体容积式流量计检定规程

标准化在油田水井专项治理中的作用

丁晓芳　田忠进　赵天浩　刘晋伟　赵丹星

（胜利油田分公司采油工艺研究院）

摘　要　标准化是一项科学活动，为管理工作创造了技术统一性。标准化的重要意义是改进产品、过程和服务的适用性，促进技术进步。文章结合油田2006年以来的水井专项治理工程，介绍了水井专项治理工程的来源，标准化的内涵，通过构建水井专项治理标准化体系，实施标准化工作和管理，提高了方案设计的针对性，提高了工具质量和施工成功率，充分体现了标准化在油田水井专项治理工作中举足轻重的作用，对于提高油田注水开发指标有着重要的意义。

主题词　标准化；注水井；专项治理；作用

1　引言

胜利油田经过40多年的开发生产，由于油藏沉积的非均质性和开采过程中油层水流状况的不均匀性，使油藏开采层间差异越来越大，层间干扰更加严重，剩余油分布零散，主要分布在油藏边、角、高点、低渗透层和薄夹层等，水驱开采难度增大。因此2005年分公司在股份公司的统一组织和安排下，投入大量人力、物力，历时半年多，从油藏、地面、水质、井筒等方面系统的开展了注水状况大调查，摸清了油田注水开发状况和存在问题。到2005年底，胜利油田分公司投入开发油田59个，其中注水开发油田54个（657个开发单元），水驱动用地质储量27.93×10^8t，占分公司主体动用储量的84.4%，注采对应率78.6%，注水驱储量控制程度70.9%，注水驱储量动用程度64%。油田注水主要存在以下问题：

（1）油田水井状况复杂，停注井多，开井率低。2005年底，油田总注水井6527口，开井4850口，开井率74.31%，停注井1677口，占总井数的25.69%。

（2）油田水井分注工艺技术单一，油藏针对性差，分注率低、层段合格率较低。胜利油田的分层注水井以一级两段、两级三段为主，分注工艺主要以空心（1184口）、偏心（998口）悬挂式注水管柱为主。据统计，方案分注井3866口、实际分注井2369口，分注率为61.3%，层段合格率61.9%。

（3）水井井下管柱在井时间长，井筒技术状况差。2005年底，注水井防腐油管井数2547口，占总注水井数的39%，普通油管井数3580口，占总井数的61%，注水井防腐油管井数、长度不到一半。应用防腐油管与应用普通油管的注水井数比例为1：1.56。三年以上未动管柱井2700口，占总井数的41.4%，注水井中修复管应用1605口，占总井数的

25.8%，管柱技术状况较差。

（4）测试技术及装备老化，效率低。2005年底胜利油田注水井测试主要采用聚流法进行，测试时需要反复投捞调配，一般一口井测试要历经2～3d的时间，测试时间长，效率低。油田共有水井测试车94台，实际运行92台，测试车的新度系数只有0.29；共有注水井监测仪器设备467套，完好率78.4%，年完成测试工作能力2.83万井次，不能满足油田注水井测试工作量的需要。

针对存在的问题，分公司决定从2006年开始系统组织实施水井专项治理、不断改善注水井井筒技术状况、优化注采井网的重大决策，并在资金、政策等方面给予充分保证，系统管理、集中配套，从而使油田注采井网进一步优化，注水井井筒技术状况得到改观，开发效果改善。到目前已经连续实施五年，总投入9.7335亿元，工程浩大，分公司认为必须加大技术监督力度，建立健全质量保障体系，实施标准化系统和标准化管理才能使水井专项治理工程取得较好效果，发挥最大作用。

2　水井专项治理标准化的内涵及特点

2.1　水井专项治理标准化的内涵

水井专项治理标准化是指以水井专项治理工程为对象，围绕油藏方案编制、采油工程方案编制、单井工艺设计编制、井下工具验收、现场技术服务、作业施工以及后期资料跟踪等水井专项治理工程的主要工作量制定、发布和实施有关技术和工作方面的标准，并按照技术标准和工作标准的要求，获得最佳秩序和效益，统一整个水井专项治理工程的标准过程。

2.2　水井专项治理标准化系统的特点

2.2.1　水井专项治理工程的标准化涉及面广泛，对象复杂

与一般标准化系统不同，水井专项治理工程系统的标准化涉及面更为广泛，其对象也不像一般标准化系统那样单一，而是包括了方案、单井工艺设计、井下工具、技术服务、作业施工、后期跟踪以及工作方法等许多种类。虽然处于一个大系统中，但缺乏共性。从而造成标准种类繁多，标准内容复杂，也给标准的统一性及配合性带来很大困难。

2.2.2　水井专项治理工程的标准化属于二次标准化系统

水井专项治理工程是油田决定实施的系统工程，不是专门的工作单位和系统。水井专项治理工程上至采油工程处，下到各采油厂采油队、作业队，技术部门涵盖了采油院、地质院，从而组成了水井专项治理工程的各个分系统，各单位过去在没有实施水井专项治理工程之前，早已分别有了本单位的一些标准化，并且经过多年的应用，不断发展和巩固已很难改变。在推行水井专项治理工程的标准化时，必须以此为依据，对这些标准化体系按

照水井专项治理要求要求重新构建新的标准化体系。

3 构建水井专项治理标准化管理体系

3.1 构建水井专项治理标准化管理体系

为了确保水井治理工作能够高质、高效运行，分公司专门下达了【胜油公司发2005102】号文件，成立了水井治理领导小组，制定了Q/SH1020 1939—2008《分层注水技术管理规范》，分层注水技术管理规范中要求中国石化胜利油田分公司设立分层注水技术管理机构或指定职能部门；采油厂根据工作需要设立分层注水技术管理机构；采油院根据工作需要设立分层注水技术管理机构。规定了分公司、采油厂、采油院分层注水技术管理机构职责，严格按照《分层注水技术管理规范》中的相关规定执行，明确了水井专项治理工程的组织、运行管理模式，全面推行了以采油院为技术总负责的管理运行体系，细化各自的职责、明确各自的任务，一切按标准执行。

各个分层注水技术管理机构充分运用标准化信息查询系统查找与水井专项治理相关的标准、规范。同时编制了水井专项治理实施细则，使整个水井专项治理工程标准齐全，有据可依。

3.2 加强标准化学习，提高标准化工作意识

组织采油院、地质院、采油厂相关人员进行《分层注水技术管理规范》、Q/SH1020 1860—2008《碎屑岩油藏注水水质指标及分析方法》等标准宣贯培训，提高工作人员标准化工作意识；组织标准学习，使大家充分认识到随着社会的进步、油田的发展，标准化作为对质量管理的一项管理性标准，能够规范组织行为、提高管理水平、保证产品质量、改善环境质量、建立信誉、增强竞争力。标准化无时无刻渗透在油田开发生产中的每一个细节，指导油田开发生产工作的每一步。标准就是衡量质量的“尺度”，严格按标准开展水井专项治理工作，可提高工具质量、提高注水工艺设计质量、提高作业施工成功率；标准化在油田水井专项治理工作中有着举足轻重的作用，对于提高油田注水开发指标有着重要的意义。在标准化意识提升的基础上，同时要求大家在工作中灵活应用标准，运用标准化信息查询系统，及时了解和掌握标准的最新动态，要结合具体工作需要修改、制定水井治理工作中需要的相关标准和规范，完善水井专项治理标准化管理体系。

4 推行标准化工作，提高整体工作水平

4.1 严格规范方案、设计要求，确保了方案、设计的合理性

分公司成立注水专家组，全面负责水井治理工艺方案、设计的审查。采油工程处组织

计划处、财务处、定额处等相关处室进行检查、考核，并协调相关部门做好过程管理。

地质院、采油院协同采油厂的地质、工艺、注采、作业等共同完成区块治理方案，方案严格按着《采油工程方案编制规范》编制，完成后交油田专家组会审，审查通过后返回到采油厂。采油厂根据治理方案的总体部署，组织单井地质和工艺设计。

水井专项治理分层注水单井方案设计在采油厂编写完成后，经采油院分层注水技术管理机构技术优选审核，在设计审核中，采油院相关工作人员严把质量关，注水工艺设计中探砂面、通井、刮管、验窜、封窜等工序按 SY/T 5587.5—2004《常规修井作业规程　第5部分：井下作业井筒准备》执行；洗井按 Q/SH 0179—2008《注水井洗井技术规范》执行；井控安全按 Q/SH 0098—2007《油气水井井下作业井控技术规程》执行；健康、安全与环境要求执行 SY/T 6276—1997《石油天然气工业健康、安全与环境管理体系》。提高了注水工艺设计的合理性和实用性，为采油厂水井治理的实施提供可靠、可行的工艺设计。单井设计方案要交油田专家组审批，专家组审查完成后，下发到采油院，采油院根据专家组审查意见修改完成后，统一管理，发放至采油厂，采油厂组织作业队伍实施方案。

4.2 “四位一体”水井专项治理的质量保证体系，确保了施工用料质量

4.2.1 “四位一体”水井专项治理的质量保证体系

供应处、技术检测中心、采油院、采油厂共同组成质量保证体系。《分层注水技术管理规范》对防腐油管的采购、检验；分层注水工具的采购、检验做出了明确规定，通过四位一体的质保体系的建立，使专项治理的用料保证了质量，从而为水井专项治理能够高质量有效地运行提供了物质基础。具体分工如下：

供应处统一采购专项治理所用的油管、工具、测试仪器及其他配套设备；油管由供应处采购原管，由技术检测中心检测，合格产品送防腐厂防腐处理，防腐处理完成后再进行检验，检验合格的才能配送上井。采油处不定期组织项目组对防腐油管供应商进行生产过程质量检查，监督油管生产过程质量管理。

采油院负责进行分注工具的性能评价，负责新工具、新工艺、新技术的引进、试验、评价和配套完善。井下工具由采油院负责选型、技术检测中心进行质量检验，由井下工具检测中心进行性能检验，合格的才能入库，然后按设计需要送现场使用。

油管和工具现场质量由采油厂现场鉴定检验，合格后方能下井。

4.2.2 标准化加工和检验保证了注水工具加工质量

质量控制是得到优质注水工具的关键，按相关注水工具标准制定严格的加工要求是控制工具质量的必要手段，我们对水井专项治理所用注水工具全部制定了标准，如 Q/SH1020 1395—2009《Y341 型注水井封隔器技术条件》、Q/SCY 167—2006《KY344−112 型注水封隔器》、Q/SCY 207—2008《GDP 型配水器》、Q/SCY 208—2008《DYF−90 型定压阀》、Q/SCY 209—2008《DY 型定压配水器》、Q/SCY 210—2008《PHF−90 型平衡底球》、Q/SCY 231—2009《SCF 型双管插封》、Q/SCY 232—2009《FSQ 型分水器》、

Q/SCY 233—2009《DGF 型多功能洗井阀》，等等，指导、检验工具的验收与应用，大大提高了注水工具的质量。工具标准对注水工具的选材、加工、组装、试验方法、检验规则、标志、包装、运输、储存做出了严格规定，根据工具标准制定加工要求，要求加工厂家必须严格按照采油院提供的分层注水管柱配套工具图纸、工具标准进行加工制作，在加工工具时，必须建立健全质量监督检验保障体系，认真填写零部件质量检验报告，建立工具的过程检验标准，明确自检、专项检验的项目，并在工具质量验收合格后一同提供零部件质量检验报告。各协作厂家要充分提高认识，对加工质量按照图纸中的说明、标注和相关标准严格要求，如果验收时有一项指标不合格，将予以拒收，由此造成的一切损失由协作厂家自负。实践证明，通过标准化管理，提高了注水工具的加工质量。

4.3 严格按水井治理《分层注水技术管理规范》实施和技术服务，提高了注水井作业成功率

先进的技术，质量过硬的工具是基础，先进的实施才能真正体现技术水平。分公司专家组充分认识到标准对于注水工作的指导意义和重要性，标准化管理是科学管理，应在实践中不断认识和探索实践，使之规范化，提高工作效率。

从管理及技术上制定了相关的技术标准，指导水井治理工作的顺利进行。制定《分层注水技术管理规范》、Q/SH1020 1951—2008《注水井完井工艺技术要求》等，规范了分层注水技术实施的运行模式、分层注水技术的管理规范、注水井完井的工艺要求及完井方式选择、完井技术要求等，制定了完井注水管柱所有配套工具的相关标准。

分层注水技术服务按照《分层注水技术管理规范》执行，分层注水技术实施应由专业技术人员进行现场技术指导，技术服务人员要对每口井进行现场技术服务，对注水井作业进行指导，及时和现场联系，进行技术交底，提出施工注意事项。施工工序严格执行 SY/T 5372—2005《注水井分注施工作业规程及质量评价方法》，包括分注施工设计编写、作业准备、井筒准备、下注水管柱等，井控安全按 Q/SH 0098—2007《油气水井井下作业井控技术规程》执行；安全健康、安全与环境要求执行 SY/T 6276—1997《石油天然气工业健康、安全与环境管理体系》。探砂面、通井、刮管、验窜、封窜等工序按 SY/T 5587.5—2004《常规修井作业规程　第 5 部分：井下作业井筒准备》执行确保安全施工。现场技术服务人员必须做好服务记录，详细记录各施工工序情况和井下管柱现场描述情况，编写详细的施工总结。严格的施工和标准化、规范化的分层注水技术服务，提高了注水井的作业成功率，注水井井筒技术状况得到明显改观。

4.4 规范后期跟踪，确保了分层注水井测试、调配、验封率

采油院设立专门的水井跟踪分析小组，对实施注水井作业施工总结、测试调配总结及注水日常动态行作跟踪统计。对技术难度大的井如大压差分注、大修分注、增注等进行重点跟踪分析，从技术、管理等方面找出规律，提高施工有效率。

对新井转注、增注、调配、换封作业等，应在交井 5d 内进行测试。在分注井中，采用扩张式封隔器的井，每季度测试一次，采用压缩式封隔器的井，每半年测试一次，每

次测试应取全取准分层资料，否则应及时重测。在泵压稳定的注水过程中，发现油压、套压、注水量突然变化在 ±20% 范围以外，经过洗井无效时，应及时进行测试，了解分层吸水状况和井下管柱情况。分注井的测试调配应按 Q/SH 0272—2009《注水井分层测试调配操作规程及验收规定》执行，分注井验封应符合 SY/T 5734—1995《分采、分注井井下封隔器验封测试规程》的规定，对于空心分注井验封执行 Q/SCY 129—2004《空心分注井封隔器验封测试规程》的相关规定。测试调配报告、验封报告在实施完成后，应及时把各种资料录入到数据库管理系统。通过规范后期跟踪制度，提高了水井治理分注井的测试、调配、验封率，同时也提高了水井治理分注井的测试、调配合格率及封隔器的验封合格率。

4.5 制定分层注水专项治理验收规则，验收有序进行

分公司分层注水技术管理机构负责分层注水技术实施的考核检查验收工作，制定了专门的分层注水专项治理验收规则，规则规定：

每个季度对分层注水技术实施工作进行检查考核，年末进行总考核。

检查考核内容主要包括：工作量，进度，材料，工程、开发指标，单井档案（包括：地质设计、工艺设计、施工总结、测试调配、验封资料、注水报表等）以及季度总结报告，年末提供总报告。

季度验收时各采油厂分层注水技术管理机构必须按计划完成工作量，年末验收必须达到方案设计指标，达不到方案设计指标要求的为验收不合格；对工作量未按方案实施，指标未达到方案设计要求的不予验收。

5 推行工作标准化，油田水井专项治理取得显著效果

5.1 通过制定分层注水管理规范标准，促进油田整体注水管理水平的提高

通过制定分层注水管理规范标准，明确分层注水技术的管理机构及职责，提高了油田整体注水管理水平。分公司分层注水技术管理机构充分利用水井专项治理抓手，加大注水工作管理力度，促使注水系统整体工作水平稳步提高，在连续 4 年水井治理工作的带动下，进一步落实、完善了一系列注水系统管理制度；各项洗井管理制度、执行标准得到落实和加强；测试工作强化到位，配套设施、设备逐步更新改善，管理水平逐步提高，方案审查更加严谨，工作落实更加细致，技术配套更加完善，逐步形成了一套科学有效的注水井运行管理制度。

5.2 制修订相关注水工具标准，工具质量与性能不断提高

通过对油田的水井技术状况进行调研，分析总结出影响分层注水管柱寿命的主要影响

因素有：管柱结构不合理、封隔器抗蠕动和抗老化性能差、配水器抗刺性能差、底球易砂埋造成洗井不通。通过分析，找到了提高分层注水管柱寿命的技术关键点：井下工具的研制及改进与工具质量与性能的提高。

充分认识工具性能及质量对注水管柱的重要性，不断改进注水工具结构及质量，同时制定相关新工具的标准，修订改进工具的标准，在工具的制造与验收中严格执行标准，不断提高工具质量，从而提高了管柱的可靠性及管柱的有效工作寿命。

5.3 执行标准化，分公司注水效果得到改善

通过连续5年水井专项治理工程的实施，在实施过程中注重标准化管理，油田注水开发效果得到改善，注水井数、开井数、注水量大幅度增加，注采对应率提高、自然递减减缓，水驱储量得到恢复，为油田2010年进一步提高“两率”的目标奠定了基础。

5.3.1 分公司注水井数变化情况

通过2005年、2010年数据对比（图1），2010年注水井增加1753口，开井数增加1514口，分注井增加242口。从变化趋势来看，分公司注水井数、开井数逐年增加，分注井总体下降趋势得到控制并开始上升，开井率下降趋势得到抑制，2010年开井率达到82.2%，分注率32.8%。

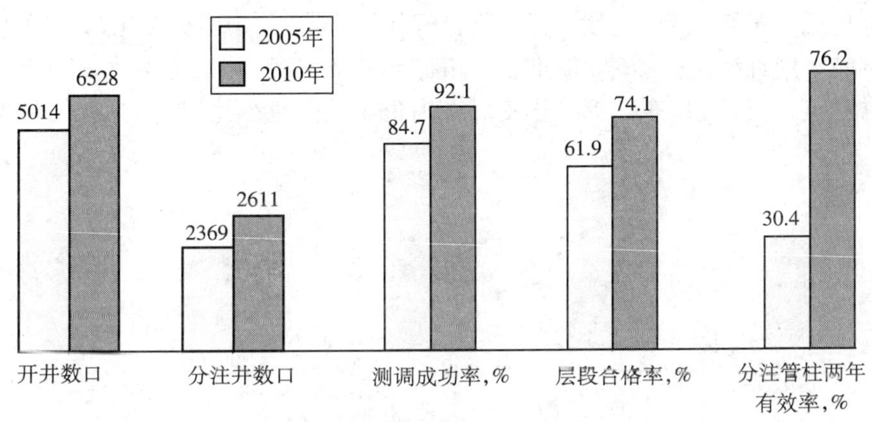

图1 注水井数变化情况

5.3.2 分公司注水量提高显著

从2006年开始，油田每年注水量都呈上升趋势，2010年增幅明显，年注水量增加$1037\times10^4m^3$，2010年比2005年增加$2366\times10^4m^3$。

5.3.3 测试成功率、注水层段合格率提高

测试成功率从2005年的84.7%提高到2010年的92.1%，提高了7.4%；注水层段合格率从2005年的61.9%提高到2010年的74.1%，提高了12.2%。

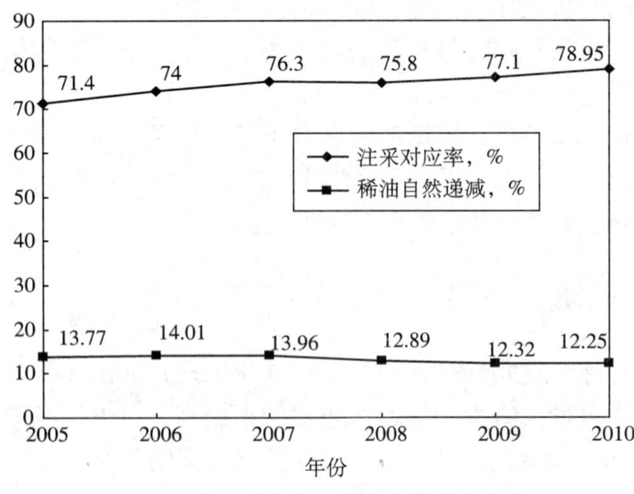

图 2 注采对应率及稀油自然递减变化

5.3.4 开发形势明显好转

注采对应率逐年提高，从2005年的71.4%提高到2010年的78.95%，提高了7.55%，自然递减得到有效控制，由2005年的13.77%下降到2010年的12.25%，下降了1.52%。经过有效分注，细化注水，增加注水效率，完善了247个区块的注采关系，注水开发指标提高，稳产基础得到巩固，注水开发效果得到明显改善，恢复水驱储量 1.72×10^8t（图 2）。

参考文献

[1] 李春田．标准化在市场经济发展中的作用—标准化与质量［J］．上海标准化，2003（7）

[2] 杜巧思，黄怀．浅议创建“标准化良好行为企业”．中国标准化，2010（4）

[3] 蒋兢，周红缨，张彩玲．助推南京市循环经济发展．中国标准化，2010（4）

[4] 常春英，黄怀．广东“标准化良好行为企业”创建经验．中国标准化，2010（2）

对SY/T 5273—2000标准中腐蚀速率或缓蚀率计算的认识和建议

杜国佳

（中国石油西南油气田分公司天然气研究院）

摘　要　采用缓蚀剂防腐，是一种经济、方便、有效的防护措施，腐蚀速率或缓蚀率是缓蚀剂的重要性能指标，评价的主要依据是石油天然气行业标准SY/T 5273—2000。该标准中腐蚀速率或缓蚀率的计算，未考虑酸洗空白失重。通过评价试验结果证明，如果不考虑酸洗空白失重，计算出的腐蚀速率偏大，缓蚀率偏小，人为地夸大了腐蚀、缩减了缓蚀剂的防护效果。

关键词　腐蚀速率；缓蚀率；空白失重

1　缓蚀剂在油气开采过程中的作用

美国ASTM−G15−76标准把缓蚀剂定义为：“缓蚀剂是一种以适当的浓度和形式存在于环境（介质）中，即可以防止或减缓腐蚀的化学物质或复合物”。因此缓蚀剂也可以称为腐蚀抑制剂。

在油气田生产过程中，含有H_2S，CO_2的卤水随油气流产出，对油气井的油管、套管、输油管线等金属材质产生较大的腐蚀。特别是在开发的中后期，出水量加大，腐蚀更为严重，已经威胁着油气田的正常生产。采用缓蚀剂进行防腐，是一种经济、方便、有效的防护措施，在国内外油气田防腐中的得到广泛的应用。

2　评价缓蚀剂性能的方法

衡量缓蚀剂性能优劣的重要质量指标是腐蚀速率或缓蚀率。目前国内评价缓蚀剂性能主要依据石油天然气行业标准SY/T 5273—2000《油田采出水用缓蚀剂性能评价方法》中规定的方法。

3　对标准SY/T 5273—2000有关章节的认识和商榷性建议

标准中关于腐蚀速率和缓蚀率的测定方法为：将已称量的金属试片分别挂入已加和未

加缓蚀剂的试验介质中，在规定条件下浸泡到一定的时间，然后取出试片，经清洗干燥处理后称量，根据试片的质量损失分别计算出平均腐蚀速率和缓蚀率。对试验结果的表示和计算公式为公式（1）、公式（2）。

均匀腐蚀速率 r_{corr} 按公式（1）计算：

$$r_{corr} = \frac{8.76 \times 10^4 \times (m - m_t)}{S_1 \cdot t \cdot \rho} \quad \cdots\cdots (1)$$

式中 r_{corr}——均匀腐蚀速率，mm/ 年；

m——试验前的试片质量，g；

m_t——试验后的试片质量，g；

S_1——试片的总面积，cm^2；

ρ——试片材料的密度，g/cm^3；

t——试验时间，h。

缓蚀率 η_1 按公式（2）计算：

$$\eta_1 = \frac{\Delta m_0 - \Delta m_1}{\Delta m_0} \times 100 \quad \cdots\cdots (2)$$

式中 η_1——缓蚀率，用百分数表示；

Δm_0——空白试验中试片的质量损失，g；

Δm_1——加药剂的试验中试片的质量损失，g。

我们在评价实验结果处理中发现，该试验结果的表示和计算公式有以下不妥之处，值得商榷。

（1）根据该标准附录 A，试片在腐蚀试验结束后，要用酸去膜液处理（即酸洗），以除去试片上的腐蚀沉积物。试片在酸洗时，除了腐蚀沉积物被溶解去除外，试片自身也有部分被溶蚀。但该标准对于公式（1）中 m 与 m_t 和公式（2）中 Δm_0 与 Δm_1 的计算是否扣除了酸洗空白试片本身被腐蚀的质量，未作说明或明确规定。

（2）该标准附录 A.3，专门对酸洗空白试验的方法和要求做了规定。如果不考虑酸洗空白损失，做酸洗空白试验就没有任何意义。

（3）该标准的引用标准 JB/T 7091—1995《金属材料实验室均匀腐蚀全浸试验方法》（已转化为 JB/T 7091—1999）的附录 B.3.3 明确规定：在计算腐蚀速率时，对酸洗空白实验的试片失重列入公式计算。腐蚀速率 R 按式（B.1）计算：

$$R = \frac{8.76 \times 10^7 \times (M - M_1 - M_k)}{S \cdot T \cdot D} \quad \cdots\cdots (B.1)$$

式中 R——腐蚀速率，mm/ 年；

M——试验前试样质量，g；

M_1——试验后试样质量，g；

M_k——空白试样的失重，g；

S——试样的总面积，cm^2；

T——试验时间，h；

D——材料的密度，kg/m^3。

根据 JB/T 7091—1999 公式（B.1），试片在试验前、后的质量之差包括了空白试样的失重 M_k，只有减去 M_k，才是真正由介质腐蚀损失的试片质量。因此，均匀腐蚀速率计算式（1）应表达为公式（3）或直接表达为公式（B.1），缓蚀率计算式（2）应表达为公式（4）：

$$r_{corr}=\frac{8.76\times10^4\times\left(m-m_t-M_k\right)}{S_1\cdot t\cdot\rho} \quad\cdots\cdots(3)$$

$$\eta_1=\frac{\Delta m_0-\Delta m_1}{\Delta m_0-M_k}\times100 \quad\cdots\cdots(4)$$

4　两种计算方法结果比对及分析

通过以下实验结果的处理，来说明两种计算方法的差异。在常压，静态下，按以下条件，对某缓蚀剂进行评价，用公式（1）、公式（3）和公式（2）、公式（4）分别计算腐蚀速率和缓蚀率，试验结果见表 1。

试验介质：气田采出水。

试验温度：50℃。

试验周期：96h。

试片材质规格：A_3 钢，76mm × 13mm × 1.5mm。

表 1　试验结果

缓蚀剂浓度 mg/L	酸洗空白试片失重 g	试片面积 cm^2	试片试验失重 g	r_{corr1} mm/年	r_{corr2} mm/年	η_1 %	η_2 %
0	0.0008	22.52	0.00972	0.0505	0.0463	0	0
100	0.0008	22.63	0.00468	0.0242	0.0201	51.9	56.5
200	0.0008	22.36	0.00346	0.0181	0.0139	64.4	70.2
500	0.0008	22.46	0.00239	0.0124	0.0083	75.4	82.2

注：r_{corr1}，r_{corr2} 分别是用公式（1）、公式（3）计算的腐蚀速率；η_1，η_2 分别是用公式（2）、公式（4）计算的缓蚀率。

从表 1 的数据处理结果可以说明：

用两种方法计算出的腐蚀速率和缓蚀率有明显的差异。如果不考虑酸洗空白失重，计算出的腐蚀速率偏大、缓蚀率偏小，从而人为地夸大了腐蚀、缩减了缓蚀剂的防护效果。

随着缓蚀剂浓度的增加，试片失重减少，这种差异更加明显。

5　结论

（1）该标准计算腐蚀速率或缓蚀率公式，因未考虑空白失重，与实际情况和该标准附录 A 不符，与引用标准 JB/T 7091 也不一致。

（2）评价试验计算结果证明，如果不考虑酸洗空白失重，计算出的腐蚀速率偏大，缓蚀率偏小，人为地夸大了腐蚀、缩减了缓蚀剂的防护效果。

（3）在计算腐蚀速率和缓蚀率时考虑酸洗空白失重，能客观、真实地反映试验结果。

（4）对该标准有关问题的不同认识和商榷性建议，在今后标准修订中值得考虑或借鉴。

参 考 文 献

[1] SY/T 5273—2000　油田采出水用缓蚀剂性能评价方法

[2] JB/T 7091—1995　金属材料实验室均匀腐蚀全浸试验方法

关于标准化与技术有行化协调发展的认识和建议

畅孝科　郭占春　宋晓峰　雷永吉

(长庆油田分公司质量管理与节能处)

摘　要　本文通过对标准化与技术有形化关系的描述，指出两者相互依存、互相影响，做好两者协调发展对促进技术和产品升级的重要意义，并就目前石油企业在推进技术有形化方面存在的困难和障碍做了一些分析，提出了两者协调发展的一些意见和建议。

关键词　标准化；技术有形化；协调；发展

1　概述

在经济全球化和贸易自由化进程加快，中国石油天然气集团公司围绕科学发展和构建和谐的两大主题，着力转变经济增长方式，努力推进资源节约型、环境友好型企业建设，不断加快市场化、国际化的发展步伐，提升我国石油企业的国际竞争力背景下，如何做好标准化和技术有行化协调推进工作，很及时也很有意义。因为先进适用的技术标准是提高产品质量、工程质量和服务质量的重要依据和手段，也是提升国际竞争力的基础，而科技创新又是提高技术标准水平的源泉。如何把技术标准的制修订工作与本单位的科研成果紧密结合，把科技创新成果迅速转化为生产力，形成配套的依靠科技创新推动技术标准发展的体制机制，最终实现技术标准与科技研发的协调发展就显得尤为重要。下面，简要谈谈个人对标准化与技术有行化工作的认识和体会。

2　对标准化与技术有行化的认识

关于两者关系的认识。技术有行化，我认为就是将科研成果转化为产品或生产力。这其中，标准化是如影随形的，它在技术与产品间架起了一座桥梁，产品质量的高低，技术推广应用的如何，都与该技术的标准化程度有着极大的关系，它们之间相互需求、相互支持和相互制约。举个简单的例子，技术标准的制定可以促进科技研发的深化，而科技研发可以适当、适度的转变为技术标准，两者具有相同的指向性。在市场经济和全球化的环境下，技术标准与科技研发体现着一个国家或企业的核心竞争力的大小。技术标准具有垄断性和合法性的特征，这在一定程度上形成了市场进入壁垒，而科技成果是技术标准的载体和体现，科技成果与科技研发又是分不开的，也就是说技术标准通过科技成果的转化与科技研发这个行为结合起来。

3 石油企业在标准化与技术有行化协调发展存在的问题

公司参与标准制定的积极性不高，其主要原因是：

（1）经费不足（除组织费用外，还有实验费用、人工费、参考国外标准的翻译费等），单位制定标准变成了负担。

（2）市场竞争不激烈，认为不参与标准制定对企业生产经营活动影响不大。

（3）单位标准化人员的缺乏。

（4）技术成果转化为技术标准的渠道还不畅通。由于缺乏有效的信息传导机制，技术成果转化为技术标准的渠道还不畅通。标准化与科技部门分属不同的业务部门，业务上没有建立起有效的协作平台，一方面新的技术如果要在实践中应用要有相应的规范和标准，另一方面新的技术标准又需要同样的技术先在一定范围内应用才能制定，因此造成了新技术推广应用中的一个死循环，技术标准也就不能建立起来。

（5）没有很好的激励机制促标准化与科技成果结合起来。科技部门没有科技成果转化为技术标准的积极性，在资金投入上也一直存在着“重开发、轻推广”的现象。标准化部门也没有足够的资金和人员来支持把科技成果转化为技术标准。

4 加强标准化与技术有行化协调发展的建议

（1）主要以中国石油天然气集团公司主管部门为主导，制定相关的政策，倡导企业形成自主的技术标准体系，推动相关主体自主参与技术标准与科技研发的激励机制建设工作，注重在组织机构调整、资源投入、环境营造方面加大工作力度。

（2）在科技成果评审、鉴定和验收时，把可否制定技术标准作为衡量及应用推广性及获取社会经济效益的标准之一。对在科技研发中能快速把科技成果转化为技术标准的单位和个人，给予表彰奖励。

（3）标准化部门与科技部门建立协作机制，加大力度吸收科技研发人员参与标准化建设，每年由科技部门提交需要转化为技术标准的项目，加快速度吸收科技新成果提升标准技术含量，进一步改善标准化工作与科技研发活动的同步性，促进技术标准与科技研发实现动态协调发展。

（4）将技术标准制修订与重大工程项目和企业长远规划相结合，依托工程项目的技术进步和企业长远发展对标准的需求，积极开展重大标准前期研究立项，增强技术标准的有效性和前瞻性，为油气开发和企业可持续发展提供技术储备。

耕耘标准，收获质量

——油田化学剂产品标准现状浅析

杜国佳

（中国石油西南油气田分公司天然气研究院）

摘　要　油田化学剂在钻井、提高采收率等方面发挥重要的作用，其产品质量与油气层保护、管道安全和环境影响等多方面密切相关。产品标准技术指标的合理性将直接决定油田化学剂产品质量。本文对油田化学剂产品标准的现状、局限性和存在的问题进行分析总结，并提出建议，力争从标准源头提高水平，控制质量。

关键词　油田化学剂；标准；质量；建议

1　引言

油田化学剂的应用贯穿在钻井、提高采收率、油气开采、油气集输和油田水处理等各个方面，对保护油气层、保证油气储量的最有效采出并实现低成本开发已起到相当重要的作用。随着油气田开发的不断深入，油田化学剂的应用更加广泛，油田化学剂产品质量的优劣，将直接影响油气田开发、集输、生产等各个环节，与地层保护、管道安全、环境污染等多方面密切相关。油田化学剂产品标准是评价和判断产品质量是否合格的依据，而标准质量水平的高低对控制油田化学剂产品质量至关重要。因此，油田化学剂产品标准的技术指标必须科学、合理、严格，才能切实保证油田化学剂产品质量，满足作业现场的多变需求，实现安全生产和绿色环保的目标。

2　产品标准的作用

产品标准是为了保证产品适应性，对产品结构、规格、质量和检验方法所制订的统一技术规定。产品标准在提高产品质量、规范市场、质量监控、统一检测方法等方面起到了很好的促进和指导作用。实际上，产品质量是由产品标准和对标准的执行情况所决定的，对产品实施质量监督就是评价和分析产品是否符合产品标准要求。在质量检验过程中，从产品抽样、制样、检验（评价）到数据处理等都离不开标准，都必须以产品标准作为技术依据去开展工作。经过检验（评价），我们得出产品合格与否结论的“格”指的就是标准。达到标准要求的称为合格，反之就不合格。标准与质量如同像源与流的关系，标准是质量的基础、标准是质量的依据、标准是质量的保证，质量是执行标准的结果。标准水平决定了质量的高低，标准水平不高，即使产品质量合格，也只是低质量的产品，因此，没有高标准就没有高质量。从一定意义上讲，标准就是质量，抓标准就是抓质量。

3　油田化学剂产品标准现状

目前使用的油田化学剂主要有钻井用化学剂、油气开采用化学剂、提高采收率用化学剂、油气集输用化学剂和水处理用化学剂等几大类，每类油田化学剂又包含多个品种的药剂。检验评价油田化学剂的主要标准有国家标准（GB）、石油天然气行业标准（SY）、集团公司企业标准（Q/SY）和生产企业产品标准等。目前国家标准和行业标准覆盖率很低，企业的产品标准也就成了产品生产、签订合同、入库验收和质量监督检验的主要技术依据。

4　油田化学剂产品标准的局限或存在的问题

4.1　国家标准

据初步统计，与油田化学剂相关的现行有效的近50项国家标准中，大多属于化工行业通用的产品标准，更多的属于方法标准，只有GB/T 5005—2010《钻井液材料规范》包含的重晶石粉、铁矿石粉、膨润土等13类产品与油田化学剂直接相关。因此，目前国家标准不能满足品种繁多、用途各异的油田化学剂的需要。

4.2　石油天然气行业标准

石油天然气行业标准只针对通用的大宗产品，覆盖的产品范围有限，数量也相对较少。部分行业标准只是评价方法或规范，只有评价项目和方法，试验条件和范围太宽，没有规定用量，缺乏针对性和可操作性，并且无具体的质量指标。现有的40多项行业产品标准中，一部分产品标准已冠以生产厂家产品牌号标记，例如，SY/T 5761—1995《排水采气用起泡剂CT5−2》，SY/T 5695—1995《钻井液用两性离子聚合物降黏剂XY27》，SY/T 5756—1995《SL−2系列缓蚀阻垢剂》等，由于限定了产品牌号，该标准就专属于某个产品，使其性能相近的同类产品不能使用这些标准，其使用范围受到限制。

4.3　中国石油天然气集团公司企业标准

中国石油天然气集团公司企业标准是在国家和行业方法标准、评价程序的基础上，按产品类别或用途，制定了的部分通用、大宗的油田化学剂产品标准，对产品质量指标、检验评价方法做了严格规定，在一定程度上扩大了标准的使用范围和可操作性。例如，

Q/SY 49—2010《油田用杀菌剂》，Q/SY 90—2007《油田水处理用絮凝剂技术要求》，Q/SY 126—2007《油田水处理用缓蚀阻垢剂技术要求》等通用技术标准。这些标准的实施，对统一产品评价方法，规范市场，提高产品质量，限劣扶优起到了积极的推动作用。但是在压裂、酸化、钻井用化学剂等方面，产品标准还是比较欠缺，不能满足市场需要。

4.4 企业标准

由于国家标准、石油天然气行业标准、中国石油天然气集团公司企业标准覆盖率很低，因此，各油气田在采购和入库验收时，基本上都以生产厂家制定的企业标准为依据。

我们在油田化学剂产品的质量检测工作中，发现所执行的部分企业标准存在一定问题，有的甚至可能影响到产品质量或使用效果。主要表现在以下几个方面。

4.4.1 产品名称不规范

热衷于新名词的炒作，有些企业在产品名称前刻意冠以多功能、复合型、高效、环境友好等夸大产品功能和用途的辞藻，但其标准的质量指标中根本没有相应功能的指标，其实际性能也不能满足深井、超深井、地质条件复杂井和环境敏感地区的要求。因此，规范企业标准中油田化学剂的命名是十分必要的。

4.4.2 技术指标和评价条件的可比性差

性能和用途相同的同类产品，因生产企业的不同，其主要技术指标和评价条件差异较大，无法比较出产品质量的优劣。近几年来，我们先后从使用现场抽取过 4 个厂家的 5 个起泡剂产品，按照产品标准进行检验，所有产品均能达到各自产品标准的要求。对其指标进行比较发现，各厂家产品标准中质量指标和评价条件存在很大差异。产品标准中主要性能指标和评价条件存在差异列在表 1 予以比较。

4.4.3 缺少关键质量指标

部分标准制定的技术要求不全面，只规定了外观、密度、pH 值等，有用的关键性能指标没制定，普遍存在标准中无有效物或主要组分含量指标。例如，起泡剂产品标准中没有表面张力、携液量指标，液体产品标准中没有有效成分或干基含量指标。

4.4.4 不恰当地放大放宽或提高技术指标

产品标准的质量指标都是企业自己制定的，部分企业害怕产品质量指标订严了造成产品不合格，不恰当地放大放宽技术指标。例如，有一个起泡剂产品，制定的发泡力大于或等于 60mm，近几年的实际测定值基本在 150mm。还有一个产品标准把 pH 值定为 5 ~ 9，范围从酸性到碱性，制定该指标也就失去了控制产品质量的意义。同时，也有一些企业不根据产品的实际技术水平，提高标准的指标，人为地增加了产品的合格风险。例如，有一个起泡剂产品，制定的表面张力小于或等于 35mN/m，而实际测定值基本在 34.8 ~ 35.2mN/m 之间。这些都是对产品技术标准的审核不严造成的。

表1 5个起泡剂标准主要质量指标和评价条件差异比较

厂家代号		A	B	C	B	D
产品代号		1	2	3	4	5
主要质量指标比较	起始泡高，mm	⩾ 120	⩾ 100	⩾ 150	⩾ 90	⩾ 90
	3min 泡高，mm	—	—	⩾ 60	—	—
	5min 泡高，mm	⩾ 100	⩾ 70	—	—	⩾ 60
	携液量，mL/15min	⩾ 20	—	—	—	⩾ 100
评价条件比较	温度，℃	70	70	80	70	60
	加量，g/L	1.0	1.0	3.0	1.0	1.0
	矿化度，g/L	60	60	54	100	60
	载气流量，L/min	0.29	—	—	—	3.0

5 建议

世界著名质量管理专家，美国朱兰（J.M.Juran）博士指出：20 世纪以“生产力的世纪”载入史册，21 世纪是“质量的世纪”。也就是说，20 世纪主要着眼于产量和生产效率，21 世纪则侧重于质量和所产生的效益。为了经济、高效、安全开发、利用和保护油气资源，对油田化学剂产品质量要求越来越高。为了提高油田化剂产品质量，规范油化剂市场，特提出以下几点建议：

（1）对同类油田化学剂产品进行归类、整合，规定统一的质量指标、试验方法和判定规则，制定出油田化学剂产品行业、集团公司企业组合型标准，作为油田订合同、入库验收和质量监督检验的技术依据。每个组合型标准可以包含几类产品，例如，缓蚀剂标准包含抗 CO_2、抗 H_2S、抗 CO_2、抗 H_2S、抗盐水等条件的产品，起泡剂标准包含在不同温度、不同矿化度、含凝析油、含钡锶离子等条件下的产品，扩大标准的使用范围和适用性。

（2）中国石油天然气集团公司在油田化学剂产品认可时，对申报企业的标准进行严格审查，从源头把关。对存在质量指标定得过低、质量指标不全、缺少关键质量指标或主要控制指标、试验方法无操作性、油田化学剂名称不规范等问题的，在进行标准审查时就应该排除出去。

（3）规范油田化学剂的命名，杜绝带炒作性质的油田化学剂名称在标准中出现，必要时制定油田化学剂命名标准。

（4）技术标准在批准发布前，需进行一次全面的审查，标准化管理部门在标准审查和标准备案时，应对涉及标准主要使用性能的技术指标和试验方法进行重点审核，必要时，委托有资质的检验机构或单位对标准进行实验验证，以确保企业产品标准的真实性和在执行过程中的可实施性。

（5）从 Q/SY 49—2010《油田用杀菌剂》等通用技术标准在规范市场、限劣扶优起到的积极作用可以看出，制定常用油田化学剂通用技术标准是切实可行和非常必要的。因此建议中国石油天然气集团公司对各类油田化学剂进行摸底、调研，加快制定压裂、酸化、钻井用化学剂等油田化学剂通用技术标准。

参 考 文 献

[1] SY/T 5822—1993 油田化学剂类型代号

[2] 杜国佳，等 . 泡沫排水起泡剂产品标准中存在的问题及建议 . 石油工业技术监督，2008.6

EIlog 快速与成像测井成套装备井下机械结构标准化设计与应用

杜瑞芳

（中国石油集团测井有限公司技术中心）

摘　要　本文简要介绍了 EIlog 快速与成像测井成套装备井下仪器标准化设计思想和技术特点。阐述了 EIlog 快速与成像测井成套装备研制和生产过程中标准化设计体现出通用化、系列化、组合化的设计特点。列举了标准化设计所取得的应用实例和所取得的效果。

关键词　测井成套装备；井下机械结构通用件；通用化；系列化；组合化

1　引言

EIlog 快速与成像测井成套装备是由中国石油集团测井有限公司研发的具有自主知识产权的国产成套测井技术装备。其井下系统由集成化常规测井仪器、国产化成像测井仪器、非常规测井仪器及套管井测井仪器构成。具备常规测井、成像测井、射孔和取心作业能力，具有组合能力强、稳定好、可靠性高、系列全、测井作业效率高的特点。在 EIlog 快速与成像测井成套装备的研发设计过程中产品的标准化、通用化和系列化设计思想贯穿始终，特别针对井下仪器制定统一的设计、工艺规范，推出井下机械结构通用件设计标准，不断推出和完善产品系列，大大提高了 EIlog 快速与成像测井成套装备市场的适用性、产品可靠性、产品互换性、功能扩展性，并有效地缩短了设计和生产周期，大大降低制造成本。

2　EIlog 成套装备井下机械结构的标准化需求

2.1　系统设计需求

在 EIlog 快速与成像测井成套装备推出之前，中国石油集团测井有限公司所使用的测井设备配套不齐全，有进口设备也有国内多个厂家产品，设备的兼容性差，可靠性低，根本无法满足我国现代测井技术日益发展的需要。EIlog 测井成套装备在系统总体方案设计阶段便输入标准化设计理念。制定标准化设计规范，强调系统设计的标准化、通用化、系列化、组合化，满足系统测井高效集成、性能可靠稳定、功能兼容扩展的需求。EIlog 成套装备的井下设备拥有 20 多种仪器、40 多个短节、4 种系列。系统井下仪器采用统一的系列化的通用机械接口是十分必要的。同时，EIlog 测井成套装备需要井下仪器总长度尽量短，需要将类似功能的短节进行集成。不同井下仪器存在公共短节（例如扶正器、电源模块、柔性短节、推靠器等），系统通过集成设计，将公共短节系列化、通用化，可根据现场测井的实际需求，完成多种测试目的井下仪器串的组合。

2.2 产品设计需求

EIlog 测井成套装备包含几千种零部件，除了通用接口外还有相当一部分零件无论是功能还是外形和尺寸都非常近似。经过简化、归类和统一并进行系列化设计，可以提高互换性和通用性，简化管理，缩短产品设计和制造周期，降低研发和制造成本。

3 EIlog 成套装备井下机械结构的标准化设计应用

3.1 井下机械结构的通用化应用

3.1.1 制定通用件设计标准

根据 EIlog 测井成套装备的技术要求和标准化需求，设计系统井下仪器通用接口，并将部分零部件进行通用化设计。采用国标机械制图标准，同时执行中国石油集团测井有限公司颁布的企业标准，Q/CNPC−CPL6001.1−21—2006，Q/SY CJ6001.1—2008，Q/SY CJ6002.1—2008，Q/SY CJ6003.1—2008。通过不断的简化、归类和统一，制定出 EIlog 测井成套装备通用件图册（图 1），并不断地修订和补充，先后推出 EIlog−05 和 EIlog−06 通用件图册。EIlog 通用件设计标准将指导 EIlog 测井成套装备新开发项目以及产品的升级换代，保持产品的兼容扩展功能和高效集成特色，同时建立井下仪器通用化设计流程，将系统标准化、通用化设计思想贯彻始终。

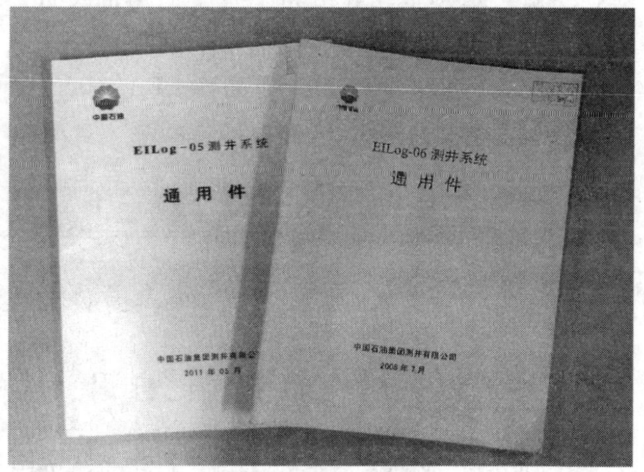

图 1　EIlog 测井成套装备通用件图册

EIlog 测井成套装备井下仪器通用化设计流程如图 2 所示。

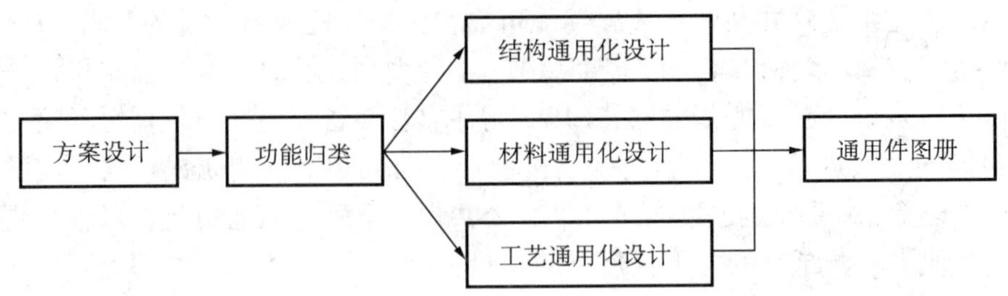

图 2　EIlog 测井成套装备井下仪器通用化设计流程

3.1.2　材料与工艺的通用化应用

EIlog 测井成套装备种类多，各种零件所使用的材料多达上百种。为了便于材料的采购、库管和降低成本，陆续完成十几种材料的归类和统一。

由于设计人员的思路不同，相同功能的零件，需要采用的加工工艺差别很大。为了减少工艺设计和工装设计工作量，节约成本，缩短制造周期，设计人员和工艺人员共同攻关，拿出解决问题的最佳方案，优化通用件工艺设计，规定不同的加工外协厂家统一标准量规检验，保证产品的 100% 的互换性要求。

3.1.3　井下机械结构通用化应用实例

EIlog 测井成套装备井下仪器包含 20 多种电子仪短节。由于每种仪器特点不同、设计人员的思路各异，从而造成相同功能的电子仪骨架设计和工艺各有不同。标准化应用针对存在的问题，在保证互换性的前提下简化设计、统一工艺，完成了电子仪外壳通用接口设计、材料通用化分析、骨架通用件设计、骨架焊接装配工艺和铝合金型材的加工工艺通用化设计，使电子仪短节的通用化程度大大提高，取得了显著的应用效果，通用化系数从 EIlog−05 的 20% 提高到 EIlog−06 的 60%。EIlog 电子仪骨架通用结构示意图如图 3 所示。

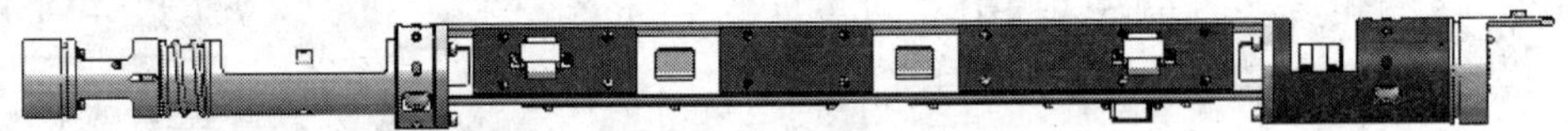

图 3　EIlog 电子仪骨架通用结构示意图

3.2　井下机械结构的系列化应用

EIlog 测井成套装备系列化程度非常高，按照测井作业、环境指标分类和井眼尺寸对应有不同系列井下仪器。表 1 为 EIlog 测井成套装备产品系列列表。

井下机械结构的系列化设计为 EIlog 测井成套装备系列化特点提供了技术支持。根据系统不同系列仪器的技术要求和指标，推出每种系列的通用结构，并不断与通用化设计结合，优化结构，将通用件进行系列化分类和统一。随着 EIlog 测井成套装备系列化程度的要求不断提高，井下机械结构的系列化水平将不断提高，设计会不断完善。

表 1　EIlog 测井成套装备产品系列一览表

序号	系列分类	EIlog 测井成套装备产品系列			
1	测井作业	常规系列	成像系列	非常规系列	套管井系列
2	环境指标	150℃ /100MPa 175℃ /140MPa 200℃ /170MPa	150℃ /100MPa 175℃ /140MPa	125℃ /80MPa	150℃ C/100MPa
3	外径尺寸	ϕ70，ϕ90	ϕ90	ϕ90	ϕ21，ϕ26，ϕ38

3.3　井下机械结构的组合化应用

EIlog 测井成套装备井下仪器组合化应用按照标准化设计原则，设计和制造出功能和结构通用性较强的短节，根据不同的测井作业目的进行组合。研发阶段，通过设计和改进，先后推出了若干个组合单元，如灯笼体扶正器、液压推靠器、公共电源短节、柔性接头、绝缘短节等多个可组合短节，加大了成套装备的集成化程度、缩短了研发和制造周期，大大缩短了了井下仪器串长度，有效地降低了产品成本。

4　结论

井下仪器的标准化设计与应用无疑为 EIlog 测井成套装备的研制成功和批量生产提供了有力的技术支持。在日益激烈的市场环境下，企业必须对市场作出快速反应，并不断提升产品性能。随着 EIlog 测井成套装备的完善和升级，井下仪器机械结构通用化、系列化和组合化程度会不断提高，将有力保障 EIlog 测井成套装备参与国内外市场的竞争力。

参 考 文 献

[1] 汤大知 .EILog 测井系统技术现状与发展思路 . 测井技术，2007（4）

企业技术标准在钻井工程施工中的作用

顾克江

（中国石化集团江苏石油勘探局钻井处）

摘　要　通过对技术标准内涵的讨论，认识到标准本身只是一种文件，是一项制度安排。制定和采用技术标准是企业标准化的前提，如果制定的标准不被采用，采用的标准不被市场接受，企业不能从其建立、采用的标准中获利。因此，技术标准价值的实现必须以科学管理为保证，在企业生产不断改进和完善的全过程中，以谋求科技成果快速进入市场，并获得竞争优势。

关键词　石油工程；技术标准；资源因素；市场竞争；价值实现

1　引言

经济全球化将标准化工作推向国际市场竞争的最前沿。市场竞争的范围和层次在不断扩展和提升，标准化组织的影响力也日益扩大，标准化的作用、范围正在拓宽，标准的隐性贸易壁垒作用日益突出。尤其在进入21世纪以来，在传统的贸易壁垒被逐渐弱化的同时，通过标准、技术法规及合格评定程序构筑的技术贸易壁垒、绿色环保壁垒和蓝色社会责任壁垒正在成为国际间，特别是发达国家保护境内产业的主要手段。“技术专利化—专利标准化—标准国际化”成为各大公司在国际竞争中取得优势地位的重要策略，且趋势日益明显。由此看来，技术标准已成为提高自主创新能力的重要技术基础；企业标准化工作的作用显得越来越重要。大家知道，标准是科学技术的有效载体，标准制修订是企业核心技术的集中体现，也是其综合实力的展示。因此，参与国内外标准的制修订活动是企业增强市场影响力的重要途径，结合石油和石化行业的特点，建立适合自主特色的企业标准化管理模式，为其走上现代企业创新发展之路提供强有力的技术支撑和保障。

2　企业技术标准

企业技术标准是一种含有技术要求和技术方案的文件，其目的是让企业产品或服务达到规定的技术要求或市场准入条件。企业技术标准实际上是一种制度安排，并具有如下特性：

（1）具有有关技术、商业和过程的各类信息。

（2）在技术和组织的变迁过程中，通过相关参与主体的合作而产生。

（3）改变市场内容和范围，并对竞争过程产生影响。

（4）对劳动分工和企业组织形式产生影响。

从石油工业标准体系表中可以看出，专业门类细分出 22 类，除通用类别和石油专业外还有劳动定额、安全、信息、物资采购、节能等，基本上根据了石油天然气工业的劳动分工和企业组织形式进行了细分；级别基本分为国家标准和行业标准两大类；在标准的制修订上“采标”的程度和标准多种多样，除采用 ISO，IEC 标准外，还有 API，SEG，NACE，ASME，ΓΟCT，DIN，JIS，BS 等国外先进标准。这充分体现出了“直接采用、实践验证、补充修订”的指导思想，积极采用国际标准和国外先进标准，并结合石油天然气工业特点和市场需求，统筹规划，突出重点，技术先进、注重实效，促进石油天然气工业适应市场经济和与国际接轨的发展要求，满足石油工程参与国际市场竞争的需求。其原则为根据我国石油天然气工业现状，按照国家关于采标程度的管理规定，采用程度主要为等同采用、修改采用和非等效采用。原则上，试验、取样、性质测定等采标项目都积极进行等同采用和修改采用。而对通用标准项日和受设备、试验条件等限制的方法项目非等效采用。

3 企业技术标准的价值

从技术标准的内涵看，标准本身只是一种文件，是一项制度安排。制定和采用技术标准是企业标准化的前提，如果制定的标准不被采用，采用的标准不被市场接受，企业不能从其建立、采用的标准中获利，那么标准化过程也就失去了意义。

随着经济全球化进程的加快，技术标准已成为各国发展贸易、保护民族工业、推动技术进步的重要手段。标准的制定和采用，已经深刻地影响着技术进步的方向和市场竞争的格局，直接关系到企业、行业乃至国家的利益。而对于企业这个微观环境来说，技术标准要实现其价值，就要与市场优势相结合，从而促进企业成功。技术标准制定作为技术战略的一部分，必须结合企业的商业战略，找到市场和价值的结合点，也就是技术标准能带来价值的地方。“成功的组织通常是这样一些组织：高层管理者对技术创新承担重要的责任，并因理解商业战略与技术之间的关系而具有敏锐的商业洞察力”。只有依据实际情况及市场形势，制定科学合理的策略，使技术标准得到市场认可，才能最终实现标准价值。

通过企业战略管理，确定技术标准的使用对象，技术标准就能表现出以下价值：

（1）利用标准加速技术应用。进入 21 世纪以来，特别是近几年石油工程板块将新技术制定出企业标准、行业标准的数量已在逐渐增多，如定向井轨迹控制技术、钻井液完井液损害油层室内评价方法、欠平衡钻井技术规范、空气钻井安全技术规范、井漏预防及处理工艺规程等。将科技成果加速推广应用，提高钻井工程施工技术水平。

（2）利用标准改变技术应用周期。将科技成果制定成标准的另一个有益之处是新技术不断得到完善和提高。以往的科技成果是一成不变地使用或搁置，而技术标准需要每隔一段时间需要修订或确认，这样就使原来的新技术应用周期大大缩短，使技术标准的制修订者始终掌握着主动权，标准的价值不断得到提升。

（3）通过标准向后兼容增大技术采用力度，提高现有技术的价值。主要采用对供方施加采用标准的要求，如原材料验收规范要求、石油专用仪器验收要求等，由于受市场的限制，这些专用原材料和专用仪器都处于买方市场，所以甲方制定的技术标准使用价值会更高。

（4）通过不断向后兼容，降低企业生产成本，削减竞争对手的优势。由于甲方占领着市场主导权，甲方制定的标准在使用上不可选择，供方在使用标准时也帮助甲方消化了部分成本，将成本的分配进行了适当转移，处于供方的企业竞争优势明显削弱。这就是甲方企业为何频繁占领标准制定权的缘故。

（5）大企业通过标准制定，减少小企业对它的竞争威胁。大企业、垄断企业通常制定的标准数量都较多，大企业一般有引领市场和技术发展的作用，同时也在增强自身的市场竞争优势。如钻井液处理剂产品，生产企业基本上都是建设规模并不太大的化工厂，由于其利润空间较大，生产的企业不断增多。处于优势地位石油钻井企业充分认识到自己发展的机遇，及时对处理剂产品提出的验收规范或要求，将钻井施工中的要求传递给供方，达到其服从于市场。

4　影响价值实现的因素

4.1　资源因素

技术标准的运用，可以是标准化主体自身的技术创新，也可以是引入技术以改变其原有制度。而就“什么因素影响企业从创新中获利程度”的问题，美国经济学家大卫·J.提斯（Teece）给出了一个较为详细的分析框架。1992年，提斯（Teece）等提出了动态能力理论；1997年，提斯（Teece）为弥补资源基础理论的不足，提出了核心能力理论，即动力能力理论。

动态能力是指“企业保持或改变其作为竞争优势基础能力的能力”，为适应不断变化的外部环境，企业必须不断取得、整合、再确认内外部的行政组织技术、资源和功能性能力。动力能力可以使企业在给定的路径依赖和市场位势条件下，不断地获得新竞争优势；可以通过学习获取和使用外部能力（市场中及其他企业的公共资源和部分战略资源），更好地保持企业竞争优势对市场环境的敏感性。提斯认为，让企业的生产要素与专有资源有机地结合起来的组织与管理能力，是企业在长期生产经营过程中积累形成的一种无形资源。正是企业的这种能力大幅度地降低了交易费用，而且该能力是企业竞争优势的主要来源。针对当今高新科技产业的飞速发展和瞬息万变的市场环境，该理论特别强调组织与管理能力和创新能力，开拓性创新以克服能力中的惯性和刚性，是动态能力理论的灵魂和特征。企业必须具有创新能力，创新能力是企业发展最为关键的能力。

技术标准的价值实现，可以借鉴这个分析框架。提斯的分析框架建立在主体所拥有的资源上，并由三个概念构成：

（1）独占能力：独占能力即创新者保护其创新的能力。其高低由该技术特性和技术的知识产权保护程度所决定。主要由专利、商标、版权、技术复杂性、技术缄默性以及商业竞争速度等因素构成。

(2) 配套资源：配套资源是指有助于将一项创新转化为经济收益所需要的资源。具体包括：渠道、客户关系、品牌、客户知识、制造能力、销售和服务的专业技能。

(3) 主导设计（竞争优势）：主导设计是指创新者和竞争者都会采用的产品标准配置。它将技术发展分为前后两个阶段。在主导设计出现之前，独占能力的重要性要高于配套资源，在主导设计出现之后，配套资源的作用会更强些。

这三个因素同样也主导了企业技术标准在市场中的价值分配。分析见表 1。

表 1　企业技术标准市场价值分配分析表

独占能力	配套资源	竞争优势
弱	弱	无。技术不具独占性，容易被模仿；配套资源弱，市场无优势，难以获得价值
弱	强	在主导设计出现后会获得价值，凭借相同技术，但更凭借富有竞争力的价格赢得用户
强	弱	主导设计前获得价值，之后需要组建战略联盟，以获得配套资源
强	强	有绝对的优势以获得价值

4.2　网络外部性

Teece 模型是在 20 世纪 80 年代提出的，而随着科技的快速发展，常常会出现采用不同技术方案解决同一问题的情况。也就是说，两种技术标准的独占能力和配套资源虽不完全相交，却有着相同的目标主体。如盐硝矿井钻井施工采用的钻井液体系，有的钻井公司采用的是水基钻井液，而另一些公司采用的是油基钻井液，工艺方法不同，但所要达到的目的是一致的。这时，标准化主体竞争力的发展和价值获得，就要依靠提升网络外部性来实现。

网络外部性，事实上就是需求方的规模经济，是指在其他条件不变的情况下，用户拥有某一产品所获得的效用，会随着拥有该产品的其他用户数量的增加而显著提高。另一方面，随着采用某种产品的用户群逐渐扩大，生产商和消费者都会习惯于这个技术标准，也会对这个技术标准平台进行过多的投资，产销双方都不会轻易地转换技术，哪怕现有技术不是最先进的。如石油专用仪器，制造商会认真研究甲方对所用仪器的标准，为了使其产品达到甲方的规定（或标准）要求，就要进行必要的基础建设投入，其目的是为了更好地占领市场。这时市场锁定效应就会出现，拥有网络外部性的标准就占领了市场，取得了所期望的价值实现。

5　价值实现的具体方法

5.1　通过技术独占获得价值

在标准化主体的技术标准已经获得市场认可，并成为事实标准的情况下，标准化主体可以通过以下两种方式来实现价值：一是通过知识产权许可获取标准所创造的价值，例如，在盐硝矿井施工中应用的水基钻井液技术通过向横向合作企业收取专利使用费，来获取标准创造价值；二是并不开放技术细节，而是通过自主营销市场，只把技术标准限制在企业范围内，以商业秘密的方式保护技术标准，获取该事实标准所创造的价值，如环境无害化钻井液技术通过泥浆技术队伍独立对外技术服务来创造价值的策略。

5.2 利用配套资源获得价值

如果标准化主体推出某种技术标准，而市场上还没有真正成熟的技术标准时，主体一方面可以开放技术以培育市场，另一方面则可以通过配套资源获得价值。具体做法有三种：一是利用权威性、品牌优势、商誉和无形资产、文化的吸引力，来增加业务量；如钻井井眼防碰技术，这项技术的熟练掌握能避免或降低井下复杂时间和事故的发生，从而在标书或合同中加大筹码，增加施工业务量和提高价值；二是同产业链、价值链中的其他主体结盟，降低财务成本和生产的不确定性，同时也降低了客户购买的不确定性；三是利用本身的制造能力优势，用成本和质量上的优势取胜。在钻井工程的投标中，强调自身掌握的技术优势，并利用其优势取得的业绩，如机械钻速、钻井周期，等等。

5.3 利用网络效应获得价值

对于标准化主体而言，通过网络效应获得价值的能力，主要取决于七种资源的利用：(1) 对于用户早期选择偏好的控制力；(2) 创新能力；(3) 知识产权；(4) 推广速度；(5) 生产能力；(6) 互补产品的质量；(7) 品牌和声誉。

具体而言，标准化主体锁定用户的方法主要有四种：一是通过促销或提供折扣方式，建立市场基础；二是培养有影响和具有高转移成本的用户，使锁定的用户不轻易放弃该技术平台；三是有意识地设计产品和定价，如独享的专利技术：盐井钻井液技术、环境无害化钻井液技术、双保钻井液技术等，使用户投资于标准化主体的创新技术或产品，以此提高用户的转移成本；四是向用户提供互补产品，或向产业链中的其他主体提供接入技术平台的机会，扩大基础。

6 技术标准与战略管理

尽管这里主要是讨论技术标准的价值实现问题，但也有必要对战略管理与技术标准的关系加以分析。这是因为，技术标准价值的实现是为战略服务的。如果战略出现错误，那么为技术标准价值实现所做的一切努力都将付诸东流，价值也将无法实现。

6.1 不能单靠技术标准取胜

将未来发展寄托于所掌握的某一技术上，只针对其进行技术标准研发和推广，是不明智的，也是具有很大风险的。有的技术是靠不断积累逐渐成熟的，但随时会有新的颠覆性技术出现，并在很短时间内改变技术格局。因此，期望利用某一技术和基于这一技术建立的技术标准来决定战略选择，是不可取的。例如在钻井液技术方面，20 世纪 80 年代研制出的两性离子聚合物钻井液和阳离子聚合物钻井液体系等，在抑制性、降滤失、降黏作用方面解决了许多施工难题，并在全国许多油田推广使用，取得良好效果。但在今天，随着施工技术的提高，井型的变化，特别是水平井施工应用的钻井液被正电胶悬浮乳液钻井液体系所替代。这类钻井液有其独特的流变特性，还具有强抑制性、防漏、减少油气层损害程度、有利于提高钻速等性能。

6.2 价值的实现不在于技术本身

价值的实现取决于技术独占、配套资源和网络效应等。有时候，技术标准价值的关键是将技术连接在一起的工艺流程，而不是技术本身。事实上，许多工艺技术的进步，都是与装备技术结合起来，而不是由于某项单独技术最为出色，如水平井钻井技术，包含了水平井的三维轨道设计、导眼轨道设计、井身结构设计、动力钻具工具能力计算、井眼轨迹控制技术、钻井液技术、固井工艺技术等方面内容。引用或开发了多项新工艺、新技术，单靠某一项先进技术或工艺是无法实现优质、高效钻井施工的。

6.3 技术标准价值实现以科学管理为保证

在技术飞速发展的时代，任何一项创新成果的生命周期都会更短，技术标准的价值实现主要体现在企业生产不断改进和完善的全过程中，以谋求研发成果快速进入市场，并获得竞争优势。这就要求，技术标准价值的实现必须以科学管理为保证。标准化主体的组织结构、组织流程和组织文化，以及标准化管理过程中的计划、组织、领导和控制水平，都会对标准价值实现起着决定性作用。从近 20 年来看，钻井新技术的更递周期不断缩短，从直井、定向井、丛式井到水平井、大位移井、多分枝井等，其更新周期成等比级数；钻井液体系的变化更是日新月异。由此将技术标准管理与制修订工作带入了快车道。

参 考 文 献

[1] [英] 格里·约翰逊 . 战略管理（第 6 版）[M] . 北京：人民邮电出版社，2004.1

[2] 李兴旺 . 动态能力理论的操作化研究 [M] . 北京：经济科学出版社，2006.4

[3] 李黎 . 企业动态能力理论初探 [J] . 企业活力，2006（01）

[4] 高德利 . 钻井科技发展的历史回顾现在分析与建议 [J] . 石油科技论坛，2004（2）

标准化在三次采油开发规划方案编制中的指导作用

桂东旭

（大庆油田有限责任公司勘探开发研究院）

摘　要　本文阐述了大庆油田三次采油开发规划方案编制标准化的发展历程，分析了已有标准在三次采油开发规划编制中的指导作用，总结了标准化在规划方案编制中的重要意义，并提出了几点认识及建议。

关键词　标准化；三次采油；开发规划；指导作用

1　引言

大庆油田1996年实施聚合物驱工业化推广，至1998年三次采油年产油量迅速上升至800×10^4t以上，有力地支撑了大庆油田5000×10^4t高产稳产，至2010年底，三次采油年产油量已经连续9年突破1000×10^4t，三次采油成为大庆油田4000×10^4t持续稳产的重要支撑技术。

与水驱相比，三次采油采用新的驱替技术大幅度提高采收率，采油速度高，指标变化幅度大。如何正确评价三次采油开发效果，搞好三次采油指标预测，做好三次采油开发规划，正确指导三次采油实际生产，在大庆油田4000×10^4t持续稳产形势日益严峻的情况下显得尤为重要。三次采油开发规划内容丰富、编制过程复杂、重复性高，如何编制出一个最优的三次采油开发规划方案，是摆在技术人员面前的一道难题。标准的发展和完善，让规划编制人员有据可依、有章可循，标准不仅指导技术人员如何编制规划，而且指导如何编制出一个高水平、可执行的三次采油开发规划。

2　三次采油开发规划方案编制标准化的发展历程

标准化就是："在经济、技术、科学及管理等社会活动中，对重复性事物和概念，通过制订、发布和实施标准达到统一，以获得最佳秩序和社会效益。"大庆油田三次采油开发规划方案编制的标准化经历了一个漫长而曲折的过程，最早总结的《对聚合物驱动态分析方法及年度产量预测方法的认识》对聚合物驱相关指标的概念、统计方法和预测方法进行了统一，但缺乏对三次采油开发规划内容、编制方法、编制过程、优化方法等的指导，随后大庆油田制定了《聚合物驱油开发规划编制导则》。由于三次采油开发规划方案编制是一项复杂的系统工程，既要考虑产量需求、地下资源情况、技术发展状况，又要兼顾采油工艺、地面管网、化学剂供应能力、配制能力等一系列问题，过程十分繁琐且耗时较长，为了更加合理有效地编制开发规划方案，又制定了“三次采油规划方案编制技术流程”。

3 标准化在三次采油开发规划方案编制中的指导作用

3.1 统一了指标概念、统计方法和预测方法

聚合物驱工业化推广初期，由于聚合物驱属于新生事物，规划编制技术人员对聚合物驱相关指标的概念、统计方法和预测方法等缺乏统一的认识。在《对聚合物驱动态分析方法及年度产量预测方法的认识》中，对聚合物驱开发区块基础数据、注入参数、采出参数的概念和统计方法，聚合物驱动态分析方法，最终开采指标的计算方法，以及指标预测方法（模式图预测方法）均有详细的规定，解决了技术人员的困扰，成为三次采油规划技术人员的启蒙书，也是三次采油开发规划方案编制方面最早的标准。

3.2 规范了规划的内容、方法和要求

随着三次采油开发规模的不断扩大，越来越多的开发区开展了聚合物驱工业化推广，由于各开发区技术人员对三次采油开发规划编制的内容和方法有着不同角度的理解，编制的规划结果差异较大，经常存在资料不齐全、分析不透彻等问题，致使大庆油田三次采油总体开发规划编制难以顺利进行。《聚合物驱油开发规划编制导则》详细规定了聚合物驱油开发规划目标和任务、开发状况分析、规划执行情况、开发效果评价、规划编制原则、技术界限、指标预测方法、不同方案设计、经济评价、方案优选、规划实施要求等内容。根据导则，勘探开发研究院规划编制人员规范了包括开发现状、措施效果、试验开展状况、潜力调查、规划部署等内容的30多张表格，统一了三次采油开发规划基础资料数据库。导则实施后，三次采油开发规划方案内容更加齐全、方法更加科学、方案更加优化、现场指导性更强，且提高了规划的方案符合率，大庆油田三次采油开发规划2001年以来方案符合率都达到99%以上。

3.3 优化了规划编制技术流程

“三次采油开发规划方案编制技术流程”（图1）是对《聚合物驱开发规划编制导则》中规划编制过程的发展和完善，规划编制人员将多年的工作经验与规划编制内容结合起来，优化了规划编制技术流程，避免了影响因素考虑不周全的问题，从而使规划方案更具科学性、操作性更强。此外，该“技术流程”操作方便，可有效提高方案编制效率，2008年，“技术流程”成功指导了“大庆油田 4000×10^4t 持续稳产规划”的方案编制，在规划的前期准备阶段，原来需要与现场技术人员进行长达一个月、至少3～5次的反复结合才能完成的数据准备过程，只经历了一周时间、1～2次的结合，就较好地完成了这一过程，大幅

度提高了规划方案编制效率。

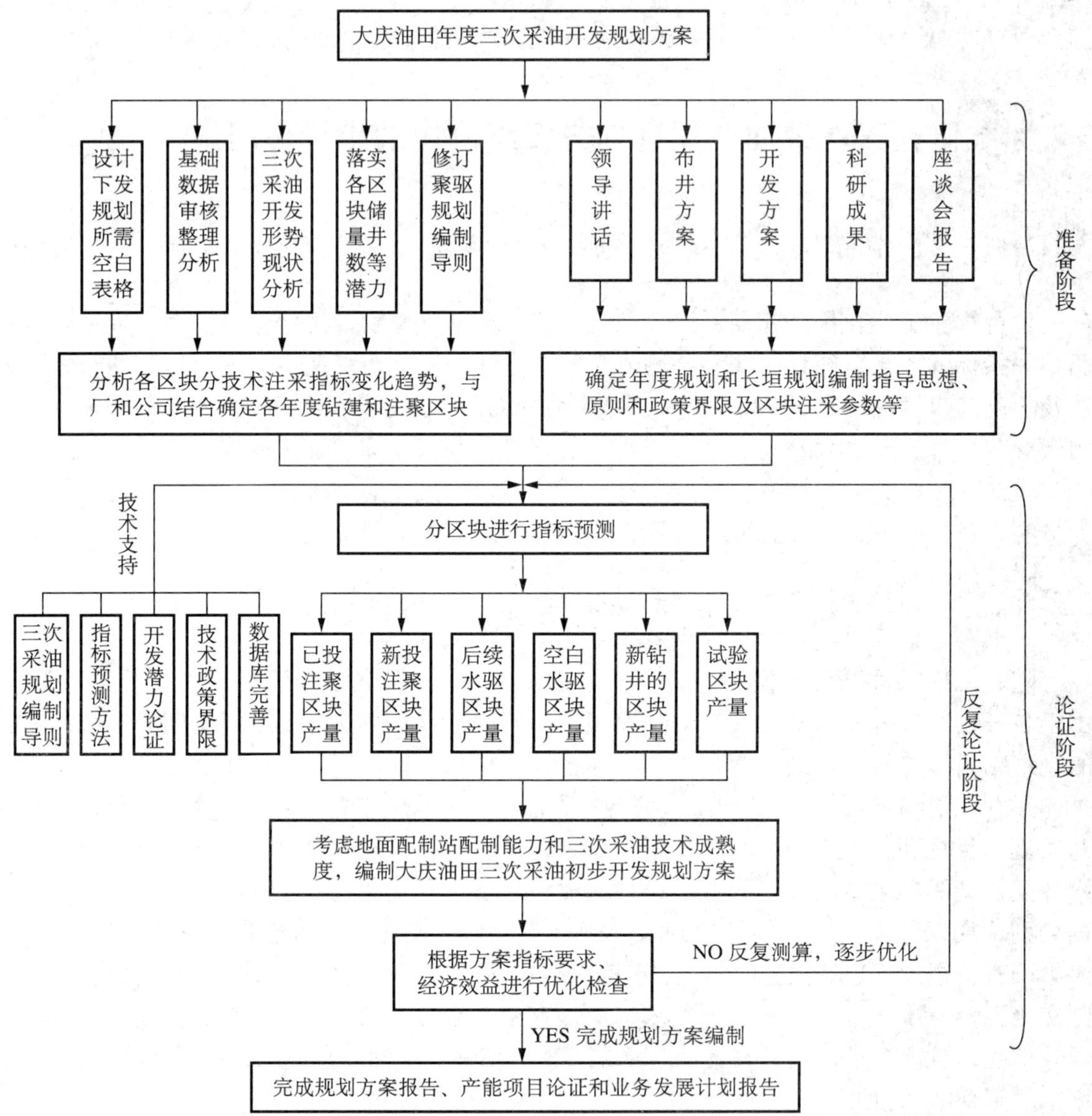

图 1　三次采油开发规划方案编制技术流程

无论是《对聚合物驱动态分析方法及年度产量预测方法的认识》、《聚合物驱油开发规划编制导则》，还是“三次采油规划方案编制技术流程”，都是对三次采油开发规划编制标准化的发展和完善。标准实施后，三次采油开发规划编制水平不断提高，在规划方案的指导下，油田开发取得了良好的经济效益和社会效益，截至 2010 年底，大庆油田三次采油累计生产原油超过 1.5×10^{8}t，成为世界上最大的三次采油生产基地，且实现了地下资源可接替，地面设施高效可持续运转。由于三次采油的贡献，大庆油田产量和可采储量实现平稳有序衔接，真正实现了可持续发展。

4 认识及建议

4.1 标准化规范了工作流程、提高了工作效率

应用标准化成果，三次采油开发规划内容、方法明确，节省了大量的规划前期准备时间，相关技术人员可充分利用标准化数据库直接完成规划基础数据的准备工作，利用标准化技术流程有序开展规划编制及优化工作，既不会出现纰漏，还可以使规划流程一目了然，避免了许多重复性工作，提高了工作效率。

4.2 标准化提高了规划方案质量

标准化不仅统一了三次采油开发规划中相关指标的概念、统计方法和预测方法，而且使规划编制过程更加规范，方法更加科学合理，编制完成的规划方案开发形势清晰、存在问题明了、调整对策准确、开发潜力落实、规划结果优化，提高了规划方案质量。

4.3 建议修订《聚合物驱开发规划编制导则》

《聚合物驱油开发规划编制导则》适用于砂岩油田聚合物驱油开发规划的编制，而目前大庆油田三次采油已经形成了聚合物驱、高浓度聚合物驱、三元复合驱等多种开发技术并存的现象，《聚合物驱油开发规划编制导则》中的概念、编制流程、指标预测方法等已经不能完全适应新技术的发展，建议及时修订标准，以更好地发挥其在规划编制中的指导作用。

参 考 文 献

[1] 杨辉. 企业如何提高标准制定水平 [J]. 机械工业标准化与质量，2008（6）：34 ~ 36

[2] 戴桂珍，孙秀兵. 企业标准化管理创新及经济效益的分析 [J]. 现代制造技术与装备，2008（3）：76 ~ 77

[3] 李善维，常洪刚，杨小平，等. 采油工程方案设计方法研究 [J]. 钻采工艺，2004（7）：48 ~ 50

[4] 车胜新. 对企业标准体系系列国家标准的理解与实施 [J]. 机械工业标准化与质量，2008（5）：30 ~ 32

[5] 汪浩. 企业标准化工作简析 [J]. 中国质量技术监督，2008（2）：60 ~ 61

抽油机施工行业安全标准化与安全文化

韩伟滨　吴立芬　郝俊波　李现林　张虎让

（胜利油田分公司河口采油厂）

摘　要　文章简要探讨了在抽油机施工行业推行安全标准化的意义，阐述了安全文化与安全标准化之间的关系，并结合河口采油厂的具体例证，从管理状态、施工现场、操作行为三个方面，对安全文化如何与安全标准化相互融合进行了提炼和总结，同时对今后的安全标准化建设提出了几点建议。

关键词　抽油机施工；安全文化；标准化；安全生产

1　引言

抽油机是一种重要的开采石油设备，在石油生产建设中起着举足轻重的作用。抽油机施工行业因存在着机械伤害危险、吊装危险和高空落物危险等高危险因素，成为油田安全生产管理的重点行业之一。为了进一步落实抽油机施工人员的安全生产责任，建立安全生产长效机制，实现抽油机施工行业的本质安全，在抽油机施工行业内部开展安全标准化建设，全面提高安全管理水平，显得意义重大。河口采油厂结合单位实际，在抽油机施工行业开展安全文化的基础上，全面实施安全标准化管理，将两者有机地结合起来，以安全标准化促进安全文化建设，取得明显效果。本文以此为例，重点从管理状态、施工现场、操作行为三个方面，对抽油机施工行业推行安全标准化进行初步探讨。

2　安全文化是实施安全标准化的基石

在当前形势下，如何实现安全管理从刚性的规程、标准和防护措施，向柔性的人文行为规范、危险源辨识评估方向的转变，是摆在许多管理者面前的难题。这就需要在安全标准化建设中融入安全文化的元素，两者相互融合，将安全管理引向一个更高的境界。

现有的各项关于抽油机施工的安全管理制度和标准化操作规程，集中体现了采油厂安全生产上的客观需求，是吸取了先进经验并结合自身特点，纳精而成的智慧结晶。因此，它是严肃的、带强制性的，是安全生产与管理上的最高权威，任何职工都不能对此有丝毫的逾越，任何施工形式都必须与之相吻合。这种刚性的、无可辩驳的制度形成，是抽油机施工行业生存发展的必备条件。然而，执行制度和标准，不可避免地会出现不同程度的差异，正是这种差异的存在导致了各类“三违”现象甚至安全事故的发生。差异的存在实际上是由人的认知造成的，当人的意识还没有真正达到把制度标准视为安全生产的护身符时，是不可能有自觉性和执行力的。在制度不能有效发挥作用的情况下，能够用来弥补制度之间缝隙的只有安全文化。安全文化体现的是一种素养，即一种安全知识、安全责任和安全行为，它和制度安全并不矛盾。同制度相比较，它更侧重于强调对人的影响，更注重发掘人的主观能动性，对安全管理工作长久之计是一个强大的原动力，是安全标准化最有力的基石。

3 安全标准化与安全文化建设的探索与实践

采油厂在抽油机施工行业开展安全文化建设，总结提炼出“修机先修心，安装先安全”、“安全人人抓，幸福你我他”的安全价值观，以及“所有的事故都可以防止，所有的隐患都可以控制”、“侥幸心理是祸根，安全意识是关键”、“该戴的要戴，该穿的要穿”、“发现安全隐患必须及时更正”等十大安全理念。通过启动警钟长鸣仪式、征集安全寄语、编写安全三字经、安全漫画长廊、安全誓词一面墙等形式，强化职工对安全文化的认知认同度，使安全价值理念深深扎根于职工心中，外化为规范、统一的安全行为。同时，将安全文化融入到安全标准化建设的全过程，在创新安全标准化建设方面进行了有益的探索与实践。

3.1 管理状态标准化

安全管理状态标准化，是指通过制定科学的管理标准来规范人的思想行为，确定组织成员必须遵守的行为准则，要求生产经营单位的每一环节，都必须按一定的方法和标准来运行，实现管理的规范化。

3.1.1 规章制度标准化

采油厂结合抽油机施工现状，对现有制度、标准和规程进行修改、完善和补充，形成了《岗位 HSE 责任制》、《安全管理制度》、《抽油机安装生产禁令》、《抽油机安装工程施工及验收规范》、《游梁式抽油机安装操作规程》、《皮带式抽油机安装操作规程》、《设备吊装操作标准》、《抽油机安装操作标准》等 17 大类 93 项制度、技术标准及安全操作规程，成为全体干部职工共同的行为准则。

3.1.2 组织建设标准化

采油厂按照“谁主管谁负责”的原则，明确行政主要领导为抽油机施工行业安全生产的第一责任人，建立严密的安全组织体系，自上而下形成了四级安全管理网络。对安全管理网络的每个成员都做了明确分工，从而形成了主要领导负总责、主管领导具体抓、党政工团齐抓共管、上上下下齐负责的安全保障机制。

3.1.3 安全检查标准化

采油厂以检查基础资料、安全生产责任制落实情况、事故隐患整改情况、事故应急处理预案及演练情况、重点场所及设施的安全管理情况等为内容，坚持抽油机施工行业安全监督检查制度。实行综合检查、专项检查、重点检查相结合，定时检查、临时检查、突击检查相配套，做到岗位一天一检查、基层一周一检查、采油厂一月一检查，发现问题下达整改通知书，限期整改并组织验收。

3.1.4 应急处理标准化

采油厂编制抽油机施工行业“突发事件应急程序”，设计完成井场着火、抽油机安装过程中的机械伤害、抽油机部件高空坠落、车辆伤害、人员中暑、风暴潮等 3 大类 12 种突发事件的应急处置方案，从报警、启动预案、现场救护、人员疏散、接应救援、伤员救护等各个方面进行明确分工，确保了在突发事件面前职责明确、运转有序、反应迅速、处置得当。

3.2 施工现场标准化

安全施工现场标准化，是指以抽油机施工现场安全生产技术、技术活动的全过程及其要素为主要内容，制定统一的作业程序标准和贯彻标准，最大限度地消除因作业人员技术素质、行为的不同而引起的工作质量差异。

3.2.1 工艺流程标准化

经过多年的生产实践和优化、完善，采油厂形成了一套科学、规范的抽油机施工工艺流程，由现场勘查、制定施工方案、车辆及抽油机就位、水泥基础安装、底盘安装、减速器安装、平衡块安装、支架安装、游梁安装、挂负荷、抽油机质量验收、调整抽油机、交接等 13 个环节组成，为抽油机施工提供了标准运行模式。

3.2.2 人力要素标准化

由于受到各种因素的制约，抽油机安装工没有专门的培训渠道，都是从别的工种转行而来，安全标准化对职工队伍素质提出了更高的要求。采油厂从加强职工培训入手，充分发挥安全培训机构和内部技术力量，编写统一的培训教材，利用知识讲座、技术沙龙、岗位练兵等多种形式，向职工传授安全标准化的知识，提高安全技术技能，持证上岗率达 100%。

3.2.3 施工工具标准化

采油厂配齐配全抽油机施工各类专业工具，坚持定期检验制度，实行工具专管专用。加强职工识别工具、使用工具的能力训练，让操作者能在短时间内掌握工具的操作使用要领，避免了人为的操作误差和工具混用造成意外伤害，使复杂的操作变得既简便迅速又准确无误，施工质量和生产效率大大提高。

3.2.4 配件材料标准化

目前在用的抽油机设备种类多、型号杂，配件的通用性差。采油厂严格施工材料管理，严控进料关、领料关和使用关。进料时严格执行材料的检查验收手续，保证材料全部合格；领料时明确材料的规格型号、有关安全技术参数等，杜绝领错料和少领料现象的发生；材料使用过程中出现型号不符或安全质量问题，立即停止使用，更换合格品，实现了配件材料的专业化管理、标准化使用。

3.2.5 环境要素标准化

采油厂全面推行“5S”管理，对抽油机场地进行区域划分，按照抽油机部件的摆放分为修理区、新机区、旧机区、待修区、修复区等区域，并用明显的标线和警示牌进行区分。同时对班组工房进行统一规划，工具架按照标签分类摆放，劳保用品整齐划一，氧气乙炔瓶隔离存放，达到人与物、施工与环境的和谐统一，营造了文明、清洁、安全、环保、健康的现场环境。

3.3 操作行为标准化

安全操作行为标准化，是指制定相应标准，对抽油机施工人员的行为进行规范，使操作人员满足抽油机施工的安全要求，养成标准化操作习惯，杜绝违章操作行为，做到在生产操作中不受伤害，操作姿势符合身体健康要求，具备应急处理措施和自我保护应急能力，保证安全工作长周期平稳运行。

3.3.1 劳保穿戴标准化

采油厂坚持施工作业从劳保穿戴齐全做起，严格规范劳保用品的正确穿戴方法，如穿戴工作服必须做到“三紧”，即衣领、衣袖、衣底要扣紧；安全帽的下颌带必须扎紧、扎牢；安全带必须挂牢在人体垂直的上方，做到高挂低用等，职工安全意识不断提高，实现了从“要我防护”向“我要防护”的转变。

3.3.2 保障措施标准化

采油厂严格执行HSE管理体系，每项抽油机施工任务都认真填写《HSE作业计划书》，做好危害识别，制定风险消减措施，做到万无一失。结合季节性特点和阶段性安全形势，制订各有侧重的安全生产应急预案，加强预案演练，做到“一把钥匙开一把锁”。加强高空作业、大型吊装作业的现场管理，加大监督和隐患治理力度，坚决把事故苗头消灭在萌芽状态。

3.3.3 操作动作标准化

采油厂对抽油机施工的每道工序和每个岗位都制定科学合理的、操作性强的操作程序和动作标准，让职工熟记并严格执行，培养正确的操作方法，纠正和避免习惯性违章操作。在施工现场，要求职工严格规范地执行操作规程、安全规程和《抽油机安装生产禁令》，使职工的操作行为始终在标准化、规范化的可控状态下进行。

4 对安全标准化与安全文化的几点思考

综上所述，河口采油厂结合安全文化建设，在抽油机施工行业推行安全标准化管理，从小处入手，从细节抓起，多措并举，精细管理，实现了安全生产的“可控、在控、能控”，连续22年保持生产无事故。在抽油机施工行业安全标准化建设的推行过程中，我们边实践边思考，总结经验的同时也发现了一些问题。根据这些问题，提出几点建议，希望对今后的安全标准化建设有所帮助和启发。

4.1 搞好对接

抽油机施工行业的安全管理经历了人管人、制度管人的阶段，上升到安全文化管理的高度，是企业发展与进步的必然。如何更好地实现安全文化与安全标准化的对接，按照人文的是非标准，让大家把思想统一到安全生产的总目标上来，仍旧是个需要探讨的问题。

4.2 注重过程

抽油机施工行业的覆盖面很广，有主管部门、生产调度部门、抽油机使用方、车辆配合单位等，只靠抽油机安装队一个环节，取得的效果往往事倍功半。应该把与抽油机施工有关的部门和单位都吸纳进来，制定详细、统一、各有侧重的安全标准，同时加强对标准的检查监督力度，看标准是否符合实际，看标准是否执行到位。

4.3 抓住重点

凡是在抽油机施工过程中接触到的危险设备和装置、危险工序、危险操作等，都属于重点，必须实行标准化管理，特别是操作行为的标准化。大量的事实说明，操作失误引发的事故占到各类事故的很大比例。抓住了安全操作标准化，就抓住了事故的关键，切断了事故发生的重要源头。

4.4 加强监控

在安全标准化实施过程中，要对每一个生产岗位、每一道操作程序和每个人的操作行为，以及安全管理的全过程，进行不间断的严密监控，及时发现实施中的偏差和问题，纠正不符合项，从而使各项标准更加规范，更加科学合理。

4.5 做好记录

在实施安全标准化的每一个环节，要全面建立健全各种原始资料和原始记录，为分析研究和改进提供科学依据。

总之，企业只有紧密联系行业特点，以推行现场安全标准化管理为切入点，强化安全文化建设，不断加大标准在生产、安全的执行力度，才能全面提高企业的安全素质和安全防御能力，促使企业步入自我管理、自我约束、自我发展的良性发展轨道。

如何做好企业基层单位的标准化管理工作

何景丽　王　辉　宋光红

（胜利油田分公司东辛采油厂）

摘　要　本文通过对基层单位影响标准化管理工作的难点进行深入细致的分析，找准了标准化管理工作的工作重点，并对如何开展标准化管理工作提出了部分建议，对于油田内部开展好标准化管理工作有一定的借鉴作用。

关键词　标准化管理；工作重点；建议

1　引言

随着目前油田企业的不断发展，标准化管理工作的重要性进一步显现出来，如何在新形势下做好基层单位的标准化管理工作，如何更好地让标准化指导生产服务，为生产管理保驾护航，如何让标准化管理工作不流于形式化，这是摆在标准化管理工作面前的一个重要问题。

2　制约标准化管理工作的难点

标准化管理工作开展过程中由于涉及的层面多、范围广，因此不免会遇到各种各样的问题。这些问题在不同程度上影响了标准化工作的开展，通过对各类问题的分析和总结，我们认为影响标准化管理工作的难点主要包括以下几个方面：

（1）基层单位技术标准配备不齐全，需进行清理确认。

（2）对标准化管理工作的重要性认识不足。目前在油田的各个单位中还存在不少单位重视安全工作、重视生产运行，忽视标准化管理工作的问题。

（3）对于标准化管理工作参与不积极。许多单位认为标准的制定、修订等工作是上级部门的事情，不能进行深入细致的调研、不能广泛征询有实际工作经验人员的意见，不利于标准的宣贯落实。

（4）部分标准化管理人员的素质有待提升。标准化管理工作是一项系统工作，对于管理人员的素质要求极高，而目前部分标准化管理人员的素质并未达到适应标准化管理工作的要求。

（5）标准化管理工作的奖惩考核有待进一步严细。标准化管理工作同其他所有系统工作一样，需要有明确的工作标准及奖惩考核措施，而目前有的单位要么没有建立健全奖惩考核激励机制，要么机制建立了却没有认真地执行，从而削弱了从事标准化管理工作人员的积极性。

3 开展好标准化管理工作的措施及实施

3.1 清查目前技术标准

一是看配备情况，该配备的标准配齐全了没有，还有哪些需要配齐，未配齐的自己打印配齐。二是看目前执行的标准是否现行有效，作废标准或被替代的标准是否及时去除。三是看标准在实际工作中对标准的执行程度达到了多少。四是看目前配备执行的标准同现行的管理制度及工作规范的协调统一情况，是否有不一致或冲突的地方，对工作的影响有多少。通过上述措施实施，我队标准目前已配齐，作废及被替代的已去除。

3.2 进一步提高对标准化管理重要性的认识

对于一项工作的重要性有清晰的认识是干好这项工作的前提。因此强化从各级机关到基层单位的标准化管理意识尤为重要，这就需要各级的标准化管理者必须树立标准观念，强化标准意识，努力做到学标准、懂标准，用标准来指导生产，为生产服务。标准化管理部门要通过组织开展多层次多形式的标准宣贯教育，增强员工对标准的重要性的认识，熟悉自己所从事专业的相关标准，严格按照标准执行操作。要突出标准培训工作的针对性和实效性，针对近年来许多标准培训工作走形式的误区，要采取针对性的措施，本着用什么学什么的原则使职工切实的掌握好标准，并将标准运用到实际生产工作中去。

我队非常重视标准化工作，将标准化建设作为一个主要工作来抓。我队成立了以队长亲自领导的标准化工作领导小组，形成了“队长、工程技术员兼标准化宣贯员、班组长”的三级标准化工作网络，健全了组织机构，为下一步顺利开展标准化工作提供了组织保障。在标准的选取上，我队根据实际情况，本着采取先进标准和实用标准的原则，将日常工作中需要的标准通过各种渠道收集齐全，并把这些标准分为主导标准、配套标准和了解标准，而且针对岗位的实际工作需要，坚持所配备的标准现行有效的原则，将标准进行了岗位分布，然后把不同的标准配备到不同的岗位，建立了覆盖各个班组和各个岗位的标准体系，从而做到岗位的各项工作都有标准可依。

3.3 对待标准要积极制定，加强研究，落到实处

积极的参与相关标准的制定，加强对各种标准的研究，把标准宣贯工作落到实处。重视对新制定及修改标准的征求意见工作。

标准化作为生产管理企业推进管理水平的基础和依据，一旦颁布实施，就会立即产生强制性的效果。因此我们高度重视生产管理部门对标准化的征求意见工作，绝不能认为是

走形式或过场，积极组织相关人员进行研讨，分析对生产管理工作的利弊之处，认真总结归纳各方意见，并向上级管理部门进行反映，确保标准的准确性、权威性。

3.4 进一步提高标准化管理人员的业务素质和实际工作能力

标准化管理工作涉及企业生产管理大局和职工的利益，工作上的任何失误都会带来难以想像的不良后果。这就要求标准化管理人员不断加强标准化管理的学习，提高自身素质，面对标准化管理工作中遇到的新情况和新问题，加强上下沟通，不断改进工作方法，有针对性的对新情况和新问题进行分析和解决，保证标准化管理工作的有序进行。同时，在标准管理的工作方式和方法上下工夫，在具体执行标准过程中，善于把各类标准用足用活，掌握好标准尺度，创造性地开展工作。

为提高职工的业务素质和实际工作能力，我队及时把岗位标准配备到每一个班组，向广大职工进行了有计划宣贯培训，并且把标准宣贯培训作为标准化的一项重点工作来抓。我队主要采取集中培训和岗位练兵两种方式强化职工对标准的学习，并且细化了标准的培训和学习，即针对岗位进行培训和学习，什么岗位应该培训和学习什么标准。对于覆盖面广和重要的标准，由工程技术员负责制定培训计划，每月对全队职工进行集中培训一次，将标准化的常识性内容作为前期宣贯的重点，使职工得到良好的岗位标准和岗位技能方面的培训，对本岗位所执行的质量标准、安全操作标准及现场管理标准等内容达到熟悉并掌握的程度。对于岗位上的各项标准，我们要求职工以班组为单位采取“一日一题”的岗位练兵形式对本岗位配备的标准进行学习。职工通过这两种形式对岗位标准的反复学习，能不断熟知本岗位的各项标准，同时也能查找和改正自己以往在工作方面不符合标准的地方，为今后工作中杜绝各类违章操作、违章指挥和违反劳动纪律现象的发生奠定基础。

3.5 狠抓标准化管理工作的落实及奖惩考核

标准化管理工作的头绪较为复杂，每一项工作都需要有人去亲自落实，落实的好与坏将直接影响到标准化管理工作的开展。而建立明晰的奖惩考核机制则是抓好标准化管理工作落实的有效手段。通过确立标准化管理工作的各项执行要求，可以使标准化管理工作者明确所负责的工作应干到什么样的程度，怎样才是达到了要求。通过具体奖惩措施的落实，可以让工作中不严细的工作者受到相应的处罚，也可以让工作表现突出的工作者受到一定程度的奖励，从而达到鞭策后进，鼓励先进的目的，从而有效杜绝干好干坏都一样的不利局面，保证标准化管理工作更加有序地进行。

我队建立起科学合理的标准贯彻实施的考核制度和考核方法，有力地保证了我队标准化管理工作的实施。具体的考核方法主要是通过各种检查结果，对各班组标准执行情况进行考核。我们重点抓好三个层次的隐患检查：

（1）单井承包人每日巡回检查自己所管抽油机、增压泵等设备的运行状况，及时发现隐患。

（2）责任区党员干部每周检查一次本责任区的安全生产情况，对职工在工作中有无违规现象进行监督并指导，杜绝“三违”现象的发生。

(3) 每月集中对全队的安全生产、设备运行等工作进行总结和安全分析评估。对违反标准化的操作和隐患的处理按照有可能造成人身伤害程度、损失大小实施三级考核管理，做到严考核，硬兑现。

通过我队严格制定的考核制度和考核方法，约束职工各项工作都要严格按照标准化操作执行，促进了我队标准化工作的不断完善。

4 体会

(1) 标准是我们工作的操作规范，我们必须认真执行。但是随着实际操作条件的改变和技术水平的不断提升，标准中规定的操作方法有可能变得与实际不相符合，或者说标准实施一段时间以后它已不再适用，这时就必须进行策略性的改进。因此在今后的工作中，我们在严格执行标准的同时，还要抱着发现问题的心态去执行，发现它的不足，要不断总结，不断摸索，发现不适合生产实际的标准，我们要及时提出修订和完善标准的建议，使标准更加规范、更加实用，更能有效指导我们的工作，使标准化工作在我队不断进一步深化。

(2) 我队认真贯彻执行标准化，广泛宣传，虽然在标准化管理上取得一点点成绩，但我们必须清醒地认识到在标准化工作理中还存在很多的不足，在标准化工作上还有很多不到位的地方，例如标准化责任制落实不够、职工的标准化意识不强、标准化监督检查力度不够等。今后更要加强标准的实施，使基层各项工作落实到实处。

总之，基层单位的标准化管理工作是一个复杂的、千头万绪的工作，需要不断地在实际应用中探讨摸索，需要各个层面的重视和努力，今后我们要上下齐心努力，本着真抓实干，求真务实的精神，各项基础工作一定会跃上新台阶，标准化工作一定会上新水平。我们深信，只要不断强化标准化管理工作，党政工青齐抓共管、群策群治，今后我队的标准化工作一定会做得更好，我们的标准化管理工作会不断地前进。

如何用标准化提高企业作业质量和安全性

贾　强　熊　莹

（渤海钻探工程有限公司井下技术服务分公司修造准备中心港东钻具厂）

摘　要　井下技术服务分公司作为依靠工程作业服务而生存发展的企业，求得生存的市场就是作业现场，作业现场标准化水平的高低代表了企业的形象和服务能力，作业现场标准化是石油技术服务作业规范、严谨的体现，是企业服务质量水平和安全性高低的保证，也是企业发展过程的必然趋势。如何做好作业现场标准化管理涉及到整个作业过程中人、机、物、环境等方方面面的内容。

关键词　标准化；提高；质量；安全

1　引言

井下技术服务分公司作为提供石油技术服务的企业，在提供技术服务施工的过程中，不断完善和推进作业标准化并以此来加强安全生产、提高工程质量和施工作业队伍的管理水平，促进作业现场标准化管理的规范化、系统化、科学化，进一步提高公司施工作业质量和安全性，提高行业竞争力，使企业在石油技术服务作业领域达到国内领先、国际一流的不败地位。

下面对如何使石油技术服务企业作业现场标准化，以提高作业质量和作业安全性，做一系统的阐述。

对以提供石油工程技术服务为主的石油企业，生存的市场就是技术服务作业现场，作业现场标准化管理是否完善代表了企业的形象和服务能力，是石油企业作业是否规范、严谨的体现，也是技术服务质量能否达到优质和安全实现的保证。

作业现场标准化工作涉及到整个作业中人、机、物、环境等具体施工过程的方方面面，其管理的关键是做好施工现场的规划和监控，明确施工作业任务，熟悉施工工艺流程和施工工艺要求。在此基础上由相关作业人员做好施工计划和过程控制，同时对作业过程进行监督管理并在作业结束后由相关工作人员对作业质量进行检查验收。

做好作业现场标准化主要包括以下几方面内容。

2 现场标准化作业应遵循的原则

2.1 立足现场，找准核心

现场作业标准化就是以安全为前提，以作业过程规范、施工质量高标准、高要求为目的的作业方法。这要求作业标准必须建立在实践探索的基础之上。既要定时，确保过程的严格控制，也要定量，保证达到所要求的工艺标准，保质保量地完成作业任务。此外，现场标准化作业工作必须以现场安全和质量管理为核心，以此贯穿现场工作的全程，确保现场施工作业各方面的有效管理，实现施工现场安全和质量的可控、在控、能控。

2.2 符合标准

施工现场标准化作业要严格贯彻执行中国石油天然气集团公司、渤海钻探行业标准和相关制度、文件的规定，应与公司现行的各种现场运行规程和已有安全管理规定相结合，形成一个有机的整体，共同保证现场作业的安全和质量。

2.3 结合实际

在执行标准化现场作业的过程中，施工人员技能水平的高低是顺利执行该标准化作业的重要条件之一。作业施工工作人员必须能真正做到熟悉系统和设备的构造、性能和原理，熟悉设备的检修工艺、工序、调试方法和质量标准。对执行各项施工作业必须掌握一定技能的相关施工作业人员，由公司相关技术人员或安全管理人员结合施工作业的实际对其进行技能和质量安全知识的培训，在培训过程中对施工作业人员所必须达到的技能水平进行学习辅导和交流，使其逐步对作业施工标准化有清晰明确的概念和必要的施工技术能力。

施工技术人员在作业施工中，应将具体工作任务和施工作业环境与标准化的制定相结合。在符合规程并保证施工作业安全和质量的同时采取因地制宜、随机应变、灵活处理的原则，使施工现场标准化管理工作得以不断地完善。目前，我公司在长庆油田的施工作业中，队伍多，施工类别繁琐。长庆项目的施工作业管理人员针对这一情况，以公司现场标准化框架为基础，结合当地油田的生产实际情况，摸索出一套完整的适合当地作业的标准化管理制度，起到了作业标准化的制定为施工现场服好务的作用。

3 现场标准化作业的实施程序

3.1 现场调查了解，做好前期勘查工作

作业指导书编制的前提是施工作业现场前期的调查和现场勘查，其目的是为了结合施

工作业现场具体情况做好施工作业中危险点分析和安全预控措施的工作，以便作业指导书的编制更切合实际，更具有针对性和可操作性。施工作业现场调查、勘查工作一般由施工作业工作负责人完成。

3.2 编制标准化作业指导书

标准化作业指导书应对施工现场作业人员、技术要求、作业顺序、作业工器具的数量、类型和各工作点位的分配进行准确的计划和安排。此外，施工作业中工作人员的站位、检修设备的拆装顺序、用力方向和力道使用等都应进行简要说明，并要求所有作业人员对现场作业任务、作业程序、危险点、安全措施清晰明了。编制作业指导书的工作人员应深入施工现场、结合实际，不断完善作业指导书的内容，使现场作业指导书能真正指导企业施工作业，切实起到施工作业标准化指导书的真正作用。

3.3 过程控制

过程控制是现场施工作业最重要的一个环节，各个方面的前期准备，都是为了全过程的顺畅和完美。过程控制重在施工作业环节的过程把控，其目的是消除现场施工作业过程中人和物的不安全状态，以及质量管理方面的缺陷。过程控制可按照标准化作业指导书和现场作业安全监督卡所罗列的内容结合进行。相关作业技术人员和施工班组安全员、安监人员可对照标准化作业指导书和现场安全监督卡所列各项内容进行对照检查和把控。过程控制需要从场地规划、标识标牌的悬挂、班前班后会的履行、工器具的定置摆放和拿取、进度掌控、危险因素的掌控、工艺要求和质量验收及后期场地清理环保等方面进行。过程控制同时要做到作业过程中人员到位、思想到位、措施到位、执行到位、监督到位，确保过程中的作业安全和质量保证。

3.4 验收、总结、评价

程序实施的最后一步是对标准化作业结果进行验收，并对作业过程进行分析、总结和评价。验收应由工作负责人、技术负责人及参与作业的工作班组人员共同进行。通过对施工作业过程和结果的分析、总结、评价，既能找出施工作业实际过程中与标准化作业之间的差距，总结工作过程中的经验教训，同时也使今后的现场施工作业更规范，使施工作业标准化日臻完善。

4 做好现场标准化作业的管理原则

现场作业标准化管理应与其他基础管理工作一样，形成一个具体的管理制度，例如隐患排查治理及设备缺陷管理制度、设备分属管理及定期巡视检查、试验轮换制度等。在制度中将具体的管理要求、管理程序及责任人员予以明确，达到现场作业管理规范化、程序化、标准化的目的。

4.1 监督检查

因为标准化作业指导书是事先经过严格组织推敲而定制的，以企业施工作业中安全和质量为主线，目的是保证施工作业过程中安全和质量的可控、在控和能控，所以现场作业标准化管理强调标准化作业指导书的贯穿作用。为落实现场作业标准化管理，对实施过程进行监督检查，在过程控制中显得非常重要。监督检查分为定时和不定时的检查，现场工作班组负责人、安全员、安监人员的跟班督查与科室和分公司领导的随机督查相结合，形成“多管齐下，齐抓共管”的安全管理机制和管理格局。

4.2 评估

相关工作人员是根据检查结果和班组安全员、安监人员对施工现场监督查看并据实填写的作业安全监督卡上所列细项及最后监督意见来进行评估的。评估要求实事求是、不夸大、不缩小，重在发现问题并及时提出整改意见和措施，在此基础上对作业指导书进行修正和完善。评估要形成长效机制，定期对现场标准化作业及标准化作业指导书执行情况进行统计、分析、评价，不断提高现场标准化工作管理水平，从而推动施工现场标准化管理的完善，提高石油技术服务企业施工作业的质量和安全。

4.3 考核

考核的目的，一是要发现和纠正问题；二是要强制推行和执行标准化要求。考核的方式，一是通过“反三违”督查，进行违章考核；二是将标准化作业执行情况与班组、个人的月度绩效分值进行挂钩考核。考核的方法必须坚持公开、公平、公正的原则，坚持日常考核与综合考核相结合、定期考核与动态抽查相结合。考核的最终目的是为了有效推动现场作业标准化管理，规范作业人员的行为，最终使现场作业标准化管理形成一种工作流程和工作习惯。通过科学的考核，达到有效的管理目标，从而促进现场标准化管理工作中所发现问题的整改，推进现场标准化管理不断持续完善。

5 形成标准化管理长效机制，使整体作业水平和能力又好又快发展

5.1 建立完善标准化作业管理制度

制度具有刚性，带有强制性的色彩，制度的执行要做到有人负责，监督落实。标准化作业管理制度要求对企业施工作业现场的安全生产责任制、安全生产规章制度、现场操作规程等进行健全和完善，形成全员广泛参与的体制，将标准化管理落实为一项制度在作业施工中进行贯彻执行。

5.2 加强培训

培训是为了提高作业人员的劳动技能，也可以提高施工作业人员参与标准化制度建设的主动性和创造性。培训的目标从提高技能和确保安全两个方面进行。通过对作业施工人员的培训来提高其施工业务技能，同时增强其自身安全意识。当作业人员提高自身业务技能和安全意识后就能更好地掌握工艺要求，同时又能有效地对各作业环节的风险进行辨识与控制，适应现场作业标准化的管理要求。另外，通过培训，也能使作业人员认识到现场标准化管理的优势，形成施工作业人员自我约束、持续改进的长效机制，使标准化管理形成一种动力。通过培训，相关施工作业人员在工作中自愿执行这些标准化措施，并在工作的过程中进行创新和发展，以此逐步完善施工作业标准化管理工作。

6 结束语

做好石油技术服务企业现场作业标准化的工作，对提高企业施工安全和质量，提高施工人员的责任感、荣誉感，提高企业员工自身素质，都有深刻的现实意义和指导意义。现场作业标准化管理的最终目的是要保证过程控制，杜绝违章，防范事故，确保施工作业质量和工作人员的生命安全，使石油技术服务企业的管理水平迈上一个新的台阶。

参 考 文 献

[1] 白晓光 . 安全管理的三个层次 . 北京 ：中国煤炭出版社，2003.10

关于称量法制备气体标准物质不确定度评估方法的探讨

李　彦

（中国石油西南油气田分公司天然气研究院）

摘　要　探讨了采用称量法制备气体标准物质时，对该标准物质进行不确定度计算和评估的一种方法。通过对气体标准物质的制备和分析数据，分析了称量时各因素带来的不确定度，同时也分析了一年稳定性的分析数据，采用数学计算方法推算出稳定性带来的不确定度，气体标准物质总不确定度由各不确定度合成而得。

关键词　气体标准物质；称量法；不确定度；稳定性

1　引言

采用 GB/T 5274—2008/ISO 6142《气体分析　校准用混合气体的制备称量法》制备气体标准物质是国际上公认的标准方法。与其他制备校准混合气方法相比，称量法制备校准混合气的准确度是最高的。是以国际单位制“质量”为基准的绝对法。

一直以来，采用称量法制备的气体标准物质，不确定度评估包括称量过程的不确定度组合、气体纯度以及相对分子质量所带来的不确定度。随着 GB/T 15000.3—2008/ISO Guide 35：2006《标准样品工作导则（3）标准样品 定值的一般原则和统计方法》的实施，明确了标准物质的不确定度需要考虑稳定性和均匀性所带来的不确定度。这给气体标准物质的研究带来了一定的困难。由于稳定性考查是通过在相同条件下，随着时间推移，定期对样品测定其特性值来观察其变化的趋势，因此，测量结果中不可避免地包含测量系统不稳定性的因素，这不仅与所溯源的标准样品的不确定度有关，还与分析仪器、分析人员等有关，这样气体分析的不确定度远远大于称重制备发生的不确定度。

本文采用技术报告“高准确度硫化氢气体标准物质研究”的实验室数据来举例说明。通过用称量法制备一瓶瓶号为 D520224 的氮中硫化氢气体标准物质，对不确定度考查分析的实例，来对称量法制备的气体标准物质的不确定度评估进行探讨。

2　总不确定度分析

气体标准物质不确定评估程序如图 1 所示。不确定度的来源分析参如图 2 所示。

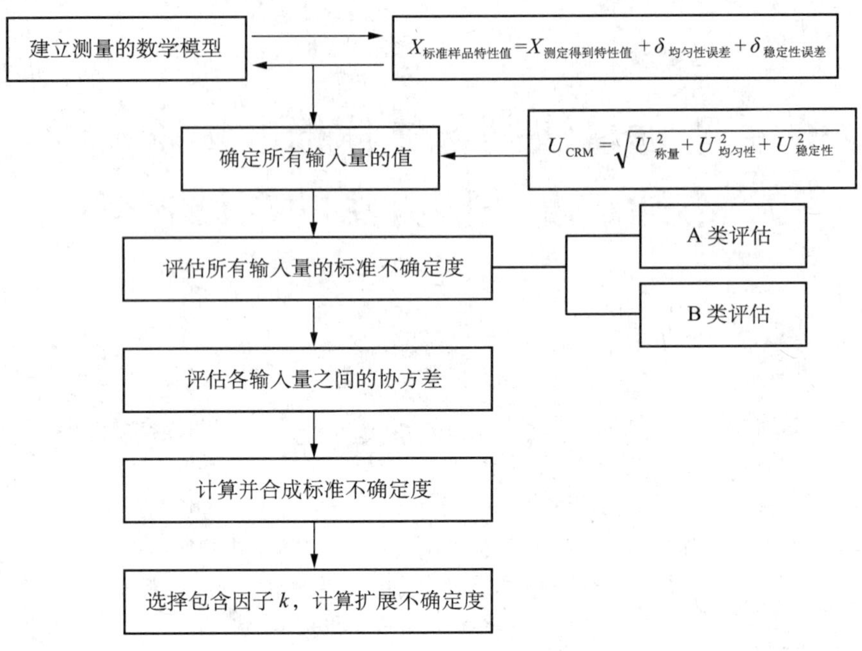

图 1　气体标准物质特性值不确定度评估的基本程序

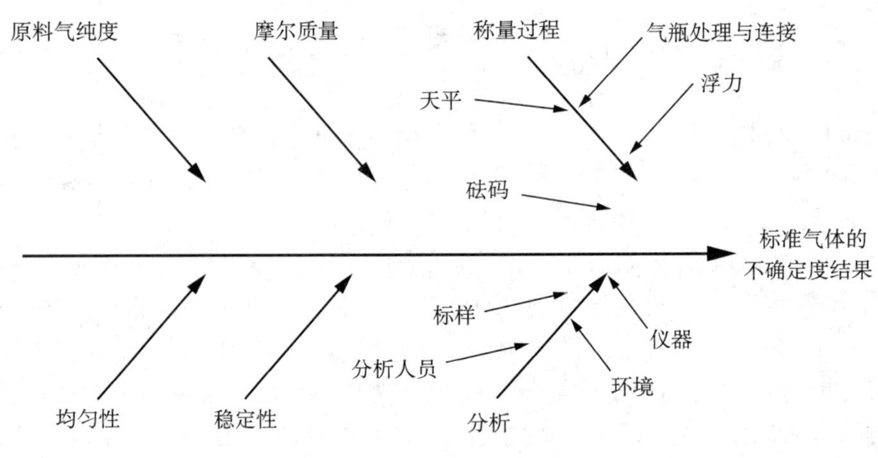

图 2　不确定度来源分析图

3　称量过程中的不确定度的评估

根据 GB/T 5274—2008，用称量法制备的校准混合气，各组分摩尔分数或质量分数的不确定度可以合理地表征这些量值的离散程度。影响组分浓度不确定度的因素可分为三类：(1) 原料气（或中间气）称量的不确定度；(2) 原料气纯度的不确定度；(3) 摩尔质量的不确定度。具体分析如下：

3.1 称量的不确定度

此不确定度是通过多次反复称量气瓶来确定（A类估计）的，包括天平的实际标尺分度值、漂移、零点校正、气瓶在秤盘上位置的影响、气瓶在搬运和拆装时可能发生的气瓶质量变化等等因素，参考本实验室在以往的国家一级标准物质的研究中进行的大量的试验，对这些因素都进行了综合的考查。

3.1.1 对于天平的随机不确定度

采用的天平最大荷载为20kg，感量为10mg，进行称量，标准气体重复称量间的差值控制在不超过20mg，其标准气体的重复称量的不确定度为 $u = s_{\mathrm{p}} / \sqrt{n} = 11.5\mathrm{mg}$。

3.1.2 砝码带来的不确定度

称量时采用的砝码是经过定时校准的，经检定1g以下砝码的不确定度之和小于0.1mg，200g以下砝码的不确定度之和小于1mg，500g以下砝码的不确定度之和小于3mg，1000g以下的砝码的不确定度之和小于4mg。

3.1.3 气瓶的处理与连接带来的不确定度

为了减降低此不确定度，本实验采用了一系列措施，包括加热抽真空、清洁瓶体表面、操作人员带天平手套和气瓶底部放置垫子等操作，同时采用了swagelok的快速接头固定于钢瓶阀门，避免拆装时的损耗。这样单次拆装气瓶连接管线的最大误差即可忽略。

3.1.4 浮力带来的不确定度

采用参比瓶法，即每次称量使用与样品瓶相同规格的参比气瓶，参比瓶法可抵消或降低大气湿度、天平室大气压力，环境温度和气瓶浮力等因素带来的影响。在充装过程中，气瓶随着气体的充入，气压增加，气瓶随压力的增加而体积膨胀，带来浮力的变化。根据GB/T 5274—2008中的计算，压力升到15MPa时，气瓶体积膨胀0.02L。由此产生的浮力影响与充装压力成正比。课题一般充装压力为5MPa，考虑空气密度，计算不确定度应小于7mg。

3.1.5 残余气体带来的不确定度

充装前用氮气清洗，抽真空使压力达到0.098kPa，残余氮气的质量根据气瓶的体积，残压等进行计算，用于配制硫化氢气体标准物质的气瓶处理后其带来的不确定度计算估算参见表1。

表1 残余氮气所带来的不确定度计算

钢瓶类型	抽真空后压力 Pa	气瓶容积 L	环境温度 ℃	残余氮气的质量 mg	所带来的不确定度 mg
10L钢瓶	98	10.0	25.0	11.2	6.466

续表

钢瓶类型	抽真空后压力 Pa	气瓶容积 L	环境温度 ℃	残余氮气的质量 mg	所带来的不确定度 mg
8L 钢瓶	98	8.0	25.0	8.96	5.173
4L 钢瓶	98	4.0	25.0	4.48	2.587
2L 钢瓶	98	2.0	25.0	2.24	1.293

3.2 原料气纯度的不确定度

氮气的纯度为 99.999%、硫化氢的纯度为 99.99%。根据原料气纯度分析或制造商提供的原料气的纯度表，使用“检知限法”计算不确定度，即检知限值的 1/2 除以 3 的平方根。原料气的最终不确定度是所列杂质不确定度的方和根。硫化氢原料气纯度的不确定度计算为 23.8×10^{-6}。

3.3 摩尔质量的不确定度

各组分的摩尔质量及其相应的不确定度按 2005 年国际原子量表给出的“原子的相对质量”进行计算，计算结果见表 2。

表 2　摩尔质量及不确定度

组分	摩尔质量	标准不确定度	相对不确定度，10^{-6}
H_2S	34.080	0.0030	88.0
N_2	28.0134	0.000024	0.9

3.4 称量的总扩展不确定度

标准气的不确定度按公式（1）计算。

$$u^2(x_i)=\sum_{i=1}^{n}\left(\frac{\partial x_i}{\partial M_i}\right)^2\cdot u^2(M_i)+\sum_{A=1}^{P}\left(\frac{\partial x_i}{\partial m_A}\right)^2\cdot u^2(m_A)+\sum_{A=1}^{P}\sum_{i=1}^{n}\left(\frac{\partial x_i}{\partial x_{iA}}\right)^2\cdot u^2(x_{iA}) \qquad \cdots\cdots (1)$$

式中　$u(M_i)$——摩尔质量的不确定度；

$u(M_A)$——称量的不确定度，即为上列不确定度平方之和；

$u(M_{iA})$——纯度分析的不确定度。

总不确定度是由以上计算结果，再结合所有其他重要误差来源的贡献值而得出。总扩展不确定度，由标准不确定要乘以包含因子 k 得。采用 $k=2$。

表 3　D520224 称量的总扩展不确定度的计算结果

<table>
<tr><th rowspan="2">中间气
瓶号</th><th rowspan="2">称样量
g</th><th colspan="4">称量带来的不确定度，mg</th><th rowspan="2">称量相对不确定度</th><th rowspan="2">气体纯度相对不确定度</th><th rowspan="2">摩尔质量
相对不确定度</th><th rowspan="2">称量的相对不确定度
%</th></tr>
<tr><th>天平随机</th><th>砝码</th><th>浮力</th><th>残余气体</th></tr>
<tr><td>D520228</td><td>4.040</td><td>11.5</td><td>1.0</td><td>7</td><td>6.466</td><td>3.71×10^{-3}</td><td>2.38×10^{-6}</td><td>8.80×10^{-5}</td><td>0.37</td></tr>
<tr><th>瓶号</th><th>称样量
g</th><th colspan="3">称量相对不确定度
%</th><th colspan="2">中间气体贡献不确定度
%</th><th>制备浓度
$\times10^{-6}$</th><th colspan="2">称量的总相对扩展不确定度
%</th></tr>
<tr><td>D520224</td><td>20.244</td><td colspan="3">0.074</td><td colspan="2">0.37</td><td>51.21</td><td colspan="2">0.76</td></tr>
</table>

4　稳定性和均匀性不确定度的评价

由于气体的扩散性非常好，气体标准物质配制后极易混合均匀，其均匀性引起的相对不确定度很小，已在稳定性考查数据中体现，因此忽略不计。采用 GB/T 10628—2008/ISO 6143：2001《气体分析　校准混合气组成的测定和校验　比较法》分析所制备的气体标准物质来考查稳定性和均匀性。稳定性、均匀性以及分析中带的不确定度均体现在分析数据里。这里的不确定度包括了：(1) 分析所采用的标样本身所带的不确定度；(2) 分析标样时的不确定度；(3) 分析样品时的不确定度。分析时的不确定度与标样的准确性、分析仪器的灵敏度、重复性以及分析操作人员等都有较大的关系。

可采用线性拟合作为稳定性研究的基本数学模型，见公式（2）：

$$Y=\beta_0+\beta_1X+\varepsilon \qquad (2)$$

式中　Y——标准气体的特性值；

X——贮存标准气体的时间；

β_0，β_1——回归系数；

ε——随机误差分量。

表 4 为 D520224 的稳定性考查数据，其拟合的模拟直线如图 3 所示。

表 4　D520224 稳定性考查数据

时间 X 月	0	1	2	3	5	6	7	8	9	10	12	13
浓度 Y $\times10^{-6}$	51.82	50.98	51.40	51.04	51.02	52.54	52.65	50.25	51.78	51.45	51.02	51.21

X 代表时间（以月计算），Y 代表标准物质的值，拟合成一条直线，则斜率 b_1 按公式（3）计算。

$$b_1=\frac{\sum_{i=1}^{n}(X_i-\overline{X})(Y_i-\overline{Y})}{\sum_{i=1}^{n}(X_i-\overline{X})^2} \qquad (3)$$

其中　$\overline{X}$ =6.25，$\overline{Y}$ =51.43。

截距 b_0 按公式（4）计算：

$$b_0 = \overline{Y} - b_1 \overline{X} \quad \cdots\cdots (4)$$

$$=51.43-(-0.009743\times 6.25)$$

$$=51.43+0.06089=51.4909$$

直线的标准偏差按公式（5）计算：

$$S^2 = \frac{\sum_{i=1}^{n}(Y_i - b_0 - b_1 x_i)^2}{n-2} \quad \cdots\cdots (5)$$

$$= \frac{5.108612}{10} = 0.510861$$

取其平方根 S=0.714745，斜率的不确定度按公式（6）计算：

$$S(b_1) = \frac{S}{\sqrt{\sum_{i=1}^{n}(X - \overline{X})^2}} \quad \cdots\cdots (6)$$

$$= \frac{0.714745}{\sqrt{204.25}} = 0.0500$$

有效期 t=13 个月的长期稳定性的不确定度贡献即为：

$$S_t = S_b \cdot t$$

$$=0.0500\times 13=0.650$$

相对不确定度为：$S_{稳定性}$=0.650/51.43%=1.26%。

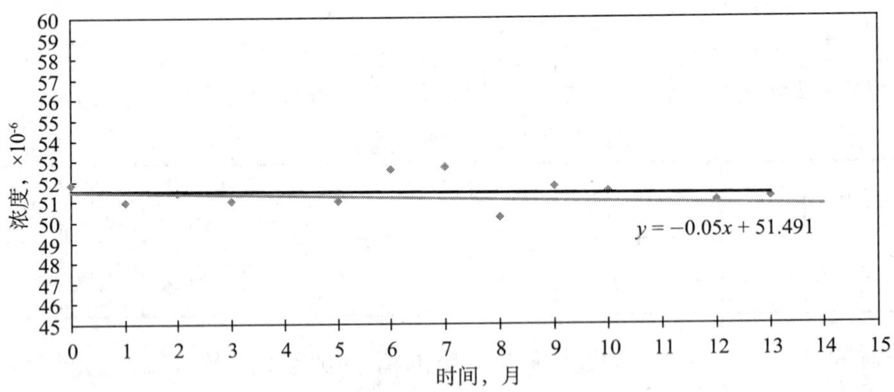

图 3　稳定性数据及模拟直线

5 结果与讨论

5.1 结果

称量的总扩展不确定度和稳定性带来的不确定度合成后得到气体标准物质的不确定度。D520224 气体标准物质的不确定度值通过计算得到结果见表 5。

表 5 D520224 的不确定度结果

瓶　号	标准物质标的值，$\times 10^{-6}$	称量的扩展不确定度，%	稳定性带来的不确定度，%	总扩展不确定度，%
D520224	51.21	0.76	1.26	1.48

5.2 讨论

5.2.1 称量法只适用于组分与瓶壁之间不发生反应的情况

为了保证采用本方法计算的准确可靠性，必须确保所制备的气体标准物质在容器中不发生吸附。

5.2.2 称量过程中必须注意天平、环境、浮力、阀门、原料气等带来不确定度

采用各种措施减少这些因素带来的不确定度。

5.2.3 进行验证和稳定性考查

不管采用什么仪器和分析方法，只有测量的重复性标准偏差足够小时，结论才有意义；应尽量减少分析所带来的不确定度。选取准确可靠并可溯源的标样是分析准确的一大保证，选取与被测样品相近的标样也是很关键的一环。分析过程中需要确保在一定的组分量值范围内，所使用的分析仪器对组分响应的函数关系的一致性，并以组分含量与响应呈直线线性为宜，并消除标准气体中其他组分对仪器响应的影响。

参 考 文 献

[1] 李彦．高准确度硫化氢气体标准物质研究．中国石油西南油气田公司天然气研究院，2010

[2] 钱耆生，等．分析测试质量保证．辽宁：辽宁大学出版社，2004

[3] GB/T 5274—2008　气体分析　校准用混合气体的制备　称量法

[4] GB/T 10628—2008　气体分析　校准混合气组成的测定和校验　比较法

[5] GB/T 15000.3—2008　标准样品　工作导则　标准样品定值的一般原则和统计方法

[6] JJF 1059—1999　测量不确定度评定与表示

中石油企业可接受风险标准初步研究

李宝岩　刘　鑫　潘云生　李桂萍

（吉林油田分公司松原采气厂）

摘　要　根据可接受风险标准的制确定方法和制定原则，提出了中国石油天然气集团公司企业可接受风险标准，包括员工个人可接受风险标准和员工社会可接受风险标准。

关键词　中石油；企业；可接受风险标准；制定

1　引言

中国石油天然气集团公司（以下简称中石油）的风险评估主要采用检查表法、风险矩阵法、LEC 法等定性或半定量的风险评价方法进行风险评价活动，没有广泛地使用真正的能精确描述风险的评价方法，这一方面是因为数据积累不足，另一方面也是因为风险评价的标准——可接受风险标准没有建立起来。作为大型国有企业，中石油应率先开展定量风险评价，并建立相应的风险评价数据库，为其他行业、企业的风险评价奠定基础。目前，中石油已经在进行百万工时伤亡的统计，同时也应开始着手建立起相应的可接受风险标准体系用以评价多大的风险可以接受。

本文的研究是在参考文献［1］和［2］的基础上开展的，关于可接受风险标准的一些基础概念、易混淆点、建立原则、确定方法在参考文献［1］中都有详细描述，本文只对较重要的概念、环节进行叙述，研究重点是确定中石油企业可接受风险标准方面。

2　概念

在此需区分几个概念：可接受风险与可容忍风险，可接受风险与可接受风险标准。参考文献［1］和［3］中对可接受风险与可容忍风险做了描述，即可接受风险指任何可能会被风险影响的人，为了生活或工作的目的，假如风险控制机制不变，准备接受的风险即为可接受风险。可容忍风险指为了取得某种纯利润，社会能够忍受的风险为可容忍风险，这种风险在一定范围之内既不能忽略也不能置之不理，需要定期检查，而且，如果可以的话，应该进一步减少这种风险。“可容忍并不意味着可接受”。

本文提到的可接受风险标准是指风险管理过程中，在风险评价阶段用来确定风险数值到底是大还是小、大到什么程度、小到什么程度的一个判别体系。在这一体系中，将风险分为三类：不可容忍风险、可容忍风险和可接受风险，具体关系如图 1 所示。

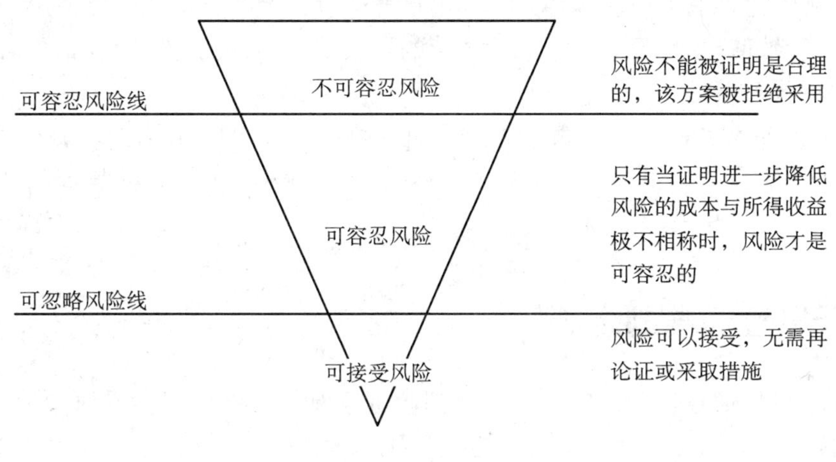

图 1　可接受风险标准

3　国内外研究现状

在参考文献［1］～［3］中，已经将国内外可接受风险标准的研究现状进行了较为详尽的概括，在此不再赘述。需要指出的是参考文献［1］和［2］中对国内外的可接受风险标准的确定方法进行了分析总结，如图 2 所示。

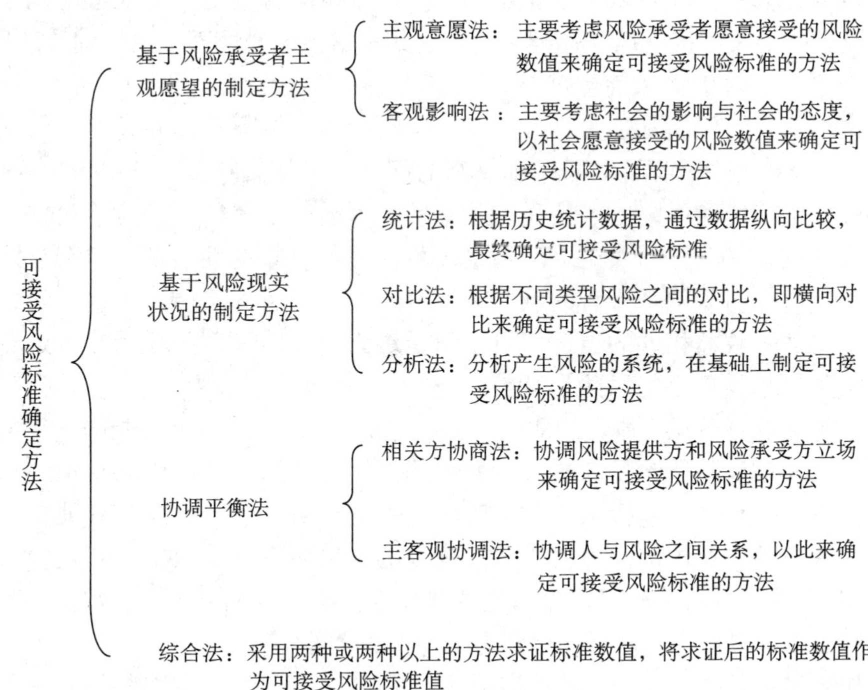

图 2　可接受风险标准确定方法

就中石油企业而言，风险管理已经开展，但所使用的风险评估方法较为集中，一般都选择 LEC 法和风险矩阵法，这两种方法都不是严格意义上的定量风险评估法（评价结果不是某一具体风险数值），也没有基于风险数值的可接受风险标准，这限制了我们企业风险管理的应用与发展。

风险评估需要大量数据的积累，而中石油目前在进行的百万工时伤亡统计将来无疑会成为这些数据的重要组成部分。与此同时，风险管理的另一个重要环节——可接受风险标准的建立工作应同时开展。

4 可接受风险标准制定原则

参考文献 [1] 通过比较现行的可接受风险标准制定方法及可接受风险标准制定原则，提出我国可接受风险标准的制定原则，结合中石油企业特征，应采用如下原则较为合理：

（1）基于平等原则：生命对于每个人来说都是同样宝贵的，在风险面前人人平等，所以不能使任何一个人暴露在较大风险之下，必须设定一个人类所能承受的最大风险限值，超过这一限值，应无条件采取措施降低风险。

（2）基于效用原则：在最大限值之下，风险是否需要进一步降低应采用成本收益函数进行分析、决策，只要合理可行，任何危害的风险都应努力降低，这既可以确保社会资源的优化使用又可以保证对风险的控制。

（3）基于实际风险原则：任何一类风险都受技术水平、管理水平、文化差异等因素的影响，在稳定的社会中，风险水平变化不大，所以制定的可接受风险标准应以客观实际风险为基础。员工的个人可接受风险标准不应超过其日常生产中所面临的其他事故风险总和。

（4）动态原则：可接受风险标准应是动态的，随着技术水平的发展而不断修订标准，加入新经验、新信息。但因其也是标准，在一定时期内又应保持相对稳定，所以，从长期看，可接受风险标准应具有动态特征；而从短时间来看，却又应具有一定的时效性。

（5）相关方平等协商原则：可接受风险标准的确定应由相应的风险承受方与风险提供方在客观风险基础上平等协商决定。风险是否可接受与风险的性质及收益有直接关系，直接涉及到风险提供者与风险承受者的利益，而且两者的矛盾在本质上难以消除（风险提供者希望风险承受者在收益相同的情况下可以承受更大的风险，而风险承受者则希望在收益相同的情况下可以承受更小的风险），但迫于现实的需要，双方又必须“求同存异”（本质上难以一致，而又必须相互妥协，达成共识），只能确定一个双方都接受的平衡点使得双方达成妥协，进而使该风险所涉及的绝大多数人都能接受该风险。风险的承担应与收益相结合，而大多数风险关系到风险提供方与风险承受方的切身利益，故反对其他方代双方进行风险决策，就中石油企业内部的可接受风险标准的制定而言，建议由股东代表与员工代表（例如工会）双方进行协商，从而在组织上做到平等。兼顾客观风险与主观接受意愿来制定可接受风险标准。主观意愿应体现群体意愿，而不是个体意愿。

本文的研究对象是中石油的企业可接受风险标准，故剔除参考文献 [1] 中的行业差异原则和地域原则（在中石油风险管理开展到一定程度的情况下，可适时加入地域原则）。

5 制定中石油可接受风险标准

5.1 中石油可接受风险标准的制定方法

根据上述原则，本文认为采用如下方法制定可接受风险标准较为合理：可采用 ALARP 框架形式表达、并在一定风险值范围内，由风险提供方（股东代表）和风险承受方（员工代表）协商制定，并适时更新。在 ALARP 框架形式中，可容忍风险线的设立体现了基于平等原则。可容忍风险内需通过成本收益核算来判断是否采取进一步的风险控制措施，这体现了基于效用原则。采用 5 年内员工每年死亡概率的中位数作为衡量下 5 年的员工所面临风险的基准值，确定以基准值为中心的协商范围是基于实际风险原则，使确定的可接受风险标准不脱离实际。选择 5 年为一个周期，每 5 年重新进行一次标准修订既符合我国的政治大环境，又保证了标准的持续提高，有利于改进我们中石油的整体安全状况，体现了动态原则。在协商范围内由风险提供者和风险承受者通过协商确定可接受风险标准，如双方不能达成一致，最终采用基准值作为标准，这种做法是基于相关方平等协商原则来考虑。

在 ALARP 框架中不设立可忽略风险线，同时，在员工社会可接受风险标准的 FN 曲线中不设立后果限制线，具体原因在参考文献 [1] 中有详尽阐述。

5.2 中石油可接受风险标准的初步建立

5.2.1 中石油员工个人可接受风险标准

基于实际风险原则：取表 1 中 5 年员工个人死亡概率的中位数 0.4657×10^{-4}（2006 年）作为 2006 年至 2010 年 5 年时间内中石油企业员工的实际风险水平。

表 1　中石油事故死亡人数基本情况

年份	事故死亡人数	公司总人数 10^4 人	员工个人死亡概率 / 年 10^{-4}	千人事故死亡率 ‰
2006	74	158.9	0.4657	0.0260
2007	86	162.4	0.5396	0.0206
2008	51	159.3	0.3201	0.0169
2009	39	158.5	0.2461	0.0177
2010	80	158.79	0.5038	0.0308

注：数据来源见参考文献 [4] 和 [5]。

表 1 中计算所得员工死亡概率是指一年中由于工作中发生事故致使员工死亡的死亡概率，而个人死亡概率的概念是：在某一特定位置长期生活的未采取任何防护措施的人员遭受特定危害的频率。通常是指一个人一年处于同一位置的死亡次数。为方便计算，结合实际情况，假设每年均为 365d，每年 52 周，员工每天工作 8h，每周工作 5d，则：

（1）员工每年的实际工作时间为：$t_{工作}$=52×5×8=2080（h）。

（2）员工每年的时间为：t=365×24=8760（h）。

（3）员工每年工作时间占总时间的比率为：η=2080/8760=0.2374。

（4）员工连续工作一年所面临的风险 $R_{基}=0.4657\times10^{-4}/\eta=0.4657\times10^{-4}/0.2374=1.9617\times10^{-4}$。

相关方平等协商原则：

（1）协商上限：$R_{上}=R_{基}\times（1+1/3）=1.9617\times10^{-4}\times4/3=2.62\times10^{-4}$。

（2）协商下限：$R_{下}=R_{基}\times（1-1/3）=1.9617\times10^{-4}\times2/3=1.31\times10^{-4}$。

则相关方平等协商的协商范围为（2.62×10^{-4}，1.31×10^{-4}），由股东代表（作为风险提供者）与员工代表（作为风险承受者）在这一范围内平等协商，最终确定员工个人可接受风险标准，如不能达到协商一致，为保证相关方平等，将中位数 1.96×10^{-4} 作为员工个人可接受风险标准。在定量风险评估中，评估得到的风险值大于（含本数）这一数值（风险处于不可容忍区），则必须采取措施降低风险；如小于这一数值（风险处于可容忍区），则采用成本效益分析，权衡是否采取措施降低风险。

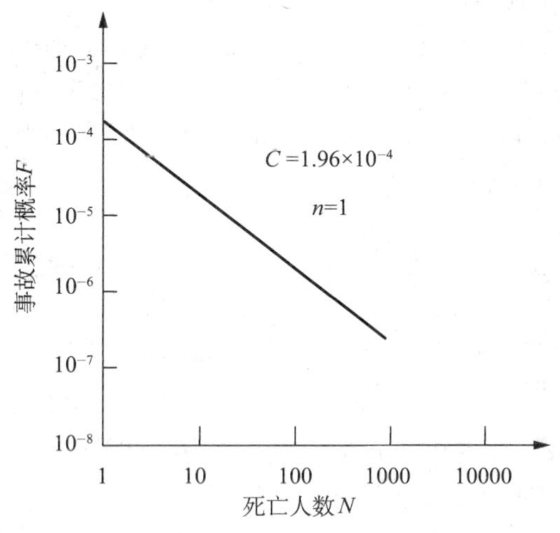

图3　中石油员工社会可接受风险标准

5.2.2　中石油员工社会可接受风险标准

员工社会可接受风险标准采用 FN 曲线表达，如图3所示，起始值取员工个人可接受风险标准值，但由于员工个人可接受风险标准值最终需要通过协商确定，本文尚未获得这一数值，在此以基准值代替。

员工社会可接受风险标准的 FN 曲线 C 取 1.96×10^{-4}，n=1，则 FN 曲线见下式：

$$P_{\mathrm{f}}(x)=1-F_{\mathrm{N}}(x)\leqslant 1.96\times10^{-4}/x$$

6　结论

参考文献［6］中将工业安全事故千人死亡率的目标定为千分之0.03，即 3×10^{-5}，这一数值为每年的死亡概率，换算成工作一年的员工个人风险 $IR=3\times10^{-5}/\eta$，为 $IR=1.26\times10^{-4}$。与之比较，这一数值低于 1.96×10^{-4}，且在协商范围（2.62×10^{-4}，1.31×10^{-4}）之外，笔者认为这一数值较低，标准较高，会加大企业安全生产方面的负担，如不考虑社会影响，单纯考虑控制风险的成本与收益，建议将目标值定在（2.62×10^{-4}，1.31×10^{-4}）这一范围内较为合理。

从某种程度上讲，可接受风险标准不是指数值是否可接受，甚至不是风险或者标准可接受，而是指建立可接受风险标准的过程是否可接受。对于一个人来说，从直观上来讲，10^{-4} 与 10^{-5} 之间的概率差异影响并不大，人们也很难感知其间的差异。可接受风险标准中的“可接受”主要指的是员工综合衡量工作收益与所面临的生命风险，权衡是否接受愿意暴露在这一风险中工作的主观心态；“风险”客观存在，员工是否接受、标准的制定都必须考虑到实际风险的客观数值；“标准”用来规范人的行为，而不考虑人的内心意愿。所以，可接受风险标准本身是一对矛盾的存在，而且是固有矛盾，难以调和。在制定可接受风险标准过程中，只能通过公平、客观的方法来寻找这对矛盾的平衡点（也是妥协点），最终确定可接受风险标准。

参考文献

[1] 李宝岩．可接受风险标准研究［D］．镇江：江苏大学，2010

[2] 吕保和，李宝岩．可接受风险标准研究现状与思考．工业安全与环保，2011（4）

[3] 尚志海，刘希林．国外可接受风险标准研究综述．世界地理研究，2010（3）：72 ~ 80

[4] 中国石油天然气集团公司．2010 年企业社会责任报告

[5] 中石油安全环保部安全环保动态．http：//www.cnpc/cmsroot/QHSE/MiscInfo/

[6] 吉林油田松原采气厂．中国石油吉林油田公司松原采气厂关于印发《2011 年健康安全与环境工作要点》的通知（采气安［2011］30 号）

关于 GB/T 1633—2000 的应用探讨

李厚补　李　奇

（中国石油集团石油管工程技术研究院）

摘　要　维卡软化温度是评价油气田用热塑性塑料耐热性能的重要指标之一。GB/T 1633—2000《热塑性塑料维卡软化温度（VST）的测定》规定了热塑性塑料维卡软化温度的测试方法。本文以超高相对分子质量聚乙烯为原材料，探索了该标准使用时不同初始温度和停滞时间对其测试结果的影响。研究表明：对于超高分子量聚乙烯维卡软化温度的测定，测试初始温度不应超过 40℃，而停滞时间也应控制在 25min 以内。以上测试条件下的试验结果均满足标准 GB/T 1633—2000 要求。

关键词　维卡软化温度；初始温度；停滞时间；UHMWPE

1　引言

维卡软化温度［vicat softening temperature（VST）］是将热塑性塑料置于液体传热介质中，在一定的负荷和一定的等速升温条件下，试样被 1mm^2 的压针头压入 1mm 时的温度。VST 是评价材料耐热性能，反映制品在受热条件下物理力学性能的重要指标之一。它虽不能直接用于评价材料的实际使用温度，但可用来指导材料的质量控制。按照 GB/T 1633—2000《热塑性塑料维卡软化温度（VST）的测定》测定材料的 VST 要求，加热装置的初始温度应为 20 ~ 23℃。然而实际测试条件下，初始温度很难精确控制，这不仅降低了 VST 的测试效率，还有可能影响材料 VST 的准确度。另外，按照 GB/T 1633—2000 要求应将试样水平置于未加负荷的压针头 5min 后开始施加载荷进行试验。而实际测试过程中发现，由于种种原因，载荷施加后至开始计时测试时，仍不可避免地存在或长或短的停滞时间。这种停滞时间的长短也会对材料最终的 VST 产生影响。因此，本文通过设定不同的初始温度和停滞时间，系统研究了测试条件对热塑性塑料 VST 的影响规律及原因，为以后 GB/T 1633—2000 的使用提供了重要的指导作用，同时为确保热塑性塑料 VST 测定结果的准确性奠定基础。

2　实验

试验采用的热塑性塑料为超高相对分子质量聚乙烯［ultra-high molecular weight

polyethylene（UHMWPE）]，相对分子质量100万以上，密度为0.936g/cm³。测试试样的制备严格按照标准GB/T 1633—2000规定进行。实验设备采用承德市金建检测仪器有限公司的XRD−300DL型热变形、维卡软化点温度测定仪，加热介质为甲基硅油。测试过程中，计算机实时记录样品的温度和形变量变化。

试验初始温度设定为室温（25℃）～50℃，停滞时间确定为0～35min。VST测试方法采用B_{50}法，即使用50N的力，加热速率为50℃/h。测试过程同样严格按照标准GB/T 1633—2000的规定进行。每个试验条件下均采用三个试样进行测试。如有两个试样测试结果相差大于2℃，应在该条件下重新进行测试。

3 结果与讨论

3.1 典型的VST测试曲线

室温条件下（25℃），压针定位5min后（无停滞时间），UHMWPE的VST测试曲线如图1所示。由温度曲线可以得出，试验开始6min内软件记录的温度保持不变，随后快速升高，并在12min左右时与设备设定的升温速率曲线（50℃/h）完全重合。这种升温的滞后现象出现在各种测试条件下，且滞后规律基本相同。这主要是由于软件记录的是热电偶测得的加热介质（甲基硅油）的温度，而加热浴槽中一定体积的硅油升温也需要一定时间，这段时间就造成了软件记录的升温速率与测试设定的升温速率（50℃/h）相对滞后，在图1上表现为设备的实际升温曲线与测试设定的升温速率曲线出现部分偏离。由于设备自身的加热原因，导致不同测试条件下的这种滞后行为基本相同。

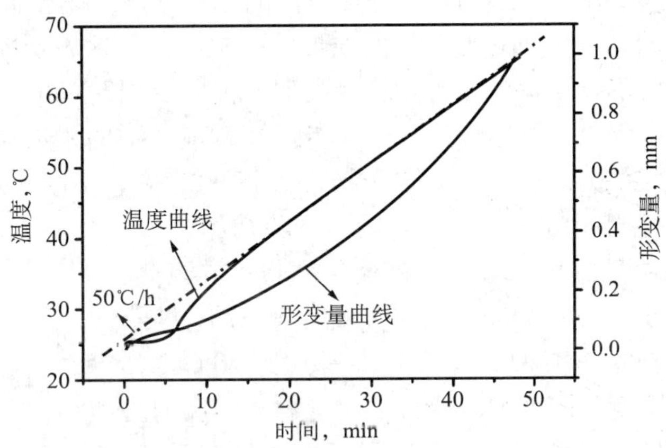

图1　室温条件下UHMWPE典型的VST曲线

VST测试过程中，样品的形变量则随着时间的延续而不断增长。温度较高时（>30℃），样品的形变量增长开始加速，在即将达到维卡软化温度点时，其增长速率达到最大。形变量达到1mm时，实验设备自动停止测试，此时对应的温度即为UHMWPE在此测试条件下的维卡软化温度～66℃。

3.2 初始温度对VST的影响

由以上分析可知，VST测试初始阶段（6min），加热浴槽中介质的温度虽未发生改变，但样品形变量却一直在增加。且由于设备原因，这种滞后时间基本相同（均为6min）。因

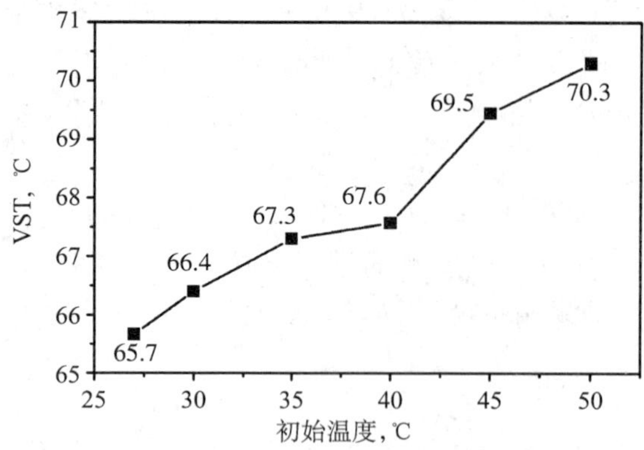

图 2　不同初始温度下 UHMWPE 的 VST

此，不同的起始温度下，由于升温滞后造成的形变量应该不尽相同，导致最终的 VST 测试结果也应有差别。为了探讨初始温度对 UHMWPE 软化点的影响，首先将加热浴槽的温度升高到设定的初始温度，然后放置试样，保证试样在加热浴槽中压针定位 5min（没有加载）后，迅速施加载荷并开始试验。

不同初始温度下 UHMWPE 的 VST 结果如图 2 所示。由图可知，随初始温度的升高，材料的 VST 值也不断升高。初始温度小于 40℃时，VST 的增长趋势比较平缓，且与室温条件下测得的 VST 相比，增长数值均小于 2℃，满足 GB/T 1633—2000 允许的试验结果数值误差范围。而当初始温度高于 40℃时，VST 的增长趋势增大，且增长数值比较大。当初始温度为 50℃时，最终 VST 的增长接近 5℃，达到 70.3℃。以上结果表明，初始测试温度对材料的 VST 具有一定影响，在初始温度小于 40℃的条件下测试 UHMWPE 的 VST 时，相应得到的结果视为有效。

图 3 为不同初始温度下样品 VST 测试过程中的形变量变化情况。由图可以看出，不同测试条件下的形变量曲线形状基本相同。这表明即使在不同的初始温度下开始 VST 测试，样品的整体软化行为均相类似。由此说明，VST 是热塑性塑料的基本属性，测试条件的不同仅对 VST 值产生一定影响，但对其本质的耐热性能影响不大。

另外，由于设备加热滞后时间的存在，不同起始温度下的滞后期内，样品的形变量不尽相同。由图 3 可明显看出，随初始测试温度的升高，样品更容易被刺入，因此在相同滞后期内的形变量不断增加。随着加热浴槽的升温速率都达到 50℃ /h，形变量随温度的变化情况变得基本类似。但由于前期初始温度过高，样品在后续 VST 测试过程中还没来得及完全软化，温度就已经达到或超过室温下检测的 VST 结果，进而使最终 VST 出现一定的增长（图 2、图 3）。这种增长也随着初始温度的升高而不断增大（图 2）。

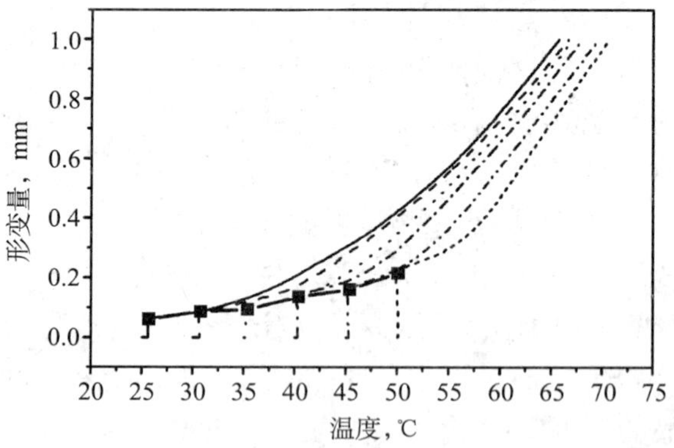

图 3　不同初始温度下 UHMWPE 的形变量曲线

3.3　停滞时间对 VST 的影响

由 3.2 分析可知，由于设备加热滞后时间的存在，热电偶测试升温之前样品已经存在不同程度的形变量，且这种形变量随初始测试温度的升高而不断增加。由此可知，如果样品施加载荷之后未立即进行 VST 测试，而是有一段时间停滞，那么在载荷作用下压针会持续刺入样品进而产生一定量的形变。这将对该条件下材料的VST精确度产生影响。为了研究这种停滞时间对测试结果的影响，按照GB/T 1633—2000的测试方法，压针定位5min后施加载荷，期间停滞0～35min后，才开始升温测试VST。不同条件下的初始温度均为室温～27℃。

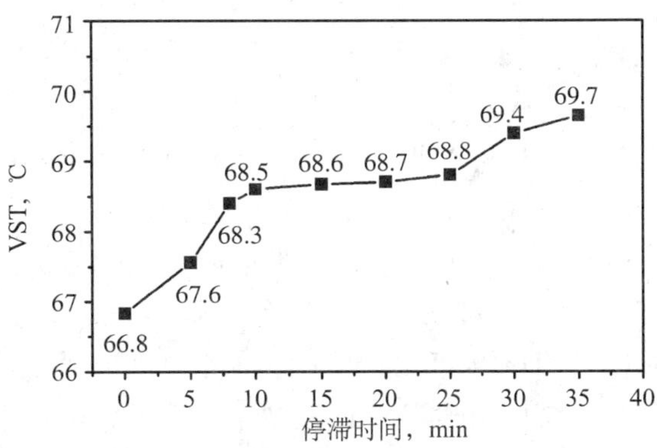

图4　不同停滞时间下UHMWPE的VST

图4为不同停滞时间下UHMWPE的VST变化情况。由图4可以看出，随着载荷施加至VST测试前停滞时间的延长，样品的VST值不断增加。且停滞时间在10min内时，VST的增长趋势较大，随后增长趋势较为平缓。另外，与标准测试条件下（无停滞时间）的VST值（66.8℃）相比，停滞时间小于或等于25min时的VST值最大值为68.8℃，增加约为2℃，同样满足GB/T 1633—2000允许的试验结果误差。结果表明，停滞时间可一定程度地增加材料的VST值，但在停滞时间小于25min的条件下测试UHMWPE的VST时，得到的结果与标准测试结果接近。

不同停滞时间下UHMWPE的形变量随温度变化情况如图5表示。由图5（a）可知，在不同停滞时间下的VST测试过程中，样品的形变量变化趋势均为类似。表明，即使经过不同停滞时间后进行VST测试，样品的整体软化行为同样相似。为了研究停滞时间对材料软化行为的影响，将各条件下初始升温阶段的形变量变化曲线放大如图5（b）所示。由于设备加热滞后期的存在，各个条件下VST开始测试时同样存在部分变形量，且这种形变量随停滞时间的延长而不断降低［图5（b)］。这主要是因为，测试前停滞时间的延长使得压针刺入样品的时间更为充分，与压针相接触的材料逐渐达到形变饱和，故导致样品在测试开始的滞后期内软化形变量降低。这种测试过程中形变量起点的不断降低也导致材料的最终VST不断升高，但升高幅度不大。由此进一步说明，热塑性塑料的VST及其软化行为是材料的基本属性，测试条件的不同仅对VST值产生一定影响，但对其本质的耐热性能和耐热行为影响不大。

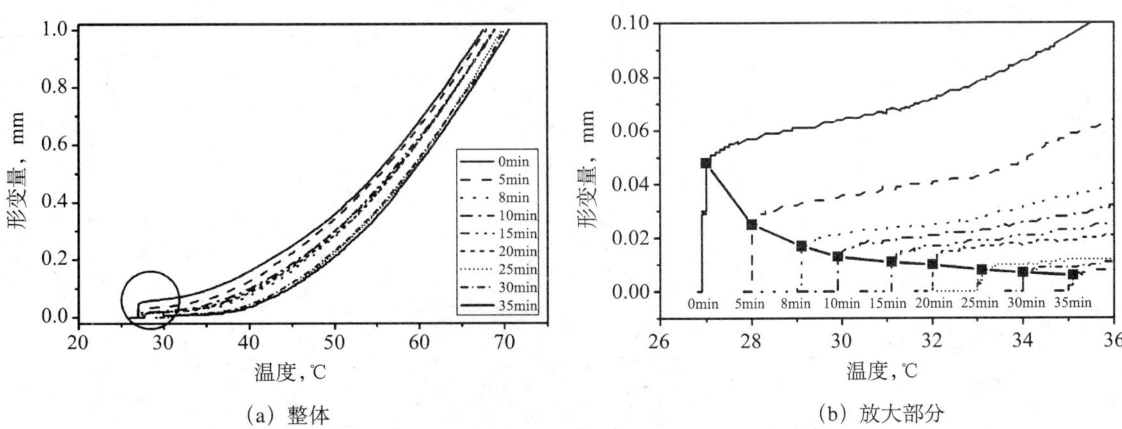

（a）整体　　（b）放大部分

图5　不同停滞时间下的形变量曲线

4 结论

（1）热塑性塑料的软化行为是材料的基本属性，测试条件的不同仅对 VST 值产生一定影响，但对其本质的耐热性能影响不大。

（2）UHMWPE 的 VST 随初始测试温度的升高而增大，初始温度低于 40℃时，测试结果满足 GB/T 1633—2000 误差要求。

（3）UHMWPE 的 VST 随停滞时间的延长而升高，停滞时间小于 25min 时，测试结果满足 GB/T 1633—2000 误差要求。

参考文献

［1］GB/T 1633—2000 热塑性塑料维卡软化温度（VST）的测定

［2］ISO 306：2004 Plastics—Thermoplastic materials—Determination of vicat softening temperature（VST）

SY/T 5587.5—2004《常规修井作业规程》实施分析

李天聪　谷同杰　李　丽　吕信桥

（中原油田分公司采油四厂）

摘　要　标准化是企业管理的重要基础和手段，它为油藏经营各项管理提供了共同的准则，同时标准化也是提高质量和实现技术创新的重要手段，通过开展标准化工作，将有利于使组织生产、技术、经营管理等业务活动合理化，有利于改进质量、提高效率、降低成本，实现节能降耗的目标。

关键词　标准；标准化；质量控制；规程；油藏经营

1　常规修井作业规程标准涵盖的内容

SY/T 5587—2004《常规修井作业规程》涵盖了注水井调配作业规程；油气井压井、替喷、诱喷；找串漏、封串堵漏；井下作业井筒准备；换井口装置作业规程；水力喷砂射孔作业规程；钻铣封隔器、桥塞；打捞落物；注塞、钻塞共九部分内容。

SY/T 5587.5—2004 规定了油水井井筒准备过程中的施工准备、作业程序与质量控制、安全环保要求和资料录取，并对井下作业过程中的井筒准备施工作业，包括起下油管作业、探砂面、冲砂洗井、通井、刮削套管工序的过程控制。

2　常规修井作业规程在质量管理过程中的效果分析

“没有规矩，不成方圆”。标准是衡量作业质量的尺度，也是开展油藏经营管理活动的依据。标准化活动始终贯穿于质量活动的全过程，是推动质量管理的重要举措。

2.1　建立质量控制点，提升标准准则意识

“标准是判定技术或成果好与不好的根据”。为此，将井下作业施工中常规的作业工序分解为 19 项，量化为 71 个质量控制点，将 71 个质量控制点分解到各基层班组、岗位，并对各个控制点实施量化目标管理，各岗位职工对自己岗位内的质量控制点建立档案，施工前后按照控制点的要求开展工作，发现问题及时整改，消除质量隐患。

2.2 立足"三检制"为标准，建立质量基础

"三检制"是质量控制的手段和质量保障的法宝。交接班时严格检查验收，施工中严格实施"三检制"，坚持上道工序不经检查、验收，不准进行下道工序的原则。凡施工的作业工序和入井的井下管材、工具，必须经过"自检、互检和专检"，三检合格后才能入井使用或转入下道工序施工。自检是各个班组对本班接收或从井内起出的管材、工具进行质量检查，录取资料备案验收，并进行交接班；互检是交接班后由当班人员对上班接收或从井内起出的管材和工具互相进行质量检查、核对，保证录取资料的完整性和真实性，互检是对上一班组质量的认可；专检是由技术人员或监督人员对上述作业工序或管材、工具质量再次检查验收，确保完井工序质量满足标准要求。

2.3 实施"三控制"为基点，推动标准化进步

"三控制"是提升作业质量的一种手段，是保障作业质量强有力的措施。"三控制"就是认真做好计划，采用适合的设备，经常性地按标准检查追踪，及时纠正和维持预期产品质量或工艺水平的一种系统活动。

（1）预前控制：施工前审查队伍资质、施工设计、技术预案及操作标准，确保作业质量的可行技术保障；施工设备机械技术性能符合设计要求；入井材料的质量标准及技术性能符合设计要求。

（2）事中控制：实施以专检为主的"三检制度"消除质量隐患。对重点工序监督人员依据上道工序不经检查、验收不准进入下道工序的原则，采取旁站、目测、抽查、测量的措施进行控制。

（3）事后控制：施工中质量监督员对控制点进行检查评价，对重点工序进行验收，完井后对施工质量进行跟踪，发现问题及时改进。

通过开展系列标准化活动，作业质量明显提高。作业质量同期对比，返工工序减少 31 道，其中，因井况问题引起的非责任性返工工序减少 18 道，责任性返工工序减少 13 道，返工井减少 1 口，事故井减少 2 口，分别见表 1。

表 1 作业质量对比表

项 目	返工工序，道	返工井，口	事故井，口
2009 年	79	18	5
2010 年	48	17	3
对 比	−31	−1	−2

3 常规修井作业规程在技术创新活动中的效果分析

常规修井作业规程是以人的动作为中心、以没有浪费的操作程序有效地进行生产的作业方法。是对作业者作业过程和结果的要求，是根据工艺、安全规则、环境要求等制定的

使用什么工具和要达到的目标的必要作业内容。

为此，必须在生产经营、提高生产时效、降低生产成本等方面灵活地运用标准。结合生产实际，处处以生产需求为依据，以标准为准绳，开展技术创新，推动生产力发展。在保证安全和质量的前提下，我厂全年优化作业工序48道，其中，利用螺杆钻钻塞管柱，钻塞后冲砂优化工序20道；利用压裂管柱填（冲）砂，优化工序18道；利用挤堵管柱优化填砂工序6道；利用通井管柱优化填（冲）砂工序2道；利用通井管柱优化打铅印工序2道。

灵活地执行运用标准，优化合并作业工序取得突破性进展，使措施井单井作业占井周期缩短约30h，年缩短作业占井周期1440h，年节约作业费用136×10^4元。

工序优化效果显著，技术创新推动了科技进步，生产力得到了发展，减少了无效作业工作量，降低了生产成本。

由此可见，常规修井作业规程是以科学技术、规章制度和实践经验为依据，以安全、质量效益为日标，对作业过程进行改善，从而形成一种优化作业程序，逐步达到安全、准确、高效、省力的作业效果。改善创新是使企业管理水平不断提升的驱动力，而标准化则是防止企业管理水平下滑的制动力。

4　常规修井作业规程在执行过程中存在的一些问题

4.1　有些标准无量化

标准和质量是密切相关的，两者在循环过程中互相推动，共同提高，但是有些标准没有做到量化，出现质量问题之后，依据标准难以界定，不利于提高产品质量。如：油管黏扣问题在API标准、规范或推荐作法中就没有明确定义。在API RP 5C5中，阐述卸扣程序和要求时，多次提“galling”一词，但没有对此进行定义。

4.2　有些标准前后矛盾

其概念、数据不统一，缺乏统一性，不利于操作。如SY/T 5587.5—2004《常规修井作业规程　第5部分：井下作业井筒准备》3.3.6规定“丈量油管使用10m以上的钢圈尺，丈量三次，累计复核误差每1000m应小于或等于0.2m，而4.2.3中又规定探砂面管柱“2000m以内的井深误差小于或等于0.3m，大于2000m以内的井深误差小于或等于0.5m”，这就造成了标准数据不统一。

4.3　个别标准缺乏关键性定义和数据

如Q/SH1025 0177—2004《封隔器分层注水和找漏操作规程》和Q/SH1025 0437—2006《封隔器分层试油操作规程》，两个标准都没有明确封隔器胶筒在经过几次坐封和解封后胶筒自动废弃。标准只强调了封隔器胶筒耐温130℃，并没有明确说明封隔器胶筒在130℃的工作环境中的有效期等数据。

5 对常规修井作业规程的建议

标准是科学技术和实践经验的总结，为在一定的范围内获得最佳秩序，对实际的或潜在的问题制定共同的和重复使用的规则的活动。

因此建议：

（1）标准要定义准确，细化到点、量化到数、明确到位，以便于用来作为判定技术或成果好与不好的依据。

（2）标准要不断结合作业实际进行完善、补充，以便于指导运用到实践活动。

（3）标准的制定要以“公平、公正”为立足点，以便于推动自主创新与开放创新，实现可持续发展。

参考文献

[1] 戚维明.全面质量管理 [M]. 北京：中国科学技术出版社，2010

[2] 杨远忠，等.常规修井作业规程 [J]. 国家发改委，2004.11

关于螺旋埋弧焊焊接接头硬度检验标准的研讨

李雪鹏

(宝鸡石油钢管有限公司输送管分公司检测中心)

摘　要　本文分析了API Spec 5L（第44版）《管线钢管规范》关于螺旋埋弧焊焊缝接头硬度检验标准特点，讨论了维氏硬度在焊接接头检测意义，分析常见焊缝硬度数值分布特点和验收标准现状；针对目前管线钢常规检验中的硬度频测的特点，提出简化热影响测量点数的建议。

关键词　焊接接头；焊接热影响区（HAZ）；维氏硬度

1　引言

焊缝接头硬度检验是管线钢力学检测的常见项目，API Spec 5L（第44版）规定，当壁厚大于6mm时，焊缝接头硬度测量共计33点，见表1，目前已在中缅、中贵等长输管线检验中广泛执行。

表1　焊缝接头硬度点数分布

标　准	焊道	HAZ	母材	总数
API Spec 5L（第44版）	9	18	6	33

同API Spec 5L（第43版）硬度测量的要求相比，API Spec 5L（第44版）中热影响区检测量大为增加，如图1所示。标准推荐维氏硬度方法进行检验，因为维氏硬度在测量中精度更高。

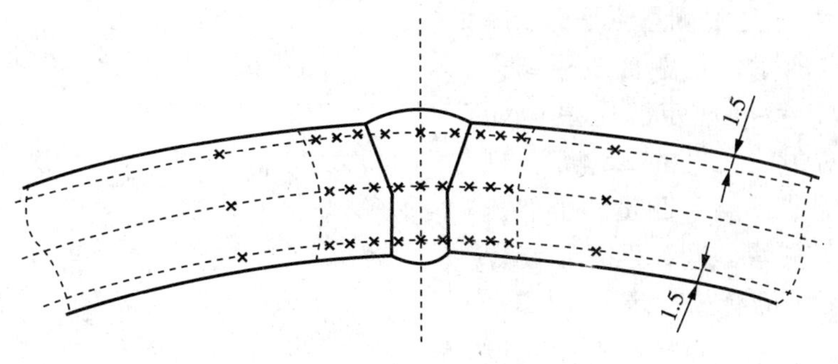

图1　焊缝接头硬度试验位置

2 维氏硬度检验的意义

维氏硬度试验方法通常用于验证金相组织类别，鉴别热处理工艺，间接推断材料强度（标准并不推荐）。优点是测量值精度高，缺点是试验条件要求高，要求抛光腐蚀，不易于高频次采用。焊缝接头使用维氏硬度测量主要目的在于精确判别组织是否存在微观硬块。焊接冶金学认为，接头硬度是反映钢材焊接性好坏的一个指标，当焊缝接头发生硬化时，塑性和韧性就会变差进而影响管道产品质量。

3 焊缝硬度分度特点

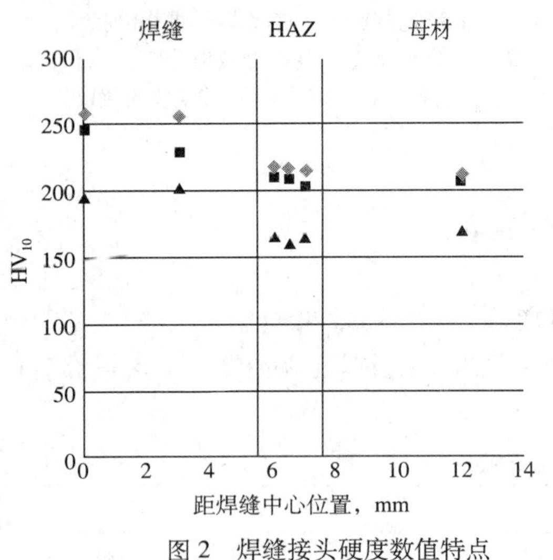

图 2 焊缝接头硬度数值特点

焊缝接头硬度数值特点如图 2 所示。

螺旋埋弧焊焊缝接头由焊道，热影响区和母材组成。日常硬度检验表明（表 1），各部分组织硬度数值上存在差异。受焊接工艺影响，焊缝硬度高于母材和热影响区，热影响区硬度往往低于焊缝和母材，属于焊接接头中的薄弱区域。目前测量中，热影响区硬度普遍较低，不属高“敏感”值区域。

4 热影响区的硬度测量讨论

API Spec 5L（第 44 版）要求在热影响区硬度检验中，压痕测量应平行于厚度方向，如图 3 所示，距融合线距离大于 0.5mm，GB/T 4340 规定，压痕间距应不小于压横对角线长度的 2.5 倍，规定热影响区一侧“三点”测量。虽然测量点数多增加了测量区间，但并不能保证覆盖热影响区，仍有“盲区”。以 X70 钢级钢管为例，常见三点压痕测量宽度为 2.4mm。而热影响区宽度（表 2）随壁厚增加，往往超出规定的测量区间，且

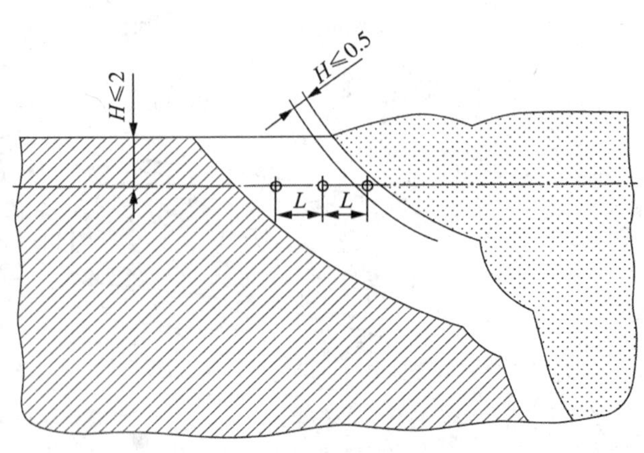

图 3 热影响区测量位置

缺乏熔合线边沿测量点，对于复杂的失效分析，不及 GB/T 2654 效力，反而增加了误差，降低在线检验的时效性。若测量位置准确，单点测量值已能反映热影响区硬度水平，能够满足一般性检验的需要。

表 2 HAZ 各区域宽度

14.6mm 埋弧焊热影响区（HAZ）			总宽度
过热区	相变结晶区	不完全相变结晶区	
0.8 ~ 1.2mm	0.9 ~ 1.7mm	0.8 ~ 1mm	2.5 ~ 4mm

5 硬度的验收标准

硬度验收指标有上限要求没有下限要求，一般管线钢管标准中规定了接头硬度的上限，材质越高硬度上限越高。例如，X70 钢级钢管，焊缝接头硬度应不大于 $265HV_{10}$，X80 钢级钢管不大于 $280HV_{10}$，允许 $10HV_{10}$ 内偏离，验收指标存在弹性，而此类指标同一区域过多检验，其意义不大，测准往往比测多更重要。

6 结论

检验主要用途是产品质量鉴别，其次是相关工艺的分析和改进。目前接头常规检验标准，对于热影响区硬度过于“频”测 ，存在非关键值检验“过剩”，浪费现有的检验资源。合理减少热影响区中测量数量，对于提高当前检验的质量和时效性有积极意义。

参 考 文 献

[1] API Spec 5L Specification for pipc

[2] 雷胜利 . 某管线施工现场钢管水压失效原因分析 . 焊管，2009（4）

[3] GB/T 2654—2008 焊接接头硬度试验方法

[4] GB/T 4340—2009 金属材料维氏硬度试验

埋弧焊管导向弯曲试验的探讨

李云龙　吴金辉　张鸿博　李记科　王长安　杨专钊

（中国石油集团石油管工程技术研究院）
（北京隆盛泰科石油管科技有限公司）

摘　要　焊缝的导向弯曲性能是埋弧焊管力学性能的一项重要指标，用于研究焊接接头抵抗弯曲塑性变形的能力。油气输送管的各种标准均对导向弯曲试验提出了严格的规定，文章探讨了标准存在的问题，提出焊管生产过程中减少导向弯曲试验出现不合格几率的建议，分析了检验过程中的取样时机，对埋弧焊管的生产检验具有一定指导意义。

关键词　埋弧焊管；导向弯曲试验；标准探讨；原因分析

1　引言

输送管线作为石油和天然气一种经济、安全、不间断的长距离输送工具，在过去的几十年里得到了长足的发展，而且这种发展势头在未来的几十年中仍将持续下去。世界石油天然气工业的不断发展，对管线钢管的力学性能指标也提出严格的要求，焊缝的导向弯曲性能是埋弧焊管力学性能的一项重要指标，是用来检测焊接工艺和表面缺陷，研究焊接接头抵抗弯曲塑性变形的能力。油气输送管的各标准对导向弯曲试验提出了严格的规定，针对标准的规定，笔者进行了分析，探讨标准存在的问题，同时也提出焊管生产过程中减少导向弯曲试验出现不合格几率的建议，分析了检验过程中的取样时机，为获得更加准确的试验结果提供理论依据。

2　导向弯曲试验结果

图 1 为埋弧焊管导向试样出现裂纹和裂缝的典型图片，包括贯穿性的裂缝、超标裂纹及起源于试样边缘的小裂纹。

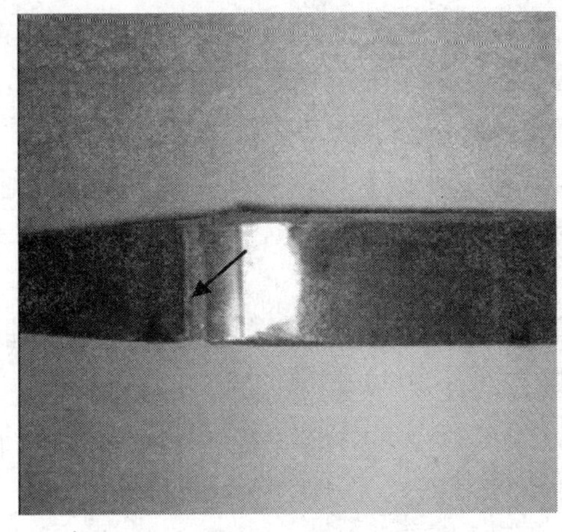
(a) 贯穿性的裂缝

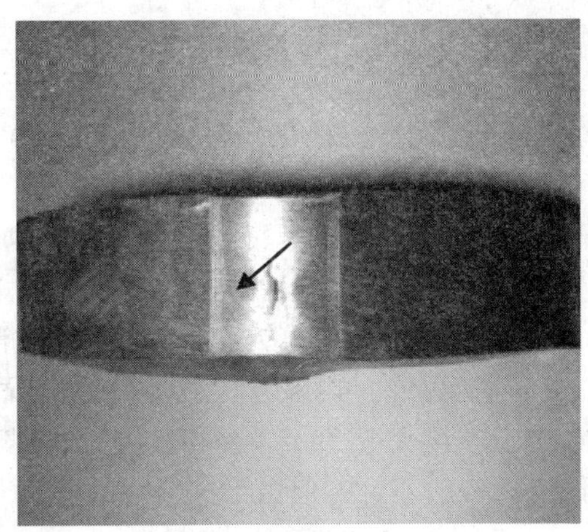
(b) 超标裂纹

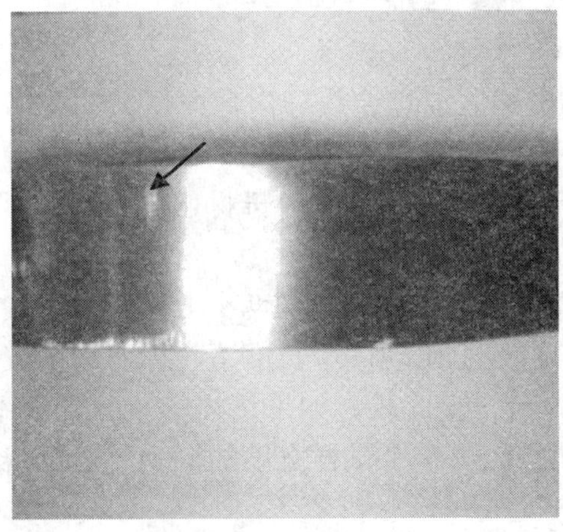
(c) 超标裂纹

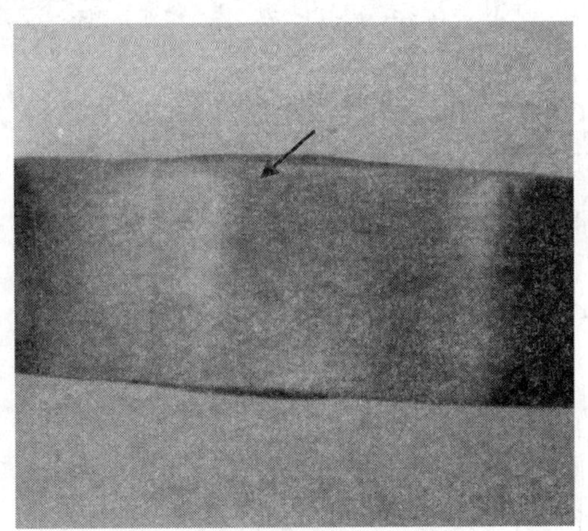
(d) 起源于边缘的微小裂纹

图 1 导向弯曲裂纹或裂缝试样

3 标准探讨

3.1 不同标准对导向弯曲试验要求的描述

API Spec 5L（第 44 版）《管线钢管规范》规定：(1) 不应完全断裂；(2) 在焊缝金属不应出现长度大于 3.2mm，与深度无关的裂纹或破裂；(3) 在母材、HAZ 或熔合线不应出现任何长度大于 3.2mm 或深度大于规定壁厚 12.5% 的裂纹和破裂。试验期间出现在试样边缘，长度不大于 6.4mm 的裂纹，不应成为拒收的依据。加工缺陷或与相应力学性能试验无关的材料缺欠，无论是在试验前后发现，均可将该试样作废，并从同一根钢管上另取代替试样。

GB/T 9711.2—1999《石油天然气工业输送钢管 交货技术条件 第 2 部分：B 级钢

管》和 GB/T 9711.3—2005《石油天然气工业输送钢管　交货技术条件　第 3 部分：C 级钢管》规定，试验不应出现下列任一情况：(1) 完全断裂；(2) 在焊缝金属上出现长度大于 3mm 而不考虑深度的裂纹或裂缝；(3) 在母材、热影响区或熔合线上出现长度大于 3mm 而深度大于规定壁厚 12.5% 的裂纹或裂缝。(2) 和 (3) 中发源于试样边缘且长度小于 6mm 的裂纹，不考虑裂纹的深度，不应成为拒收的依据。如果试样的断裂或裂纹是由于缺欠引起的，则该试样可以作废，而另取新试样代替。

Q/SY GJX 0102—2007《西气东输二线管道工程用螺旋埋弧焊管技术条件》规定：拉伸面上（包括焊缝、热影响区和母材）出现长度大于 1.5mm 的横向（与试样宽度方向一致）或出现长度大于 3mm 的纵向（与试样长度方向一致）裂纹或裂缝均为不合格。试样的边缘开裂一般不计，但由于夹渣或缺陷引起的边缘开裂，该试样视为无效，应重新取样试验。

3.2　各标准的对比及存在问题分析

GB/T 9711.2 和 GB/T 9711.3 对于母材、热影响区或熔合线导向弯曲试验的要求为同时满足 3mm 长度和 12.5% 深度的裂纹判定试验不合格，这一要求明显低于焊缝，在焊管生产过程中，焊材匹配的普遍原则为高强匹配，但是焊缝的塑性仍较母材低，因此，不应对母材和热影响区提出比焊缝更松的要求，这一规定欠缺合理性。

Q/SY GJX 0102—2007 将裂纹或裂缝的种类区分为横向和纵向两个方向，对于裂纹长度的规定明显加严，但如若母材、热影响区或熔合线上出现一个长度不超标但深度较大的裂纹，甚至于贯穿性的裂纹，是否仍能判定试验合格。此外，如果试样的边缘开裂不计，是否意味着只要是始于边缘，不论其长度，即便是超出整个试样宽度的一半，仍可视为试验合格。

各个标准对允许的缺陷长度均有要求，如 API Spec 5L（美国石油学会标准）规定不应出现大于 3.2mm（3mm）的裂纹或裂缝，而未明确 3.2mm（3mm）是指单个最大裂纹还是所有裂纹的累计长度，但从字面意思理解应该是指单个最大裂纹，然而，如果在拉伸面上出现大量长度小于 3.2mm（3mm）的裂纹或裂缝，则焊接工艺必然存在问题，而按照现行的标准，在对试验结果进行判断时可能存在争议，因此，对于该问题标准需进一步明确。

3.3　关于裂纹（裂缝）深度的测量

标准未明确规定 12.5% 壁厚的测量方法，现场测量时，如果产生较大分歧应采用磁粉探伤方法进行剩余裂纹的检测；此外，对于试验后产生裂纹的试样，先采用带荧光或其他具有可见颜色的渗透液进行渗透，再采用手锯对裂纹处垂直试样厚度方向进行切锯，切锯过程中随时观测裂纹处的渗透液颜色变化，直至渗透液的颜色完全消失，然后再采用游标卡尺对手锯切锯的深度进行测量，对比试样的原始厚度，以此确定裂纹深度。

4 裂纹（裂缝）产生原因及分析

在对大量试验结果进行分析时，发现最容易出现裂纹或裂缝的位置是焊缝的熔合线处。高强匹配是焊材选用的一般规则，母材、焊缝和热影响区的塑性及硬度存在差异，焊缝材料的强度相比母材较高，但塑性较差，而且，焊接后焊缝两旁一定宽度范围内存在正火组织，使得该部分材料的硬度提高，因此，在进行导向弯曲试验时，焊缝熔合线部位比较容易产生裂纹。

需要适当调整焊接工艺参数，使焊缝、热影响区和母材的硬度、塑性相匹配，在埋弧焊管焊接过程中，一般认为较窄的焊缝有利于降低焊缝边缘硬度，提高焊接接头的硬度匹配性，因此控制焊缝宽度有利于减少裂纹或开裂情况的出现，降低弯曲不合格几率。

5 关于试样复取的探讨

对于焊管导向弯曲试验结果不合格的复验，除了可以在不合格钢管所代表的一批钢管里另选两根进行试验，以确定对该批钢管的验收情况外，还允许对初检不合格钢管进行一次同管复验，这一规定在焊管常规理化性能检验里具有唯一性，如 API 5L 规定："制造商可以选择对任一不合格管，采用在同端返切并加取两个试样的方法进行复验。如果加取试样均符合原试验要求，则该根钢管应被验收，不允许再次返切或复验。"

刚成型焊接完的钢管短期内存在内应力，应力的存在对试验结果存在一定的影响，由于标准并未明确规定取样的时机，所以制造厂可以选择将钢管放置一段时间后再复取，对于裂纹较小试样，采取此方法往往可能得出较好结果；而对于螺旋埋弧焊管，为了提高生产效率和板材成材率，一般制造厂都选择在焊接切管后直接取样，所以，对该钢管的复取可以选择在进行水压试验以后的钢管上复取。

焊管生产检验过程的理化性能试验应模拟工况，在更加接近焊管实际使用状态下取样，这种情况下的试验结果也更具代表性，因此在水压后取样或放置一段时间后取样更能反映焊管的实际力学性能，同时，也可能减少了将合格钢管误判为不合格而造成不必要的损失。

6 结束语

（1）国际标准对母材、热影响区和熔合线导向弯曲结果的要求低于对焊缝的要求，这一规定欠缺合理性；Q/SY GJX 0102—2007 未对试样裂纹（裂缝）深度和起裂于边缘的裂纹（裂缝）作具体要求，因此存在不合理性；API Spec 5L、国际标准和 Q/SY GJX 0102—2007 对于裂纹（裂缝）长度的规定均比较模糊，建议进一步明确；标准未明确规定裂纹深度的测量方法，采用手锯切锯方式能够获得比较准确的裂纹深度测量结果。

（2）应力的存在致使焊缝熔合线部位比较容易产生裂纹，焊缝、热影响区和母材的硬度、塑性的良好匹配有利于避免裂纹的产生，较窄的焊缝能降低焊缝边缘硬度，有利于提高焊接接头的硬度匹配性。

（3）一般焊管在水压试验和放置一段时间后有利于应力的释放，释放应力能减少弯曲裂纹产生的几率。

参 考 文 献

[1] 郑茂盛，周根树，赵新伟，等. 现役油气管道安全性评价研究现状 [J]. 石油工程建设，2004，30（1）：1 ～ 6

[2] 杨丁门，何兴利，等. 西气东输二线用 X80 级螺旋埋弧焊管导向弯曲性能分析 [J]. 焊管，2009（9）：18 ～ 21

[3] API Spec 5L（第 44 版） 管线钢管规范

[4] GB/T 9711.2　石油天然气工业输送钢管　交货技术条件　第 2 部分：B 级钢管

[5] GB/T 9711.3　石油天然气工业输送钢管　交货技术条件　第 3 部分：C 级钢管

[6] Q/SY GJX 0102—2007　西气东输二线管道工程用螺旋埋弧焊管技术条件

浅谈如何利用标准化来保证质量安全

胡素华　罗　宵　冯迎辉

（中原石油勘探局地球物理测井公司）

摘　要　本文详细阐明了标准化和质量安全的概念，分析质量与安全的关系和标准化与质量安全的关系，最后分三个方面针对怎样利用标准化来保证质量安全进行了阐述。

关键词　标准化；质量安全；相辅相成

1　引言

随着国民经济的不断发展，质量安全被提高到了越来越重要的地位。食品安全、工业安全、医疗卫生安全、环境安全……无不关系着国计民生。质量安全，涵盖了经济发展和人民生活的方方面面，体现着一个国家的整体素质。在提高质量安全的同时，标准化起到了重要的作用。标准化与质量安全相辅相成、密不可分，两者协调发展，促进了国民经济的安全、高效、持续、和谐发展。

2　什么是标准化

2.1　标准化的概念

标准化是指以量化为基础，以考核为依托的管理体系，是为在一定的范围内获得最佳秩序，对实际的或潜在的问题制定共同的和重复使用的规则的活动。

标准与标准化是两个不同的概念，标准应以科学、技术和经验的综合成果为基础，以促进最佳社会效益为目的，指的是在一定范围内获得最佳秩序，对活动或其结果规定共同的和重复使用的规则、导则或特性的文件，该文件经协商一致制定并经一个公认机构的批准。而标准化指的是为在一定范围内获得最佳秩序，对实际的或潜在的问题制定共同的和重复使用的规则的活动。它包括制定、发布及实施标准的过程。

2.2　标准化的目的与意义

标准化的重要意义是改进产品、过程和服务的适用性，防止贸易壁垒，促进技术合作。

"通过制定、发布和实施标准，达到统一"是标准化的实质。"获得最佳秩序和社会效益"则是标准化的目的。

某一个领域需要达到统一的标准要求。如信息工作标准化，其目的是使文献工作走向标准化、系列化和通用化，达到信息交流和资源共享。为了发展社会主义商品经济，促进技术进步，改进产品质量，对工业产品、规格、质量、等级或者安全卫生等需要有统一的技术要求。

为了使标准化工作适应社会主义现代化和发展对外经济的需要，对工农业产品的设计、生产、检验、包装、储存、运输、环境保护等方面也需要制定统一的技术标准。

标准化的主要作用是组织现代化生产的重要手段和必要条件，是合理发展产品品种、组织专业化生产的前提，是公司实现科学管理和现代化管理的基础，是提高产品质量保证安全、卫生的技术保证，是国家资源合理利用、节约能源和节约原材料的有效途径，是推广新材料、新技术、新科研成果的桥梁，是消除贸易障碍、促进国际贸易发展的通行证。

2.3 标准化作用的具体表现

2.3.1 标准化可以提升企业社会声誉

当今社会，企业之间产品的竞争，已经不再是价格的竞争，而是品牌的竞争，而品牌则是通过企业产品质量、售后服务等来体现的。企业采用标准化能够促进企业品牌形象的建立，提高企业的社会声誉。比如，企业采用 ISO 产品质量认证体系，说明企业在产品质量方面已经达到的一定的水平。对于一些专业性很强的产品，消费者或用户在这方面的知识短缺，他们选择产品，很大程度上依靠其他消费者或用户的推荐、该企业通过的认证以及采用标准化的程度。

2.3.2 标准化可以降低国民经济及企业成本

标准化的采用，提高了企业产品之间的兼容性，减少了由于企业产品之间标准不一致，带来的巨大社会浪费。另外，企业通过标准化可以避免对某一个供货商的依赖，因为其他供货商依据公开的标准可以补充市场，于是企业的供货渠道不断增加。供应商数量的增加，加大了供货商之间的竞争，从而促使产品质量不断提高，价格也会不断降低。因此标准化可以降低减低企业的成本。

2.3.3 标准化有利于企业之间战略同盟的形成

标准化形成了一个统一的产品和技术规则体系。在这种情况下，使得企业之间的合作，以及战略同盟的形成更加容易。标准化层面的合作对于企业很重要，因为通过协作效应，成本降低的潜力及成功的可能性都会提高。通过战略同盟的建立，可以为企业带来风险共担、技术共享、规模经济以及固定成本分摊的作用。

2.3.4 标准化可以打破技术贸易壁垒，有利于出口

近年来，发达国家不断通过各种国家或区域标准设置技术壁垒，阻止发展中国家的产品进入其市场。标准是在区域经济内针对其他标准作为一种非关税贸易壁垒的武器。如果企业在全球市场上通过ISO或ICE标准，在欧洲市场上通过相应的EN标准，可以很好地打破发达国家设置的技术壁垒。

3 什么是质量安全

《易经》有云："形而上者谓之道"。道，是本质，是规律，是一种必须遵守的法则。一个公司、一个企业的"道"是什么？企业的"道"在于质量和安全。

3.1 质量安全的概念

当质量与安全并列的时候，我们首先想到的是食品安全，是QS认证。QS认证是我国最新实施的食品质量安全标志。"QS认证制度"是食品质量安全市场准入制度，是食品生产向社会做出"质量安全"的承诺。其实，并不仅仅在食品行业，在工业、农业、医疗、教育等等各行各业，质量安全都是不容忽视的课题。

3.2 质量与安全的关系

按照马斯洛需求层次理论，安全需求是仅次于生理需求（人类维持自身生存的最基本要求）的低端需求，而安全的前提是产品的质量要有保证。

产品质量和安全有着必然的关系，质量不保证难以谈安全，安全的前提是质量；同时衡量质量的标准就是安全，没有安全的产品必定是不合格的产品，所以说：两者之间是统一的，同存同在、相辅相成。

从大量的安全事故本身来看，安全事故多发生在生产过程中，而且，许多安全问题的根源就是质量问题。从前两年闹得沸沸沸扬扬的奶粉及液态奶中添加三聚氰胺事件，到现在正在愈演愈烈的台湾塑化剂风波，无不是由于非法添加食品添加剂，食品质量不合格而导致的公共安全事件，食品安全危机引起了国人的恐慌，也使政府下定了决心来整治食品安全。建筑行业由于建筑质量不合格而导致的安全事故也屡见不鲜。而这些仅仅是质量安全的一个方面，只有质量过关，才能保证安全。

但是质量过关就一定能够保证安全吗？答案是否定的。安全是检验产品的质量是否合格的标志之一，安全了，产品的质量无疑是合格的，但质量合格不一定能保证安全。以台湾塑化剂风波为例，由于地方标准中无明确规定塑化剂添加量，产品的检验部门此前对质量进行检验的过程中也并没有检验塑化剂这一项内容，于是无良商家钻了空子。他们的产品出厂时质量无疑是合格的，但最终却酿成了一场食品安全危机。今年夏天，北京等一线城市出现严重的内涝，甚至出现了人身安全事故，我国的城市地下排水系统存在着严重的安全隐患，而当初建成地下排水管网时验收无疑也是符合标准顺利通过验收才交付使用的。

可是英国、德国等国家却从未出现过内涝的情况，因为发达国家的地下排水系统标准比我国要严格得多。标准不同，质量不同，结果肯定不同。

由此可见，安全和质量相辅相成，缺一不可。在油田，质量和安全更是被提到了同等重要的地位。不论是上游企业，还是下游企业，安全生产都是头等大事。在安全生产的前提下，遵守国家标准、行业标准和地方标准，遵守法律法规，才能保证产品质量。在安全和质量同时能够得到满足的条件下，油田各行各业才能蒸蒸日上，持续发展。

4 标准化与质量安全的关系

标准化与质量安全是相辅相成的，可以说质量安全都应包含在标准化里面，质量是一个面、安全也是一个面……综合起来就形成了标准化，质量安全是标准化的重要组成部分。

标准化和质量安全是密不可分的，二者在循环过程中互相推动，共同提高。“没有规矩，不成方圆”。标准化尤其是标准是衡量产品或服务质量和各项工作质量的尺度，也是组织开展运营活动和经营管理的依据。标准化的活动贯穿于质量管理的全过程，是推运质量管理和质量安全的重要举措。在质量管理的基本程序 PDCA 循环中，标准化是处理阶段的核心内容和必要环节。没有标准化，就不能总结改进的成果，不能使质量活动在更高水平上进行。

标准化是质量安全的灵魂。企业各个生产岗位、生产环节的安全质量工作必须符合法律、法规、规章、规程等规定，达到和保持一定的标准，使企业生产始终处于良好的安全运行状态，以适应企业发展需要，满足职工群众安全、文明生产的愿望。标准化规定了企业各个环节运营的标准，规定了为满足标准的各项活动，能促使企业建立自我约束、不断完善的安全生产长效机制，提高本质安全水平，促进安全生产状况的稳定好转。只有标准化生产、标准化运营，才能在激烈的市场竞争中立于不败之地。因此，标准化是质量安全的保证，也是企业持续发展的保证。

5 怎样利用标准化来保证质量安全

5.1 充分认识标准化工作的重要现实意义

安全质量标准化是企业安全质量工作状况的综合反映。企业实施安全质量标准化的终极目标是为了企业安全生产，而不是为了面对政府监管或考评和面向职工群众作秀。企业实施安全质量标准化，不仅要积极创建达标，而且要长久保持并贯穿于日常生产活动全过程中。

在一个行业甚至是一个企业内部，随着技术的发展和生产规模的不断扩大，分工越来越细，生产协作越来越广泛。以中原油田测井公司为例，单井测井往往涉及数据采集、仪器修理、资料解释、计算机、绘图晒图等几个、甚至几十个工种。在一个油田内部，从勘探到最后的油气开采，协作点遍布在油田各处甚至全国各地。这样广泛、复杂的生产组合，需要在技术上保持高度的统一和协作一致。要达到这一点，就必须制定和执行一系列的统一标准，使得各个生产部门和生产环节在技术上有机地联系起来，保证生产有条不紊地进行。

5.2 将安全质量标准化变为企业质量安全生产的主动行为

安全质量标准化不是行政许可事项，也不是社会考评机构的本职工作，而仅是安全生产监管的一个切入点，属于质量安全生产行政许可取证后的监管手段之一。企业开展安全质量标准化活动，除自我检查考核、内部总结评比外，还应向安监部门申请考评，由社会考评机构参与现场客观考核和公正评价，其目的是查找自身不足之处，寻求进一步努力方向。考评达标不应作为企业荣誉，企业应将考评达标及升级当作是安全质量标准化的一个又一个新起点。

5.3 质量安全标准化应作为企业质量安全工作的实际行动

企业应把国家制定和颁布的安全生产技术规范和安全生产质量工作标准，落实在具体的各项工作中；把安全质量标准化工作目标进行层层分解，落实到各科室、各班组、各岗位，使安全质量标准化实现全员共同参与、全过程配套联动、全方位持续深入；把主要负责人的文件化安全承诺，倾全力转化为企业看得见、摸得着的实际行动，而不应仅停留在口头上或存在于文字中。

6 结束语

综上所述，只有从思想上充分认识到标准化工作对质量安全的重要性，企业主动按照标准化进行质量安全活动，并将质量安全标准化作为企业质量安全工作的实际行动，才能将标准化转化成有形的工作，也才能保证企业的质量安全。

当前，随着经济全球化的加快，产品质量竞争日益加剧，各种以标准为主要内容的贸易技术壁垒不断出现，对经济贸易影响深远。产品质量、食品安全、建筑安全、环境保护、节能降耗以及资源综合利用等对标准的依赖与需求愈发强烈。这使得标准化在经济和社会发展中的作用尤其在保证质量安全方面的作用愈来愈明显，因此，重视标准化工作，提高质量安全，积极发挥标准化在质量安全方面的作用，才能使企业不断发展，也才能使国家长立于世界民族之林。

参 考 文 献

[1] 戚维明．全面质量管理．北京：中国科学技术出版社，2010.4

车用汽油地方标准之间差异对销售大区公司油品调运的影响

刘　闯

（中国石油东北销售营口分公司）

摘　要　对比分析车用汽油的国家标准 GB 17930—2011、北京市地方标准 DB 11/238—2007、上海市地方标准 DB 31/427—2009、广东省地方标准 DB 44/694—2009。阐述地方标准之间差异对销售大区公司油品调运的影响。

关键词　车用汽油；国家标准；地方标准；油品调运；影响

1　引言

为满足汽车工业的快速发展和日益严格的环保法规对车用燃料的要求，国家分别在 2006 年和 2011 年对 GB 17930《车用汽油》进行了修订，制定了国Ⅲ、国Ⅳ《车用汽油》标准，并对各阶段的实施过渡期进行了明确规定。但随着 2008 年北京奥运会、2010 年上海世博会和 2010 年广州亚运会的召开，个别省（直辖市）纷纷制定出台了《车用汽油》的地方标准。由于同品号的车用汽油，地方标准之间存在的细微差异，给销售大区公司的油品调运工作带来了一定的影响。

2　车用汽油国家标准与地方标准间差异分析

2.1　质量指标差异分析

我国车用汽油标准的变更，主要体现在硫含量、锰含量、芳烯烃含量及蒸气压指标上。目前已经开始实施的车用汽油地方标准有北京市地方标准 DB 11/238—2007、上海市地方标准 DB 31/427—2009 和广东省地方标准 DB 44/694—2009。现就车用汽油国家标准与地方标准的质量指标进行差异比对，见表 1。

表 1　车用汽油国家标准与地方标准差异比对

质量指标 地区 差异项	国Ⅳ GB 17930—2011	京Ⅳ DB 11/238—2007	沪Ⅳ DB 31/427—2009	粤Ⅳ DB 44/694—2009
锰含量，g/L	不大于 0.008	不大于 0.006	不大于 0.006	不大于 0.008
蒸气压，kPa	从 11 月 1 日至 4 月 30 日 42 ~ 85 从 5 月 1 日至 10 月 31 日 40 ~ 68	从 11 月 1 日至 4 月 30 日不大于 88 从 5 月 1 日至 10 月 31 日不大于 65	从 11 月 1 日至 4 月 30 日不大于 88 从 5 月 1 日至 10 月 31 日不大于 65	45 ~ 60
密度（20℃），kg/m³	—	720 ~ 775	720 ~ 775	720 ~ 775
烯烃含量（体积分数），%	不大于 28	不大于 25	不大于 25	不大于 25
芳烃含量（体积分数），%	不大于 40	—	—	—
（芳烃 + 烯烃）含量（体积分数），%	—	不大于 60	不大于 60	不大于 60

由表 1 可以看出，车用汽油国Ⅳ与京Ⅳ、沪Ⅳ、粤Ⅳ的质量指标，仅锰含量、蒸气压、芳烯烃含量存在差异。其中国Ⅳ标准中未对密度进行要求，四个标准中对硫含量的要求均为不大于 50mg/kg。

车用汽油京Ⅳ与沪Ⅳ的质量指标完全相同。京Ⅳ、沪Ⅳ与粤Ⅳ之间的质量差异，仅为锰含量和蒸气压两项。其中锰含量是指汽油中以甲基环戊二烯三羰基锰形式存在的总锰含量。而控制蒸气压上限是为了减少挥发性有机化合物的排放量，控制蒸气压的下限是为了防止出现汽车在冬季时的冷启动问题。各地由于油品的生产厂家和气候环境不同，因此对这两项指标的要求稍有区别。

2.2　标准发布、实施日期差异分析

国家标准 GB 17930 于 1999 年首次发布，2006 年第一次修订，制定了国Ⅲ标准和过渡期，2011 年第二次修订，制定了国Ⅳ标准和过渡期。北京市地方标准 DB 11/238 于 2004 年首次发布，制定了京Ⅲ标准，2007 年第一次修订，制定了京Ⅳ标准。上海市地方标准 DB 31/427 和广东省地方标准 DB 44/694 均为首次发布。

由表 2 可以看出，国家标准与地方标准的执行时间相隔较大，但各地方标准的执行时间相隔均较小。

表 2　车用汽油国标、地标发布 / 实施日期比对

标　准	国家标准 GB 17930—2011	北京市 DB 11/238—2007	上海市 DB 31/427—2009	广东省 DB 44/694—2009
标准发布日期	2010–05–12	2007–07–04	2009–02–10	2009–11–04
标准实施日期	2010–05–12	2008–01–01	2009–10–01	2010–06–01
Ⅳ标准执行日期	2014–01–01	2008–01–01	2009–10–01	2010–06–01
国标地标执行时差	—	滞后 6 年	滞后 4.25 年	滞后 3.5 年

3 地方标准差异对销售大区公司油品调运的影响

3.1 标准差异对油品物流配送的影响

销售大区公司作为成品油物流体系的配送枢纽环节，必须具有快捷、高效、灵活、多变的调运特性，需要随时根据市场需求调整调运品种、变更调运流向。以中国石油天然气股份有限公司销售板块下设销售大区分公司之一的东北销售分公司为例。东北销售分公司在辽宁、吉林、黑龙江、河北、天津、山东等省市下设20家分公司，主要负责东北、华北地区13家直属炼化企业成品油资源的调配，负责东北（含内蒙东部）、华北、华东、华南等区域内中国石油销售企业所需资源的均衡稳定供应。要确保如此广阔的供应地域、如此复杂的调配流向、如此巨大的调运数量、如此多变的转运品种，都能够按计划有序进行，就要求最大限度的发挥每个收储库的功能，协调配合，稳定运作。

而满足各地方标准的特定车用汽油只能在固定区域内使用，油品的流向单一，供求数量较小。同时，各地标车用汽油，同品号油品间仍然存在质量差别，在批量接卸、储存、转运过程中，均需使用单独的收、储、出系统。这在一定程度上降低了物流配送效率，加大了配送成本，与销售大区公司快速联动、高效灵活的配送要求有所背离。

3.2 标准差异对油品调运过程中数量和质量的影响

3.2.1 标准差异对油品调运过程中数量的影响

作为流向和数量均处于弱势的地标车用汽油，在收储系统品种变更时，必然是切换管系和储罐的最佳选择。而频繁的扫线、倒罐、清罐、填线作业，会大大增加油品的储存损耗，无形中增加了储存成本。

3.2.2 标准差异对油品调运过程中质量的影响

为保证出厂油品在经过长距离的运输后，油品质量仍能满足相关标准要求，销售企业设立了专门的油品检测中心，并在拥有大型中转库的地级分公司设立了化验室，对调运途中的油品质量进行监控。但地级分公司的油品转运量大，周转速度快，因此无法对标准中要求的各项指标逐一进行检验。中国石油销售企业内部规定，车用汽油的必检项目为馏程、铜片腐蚀、芳烯烃含量、硫含量、硫醇（博士试验）、机械杂质及水分（目测），其余项目作为非必检项目，参考生产企业的出厂检测数据。地标车用汽油标准中存在差异的锰含量和蒸气压，均为非必检项目，而一般的地级分公司检测条件有限，不具备检测锰含量和蒸气压的实验设备。同时，地标车用汽油的标准很高，生产企业出厂油品的预留质量空间很小，而且作为以收储和转运为主要目的的中转库，不具备油品调和条件。因此，频繁的切换管系和储罐，为下游终端销售企业增添了很大的质量风险。

3.3 标准差异对油品销售价格的影响

对销售大区公司而言，无论是国Ⅳ、京Ⅳ、沪Ⅳ、粤Ⅳ，目前均执行国家制定的国Ⅳ车用汽油统一售价，并无价差。因此，地标车用汽油在价格上并无差异。

4 结论

由于生产厂家和地域条件不同所引起的车用汽油地方标准差异，可以通过一定的技术手段和标准范围的变更来协调，最终达到统一。标准的统一，可以为从生产源头到调运过程再到终端销售这一系列的运作，提供便利。对销售大区公司来说，更能增加调运的灵活性和便捷性，提高可操作性和可调节性。因此，统一车用汽油地方标准，将为销售大区公司的油品调运工作，带来可观的经济效益和积极有益的影响。

浅谈标准化良好行为基层队建设是企业文化的创新载体

刘爱敏　辛　伟

（胜利石油管理局电力管理总公司）

摘　要　本文主要探讨了标准化良好行为基层队建设与企业文化的关系，认为标准化良好行为基层队建设是企业文化的一种全新表现形式。简要分析了标准化良好行为基层队建设与企业文化的现状和存在问题，并提出了“把标准化良好行为基层队建设提升到企业文化建设的战略高度”等四个方面的建议。

关键词　管理创新；标准化良好行为；基层队；企业文化；选拔机制

1　引言

标准化管理作为企业的基础性管理工作，在企业生产经营中发挥了重要作用。为了充分发挥标准化工作在推动创新，促进社会经济发展中的作用，近年来胜利油田在推进标准化管理创新方面做了有益的探索。通过把先进文化理念融入到具体的管理制度中并转化为具体的行为准则和行为习惯，让文化在现场中看到，在岗位上体现，在流程中沉淀。

油田各单位纷纷以 QG/SH1020 0006—2007《标准化良好行为基层队（站）创建要求与评价》为指南，从班组做起，从各个基层队做起，从“职工之家”做起。坚持“以人为本”的管理方针，把标准化良好行为基层队建设和企业文化有机地结合起来，从油田生产、经营和服务保障等各个环节，自上而下地推行标准化管理和标准化操作，取得了明显的社会效益和经济效益。实践证明，标准化良好行为基层队建设与企业文化有着相互影响、相互依托，相互促进的关系，目前已呈现出了良性互动的局面。

2　标准化良好行为基层队建设与企业文化的关系

QG/SH1020 0006—2007《标准化良好行为基层队（站）创建要求与评价》对标准化良好行为基层队的定义是：通过运用标准化原理和方法，建立健全标准体系，配备了生产、经营等环节，严格按照标准要求实施标准化管理和标准化操作，并取得了明显成效的基层队。企业通过开展标准化良好行为基层队的创建和自我评价，要求我们每个职工通过标准培训和标准化意识教育，做到用标准规范操作、用标准规范行为、用标准规范生产现场。使职工自觉、自愿的成为标准的实施者，达到标准化良好行为基层队的目的。而企业文化是指企业在实践中，逐步形成的为全体员工所认同、遵守、带有本企业特色的价值观念、经营准则、经营作风、企业精神、道德规范、发展目标的总和。从字面上看标准化良好行为基层队建设与企业文化是企业管理中相对独立的两个方面，但它们之间有着相互影响、相互依托，相互促进的关系，主要体现在以下几个方面：

2.1 标准化良好行为基层队建设与企业文化都是以人为本的企业管理活动

QG/SH1020 0006—2007《标准化良好行为基层队（站）创建要求与评价》对适合开展创建标准化良好行为基层队的种类做了详细规定，涵盖了油田内部从事生产、经营、科研、服务等活动的最基本的行政制单位。而这些“最基本的行政制单位”的最小细胞是“人”。只有基层员工积极参与，标准化良好行为基层队建设才能有序展开，各类标准才能通过员工的严格执行来体现它的价值。

而企业文化其实也是在做人的文章，企业文化管理的核心是人本管理。不同的人，就有不同的文化；不同的企业会有不同的理念和经营哲学，就会创建出不同的企业文化。标准化良好行为基层队建设与企业文化不仅仅是外在的口号、标语或是一些管理工具和模式，而是需要全体员工共同接受和认知，使他们能从中得到明确的观念引导和行为的指导。离开了“人”这个主体，标准化良好行为基层队建设和企业文化都无从谈起。

2.2 标准化良好行为基层队建设与企业文化都以基层一线为出发点和落脚点

我们常用“上面千条线、下面一根针”来强调基层工作的重要性。基层一线职工群众作为各种活动的参与者和执行者，承载了更多的责任和义务，也迸发出了更多的激情与梦想，锤炼出了更多优秀的工人立足岗位成才。无论是我们的企业文化建设，还是创建标准化良好行为基层队，都离不开基层一线这块肥沃的土壤，各具特色的基层家文化、保障安全生产的“三标”现场无不凝聚了职工群众的智慧，基层一线成为标准化良好行为基层队建设与企业文化的出发点和落脚点。

2.3 企业文化有力地推动标准化良好行为基层队建设

美国哈佛大学的约翰·科特教授和詹姆斯·斯克特教授在《企业文化与经营业绩》一书中指出，重视企业文化建设的公司，其经营业绩远远胜于那些没有这些企业文化特征的公司。在其 11 年的考察期中，前者总收入平均增长 682%，后者则仅为 166%；前者公司净收入增长为 756%，而后者仅为 1%，这说明企业文化建设的好坏与企业业绩有着很强的正相关性。

企业发展靠管理，管理成功靠文化。企业文化的力量蕴藏在基层职工群众中，胜利油田百花齐放的基层文化、家文化、站文化为标准化良好行为基层队建设提供了有力的支撑，奠定了良好的思想基础，有力推动了标准化良好行为基层队建设的全面铺开。企业标准化，是凝练在企业内部的平衡、动态、开放的力量，这是一种企业精神的力量，是企业文化的力量。无论是基层标准体系的建立，还是各类标准的宣贯执行，都离不开企业文化的熏陶和推动。标准化良好行为基层队建设知易行难，难就难在能否在基层执行落地、深入人心。而企业文化这种无形的精神力量，成了基层创建标准化良好行为基层队的助推力，对提升企业管理水平和企业队伍建设有重要的作用。

2.4 企业文化与标准化良好行为基层队建设关键都是践行

将企业文化变成员工的信念是一项长期而复杂的工程，现在有的企业的“企业文化”仅仅作为一种工具制造出来，非但没有解放生产力，反而成为职工精神上的枷锁，企业前进中的阻力。企业文化的建设关键在践行。这是一个毋庸置疑的问题，因为得不到实践的企业文化，其结果就是企业文化成为空洞的口号，只能用来装饰门面。文化就是让大家认识上一致、行动上一致，根本一点就是要统一大家的思想，形成一个共识，最终起到一个凝聚能量、持续发展的作用。

同样，让墙上的标准走下来变成基层职工自觉执行的行为也不是单纯依靠宣贯一下标准就能解决的问题。从建立本单位主导标准、配套标准目录、到依据标准目录对覆盖所有岗位的职工进行标准培训；从岗位职工熟悉和掌握应执行的质量标准、安全操作标准及现场管理标准，到消除基层工作现场不安全隐患，消灭脏、乱、差现象，无环境污染，可以说正是这每一项细致而繁琐的践行，才促进了基层队建立健全标准体系，有效提高了干部职工的标准化意识，使职工自觉养成了管理规范化、操作标准化的良好工作行为习惯。

3 标准化良好行为基层队建设为企业文化创新了载体，是企业文化的一种全新表现形式

《山东省企业创建标准化良好行为基层队工作细则》中指出：“建立科学合理，结构配套，满足企业发展需要的企业标准体系，在生产、经营的全过程实现标准化管理”。近年来胜利油田基层单位以QG/SH1020 0006—2007《标准化良好行为基层队（站）创建要求与评价》为指南开展的创建活动，不断深化和细化了标准化管理，创新了企业文化的载体，是企业文化的一种全新表现形式。

位于渤海湾畔、黄河入海口的胜利油田作为我国特大型石油生产基地和中国石化上游的龙头企业，自1964年勘探开发会战以来，胜利人自力更生、艰苦奋斗，不仅在茫茫盐碱荒滩上建起了一座现代化的石油城，为国家创造了巨大的物质财富，累计生产原油10×10^8t、上缴利税5000×10^8元，而且创造了宝贵的精神财富，培育形成了凝聚人心、催人奋进的“胜利文化”。胜利油田地广人稀，许多作业队、基层队都远离市区和生活区，条件极为艰苦，有些基层队职工每半个月才能回家一趟。就是在这种枯燥艰苦的条件下，基层职工立足岗位，在平凡的劳动中提炼出了“家文化”、“钻头文化”、“大北文化”等一系列催人奋进、凝聚人心的企业文化，广大职工迸发出了扎根荒原、无私奉献

的豪情。

胜利油田在“从胜利走向胜利、从创业走向创新”的过程中不断深化精细管理，在基层单位开展了以“达标、创优、争银、夺金”为主体的基层创建活动，特别是在基层一线开展的标准化良好行为基层队创建活动，作为企业文化的一脉新枝，创新了标准化管理模式，渗透着企业文化以人为本的实质，更加丰富和完善了企业文化的内涵，为企业文化注入了新的内容和活力。在标准化良好行为基层队创建过程中，基层单位纷纷借助本单位已有的企业文化这个平台，依靠企业文化无形的力量增加职工的对创建活动的认同感，调动每个职工的生产积极性，着力增强基层班组的凝聚力。通过每个基层队、每个班组、每名职工的参与，从而加强了工作现场管理，消除了现场安全隐患，提高了职工执行标准的自觉性，体现了集体的智慧和价值，激发了职工对集体的热爱，很好地实现了企业文化向现场专业工作的渗透和转换。因此，作为企业文化的一种全新表现形式，标准化良好行为基层队建设创新了企业文化的载体，丰富了企业文化的内涵，使得标准化理念渗透到了基层工作现场的每个环节和细节之中，让标准化在现场中能看到，在操作上能体现。

4 标准化良好行为基层队建设与企业文化的现状及存在问题

胜利油田在50年的勘探开发建设过程中，形成了深厚的文化积淀，企业文化枝繁叶茂，强大的企业文化为打造胜利铁军源源不断地输送着精神力量，对油田持续有效和谐发展、增强企业核心竞争力，具有十分重要的推动作用。在当前集团公司颁布《企业文化建设纲要》的新形势下，企业文化建设被提升到了新的战略高度，企业文化建设面临着新的机遇和挑战。我们要对胜利文化和单位子文化进行梳理整合，既要体现胜利文化的统一性，又有各具特色的多样性，既发挥好“中国石化”的品牌效应，又要以“胜利油田”这块金字招牌为统领，持续深化胜利品牌建设。

标准化良好行为基层队建设作为胜利企业文化的一脉新枝，焕发着蓬勃的生机，为油田的生产经营建设提供了科学化、规范化、系统化的管理和秩序井然的生产现场。标准化良好行为基层队建设为企业文化注入了新的活力，成效已初见端倪。但也存在以下几方面的问题：

4.1 标准化良好行为基层队建设与企业文化存在“两张皮”现象

在实际工作中，有的单位标准化良好行为基层队建设与企业文化建设没有有机融合，技术人员埋头干标准化，宣传和工会系统的人员埋头开展企业文化，出现了各自为政的“两张皮”现象。特别是有些单位的管理层“各自为阵”，不能把油田组织的各项活动有机结合起来，该现象不利于标准化良好行为基层队活动的开展，会导致基层队浪费精力、增加迎检负担。其实，制定的技术标准和管理标准往往以企业文化主导思想为指导，渗透着企业文化的精神，反过来还服务于企业文化建设，实现了“从文化中来、到文化中去”。由于两者之间的脱节，不利于创新、丰富和完善企业文化的内涵。

4.2 标准化良好行为基层队建设流于形式

从油田开展标准化良好行为基层队创建活动以来，有很多基层队以QG/SH1020 0006—2007《标准化良好行为基层队（站）创建要求与评价》为指南，开展了卓有成效的活动，建立健全了标准体系，打造了许多“三标”现场。但也存在有的基层队将创建活动流于形式，存在应付上级考核验收的侥幸心理，编制的大量标准化文件停留在纸上，没有变为现场的执行力，标准化意识和操作水平整体较低。

4.3 标准化良好行为基层队建设的宣贯力度不够

“从创业走向创新，从胜利走向胜利”的新时期胜利精神相信每个胜利人都耳熟能详，这得益于胜利企业文化通过电视、报纸、杂志、网络等媒体的大力宣传和渗透。而标准化良好行为基层队建设的宣贯无论从深度还是广度上都还存在较大差距。如何借鉴企业文化宣传的经验，让基层职工建立标准化意识和良好的标准化行为，增强基层单位创建标准化良好行为基层队的荣誉感和自豪感，还有很多课题值得大家研究。

4.4 标准化良好行为基层队质量良莠不齐

由于基层单位的工作性质、工作环境存在着不同程度的差别，另一方面创建标准化良好行为基层队的力度、职工对该活动的认知和接受能力的不同，都导致参评基层单位的水平良莠不齐，有的单位只讲数量、不顾质量，特别是有的标准化良好行为示范队没有起到应有的示范效应。

5 几点建议

为更好地发挥标准化和企业文化在生产经营中的作用，我们应从以下几方面积极探索新形势下标准化良好行为基层队建设与企业文化建设的新课题。

5.1 把标准化良好行为基层队建设提升到企业文化建设的战略高度

标准化良好行为基层队建设如果没有企业文化的指引和支撑，就会迷失方向和缺乏持续前进的动力。要围绕“百年创新，百年胜利”的共同愿景，把标准化良好行为基层队建设提升到企业文化建设的战略高度来抓。我们要对标准化良好行为基层队建设进行运筹谋划，制定完善标准配置、标准宣贯、标准执行以及标准监督检查在内的企业标准化体系，使标准化良好行为基层队建设搭上企业文化建设的战略快车，把先进文化理念深植到职工的思想中，化标准文本为行动，化理念为实践，促进油田生产经营健康发展。

5.2 强化学习培训，培养一批标准化管理骨干队伍

目前，有的基层队标准化意识较低，凭个人经验操作的现象还时有发生。还有的单位存在着标准化说起来重要，忙起来不要的现象，使得标准的宣贯、执行有名无实。因此，我们要加大基层标准化工作投入力度，不断强化标准化管理骨干队伍建设，充实基层标准化岗位的人员。通过举办标准化学习班、组织优秀人才参加标准化检查员培训和考试等多种形式，培养企业标准化骨干队伍，提升骨干人才整体素质。同时要加强对基层干部特别是班组长这些“兵头将尾”的标准化培训，使标准化良好行为基层队建设工作始终保持生机活力。

5.3 加快信息化建设进程，打造标准资源共享的信息平台

现代企业管理中，信息化管理已成为企业管理的重要手段之一。要加快信息化建设的进程，充分发挥信息化管理的优势与长处，建立健全信息化管理平台，及时将最新的各专业的标准化信息传递到基层，使基层单位实现标准信息资源共享，有利于全面提升基层整体管理水平。

5.4 打破名额制，实行强中选优的选拔机制

给各单位分配标准化良好行为基层队或者示范队名额，初衷是为了更好地全面促进和鼓励各单位将标准化良好行为基层队创建活动开展好。但是由于各单位在标准化管理工作上存在不平衡现象，导致有些标准化工作开展得好的单位由于名额有限，大批的基层队得不到推荐上报，而有些标准化工作开展相对薄弱的单位由于有上级分配的名额，出现了“矬子里拔将军”的现象，导致参评的基层队水平良莠不齐，在一定程度上挫伤了一些基层队的创建热情。因此，应打破原有的名额制度，建议实行强中选优的选拔机制。

6 结束语

胜利油田以建立现代企业制度为目标，不断完善和调整油田管理体制和运行机制，创新标准化管理模式，形成了有胜利油田特色的制度规范和管理模式。这些特色制度和经验做法，体现了胜利油田独特的生产经营方式和工作方式，体现了胜利文化的本质内涵。把胜利文化的价值理念融入到油田的标准化管理之中，真正变成企业和职工的行为规范，推动制度创新，提升了管理水平和工作水平。

规范油田地面工程基础信息网络实现系统资源优化整合

倪 瑛

（大庆油田有限责任公司第六采油厂）

摘　要　随着“数字化油田”建设的逐步深入，油田地面工程管理将更趋向于科学化、现代化、合理化。本文应用系统工程理论、目标管理法等现代化管理方法，优化整合油田地面工程基础信息，建立起一套规范的地面工程基础信息网络系统。该系统的建立将为规划设计、领导决策生产及其他业务部门提供及时准确的第一手资料。

关键词　建立地面基础信息网络；优化整合；系统资源的应用

1　引言

随着油田管理“数字化”、“科学化”的不断深入，在如何降低加密井网地面工程投资，油田老区如何挖掘系统潜力、节能降耗、优化设计、延长地面设施使用寿命等问题上，对地面工程系统提出了更高的要求，为使地面管理工作更好地融于生产管理、规划设计之中，形成一整套自己的管理体系，我们借鉴原有的地面系统静态、动态数据库的管理办法，建立和完善了地面工程基础信息系统现代化管理体系，使其为生产服务、规划设计提供可靠的设计依据，为领导决策生产提供及时准确的第一手现场资料。基于这个目的，我们建立了包括站（库）各系统设备台账、站（库）主要工艺流程图、站（库）建（构）筑物平面布置图、各站道路巡线图及所辖间的平面位置示意图等相关数据为基础的地面工程信息网络系统。现已完成的该地面工程基础信息网络系统，其友好的界面设计，方便、快捷的查询方式，为厂、矿各相关科室提供了及时、准确的基础资料，该信息系统网络基础工作的建设，即以系统图幅为基础，各系统相关生产数据为辅的统一标准规划的应用，真正做到了资源共享、整合发展的“科学化管理油田”的新管理模式，为全面提升地面工程系统管理水平起到了重要作用，通过三年多的运行，效果显著，具有较好的推广价值。

2　系统化、目标化规范标准的应用

为了更好地开展地面工程管理工作，本着“以经济效益为中心，节能降耗为宗旨”的原则，我们把地面工程基础信息管理工作作为一个系统工程来管理，网络系统目前已运行的地面工程静态、动态数据库，主要以生产运行数据为主，而对各站（库）的建（构）筑物、设备、容器现状及目前存在状况没有体现出来，这就给地面工程工作带来了许多困难。地面基础信息网络系统的建立不但弥补了静、动态数据库在这方面的不足，而且还使地面工程工作避免了由于人员调动，现场状况重复调查影响工作效率的弊端，通过运用系统工程法、目标管理法等规范化管理，取得较好的社会效益。

2.1 配套应用现代化管理方法确定地面基础信息网络系统方案

配套应用现代化管理方法的过程，是由系统设计、优化实施、控制等一系列工作环节构成的规划设计应用管理方法的模式，我们主要从以下几方面进行系统分析的：一是应用管理对象分析，应用系统观点分析全矿地面工程及矿区现状网络信息开发方案设计所需的外部环境，内部条件，找出存在问题，明确方案设计所要达到的目标。二是管理工作系统分析，找出存在问题和需要解决的办法。我们对全矿地面工程及矿区基础信息网络系统开发方案设计所需的各种数据源进行分析，按照行业标准进行设计，从而形成一套行之有效的现代化管理模式。三是管理方法系统分析，对拟采用的现代化管理方法，我们对其应用范围、应用条件和实施步骤进行认真分析，并对各种办法的内在联系和配合方式进行研究，确定出主体方法、辅助方法，明确出方法间的“分工协作”关系。在此基础上我们把地面工程基础信息网络图幅设计工作、管理工作和采用方法联系起来，从提高地面工程管理水平为出发点，确定出配套应用现代化管理方案。

2.2 以系统工程为核心，配套应用目标管理方法、计算机网络技术确保地面工程基础信息网络系统方案的实施

(1) 应用工程系统理论对全矿地面工程和矿区现状进行系统分析、系统规划，系统建立流程如图 1 所示。

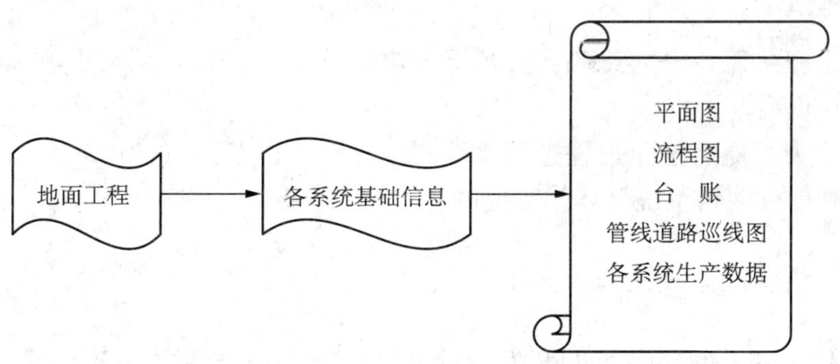

图 1　地面工程基础信息网络系统流程

(2) 对地面工程基础信息网络系统中实现所涉及的技术性难点，应用计算机网络技术开发解决，真正达到了系统设计要求的目标。

(3) 针对方案设计中的关键要点“数据源”问题，应用目标管理方法加以实施控制，以保证方案设计的准确性。

配套应用现代化管理方法系统运行图如图 2 所示。

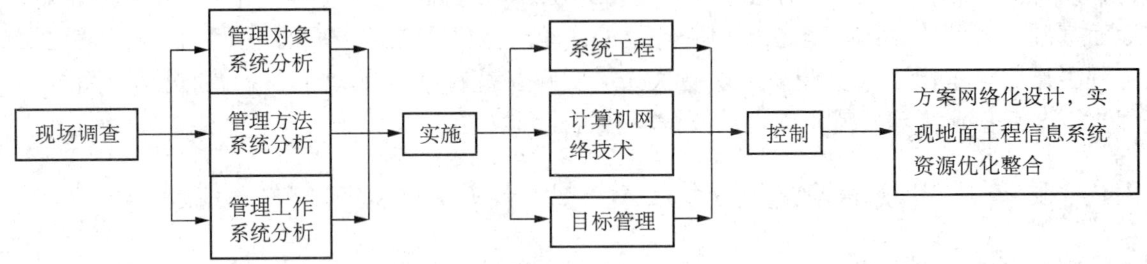

图 2　配套应用现代化管理方法系统运行图

3　优化系统基础信息应用方案的实施

3.1　系统目前现状

2001 年我矿成立了地面工程领导小组并建立了地面工程生产静、动态管理系统，在过去的几年时间里，该管理网络为我矿的地面信息系统建设工作做出了突出贡献，但该组织结构没有行使地面工程管理的职责和能力，在地面工程管理方面还存在着许多问题：

（1）没有像油藏工程系统那样的一套动态的、不间断的信息渠道。很多时候，一些重要的基础资料都是靠临时突击调查完成的，这样的数据是不准确、不可靠的，严重影响了我厂地面工程生产管理，规划设计的工作质量。

（2）地面各系统的生产运行、基本建设施工中缺乏技术管理。地面工程系统存在的问题和矛盾反映不出来，或深度不够，影响了节能降耗措施、方案的实施效果。

（3）在地面工程系统，科技向生产力转化力度不够。生产单位缺乏技术管理人员跟踪现场试验的全过程，以至新工艺、新技术、新设备的推广应用难度大。

（4）地面工程队伍技术力量薄弱。基层单位缺乏地面工程知识，影响了上报资料的准确性、合理性、规范性。

综上所述，为了提高地面工程管理水平，建立一个以各站（矿区）现状为主，其相关信息为辅的基础信息网络系统是非常必要的。

3.2　系统分析与设计

地面工程基础信息网络系统的开发设计，其配套关键技术之一就是网络技术的应用，利用网络来实现地面工程基础信息的图幅规划设计、传输、查询、实施应用。

3.3　系统结构

该系统主要由油田生产指挥图（包括全矿主要道路、站间平面布局、干线规格走向、排水方向等），站（库）各系统主要流程，站（库）建（构）筑物平面布置图，台账，管线道路巡线图，排水图，采暖图等构成。

3.4 系统目标管理控制

地面工程基础信息网络系统建立之初，我们借鉴了以往地面工程生产静态、动态数据库管理经验，并结合油田生产实际，即从小队各站数据源做起，形成厂、矿、队三级管理制度，层层把关，制定严格的出图、维护、查询权限办法，以确保地面工程基础信息网络系统的准确性、时效性。

在目标确定时，为保证目标的准确性、时效性，主要遵循以下几条原则：

（1）以科学的现代化管理为基础。

（2）以现有的网络能力和技术力量为条件。

（3）以上级计划和地面工程现状为依据。

（4）以理论和实际相结合。

（5）以信息方案的准确、及时为宗旨。

地面工程三级管理模式，形成地面工程基础信息网络系统与地面数据库有机结合的完整的管理体系。工作上以宏观的规划管理为龙头，以微观的地面工程技术管理为基础，二者有机结合，形成包括生产运行管理和基本建设管理的地面工程综合管理体系，实现规划、设计、施工、生产运行全过程管理。

管理目标：通过地面工程基础信息系统规范化、系统化管理，提高了日常生产管理的技术含量，确保地面系统安全、低耗、经济运行。

4 地面工程基础信息网络系统主要内涵

地面工程基础信息网络系统主要分三大类（联合站、转油站、矿区建设）、七大系统（油系统、注水系统、污水系统、供配电系统、气系统、排水系统、道路系统），每个系统由平面布置图、流程图、设备表、一表台账、巡线图、清水、采暖等组成。

为保证我厂地面基础信息网络系统建设工作有序、稳定、长期、有效地运行，我们地面工程管理人员对小队、矿区的现状进行了详细的调查，最后制定出分级调查，统一管理，统一维护的运行管理机制，即由矿大队地面工程组组织，各小队配合勘查现状，地面工程组统一出图、管理、维护的分级管理机制，具体工作流程如图 3 所示。

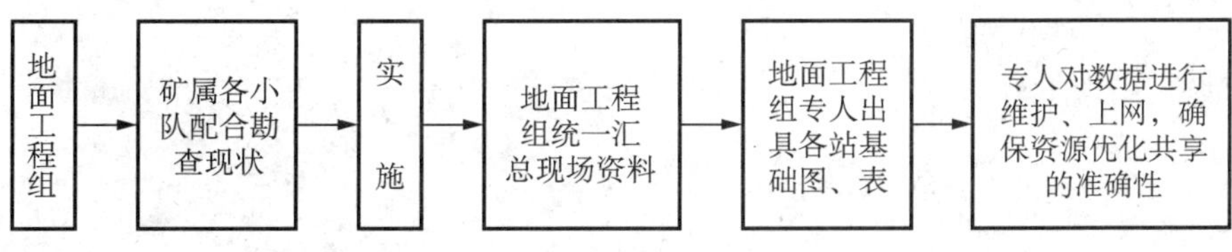

图 3　地面工程基础信息网络系统具体工作流程

5 评价

（1）地面工程基础信息网络系统的建立，使地面工程管理人员在今后的矿区改造、生产维修和领导决策生产等方面，减少了工作难度及工作量，提高了工作效率；同时也使数据库在规范性、合理性及可用性有了很大提高，为实现科学管理油田提供了技术储备。

（2）现代化管理的配套应用，提高了地面工程基础信息网络系统方案设计水平，使全矿地面工程管理上了一个新台阶。

（3）拓宽了地面工程管理思路，充分利用计算机网络这一现代化管理工具，使整个系统在方案设计，查询，维护实现网络化所形成的系统数据可作为永久资料，减少每年因涉及某项改造而造成重复调查，减少劳动强度，同时也减少人为因素造成的误差。

（4）地面工程基础信息网络系统在研发过程中，我们本着系统应满足灵活性、方便性、可扩充性、维护及时性等特点出发，每套图表的现状随着改（扩）建时期的不同而发生相应变化，使其在点击某站有关信息时，以上数据一目了然，这样就大大缩短了现场调查，领导决策及方案实施时间。

6 结论

（1）随着该系统的不断完善和应用深入，此系统在油田生产及矿区建设管理中将发挥不可估量的作用，同时也将促进地面工程管理水平的进一步提高。

（2）管理就是效益，管理就是速度，管理就是企业的生命力，通过规范标准并应用现代化管理方法在地面工程基础信息网络系统中的配套应用，使我们深深体会到信息时代的高速发展给企业管理带来的新的生机活力。

（3）通过管理现代化的方法充分在地面工程基础信息网络系统管理中的运用，使我们开拓了地面工程管理新思路，形成了系统资源的优化整合新框架的新管理模式，为管理现代化油田闯出了一条行之有效的崭新道路。

滩涂地区变电站事故处理的标准化

强建云　闫瑞江　陈　旌　张金梅

（胜利石油管理局电力管理总公司）

摘　要　变电站事故处理是变电运行管理工作的重要内容之一。通过对几年来部分变电站反事故演习结果的统计分析来看，变电站事故处理方面还存在着对后台报文不熟悉、汇报不够准确、事故处理时间长、处理流程不顺畅等问题。因此，改进事故处理的方法和步骤十分必要。通过实施变电站事故处理的标准化，可确保在变电站设备发生事故时，做到及时发现设备故障原因，正确判断故障的准确部位，采用正确的处理方法，迅速果断地处理事故，防止事故进一步扩大，保障变电站设备的良好运行和值班员的人身安全。

关键词　技术标准；综自站；事故处理标准化

1　事故处理标准化实施的原因

电力管理总公司河口供电公司成立于 1998 年 2 月，设有 4 个办公室、8 个基层队。公司所辖电网横跨 2 县 1 区 16 个乡镇，覆盖面积达 5000 多平方公里，管理着 4 座 110kV 变电站、8 座 35kV 变电站、10 座 35kV 临时变，高压配电室 31 座、配电变压器 310 台，6kV 至 110kV 输配电线路 90 条，700km，担负着河口油区的原油生产和城区的生产、生活供电任务，电网最高负荷 89MW，年转供电量约 6.1×10^{8}kW · h。

在电力系统运行中，变电运行主要担负电网运行管理、倒闸操作和事故处理等工作任务。每个值班员是保证电网安全运行、稳定运行和经济运行的直接执行者。在电网运行中，任何不规范的行为，都可能影响电网安全、稳定运行，甚至酿成重大事故。如果变电值班员在执行中发生误判断，就有可能造成设备维护管理、保护误动或拒动，甚至酿成电网事故，将会给家庭、企业和社会带来不可估量的经济损失和社会影响。

近年来，随着变电所不断改造，滩涂地区变电站由常规变电站改造为综合自动化变电站，每个站模块型号、报文都不一样，再加上近两年新转岗人员增加，培训工作有时跟不上，造成有的值班员对综自后台报文一知半解，对事故发生时的事故报文理解不透彻，当事故发生时容易出现手忙脚乱的现象，造成误判断、误汇报，因为处理不当扩大了停电范围，造成了不可估量的经济损失。

从图 1 中可以看出设备的更新（由常规变改造为综自变），人员对设备不够了解、培训工作跟不上成为影响事故处理水平低的主要原因。

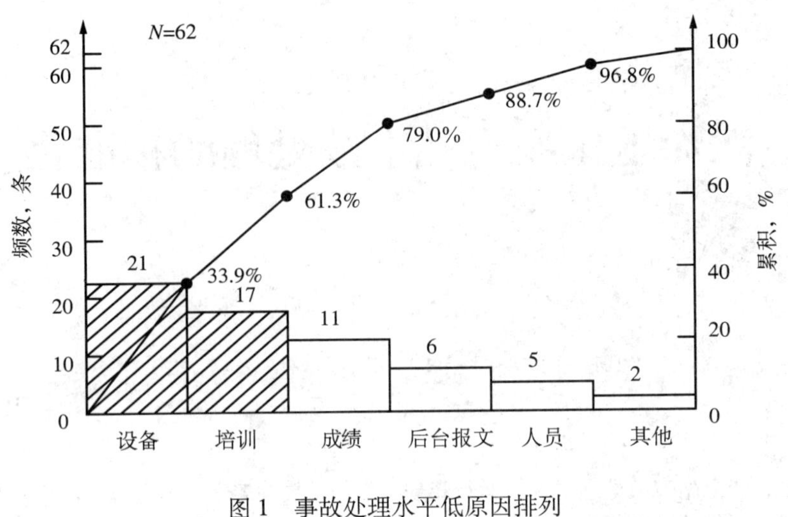

图 1　事故处理水平低原因排列

2　事故处理标准化实施的目的

事故处理标准化实施的主要目的就是提高变电所值班人员事故处理正确率和及时率，提高变电所值班人员的危险预控能力，实现全年零事故、零违章的安全生产目标。

3　事故处理标准化实施的形式

每个值班员是保证电网安全、稳定和经济运行的直接执行者。在电网运行中，任何不规范的行为，都可能影响电网安全、稳定运行，甚至造成重大事故。而综自变电站事故处理标准化，可以减少设备维护管理不到位、保护误动或拒动等情况的发生，进而避免引起误操作。综自变电站事故处理标准化形式主要体现在四个方面：

3.1　口述的特色形式

培训老师将根据自己在综自站实际工作中事故处理积累的工作经验而有针对性的选择实际案例作为授课的课题。授课时要制定出授课教案，课程内容要符合综自站事故处理的特点，将需要培训的各站人员集中在一起培训，现身说法，或采用演讲的形式进行技能培训。培训老师在培训中适时地提问让学员大声回答，或进行小组讨论，以提高事故处理的水平。此外，技师下到各个变电所，根据各个综自变电所的实际运行方式、设备及模块的特点，现场讲解，并对运行人员在实际工作中遇到的疑难问题进行相应解答，形成吸收、反思、互动、共享的学习模式，如图 2 所示。

图 2　技师下站现场讲解实际工作中的疑难问题

3.2　文字版本的特色形式

首先，各综自变电站要选送编写文字版本的人员，选送的人员必须有事故处理的工作经验，熟悉本站设备和变电运行规程，选定好每个事故处理的课题，所选课题以变电所中经常发生的事故为主，内容包括：事故时的现象（现象要依据发生事故时的后台报文）、原因、处理事故的过程等内容。后台报文信息要按照模块的厂家进行分类，比如：南自模块、南瑞模块、广域模块的报文信息要有所区别，不能千篇一律。在编写文字版本的过程中务必使每个人都发言，发言后提出各自的疑问和观点，经过讨论删除误判断的、不重要的报文，保留重要的报文。此外，处理潜在危险的事项，总结点评各站的课题并加以修改和补充。对于事故处理中存在的危险点，要求每个人提出这些危险点的预防方法。针对危险点，要求每个人都能就具体的危险因素提出应采取的个人防护措施、安全注意事项和危险发生后的应急措施。最后，进行对本次课题的危险点、控制措施和紧急处理方案进行归纳总结，最后存档，打印出来。现在运行队的每个综自变电站都有事故处理的一个标准化模板手册，模板手册的运用便于值班人员学习事故处理，在处理事故及异常的实际工作中起到了重要的指导作用。某综自变电站事故处理手册如图 3 所示。

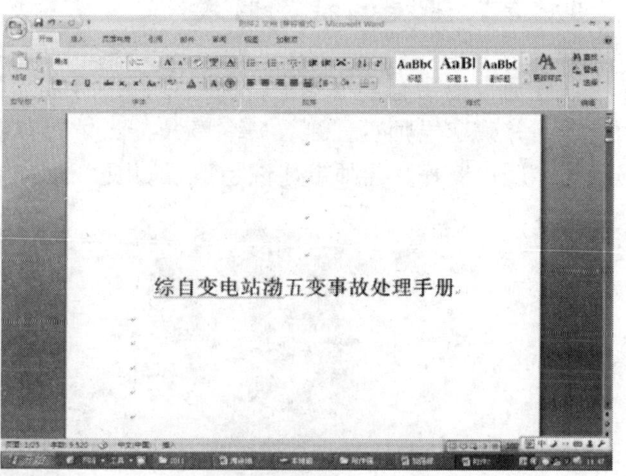

图 3　某综自变电站事故处理手册

3.3　多媒体的特色形式

各站的技师和金牌工人将事故处理的案例做成幻灯片、视屏等形式发送给各个变电所，各个站成立空中课堂，供各个站值班人员学习，丰富多彩的多媒体的讲解工具，会刺激学习人员的感官，也可以激发学习人员的学习热情，提高事故处理的技术水平，取得了非常好的效果。多媒体课件如图 4 所示。

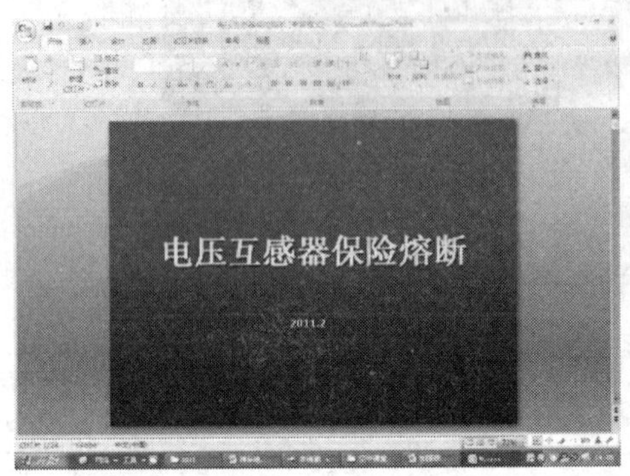

图 4　空中课堂多媒体课件

3.4　导师带徒的特色形式

导师带徒要有学习笔记，由技术好、有实际工作经验的人员对技术比较差的人员进行指导，并确定导师责任制。一名高技能人才可以指导一名或多名员工，如金牌工人 1+1 活动等，反映良好。导师带徒现场学习如图 5 所示。

图 5　导师带徒现场学习

根据人员学习的情况、季节的变化特点，如雷雨季节注意系统接地，电压互感器等事故及异常现象、各站设备的薄弱环节等，有计划的组织出题并进行考核，对成绩优异的人员进行奖励。这样既可以带动人员学习的动力，还可以提高人员事故处理的技术水平。

4 事故处理标准化实施的效果

在运行管理方面，完善了事故处理工作流程，事故处理的现场管理水平和工作的效率都有了较大的提高。潍涂地区几个综自站事故处理完成的工作量的对比见表 1。

表 1 综自站事故处理时间对比

事故及异常	渤五变	渤三变	义一变	基地变	大一变	大王变	合计
2009 年次数	27 次	26 次	20 次	12 次	42 次	17 次	144 次
事故判断时间，h	6.7	6.4	5	3	10.5	4.2	36
2010 年次数	31 次	21 次	24 次	16 次	71 次	20 次	183 次
事故判断时间，h	3.6	2.5	2.8	1.8	8.3	2.3	21

从表 2 可以看出：2010 年比 2009 年发生的事故多，反而用的时间少，节约了事故处理时间约 15h，减少了因停电造成的原油生产损失。

在经济和社会效益方面，在人员和设备上避免了不必要的投资浪费，减少和预防了重大事故的发生。以 35kV 渤五变为例，在进行倒负荷的操作中，值班人员根据主变定值的计算，发现倒负荷后主变所带负荷过高，并及时上报，避免了主变过流事故的发生。基地变在全站失电时，值班人员及时发现三基线遥信、遥测不上传（根据事故处理手册的报文现象），并及时制定了紧及处理方案，避免了三基线甩负荷的事故。渤三变在系统接地和 PT 保险熔断事故同时发生时，值班人员准确的判断，及时进行上报和有条不紊的处理，先处理接地故障，待接地消失后，再处理 PT 保险熔断事故，避免了接地情况拉合 PT 刀闸重大事故的发生，保证了人身和设备的安全。

通过实施综合自动化变电站事故处理标准化，使事故处理流程规范有序，事故处理停电时间明显缩短，变电站值班员的工作效率和技术水平有明显提高，职工的责任和安全意识明显增强，综自变电站事故处理标准化管理水平有了大幅提升。

参 考 文 献

[1] 盛树仁，韩以俊，林修齐，等. 全面质量管理基本知识. 北京：科学普及出版社，1986

[2] 刑文英，陈泓源，等.QC 小组活动指南. 北京：中国社会出版社，2003

[3] 周文. 变电站事故及异常处理的一般原则. 农村电工，2010（01）

[4] 肖信昌，王启光. 变电站事故处理技术. 黑龙江电力，2002（01）

标准化工作及良好行为示范队在油田生产经营管理中的作用探讨

商同林

（胜利油田分公司河口采油厂）

摘　要　本文介绍了对“油田标准体系”和“标准化良好行为示范队”的理解及标准化工作对于油田生产经营管理的重要意义，创建标准化良好行为示范队活动对油田基层作用的探讨，旨在提高油田基层单位对标准化工作的认识，增强做好油田基层管理标准化工作的信心。

关键词　标准化；示范队；油田；生产管理；作用

1　引言

标准化是油田生产经营过程的一项综合性技术基础工作，也是一项系统工程。制定、实施标准的活动贯穿于油田生产和经营管理的全过程。油田的生产经营离不开资金、物资、基础设施、设备和人才，但仅有这些硬件，没有与其相配套的软件，油田的生产经营活动是无法正常进行的。这好比一台电脑，只有硬件而没有软件，电脑是无法工作的，或者硬件水平相同的电脑，但安装不同版本的软件，那么电脑的功能相差就会很大了。油田的标准化工作就像是电脑的软件，标准不同，标准化管理水平就不同，油田的生产和经营管理水平也就不一样，因此，油田标准化水平在一定程度上代表了油田精细化管理水平。

油田标准化管理，就是运用标准化的手段和方法组织生产经营活动。油田的各项管理——人力资源管理、财务管理、质量管理、环境管理、安全职业健康管理等无一不是这样一个过程。例如，油田部分单位建立质量管理体系，首先是根据保证产品质量的需要制定质量管理体系文件——管理手册、程序文件、作业指导书等，这些文件都可以看作是标准，所以制定规范性文件的过程就是制定标准的过程。然后，各相关生产部门必须按规范性文件实施和检查，并不断地进行持续改进。目前油田开展的质量、环境、安全职业健康管理都是标准化工作在这些方面的具体体现，是标准化工作的重要组成部分。

2　对“油田标准体系”和“标准化良好行为示范队”的理解

（1）油田标准体系是在油田范围内所执行的各类标准按其内在联系形成的科学有机整

体。举例来说，油田的技术标准体系的形成，它是原油生产过程所需要执行的地质开发、原材料要求和设备、工艺、检验检测、储运、交付、售后服务等环节需要执行的技术标准以及在生产过程中涉及的环境、安全、能源、信息等技术标准的集合。这个集合不是把这些标准胡乱地堆放在一起，而是按其内在联系科学合理地排列，形成有机的整体。在油田标准体系中，其基本单元是标准，是油田应执行的标准，包括油田直接采用的国家标准、行业标准、地方标准和企业标准，以及必要时采用的国际标准和国外先进标准（例如技术引进项目所用的标准，含国外公司标准）。

（2）油田标准体系是一个“有机整体”，油田标准体系既包括技术标准体系，也包括保证技术标准得到实施的管理标准体系和工作标准体系。“有机整体”包括标准体系中的标准子体系之间、标准之间的内在联系。在一阶段时间内应相对稳定，随着科学技术发展，生产技术创新又要不断发展完善。

（3）油田的标准化良好行为示范队怎样才是“良好”？油田基层单位按照体系标准的要求，运用标准化原理和方法，建立油田基层单位自己的标准体系，生产、经营等各环节实行了标准化管理，并有效运行，取得了明显的效益。也就是说，油田基层开展标准化良好行为示范队是通过建立健全以技术标准体系为主，以管理标准体系和工作标准体系相配套的自身运行标准体系，并在生产、经营管理中严格实施，由油田基层单位自我评价该标准体系的符合性、有效性，使整体基础综合管理水平有所提升，达到精细化管理的目的。

3 标准化对于油田生产经营管理的重要意义

在市场经济环境下，油田的生存与发展需要依靠市场竞争力。只有认识到标准化在提高油田竞争力方面的作用，油田才会对标准化工作给予重视，才能在生产经营中自觉运用标准化手段，以适销的产品和良好的服务最大限度地占领市场。

3.1 标准化是油田组织生产，提供服务的重要前提

整个油田中不论是生产单位还是服务单位，其生产和服务是建立在先进技术、严密分工和广泛协作的基础上的。油田的生产或服务往往涉及许多生产环节和服务提供环节。为确保生产过程中技术的相互衔接、管理上的协调一致，必须制定共同遵守的各类标准作为组织生产、提供服务的依据。油田标准化工作就是把整个生产、服务程序衔接起来，并确保符合国家法律法规、强制性标准的要求。使各项工作有章可循，有法可依。

3.2 标准化是油田进行技术开发、技术改造，提高市场竞争力的重要途径

油田的生命力在于不断地技术创新，但是一项科研成果要变成物质形态的生产力，还要经过一定的转化过程。加快新技术的推广和应用，使之较快地应用于生产，需要把新材

料、新工艺、新技术制定为标准并加以实施。这个转化过程一般要经过研究开发（技术改造）——制定或修订标准——实施标准的过程。标准化是培育油田竞争力的基本功，是连接科学技术和生产实际的桥梁。先进的技术标准、管理标准是先进技术和先进管理思想、先进经验的结晶，油田为满足生产过程对各流程环节的技术性能、服务质量的要求反复修订标准，必然能促进新技术的发展。

我们在生产过程中，对采油工程、地质开发、工艺技术、监测数据等都要用一系列指标表示。整个生产过程通过研究设计、技术改造的过程形成，根据指标要求提出所需原材料标准、生产工艺文件、操作技术规范，这些技术文件就成为组织生产必不可少的条件。油田应用简化、通用化、系列化、组合化等标准化形式对于提高油田技术创新能力、开发新产品有很大帮助。

3.3 标准化是实现油田科学管理的基础

油田的科学管理是实现油田现代化的重要内容之一。科学管理的创始人泰勒早在 70 多年前就曾说过："正像当年工业革命中引进机器一样，引进科学管理必将结出丰硕之果。"他的预言早已被历史所证实。从泰勒开始，把标准化引进了科学管理中。他把"使所有的工具和工作条件实现标准化和完美化"列入科学管理四大原理之首，后来他又进一步重申"使所有专业工具、设备以及工人操作时的每一个操作都达到标准化。"

科学管理发展到今天，尽管它的理论、方法和手段乃至管理的对象都发生了许多变化，但是始终没有脱离标准化。目前戴明管理模式，即 PDCA 模式普遍应用，标准化完全符合这一模式。标准制定—标准实施—标准实施的监督检查—标准复审的螺旋式循环过程完全符合 PDCA 的"策划—实施—检查—改进"的循环过程。我们认识到，标准是先进技术和管理经验的载体，为管理提供了具有约束力的规范，是全体职工必须遵守的准则；标准的实施和监督为油田建立起自我约束机制；标准化还为油田的信息化管理创造了条件，现代化生产中推行的计算机辅助设计、资源管理系统、办公自动化管理系统、产品编码系统等都必须以标准化为基础，没有标准化就不可能运用信息技术。标准化与信息化的结合，将大大推进油田现代化管理进程。

3.4 标准化是油田保障安全生产、维护职业健康和加强环境管理的重要措施

安全生产、环境保护、职业健康、节能减排不仅直接影响油田的生存和发展，而且越来越成为社会关注的焦点。国家制定了劳动法、安全生产法、环境保护法等法律法规，并制定了许多这方面的国家标准和行业标准。在油田生产经营过程中因为充分认识和贯彻实施了国家法律和相应行业标准，因此油田的企业标准也能防止生产过程中的各类事故，减少职业危险，创造良好的工作环境，保护社会环境。一次违章操作、一次污染都有可能造成人身伤亡和巨大的财产损失。安全、环境、职业健康标准的制定和实施为生命财产和环境保护提供了重要保障。

3.5 标准化是油田应对技术壁垒、扩大贸易的手段

标准不仅是油田组织生产的前提，还为促进外创市场，扩大走出去战略提供技术支撑。只有制定出高水平的油田标准并积极采用国际标准和国外标准才能参与国际市场竞争。

标准是连接国内市场和国际市场的“技术平台”，在国际市场竞争中发挥着两种功能：一是推动国际贸易的发展。采用国际标准和国外先进标准是国际贸易市场准入的最主要的标准化战略，被誉为对外贸易的“技术外交”和共同语言。采用国际标准和国外先进标准可以大大简化贸易买卖合同确定商品质量的方法，而且为解决国际贸易纠纷创造公平的条件。二是设置技术性贸易壁垒。制定苛刻的技术标准、卫生安全标准、包装和标签规定以及强制性的技术法规是当今世界设置非关税壁垒的重要手段，油田在国际化经营过程中只有以更高水平的标准化手段才能有效应对名目繁多的技术壁垒。

4 创建标准化良好行为示范队活动的作用

树立与市场经济相适应的油田标准化观念，运用标准化原理与手段，促进油田技术进步，提高产品质量和工作效率，降低消耗是油田标准化工作的长期任务。如何推进油田标准化工作呢？开展以建立健全标准体系为内容的标准化良好行为示范队活动，是有效的标准化工作模式。开展标准化良好行为示范队活动，建立标准体系有什么作用呢？

4.1 理顺标准关系，建立科学、系统的油田基层标准体系，以指导生产和经营管理活动

由于生产、经营管理需要，油田内部单位必然存在大量的标准、规范、程序、工艺卡、指导书，还有大量的管理标准或管理制度和作业标准，这些标准各自应归在哪一方面？相互之间是否协调统一？是否都适合油田基层生产管理需要等？这些都需要运用系统管理的原理和方法将相互关联、相互作用的标准要素加以识别，建立科学的、清晰的、系统的油田基层标准体系，对指导油田基层生产和经营管理起到很大作用，标准化良好行为示范队活动的开展为基层理清了管理的脉络，提供了技术的支持，工作流程的优化，人员素质的提升。

4.2 创建标准化良好行为示范队活动是为了进一步规范标准化管理

油田标准化管理，实际上就是用标准化的手段规范各项技术、管理工作。从这个意义上说，标准化是管理的重要工具。当然标准化本身也有其自身的管理工作要做，如标准化培训、采用国际标准、标准制修订与复审工作、标准人的信息管理工作、标准化规划计划工作等。在一些油田中由于对标准化不够重视，这些管理工作常常被忽视。创建标准化良好行为示范队活动，有利于油田规范标准化管理。

2008年胜利油田技术监督处组织了标准化良好行为示范队的试点，通过基层的普遍反

映，这一活动有效地促进了油田基层单位标准化工作。基层单位的标准化工作氛围浓厚了，基层领导对标准化工作的认识程度有较大提高，原先涣散的标准化机构健全了，标准实施的力度增强了，“恪守标准”、“标准领先”、“强标准实施，增油田效益”的意识加深了。

河口采油厂在基层现场管理工作中运用标准化体系来管理指导日常的生产经营。提出现场管理的工作都要按照“五按五干五检”，即按程序、按线路、按标准、按时间、按操作指令；干什么、怎么干、什么时间干、按什么线路干、干到什么程度；由谁来检查、什么时间检查、检查什么项目、检查的标准是什么、检查的结果由谁来落实。

用这样的要求来规范、评价及检查每项工作，使现场管理工作的标准化水平大幅度提升。基层单位为了现场工作标准化而在各个岗位设立的工作管理图（工作程序图：标识所属工作职责、设备巡检线路、设备保养点、保养方法；时间序列分解图：以 15min 为单位明确所要做的事情；岗位工作内容：明确具体工作内容）。

“管理无小事，创新是大事；重在做实事，勿无所事事！”管理无止境，只要务实实干，就会有提高。标准化需要脚踏实地，管理提升更需要持续务实。

当然，我们油田的标准化工作还存在着一些亟待解决的问题。突出表现在以下几个方面：一是部分领导干部和职工对标准化工作的重要性认识不足；二是标准的制定工作尚不能完全适应生产过程和工程建设的需求；三是标准宣贯、执行及监督的力度不够；四是标准化管理工作的创新意识有待进一步增强；五是标准研究、制定队伍的素质有待进一步提高。

这些都要求我们必须下大决心，花大气力，动员全体干部职工，共同参与，精研细琢，以全面推进标准化工作。我们要把制定出来的各项标准释放并转化为指导生产实践的巨大能量，本着求新谋变的精神，推进油田走良性循环的可持续发展之路。

企业档案立卷归档的标准化控制管理

邵　群　蒋丽玲　薛红伟

（吉林油田公司档案馆）

摘　要　本文针对档案立卷归档过程中，如何解决存在的收集困难与归档材料齐全完整保证等诸多问题，提出进行立卷归档标准化控制管理，以及如何管理，目前实行的做法等进行论述，旨在引起大家的重视，共同做好档案立卷归档工作。

关键词　档案；立卷归档；标准化；控制；企业管理

1　引言

档案工作是一项对历史负责，为现实服务，替未来着想的工作，“珍藏档案存真求实，探索规律鉴往知来”。要使保管的档案发挥作用，做好档案收集是完善企业记忆的重要前提。因此，加强档案归档的标准化管理与控制，确保归档档案的齐全完整准确，是档案形成部门与档案管理部门共同的工作任务。

2　档案立卷归档标准化控制管理的内涵

档案立卷归档的标准化控制管理，就是对档案从形成、积累、收集、整理、归档等一系列过程的管理与监控，按照档案工作程序，进行系统化、规范化的管理，使之成为专兼职档案人员归档工作的依据与标准。这一过程完成的好坏，关系到档案业务形成部门保存的档案是否齐全完整，是否能在今后的发展中起到反映这一业务部门的工作职能、发展变化、业务查考、历史凭证等重要作用。因此，加强档案归档的标准化控制管理，是完善企业经营管理的重要组成部分，是保证企业记忆完整留存的关键环节。

3　如何做好档案归档的标准化控制管理

档案收集归档是档案业务工作流程的关键环节。做好这个环节的工作，需要档案形成部门与档案部门的通力配合与有效衔接。

以下六个步骤，也是归档过程的六大环节，做好这六大环节的管理与控制，才能有效地保证归档文件的齐全完整准确。

（1）档案形成部门的领导要有高度的档案意识，重视本部门形成的各种文件材料、科技资料归档保存的意义，从档案形成产生源头抓起，是确保档案形成齐全完整准确的关键。

（2）各部门要指定懂业务、有责任心的文书人员，进行本部门平时文件材料的收集、积累。

（3）对于有保存价值的各种载体的文件材料，按照本部门归档范围，平时要设置专门档案盒、袋、箱等装具进行存放。对于不宜当时收管的文件材料，应该进行《应归档目录登记》，由于重要文件材料都是在平时工作中随时形成的，这就要求要注意平时的积累，做到形成一项，保存一项，尤其是电子文本的存档，做到纸电同步，这样才不至于到年底想起归档时产生遗漏。

（4）要把归档工作纳入各系统内控管理流程的控制管理。长久以来，档案在许多人心中仍有着一层朦胧面纱，认为档案管理是档案工作者的事，与他们日常工作无关，人为地割裂自身与档案的联系。而实际情况是档案与每个行政管理人员、技术人员息息相关，他们是档案形成的主体，档案是他们日常工作业绩的忠实体现。在企业管理过程中，经常是各业务部门制定了详细的规章制度、管理办法、采取的技术流程等，唯独对这些工作的最终结果——档案材料是否保存归档不闻不问，导致虽然在经营管理中产生了文件材料，由于没有及时归档保存，而造成遗失的教训不在少数。因此，要加强内控部门协调监管。管理性与技术性档案材料的产生与归档，如果纳入内控管理，通过内控流程的程序化、制度化管理，可以有效地保证和制约其文件材料的形成与归档，实现企业经营管理的全过程管理。

（5）档案的确认归档。根据各归档部门或单位的基本职能、主要业务流程和历年归档档案材料的形成规律，拟定出档案的基本归档范围或基本归档内容，参照基本归档范围，结合大事记、各项工作计划和工作实际，制定各部门或单位的具体归档范围，再逐一与各归档部门或单位进行核实，并由归档部门或单位负责人及部门兼职档案员签字确认。制定的本部门归档范围。应由部门领导、文书人员、专业人员共同划定。 归档范围要把本单位形成的文件材料作为归档重点。归档的文件材料，应直接反映本单位职能活动，只有把本单位重要文件、有查考利用价值的文件材料收集齐全、完整，才能全面反映本部门的历史全貌和活动规律，有利于日后利用，为以后的工作查考与借鉴服务。

（6）归档移交。办理移交手续，制定档案移交清册是档案归档很重要的一道手续，是今后查证档案归档齐全完整的一个重要凭据，在日后查档过程中经常用到。一般由归档单位（部门）编制纸质《文件材料移交目录》一式两份。交接双方单位负责人、具体工作人员分别在移交清册封页上签字、盖章，移交清册各留一份以备查考，同时要一并移交相应电子文本到档案部门。档案部门按照归档范围、基本归档内容和归档要求审查归档文件材料。各项核查无误后交接双方履行交接手续。

4 开展档案归档的标准化控制管理的实践

我公司档案馆多年来非常重视档案归档的标准化控制管理，制定了档案管理办法以及各类档案管理实施细则，随着机构变化，及时修订归档范围，组织召开立卷归档会、走访部室等采取多种切实有效的方法，有效地保障档案归档的齐全准确完整。

4.1 加强管理，制度控制

加强各单位对档案工作的组织领导，各单位要明确分管档案工作的领导，配备满足工作需要的专兼职档案人员负责本部门的归档工作，档案部门制定了档案归档制度，档案收集、整理制度，规范工作流程，随着机构变化，及时修订档案归档范围，确保了归档工作的组织化、制度化、标准化。

4.2 经常举办业务培训班、召开档案归档会

每年年初，立卷归档伊始，档案部门都要召开有各部门办公室主任、专兼职档案人员参加的立卷归档会，就归档的重要性、上年存在的问题、应归档的事项、归档整理要求、归档运行安排等事项逐一讲解。组织专兼职档案人员进行档案业务培训，使部门人员了解归档工作的意义、掌握归档内容与方法。

4.3 实行归档确认制

近年来，中国石油天然气集团公司提出“收集是档案工作第一要务”“整理尽可能简化”“变保存为保护”的业务管理原则。我们在公司各单位加强了对收集工作的领导和协调，实行归档范围确认制和备案审批制。归档范围确认制和备案审批制是在档案工作长期实践中探索出的一套行之有效的方法，为最大限度地保证应该归档的文件材料全部归档提供了制度保证，使应归档的文件材料处于受控状态。每年根据公司机关各处室和直属单位的职责，逐家拟定应归档的范围，分别制订处室和直属单位归档确认书，同时深入到各处室与兼职档案员面对面探讨归档中存在的问题，逐家签订归档确认书。

4.4 深入开展档案收集宣传动员工作，逐家指导

要求凡是企业各单位职能部门的工作人员，在公务活动中收集、使用、撰写或记录下来的具有保存价值的信息，都要按照规范标准载体化，形成具备长期保存要求的文件、材料、统计报表、原始记录、照片、录音带、录像带、磁带、磁盘、光盘等不同形式的载体。为此，档案人员逐个部门走访，针对每个部门的具体工作职责，进行一对一的指导。

4.5 总结经验，表彰奖励

对每年的立卷归档工作进行认真总结，总结每年归档工作的闪光点，采取的好方法，对归档齐全完整产生的好效果；总结专兼职档案员在归档中的好经验、好做法，请他们介绍经验，广泛宣传。对重视归档工作，优质高效完成归档工作的单位、个人进行表彰奖励。充分调动了各单位的积极性、主动性。

4.6 档案部门与业务部门相互沟通，通力合作

档案员经常深入到每一个处室，对每一份文件资料都认真查看，对档案进行分类、指导，帮助立卷困难的部门拟定标题、打皮、装订，保证了工作质量，促进了档案管理水平的提高，同时也得到了广大机关部室与相关单位兼职档案员的理解与支持。在归档工作中，各部门文书人员都能够给予积极的重视和支持，投入了大量的时间和精力。从档案资料收集整理，到分类、组卷、编号、拟定案卷标题直至装订，每一步都能做到严细认真。针对在档案整理过程中出现的各种问题，都能及时与档案馆进行沟通，对出现的问题进行耐心细致的整改。档案人员与部门兼职档案人员的认真负责，确保了档案归档的齐全完整，案卷质量达到国家标准。

5 档案信息化与档案标准化相辅相成，互为促进

目前中国石油天然气集团公司研制的档案管理系统已经上线，为了做好档案信息化工作，中国石油天然气集团公司的档案信息化工作经过 12 年的历程，解决了档案管理的转型时期遇到的纸质与电子并存，传统与现代共荣，手工与系统并行，习惯和标准兼容等挑战。通过档案管理系统，将石油系统各自为政、五花八门的归档管理方法，进行彻底的规范，统一到一个相对科学的体系中，所以说，档案标准化是实现档案信息化的前提与基础，档案信息化是档案标准化的手段与保证。

新型可搬迁组装式导管架设计技术

——应用于渤海边际油气田开发工程

孙振平　焦洪峰　蒲玉成　姚志义　张悦轩　单延武　李玉鹏　刘静晨

[中海石油（中国）有限公司上海分公司丽水 36-1 气田项目工程建设筹备组]

（海油石油工程股份有限公司生产管理部渤南二期工程项目日组）

（中海油能源发展股份有限公司油田建设工程公司）

摘　要　依据早期实践经验，结合当前海洋石油开发工程标准化的新形势，结构设计以新的理念提出可搬迁组装式导管架的设计与应用，在保留实践多年的常规导管架的基本设计性能基础上提出了改进，将以新的结构形式应用于开发工程建设，为滚动开发边际油气田——实现退役平台导管架的搬迁和重复利用。在标准化的基础上，以此开拓与发展设备设施重复利用产业，实现社会化效益有效地降低工程造价。

标准是企业长期实践经验和技术的积累，这种积累是重复性使用的一个规定，是整个社会福利的体现，是经济、社会环境效益的整体体现。继续加强和加快边际油气田开发工程简易设施技术标准制定的前期研究工作，本文提出简易结构设计理念对适应于边际油气田开发应用的导管架设计具有参考与推荐意义。

关键词　边际油气田；标准化；可搬迁组装式导管架；简易设施；简易结构设计

1　引言

边际油气田是指那些储量较小、采用常规技术和施工方案不能够经济有效地进行开发的油气田，边际油气田开发的关键在于其经济性。适用技术和设施的缺乏。有无基础设施的依托等是影响其经济评估的重要因素。储量小则要求采用简易设施进行开发，而简易设施与常规技术和应用相关标准的冲突需要设计者研发和应用新技术，实践与制定适用的行业标准。

就渤海油田的环境、地质条件而言，水浅浑浊，海底淤泥层厚而承载力差，冬季寒冷有海冰，四季多风，海上施工条件恶劣，而且使用施工装备受限制。解决这些问题对于低成本开发的边际油气田就不那么简单了，油藏的性质与开采储量等因素决定了开发工程的投资，降低工程造价（成本）是开发中小油气田的先决条件。

依据油气田开发要求和经济指标，结合简易结构设计平台的特点，以及陆地建造和海上安装施工的能力，来确定具体的简易结构形式。选择适用的工程船舶，尽量避免使用昂贵的大型浮吊和缩短海上安装施工工期（关键在于选择施工方案），这是节省工程费用的关键。降成本需统筹考虑 EPCI 总包工程各个阶段的费用预算及相关联系。

早在 40 年前，渤海石油自营油田已经成功进行了可搬迁导管架的设计与施工以及钻井平台标准化设计实践。目前，应边际油气田开发工程的需求，再次提出可搬迁组装式导管架结构设计标准化，使导管架以新的形式应用于当前边际油气田区域开发综合调整的新形势，既控制工程初期建设投资又满足平台设计服役期较长的使用要求。可搬迁组装式导管架的设计要考虑平台结构安装和搬迁两个施工过程。

导管架搬迁的关键技术环节是水下切割钢桩的施工。目前水下切割的方法有：金刚石珠链切割锯、高压水砂切割、钻井适用的割刀和聚能线爆破切割法（现正在研制）等方法。

可搬迁组装式导管架应用定位：该导管架适用于边际油气田开发的中小型平台建设，而且服役期相对较短。例如应用于有依托设施平台的调整改造项目、试油平台、钻井船打探井的临时钻井平台、新开发的生产平台（井槽数量较少）、独立的生活平台、输油平台等辅助设施平台。

2 典型导管架形式

2.1 可搬迁导管架

采用四腿四主桩导管架结构，设计水深条件拟以 30m 为例，导管架工作点平面尺寸为 20m × 18m（其上下端的尺度相同），共有 4 个水平层；主桩直径为 1219mm（ϕ 48in）；在导管架底部设置防沉板，防沉板布置在导管架腿柱的外围。组块与钢桩的链接采用插尖导向，或盲板加倒插尖组合结构，如图 1 和图 2 所示。

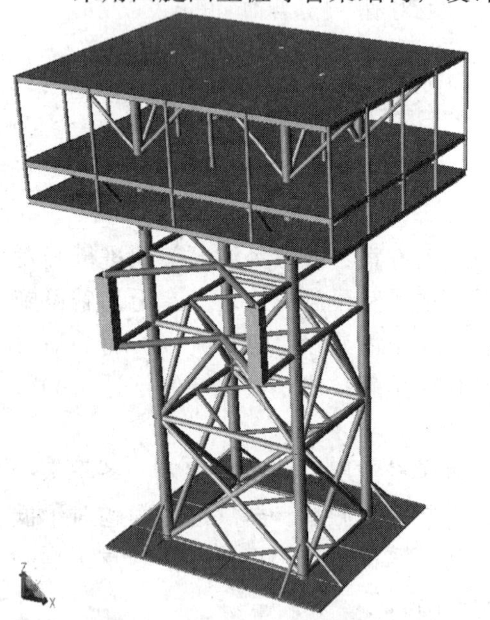

图 1　简易结构设计平台——可搬迁导管架

2.2 适应不同水深的分段组装方案

不同海域的水深变化是导管架重复利用的难题，对此选择“分段组装式”导管架结构代替整体结构设计，即导管架划分为：上部（靠船）标准段、水面以下调节段（一段或两段）和下部基础标准段（基本上划分为 3 ～ 4 段），如图 3 所示。调节段基于下部基础标准段调节导管架整体高度，以满足水深变化等设计要求。

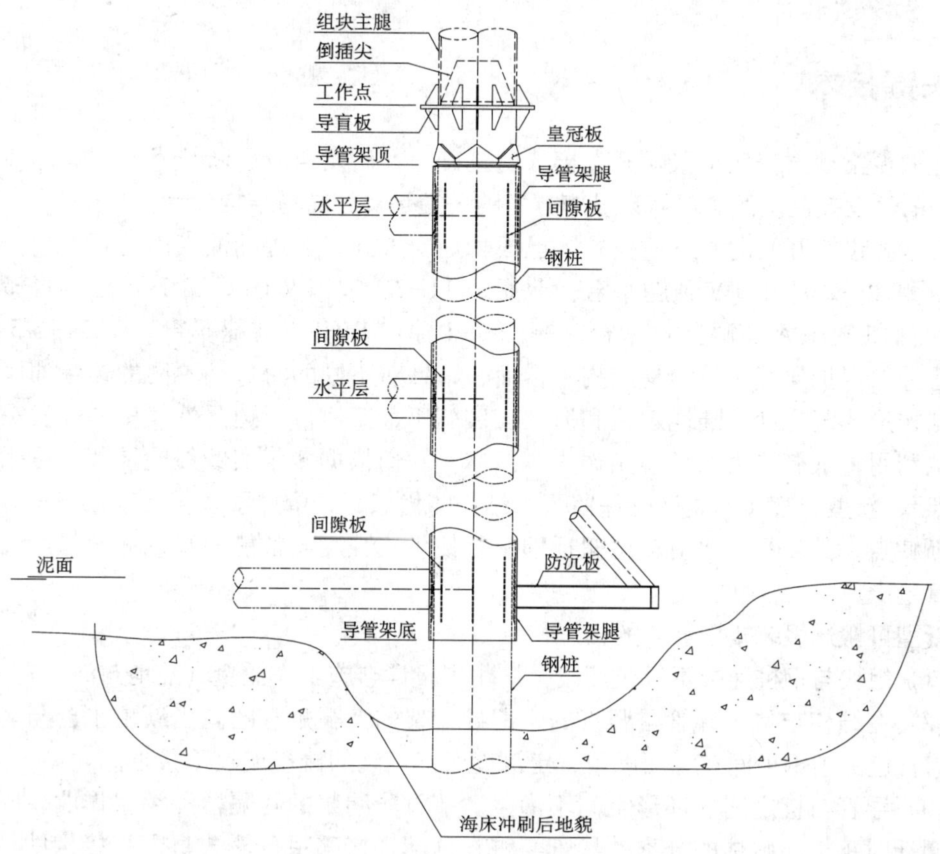

图 2　可搬迁导管架腿柱的构造形式

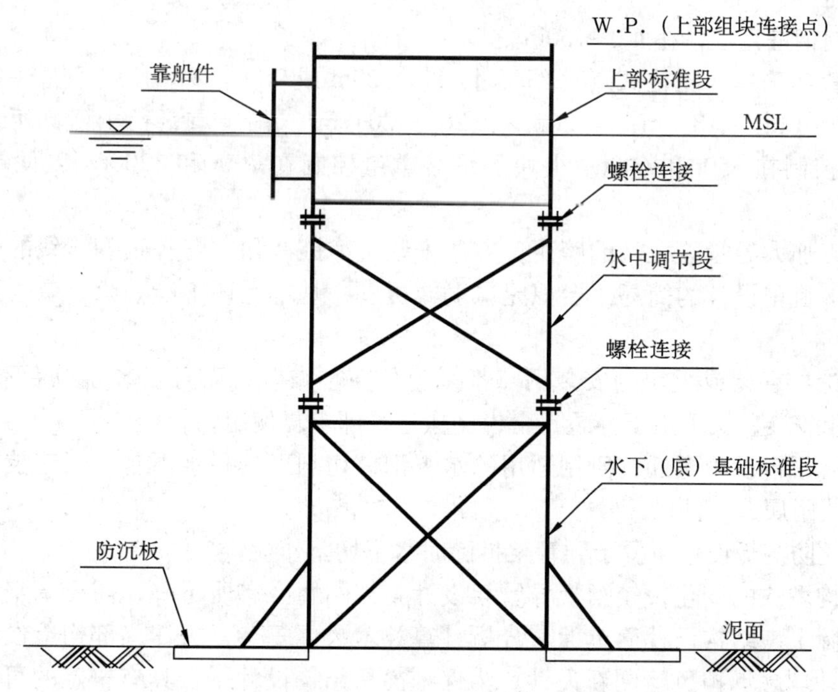

图 3　组装式导管架（上部、下部标准段、调节段）示意图

3 关键技术

在遵循常规方法和走依托开发模式的基础上，研发与应用新技术开发边际油气田，达到预期的开发效益。而实现简易设施方案的关键是实施简易结构设计。

有依托设施开发的“三一模式”已成功地应用到很多边际油气田的开发中，例如辽东湾的锦州 20−2 油田 NW 独腿平台、曹妃甸 11−3/5 油田 WHPC 四腿平台、北部湾的涠洲 11−4N 油田 WHPA 两腿三桩平台、涠洲 6−1 油田 WHPA 独腿平台、BZ34−3/5 油气田垂直护管井口保护架等。就简易结构平台而言，针对不同的海域、不同的边际油气田，什么样的结构形式既有利于陆地建造和海上安装施工，又适合于边际油气田的开发需求并且可以重复利用，抵御恶劣的环境条件——海冰。我们依据多年实践经验推荐“可搬迁组装式导管架”。新型导管架的设计既保留了原结构的优点，又增加了适应当前油气田开发工程形势的新特点。其简易、快捷，可搬迁即重复使用，强度储备能力高，适应后期上措施，还可批量生产。

新型可搬迁组装式导管架的构造特点：

（1）组块与钢桩连接不设过渡段，简化了设计与施工作业量（陆地与海上）。

（2）在结构布置中导管是竖直的，即导管架的大腿是直的。当新增平台与老平台比较靠近时，避免了钢桩间在泥面以下一定深度可能出现的碰撞或过于接近。

（3）导管与桩之间的环形空间不灌浆。节省防漏浆的封隔器和灌浆作业，同时便于导管架搬迁时钢桩与腿柱的分离。导管与桩在顶部连接采用分瓣式皇冠连接构件（这一点与常规设计相同）。

（4）控制钢桩直径，在 42 ～ 60in 之间

（5）导管架采用 4 腿柱式（顶部尺寸 18m × 20m 或 20m × 20m）或 6 腿柱式结构［顶部尺寸 20m ×（18 + 18）m，或 20m ×（20 + 20）m］。吊装重量初步划分两级：导管架的吊装重量控制在 350t 和 600t；组块的吊装重量控制在 700t 和 1200t，以便锁定使用的船舶。

（6）适当加大导管腿柱间的跨距，方便安装抗冰锥体和立管等垂直管线的布置。就冰激振动而言，目前设计的简易平台只是减弱或缓解，基本上还不能消除，有关设计实践不再赘述。

（7）无论导管架或组块的安装吊点都采用外露型布置，而且安装就位后不切割吊点。既可用于起重安装，又可用于弃置平台设施搬迁，即重复使用。

（8）考虑平台设施搬迁，研制适用的水下钢桩切割工具和水下施工工艺技术，清除钢桩附近淤泥或附属连接件。

（9）优化防沉板设计，便于导管架拆除时水下切割作业。

由于结构型式的变化，较常规导管架设计整体刚性会有所下降，需要调整结构计算分析方法。实际上，结构设计简单但其分析计算技术会更复杂，关注局部构造设计应用新技术，挑战设计理念承担风险创新设计。为保证简易结构设计平台具有一定的可靠度，对其必须进行如下分析（除常规的分析技术外），但不限于此：

（1）极端条件下波浪作用于结构物的动力响应，关键在于局部构造的强度和疲劳分析。

（2）对冰激振动和抗冰构造的考虑。

（3）详细谱疲劳分析（其安全系数应高于常规条件下导管架平台的取值）。

（4）意外事故分析，如船舶撞击等。

（5）剩余强度的分析。

（6）在设计中采用全寿命的基于可靠度的分析。

简化靠船构件设计。议导管架上只设置单个靠船构件，并要求作业或生活供给船舶采取尾靠停船法操船作业。这样做的好处有两点：一是平台组块可以大悬臂对称设计；二是增加了靠船面的夹角（90°），简化的靠船构件有利于抗冰设计，提高了防碰橡胶的强度（轮胎）和耐磨蚀性能。拖轮工作船尾靠平台示意图4所示。

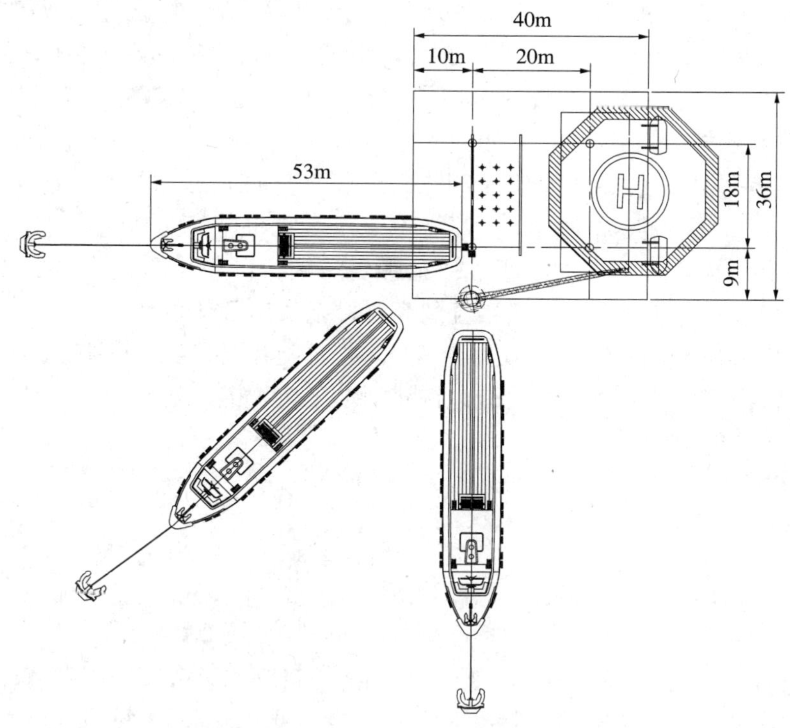

图4　拖轮工作船尾靠平台示意图

就降低工程费用和施工工期而言，在选择与确定施工方案时，应尽量考虑：

（1）采用标准化的结构型式。

（2）利用开发工程中正在使用的海上施工装备，如利用钻井船安装简易结构设计导管架。

（3）避免使用费用较高的浮吊和海上安装施工机具。

（4）在水深较浅，吊高受到限制的条件下，可采用小导管架大平台组块浮拖法安装施工方案。

（5）在规划工期进度时，充分利用黄金天气窗组织海上施工，可有效降低船舶的动复员和待机时间。

（6）就近使用场地建造。

在渤海石油平台设计中（辽东湾、渤海湾、渤中等渤海北部海域），冰荷载往往是结构设计中的控制荷载。随着设计者对海冰作用力的逐渐认识与工程实践，和新型抗冰措施的开发与采用，新建平台抵御海冰荷载的能力得到不断改善，但现场监测发现海冰对平台的不利影响依然存在——冰激结构振动问题。

4 实践与发展

4.1 可搬迁导管架设计与实践。

在渤海石油勘探初期，原渤海工程设计公司于 1971 年 5 月设计完成渤海四号钻井平台。当时没有钻井船，于是设想当平台实现设计服役期后，将固定平台的钢桩拔出，以实现平台搬迁再利用。在导管架的设计过程中，设计前辈们考虑了各种措施以实现服役后期的搬迁，该平台是一座实验性平台，如图 5 所示。

渤海四号钻井平台导管架有：24 根直桩，平面尺度 22.5m × 19.5m，钢桩直径 ϕ528 × 16（ϕ20in），入泥深度 18m。其特点：一是直桩，二是桩头不焊接，用硫磺水泥砂浆灌浆，以利于拔桩。由于勃海四号钻井平台的第一口井是高产井，后来又钻 3t 口井，加固后改建为采油平台，连续生产多年直到弃置，未实施搬迁。

渤海三号钻井平台于 1970 年 10 月建成，8 桩柱抗冰导管架，钢桩直径为 910mm，入泥 22m，该平台由于钻井无油，后改造为桩式活动平台，搬迁两次。

4.2 标准化设计

渤海石油勘探开发自 20 世纪 60 年代开始，随着科研工作的开展，生产实践、建造与施工能力的提高，迅速走入标准化设计，渤海六、七、八、十号钻井平台的基础导管架，上端尺度为 36m × 27m，16 根桩柱的标准型式，如图 6 所示。

自 2000 年以来，采用搬迁式钻机模块打井的作业方法较多，例如，大模块的有 NB35−2 钻机模块、文昌油田修井机模块（一式五套）、BZ25−1 钻机模块、番禺 30−1 钻机模块、春晓气田钻机模块（两套）；小模块的，有 PL19−3 机模块（C，B，D，F，E 模块，一式五套）等。PL19−3 钻修机模块（D）图 7 所示。

4.3 即将到来的油田生产新形势

目前，渤海油田自对外合作以来的早期区块已经进入中后期生产阶段，如埕北油田（A/B 区）已经进入超期服役、BZ28−1 油田、BZ34−2/4 油田、JZ20−2 油田（中高点北平台和南高点平台）、SZ36−1 油田试验区分别到达或接近设计服役期。渤海石油生产逐渐步入勘探开发—生产运维—调整增产—搬迁、修复利用—再勘探开发的循环过程。目前，各油气田生产在不断地上措施，实施调整工程。新型可搬迁组装式导管架能够适应开发边际油气田逐渐变化了的开发新形势和需求。

图 5　吊装作业下的渤海（四号）钻井平台导管架

图 6　渤海六、七、八、十号钻井平台(16 根桩柱导管架)

图 7　PL19−3 钻修机模块（D）陆地完工

就搬迁而言，目前海上平台除钻井船的钻完井作业要求设施短期内频繁搬迁，还有试油平台（但如果试油状态良好也可能短期内不会搬迁），边际油气田的采油平台的设计服役期有长有短，一般几年内不会搬迁，因为搬迁就意味着撤离或者油气井枯竭。所以选择什么样的设施，既可以维持生产多年，而且一次性设施投资较低，同时又可按要求方便灵活地实施搬迁，这是比较重要的。

5 面临的问题

5.1 研究制定新的适用标准

修复利用旧导管架的一个关键技术问题，是如何满足现行规范标准和应用的要求。因此，需要继续加强和加速适用标准制定的前期研究工作。

就工程费用而言，搬迁一座弃置的导管架，从拆解、起重装船、运输、码头下船、全面清理检测、探伤检验、维修、安装附件等一系列的“反安装设计施工”。可能比建造一座规格相同的新导管架的费用还高，而且是旧设施。

5.2 海洋石油工业的基本产业过程

勘探、开发—生产运维—弃置拆除和修复再利用，这个产业链一旦形成循环的“旧平台弃置拆除和修复再利用”，这项新兴产业与设计技术会随着海洋石油工业的发展将遵循有序和标准化的原则逐渐发展和壮大起来。

目前，任意一座石油平台设计使用寿命都不少于 25 年，加之后期的调整措施，每座平台的实际使用期可能都不会少于 30 ~ 35 年，因为平台结构设计的储备能力能够满足要求，实际上也取决于地下油气藏的变化状况。目前，我国海洋石油工业基本上处于初期，以 1980 年对外合作划分：此前的自营油田废弃的旧平台早已经拆除，此后的油气田才刚进入超期服役或后期服役。例如渤海的埕北油田已经超期服役，南海陆丰 22−1 油田在 2009 年关闭。

6 结论和建议

结论：

（1）应边际油气田区域开发及管理的需求，制定新型可搬迁组装式导管架适应性策略。

（2）实施简易结构设计平台需要应用新技术进行详细地计算分析和评估。

（3）海上安装费用占工程总费用的比例较大，选择简易设施方案时，把握该方案的优势以提高效率，有效地节省和降低海上施工工期。

（4）归纳目前各种简易结构设计平台的优势，开发适于我国近海海域系列化和标准化的简易设施，以适应边际油气田区域性开发生产的批量设计与建造。

建议：

（1）统筹考虑工程的全过程。选择方案的优劣，会在现场施工过程中得以验证。某些局部优势或许在施工中被抵消，例如设计上节省的钢材。

（2）开展边际油气田区域开发工程的科研工作，应用新技术解决设计难题；建立边际油气田生产设施资产完整性管理体系。

（3）制定适合于我国渤海海域边际油气田开发工程的技术规范和行业标准。

（4）新型可搬迁组装式导管架设计要适应油气田预期的调整改造工程——强度储备。防止一旦上措施，首先改造平台结构的局面。

（5）建立新型的适合边际油气田开发工程的导管架和上部组块维修改造集散地，满足一定数量的导管架和组块的安装、搬迁和维修等设施重复利用的作业需求。

（6）提高可搬迁组装式导管架结构的抗冰性能，研发有利破冰的构造和采用隔震及阻尼措施，或者提高导管架结构的整体刚度等有效措施。

参考文献

[1] 渤海工程设计公司情报室．中国海洋石油总公司渤海石油公司渤海工程设计公司主要设计成果汇编，1965—1988

[2] 王建文．无人驻守平台在“三一模式”开发边际油田中的应用 [J]．中国海洋平台，2010，25（1）：46 ~ 50

[3] 刘书杰，杨进，等．单筒三井独桩简易平台桩腿力学性能试验研究 [J]．中国海上油气，2009，21（2）：130 ~ 132

[4] 杨晓刚．海上边际油田简易设施设计思路 [J]．中国海上油气，2005，17（2）：124 ~ 127

[5] 时忠民，屈衍．渤海新型抗冰导管架平台研究 [J]．中国海上油气，2008，20（5）：336 ~ 341

[6] 刘菊娥，郑向荣，等．垂直护管水下桩基式井口保护架结构 [J]．中国海上油气，2009，21（3）：193 ~ 195

[7] 刘菊娥，孙国民，等．BZ34-3/5 边际油气田有效开发工程关键技术及其应用 [J]．中国海上油气，2008，20（6）：411 ~ 415

[8] 赵会卿，张新建，等．海上边际油气田勘探开发一体化设想 [J]．中国海上油气，2008，20（6）：423 ~ 425，428

[9] 朱江，刘伟．海上油气田区域开发模式思考与实践 [J]．中国海上油气，2009，21（2）：102 ~ 104

[10] 许亮斌，陈国明．简易平台技术的发展与展望 [J]．中国海上油气，2001，13（2）：1 ~ 5

[11] 曲兆光，王章领，等．渤海边际油气田开发“蜜蜂式”采油设施方案研究 [J]．中国海上油气，2007，19（5）：353 ~ 356

[12] 侯金林．海上平台结构设计标准化研究．第十二届石油工业标准化学术论坛论文集，2009

[13] 姚志义，苏继锋，李波，等．渤海还固定平台结构设计——深入认识、勇于创新、做好标准化．第十二届石油工业标准化学术论坛论文集，2009

推进标准化建设　转变经济发展方式

刘玉善
（大连西太平洋石油化工有限公司）

摘　要　随着经济全球化的发展，市场竞争、国际贸易等问题摆在我们面前，要解决这些问题制定和实施标准化是关键。制定和推广标准化对管理创新、技术成果有形化、产品的质量安全和企业的节能减排起到积极的推动作用，而制定和推广标准化又离不开信息化。

关键词　标准化；技术成果有形化；节能减排；信息化

1　引言

在经济全球化的今天，一个企业乃至行业、国家的生存发展都离不开标准化的制定和实施。充分认识标准化工作的重要性和如何利用国际标准和国外先进标准成为摆在我们面前不容回避的问题。

本文从以下几个方面探讨这个问题。

2　标准化促进了管理创新

标准化是科学合理管理企业的基础。企业的主要任务是以最小的代价，生产出最符合社会需求的产品，并获取最大的利润。为完成这一任务，企业必须把有限的人力、物力、财力科学地组织起来，合理地运用。科学地组织生产过程，积极地根据市场需求开发新产品，不断进行技术革新。这些工作都有一定的规律，具有一定的重复性，因此可以通过标准化来实现科学合理地管理企业，使企业每个部门和每个人都分工明确，职责清楚；每道工序、每个生产环节都能协调一致，有条不紊地运行。管理者可以从繁杂的管理工作中解脱出来，做出一些技术和管理领域的研究工作，为企业的发展发挥更大的作用、注入更新的活力。中国石油天然气集团公司推行的“两书一表”和“四有一卡”很好地改变了管理无序的状况，让每个人都明确地“该做什么，该怎么做”，规范了作业程序和操作步骤，实现了生产过程受控，最大限度地保障了安全生产的有序进行。

3 标准化促进了技术成果的有形化

在经济全球化的背景下，市场竞争日趋激烈，国际贸易冲突日趋激化，发达国家利用技术性贸易壁垒、反倾销等手段限制发展中国家产品出口的事件呈现不断增加的趋势。因而，跟踪研究国际标准和国外先进标准的发展动态，制定自己的标准的工作在经济发展的大局中已越来越重要，特别是要尽快将我国自己的技术优势置入国际先进标准之中，以保护和发展我国的工业。只有这样，我国才能在未来的竞争中掌握主动权。

一些使用主流技术或标准、制造能力强、市场成长快、自身拥有专利数量少的国内企业已开始引起一些跨国公司的高度关注。思科公司起诉中国华为公司在美国销售的路由器抄袭了思科公司的软件；中国电池制造商——比亚迪公司在日本消费电子产品展览会上展出了自己的产品，索尼公司随后对比亚迪提起诉讼，控告其侵犯了索尼的专利；《欧盟未来化学品政策战略白皮书》甚至把知识产权保护范围扩大到试验数据。我们的一些技术优势因为缺乏保护意识被国外一些公司盗用却无法得到赔偿。从历史传统来说，虽然我国具有长达数千年的悠久文化和历史，拥有世界“四大发明”等古代的先进科学技术，但是长期以来，却没有产生和形成知识产权保护的制度，许多发明创造是通过“祖传秘方”沿袭下来，其结果是湮没在历史的长河中或无私地奉献给世界各国，始终未能形成激励创造发明的竞争机制。我国解放以来长期灌输一种“技术公有”、“知识共享”的思想，直到20世纪80年代改革开放以后，我国知识产权保护制度才逐步建立起来。这种历史传统使国民意识中长期呈现知识产权保护的思想空白，知识产权保护观念的转变非一朝一夕所能改变的，不仅需要有一个认识和教育的过程，还需要相当长一段时间的转变过程。例如在改革开放中，我国部分企业领导和技术人员，为了引进外资和技术，在接待外宾来访和进行外事谈判中，不自觉地泄露了我国传统产品的技术给外方人员，使我国的景泰蓝、宣纸、唐三彩等传统产品技术流入国外，造成在国际市场中我国这些产品都面临强有力地竞争对手；另外我国许多名牌产品出口到国外，由于商标保护意识不强，被国外当地商人抢先注册商标，影响了我国这些名牌产品的继续出口。

这些国际争端为我们敲响了增强知识产权意识的警钟。在未来可能爆发的“专利大战”中，国内企业由于专利权的贫瘠，其处境可想而知。我国石油化工行业与发达国家相比在知识产权领域有明显的差距，因此加强知识产权保护意识和发展自主知识产权并制定与之对应的标准已成为我们在未来一段时期的工作重点。为此，中国石油天然气集团公司设立了中国石油科技创新基金，充分发挥国内有实力的科研单位、高等院校在石油石化领域科技创新方面的研究优势，鼓励中青年科技人员围绕中国石油主营业务的技术需求，开展原创性、基础性研究和前沿技术探索，提高中国石油核心技术竞争能力，并取得了可喜的成果。例如大庆石化热引发本体聚合高腈SAN树脂生产技术和万吨级己烯－1工业化试验及成套技术工艺包，其中万吨级己烯－1项目填补了中国石油该项技术的空白，核心技术达到了国际先进水平，并及时将这些科技成果转化为生产力，同时加强知识产权保护的宣传，建立有效的知识产权管理制度。

4 标准化保证了产品的质量安全

世界经济一体化的今天，产品要在市场上具有竞争力关键在于提高产品质量。没有先进的质量标准，产品质量就无法达到先进水平，就无法在竞争中得先机。因此必须制定具有先进水平的质量标准，同时为增强产品在市场竞争中的应变能力，产品标准也要不断改进。难以想像含有塑化剂的饮料和含有三聚氰氨的奶粉能在市场竞争中立足。产品标准的变化又带动实验方法标准和工艺标准等相应的变化。石油化工产品标准是石油化工企业标准化的核心，它对合理加工原油，充分利用资源，合理开发产品，提高产品质量等方面都有重要作用。同时一种产品又是另一个生产中的原材料，为生产出合格甚至优等产品必须保证原材料（其上游产品）的质量。为了保证产品标准的实施，必须同时具有相应的工艺标准，原材料标准，试验方法标准；设备标准、安全卫生环保标准、计量标准、生产管理标准，工作标准等一整套与生产相适应的标准体系。只有依靠这个标准体系，才能把生产、经营过程中的各个部门调动起来，把每个生产环节有机地结合在一起，以保证安全、稳定、长周期、满负荷的运行。例如大连西太平洋石油化工有限公司在 1999 年九、十月间聚丙烯装置活性突降，查其原因是由于原料丙烯中砷含量超标所致，其后果是降低了催化剂的收率和增高了聚丙烯产品的灰分，从这件事反映出石油化工行业的质量问题环环相扣、与方方面面相关联。质量标准化与工艺标准，原材料标准，试验方法标准，设备标准、安全卫生环保标准、计量标准、生产管理标准，工作标准等一整套标准化相互促进相互影响。

5 标准化加速了节能减排、绿色发展

绿色环保和节能标准在石油化工标准体系中具有重要地位。由于石油化工生产过程中高温、高压、易燃、易爆、有毒有害物质多。因此，对石油化工企业来说，安全生产是至关重要的。为保证安全生产必须制订，并贯彻实施一系列的标准。有些安全标准是多年实践经验的总结，有些安全标准是用生命和鲜血换来的教训。按这些标准办事，就可以保证生产和人身安全。相反，若违背了这些标准的规定就会出事故，受到惩罚。吉林石化双苯厂“11 · 13”重大爆炸事故和“12 · 30”柴油泄漏重大水污染事故，它们无一不对环境造成重大污染。石油化工生产装置耗能大，节能潜力也很大。制定科学合理的标准，是节能、降耗的重要保证。由于对烟气中 SO_2 含量提出更严格的要求，促进了硫磺回收技术的不断发展，在尾气回收和富氧技术上都取得了进展。新的油品质量标准中对硫含量做出了限制，最终将会使我们的炼油技术得到进步、产品更具竞争力，同时环境得到保护。近年来中国的石油化工企业为增强竞争力，纷纷在扩能改造和优化工艺上下功夫，如丙烯排放气引入硫磺回收装置做燃料气等，极大降低了消耗。

6 标准化的制定与推广离不开信息化

我们还要积极参与国际标准的制定、修订和协调工作，不仅能让我国跟踪国际标准动态，更为重要的是能通过国际标准反映我国的国家利益和要求。因此，我国一方面要积极采用国际标准，开展国际认证工作，确保标准体系融入全球化体系之中；另一方面，也必须积极制定自己的标准，特别是要尽快将我国自己的技术优势置入国际标准、国外先进标准之中，以保护和发展我国的民族工业。只有这样，我国才能在未来的竞争中掌握主动权。

专利文献具有反映全球范围内已知技术水平、最新技术动态、未来技术发展趋势以及竞争对手经营战略的重要功能。企业可以利用专利信息，分析技术市场和商品市场，制定企业的发展战略，确保在国内外的市场竞争中占得先机。故此，企业应该订阅专利文献，并搭建网络平台，利用互联网资源充分的了解和掌握相关领域知识产权的动向。企业在新产品、新技术开发前进行专利的检索，既可以避免重复开发，也可以从中获得启发，节约开发时间和费用。根据世界知识产权组织统计资料介绍，全世界每年 90% ~ 95% 的发明成果可以在专利文献中查到。在应用技术研究中，经常查阅专利信息可以缩短研究时间，节约研究费用。同时通过专利的检索，对于已经到期或者未交纳专利年费等原因失去专利权的那部分专利，可以免费共享。企业在产品投产、采购和进口原材料的零部件、产品销售前都应该进行专利检索，以避免侵犯他人的专利权。

7 结束语

综上所述，制定和推广标准化，推动了管理创新、技术成果有形化、产品的质量安全和企业的节能减排，因此我们要充分利用信息化制定和推广标准化。

参 考 文 献

[1] 吴林海 . 贸易与技术标准国际化．北京：经济管理出版社，2004.12

[2] 石油工业标准化编写组．石油工业标准化．北京：石油工业出版社，1995

胜利油田实施修复油管系列标准中存在的若干问题

陶　阳　秦　涛

（胜利油田分公司现河采油厂）

摘　要　本文对目前油田在用的修复油管的一系列标准进行了对比，发现标准中一些条款要求不一致，还存在不适宜实际生产和使用的需要。在对他们进行对比分析的基础上，提出了建议，供有关人员参考。

关键词　修复油管标准；存在问题；探讨

1　引言

油田油水井用油管的修复有不同于新油管制造的特殊性，因此制订了一系列比较完善的修复油管加工标准。目前胜利油田修复油管实施的主要有三个标准 Q/SH 0180—2008《修复油管质量要求》，Q/SH1020 0380—2007《油管修复生产线设备条件》和 Q/SH1020 0088—2008《油管修复与检测技术条件》。主要引用标准有 SY/T 6194—2003《套管和油管》。但对比这些标准的条款有许多要求不一致，还有一些要求不能满足现场使用需求。下面就这些问题进行探讨。

2　油管的挑选

2.1　标准中的要求

（1）Q/SH 0180—2008 中第 3 章初选报废条件。具备下列条件之一的油管直接按报废处理：管体螺旋形弯曲；弯曲半径小于 100 mm；内孔严重堵塞；管体变形两处以上；管壁腐蚀穿孔破裂；火烧过的油管、涂料油管。

（2）Q/SH1020 0380—2007 中第 3 章油管生产线流程中要求对探伤和试压不合格的油管进行报废。

（3）Q/SH1020 0088—2008 中 3.1 初检要求本体刺穿、折断咬扁及本体扭曲过大无法校直的油管报废。

2.2 分析

以上三个标准的报废条件，一是对油管弯曲的，二是对油管壁厚达不到要求的，包括穿孔、破裂。这些报废条件对油管的现场使用存在一定的风险。在油管弯曲过大的情况下采用冷矫直可能对油管内外组织产生机械损伤，严重影响油管的机械性能。另外，油管在服役过程中，长期受拉应力的作用，产生疲劳，也会影响油管的机械性能。但三个标准中均未把油管疲劳达不到使用机械性能作为报废的条件。

2.3 建议

（1）对于油管弯曲大于20mm的不能采用冷矫直的方式。

（2）根据油管服役的期限、采油方式和服役井况制定报废的条件，或对其进行相应的热处理，恢复金相组织和疲劳。

3 油管通径要求

3.1 标准中的要求

（1）Q/SH 0180—2008 中 5.2.4 清洗油管使用的通径棒尺寸应符合 SY/T 6194—2003 中表 C.31 的技术要求，见表 1。

表 1 油管通径规尺寸

产品和规格	通径规最小尺寸	
	长度，mm	直径，mm
油管≤ ϕ73.02 mm	1067	d−2.38
油管＞ ϕ73.02 mm	1067	d−3.18

（2）Q/SH1020 0380—2007 中 6.2 的表 1 规定通径设备（表 2）。

表 2 通径设备

公称直径 mm	通径规直径 mm	通径规长度 mm
40	38	1000
50	48	1000
62	60	1000
76	74	1000
88	86	1000

（3）Q/SH1020 0088—2008 中表 1 油管通径规尺寸（表 3）。

表 3　油管通径规尺寸

产品和规格	通径规最小尺寸	
	长度，mm	直径，mm
油管≤ ϕ73.02 mm	1067	d−2.38
油管＞ ϕ73.02 mm	1067	d−3.18

3.2　分析

Q/SH 0180—2008 和 Q/SH1020 0088—2008 对通径的要求是一致的，但与 Q/SH1020 0380—2007 都存在差异。在实际的生产中出现过争议，油管下井前作业人员使用符合 Q/SH1020 0380—2007 的通径规不能通过，但生产企业采用符合 Q/SH 0180—2008、Q/SH1020 0088—2008 的通径规可以通过的情况。从现场油管中下入其他工具的规格尺寸来考虑，符合 Q/SH 0180—2008 和 Q/SH1020 0088—2008 通径规的要求不影响其他工具从油管中下井。

3.3　建议

统一通径规尺寸，采用 Q/SH 0180—2008 和 Q/SH1020 0088—2008 对通径的要求。

4　油管壁厚缺陷检测

4.1　标准中的要求

（1）Q/SH 0180—2008 中 5.3.3 要求修复油管应进行全长壁厚缺陷检测，探伤盲区应控制在距离管头 10cm 以内。

（2）Q/SH1020 0380—2007 中 6.4 探伤设备要求端部盲区距螺尾小于或等于 50mm。

4.2　分析

油管的端部区域是加工螺纹的部分，加工螺纹后该区域的油管壁厚变薄，如探伤存在盲区，油管螺纹的连接性能和密封性能将存在较大的风险。该区域应避免盲区，全部探伤。在 API Spec 5CT《套管和油管规范》中 10.15.12 规定未能检测到的油管端部应做到以下几点：（1）被切掉；（2）对内外表面覆盖整个圆周和未经检验的端部长度进行磁粉检验；（3）进行至少与自动无损检验具有相同检验程度的手动 / 半自动检验。

4.3 建议

去除该条款。改进设备或工艺消除探伤盲区。例如，在油管端部加装短节、油管二次探伤、人工检验等。

5 标识

5.1 标准中的要求

（1）Q/SH 0180—2008 中 5.3.5 要求探伤过程中检测出的一级品不标识，二级品白漆标识，三级品红漆标识。

（2）Q/SH1020 0380—2007 中 3.4.3 要求探伤过程中检测出的一级品黄标识，二级品蓝漆标识，三级品红漆标识。

5.2 分析

探伤过程的标识与油管钢级的油漆标识混乱对使用造成混乱。SY/T 6194—2003 中 10.4.2 钢级色标表 60 规定，J55 钢级油管油漆绿色，N80 钢级油管油漆红色，P110 钢级油管油漆白色。

5.3 建议

对探伤过程的油漆标识与油管钢级的油漆标识应统一规范，避免造成混乱。

6 油管与接箍上紧扭矩

6.1 标准中的要求

（1）Q/SH 0180—2008 中 5.6.4 要求油管接箍应采用机械方式上紧，上紧力矩应符合其表 1 的规定（表 4）。

表 4 油管与接箍上紧扭矩

不加厚油管		外加厚油管	
油管尺寸 mm	上紧力矩 N·m	公称直径 mm	上紧力矩 N·m
ϕ 60.3	1500	50	2300
ϕ 73.0	1800	62	3500
ϕ 88.9	2200	76	4000

（2）Q/SH1020 0380—2007 中 6.7.2 拧扣机要求适用范围：73 ～ 89mm，低挡额定扭矩 3kN · m，高挡额定扭矩：0.9kN · m，最大扭矩 3.6kN · m，低挡额定转速：36r/min，高挡额定转速：120r/min。

（3）Q/SH1020 0088—2008 中 3.5.5 上接箍上紧扭矩要求应符合其表 3 的规定（表 5）。

表 5　上接箍上紧扭矩

油管规格 mm	钢级	上紧扭矩，N · m					
		非　加　厚			加　　厚		
		最佳	最小	最大	最佳	最小	最大
ϕ 60.32	J–55	990	740	1240	1750	1310	2190
	N–80	1380	1020	1730	2450	1830	3060
	P–110	1740	1300	2170	3080	2310	3850
ϕ 73.02	J–55	1420	1070	1780	2230	1670	2790
	N–80	1990	1490	2490	3120	2340	3900
	P–110	2510	1880	3140	3940	2960	4930
ϕ 88.9	J–55	2010	1500	2510	3090	2320	3860
	N–80	2810	2110	3510	4330	3250	5420
	P–110	3550	2670	4400	5490	4120	6860

6.2　分析

（1）2002—2003 年，通过在现场对八口油井进行的符合 Q/SH1020 0088—2008 中 3.5.5 上接箍上紧扭矩表 3（见本论文表 5）的规定与 Q/SH1020 0380—2007 中 6.7.2 的规定上卸扣对比试验，结果表明前者上卸扣 3 次，测量内外螺纹的各项单项参数均符合螺纹相关标准的要求。但后者超过 70% 的油管内外螺纹出现不同程度的粘扣现象。主要原因是内外螺纹在啮合过程中受到过扭矩和高转速的作用造成的。

（2）Q/SH 0180—2008 中 5.6.4 要求油管接箍应采用机械方式上紧，在上接箍过程中，无法对 J 值进行合理的调整。因此，Q/SH1020 0088—2008 中 3.5.5 上接箍上紧扭矩表 3（见本论文表 5）的规定是符合实际生产和现场使用要求的。

6.3　建议

油管与接箍上紧扭矩应统一按 Q/SH1020 0088—2008 中 3.5.5 的要求执行。

7 油管试压

7.1 标准中的要求

（1）Q/SH1020 0380—2007 中 6.8 试压设备要求油管试压设备最大试压压力 25MPa，上扣转速小于或等于 25r/min。

（2）Q/SH1020 0088—2008 中 3.6.2 要求试验压力符合 SY/T 6194—2003 中 10.12.3 的计算方法，试验压力保持时间不小于 5s，不渗不漏。

7.2 分析

（1）根据修复油管现场使用情况，修复油管下井深度常常到 2000m，在一些设计要求的需要，对管柱进行井口试压 16 ~ 20MPa，这样管柱所受的内压就是 36 ~ 40MPa。因此，油管生产中最大试压压力 25MPa 是不能保证生产需要的。

（2）往往在实际使用中，修复油管与新油管面对的是相同的工作环境，SY/T 6194—2003 中油管的试验压力是根据油管的壁厚和钢级来确定的，计算公式 $p = 2\ (f \cdot Y_p \cdot t)\ /D$。修复油管目前采用按剩余壁厚分类，如按上述计算公式，J55 钢级、ϕ 73.02mm × 5.51mm，一级管试验压力应为 46 MPa，二级管试验压力应为 32 MPa。

7.3 建议

根据标准要求的试压压力计算及现场生产的需要确定修复油管的试压压力。

8 更换新接箍

8.1 标准中的要求

（1）Q/SH 0180—2008 中 5.6.2 要求管子接箍应是无缝的，其钢级、类型和材料均应与管子的本体相同。

（2）Q/SH1020 0088—2008 中 3.5.3 要求对于更换的新接箍，接箍的钢级应与原接箍相同。

8.2 分析

修复油管长期下井服役后，原钢级的标识不易辨别，另外随着疲劳后钢级的下降，要在修复时更换与钢级、类型和材料均应与管子的本体相同的接箍是很难实现的。

8.3 建议

（1）应细分不同的情况配备相应接箍类型。如钢级确定的，并服役期较短的配备与钢级、类型和材料与管子的本体相同的接箍。其余的情况均按 J55 钢级进行配备。

（2）成品接箍检验时，无法取得符合标准要求的试样，机械性能往往无法检验，应在标准中要求接箍的化学成分和硬度，以保证接箍的质量。

9 修复标准应规范的条款

9.1 关于修复油管端部壁厚的问题

目前采用的修复油管标准均未对修复油管端部壁厚进行要求，仅仅规定了油管整体壁厚（−12.5%），油管的两端是加工螺纹的区域，如按油管整体壁厚的要求执行，油管螺纹的连接性能和密封性能将存在较大的风险。因此，应根据油管的钢级、最大下井深度、安全设计系数规定油管端部的最小允许壁厚。

9.2 关于探伤

修复油管的管体探伤中只规定了各种缺欠在油管规定壁厚的 −12.5% 为一级管，在油管规定壁厚的 −12.5% ～ −25% 为二级管，未对缺欠的范围大小及累计范围大小作出规定。缺欠的范围大小及累计范围大小对油管管体的机械性能和使用寿命都有较大的影响，因此建议增加该内容的条款。

9.3 错误

Q/SH1020 0088—2008 中 3.2.1“凡存在目测可见的弯曲或全长直线度小于或等于 0.2% 的旧油管应进行校直作业”应改为“凡存在目测可见的弯曲或全长直线度大于 0.2% 的旧油管应进行校直作业”。

总之，统一油田修复标准的条款要求，不断与油管修复生产和现场使用要求结合，使标准的制定更符合实际，减少事故，提高质量是我们从事该行业技术管理人员的共同目标。

参 考 文 献

[1] SY/T 6194—2003 套管和油管

[2] Q/SH 0180—2008 修复油管质量要求

[3] Q/SH1020 0380—2007 油管修复生产线设备条件

[4] Q/SH1020 0088—2008 油管修复与检测技术条件

国际标准化组织温室气体标准现状以及在石油企业中的应用

王嘉麟　刘　瑾

（中国石油安全环保技术研究院）

摘　要　本文介绍了温室气体标准在全球温室气体控制方面的作用，介绍了国际标准化组织已经制定并发布的ISO 14064，ISO 14065以及ISO 14066标准以及正在制定的温室气体标准的动态，介绍了中国石油依据ISO 14064开展试点企业温室气体排放清单的编制情况。

关键词　温室气体；标准；国际标准化组织；石油；温室气体排放清单

1　引言

气候变化已经成为21世纪全球面临的最大挑战。引起气候变化的原因有多种多样，概括起来可分为自然的气候波动和人为活动两大类。前者包括太阳辐射的变化、火山爆发等等；后者包括人类使用的化石燃料的燃烧以及毁林引起的大气中温室气体浓度的增加。其中人类活动引起的全球气候变化自工业化革命以来日趋显现。

人类活动排放的温室气体已经对人类生存的环境造成了巨大影响。统计资料表明，最近100年以来，全球因燃烧导致的温室气体排放量上升了10倍，期间全球地表温度上升了0.74℃。IPCC（联合国政府间气候变化专门委员会）的研究指出：全球平均气温、海水温度、冰川以及海平面变化的监测数据表明全球增温要明显快于想像，预计的最坏情景正在成为现实。

石油企业作为全球能源供应的主力军，一方面在为全球经济发展提供源源不断的能源，另一方面，随着石油开采难度以及石油产品质量要求的不断提高，也成为温室气体的排放的主要贡献者。全球各大石油公司出于法律要求以及自身发展的考虑已经或正在采取措施来减少或控制温室气体的排放。这其中掌握自身的温室气体排放情况，从中找出减少排放的途径正在成为各大石油公司的日常工作。为确保统计数据的准确和可核查，必然遵从统一的标准。

面对全球变暖趋势越来越明显，全球的国际组织、国际机构积极行动起来纷纷出台一系列温室气体相关标准，如国际标准化组织、国际石油工业环境保护协会、世界气象组织等等。其中国际标准化组织作为世界上最大的标准化机构已经或正在制定一系列的温室气体标准，为全球温室气体管理提供了通用且中立的，适用于排放量贸易、项目或自愿减排的工具，成为世界温室气体标准的引领者。

2 温室气体标准在应对气候变化中的作用

针对气候变化这一人类面临的重要威胁，世界各国和工业界纷纷制定温室气体减排和控排目标，目标的设定和减排量的核查中相关数据至关重要，因此政府和企业迫切需要相关的温室气体标准来规范温室气体管理行为。温室气体标准既有助于战略和政策实施，又有助于新的战略和政策的制定。

2.1 温室气体标准在政府制订政策和行动规划中的作用

温室气体标准可以协助政府采取强制性和自愿性的行动，包括：签订影响区域或全球的贸易协定；鼓励新技术、新产业的发展；鼓励新技术的研发。

温室气体标准通过提供一套温室气体评价、测量以及报告的方法，以规范信息的获取、排放量的计算以及减排目标的设定，从而有助于政府建立和规范温室气体市场、鼓励低排放的产品换代。

2.2 温室气体标准在商业活动、技术以及生产中的作用

温室气体标准除了可应用于基于温室气体控制的限额贸易和碳抵消信贷，也可以支撑一系列重要的商业活动：在产品碳标识方面为消费者提供信息；在产品研发和市场评价方面考虑潜在的温室气体收入；在实施系统的温室气体管理方面规范温室气体排放定量化和报告以减少企业全部价值链中的温室气体排放。另外企业在向非政府组织，比如美国气候注册组织，报告时也需要一系列温室气体标准作为工具。

2.3 温室气体标准在金融业的作用

温室气体标准正在服务于金融业的特殊需要，体现在诸如碳排放情况披露和碳估价以及与气候变化相关的财产保险和责任险等新的金融产品。

由于温室气体标准在商业活动中被用于更加完整和精确地披露温室气体排放情况，以及交流其相关产品和服务的市场风险和机会等信息，因此温室气体标准将帮助企业在投资时更多的将收益与温室气体排放、资产重组、技术、产品、风险等方面的因素联系起来，从而进一步提高投资效率。

2.4 温室气体标准在能力建设中的作用

温室气体标准在能力建设方面提供了面向企业和培训机构的培训课程、职业资格认证以及诸如温室气体排放报告软件和生命周期评价软件模型的贸易类工具，所以说没有温室气体标准对量化、审计、报告、标示、信息交流等方面的规范，温室气体从业人员培养业

务能力、资格认证是不可能的。

3　国际标准化组织温室气体标准

国际标准化组织已经成为气候变化相关标准的引领者。所形成的标准正在积极的服务于政府、组织、企业在气候变化的各项行动中。

碳排放权交易中所要求的可衡量、可报告、可核查支撑了排放信用贸易体系的建立和发展。正是国际标准化组织所发展的或正在发展的 ISO 14064，ISO 14065，ISO 14066，ISO 14067，ISO 14069 已经或即将为履行国际框架协定的温室气体排放和核查提供支持。

国际标准化组织的系列温室气体标准为温室气体量化、监测、报告以及核查提供了统一的构架，这些标准是独立的，任何参与排放量贸易、项目或自愿减排机制的组织均可使用这些标准。该标准可适用于所有温室气体类型，而不仅限于二氧化碳。

3.1　ISO 14064：2006

ISO 14064：2006 是一个由三部分组成的标准，其中包括一套温室气体计算和验证准则。该标准规定了国际上最佳的温室气体资料和数据管理、汇报和验证模式。人们可以通过使用标准化的方法，计算和验证排放量数值，确保 1t 二氧化碳的测量方式在全球任何地方都是一样的。这样使排放声明不确定度的计算在全世界得到统一，最终用户群（如政府、市场贸易和其他相关方）可依靠这些数据并进行索赔。构成标准的三个部分是：

（1）ISO 14064－1：2006《温室气体　第 1 部分：在组织层面温室气体排放和移除的量化和报告指南性规范》详细规定了设计，开发，管理和报告的组织或公司温室气体清单的原则和要求。它包括确定温室气体排放限值，量化组织的温室气体排放，清除并确定公司改进温室气体管理的具体措施或活动等要求。同时，标准还具体规定了有关部门温室气体清单的质量管理、报告、内审及机构验证责任等方面的要求和指南。

（2）ISO 14064－2：2006《温室气体　第 2 部分：在项目层面温室气体排放减量和移除增量的量化、监测和报告指南性规范》着重讨论旨在减少温室气体排放量或加快温室气体的清除速度的温室气体项目（如风力发电或碳吸收和储存项目）。 它包括确定项目基线和与基线相关的监测、量化和报告项目绩效的原则和要求。

（3）ISO 14064－3：2006《温室气体　第 3 部分：有关温室气体声明审定和核证指南性规范》阐述了实际验证过程。它规定了核查策划、评估程序和评估温室气体等要素。这使 ISO 14064－3 可用于组织或独立的第三方机构进行温室气体报告验证及索赔。

3.2　ISO 14065：2007

标准旨在保证验证过程本身，并规定了温室气体验证公司的要求。这些公司可实施数据验证活动，并按照 ISO 14064－3 标准或其他特定的排放权交易制度或企业标准进行管理。

标准的总体要求涉及诸如法律和合同安排、职责、公正性管理、责任和融资等方面的问题。标准具体包括了与结构、资源要求和能力、信息与记录管理、核实和验证过程、申诉、投诉和管理体系等方面相关的要求。标准的对象主要是温室气体工作的管理、法规和认可机构。标准向这些机构提供了评价核实和验证机构能力的基础。

3.3 ISO/DIS 14066：2011《温室气体 温室气体检验组和确认组的能力要求》

本标准规定了服务于项目管理者、监管机构、检验机构和确认机构的检验组和确认组的能力要求，包括知识及技巧要求。其中知识要求包括温室气体方案、相关技术、数据及信息审定以及团队负责人的知识要求。该标准还介绍了相关部门的能力要求、评审温室气体审定或核查报告的能力要求、审定及核查能力的提高及保持方法，要求有关人员评审温室气体审定或核查报告时应能按照 ISO 14065：2007 中 8.5 规定的职责和活动去执行。

3.4 ISO 14064，ISO 14065 和 ISO 14066 间的关系

ISO 14064，ISO 14065 和 ISO 14066 间的关系如图 1 所示。

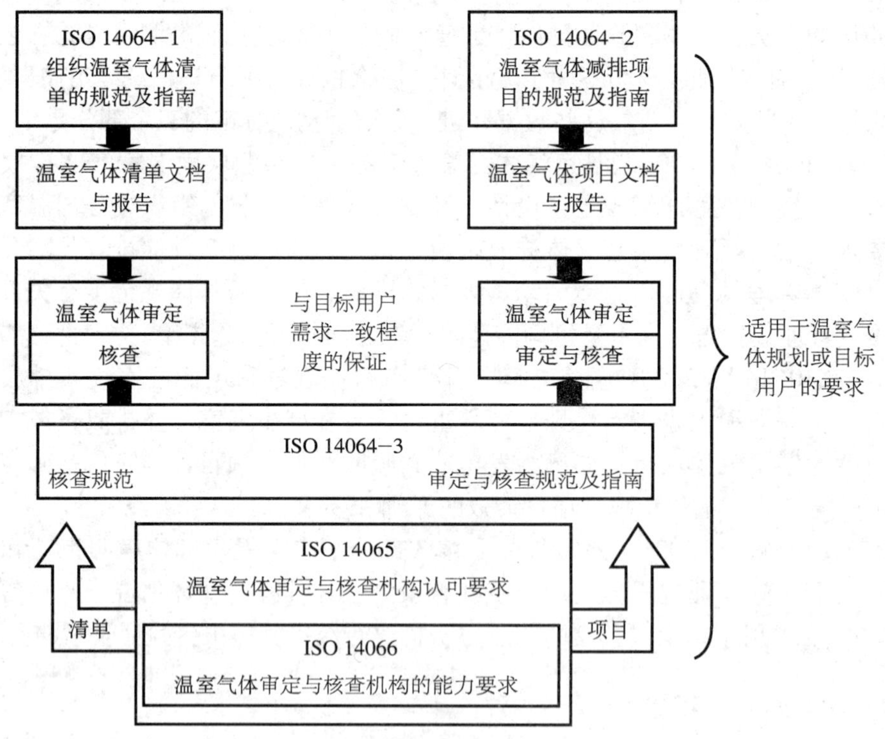

图 1 与温室气体有关的国际标准体系框架图

3.5 ISO/CD 14067（碳足迹标准）

该标准尚在起草中。该标准是一项产品标准，将为使用者提供测量产品碳足迹的框架。

该标准包括两个部分：量化和信息，预计 2012 年完成。

ISO/WD 14069 温室气体［温室气体组织层次的温室气体排放的量化和报告（组织的碳足迹）−ISO 14064−1 应用指南］，该标准尚在起草中。该标准用于支持 ISO 14064−1 组织层次上温室气体清单的量化和报告，特别是正对温室气体间接排放清单的建立。

4 ISO 14064 在石油石化企业温室气体排放清单编制中的应用

基于 ISO 14064 温室气体量化实施步骤的要求，中国石油集团开展了试点企业的温室气体碳盘查工作，分别选取了上游和下游各一家试点企业编制了温室气体排放清单。

4.1 边界划分

边界划分包括建立机构边界和建立业务范围两个部分。

建立机构边界是从何企业的角度着眼，涵盖旗下子公司、转投资公司、合资企业等各项拥有权益的独立法人或非法人机构。对于此次试点企业，包括了其中的全部业务领域的二级企业。

建立业务范围即要求公司必须判定哪些与自身业务相关的排放源应该包括在它们已制定的机构界面内，其中的关键是判定温室气体排放源是直接排放源还是间接排放源。所谓直接排放是指那些公司拥有或控制的排放源的排放，如上游或下游企业中的排气筒的排放，油气处理、石油炼制、化工生产过程以及机动车造成的排放。所谓间接排放是指由公司业务造成的排放，但这些排放是另一方所有的或控制的排放源造成的，如使用购买电力生产时造成的排放，合同制造商和服务商造成的排放等。对于此次试点企业，包括了机构边界中的所有直接排放和间接排放。

4.2 温室气体量化计算

按照《京都议定书》的规定通常所说的温室气体包括：二氧化碳、甲烷、氧化亚氮、氟烷、全氟化碳以及六氟化硫，除上述气体外，政府间气候变化专门委员会（IPCC）在计算温室气体排放时还包括氮氧化物、一氧化碳以及非甲烷易挥发性有机物。

不同的温室气体对全球变暖的影响强度是不同的，这就需要引入全球增温潜势（GWP）的概念。温室气体的全球增温潜势是根据在一定时间内 1kg 该气体瞬间散发的辐射力（升温效应）与 1kg 二氧化碳散发的累积辐射强力比来确定的。全球增温潜势是根据不同的周期来计算的，这个周期一般是 20 ~ 500 年，但一般最常用的是按照 100 年来计算，见表 1。

表 1　建议使用的 100 年温室气体全球增温潜势

温室气体	全球增温潜势
二氧化碳	1
甲烷	21

续表

温室气体	全球增温潜势
氧化亚氮	310
氟烷	97 ~ 11700
全氟化碳	6500 ~ 9200
六氟化硫	23900

（1）石油行业温室气体排放源。

根据石油行业的生产特点，石油企业主要的温室气体排放种类为二氧化碳、甲烷、氧化亚氮，其中最主要的还是二氧化碳。氟烷、全氟化碳以及六氟化硫与石油行业关系不密切，因此可以被忽略。

石油行业的温室气体排放来自众多不同的排放源。这些排放源可归纳为三类，即燃烧排放（包括固定的和移动的燃烧源）、过程排放和逸散排放。

燃烧排放来自锅炉、加热炉、废物焚烧、汽车等碳氢化合物燃烧过程。过程排放来自原料的物理或化学加工过程，比如制氢过程的二氧化碳排放。逸散排放一般来自装备的泄漏。

（2）基准年的确定。

基准年的确定通常需考虑应满足制定温室气体清单目的和用途、使用代表性的数据、选择具有可核查的温室气体排放和清除数据的基准年等。此次试点企业的清单编制的基准年确定为 2008 年。

（3）温室气体活动强度数据收集及汇总。

搜集与统计试点企业内各项活动数据，如各种燃料或原料使用单据、电费单、旅行及货品运输的车辆里程数、废水操作测量数据等。统计中要注意其代表性和重复性。此次试点企业采用的统计监测方法包括历史统计数据的收集、物料衡算以及现场监测。

（4）温室气体排放系数的确定。

排放系数表示的是单位燃料物料使用量折合成温室气体排放量，在量化过程中非常重要。此次试点企业排放因子的确定依据了 IPCC 以及我国发改委公布的数据。

（5）温室气体排放量计算。

根据能源消耗量、排放因子和全球增温潜势三者的乘积分别计算出各种类型能源所排放的温室气体的排放量，加和后得到能源利用二氧化碳排放总量。

根据逸散的温室气体排放的检测结果或估算结果，乘以其对应的全球增温潜势得到总的逸散排放二氧化碳当量。

考虑外购电力和外购蒸汽两个方面，分别以排放因子和使用量相乘得到温室气体间接排放数据。

根据不同交通工具针对不同温室气体的排放因子以及统计的运输量计算出交通运输温室气体排放量。

以上各部分的加和形成试点企业总的温室气体排放量。

企业使用生物质能（可燃的有机生物质）产生的二氧化碳以及租用社会车辆进行运输等产生的二氧化碳排放不计入排放总量中。

附：

限额—贸易（cap and trade，又译为总量控制与贸易、限制—交易等）机制是一种通过提供经济激励来促使企业采取减排措施，从而实现控制排放目的的经济政策工具。它设定一个允许排放的污染物的总额限制，在交易机制下公司或工业部门被授予一定数额的许可（allowance，亦译为配额），以此作为排放该数额的污染物的权利。分配到各公司或工业部门的许可之和不得超过前述限额。多排者要么从少排者购买许可，要么面临重罚。因此，多排者为多排放的污染物付出代价，而少排者通过出卖剩余的许可而得到经济激励。此外，总量控制与贸易机制还能激励排放企业积极主动发展新技术降低排放。如此，社会能以最低的成本达到减排的目的。总量控制与贸易机制主要运用在二氧化硫（SO_2）和温室气体（主要是 CO_2）的排放控制上。

欧盟排放交易机制是世界上第一个国际性的温室气体总量控制与贸易机制，也是目前世界上最大的碳排放交易机制，是碳市场和气候变化政策的先行者和风向标。可以说，正是因为 EU-ETS 的存在，《京都议定书》才真正有实践上的意义。虽然目前世界上还有其他温室气体总量控制与贸易机制，但和 EU-ETS 相比起来，显得“微不足道”。

岩心地质图像信息规范与标准化管理探讨

王顺才　孙先达　凌　雨

（大庆油田有限责任公司勘探开发研究院）

摘　要　本文基于当今社会信息化建设的时代背景，围绕大庆油田岩心地质图像庞大的数量、具备的地位以及对油田科研和后续发展的重要意义和作用，阐述了岩心地质图像信息规范与标准化管理的一种基本思想、实际做法以及达到预期目标所需要的具体规范措施。旨在与其他油田同道相互借鉴、学习和探讨，共同把油田岩心地质图像信息规范与标准化管理工作推向更加成熟、更加高效，使之为油田的发展能够发挥出更大的作用。

关键词　岩心地质图像；信息规范；标准化；管理；高效

1　引言

随着计算机与网络时代的飞速发展，各行各业信息规范与标准化管理已是未来在计算机及网络时代背景下社会发展的客观需求。在大庆油田50多年的发展历程中，伴随着勘探生产管理产生了大量的录井岩心地质宏观图像资料；同时在岩心样品实验、科研专题研究以及野外地质勘测中也生成了种类繁多的宏观与微观地质图像资料，这些地质图像是油田科研不可缺少的重要信息，它们为油田的发展起着相当重要的作用。然而，这些图像资料并没有按一定的技术规范进行统一的标准化管理，这些地质图像在采集或产生、命名、存储方式、文件格式、引用形式、图像属性等诸多方面还存在着很多不规范的问题，从而使它们在齐全、数量、效率等方面还不能满足科研生产的需求，也制约了它们在油田的后续发展中高效地发挥作用。为了将各类岩心地质图像统一规范管理，推广这些地质宏观、微观岩心图像在科研专题中的应用，满足油田科研生产对这些图像观察和评价的工作需要。因此，制定并实行一套对岩心地质图像信息进行规范化管理的标准势在必行，并且对于有效地保护岩心地质宏观、微观图像资料的完整性和真实性，提高对其观察描述的工作效率和资料的整体利用率具有重要的现实意义。

2　岩心地质图像规范范畴

岩心地质图像范畴主要分宏观与微观图像两大种类，其中宏观地质图像主要包括录井岩心扫描图像与野外地质勘测相关地质图像。岩心扫描图像主要包括岩心普光扫描图像、岩心荧光扫描图像，它们主要是指岩心外表面、纵切面、剖切面等扫描图像，岩心地质图像分类示意图如图 1 所示。野外地质勘测相关地质图像主要指野外地质露头图像。微观地质图像主要包括实验室产生的显微镜微观岩石铸体薄片图像、岩石扫描电镜图像、显微镜微观含油荧光薄片图像、显微镜微观岩石薄片图像、包裹体图像、古生物图像、激光共聚焦图像等。

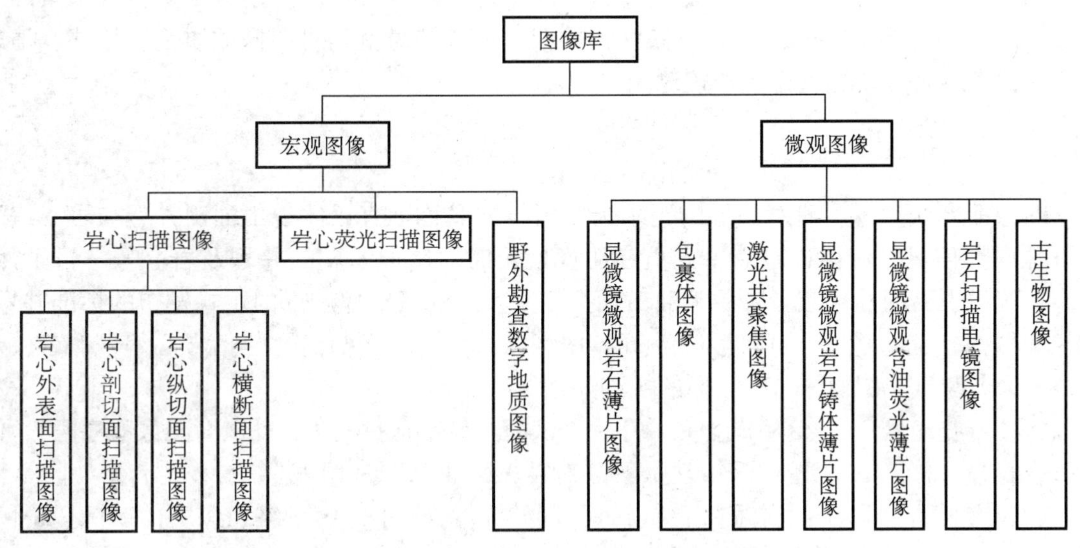

图 1　岩心地质图像分类示意图

3　图像信息规范与标准化管理

基于上面所述大庆油田岩心地质图像的背景、现状及对油田发展的作用和意义，本文所论述的“岩心地质图像信息规范及标准化管理”就显得尤为重要。若想实现将岩心地质图像信息统一标准化管理目标，以便对它们更好的应用，那么就必须在图像的采集（产生）、整理、命名、审核、传输、存储、属性信息与时限约束以及发布应用等众多实际客观的工作环节上进行逐一规范，并且还要依照油田的科研生产与专题研究人员对地质图像方方面面的需求提出切实可行的具体规范管理办法。

3.1　图像采集、整理与命名

3.1.1　图像采集

宏观与微观岩心地质图像的采集不论是人工通过直接操作采集仪器，还是通过计算机软件图像采集系统（如录井岩心外表面、纵切面、剖切面岩心图像采集系统）操作仪器，均需要做到操作时保持光线适度、图像中不可有阴影、拍摄角度保持水平、宏观图像旁放置标示长度的标尺、微观图像右下角需标明显示实际比例的标尺。

3.1.2 图像整理

图像采集完成后，要对图像进行裁剪、拼接与属性检查整理，使其在大小、内容及质量上符合规范化管理的标准要求，以满足科研专题研究的需要。其中图像裁剪就是对采集完的图像进行再次编辑，根据需要选择适当部分进行裁剪；图像拼接就是把多次采集的不同部位的岩心图像拼接成所需的一幅完整的图；检查校对就是对图像的质量、格式、清晰度、对比度以及完整性进行检查校对。

3.1.3 图像命名

图像命名必须以科研对图像的需求为宗旨，在名称上直接体现出油田井号与岩心编号等特殊属性信息，使得科研应用人员在图像使用时对图像所属的井号及岩心号一目了然。其中，图像引用的井号应当来源于油田勘探、开发及油藏等权威部门正式发布的标准井号。图像文件格式统一采用计算机标准的 JPG 图像格式。在图像命名上包括岩心编号命名、宏观图像命名与微观图像命名，它们的规则如下：

（1）岩心编号命名：[筒次] + [−] + [该筒图像数] + [−] + [该筒图像顺序号]。例如第一筒心、总计 10 张图像、第 6 张图像其岩心编号为“1−10−6”。

（2）宏观图像命名：[井号] + [(] + [起始深度] + [−] + [终止深度] + [)] + [岩心编号] + [.JPG]。例如升深 1（1976.02−1976.52）1−10−6.JPG。

（3）微观图像命名：[井号] + [(] + [深度] + [)] + [−] + [照片序号] + [.JPG]；例如升深 1（2054.02）−1.JPG。

3.2 图像审核、传输与存储

3.2.1 图像审核

岩心地质图像的采集、整理、命名各环节均必须经过审核，由专业技术人员对图像的质量进行严格把关，使其既要满足油田应用的需求又能同时达到规范化的标准要求。为此，在审核过程中应当依据不同的管理层级明确制定一级、二级与三级审核管理，严格按照符合实际可行的审核流程对图像进行审核，确保图像的质量。岩心地质图像审核流程图如图 2 所示。

（1）一级审核就是由图像采集岗位对整理后的图像检查，保证图像的质量和数据的完整性，然后上传给岗位负责人审核。

（2）二级审核就是由岗位负责人对图像及相关资料审核，不符合要求的返回岗位重新整理，符合的再上传到图像库管理员审核。

（3）三级审核就是图像库管理员对传来的图像和数据最后审核，不符合要求的返回再次处理，符合的最后加载入库并通过图像库系统存储、发布与应用。

3.2.2 图像传输与存储

图像规范标准化管理的目的是为了对它们更好地应用，因此，为了实现将油田全部岩

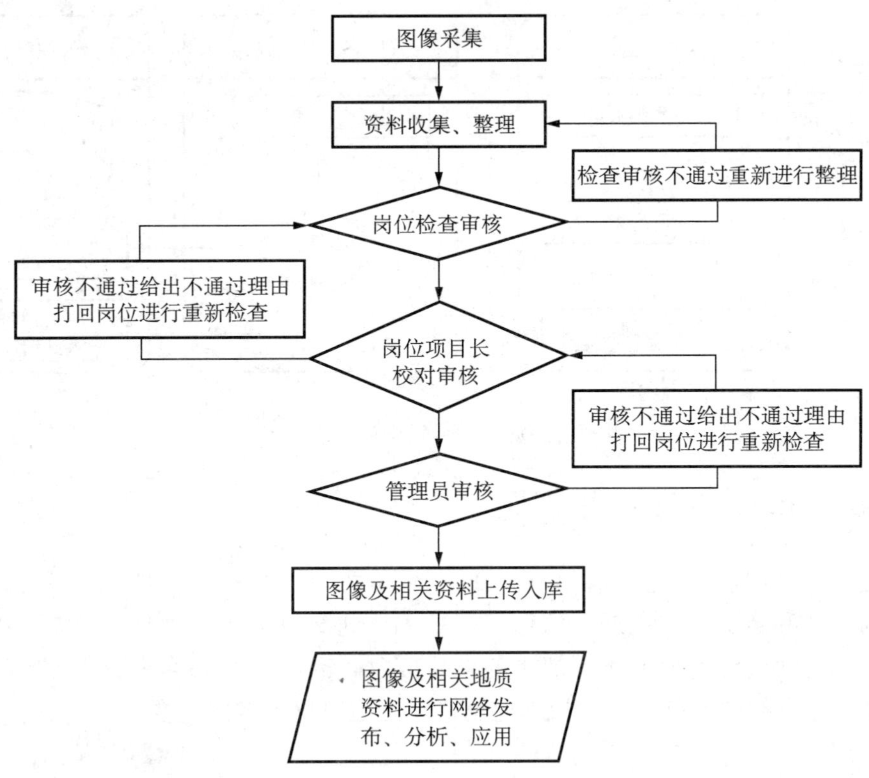

图 2　岩心地质图像审核流程图

心地质图像集中管理以便供科研人员登录使用或被不同的图像应用系统调用。图像审核完成后需要将最终符合规范化标准的图像及相关属性信息以文件形式传输存储到特定的网络服务器图像库中，而且还要根据图像的类别与特性并结合其应用情况来选择是通过 FTP 方式将图像以文件目录形式存储、还是以 ORACLE 数据库形式对图像进行存储。

鉴于宏观与微观不同地质图像的特性和应用情况，大庆油田录井产生的现场岩心地质宏观图像，诸如录井岩心外表面、纵切面、剖切面等图像均通过“岩心图像采集及发布系统”以 FTP 形式上传到服务器中，为了规范传输专门制定了传输流程图，如图 3 所示；另外，地质野外露头和科研项目产生的图像通过“岩心可视化描述及地质综合应用系统”及“知识库系统”也应当以 FTP 形式上传到服务器中。实验室产生的各种岩心地质微观图像，诸如显微镜微观岩石铸体薄片图像、岩石扫描电镜图像、显微镜微观含油荧光薄片图像、显微镜微观岩石薄片图像、包裹体图像、古生物图像、激光共聚焦图像等均通过“实验室信息管理系统（LIMS）”以 ORACLE 数据库形式传输存储到大庆油田勘探开发数据信息主库中。

为了保证新产生的图像能够及时让科研专题得到应用，所以，在图像传输及时性上也应当进行规范并给予时限约束。目前，录井岩心图像时限是 7 个工作日，实验室岩心地质微观图像的产生通过“实验室信息管理系统（LIMS）”实时自动完成入库。

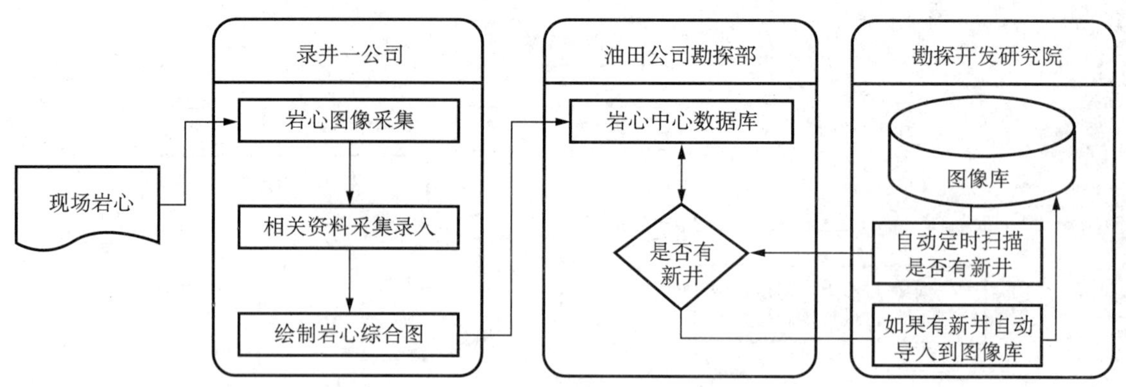

图3 录井岩心图像传输存储流程图

3.3 图像属性信息及应用发布

岩心地质图像除图片本身外，其相关的属性信息也必须齐全、准确才能使其在应用时具有更大的价值和意义，这些属性信息是每张图片的身份和特性说明，就好比我们的身份证一样，它们是科研专题研究不可缺少的重要信息。因此，依据本文的宗旨也就必须对图像属性信息进行详细的规范说明并加以控制，以满足科研专题的需要。

3.3.1 图像属性信息

录井岩心外表面、纵切面、剖切面宏观图像需要具备“井号、取心井段、取心次数、岩心编号、起始深度、扫描心长、终止深度、层位、层号、距顶位置、取心日期、录入日期、主要岩性、颜色、解释结果、试油结果、外表面图像、纵切面图像、剖切面图像、任务单编号、扫描人、扫描单位”图像属性信息。

岩心荧光、铸体薄片、扫描电镜微观图像除分别具备各自的“岩心描述、荧光评价”、“面孔率、平均配位数、平均孔喉比”、“照片号、放大倍数、文件名、文本文件、图像文件、岩性描述、体貌特征”特定属性信息外还需要具备“井号、样品类型、分析日期、样品编号、样品深度 1、样品深度 2、距顶、层位、样品深度、井号路径、图像文件、任务单编号、样品 ID、送样单位、送样人、分析人、岩性、样品深度、分析单位、取样日期、加载日期、报告编号”共同的图像属性信息。

野外地质露头以及科研项目图像需要具备“标本号、地点、GPS 点、样品编号、层位、定名、特征、岩相、照片号、文件名、图像文件、图像来源、图像类型、任务单编号、样品 ID”图像属性信息。

3.3.2 图像发布与应用

图像存储入库后最终还要通过一些手段或方法对其进行发布和应用，这样才能使之在油田科研生产中发挥作用。图像发布和应用的计算机系统平台应当在功能和效率上具有权威性和代表性，能够让图像最终使用的用户方便、快捷、高效的存取。

大庆油田地质图像通过“岩心可视化描述及地质综合应用系统”实现了用 JPG，WORD，EXECL，PDF 等文档形式对图像及属性信息全方位的发布。在图像应用上，通过自主研发或外协等渠道为油田科研推出了灵活多便的图像应用系统。这些应用系统主要有基于 IE 浏览器开发的“岩心在线观察与分析系统”、利用各种基础资料实现的“岩心柱状图自动绘制系统”、为新井岩心图像建立的“岩心图像采集及汇交系统”、针对图像库建立的“岩心地质图像检索系统”、为实验室自动化高效管理与实验数据齐全可靠自动入库研制的“实验室信息管理系统（LIMS）”。通过这些系统的应用，使得岩心地质图像在大庆油田科研专题的研究中发挥了重要的作用。

4 后记

大庆油田在岩心地质图像规范标准化管理方面，基于本文所述的思想与技术方法已制定了《岩心地质图像信息管理规范》标准文件在全油田正式颁布实施，应用效果很好；由这个规范最终存储的全部岩心地质图像通过以上系统发布与应用平台，科研生产人员均对所需图像得到了高效便捷的应用，从而也充分体现了本文“岩心地质图像信息及标准化管理”的价值和意义。本文的阐述中有不到或不妥的地方还请油田同道给予包涵，同时也请专家能够给予指正。

参 考 文 献

[1] 高瑞祺，孔庆云，辛国强，黄福堂. 石油地质实验手册. 哈尔滨：黑龙江科学技术出版社，1992

[2] 许运新，蒋承藻，萧德铭. 砂岩油田岩心描述与用途. 哈尔滨：黑龙江科学技术出版社，1994

[3] 许运新. 岩心资料的科学化管理. 地质科技管理，1992（3）

[4] SY/T 5162—1997　岩石样品扫描电子显微镜分析方法

[5] Q/SY DQ 0365—2000　显微镜微观岩石铸体薄片采集方法

[6] Q/SY DQ 0872—2003　宏观图像采集方法

[7] Q/SY DQ 0872—2003　岩心图像扫描处理规范

浅谈标准化管理在石油物探车辆管理中的应用

王锁栋

（东方地球物理公司海上勘探事业部）

摘　要　针对石油物探运输企业车辆管理现状与存在的问题，探讨如何借助标准化管理的思想去强化车辆设备管理，进而提高车辆管理单位的管理效率。

关键词　石油物探；车辆管理；标准化

1　引言

石油物探运输企业是为石油地震勘探采集项目实施过程提供各种运输业务的服务单位。近年来，伴随着石油地震勘探投资力度的加大，对石油物探运输企业的服务职能要求也越来越高。同时随着物探作业能力与范围的扩大，各种类型的车辆设备不断增多，运输业务范围也不断增大。在保证运输业务正常运行的基础上，如何用标准化的管理模式去强化车辆设备管理，保证车辆设备的完好性，降低维修、运营成本，具有非常重要的现实意义。

2　管理现状与问题

分析现在石油物探运输车辆作业主要有以下特点：

（1）作业范围广泛。由于石油勘探作业区域十分广泛，提供运输服务的车辆作业范围也遍布四面八方。

（2）运载设备种类多。由于石油勘探所需要的物资种类繁多，加上勘探形式的多样性，需要提供专用的车辆运载设备，与传统意义上的运输车辆在数量与种类上已经有明显区别。

（3）对车辆运载设备要求高。由于施工作业区域有海上、沙漠、戈壁滩、山地等不同环境，对提供现场作业的车辆性能提出了更高要求。

石油物探行业经过了几十年的发展，运载车辆管理已经达到了较高的管理水平，但与石油勘探实现跨越式发展的目标仍存在一定的管理差距，主要表现在：一是车辆基础数据的管理较为传统，缺少现代化的管理手段；二是车辆维修管理还没有形成统一的标准化的管理模式，在一定程度上还不规范；三是日常管理缺少统一的标准与规范，需要用统一的规定动作去加强管理。

3 标准化管理应用思路

3.1 基础数据管理要做到标准化

在车辆设备的日常管理中，涵盖了从“车辆购入”到“车辆报废”过程中的全部数据信息。管理人员对车辆的基本档案信息、运行信息、行驶里程、油材料消耗等运输信息，设备更换、小修、大修、报废等维修信息，以及车辆行驶里程与油耗之间的关系、司机驾驶的车辆固定周期内维修次数等信息较为关注，并希望尽可能多地掌握车辆行车统计、运行油耗信息、车辆维修信息、驾驶员的档案信息、供货商（车辆厂家）基础信息等。然而传统的设备管理主要集中在对车辆设备日常状态的事务性管理当中，缺少进行统计分析的有效手段。要想达到设备管理信息一目了然、数据有效直观并能提供有效决策的效果，建立标准化的设备管理系统平台就显得十分必要，示意图如图 1 所示。

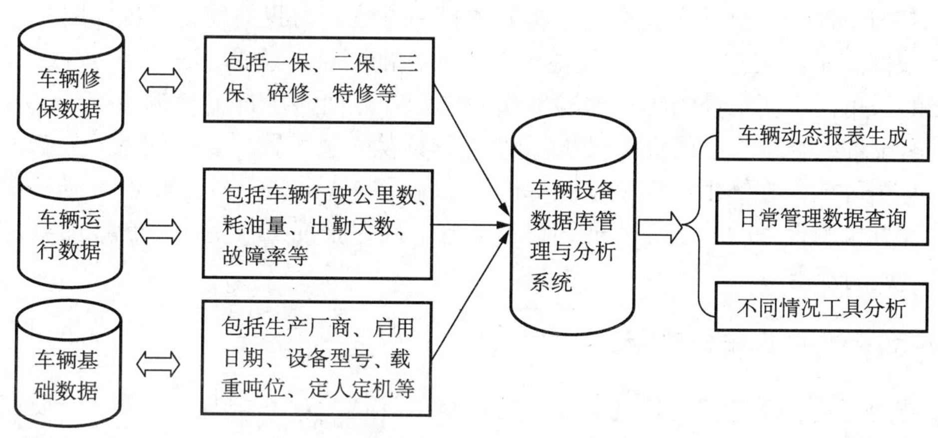

图 1 车辆设备管理系统平台示意图

根据以上数据模型，结合石油物探车辆基础数据实际特点，利用 FOXPRO 或 VISUAL BASIC6.0 等开发工具软件，设计出适合石油物探车辆设备管理的数据库管理系统，将日常管理数据查询、车辆动态报表生成以及不同情况数据分析等功能进行集成，从而实现了基础数据管理标准化这一目的。通过建立标准化的设备管理系统平台，将车辆设备的日常数据进行收集与录入，再利用模块化的数据分析功能进行不同类别的数据分析，为设备管理人员提供了有效的信息和科学决策数据支持，达到更好地降低费用、提高监控力度、增加安全性等目的。

3.2 车辆维修管理环节要做到标准化

车辆维修是车辆设备管理的一个重要环节，如何快捷、方便、系统的完成维修任务，合理地调配维修资源，一直是我们石油物探车辆管理在这一环节追求的目标。纵观实际工作中该环节主要存在以下问题与现象：一是派修程序的不规范性；二是现场质量检验的随意性；三是修理作业现场不规范；四是消耗配件与库存的不一致性；五是出现修理质量的不可追溯性。因此，加强该环节的标准化管理，做到流程清晰、环节可控，才能确保为进厂维护车辆提供高质量的服务。也才能确保为顾客提供标准化、规范化的服务，减少企业的管理成本，提高企业的竞争力。

3.2.1 建立标准化的送修流程

借鉴车辆基础数据管理标准化的思想，将车辆进厂的维修接待、报修、派工、领料、结算出厂等主要业务环节以流程化的方式进行规范，并以模块化的方式集成到计算机管理系统中，这样对入厂维护车辆一目了然，对配件消耗能适时掌握，便于调配库存，对出现修理质量问题的车辆便于追溯，及时找到问题环节。既方便了管理，又提高了工作效率，达到了提高车辆管理水平的目的。

3.2.2 建立标准化的检验程序

GB 21861—2008《机动车安全技术检验项目和方法》为我们建立标准化的检验程序提供了有效依据。实际工作中，可以从检验人员的标准配备、检测器具的配置数量和水平、检测方法的采用、不同维修内容的检验频次与方法等方面入手，出台标准统一、可规范操作的《车辆设备维修作业过程检验规范》。从而保证从人员设置、设备配备、方法使用、内容检测都有据可依，维修出厂车辆检验标准统一、可靠。此外，针对车辆维修所使用的计量器具，计量检测设备的检定，要加强计量监督，确保校准工作情况符合《测量设备的质量保证要求》的规定。

3.2.3 建立标准化的维修现场

国家交通运输管理部门对机动车维修有严格的管理，对不同类别的维修资质有严格的规定。同时，BGP 较早建立和实施了 ISO 9000 质量管理体系、ISO 14000 环境管理体系、ISO 18000 健康、安全管理体系等，近三年来，BGP 在杜邦 HSE 管理理念的学习借鉴与推广上取得了较为突出的成绩。通过借鉴上述标准与依据，在实际车辆维修现场管理中，可以采取编写《车辆维修标准化作业现场建设指导书》等形式，从现场维修设备的配备、维修操作规程的建立以及维修作业环境的建设等方面进行指导规范，并在实际建设过程中对照标准要求进行严格的考核验收。同时在日常管理过程中，通过检查、审核等手段，确保作业现场标准化保持常态化运行水平。

4 日常管理要按照标准化要求进行规范

在加强车辆基础数据和送修管理两个重要环节的标准化建设的同时，车辆的日常管理更需要进一步明确和规范维护保养的标准和要求。总体上讲，就是要做到“四有”、“四无”、“四会”的标准和要求。

4.1 管理内容要达到“四有”标准

就是要有组织，有计划，有岗位责任，有一整套与行政手段相结合的管理办法。具体讲，就是既要成立车辆管理工作领导小组，分工领导专门负责。又要对车辆维修保养工作，做到年初有安排，平时有检查，年终有总结，并坚持经常性的爱车、用车、管车教育，在职工队伍中形成良好的爱车、管车氛围。这些内容看起来很松散，其实涵盖了车辆日常管理的宏观与微观两个方面，是车辆日常管理的一个“纲”。工作中，我们可以将“四有”标准作为考核要素写入质量管理体系相关的《设备管理程序》文件中，并配套出台《机动设备管理考核办法》进一步明确具体的考核标准，这样通过明确内容，严格考核等有效方式，既制订了一套行之有效管理标准，又推动了日常管理工作的有效落实。

4.2 车辆装备和附件要达到“四无”标准

就是无损坏，无锈蚀，无失效，无丢失。由于石油物探运输车辆经常在海边、沙漠、高山等高温、潮湿条件下作业，这就要求加大日常保养力度，保证车况良好，车质无锈蚀，同时，要保证车辆安全附件完整有效，不能出现安全带、防翻架作用失效现象。此外，由于施工环境的恶劣性，导致车辆故障发生率增大，要求司机对车辆出现的一些小毛病能自己随时进行排除，这就要求随车工具要切实做到无丢失，关键时刻要派上用场、给上力。实际管理工作中，在抓好司机一日三检和相关附件定期检查的同时，设备管理人员可以采取制定《车辆设备设施完整性检查标准》等形式，明确不同类型车辆的具体检查内容与标准。并按作业周期对每一台车的车况、车质、附件进行完整详实的检查，掌握每一台车的具体问题，落实好解决措施，确保车辆随时处于完好状态。

4.3 操作者要达到“四会”标准

就是会操作使用，会检查，会维护保养，会排除一般故障。会操作使用，就是能够按照车辆的技术性能和操作规程使用；会检查，就是根据标准，对车辆自身的技术性能进行检查；会维护保养，就是依照车辆技术变化及时保养，把工作做在机件技术状况下降和损坏之前；会排除一般故障，就是掌握车辆容易发生故障的部位及原因，熟悉一般故障的排除方法，具有一定的排除故障的能力，不能让车带病工作。要完成“四会”标准规定动作要求，实际工作中，可以根据不同车型，制作驾驶员“四会”操作卡，将操作注意事项、关键检查点、重点维护保养点、小故障解决办法在卡片上进行明确，并利用物探队伍出工前培训、技术比赛、技能鉴定等有效形式进行学习强化，确保每一名操作者都能达到“四会”标准要求。

将标准化的管理思想应用于石油物探运输车辆设备管理中，使管理者能以一致的界面快速地从多个角度观察、分析数据，及时调派设备资源，快速做出决策，从而有效保证了车辆设备的完好性，进一步降低了维修和运营成本，提高了车辆管理单位的管理效率。

参 考 文 献

[1] 丁宝康．数据库原理．北京：经济科学出版社会，1999.5

[2] 陈建桃，兰小平．石油工业企业质量工作特点与对策初探．石油工业技术监督，2008（7）

[3] 邵松明．汽车维修企业职工培训及改革探索［J］．汽车维护与修理，2003（1）：1 ～ 2

技术成果标准化建设探索

肖　敏

（中海油能源发展股份公司钻采工程研究院）

摘　要　由于历史原因，中海油能源发展钻采工程研究院（以下简称“钻采院”）不同业务板块、不同阶段提交的成果资料存在诸多差异，给成果标准化工作带来了极大的困难。针对技术成果管理现状及市场化推广要求，钻采院技术成果标准化的建设工作主要包括：成果标准制修订，技术成果标准化、技术成果分级管理，及以此为基础的市场化推广。目前已经完成了53项成果标准编制，并筛选出17项成果进行市场化推广。

关键字　技术成果；成果标准化；分级管理；市场化推广

1　引言

钻采院是一个有着近40年历史的主要为海洋石油勘探开发提供技术支持的研究机构。由于历史原因，钻采院不同业务板块、不同阶段提交的成果资料存在诸多差异，给技术成果管理工作带来了极大的困难。此外，随着钻采院“科技驱动战略”的实施，对技术成果管理提出了更高的要求。

为了规范技术成果管理，加大技术成果转化力度，针对技术成果管理现状及市场化推广要求，钻采院自2010年以来开展了技术成果标准化建设工作，一是建立技术成果标准体系，二是对历史技术成果按照标准要求重新梳理，三是建立技术成果的标准化管理、信息化管理和分级管理制度，四是推进技术成果转化工作。

2　技术成果管理面临的问题

钻采院在多年的科研、生产工作中培养了一大批理论基础扎实、研究评价水平较高的科研技术人员和技术支持人员，也取得了大量的研究成果，这是钻采院实现快速发展、跨越式发展的坚实基础。但是由于历史和现实的原因，在多年的发展过程中，技术成果管理方面还存在着诸多问题需要解决，主要表现在以下几个方面：

（1）历史技术成果亟待整理。

在钻采院成立至今的近40年中，中海油勘探开发快速发展，规模不断扩大，在2010年实现国内海上油气产量5000×10^4t油当量。在此过程中，钻采院在科研生产实践中形成了大量技术成果。尤其是在2003年以后，钻采院主营业务经历了三次较大的变革，在原有实验分析业务、地质油藏业务、信息技术业务的基础上增加了几个新的业务板块。经过整合，形成了地球物理技术、地质油藏技术、采油工艺技术、钻完井工艺技术、信息技术等五大技术分产业，具备了为海洋石油勘探开发、油田生产运营和管理运营信息化等提供全方位技术支持服务的能力。但是，由于年代跨度大、业务扩展快，产业链长等原因，各专业形成的技术成果标准尚不明确，同时存在较大差异，亟须标准化、规范化。

(2) 企业快速发展对成果快速积淀提出新的要求。

面对企业发展的需求，我们立足国内海上油田市场，积极拓展海外市场，原有的技术产业已不能满足客户的需求，要求我们快速研发和沉淀大量的技术与产品以适应市场的变化，增加企业的核心竞争力。为了快速积累自主研发和技术引进过程中形成的成果或关键技术，并能够使之得到持续改进，从而促进企业参与市场竞争，也需要钻采院尽快开展成果标准化建设。

(3) 技术成果应用转化能力及市场化意识有待加强。

在原有的体制下，钻采院的主要任务是为中海油石油勘探开发作业提供技术支持，属于被动适应市场的需求。随着市场化程度的不断提高，原有的科研成果管理体制已经不能满足市场需求。因此，建立以市场化为导向的技术成果管理机制，根据市场需求主动加强技术成果管理就成为必然的选择。

3　科技成果标准化管理研究

3.1　科技成果转化管理

科技成果转化，是指为提高生产力水平而对科学研究与技术开发所产生的具有实用价值的科技成果所进行的后续试验、开发、应用、推广直至形成新产品、新工艺、新材料，发展新产业等活动。其实质是将具有创新性的技术成果从科研单位转移到生产部门，使新产品增加，工艺改进，效益提高，最终经济得到进步。

促进科技成果商品化，建立多形式、多层次的科研与生产的直接联系，是实现转化的关键。在市场经济条件下，科技成果要作为商品进入市场，再通过市场进入生产，并且实行有偿转让。我国有关知识产权的一系列法律的制定和不断完善的技术市场，已为科技成果商品化创造了条件，也有利于科技成果的转化。

作为科技成果的供给主体，就钻采工程研究院科技成果转化管理而言，充分发挥自身优势，采取科研直接与生产联合的形式，既可以根据生产需要有针对性地安排科研项目，又能够迅速将科研成果应用到生产过程中、转化为生产力，还可作为培养企业科技人才的基地，最终实现“共赢”。

为了实现科技成果的快速转化，就必须完善现有的科技成果转化管理机制，标准化也就成为现实的选择之一。

3.2 科技成果标准化研究

标准化是指为在一定的范围内获得最佳秩序，对实际的或潜在的问题制定共同的和重复使用的规则的活动。它包括制定、发布及实施标准的过程。标准化的重要意义是改进产品、过程和服务的适用性，防止贸易壁垒，促进技术合作。标准化的基本方法包括：(1) 简化；(2) 统一化；(3) 产品系列化；(4) 通用化；(5) 组合化；(6) 模块化。

标准化管理是一项复杂的系统工程，具有系统性、国际性、动态性、超前性、经济性，遵循 PDCA 戴明管理模式，建立文件化的管理体系，坚持预防为主、全过程控制、持续改进的思想，使组织的管理工作在循环往复中螺旋上升，实现公司业绩改进的目的。

科技成果管理标准化的主要任务是通过标准化建立研发规范，制定研发流程，进行经验总结，培养研发人才。以产品研发流程标准化为例：

在产品研发流程标准化方面，可以通过分析正确的做法，结合过去正确的经验，把每项活动的操作规范、标准、模板、工具等作出定义，帮助研发人员完整、准确地思考和解决设计问题，最终依靠流程实现知识和经验的积累、传承和共享。

产品研发流程标准化是对过去产品研发成功知识和经验的总结，通过研发流程的运行可以将这些知识和经验继承下来，同时还可以对新的知识和经验通过研发文档、流程及模板优化、知识经验库等方式进行积累，在以后的研发中传承和共享。

4 技术成果标准化建设工作

4.1 成果标准建立

标准化成果的建立应该遵循一定的标准，怎样科学地制定这一标准，以满足钻采院所有成果的制定需求？基于技术的可复制性原则和经验总结传承的要求，通过对 5 个分产业技术的分析研究和大量项目成果的分析梳理，将钻采院成果粗分为工艺、产品、技术、方法四大类，其中产品又细分为工具和化学药剂两小类，每类分别以成果形成生命周期为线条设定了不同的提交标准，共计 53 项标准，基本涵盖了所有信息（表 1）。

表 1 成果提交标准

成果	工艺	技术	方法	药剂、体系	工具、设备
标准，项	12	8	9	12	12

4.2 标准化成果制作

在建立成果标准的基础上，通过组织沟通宣贯会重点介绍标准化成果编制的意义、内容和方法、计划和要求，明确了标准化成果编制过程中的重点，强化了技术人员对标准化成果的认识，奠定了成果标准化建设工作的基础。

钻采院各所属单位根据成果标准要求确定了编制成果名录，梳理钻采院近年来具备推广和转化价值的成果，30余项成果具备实现标准化的条件，涉及方法4项、工具6项、产品4项、技术20余项，做到了关键技术沉淀，实现了技术共享。在此基础上，顺利开展了钻采院新技术成果登记工作，进一步促进了技术成果登记规范化。

4.3 技术成果分类管理

根据技术成果市场化推广前景，钻采院对技术成果采取分级管理机制，由钻采院科委会和各专业委员会、机关部门根据技术成熟程度、市场需求前景，将技术成果细分为应用推广类、培育发展类和技术储备类等三个级别。

针对应用推广类成果，钻采院组织相关单位和部门及时与目标用户沟通，研究制定成果推广实施方案，推动此类技术成果的转化。对于培育发展类成果，要求所属单位制定二至三年内的技术发展规划，钻采院通过在年度科研生产计划中重点安排相关研究项目以鼓励和推动此类技术成果尽快满足市场推广条件。对于技术储备类的技术成果，由相关专业委员会根据产业规划、核心能力建设方向和市场应用前景向院科委会提出是否开展进一步工作的意见。

4.4 技术成果转化暨市场化推广

成熟的技术和产品要通过宣传才可以获得市场的认知，钻采院开展了产品和技术的商业化包装工作。商业化包装思路力求体现中海油特色，设计风格统一，在色彩的运用上与中海油的LOGO一致，以期在客户的心目中建立清晰的形象，并随优质的服务和过硬的质量不断加深印象，树立品牌形象。

此外，钻采院已制作了部分工具类产品、实验分析类的广告页，形成带有钻采院风格的统一对外宣传资料。

5 结论

钻采院开展的技术成果标准化建设涵盖了技术成果标准化、技术成果分类管理、技术成果转化等内容，对历年来的各类技术成果进行了分析和整理，并针对具备市场推广的技术成果制定了进一步开展市场推广的实施计划。

在实践中，我们深刻地认识到，我们所做的工作还仅仅是框架性的，要实现技术成果管理的标准化、规范化运行还需要我们不断地进行研究和实践，任重而道远。相信随着技术成果标准化建设的不断深入，我们的技术管理工作必将不断完善和提高。

参 考 文 献

[1] 胡红卫．研发困局．北京：电子工业出版社，2009

标准化与石油钻具产品的质量提升

邢　剑

（中国石油集团渤海石油装备制造有限公司中成机械制造分公司）

摘　要　我国石油钻具产品产能已远超世界石油工业钻探开发的需求。产品的标准化进程以及执行力度就成为其核心竞争力的一个重要组成部分。石油钻具产品的生产标准化就是在生产过程中贯彻执行标准和对贯彻执行情况实施监督。其开发设计，要通过质量管理体系中的标准化程序对原有的设计程序进行统一规范。售后服务标准化是其强化售后服务管理、提高服务质量的制度保证。通过产品质量标准化管理，满足现代不断进步的石油钻井工艺，实现双赢。

关键词　钻探开发；标准化；石油钻具；有效性；标准

1　引言

从 1978 年山西风雷制造出第一支国产石油钻铤以来，我国的石油钻具产品工业化生产经历了从无到有，从小到大，以至现在的产能已经远远超过世界石油工业钻探开发的需求。这既有我们民族工业的骄傲，也有当代石油钻具制造企业的无奈。

2008 年下半年以来，国际金融危机在短期内对石油和天然气勘探开采行业的投资和设备需求产生了一定的负面影响。受金融危机的影响，2009 年石油钻具企业的开工率普遍不足，行业整体盈利水平下降幅度较大。2009 年 4 月 29 日，美国商务部宣布对中国输美油井管展开反倾销和反补贴调查，11 月裁定对 37 家中国公司征收 36.53%的反倾销税，另一些中国公司将被征收高达 99.14% 的反倾销税。这无异于是给国内的石油钻具制造企业雪上加霜。

面对诸多困难，企业要想生存，实现可持续发展，产品的标准化进程以及执行的力度就成为其核心竞争力的一个重要组成部分，也是对钻具产品质量保证的一个行之有效的方法。

2　标准化概念简述及石油钻具产品标准

2.1　标准化定义及作用

2.1.1　定义

所谓标准化，就是将企业里有各种各样的规范，例如：规程、规定、规则、标准、要领等，这些规范形成文字化的东西统称为标准（或称标准书）。制定标准，而后依标准付诸行动则称之为标准化。那些认为编制或制定了标准即认为已完成标准化的观点是错误的，只有经过指导、训练才能算是实施了标准化。

2.1.2 作用

标准化是制度化的最高形式，可运用到生产、开发设计、管理等方面，是一种非常有效的工作方法。做为一个企业能不能在市场竞争当中取胜，决定着企业的生死存亡。企业的标准化工作能不能在市场竞争当中发挥作用，这决定标准化在企业中的地位和存在价值。

2.1.3 目的

国际标准化组织标准化原理研究常设委员会（STACO）认为标准化的主要目的是：在生产和贸易方面，全面地节约人力、材料、动力等；在商品和服务质量方面，保护消费者的利益；保护安全、健康及生命；为有关各方提供表达手段。

2.2 石油钻具产品执行的标准

目前，在国内石油钻具产品执行的标准有很多。从成品验收的有 API Spec 7−1，API Spec 5DP，NS−1，API Spec 7−2，API Spec 7−1 ADD 1，SY/T 5144《钻铤》、SY/T 5146《整体短钻杆》，SY/T 6762《整体加重钻杆》，SY/T 5290《原油及轻烃站（库）运行管理规范》，SY/T 5987《钻杆国外订货技术条件》和 SY/T 6509《方钻杆》。从原材料到实验方法又有 GB/T 222《钢的成品化学成分允许偏差》、GB/T 223《钢铁及合金化学分析方法》、GB/T 228《金属材料　拉伸试验》、GB/T 229《金属材料　夏比摆锤冲击试验方法》、GB/T 908《锻制棒材尺寸、外形、重量及允许偏差》、GB/T 1979《结构钢低倍组织缺陷评级图》、GB/T 231《金属布氏硬度试验》、GB/T 6394《金属平均晶粒度测定》、ISO 6892−1《金属材料拉伸试验方法》、ASTM A370−07《 钢产品力学性能试验方法和定义》、ASTM E23《金属材料缺口冲击试验方法》、GB 10561《钢中非金属夹杂物含量的测定　标准评级图显微检验法》、JB/T 4730《承压设备无损检测》、SY/T 6764《钻柱构件螺纹超声波检测方法》、ASTM E709《磁粉检测标准》、GB/T 2101《型钢验收、包装、标志及质量证明书一般规定》、GB/T 4162《锻轧钢棒超声检测方法》、GB/T 4334《金属和合金的腐蚀　不锈钢晶间腐蚀试验方法》、GB/T 20066《钢和铁　化学成分测定用试样的取样和制样方法》、GJB 937《钢的磁性能检测试验方法》等。可谓是标准齐全，数量众多。

注：以上标准主要针对钻铤、无磁钻铤、钻杆、短钻杆、方钻杆、抗压缩钻杆及加重钻杆等产品。

面对众多标准，如何从生产、开发设计、管理等方面坚持标准化管理，才是决定产品最终质量的有效因素。

3 石油钻具产品的标准化管理

3.1 标准化在石油钻具产品生产环节的应用

石油钻具产品的生产标准化就是在生产过程中贯彻执行标准和对贯彻执行情况实施监督。生产者依据标准规定组织生产，国家有关部门依据标准对生产过程实施监察和督导。

具体说，对于从原材料采购，企业要严格执行石油钻具产品相关技术标准，按照依程序批准的原材料技术采购要求，从经过评定的合格供方处，进行原材料的进货和验收。在加工过程中按照相关标准进行力学性能测试、无损探伤及相关的尺寸及形位公差的检测。同时要实现产品的可追溯性。检测报告完整。

作为石油钻具产品，在技术采购要求中化学成分除对硫、磷含量作出规定外，还应在产品中标明 C，Si，Mn，Cr，Mo 等元素的含量。这样对于规范石油钻具产品原材料，加快其标准化进程，同时提高后续热处理加工质量的稳定性都有很好的帮助。

在生产过程中，因为石油钻具产品使用的特殊性，其无损检测的标准化更是产品质量提升的一个重要环节，包括产品入厂的无损检测（包括涡流探伤），热处理前的超声、磁粉探伤，热处理后的超声、磁粉探伤及产品两端螺纹的超声、磁粉探伤等。每个环节都应按照相应的标准进行检测。还要保证检测设备、辅助检测装置（包括磁粉探伤用到的照明等）、试块及磁粉的种类和浓度都要有标定，确保有效性和合格性。同时检验人员的签名，资格等级证明，都要符合标准的相关要求。

3.2 标准化在石油钻具产品开发设计环节的应用

石油钻具产品的开发设计，因为企业涉及的部门和人员众多，同时，各部门管理制度存在差异，所以必须要通过 ISO 9000 质量管理体系中的标准化程序对原有的设计程序进行统一规范。

首先，对石油钻具产品的设计文件和工艺文件的格式按照相关标准进行标准化。同时，技术文件的审批流程和权限也要进行标准化规定。保证设计产品的图样和技术文件的完整性和统一性。在产品设计开发过程的各阶段产生的图纸和技术文件进行标准化审查，尽可能选用标准结构、现有标准中规定的原材料材质，从而缩短设计周期，提高设计水平，实现产品的标准化，系列化程度和继承性。目前，由于各家在石油钻具产品两端双台阶螺纹结构的设计方面标准化不统一，造成油田用户使用的这类钻具产品不能通用互换，既增加了用户的使用成本又阻碍了本行业的发展。

其次，石油钻具产品系列化设计开发过程中，要对产品分类做到科学化和标准化。对于石油钻具产品的标识，在 API 相关文件中都做了很好和很规范的规定，所以作为 API 会员企业或非 API 会员企业都应严格按照 API 相关标准对新设计的产品进行标识。统一标注产品的规格、型号、参数、技术指标及企业名称等。尤其是产品公制、英制标注要有严格的规定，确保产品设计的统一，也有利于加快设计进度。

再次，石油钻具产品新型材料开发过程中，要严格执行国际已有和承认的标准，并积极主动地对新产品进行相关标注的认证。这样能够避免产品开发设计中多走弯路，确保新产品能够更快更好地走向国内市场和国际市场。例如目前市场上针对钻井过程中地层中高含量 H_2S，各厂家开发出的抗硫钻具就应尽快通过 RP−1 标准。

3.3 标准化在石油钻具产品售后服务的应用

标准化管理应体现在企业管理的各个方面，才能确保石油钻具产品的品质提升。企业也从出卖产品向出卖服务进行转变，仅仅依靠提供符合标准要求的实体产品是远远不够的，还要提供令顾客满意的无形产品——售后服务。企业市场竞争力的强弱，在很大程度上取决于售后服务的质量。虽然大部分企业对售后服务工作很重视，但仅有重视是不够的，还要有方法。售后服务标准化是企业加强售后服务管理、提高服务质量的制度保证，使企业树立良好的信誉，增强企业的竞争能力。

首先，我们要建立完善的售后服务标准。包括产品使用标准、用户培训和指导标准、产品维修服务标准、产品调换和退货标准、售后服务岗位职责标准、售后信息管理标准和特殊事项服务标准等。

其次，根据以上标准，对销售和技术服务人员进行相应的培训。包括对以上标准和流程的培训。对于石油钻具产品的售后服务，除了对营销服务人员进行产品技术参数培训外，还要进行上井服务标准，报告填写标准，信息反馈制度，现场质量事故处理流程等多方面的培训。通过培训，能够体现企业服务的标准化、正规性，从而赢得客户的信任。

再次，国内石油钻具企业产能严重过剩，国内的需求已不能消耗产品生产量，国际市场也是我们企业产品进军的目标。而标准化是突破国际营销技术壁垒的根本途径。在国际市场营销中，商品进口国通过颁布法律、法令、条例、规定，建立技术标准、认证制度、检验制度等方式，对外国进口的产品制定过分严格的技术标准、商品包装和标签标准，从而提高进口产品的技术要求，增加进口难度，限制进口，形成技术壁垒。我们企业也只能研究并采用国际标准，通过进口国的合格评定，从根本上解决进口国设置的技术壁垒难题。

4 总结

石油钻具产品的质量提升要靠标准化在各个环节的实际落实。只有规定动作，没有自选动作。通过标准化管理，实现石油钻具产品质量和服务提升，增强竞争力，满足现代不断进步的石油钻井工艺，实现双赢。

参 考 文 献

[1] 马凤才．质量管理．北京：机械工业出版社，2009.4

[2] 王海林，等．现代质量管理．北京：经济管理出版社，2005.11

[3] 程国平主编 . 质量管理学 . 武汉 ：武汉理工大学出版社，2003.6
[4] 周朝琦等主编 . 质量管理创新 . 北京 ：经济管理出版社，2000.1
[5] 李庆满著 . 营销标准化 . 北京 ：中国标准出版社，2006.6

关于《埋地钢质管道阴极保护技术规范》的阴极保护电位探讨

熊 娟

（中国石油西南油气田公司输气管理处工艺技术研究所）

摘 要 我国现行的国家标准 GB/T 21448《埋地钢质管道阴极保护技术规范》及国外相关标准规定了关于阴极保护准则的极化电位的范围，但国家标准 GB/T 21448 中没规定管道通电电位的最大值。通过对阴极剥离原理及产生条件的分析，阐述了阴极保护电位对阴极剥离的影响，确定不同环境、不同防腐层条件下发生阴极剥离有所差异。建议国家标准对于该指标进行细分，提出相应的阴极保护通、断电位值范围。

关键词 阴极保护；通电电位；范围；阴极剥离

1 引言

我国现行的国家标准 GB/T 21448《埋地钢质管道阴极保护技术规范》明确指出，埋地钢制管道腐蚀控制应采用防腐层加阴极保护的联合保护措施。该标准规定了管道阴极保护电位（管 / 地极化电位）为 −850 ～ −1200mV（CSE，下同），但没有对管道通电电位指定范围。

管道阴极保护投运初期涂层完整性好，所需阴极极化电流很小，以防腐层防护为主；中后期防腐层劣化破损，暴露基底金属后，需对管线全线防腐层修复或增加阴极极化电流来保持防护性能。有部分长输管道在阴极保护直接评价测试中，多处测试桩甚至全线断电电位达不到 −0.85V。为确保管道得到有效的保护，依据相关标准需采取措施使全线断电电位控制在 −850 ～ −1200mV 之间。但在以往调试阴极保护参数时发现，有时管道通电电位需提到 −1.50V 以上，甚至 −2 ～ −3V 才能使断电电位达到要求，较高的通电电位在何种情况下会对管道造成什么影响及其大小，标准中未提及。本文从对比国内外相关标准入手，通过阴极剥离的原理分析影响防腐层阴极剥离的各种因素，结合阴极保护系统日常运行管理，对不同条件下管道阴极保护电位电位设置提出几点建议，供业内同行讨论及今后阴极保护技术规范的修订提供参考。

2 阴极保护极化电位国内外相关标准规范

目前在阴极保护电位设置问题上，国内外通行的阴极保护准则（如德国标准 DIN30676、美国 NACE RP 0169 等）一般为“施加阴极保护的负电位至少为 850mV（相

对于饱和 $Cu/CuSO_4$ 参比电极）”。“为了使防腐层的阴极剥离减小到最小程度，应避免使用过量的极化电位”。对于阴极保护最小保护电位 −850 mV 均无异议，但对于最大保护电位的提及则各有不同。

2.1 国内相关标准规范

对于最大保护电位的确定，不同标准给出了不同的判据。

石油天然气行业标准 SY/T 0036—2000《埋地钢质管道强制电流阴极保护设计规范》规定最大保护电位的限制应根据覆盖层环境确定，以不损坏覆盖层黏结力为准。《埋地钢质管道强制电流阴极保护设计规范（条文说明）》指出：“关于最大保护电位的确定，国内的研究较少，有些油田进行过石油沥青覆盖层的实际阴极剥离试验，较为统一的认识是 −1.70V 是有害剥离的始点，一般认为 −1.50V 为安全值。”明确规定保护电位安全值如下：石油沥青防腐层为 −1.5V，环氧粉末防腐层为 −2.0V，这也正从是否会产生防腐层阴极剥离的角度考虑而确定的参数。然而，该标准对于目前新建设管道较多使用的“三层”聚乙烯（PE）防腐蚀层最大保护电位的没有提出建议。

后发布的 GB/T 21448—2008《埋地钢质管道阴极保护技术规范》中规定：管道阴极保护电位（管 / 地极化电位）为 −850 ～ −1200mV。该标准的条文说明：所给出的是阴极保护最低保护电位准则，和国内外的所有标准一样采用了 −850 mV 断电电位（数值中不应含有 IR 降）；所给出的断电电位最大保护值为 −1200mV，未规定通电电位。对于何通电电位下防腐层的阴极剥离对管道造成危害，该标准并未表述。

2.2 国外相关标准规范

国外有关阴极保护的标准如德国标准 DIN30676—1985《外表面阴极保护的设计和应用》、美国 NACE RP 0169—2002《埋地或水下金属管道系统的外腐蚀控制》等均规定了管道阴极保护的极化电位（断电电位）范围，没有规定通电最大保护电位。

国外阴极保护标准中仅俄罗斯国家标准 P51164《钢质干线管道一般防腐蚀要求》中对土壤电阻率小于 10Ω · m 的管线要求最大极化电位 −1.10V，最大通电电位 −1.50V；其他敷设条件下：带有沥青防腐层的管线最大极化电位 −1.15V，最大通电电位 −2.50V；带有聚合物防腐层的管线最大极化电位 −1.15V，最大通电电位 −3.50V。

俄罗斯地理环境与中国有差异，因此不能直接套用其他国家的标准，应根据符合标准规范的实验室或计算方式确定我国阴极保护通电电位各条件下的最大值。

3 防腐层阴极剥离的影响因素

3.1 阴极剥离的原理及产生条件

阴极剥离的过程是：土壤中的水会电解生成氢离子和氢氧根离子，在钢管的阴极区发生氢离子还原为氢原子，进而生成氢分子的反应。当水中带有防腐层的钢管电位过负，达到或超过析氢电位，氢离子在钢管上发生剧烈的还原反应，管道表面会析出氢气，导致防腐层发生剥离。

根据上述阴极剥离原理的分析，可以概括出阴极剥离产生的条件主要有以下两个方面。

（1）防腐层破损：管道防腐层阴极剥离产生的首要条件是防腐层破损。当防腐层完整性很好，没有缺陷时，防腐层有很好的抗渗透性并且与被保护的金属表面粘结很好，单靠渗透，介质不能通过防腐层到达金属表面，阴极保护不起作用，更不会引起阴极剥离。因此，防腐层破损是阴极剥离产生的内因。

（2）阴极反应产生过剩的 OH^- 离子：阴极剥离原理说明，阴极反应产生过剩 OH^- 离子，是阴极剥离产生的主要外部因素。从阴极反应原理可知，阴极反应需要水、氧等的参与。因此，阴极剥离产生的基本条件应是在阴极保护的条件下，钢管表面有水等腐蚀介质存在。

3.2 防腐层性能

3.2.1 防腐层存在缺陷

从阴极剥离产生的条件分析，防腐层即使有个别剥离部位，如果剥离防腐层无破损，且防腐层具有优良的抗渗透性，腐蚀介质氧、水等单纯靠通过防腐层的渗透很难达到金属表面，也不存在阴极剥离的条件。对于不存在缺陷的完整的防腐层，阴极剥离是不会发生的，这已经成为目前较为公认的观点。

针对油气管道防腐层剥离缺陷的存在及大小对阴极保护的影响等问题，各国结合现场实际情况在实验室进行了相关的研究。J.L.Luo 等人研究发现，在防腐层的阴极剥离过程中存在着一个延迟时间，早期的阴极剥离阶段阴极极化并不是一个确定的主导因素，反而防腐层 / 金属界面是一个更重要的反应物质交换途径，防腐层缺陷是横向交换的一个主导因素。J.J.Perdomo 等人对不同的防腐层缺陷大小、外加电位、溶液电阻等条件下的管线钢电位、pH 值以及溶液的含氧量进行了测试，结果表明：阴极保护的主要作用是改变与管线钢接触的地下水溶液的化学环境，而不是单纯的解释为极化电压把钢的表面极化到腐蚀免疫状态。这从侧面的验证了 J.L.Luo 的观点。王远志等人的研究结果显示：完好的没有破损的防腐层，析氢电极反应过程对防腐层的影响很小，而对于有缺陷的防腐层，阴极析氢还原反应会造成已破损的防腐层发生剥离，并且随着阴极电位的负移，防腐层的剥离现象越严重。

3.2.2 防腐层类别不同

对于服役的管道，尽管有阴极电流的保护，但随着服役年限的延长，仍然存在着局部腐蚀的问题。针对这一现象，目前大多采用补强的方法弥补其缺陷。但这些补强材料，与原本管道防腐层之间存在着一定的差异，在统一阴极保护条件下，防腐层性能之间的差异会造成它们各自耐阴极剥离的不同。张其滨等人对 3PE 防腐层 、聚乙烯热收缩带和聚乙烯胶带的耐阴极剥离性能要进行了研究，发现与 3PE 防腐层相比聚乙烯热收缩带和聚乙烯胶带的耐阴极剥离性能要差很多，而且聚乙烯胶带 48h 的阴极剥离距离比热收缩带大，但试验 7d 后两者的剥离距离基本相同。Jack T.R 等人对不同覆盖层在土壤中的耐阴极剥离性能进行了研究，得到阴极剥离敏感性从大到小的顺序为：FBE、挤出聚乙烯和聚乙烯缠带，并且实验发现，在含有产酸（APB）和硫酸盐还原菌（SRB）的黏土中，所有防腐层都更易剥离。

3.2.3 防腐层类别不同

防腐层的渗透性能取决于其孔隙率，因此，孔隙率是影响防腐层耐阴极剥离能力的另一重要因素。防腐层孔隙率越高，防腐层的可渗透性越强，H_2O、氧和离子更容易到达防腐层 / 金属界面，阴极剥离则会容易发生。

因此，阴极保护通电电位对管道防腐层阴极剥离是否造成影响，与防腐层的缺陷数量及大小、类型、渗透性是密切相关的。所以，管道阴极保护通电电位最大值，应细分条件：如划分涂层等级、针对各防腐层类型提出。

3.3 阴极保护电位

埋地管道的保护电位有一个范围，关系到两个重要参数，即：最小保护电位和最大保护电位。当埋地管道的保护电位处于这两者之间时，即达到了有效的保护。若保护电位负移太多、超过了最大保护电位，管线上存在过量的阴极保护电流时，初生氢的产生和氧的溶解，都使阴极区的 OH^- 过剩，形成碱性环境，阴极区 pH 值升高，大量的 OH^- 迁移至金属 / 防腐层交界面，使防腐层黏结力减弱甚至破坏，即发生“过保护”，致使防腐层产生剥离，即阴极剥离。

钢管负向偏移达到析氢电位是防腐蚀层剥离的必要条件，并不是充分条件。冯洪臣认为析氢和断电电位有直接关系，尽管析氢并不意味着防腐层的剥离，但在实际生产管理中，仍然以控制析氢作为最大保护电位的标准。发生防腐蚀层阴极剥离的电位负于析氢电位，其间差值取决于防腐蚀层性能及其环境，各种防腐蚀层最大保护电位最好根据实际情况测试确定。

不同极化电位与防腐层阴极剥离之间的关系，是目前的研究一大热点。

4 研究阴极保护通电电位最大值的必要性

对多条管线的阴极保护现状调查发现，部分施加强制电流阴极保护的管线，全线的通电电位测试达到 −0.85V，但部分或全线断电电位达不到 −0.85V。出现此现象的情况通常有：

（1）阴极保护系统由于阳极地床距离管线过近，阳极地床周围的电流密度、场强、每米长度上的电压梯度都过大，使管线 IR 降过大，断电电位达不到保护。

（2）由于管线投运时间较长，涂层老化严重，也会造成管线 IR 降大。

（3）由于管线与阳极地床之间存在其他金属建构筑物，对保护管线造成屏蔽作用。

上述几种情况，改造困难且成本非常高，通常采用提高通电电位的方式来解决。理论研究，阴极保护通电电位不比析氢电位更负，可以使管道进入本质安全状态，从根本上杜绝防腐层剥离的发生，但此时每台恒电位仪的保护距离太短，性能没有得到充分的利用，造成无谓的浪费。要提高阴极保护系统的经济性，且考虑到部分现有状况的局限性，应针对每种防腐层合理确定最大电位，在避免发生阴极剥离的前提下，充分利用恒电位仪或阳极的潜能，达到最大保护距离。通过总结前人的结论，可以确立防腐层阴极剥离与防腐层的性能和管道施加的阴极保护电位有着重要的关联，具体表现为：防腐层性能差、阴极保护电位过大将导致并加剧防腐层的阴极剥离。但哪个因素占有主导地位、临界值应为多少，业界的看法及结论尚未统一。不同的防腐层所对应的各自的最大保护电位也成为了目前和未来大家最为关心的话题。

5 建议

针对管道阴极保护电位最大值，国内外学者已经开展了大量的工作。通过总结，提出几点关于阴极保护电位设置的建议：

（1）从阴极剥离产生的条件分析，管道阴极保护电位下是否产生阴极剥离与防腐层的类型、缺陷及渗透性是密切相关的。

（2）阴极保护技术规范应细分管道条件：划分涂层等级、针对各防腐层类型，确定合理的管道阴极保护通电电位最大值，才能在避免发生阴极剥离的前提下，充分利用恒电位仪或阳极的潜能达到最大保护距离。

（3）在特殊情况下（除防腐层性能因素影响），如管段被其他金属建构筑物屏蔽、阳极地床过近造成的 IR 降过大，应根据 IR 降合理设置阴极保护通电电位。

参 考 文 献

[1] NACE Std RP 0169：2002 Control of external corrosion on underground or submerged metallic piping system

[2] GB/T 21448—2008 埋地钢质管道阴极保护技术规范

[3] P51164（俄罗斯国家标准） 钢质干线管道一般防腐蚀要求

[4] 涂明跃，葛艾天．浅谈 3 层 PE 管道阴极保护电位对防腐层阴极剥离的影响 [J]．管道，2008（16）：41 ~ 43

[5] 张其滨，刘金霞，等．管道 3EP 涂层的阴极剥离性能研究[J]．腐蚀与防护，2006，27(7)：331～333

[6] J.L.Luo，C.J.Lin. Cathodic disbanding of a thick polyurethane coating from steel in sodium chloride solution [J] . Progress in Organic Coatings，1997（31）：289 ~ 295

[7] J.J.Perdomo，I.Song. Chemical and electrochemical conditions on steel under disbanded coatings the effect of applied potential solution resistivity crevice thickness and

holiday size [J] .Corrosion Science，2000，42（8）：1389

[8] 王志远，许海波．土壤环境中阴极保护电位对涂层的影响 [J] ．腐蚀与防护，2005，20（1）：43 ~ 46

[9] Zhang Qibin，Liu Jinxia，Jianfeng，et al. A study on cathodic disbanding of 3PE pipeline coating [C] .14th Asian-Pacific Corrosion Control Conference，2006，Shanghai，China

[10] Jack T.R.，Van Boven G.，Wilmott M.J，et al. Evaluation of coating performance after exposure to biologically active soils [J] .Materials Performance，1996，35（3）

[11] Worsley D.A，Williams D，Ling J.S.G. Mechanistic changes in cut-edge corrosion induced by variation of organic coating porosity[J] .Corros.SCI.，2001(43)：2335 ~ 2348.

[12] 赵增元．有机涂层阴极剥离作用研究进展 [J] ．中国腐蚀与防腐学报，2008，28（2）：116 ~ 120

[13] 冯洪臣．如何限制阴极保护电位，www.Corrstop.com

[14] 杨印臣．埋地钢质管道最大保护电位的探讨 [J] ．材料保护，2007，40（12）：67 ~ 69

[15] 马长福，杨印臣．牺牲阳极是否导致3PE防腐层阴极剥离的探讨 [J] ．煤气与热力，2010，30（8）：1 ~ 2

浅议施工企业标准化管理

肖淑香

（中国石油天然气管道局六公司）

摘 要 标准化是企业的一项基础工作，是企业科学管理的重要组成部分。本文论述了施工企业标准化管理的工作重点，强调了施工过程控制是施工企业标准化管理的重要步骤和关键环节，对施工企业的标准化建设提出了几点看法和建议。

关键词 施工企业；标准化；管理

1 引言

随着国内经济的不断发展，建筑施工企业人数、施工能力、经营规模不断扩大，施工产值逐年上升。在获得巨大利润的同时，企业的人力资源管理、设备管理、技术资源管理、项目管理能力等面临极大的考验，项目安全、质量、进度、成本控制难度越来越大。标准化管理，是改善和推进管理的一种重要手段和途径，是协调企业各部门、各环节之间关系的重要保证。现代企业的管理是建立在先进的技术、严密分工和广泛的协作之上的，它们之间的衔接只有通过标准化来引导和约束，才能保证企业从上到下，从里到外高效运转。

2 施工企业实行标准化管理的目的和作用

施工企业标准化管理，对促进企业技术进步、提高施工质量、增加经济效益起着积极的促进作用，是企业管理的重要组成部分和技术基础，是实施管理创新和技术创新的依据。通过标准化建设，对施工企业的项目管理过程和施工过程的各个环节标准化，避免出现施工过程和步骤的混乱，从而提高经济效益，减少不必要的成本损耗。标准化合理归纳和简化了管理过程，控制多样化和复杂化，实现了施工过程的安全高效，保障施工人员人身和设备安全，提高工作效率。

3 施工企业标准化管理工作重点

3.1 建立、建全企业标准化体系

企业标准化管理体系涉及了企业管理制度的方方面面，其中包括岗位职责标准、岗位

考评标准、组织管理、行政后勤保障管理、人力资源管理、生产管理、技术研发管理、设备管理、质量管理、财务管理、物资管理、市场管理、经济合同管理等方面，是企业管理运行较为完备的制度体系，为企业步入良性的发展轨道奠定了坚实的基础。

为了提高企业的施工能力，保证企业施工、经营和管理维持最佳的状态，建立、完善和实施企业标准体系是尤为重要的活动。施工企业标准化的建立要根据企业自身的特点和企业内部结构，结合企业的发展目标和管理要求，有效地组织、协调、推动企业标准化体系的正常运转。施工企业标准化体系的建立应是以技术标准体系为主体，管理标准和工作标准体系相配套，包括企业标准化工作管理要求在内的企业标准体系。

制定标准体系不是简单地将各个标准化管理体系的文件汇编成册，而是要从取得竞争优势的战略视角，以提高企业核心竞争力为目标，对整个管理体系进行全面设计。设计时只有结合各个管理体系深入调查和诊断，理清各种管理体系的相互作用关系，识别各个管理体系的共性和个性，将各个管理体系有机融合在一起，才能形成一个完整的体系。

3.2 强化施工过程控制，确保工程质量目标

作为施工企业，标准化管理主要反映在施工生产中，而反映施工生产的标准又主要在现场和施工过程中。所以标准化体系建立起来后，在推进管理制度标准化、人员配备标准化的基础上，要把工作重点转移到现场管理标准化和过程控制标准化两个环节中。

施工过程控制标准化，是着眼于落实各个施工环节的责任而实行的全过程监控。主要采用 PDCA 循环原理来制定管理体系、工作标准和工作程序。质量、安全是过程控制的重点，应当建立起比较完备的管理系统，并主要通过八个环节来构建控制流程：一是确定管理目标；二是建立管理体系，明确各级、各类人员的职责；三是建立专项管理制度；四是明确工作标准；五是制定工作程序；六是制定工序责任制；七是建立评价评估体系；八是制定责任追究制度、奖罚措施和问题改进办法。

强化过程控制，是以过程保证结果，以施工工序控制严格确保单位工程质量优良。施工单位是现场管理的主体，健全自身质量安全保证体系，配齐符合要求的质量安全保障人员是实行现场标准化管理的基础。有效地实行质量安全自控自检是过程控制标准化的核心，这个核心问题解决不好，工程安全质量就没有基本的保障。

总之，过程控制标准化管理是施工企业管理的重要步骤和关键环节，是贯穿整个施工管理过程的主线，也是体现现代企业管理模式的一种表现形式。标准化管理必须落实到每一部门、每一道施工工序，甚至要细化到每一个人，唯有这样才能在市场上赢得一席地位，赢得好的口碑，才会有资本参与竞争。

3.3 推进自主创新，提高企业核心竞争力

近年来，随着我国经济和企业的发展，企业自主创新主体作用得到了进一步发挥。企业技术创新要真正取得实效，离不开标准和标准化工作。

技术创新的根本目的是要使具有自主知识产权的核心技术、专利技术实现产业化、商品化。在此过程中制定相应的标准并保证标准的贯彻与落实是必要条件之一。否则，创新

成果在转化过程中就会变形、走样，就无法实现产业化。一个企业要成为有核心竞争力的企业，只有在某项技术上占有绝对优势，并形成标准，才能成为同行业的佼佼者，才能在竞争上占有优势，因此，企业只能通过自主创新，不断创造科技成果，并将成果转化成标准，才能在竞争中立于不败之地。

同样，没有技术创新，标准的发展就没有生命力。没有积累就没有创新，技术创新不是“另起炉灶”，而是在原有技术积累基础上的变革。标准化过程本身就是科学技术和经验的积累过程。一项标准的“制定—实施—修订”的过程，就是科学技术和经验的“创新—应用—再创新”的过程。施工企业标准化工作要有良好的技术跟踪和信息反馈，以便及时了解现行标准中采用技术的先进程度，发现问题及时修订标准，这样才能在尽快短的时间内，将成熟可靠、行之有效的新技术应用于工程实践；从而把凝聚大量先进科学技术成果的标准实实在在地应用到工程建设当中去，促进工程建设参与各方的知识流动及技术转移，为新技术的推广提供条件。

3.4 加强员工培训，将标准化深入人心

在标准化的建设中，一些领导不了解也不重视标准化建设，标准化人员素质较低，没有熟练掌握标准化基础知识，更无法将标准化应用到企业的施工生产和管理中。因此标准化建设需要企业全员的参与，而不是简简单单的完成标准化的制度编制，这就需要施工企业加强员工标准化培训，提高全体员工标准化意识。针对不同的对象，制定不同的培训内容。

对于各级领导干部：必须加强学习国家有关标准化的方针政策和法规，不断补充标准化相关知识，特别是经营和管理方面的业务知识，要求通过培训使他们熟悉这些基础知识，熟练掌握管辖范围内的技术标准、管理标准和工作标准，并能贯彻和运用。

对于标准化人员：必须加强学习熟悉本企业的生产、技术、经营管理状况，并具有一定实践经验，同时还要掌握国家有关标准化法律、法规、方针、政策，了解标准化的基本知识。

对于一般管理人员和现场工作人员：对他们的基本要求是熟悉并能够熟练运用与本职工作有关的技术标准、管理标准和工作标准。

3.5 实施动态管理，促进企业标准化建设

企业标准化管理是动态管理，是通过持续改进来提升企业整体水平的管理模式。施工企业标准化活动是一个长期的、循环上升的过程。最初的标准体系往往是不太完善的，随着企业客观环境的不断变化及对标准化活动的不断识别、理解和实践，要不断完善、修订标准体系，以保持其先进可行性。

为保证标准化建设的顺利进行，可以组成标准化指导小组，定期对企业各单位或各部门标准化的实施情况和标准化的工作计划进行监督检查，发现问题及时纠正或采取相应的预防措施。通过标准化建设的动态管理，加强标准化体系文件的落实，把责任落实到各个部门，各个岗位，当出现问题时，明确由谁负责，减少一件事情多方扯皮，或相互推诿的

现象；及时发现企业在标准化管理中出现的问题，为体系改进提供依据。

4 几点建议

(1) 首先，标准化管理必须结合企业的实际，再好的标准，特别是管理标准，如果脱离了企业的实际都会造成企业所制定的标准形同虚设，甚至在取得不了实效，同时增加了企业特别是基层的负担，扰乱日常的工作秩序。所以，符合实际是企业标准化管理的生命力所在。所谓的符合实际，主要是符合企业的文化、符合员工的整体水平，在提出规范性要求的基础上，在形式上不陌生、在内容上不晦涩、在操作上不遥不可及。

(2) 标准化管理必须以满足要求为出发点。作为施工企业，绝大多数的生产经营活动概括起来就是两件事：揽和干。工程的承揽首先要服从国家和行业招投标的法规和规章的要求，“干”的要求包括了企业内部的要求（如亏赢指标、创优指标）、建设单位（业主）的要求（如工期、合同承诺兑现、质量）、国家和行业法规标准的要求（如环保和安全要求）。这实际上是给标准化管理的开展规定了一个原则：必须从解决现实问题出发进行管理标准的制定。通过管理标准的制定和执行，企业的目标能够更好的实现，业主能够更满意，企业不出现违法违规的事件，那么企业的标准化管理就取得了实效。重结果是标准化管理的合理性的基本要求。

(3) 标准化管理必须以满足现代科学的管理理念和标准为追求的目标。每个企业都有自己独特的文化和管理经验的积累，但是并不是每个企业的管理都是有效的或者是高效的。这是造成企业之间差距的根源。企业实施标准化管理，应以当代世界先进的管理标准作为参照（主要是指目前企业广泛实施的三个管理体系标准 ISO 9000，ISO 14000，OHSMS 18000 系列标准），尽可能的以符合这些标准为追求，可以使企业的标准化管理获得更高效的进展。

5 结束语

企业标准化工作是一项重要的管理基础工作，它既是长期工作，也是日常工作。标准化建设是一个持续改进和完善的过程，施工企业只有不断改进企业管理中不适应市场需要的地方，才能达到提高企业管理水平，保证企业生产和经营管理协调一致，才能更好地和国际接轨，更好的参与到国际施工工程中。

参 考 文 献

[1] 袁博．标准化管理之我见．江苏科技信息，2011（1）：31 ~ 32
[2] 谢春霞．浅谈铁路施工的标准化管理．民营科技，2011（4）：210
[3] 王学芳．浅谈企业的标准化管理．企业标准化，2011（2）：30 ~ 32
[4] 蒲伟．标准化驱动企业竞争力．施工企业管理，2010（10）：47 ~ 48
[5] 施工企业标准化管理的策略和路径．建筑，2010（18）：47 ~ 48

钻井液用 MSO 和 PHMA－ Ⅱ标准的探讨

徐罗凤

（江苏石油勘探局钻井处钻井液技术服务公司）

摘　要　钻井液处理剂在钻井液中起着重要的作用，质量评判和检验皆以其标准作为依据。但由于个别标准制定不严谨，主要检验项目缺失，导致经检验合格的处理剂却无法达到预期的钻井液性能要求现象的发生。本文通过对钻井液用甲基硅油降黏剂 MSO 和复合金属离子聚合物 PHMA－ Ⅱ两项标准的研究、分析，提出了 MSO 和 PMHA－ Ⅱ标准应包含的技术指标，完善了 MSO 和 PMHA－ Ⅱ的检验项目、试验方法。

关键词　钻井液 ；处理剂 ；MSO ；PHMA－ Ⅱ ；企业标准

1　引言

钻井液用处理剂的质量合格与否主要依靠标准来检验，而钻井液用处理剂的技术指标要求则应由现场使用情况来决定。从江苏油田钻井液用处理剂质量检验的实践来看，由于采用的是生产厂家的企业标准，很多处理剂标准指标要求太过宽泛，甚至缺失主要指标，从而不能满足钻井施工需要。降黏剂甲基硅油 MSO 和抑制剂复合金属离子聚合物 PMHA－ Ⅱ是江苏油田常用的两种处理剂，分别依据生产厂家的企业标准 Q/321203 GJX 02 和 Q/XZG 001 进行检验和质量评判。Q/321203 GJX 02 只有理化性能，没有钻井液性能指标，缺失对主要指标—降黏率的要求 ；Q/XZG 001 缺少抑制性项目及指标。所以，依据 MSO 和 PMHA－ Ⅱ标准检验合格的处理剂，用于现场有时会出现降黏和抑制效果不好的现象。江苏油田钻井液用处理剂检验人员从 2009 年初到 2010 年底进行近两年的实验，对 MSO 和 PMHA－ Ⅱ的现场应用进行反复试验和跟踪分析，结合中石化集团公司范围内两种处理剂应用状况和实际需要，逐步完善了 MSO 和 PMHA－ Ⅱ标准。

原 MSO 和 PMHA－ Ⅱ标准检验项目和指标如下 ：

（1）MSO 质量指标。

甲基硅油降黏剂理化性能质量指标应符合表 1 的规定。

表 1　理化性能指标

项　　目	指　　标
密度，g/cm^3	1.10 ～ 1.30
氯化物含量，%	≤ 10.0

续表

项　目	指　标
游离碱，%	≤ 10.0
有效组分，%	≥ 18.0
pH 值	13 ～ 14

（2）PMHA－Ⅱ质量指标。

钻井液用复合金属离子聚合物理化性能质量指标应符合表 2 的规定。

表 2　理化性能指标

项　目	指　标
水分，%	≤ 10.0
细度（0.9mm 筛余物），%	≤ 10.0
（1% 水溶液）表观黏度，mPa · s	≥ 30.0
pH 值	8 ～ 11

钻井液用复合金属离子聚合物钻井液性能质量指标应符合表 3 的规定。

表 3　钻井液性能指标

项　目	表观黏度 mPa · s	塑性黏度 mPa · s	滤失量 mL
4% 淡水基浆	8 ～ 10	3 ～ 5	22 ～ 26
4% 淡水基浆 +0.3% 样品	≥ 20	≥ 2	≤ 15
15% 膨润土复合盐水基浆	4 ～ 6	2 ～ 4	52 ～ 58
15% 膨润土复合盐水基浆 +1.5% 样品	≥ 20	≥ 6	≤ 15

由表 1 可以看出，降黏剂缺少降黏项目和指标；表 2、表 3 中缺少抑制性项目和指标。为了客观、公正地评价处理剂质量，为用户提供高质量的处理剂，提出完善这两种处理剂的检验项目及指标。为此开展了室内试验。针对 MSO 和 PMHA－Ⅱ标准缺少检验项目和指标的现象，我们从 2009 年初开始就进行了有针对性的试验直到 2010 年底结束。

2　甲基硅油 MSO 钻井液性能试验

液体抗高温甲基硅油 MSO 稀释剂，在钻井液中主要作为抗高温稀释剂使用，所以，对该产品进行了钻井液中的常温和高温下的降黏率试验，试验方法和试验结果如下。

2.1　常温降黏率试验

2.1.1　基浆配制

按每升蒸馏水加入钻井膨润土 100g（称准至 0.1g），无水碳酸钠 3.00g（称准至 0.01g）

的比例，配制 400mL 的淡水基浆，高速搅拌 20min，其间至少停下两次，以刮下粘附在容器壁上的膨润土。

在 25±3℃下养护 24h，高速搅拌 5min，按 GB/T 16783.1—2006《石油天然气工业 钻井液现场测试 第 1 部分：水基钻井液》的规定测定 ϕ100 读数记为 ϕ100，数值应在 80 ～ 100 之间。否则用钻井膨润土或水调整至该范围。

2.1.2 降黏率的测定

取 2.1.1 配好的基浆 400mL，边搅拌边加入 2.0mL（取准至 0.2mL）样品，继续搅拌 10min，再高速搅拌 5min，按 GB/T 16783.1—2006 的规定测定 ϕ100 读数记为 $\phi100'$。按公式（1）计算降黏率：

$$\text{降黏率} = \frac{\phi100 - \phi100'}{\phi100} \times 100\% \qquad (1)$$

式中 ϕ100——基浆 100r/min 的读数；

$\phi100'$——加样后钻井液 100r/min 的读数。

2.2 高温降黏率的测定

2.2.1 基浆配制

基浆的配制同 1.1.1。

2.2.2 高温降黏率的测定

取 400mL 上述基浆两份（其中一份加入样品 2.0mL）高速搅拌 20min，两份均倒入养护罐中，置于滚子加热炉中，在 150℃下滚动 16h 后取出冷却，高速搅拌 5min，测基浆 600r/min 和 100r/min 黏度读数，600r/min 读数应在 70 ～ 90 之间，并测定加样后的 100r/min 读数记为 n_2。按公式（2）计算高温降黏率：

$$\text{高温降黏率} = \frac{n_1 - n_2}{n_1} \times 100\% \qquad (2)$$

式中 n_1——基浆 100r/min 读数；

n_2——加样后 100r/min 读数。

从表 4 中可以看出：常温降黏率可达到 60% 以上，高温降黏率可达到 85% 以上，为保证产品质量，将常温降黏率指标要求为大于或等于 60.0%，高温降黏率指标要求为大于或等于 85.0%。

表 4 甲基硅油 MSO 在常温和高温下的试验数据

序号	配方	常温降黏率，%	高温降黏率，%
1	10% 膨润土 +3%Na_2CO_3（土量的）+0.5%MSO	56.9	79.2
2	10% 膨润土 +3%Na_2CO_3（土量的）+0.5%MSO	56.6	80.0

续表

序号	配方	常温降黏率，%	高温降黏率，%
3	10% 膨润土 +3%Na_2CO_3（土量的）+0.5%MSO	70.4	85.1
4	10% 膨润土 +3%Na_2CO_3（土量的）+0.5%MSO	63.2	86.6
5	10% 膨润土 +3%Na_2CO_3（土量的）+0.5%MSO	70.6	86.2
6	10% 膨润土 +3%Na_2CO_3（土量的）+0.5%MSO	65.6	86.2
7	10% 膨润土 +3%Na_2CO_3（土量的）+0.5%MSO	64.4	93.2
8	10% 膨润土 +3%Na_2CO_3（土量的）+0.5%MSO	62.2	80.5
9	10% 膨润土 +3%Na_2CO_3（土量的）+0.5%MSO	64.4	90.8

3 复合金属离子聚合物 PMHA- Ⅱ钻井液性能试验

PMHA- Ⅱ在现场作为抑制剂使用，而原标准中缺少抑制性项目，对此，我们通过查阅功能相同的处理剂 FA-367，借鉴其行业标准的试验方法，对 PMHA- Ⅱ进行试验，确定指标。

3.1 基浆配制

在 400mL 蒸馏水中，加入 1.00g（称准至 0.01g）无水碳酸钠，边搅拌边加入 16.0g（称准至 0.1g）膨润土，继续搅拌 10min，在 25(±3)℃下密闭养护 24h，此即为 4% 膨润土淡水基浆。按上述方法配制四份。

3.2 抑制膨润土分散试验

取两份 2.1 配制的膨润土淡水基浆，边搅拌边加入 1.20g（称准至 0.01g）试样，加毕，继续搅拌 10min，在（25±3）℃下密闭养护 3h，再搅拌 5min，此即为加试样后的聚合物基浆。

将配好的淡水基浆和聚合物基浆各两份放入滚子加热炉，于 160℃下热滚 16h。待钻井液冷却至（25±3）℃，高速搅拌 5min，按 GB/T 16783.1—2006 的规定测定 $\phi 600$ 读数并记为 $\phi 600_1$，然后回收钻井液至洁净的泥浆杯中，边搅拌边加入 20.0g（称准至 0.1g）膨润土，加毕，继续搅拌 10min，在（25±3）℃下密闭养护 3h 后放入滚子加热炉，于 160℃下热滚 16h，待钻井液冷却至（25±3）℃，高速搅拌 5min，按 GB/T 16783.1—2006 的规定测定 $\phi 600$ 读数，并记为 $\phi 600_2$。按公式（3）计算表观黏度上升率：

$$表观黏度上升率 = \frac{\phi 600_2 - \phi 600_1}{\phi 600_1} \times 100\% \quad \cdots\cdots (3)$$

式中　$\phi 600_1$——聚合物基浆滚动后的 600r/min 读数；

$\phi 600_2$——聚合物基浆加膨润土滚动后的 600r/min 读数。

按上述方法计算出的膨润土淡水基浆，表观黏度上升率应在 450% ~ 700% 之间。

由表 5 可以看出，160℃热滚后表观黏度上升率在 250% 以下，故我们把它定为项目指标，即热滚后表观黏度上升率小于或等于 250.0%。

表 5　复合金属离子聚合物抑制膨润土分散试验数据

序号	配方	160° 热滚后表观黏度上升率，%
1	4% 膨润土 +0.25%Na_2CO_3+0.3%PMHA－Ⅱ+20g 膨润土	256.7
2	4% 膨润土 +0.25%Na_2CO_3+0.3%MMCA+20g 膨润土	240.6
3	4% 膨润土 +0.25%Na_2CO_3+0.3%PMHA－Ⅱ+20g 膨润土	204.0
4	4% 膨润土 +0.25%Na_2CO_3+0.3%PMHA－Ⅱ+20g 膨润土	246.0
5	4% 膨润土 +0.25%Na_2CO_3+0.3%PMHA－Ⅱ+20g 膨润土	247.2
6	4% 膨润土 +0.25%Na_2CO_3+0.3%PMHA－Ⅱ+20g 膨润土	243.3
7	4% 膨润土 +0.25%Na_2CO_3+0.3%PMHA－Ⅱ+20g 膨润土	242.0
8	4% 膨润土 +0.25%Na_2CO_3+0.3%MMCA + 20g 膨润土	245.8
9	4% 膨润土 +0.25%Na_2CO_3+0.3%PMHA－Ⅱ+20g 膨润土	234.8
10	4% 膨润土 +0.25%Na_2CO_3+0.3%PMHA－Ⅱ+20g 膨润土	208.2

4　结论与建议

（1）通过近两年实际的试验、研究和分析，江苏油田钻井液检验人员提出了 MSO 和 PHMA－Ⅱ标准较为完善的指标体系。MSO 钻井液性能质量指标除符合表 1 中规定外，还应符合表 6 的规定。PMHA－Ⅱ钻井液性能质量指标除符合表 2、表 3 的规定外，应符合表 7 的规定。

表 6　钻井液性能指标

项　　目		指　　标
0.5% 加量降黏率，%	常温下	≥ 60.0
	高温降黏率（150℃ ×16h）	≥ 85.0

表 7　抑制膨润土分散性能指标

项　　目	160° 热滚后表观黏度上升率，%
基浆 +20g 膨润土	450 ~ 700
基浆 + 试样 +20g 膨润土	≤ 250.0

（2）随着钻井施工工艺和技术的不断发展，其对钻井液性能的要求会越来越高，使用的钻井液处理剂新产品也会越来越多。由于其性能指标的稳定性程度、应用地域地质条件的复杂性和广泛性等，不可能也不必要在整个石油天然气行业内制定统一的标准来约束生产厂家，提高处理剂质量。切实有效可行的办法是油田企业或企业集团内部根据钻井施工工艺的实际需要，制定较为完善的控制标准，并作为采购和验收钻井液处理剂的依据，促使生产厂家以油田的需要为技术导向，提高钻井液处理剂满足油田钻井液性能维护和调节需要的能力，维护油田企业的利益。

参 考 文 献

[1] GB/T 16783.1—2006 钻井液现场测试 第1部分：水基钻井液现场测试程序
[2] SY/T 5677—1993 钻井液用滤纸
[3] SY/T 5696—1995 钻井液用钻井液用两性离子聚合物强包被剂 FA367

实施现场作业标准化，确保安全生产

许佳明

（玉门油田分公司综合服务处）

摘　要　现场作业标准化是实现安全生产的有力保障。本文结合基层单位的安全生产实际论述现场作业标准化在保证安生全产中的重要性，剖析了企业实施现场作业标准化的现状和存在的问题，探讨实施现场作业标准化的措施，具有十分重要的现实意义和深远意义。

关键词　现场作业；标准化；安全生产；措施

1　对现场作业标准化概念的理解

标准是衡量事物的准则，是一种规范，包括规程、规定、规则、要领等。俗话说：没有规矩不成方圆。每一个工种、每项作业、每种行为都有自己的标准，对照标准，员工就能清楚地知道自己该干什么，不该干什么，该怎么干，正常情况下怎么做，特殊情况下怎么做等等。

现场作业标准就是员工在进行作业时的操作规范，用这些规范来约束人的不安全行为，确保安全。

2　实施现场作业标准化对确保安全生产的意义

大家知道，安全是企业永恒的主题，没有安全就没有一切。安全生产，得之于严，失之于宽。如果稍有疏忽，就有可能导致事故的发生。

那么怎样才确保安全生产，重要一点就是实施现场作业标准化。只要我们按章作业，认真执行作业标准，就能确保安全。许多事故教训一再证明，所有的事故都是由于违章违纪、不执行作业标准造成的。美国保险公司专家 W.H. 海因里奇曾对不安全行为和轻伤、重伤死亡的比例关系做过调查统计，统计结果是 300：29：1。换句话说，就是平均每 300 次不安全行为中有 29 次受轻伤，1 次重伤或死亡。据法国电力部门安全分析研究认为：不安全行为——违章，造成事故的概率为 70% ～ 80%。

2.1　实施现场作业标准化是安全生产的需要

人的不安全行为无论是有意还是无意的，最终多数都可归结为错误的操作、违章的操作。由于每个人所受的教育训练、工作经历、技术水平等存在很大的差异，因而造成失误的原因也各异。所以，就要制定一系列的安全操作规程、安全制度等标准对消除现场作业中的危险因素进行限制性的规定，规范作业行为，预防、约束人的不安全行为，杜绝事故发生，以确保安全生产。

2.2 实施现场作业标准化是维系安全生产有序可控的保证

无数先进单位经验证明，现场作业标准化是安全生产的保障。坚持作业标准，对个人来说，人身安全有保障；对企业来讲，促进了安全生产。

笔者是一名基层工作者，主要从事包装桶制造的现场管理。包装桶制造属于机加工行业，设备多、危险点源多、事故易发点多，安全工作尤为重要。安全口号我们天天在喊，安全思想工作天天在做，但前几年安全形式十分严峻，违章作业、“底、老、坏”现象屡禁不止，碰伤、夹伤等小事故时有发生。2007 年至 2008 年连续两年发生了操作工右臂骨折和手指夹伤骨折的严重机械事故。2007 年，一名操作工对波纹辊进行修磨时，右臂卷入波纹辊，导致右臂骨折；2008 年，一名操作工在进行圈圆操作时，手指卷入卷辊，导致小指骨折。分析这两起事故原因都是由于员工安全意识淡薄、违章作业造成。一而再、再而三地发生类似的机械伤人事故，既是管理者的失责，也是操作者的失职，教训十分惨痛。

事故发生后，我们总结经验教训，进行不断地反思，采取了一系列的举措，推行实施现场作业标准化，以促进安全生产。

2.2.1 对岗位安全操作规程、规范、制度进行了修订完善

总结经验，吸取教训。我们对每个标准、每个制度等进行了具体分析，逐条逐句进行修改完善，力争做到简洁明了、可操作强，避免出现抽象、模棱两可的词语。修改后印成册下发班组学习研究，并将其张贴于每个岗位明显位置，便于实施执行。

2.2.2 制定岗位作业指导卡

“作业指导卡”是在操作规程的基础上，作为调整通知单的形式下发员工，每个岗位一卡，包括岗位、编号、作业内容、作业条件及准备工作、安全环保注意事项、操作步骤、作业完成后状态、执行人、确认人等内容。操作人员进行每一项日常操作均使用“作业指导卡”，执行统一作业标准，避免失误和误操作。

2.2.3 严格班组安全会程序

实行领导班组挂点，坚持每天跟班参加班组安全会，严格安全会程序。首先进行安全宣誓，开展安全经验分享、“啄木鸟”活动等；二是对经常出现的违章行为进行剖析，杜绝类似现象发生；三是宣贯现场作业标准化的重要性，学习讲解标准的具体内容，并进行现场演练操作，让员工对标准记得住、讲得出，才能做得到、过得硬；四是让每位员工对自己岗位风险危害进行辨识，知道自己岗位危险点源有哪些、有哪些隐患，写出风险削减和控制措施及应急处置措施；五是班组每天设立值日安全员，对员工的不安全行为监督检查。

2.2.4 加大现场监管力度

厂领导、安全员每天深入班组生产一线，坚持现场跟踪，查隐患、促整改、纠违章，督查对标准的执行情况，及时反馈整改，保证标准的严格执行。厂部还定期组织相关人员对班组的设备、安全、环境等进行全面的检查，不合格项限期整改，并按厂部考核办法对责任人和班组进行相应的处罚。

2.2.5 加强标准化、安全知识、安全技能的培训

通过各种形式，积极开展培训工作。无特殊情况每周四定期对员工进行 4 课时的培训，生产不紧张情况下适时增加培训频次。结合生产实际和生产特点，以理论和典型事例相结合，从标准化作业、安全技能、安全知识、习惯性违章等进行系统的培训，培训后进行考核。员工安全知识、安全技能、安全防范意识等都有了很大的提升，对作业标准化有了更全面的认识和理解。

通过这几年的运作，作业标准化在我厂实施效果明显，我厂安全生产形势有了明显的好转，近几年再没有发生任何事故，单位上下形成一种遵守标准、执行标准的良好氛围，作业标准化的实施为我们的安全生产起到了保驾护航的作用。

3 实施现场作业标准化的现状和存在的问题

尽管，现场作业标准化已推行多年，企业的各项规章制度、安全操作规程等也很全面、规范、精确，但安全形式却不容乐观，大大小小的事故仍在不断的发生。可以说，我们缺少的不是规章制度、作业标准，而是对标准的执行。目前，企业在实施现场作业标准化过程中普遍存在的问题可以归纳为以下几个方面。

3.1 认为习惯性作业等于现场作业标准化

工作中，有些人总是喜欢习惯性干法，不坚持执行作业标准，用习惯代替制度，靠经验代替规章，所以经常出现这样那样的差错和问题，有的还导致惨痛的后果，付出巨大的代价。这种有悖于作业标准的工作行为和作业流程存在很大的安全隐患，必须彻底摒弃掉。

3.2 对作业标准化实施没有足够的重视

一提起作业标准化，一些人认为有制度、有规程就行了，没有真正督促实施。如何让员工自觉地执行标准，并成为一种好习惯，这是每一个企业所面临的难题。作业标准化不是贴在墙上、说在嘴上、念在会上的“一纸空文”，是需要管理者和作业者慎思、深悟和执行的制度、规程、程序，一点儿也不能马虎、骄纵、草率和懈怠。许多员工甚至领导在对待标准化作业上，不以为然、不当回事，没有引起足够的重视，都是事故过后找原因，罗列一大堆因素。

3.3　不能长期坚持作业标准化

海尔集团首席执行官张瑞敏说过这样一句话：不平凡就是把平凡的事，做千遍万遍做对。坚持一天按标准作业不难，难的是坚持每天都按标准作业。现在许多企业普遍错在这样的现象，上层领导抓得紧了，就能很好按标准进行作业，时间长了就松懈了、麻痹了，放松了对标准的执行，安全隐患也就随之慢慢自身滋生了。

3.4　制定的标准存在操作性差、不明确等问题

以笔者单位为例，我们以前的安全操作规程经常出现："要求空气压力调至合适值"，合适值是多少？不可操作。"保持安全距离"，安全距离是多少？不可理解，这样的标准员工执行起来也很难把握，操作性不强。在发生几起事故后，我们对规程、制度进行了严格的修订、完善，对许多术语进行了量化，更精准、易懂。从这几年的运作情况看，修改后的标准可行性强、易操作，可有效地指导员工的行为，杜绝违章。所以，标准的制定必须目标明确、描述准确，有量化、可操作性强，才能真正起到指导工作的目的。

4　实施现场作业标准化的措施

针对目前许多企业在实施作业标准化存在的问题，以本人多年的现场工作经验，实施好现场作业标准化，应做好以下几个方面的工作。

4.1　现场作业标准化的根基在于提高员工素质

人作为安全生产实践的主体，安全意识、安全知识和技能如何，直接作用于安全生产的具体工作，并决定安全生产工作的成败。

员工的习惯性违章和肆虐的"低、老、坏"是企业普遍存在的现象，是事故隐患滋生的温床。现在，许多员工存在作业马虎，满不在乎的麻痹心理；害怕麻烦，光图省事的懒惰心理；相信经验，忽视标准的侥幸心理；意气用事，逞强好胜的自负心理；随波逐流，法不责众的盲从心理等，正是这几种心态才导致了习惯性违章。大家干惯了，看惯了，久而久之，违章成为了习惯，习惯当成了标准，事故正是钻了习惯性违章的空子，从而给安全工作带来了一定的困难和压力。

那么如何提高员工素质，拒绝违章，坚持作业标准化？

（1）可以通过各种形式加强职工日常安全生产教育，提高员工的安全意识和业务技能，杜绝习惯性违章和"低、老、坏"现象。

（2）可以利用典型事故案例宣讲方式，使员工认识到不按标准进行作业的危害性，认识发生事故后果的严重性，杜绝违章作业，坚持现场作业标准化。不是每一次违章都会造成事故，但每一件事故隐藏着一系列违章。

（3）利用安全培训，组织职工发言讨论。一方面反思自己的习惯性违章行为，同时互

相之间指出日常工作中发现别人的习惯性违章行为，深层次发掘日常工作中可能存在的习惯性违章行为，以此为戒。

(4) 应把现场作业标准化作为一项日常学习项目在基层班组推行，要让规章制度、标准真正成为我们工作时的行为准则。由于习惯性违章思想常常先入为主，占据人们的思想意识，我们应用理智克服任性，用科学代替蛮干。

4.2 加强标准化和业务技能的培训学习

运用培训班、讲座、操作比赛等形式，对员工进行标准化知识教育，学标对标，反复贯彻作业标准，熟知作业标准，对标准有完整理性认识。向每一位员工反复地输入这样的理念——作业标准化是安全生产的保障，作业标准人人都要遵。要让“安全是企业的生命，标准化是企业的灵魂”的观念深入人心；让大家知道许多标准都是经过长期的实践经验得出的行为准则，有些更是用无数的事故原因和血的教训换来的，是对大量安全生产实践易发隐患部位和漏洞环节的提醒、总结，认识实行作业标准化的目的和意义。作为各级管理层更要成为遵守标准、执行标准的楷模，领导的标准化意识是很关键的一步。

4.3 现场指导跟踪、确认和监督作业标准化的执行

做什么？如何做？重点在哪里？应杜绝做什么？企业应该设立相关专业人员现场确认、指导和监督。仅教会还不行，还要跟踪确认一段时间，看看是否你真会，结果是否稳定，标准是否具有操作性、实用性、全面性，对安全生产是否能保障作用。如果只是口头交代，甚至没有去监督跟踪的话，这样标准执行起来是不会成功的，这也是许多企业的通病。刚开始信誓旦旦制定了许多标准、制度等，但后面的确认和监管工作却流于形式，才导致最后的失败。日本有一首民谣：没说的，我不知道；说过的，我起码记得；做过的，才是我的本领。

4.4 坚持现场作业标准化的长期性和持续性

遵守和执行现场作业标准化是我们从事安全生产工作应尽的天职，一刻也不能放松。坚持一天按标准作业不难，难的是坚持每天都按标准作业。许多员工一天两天能做到标准化作业，但时间长了，便看惯了，做惯了，思想麻痹了，对眼前的不安全现象、不安全因素麻木了，感觉没什么大不了的，于是思想开小差，滋生懒惰心理，不能坚持善始善终，半途而废，这也是实施现场作业标准化一大忌。任何的微小疏忽都将给安全生产留下隐患，最终导致事故的发生。细节决定成败，我们应把工作中的小事当大事。只要长期坚持标准化作业，才能确保安全生产。

安全生产是一个永恒的话题，一起起事故，一滴滴血泪，无时无刻不在敲打着我们的神经。安全生产科学的“海恩法则”中说：“一切事故的背后总有征兆，而征兆背后又有苗头”。我们只要严格地执行各项安全管理标准、规章、制度，自觉地克服和主动地杜绝习惯性违章，实施现场作业标准化，才能把事故消灭在萌芽状态，最大限度地减少或避免事故

的发生，确保安全生产。只有把作业标准化牢记在心，贯穿于安全生产的每一个环节和细节当中，才能筑起安全生产的“防火墙”。

参考文献

[1] 韩绪．现场作业标准化的根基就在于提高职工素质．铁道技术监督，2001（9）：9～10

[2] 荆志敏．基层段站如何加强现场作业标准化．铁道技术监督，2009（11）：6～7

[3] 闫啸，王各花．实施标准化规范化管理，提升石油工业安全生产管理水平．石油工业技术监督，2007（3）：7～9

[4] 田淑文．现场管理标准化与企业安全生产的初步探讨．中国石油和化工标准，2008，（5）：10～11

浅谈物资管理信息化标准化的难点与对策

——胜利油田渤海钻井物资管理信息化工作实践与探讨

杨 军 王向明

（胜利石油管理局渤海钻井公司）

摘 要 在油田信息化建设的过程中，物资供应系统的信息化建设得到了较快的发展，但是由于缺乏标准化意识，标准化管理工作滞后，信息系统存在一定的局限性。本文结合本单位物资管理信息系统推广与应用实践，总结物资管理信息化建设中存在的难点及问题，认识标准化工作的重要性和作用，在此基础上，提出建立信息化标准体系的解决办法，阐述如何建立信息标准化体系，实现信息化建设规范化管理，提高信息化建设的效率。

关键词 信息化；标准化；体系

1 引言

在国际化、市场化、信息化的今天，标准已然成为企业开拓市场、接轨国际的规范和总则。胜利油田经过多年实践，在标准化建设上取得显著成效，采油、钻井、测井等行业标准体系日趋健全完善，拓展国际市场的竞争能力日益增强。在信息化建设上投资力度越来越大，各类信息系统层出不穷。近期，胜利油田提出了2011年标准化制度体系建设的目标：建立油田标准化制度体系和业务流程体系，完善流程管理和制度管理运行机制，制度信息化。可见标准化工作对油田企业今后发展的重要性。

但是，在现有的各类标准中，有关信息化建设方面的标准、规范却很少，在信息化建设过程中，由于缺乏规范化运行、标准化管理，随着信息系统数量的增加，系统之间的很难兼容，信息资源浪费现象越发突出，重复建设越发严重，影响了信息化建设进程。标准化本身在降低成本、减少变化、兼容性等方面具有显著的作用，信息化标准化成为了企业迫切需要解决的问题。

2 物资管理信息化现状及存在的问题

2.1 物资管理信息化建设现状

随着油田信息化建设快速推进和精细化管理稳步深入，物资供应系统的信息化建设得到了长足的发展与应用。2003 年以来，物资供应系统相继推广应用三流（物流、资金流、信息流）合一系统、ERP 项目、“物料领用管理系统”等信息系统。2008 年，渤海钻井根据工作实际和物资管理业务特点，专门研发了一套物资管理信息系统，经过推广应用，起到了较好的效果：规范了业务流程，节约了运输成本费用，加快了财务结算速度，提高了物资配送效率，提高了物资管理工作水平。但是，由于缺乏标准化意识，标准化管理工作滞后，随着系统应用范围的逐步扩大，企业内部共享数据的需求日益突出，信息系统存在的难点问题也逐步显现出来。

2.2 物资管理信息化建设存在的问题

2.2.1 缺乏整体规划，信息系统开发存在一定的局限性

目前，应用信息系统的开发一直遵循业务单位提出具体需求、信息部门主导协调招标的工作原则。一方面，物资管理业务部门只关注于解决自身业务流程，业务需求也仅限于本部门需求，在信息化建设过程中，较少考虑与其他应用系统的融合与共享，缺乏整体规划，系统从需求分析、项目立项、再到研发，信息化范围仅限于实际限定的物资管理业务范围，信息化目标局限于物资管理业务需求。例如：在三流合一系统与物资管理信息系统之间，没有提供标准接口，物资管理信息系统生成采购计划，不能与三流合一实现无缝对接，而必须由业务员再次进行一次手工录入，制约了信息化进程的步伐；另一方面，信息部门也仅考虑当下面临的业务需求工作量，只关注于本系统的网络设备、技术手段的先进性，实现技术支持。同时，在信息化建设过程中，较少考虑重建业务流程，在一定程度上限制的信息化建设。

2.2.2 缺乏标准化意识，信息系统开发存在一定的随意性

一方面，由于缺乏统一的信息标准规范，企业内部不同系统相互独立，很难融合共享；另一方面，各部门业务需求不同、信息化建设步伐不一，存在各自为政的现象，数据信息重复采集、重复输入现象严重，即使同一数据信息资源，在不同的系统中出现不同的命名与定义；同时，企业对信息化标准化意识缺乏大局意识，对标准化在信息化建设中的地位和作用认识不足，把标准化等同于数据报表、格式文本输出的规范化。

2.2.3 缺乏战略目标，信息系统建设存在一定的短效性

信息系统在开始运行时，往往在短期内对工作效率有一定的提高。但是，随着应用系统的版本升级和应用系统的不断增多，不同系统共享数据的需求越来越大，原有信息系统维护工作变得越来越艰难，甚至不得不放弃，信息系统使用周期较短，这些风险严重制约了企业信息化进程，影响了企业发展战略的实施。

信息系统建设之所以存在局限性、随意性、短效性的问题，究其原因就在于，企业对信息化建设缺乏全局的、有效的管理，解决这些问题的关键在于实施标准化管理。因此，全面提高标准化意识，建立标准化管理体系，是目前企业信息化建设亟待解决的问题。

3 解决问题的对策

3.1 树立标准化理念，提高标准化对信息化建设重要性的认识

目前，企业在开拓国内市场、国际市场的经营活动中，无一例外会按照国际标准、国家标准，规范企业的生产经营，从而在市场中获得竞争优势，在一定程度上，标准化已经成为企业发展的必由之路。但是，在企业信息化建设过程中，一方面，企业信息系统千差万别，对系统的设计、开发流程没有现成的标准作为指导和规范，没有统一的标准；更重要的是，企业在信息化建设方面缺乏标准化认识，简单地把信息化理解为IT技术的应用，没有把标准化上升到管理理念高度，造成不同系统之间的兼容性、扩展性差，重复性开发现象严重，资源浪费大的普便现象，严重制约了信息化建设步伐，影响了企业经济效益的提高。树立信息化标准化的理念，必须充分认识标准化对信息化建设重要性。

3.1.1 标准化是搭建企业信息共享平台的需要

标准化工作是信息系统开发成功和得以推广应用的关键之一，建立统一、规范和科学的信息化标准体系，可以实现物资管理信息系统与其他业务系统之间进行数据交换、信息共享和模块对接。

3.1.2 标准化是提高信息系统开发效率与质量的需要

随着先进网络技术广泛应用，信息系统也将不断升级更新、应用规模和范围也不断扩大，建立信息化工程设计标准，形成信息化过程约束规范，实现信息系统开发标准化，可以有效地提高信息系统的开发效率与质量。

3.1.3 标准化是企业信息化建设稳定发展的需要

通过建立信息标准化体系，健全和完善信息系统、数据与信息以及应用软件的标准和规范，能够有效地提高信息系统和应用软件之间的兼容性、可重用性，利于避免信息系统的重复开发，加快企业信息化进程。因此，信息化进程需要标准化体系规范来支撑，树立标准化管理理念，是企业信息化建设稳步发展的必要条件。

3.2 优化整合规划，建立信息化标准体系

3.2.1 统一数据来源，建立标准化信息数据采集源头

从目前物资管理信息系统运行来看，对单井项目发料，实行资金总额和分项控制、超限预警功能，涉及单井核算系统、井位地理信息系统数据的提取问题，由于两系统井号数据来源不同，造成两个系统中部分井号数据不一致，物管系分别从两个系统中提取数据时，

会发生数据无法正常提取的状况，影响了系统的运行。因此，企业在规划信息系统时，首先要对从数据源头上统一，确保数据源的唯一、可靠、准确，避免因来源不同造成的不一致问题，提高信息系统的运行效果。

3.2.2 整体规划管理，建立标准化企业信息资源数据字典

随着企业信息系统的不断增多，企业信息资源越来越多地得到充分利用，但是由于缺乏统一规划管理，数据结构无法共享，即使是同一源头数据，也要在不同系统中重复录入，严重影响了信息资源的充分利用和使用效果。这要求企业对信息资源数据进行标准化管理，建立一套标准化的企业信息数据字典。

企业资源信息数据字典的建立，可以为整个企业信息化建设提供了一个信息数据标准平台，便于各系统融合对接、数据共享。企业数据字典标准化，有利于对企业资源数据结构信息进行统一规划和统一管理，为企业信息化建设奠定坚实的基础，提高信息化建设的效率。

3.2.3 优化整合业务，建立标准化的工作业务流程

从物资管理信息系统的建设过程看，系统立足物资管理工作业务，一方面信息化遵循基本的业务流程，满足业务工作需求，实现信息数据标准化的输入输出；另一方面，在信息化的基础上，不断重新改造业务流程，使业务流程更加科学、合理。近年，公司根据精细化管理要求，实施物资管理信息系统精细化项目，进一步完善物资管理信息系统，实现物资供应管理标准化、规范化、精细化、数字化的目标。同时实施节点精细管理，量化各业务节点指标，促进业务流程的标准化。不难发现，企业信息化建设始终要以业务流程为主导，而且并不仅仅是网络技术应用的问题，它离不开业务流程的优化与重建，即业务流程的标准化过程。

业务流程的标准化，是企业发展的必然趋势，它使整个企业内部打破部门界限、增加业务合作、简化工作手续、消除业务重复与机构重叠、提高工作效率。但是，由于企业盲目的信息化建设，使得各类信息系统并不能有效支撑企业业务流程与业务战略。如果企业能够将人工业务流程和通过系统实现的流程进行无缝整合，企业将会获得核心的竞争优势。

3.2.4 梳理规范制度，建立标准化的管理制度模板

实践中，物资管理的业务流程是以物资管理制度的约束为基础的，在物资管理信息化的过程中，部分管理制度、规定也固化到系统的流程中，实现了部分管理制度的信息化。如：计划上报与审批程序，系统严格按照管理制度规定程序进行设计，从基层上报计划，系统逐级审批。

企业管理制度与信息系统相结合，实现了管理制度的信息化，在这个过程中，需要充分梳理现行制度，将制度所涉及的实施对象、流程步骤、处治权限、考核标准等要素进行逐项分解，统一规划，编制成标准化制度模板，如：规范的表单、统一的编号、严格的程序等，通过管理制度的数字化、模板化，形成一个标准化的制度体系。

4 结束语

企业信息化进程是一个循序渐进、不断创新的过程，但绝不仅仅是信息技术的应用与创新，更是信息化过程管理的创新。信息标准化体系，作为一种有效的管理创新，在信息化建设过程中逐步得到发展和完善，并对信息化进程进行指导和规范，它将企业的信息化目标，从着眼于独立的信息工程项目建设，提升到了企业的整体规划、发展战略上来，为企业信息化建设起着强有力的支撑作用。2010 年，国家工业和信息化部组织制定了《物流信息化发展规划（2010—2015)》,《规划》提出了八个支持方向，其中包括重点物流信息化标准研制宣贯工程、物流信息技术创新应用工程，无疑对物资管理信息化标准化起到巨大的推动作用。

石油物探标准化模式的探索与实践

杨俊智

（江苏石油勘探局物探处）

摘 要 当今，国际国内石油物探市场竞争已不仅仅限于资金、资源和劳动力等有形资产的竞争，更体现在以科技和技术标准为表现形式的创新力的竞争。石油物探标准作为石油地震勘探企业的经济、技术发展与市场竞争的重要基础，它的重要性越来越被大家所认识。本文从分析江苏石油勘探局物探企业面临的形势入手，阐述该企业标准化运行模式的探索与实践的重要性。鲜明的提出，只有围绕提升物探企业管理水平和市场竞争力的标准化活动才有作为。

关键词 标准化；模式

1 江苏石油勘探局物探企业标准化运行模式探索和实践的重要性

随着国际国内地震勘探市场竞争的日益加剧，石油物探处在新的发展机遇面前也面临着前所未有的挑战。一方面，域内勘探：随着苏北盆地勘探程度的加深，地震生产施工难度和采集技术难度越来越大，甲方提出的施工作业和质量要求也越来越高；另一方面，域外勘探：中石油东方物探公司以及中石化胜利物探公司，它们凭借着自身实力占据了国内80%以上的物探市场份额，无论是技术、人才还是装备都给江苏石油物探处直接构成威胁；第三，海外勘探：国际上有壳牌等知名物探公司，它们的综合竞争实力特别强大，相比之下，江苏石油物探处的竞争实力非常脆弱，不要说与它们抗衡，就是在海外项目的运作管理，作业环境的恶劣艰辛等方面，就已经给江苏石油物探处带来严峻的考验。

现在，中国的石油经济已完全融入世界经济大格局之中，作为生产、服务和管理等活动必须遵守的准则——标准，在规范市场竞争、维护技术和管理秩序方面发挥着越来越重要的作用。国内外物探市场竞争，已经不仅仅限于资金、资源和劳动力等有形资产的竞争，更体现在以物探科技、技术标准、专利等为表现形式的创新力的竞争。标准作为江苏石油物探处经济、技术发展与市场竞争的重要技术基础，它的重要性越来越被大家所认识。现在我们谈与国际接轨，首先是标准要与国际接轨。到目前为止，江苏石油物探处还没有实现直接采用国际标准零的突破，ISO 90001 质量管理体系和 HSE 管理体系认证所采用的标准是由国际标准转化而来的，属国家标准。地震生产中使用的技术标准有中英文双语版的也只有三个，即 SY/T 5171—2003《石油物探测量规范》、SY/T 5314—2004《地震资料采集技术规程》和 SY/T 5046—2005《地震检波器》。这三个标准虽然已推向国际石油物探市场，但远远满足不了江苏石油物探处境外勘探需要，特别是有关安全、环境、健康标准，要加快与国际标准化接轨的步伐，要以社会责任和满足用户需要为目标，积极采用国际标准和国际先进标准，实现以内向型向外向型标准的转变。这几年江苏石油物探处标准化工作在理论和实践上涌现出不少国家级、省部级成果，为国内外地震生产和管理提供了重要的技术支持。但随着物探市场竞争的加剧和管理现代化要求，江苏石油物探处标准化仍有许多工作需要去探索、创新和实践。如新形势下标准化管理及运行模式，江苏石油物探处主管技术的领导参与中国石油天然气集团公司（以下简称中石油）和中国石油化工集团公司（以下简称中石化）物探专业标准委员会活动，国际标准的收集、研究、采用，江苏水网地区成熟的物探技术转化和形成石油石化企业一级标准，以及标准实施的监督检查等。由此可见，在新的时期下，做好江苏石油物探处的标准化工作，探索和实践标准化新型管理和运行模式，将成为提升江苏石油物探处国际国内竞争力的支撑条件和有效手段。

2 围绕提升江苏石油物探处管理水平和市场竞争力的标准化活动才有作为

2.1 江苏石油物探处“十二五”标准化奋斗目标催人奋进

“十二五”期间江苏石油物探处标准化工作要实现 02456 奋斗目标。即实现采用国际标准和国外先进标准零的突破；承担两项石油物探行业标准或中石化一级企业标准制定任务；四项成熟、先进技术上升为处或局级标准；实施 500 人次的标准培训；争取六项国家或省部级标准化成果。在实施“十二五”标准化奋斗目标中，技术标准作为联结技术创新与物探市场的桥梁与纽带，必须在为江苏石油物探处加快与国际接轨，多出快出创新品牌，保护自主知识产权和核心技术，加速物探技术专利化、标准国际化进程，支持江苏石油物探处科技发展等方面发挥更大的作用。特别是要为江苏石油物探处的质量与安全提供重要的技术支撑和保障。

2.2 标准化与质量、安全、环境、健康管理体系相互促进，协同运行

为进一步提升质量、安全、环境、健康管理水平，增强市场竞争力，江苏石油物探处于 2002 年依据 GB/T 19001 质量管理体系标准和 Q/SHS 0001.1—2001 安全、环境与健康管理体系标准，先后开展并通过了质量、安全、环境与健康管理体系认证。为满足体系认证的需要，江苏石油物探处本着标准化工作一定要与质量、安全、环境、健康管理协同发展、相互结合的原则，在研究、分析体系认证所涉及的范围和审核标准要求的基础上，为体系文件的编制提供了 36 项管理标准和 28 项技术标准，所提供的标准既作为体系文件的基础和执行的子文件，同时也是内、外部审核时检查的重要内容，对满足体系审核标准的要求和实际运行的符合性、有效性提供了重要的管理和技术依据。在体系文件的编制中，江苏石油物探处对不符合质量和安全、环境、健康管理体系要求、不适应生产和管理的标

准，组织相关单位和人员进行及时修订，对国家和石油行业宣布停止使用和修订后的原标准及时下文废止并从使用岗位上撤下来统一处理。江苏石油物探处标准体系也正好利用认证这个时机进行了一次修订，修订后的标准体系由原来的205项增加到298项，其中就包括GB/T 19001质量管理体系标准和Q/SHS 0001.1—2001安全、环境与健康管理体系标准两位新成员，这不仅使江苏石油物探处标准体系更加全面、完整，重要的是标准化工作又上了一个新的台阶。总之，江苏石油物探处标准化与质量、安全、环境、健康管理体系的这种相互依存，密切配合，协同运行的管理方法，正是该单位标准化新型模式运行和实践的一种体现。

2.3 标准化工作要为多出快出科技成果作贡献

近几年，随着国际国内石油科技的迅猛发展，江苏石油物探处标准化工作也受到前所未有的挑战。主要体现在现行标准水平、科技含量、参与中石油中石化标准化活动与标准的制定、标准化信息、科技成果的转化，以及采用国际标准和国外先进标准等方面。面对种种挑战，江苏石油物探处标准化工作没有因此而退缩，而是积极进取勇于创新。特别是在物探处科技成果的转化、承担中石化企业标准和局标准的制修订方面成绩突出。近几年，先后承担中石化标准制定项目3个，即Q/SH 0078 ARAM.ARIES地震数据采集系统检验项目及技术指标、Q/SH H002 地震勘探工劳动定员标准和Q/SH 0185.2地震资料采集规程等。承担局标准制定项目7个，即Q/SH JS 0223 ARAM.ARIES地震数据采集系统检验项目及技术指标、Q/JS 1017地震队HSE检查规定、Q/JS 0222地震干扰波调查技术规范、Q/SH JS 2052奔驰车操作保养规程、Q/SH JS 2053空气震击山地钻操作保养规程；Q/SH JS 2054 L2000曼车操作保养规程和Q/SH JS 2055 D8R推土机操作保养规程。此外，为进一步加速科技成果转化成现实生产力，针对江苏水网复杂的地震勘探实际，在认真分析研究和总结多年来地震勘探成熟技术的基础上，制定了物探处标准7项。所有这些都标志着江苏石油物探处标准化和科技成果转化已进入一个新的发展时期。对促进江苏石油物探处科技发展，提高市场竞争力起着不可替代的作用。

2.4 标准化工作要为生产和管理提供优质高效服务

2.4.1 创新标准化情报机制

为跟上技术发展的最前沿，抢占物探技术和市场的制高点，江苏石油物探处领导和标准化部门非常重视石油物探情报的收集和应用工作。长期以来，该单位的标准情报及信息来源非常单一。近几年，江苏石油物探处开动脑筋，及时调整标准情报工作思路：一是继续保持与石油出版社在标准信息和业务上的高效率运行；二是加大与国家、江苏省标准情报部门的信息沟通；三是建立新的标准情报体系，即石油物探处所属各单位既是标准情报的提供者，又是标准情报的共享者，各单位各专业人员不管是参加外部会议，还是从国内外其他渠道获得的与标准有关的情报都有义务及时传递到标准化部门。正是有了这种创新的标准化情报机制，才使江苏石油物探处标准化为生产和管理提供了强有力的技术和管理支持。

2.4.2 夯实标准化基础工作

标准化基础工作包括标准体系文件管理、业务台账建立与执行、标准有效性识别、标准的分类与受控标识、资料档案、标准购置，以及标准文本的发放、回收、处置等。几年来，良好的标准化运行机制，加上扎实有效的基础工作，确保了江苏石油物探处标准化工作“速度快、信息准、效率高”。主要体现在五个方面：

（1）标准购置到位快，紧急和特殊情况一周内购回，一般情况不超过一个月。

（2）标准应用时效高，即标准文本在规定实施的第一时间到达使用岗位。

（3）基础工作得到保持和持续改进，特别是对使用标准文本的单位实行跟踪管理，效果显著。

（4）建立健全标准管理制度。为严格标准文本的使用与管理，江苏石油物探处下发了《标准配备与管理规定》，标准化管理部门对标准文本的领退与登记实行受控管理，使标准化工作质量得到不断改进和提高。

（5）标准文本配备到位率达到100%，满足了国内以及也门、加蓬、阿尔及利亚等境外项目施工和管理对标准文本的需求。

2.4.3 强化标准的宣贯、培训

为使相关单位及人员及时掌握物探新技术、新方法，以及管理的新要求，江苏石油物探处建立了有效的培训机制，并将标准的宣贯、培训纳入职工年度培训计划。标准宣贯、培训中做到培训内容、受培人员、授课时间、教员、考核五落实。通过标准宣贯、培训，使相关单位及人员掌握了物探新技术、新方法，以及管理的新要求。为国内外地震生产和管理提供了保障。

2.4.4 践行新的监督与检查形式

为强化标准执行的严肃性，确保生产和管理既符合标准条款又满足甲方要求，江苏石油物探处领导及相关部门人员依据标准和管理要求，对各生产单位进行定期或不定期的监督检查。其监督检查的形式主要有以下几种：

（1）职能部门常规检查与生产单位自查相结合，通知检查与突击检查相结合。

（2）专项检查与开展活动相结合。一方面，在每年的地震生产黄金季节开展“质量月”活动；另一方面，进行质量管理体系现场审核。

对执行标准效果差，现场审核有问题的单位给予通报或开具不合格报告，分析其原因，限期拿出纠正和整改措施，杜绝问题的再次发生。

3 几点启示

（1）江苏石油物探处标准化运行模式是该单位谋求发展、找准标准化工作发展方向，

对标准化在生产与管理活动中职能作用发挥进行的重新定位，以确定一种有别于过去的标准化运行模式。其形式是：制定一个战略目标，确立一种机制，建立一个体系，践行一种模式。其内容是：以科技创新为支撑，参与制定石油石化企业标准；以提高企业核心竞争力为目的，加快采标进程适应市场需求；以水网成熟技术攻关为切入点，全员全过程参与标准化工作；以建立节约型社会和节约型企业、促进循环经济发展为目标，提高企业现代化管理水平。其实质是：标准化工作必须服从于江苏石油物探处改革和发展的大局，服务于江苏石油物探处科学技术提升和现代化管理需要。

（2）江苏石油物探处应由标准化的客体转变成主体，由过去被动地贯彻实施标准转变为参与或承担制定高级别标准；新时期江苏石油物探处标准化工作必须符合时代要求，体现时代特征；标准化作为一门科学，应研究如何实现物探处发展战略的规律和方法；标准化作为一项工作，必须适应时代发展的需要，根据客观情况的变化不断促进物探处发展战略目标的实现。

（3）江苏石油物探处的标准化工作只有与时俱进才能发挥作用；只有不断改革与创新才有生命力；只有围绕江苏石油物探处中心工作才能有所作为。

（4）对于江苏石油物探处来说，探索和实践标准化新型运行模式的目的，就是为了确保在未来获得更大的市场，从而获得更大的发展空间。由此可见，如果说过去的标准化运行模式是作为生产经营和经济效益之间的中介转化环节，那么，江苏石油物探处标准化新型运行模式则是促使企业把面向市场的潜在生产力转化为深入市场的现实生产力的有效手段。

（5）在探索并实施标准化新型运行模式的实践中，首先要进一步解决好管理体系和运行机制中出现的新情况新问题；其次要解决好技术标准水平提升问题；第三是加强国际物探技术及标准信息的搜索、分析和采用。

总之，有创新才能生存，有成效才能发展。江苏石油物探处标准化工作要实现跨越式发展，仍要靠一大批人去开拓、去奋斗。

国家标准纤维级聚酯切片的要求及产品质量评价

杨振国

（中国石油辽阳石化分公司技术处）

摘　要　介绍了纤维级聚酯切片新版产品标准 GB/T 14189—2008 修订的主要变化，对纤维级聚酯切片的抽检结果进行了分析，提出了企业可制定指标严于国家标准的内控标准。

关键词　纤维级；聚酯切片；国家标准

1　引言

涤纶作为化学纤维中产量最大的品种，2008 年产量 2004.57×10^4t，占据着化纤行业 89.44% 的市场份额，纤维级聚酯切片用于制造涤纶短纤维和涤纶长丝的原料。近年来，由于聚酯装置不断更新工艺，扩大规模，如何加强各企业的质量管理，确保产品质量，已成为保障聚酯行业发展的关键所在。产品的质量通过其使用性能表现出来，产品标准是评价产品质量的依据，是随产品的需求变化、分析测试方法的发展、装置的技术进步而不断改进的。根据我国纤维级聚酯切片的质量水平，结合下游用户的实际要求，修订了 GB/T 14189—2008《纤维级聚酯切片（PET)》产品标准和相应的方法标准 GB/T 14190—2008《纤维级聚酯切片（PET）试验方法》，对纤维级聚酯切片质量水平进行客观分析与评价，具有十分重要的意义。

2　GB/T 14189—2008《纤维级聚酯切片（PET)》产品标准修订主要变化

2.1　范围

国内许多聚酯装置开发出了高钛含量的聚酯切片，可以满足了纺织品要求纤维光泽度低的需求，目前已形成一定的生产规模并投放市场，此次修订对这类产品进行了规范和分类，在标准范围内增加了全消光聚酯切片，定义为“二氧化钛含量大于或等于 1.8%（质量分数）的聚酯切片”。

2.2 定义

标准增加了生产批和检验批的定义，修正了标准筛的定义，即通过 833m 的粒子。

2.3 要求的变化

2.3.1 异状切片和粉末

异状切片和粉末是聚酯切片中两种不同形状的同一物质，原“异状切片和粉末”项目改为“异状切片”和“粉末”两项指标进行考核，更为合理。

2.3.2 全消光聚酯切片

增加了全消光聚酯切片的质量指标，其中二氧化钛含量这一特性指标区别于半消光聚酯切片，中心值要求在大于或等于 1.8% 范围内选定，优级品、一级品、合格品指标偏差值控制范围分别调整为 ±0.2%，±0.2%，±0.3%。其他指标与半消光产品相同。

2.3.3 提高部分指标

近年，聚酯切片的生产工艺得到了发展和进步，同时市场竞争促进了产品质量的提高，聚酯切片的产品质量水平明显高于 20 世纪 90 年代的生产水平。因此提高了特性黏度、二氧化钛含量、灰分和铁分考核值的要求，使标准既具有使用性，又能体现聚酯行业生产的先进水平。

2.3.4 熔点

熔点是聚酯切片中一项重要的特性指标，对后加工生产工艺确定有直接的指导意义，为此要求熔点的控制波动要小，不同领域产品对熔点要求有差异，聚酯切片在产品规格上也在不断细分，熔点优等品大于或等于 260℃的单边控制已不适应实际需要，修订后将该项目改为双边控制，中心值在 252~262℃范围内控制，以满足不同后加工需要，同时根据熔点项目的实验精度，确定了优级品、一级品、合格品指标偏差控制范围分别为 ±2℃，±2℃，±3℃。

2.3.5 端羧基含量

端羧基含量是聚酯切片一项重要的性能指标，影响着后道纺丝加工性能，而不同后道生产厂对端羧基含量要求不尽相同，特别是工业长丝装置要求聚酯切片中端羧基含量较高且波动范围较小，原标准对羧基含量小于或等于 30mol/t 的单边控制已不能满足下游应用领域的需要，因此本标准对羧基含量进行双边控制，中心值给出一个选定的范围。通过收集到的实测数据，同时考虑到方法的试验精度，确定了优级品、一级品、合格品指标偏差控制范围分别为 ±4mol/t，±4mol/t，±5mol/t，该指标的确认既考虑了后道纺丝装置对羧基含量均匀性的要求，同时兼顾了生产的可行性。

2.3.6 二甘醇含量

二甘醇含量直接影响到纤维的染色性能，提高二甘醇含量有助于纤维染色性能的改善，其均匀性也是影响纤维染色性的主要因素。原标准二甘醇含量小于或等于 1.2% 进行控制已不能满足下游应用领域的需要。本标准对二甘醇含量进行双边控制，并对中心值给出一个选定范围。通过收集到的实测数据，经统计分析后，确定优级品、一级品、合格品指标偏差控制范围分别为 ±0.15%，±0.20%，±0.30%。

3 抽检结果综合评价

对 2009 年下半年两套聚酯装置生产的纤维级聚酯切片进行了质量抽检，按照 GB/T 6679《固体化工产品采样通则》固体化工产品采样通则进行抽样，按照 GB/T 14190—2008《纤维级聚酯切片（PET）试验方法》的规定试验方法进行检验，抽检项目为标准中规定的 7 项出厂检验项目，抽检的两套装置各 5 个批次共 10 个批次的产品，编号分别为：聚 1~聚 5，涤 1~ 涤 5，总体上看质量较好，现对抽检情况进行分析。

3.1 特性黏度

特性黏度表征聚酯切片分子量的高低，是制定后续生产工艺条件的主要依据。分子量太低不具可纺性；分子量太高由于熔体黏度大造成纺丝困难，拉伸时应力很大，大分子不能好的取向。同时聚酯分子量分布对纺丝的稳定性、纺丝工艺参数以及纤维的质量都有着十分密切的关系。由图 1 可见，10 个批次的特性黏度在 0.643~0.652 之间，波动区间为 0.009，偏离中心值最大值为 0.008，满足产品标准指标要求，产品质量较为稳定。

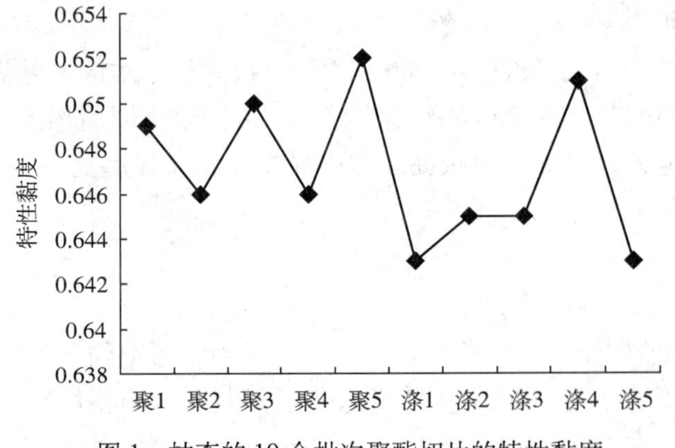

图 1 抽查的 10 个批次聚酯切片的特性黏度

3.2 二甘醇含量

二甘醇是乙二醇分子间脱水形成的产物，在聚酯（PET）的反应条件下，二甘醇也可由聚酯分子链端的对苯二甲酸乙二酯的羟基之间反应而成。当聚酯中二甘醇含量增加时，其熔点下降，耐热性和耐光性变差。另外，这有利于提高聚酯织物用分散性染料染色的上色率，所以二甘醇要控制在一个合理范围。由图 2 可见，10 个批次的二甘醇含量在 1.01%~1.11% 之间，波动区间为 0.1%，偏离中心值最大值为 0.06%。

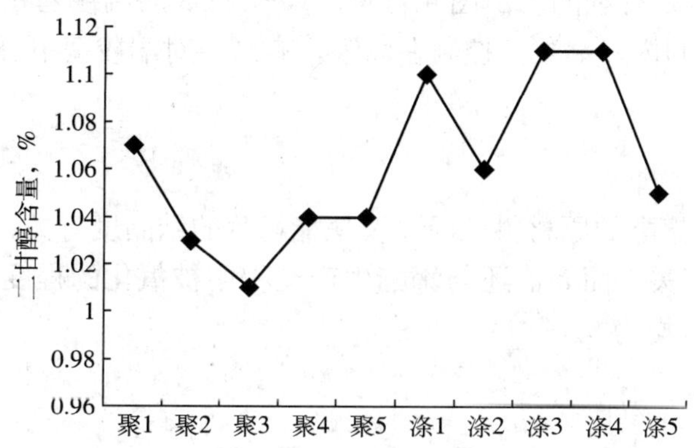

图 2　抽查的 10 个批次聚酯切片的二甘醇含量

3.3　熔点

熔点主要有两个影响因素：一是高聚物的化学因素是影响熔点的主要因素；二是聚合过程中的副反应，副反应越多，熔点下降越多。熔点是聚酯切片在纺丝过程中设置纺丝温度的一个重要依据，它还是生产过程中副反应程度的一种表征，是聚合工艺技术水平的反映。由图 3 可见，10 个批次的熔点在 253℃到 255℃之间，波动区间为 2℃，在指标允许区间内，熔点控制在高限，有必要对熔点中心值进行调整。

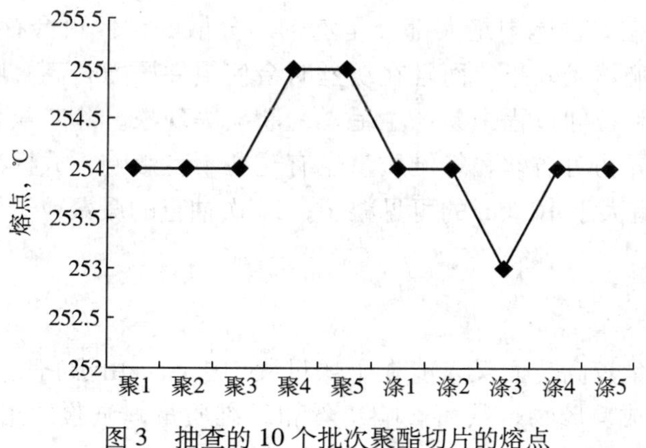

图 3　抽查的 10 个批次聚酯切片的熔点

3.4　端羧基

端羧基是聚酯生产中副反应的产物，对于 PTA 工艺路线，造成聚酯含有端羧基的主要原因是除热氧化降解外，还有是在酯化程度偏低情况下，物料过早进入缩聚工序的结果，所以端羧基含量可定量的反应聚酯生产过程中副反应进行的程度。端羧基可与催化剂金属离子生成盐，为聚酯结晶的生长提供晶核，提高结晶速率，导致切片熔融纺丝时，纤维固化后很快发生部分结晶，这不利于纤维的拉伸，易产生毛丝和断头。另一方面，端羧基含量较高的聚酯切片，其固相缩聚速度较快，同时由于端羧基使聚酯的体积电阻等点绝缘性能降低，对于聚膜成膜是有利的。由图4可见，10个批次的端羧基在22~26之间，波动区间为4，在指标允许区间内，端羧基控制在高限，有必要对端羧基中心值进行调整。

3.5 色度

*L*值和*b*值与生产聚酯的原材料色泽以及聚酯切片的结晶度有关，*L*值还与聚酯中作为催化剂（锑）的含量有关，而*b*值还与聚酯生产过程中被氧化的程度以及其他添加剂含量有关。10次抽查的*b*值均为5。

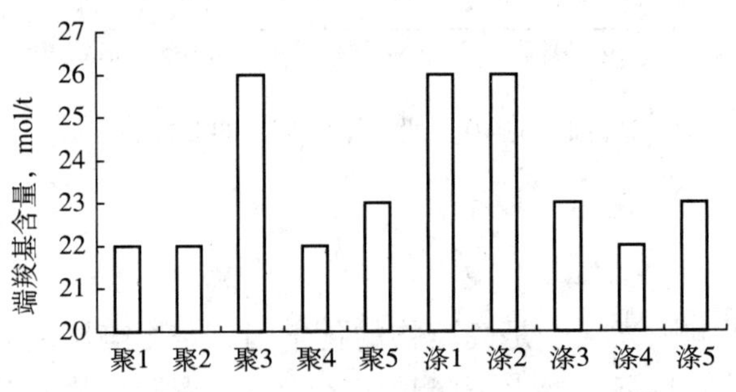

图4　抽查的10个批次聚酯切片的端羧基含量

3.6 凝聚粒子

消光剂二氧化钛在聚合体中绝大部分是均匀地分散的，但也会存在一小部分凝聚体，这些凝聚体不仅会影响消光效果，而且在纺丝时会使组件压力升高，喷丝孔堵塞，并使纺丝稳定性下降，卷绕和拉伸过程中易产生毛丝、断头等现象。除二氧化钛凝聚体外，机械杂质、碳粒子等其他异物对纺丝和纤维质量也有这些不良影响，故标准中凝聚粒子试验结果中，包括切片内所有大于10μm的可见粒子，10次抽查的凝聚粒子均为0。

3.7 粉末

切片中如粉末含量较高，而又未能在干燥过程中去除，由于它比表面积大，在干燥和纺丝时易被氧化，形成凝胶物，从而影响纺丝和纤维质量，试验中用833μm的样筛。10次抽查，除一批次粉末0.1mg/kg外，其余批次粉末均为0。

4 结论

（1）纤维级聚酯切片质量较好，依据GB/T 14189—2008，10次抽查结果的优级品率均为 100% ；在 *b* 值、凝聚粒子、粉末方面，保持稳定水平。

（2）GB/T 14189—2008 作为纤维级聚酯切片领域的国家标准，要兼顾各装置的技术条件，部分指标制定较为宽泛。

（3）各企业可根据自身装置特点，结合下游用户的要求，可制定指标严于国家标准的内控标准，作为提升质量水平的手段。

参 考 文 献

[1] 王德诚 . 我国 2008 年的化纤产量达 2405 万吨 . 聚酯工业，2009，22（3）：5

[2] 林菘，朱刚，叶丽华，等 . 纤维级聚酯切片（PET）. 北京：中国标准出版社，2008

如何加强现场标准化管理

张青慧　张允利

（胜利油田分公司现河采油厂）

摘　要　随着社会经济不断发展，石油行业与国际日益接轨，标准化、规范化的现场管理越来越能为企业的发展提供高效优质生产保证。作为胜利油田基层单位，我们要做的是如何加强现场标准化管理，才能在有限时间和空间内，打造出更高、更好的优秀团队。

关键词　现场；管理；标准化

1　引言

草西联合站是现河采油厂的一支四级基层单位，包括原油处理、污水处理，注水、注汽四大系统，各类机泵设备 80 余台（套），还兼有 10.2km 外输管线和 2.2km 范围内的注汽管网。即有室内设备、室外设备、野外管网，又有地下管线和地面管网，现场管理较为复杂。如何是复杂的现场管理变得井井有序，就要依靠标准化、制度化、规范化。

现场管理就是要对生产过程中的人员、设备、物料、方法、测量、环境进行合理的配置和优化组合，使之达到最有效的生产运作。“人员、设备、物料、方法、测量、环境”被称为现场管理六大要素。

2　标准化的定义

所谓标准，是指依据科学技术和实践经验的综合成果，在协商的基础上，对经济、技术和管理等活动中，具有多样性、相关性的重复事物，以特定的程序和形势办法的统一规定。标准可以分为技术标准和管理标准。

3　标准化的目的

为什么要实行标准化管理呢？在我们的生产实际工作中，每个岗位都从事着复杂多样而又重复性的工作。每个职工素质的差异，工作质量有好有坏，导致了工作效率低，生产效益有好有坏。再次，行为的不规范，也存在这样那样的安全问题，技术问题，导致现场管理的琐碎，混乱。而标准化就是要通过标准化程序，让职工按照标准程序来规范自己的行为，使作业人员从工作安排到工作结束，始终处于可控状态。职工的生产状态有了可循的依据，行为有了规范的束缚，现场的管理才能变得井井有条。

4 如何加强现场管理的标准化

我们按照油田企业的要求，采用的标准为油田统一规划采用国家和石油行业标准。如何将这些标准落实到生产实际中去，并能在实践生产中发挥作用，是目前我们基层单位应该做的。在现场管理工作中，我们将配备标准与现场管理六要素相结合，使标准为管理服务，管理以标准为依据，水平才能不断提高。

4.1 选择标准，进行培训

由于油田的生产标准为管理局统一配备，我们只需在标准库中选择适合草西联合站的标准即可。选择标准必须详细准确全面，使每一个工作环节都有相应的标准可参照。

草西联合站不是一个单一的联合站，它是集集输、注水、注汽为一体的综合性泵站。在日常的管理和生产中，我们不仅配齐集输系统的标准，还增加了有关注水和注汽的内容，建立涵盖全部岗位的标准体系。在使用过程中，不断的更新和补充，2005 年年底，我站安装一台火筒式加热炉，配备了相应的标准 SY/T 5262《火筒式加热炉规范》；2006 年，消防系统改造安装了柴油机发电机组和泡沫发生器，我们又配齐了 GB/T 12786《自动化柴油发电机组通用技术条件》和 SY/T 6085《FQS−15 型负压冲砂泡沫发生器》两套标准。目前，全站配备主导标准 72 个，计量岗 12 个，化验岗 7 个，加热岗 2 个，污水岗 6 个，消防岗 4 个，注水岗 7 个，注汽岗 17 个。

及时配备和更新标准后，就要进行大量的宣传和学习，能够使职工领会理解最新标准的含义。我们建立的标准体系再完善，职工不知道，不领会，不理解，那只能形同虚设。在选择相应的标准后，就要开展大量的宣贯与培训工作。职工，特别是新职工在上岗前，一定要知道本岗位配备哪些标准，标准的具体内容有哪些，哪里可以查到这些标准。

4.2 提出现场管理的相关标准，制定管理制度

就现场管理而言，几乎每个标准都有涉及。如果让每个职工都能将这些标准背的滚瓜烂熟，显然不太现实。为了做到一目了然，我们将标准中与现场管理有关的内容提出，再制定相应的现场管理制度。标准以制度的形式下发。一般职工对管理制度比较敏感，在生产中都能自觉的遵守与维护。2005 年年底，我站安装一台火筒式加热炉，首次接触这种型号的加热炉，没有可依据的操作规范和可借鉴的经验。在查阅了标准 SY/T 5262《火筒式加热炉规范》后，结合炉体使用说明书，发现问题出在运行参数调配不合理，人员操作不规范上。经过多次试验与参数调节，制定了《火筒式加热炉操作规程》，严格规定了启炉、停炉、日常检查、维护的操作步骤和参数范围，解决了引燃易熄火，燃烧器燃烧不良，炉效低等问题。

4.3 标准化管理在现场的实施

依照标准，现场检查形成制度。首先，依照现场管理六要素，分别查出人员、设备、物料、方法、测量、环境方面存在的不符合标准化的因素，将这些因素罗列成表，确定整改目标，集中整改治理。其次，将以上因素汇制成检查细则和检查模板，开展定期的标准化检查治理活动，形成固定的管理制度。最后，使标准化操作形成习惯，潜意识内不自觉的就能遵守，习惯性的抵制习惯性违章，从本质上杜绝与标准化相违背的行为出现。

参照标准，解决生产疑难问题。我站有 3H−8/450II 型注水泵四台，由于注水量的增加不能满足生产需求。2009 年初，注水泵升级改造，柱塞杆由 ϕ51mm 升级为 ϕ57mm。升级后，发现电机、配电柜的接线端子异常发热，温度可达 300℃。原本认为是接线螺丝松动，在紧固螺丝，检查线路后，未发现异常。查阅标准 JB/T 9659.1—1999《低压成套开关设备和控制设备用接线端子排　第 1 部分：组合型和底座封闭型接线端子排》后，得知：升级前，运行电流 110A 时，选择额定横截面积 35mm^2 的接线端子适用；升级后，运行电流升至 150A 时，就必须选择横截面积大于 50mm^2 的接线端子。

熟知标准，为安全生产保驾护航。在学习标准 SY 6503—2008《石油天然气工程可燃气体检测报警系统安全技术规范》时，发现我站食堂的可燃气体报警仪的安装在距地面 1m 处，不符合 SY 6503—2008 中 5.2.2b）规定“当气体密度小于或等于 0.97kg/m^3（标准状态）时，其安装高度应高出释放源 0.5m ~ 2.0m，还应在场所内最高点易于聚集可燃气体出设置检测器。”所使用天然气密度小于 0.8 kg/m^3，我们将气体报警仪改装于距地面 2m 处，符合了安全规定。

4.4 考核

现场管理的技术标准和管理标准转化为具体的可操作的制度后，我们就要进行定期的考核。考核就以制定的检查细则为依据，对于标准化执行好的班组和个人，树为典型，总结先进经验，提供其他班组参考。对于管理不到位者，也要适当惩罚，督促其学习先进的积极性，已达到共同进步的目的。

没有规矩，不成方圆。标准化就是现场管理的规矩。而做好现场管理的标准化，对工作效率的提高，职工责任感、荣誉感和竞争力的加强，都具有深刻的意义。

标准化管理在仪器仪表检定中的应用

张秋平

（大庆油田有限责任公司测试技术服务分公司）

摘　要　仪表室从事生产测井和试井仪器检定维修，标准化体系的建立和实施，有效地促进了仪器仪表检定维修的产品质量和计量工作质量，有效地将仪表室各岗彼此约束在一起，使仪器仪表检定维修整个生产过程按照科学的规律运行，归纳和简化、控制了仪器仪表检定维修的多样化和复杂化，并获得了最大的经济效益。本文就标准化管理在仪器仪表检定维修的应用做了简单阐述，就如何做好标准化管理给出对策和措施。

关键词　标准化；仪器仪表；电子压力计；边测边调

1　标准化管理在仪器仪表检定维修中的具体应用

标准化是在经济、技术、科学及管理等社会实践中，对重复性事物和概念，通过制定、发布和实施标准，达到统一，以获得最佳秩序和社会效益。

1.1　提高仪器仪表检定维修的产品质量和计量工作质量

仪表室标准化是稳定和提高仪器仪表检定维修质量的重要保证。产品质量的管理离不开标准，没有先进的标准，就谈不上有高质量的产品，产品标准是否先进、合理以及能否在生产实践中正确地贯彻，都会直接影响到产品的质量。全面质量管理所强调的是全部门、全员、全过程的管理，而它们都是以标准化为基础。企业通过贯彻标准还能揭示出产品质量的差距，使企业及时采取措施，消除影响产品质量的因素，促进产品质量的不断提高。在仪器仪表检定中，依据 JJF 1033—2008《计量标准考核规范》建立标准器就是保障国家计量单位制的统一和量值传递的一致性、准确性，为仪器仪表检定维修提供准确的检定、校准数据或结果，保证和促进了仪器仪表检定维修和计量工作的质量。目前我们建立了井下流量计检定装置、井下电子压力计、标准压力表检定装置、示功仪检定装置四个标准器，即将建立测井综合校验装置、放射性测井校验装置、液面监测仪检定装置等，使标准器管理更加完善。

仪表室年检定井下电子压力计 1000 支，虽然在 SY/T 6640—2005《电子式井下压力计校准方法》中对井下电子压力计的检定做出规定，但就检定接头却没有标准作出统一规定。目前涉及的偏心静压电子压力计有四个厂家，九方、吉诺尔、三江航天、斯坦。虽然在JW/DLTS 465—2006中对偏心静压电子压力计的绳帽和检定装置的接头做出了规定，但是目前各油田使用各厂家的偏心静压电子压力计绳帽、外径尺寸、检定部分的螺纹均不一样，尤其是检定部分的螺纹不一样，对检定工作增加了不必要的工作量。井下电子压力计检定装置的检定接头为M20×2的内螺纹，而四个厂家的电子压力计的检定部分的螺纹不是M20×2的外螺纹，中间至少通过一个转换接头才能连接，具体见表1。这样不但造成检定效率降低，更主要的是存在质量隐患，检定接头越多，造成检定接头空间存储的变压器油就越多，造成重力和温度的影响误差增大，同时检定转换接头越多，连接处变压器油外渗的几率增大。在检定过程发现，检定接头部分连接处确实经常有变压器油外渗，导致稳压效果不好。如果试井行业执行标准，硬性规定检定装置的检定接头M20×2（内），中间通过一个转换接头，压力计部分的检定部分螺纹为18×1（外）。为了保证装置检定接头的使用寿命，中间最好有一个转换接头。因为井下电子压力计技术目前是比较成熟的技术，如果试井行业执行标准硬性规定压力计绳帽、外径尺寸、检定部分的螺纹，只有好处，没有坏处。各厂家为了市场，只有提高仪器质量来竞争，这样不但提高了电子压力计的仪器质量，而且提高了井下电子压力计检定的质量。

表1　井下电子压力计检定接头情况

制造厂家	检定装置接头	转换接头	压力计检定部分螺纹
九方	M20×2（内）	1个M20×2（外）→16.88×1（外）	16.88×1（内）
吉诺尔	M20×2（内）	2个M20×2（外）→30×2（内） M30×2（外）→18×1（内） 1个M20×2（外）→18.24×2（内）	18×1（外） 18.24×2（外）
三江航天	M20×2（内）	2个M20×2（外）→30×2（内） M30×2（外）→17.86×1（内）	17.86×1（外）
西安思坦	M20×2（内）	2个M20×2（外）→30×2（内） M30×2（外）→17.5×1（内）	17.5×1（外）

1.2　标准化管理是联系各岗的纽带

仪表室从事仪器仪表检定维修，包括仪修岗、压力计岗、综合岗、流量计岗，四个岗之间关系错综复杂，存在内在联系，例如仪修岗就涉及到压力计岗和流量计岗，因为检定阻抗仪时，压力部分检定和压力计岗共同实施SY/T 6640—2005《电子式井下压力计校准方法》，流量计检定和流量计岗共同实施SY/T 6675—2007《井下流量计校准方法》。通过各种标准来约束彼此，使整个生产过程按照科学的规律运行。避免依指令行事而应依章行事，防止人浮于事，责任不清。表2为仪表室目前计量器具检定体系。

表 2　仪表室计量器具检定体系表

序号	计量器具名称	校准或检定规程		辅助设备及工具
		编　号	名　称	
1	注入剖面井温压力磁性定位伽马测井仪	Q/SY DQ 0443—2008	注入剖面五参数组合测井仪维修校准规程	放射性测井仪器校验装置、DCK300 注入剖面测井仪标检系统、测井仪综合校验装置、数字万用表、兆欧表、示波器、电烙铁等
		JJG（石油）05—2000	井温仪检定规程	
		SY/T 6640—2005	电子式井下压力计校准方法	
		SY/T 6743—2008	自然伽马测井仪校准方法	
2	超声波流量计	SY/T 6675—2007	井下流量计校准方法	
3	脉冲中子氧活化测井仪	Q/SY DQ 1222—2008	脉冲中子氧活化测井技术规范	
4	阻抗式找水测井仪	Q/SY DQ 0427—2005	阻抗过环空组合测井仪维修、校准及现场操作规程	测井仪综合校验装置、数字万用表、兆欧表、示波器、电烙、井下流量计检定装置、零流量含水率刻度杯等
		JW/DLTS 502—2007	阻抗含水率零流量检验方法	
5	环空温度压力磁定位仪	SY/T 6182—2008	生产井产出剖面测井仪刻度	测井仪综合校验装置、数字万用表、兆欧表、示波器、电烙
		JJG（石油）05—2000	井温仪检定规程	
		SY/T 6640—2005	电子式井下压力计校准方法	
6	40 臂井径仪	SY/T 6740—2008	井径仪校准方法	刻度规
7	电子式井下压力计	SY/T 6640—2005	电子式井下压力计校准方法	全自动压力计检定装置
8	液面自动监测仪	Q/SY DQ 1226—2008	液面自动监测仪校准方法	液面自动监测仪检定装置
9	综合测试仪	SY/T 6678—2007	电子示功仪校准方法	示功仪检定装置

1.3　提高效益、降低消耗、降低成本

通过标准化对某些零部件合理归纳和简化，控制了多样化和复杂化。如果对产品品种规格合理简化，就能为企业高效率利用工装设备和专业化生产创造条件，达到提高效益、降低消耗、降低成本的目的，使企业经济效益最大化。

水井边测边调是新近出现的水井调配技术，涉及仪表室的岗位是井下流量计岗。依据 SY/T 6675—2007《井下流量计校准方法》边测边调井下流量计 2 个月一个周期进行检定。由于新兴技术，目前各个厂家进行上马投产，没有统一的的标准，流量计电缆头及电缆头连接处的螺纹各不一样，在标准筒标定和检定时，每个厂家的电缆头必须都做一个。以每个电缆头 2 万元计算，外径 4mm 的不锈钢单芯电缆 20m 以 5000 元计算，光制作 4 个电缆头总成本为 10 万元，同时每个厂家数据采集系统不一样，以一套 15 万计算，四个厂家，数据采集系统的成本为 60 万元。如果考虑标准井筒的成本，总成应在 90 万元左右。如果

执行行业标准，硬性规定边测边调井下流量计的电缆头结构、尺寸、螺纹连接，数据采集系统采用统一的标准曼码传输，成本可以节约52.5万元。以五厂目前25支边测边调井下流量计计算，年检定收入为26.85万元，一年半就可收回成本37.5万元并盈利。如果不执行标准，那么35个月才能收回成本并盈利。所以现代企业的生产是建立在先进技术、严格分工和广泛协作基础上的，任何一个环节都离不开标准化，不论是企业新产品开发，还是工艺创新，从研制到鉴定都需要标准把关，只有符合标准才能在生产领域得到推广和应用，才能使企业获得最大的经济效益。

1.4 促进安全生产

技术标准在某种程度上也是安全操作规程，严格执行各个计量和仪修标准，约束自身劳动行为，杜绝“三违”行为的发生。安全是我们最大的盈利，只有自身安全了，企业才能盈利，在任何时候，人身安全是第一位的。标准化管理是安全管理的重要部分，它保证员工安全生产。

2 标准化管理存在的问题

2.1 标准化管理体系不健全

标准化管理体系必须和实际工作结合，与时俱进，因为技术是进步的，必须以发展的眼光对待标准化管理，根据现有的技术和工作制定相应的技术标准，来规范约束仪器仪表检定维修活动，达到提高质量、降低成本、促进安全生产的作用。其次虽然标准有，但是执行不够或根本没有执行，时常发生“三违”行为，一方面是操作人员不按标准操作，另一方面监督人员监督不够，甚至整个标准化体系没有运转起来，没有形成有效的整体。除了分公司质量安全环保部和大队质量管理部门的管理、检查、监督远远不够。仪表室应该成立有管理层参与的标准化管理工作小组，提出和制定方针、目标相适应的标准化任务，制定有效的标准管理制度，并设立专职兼结合的高素质标准化工作队伍，负责标准化的全面工作。

2.2 加强标准化管理培训，树立标准化观念

每年开展标准化管理培训，培训各岗操作规程，熟练掌握本职工作的操作规程，该做什么，不该做什么；培训相关的国家有关标准化的方针政策和法规；培训技术，通过技术水平的提高，加深对标准的理解和掌握；培训质量、安全、环保、管理，使员工充分认识各个环节之间的联系，树立标准化观念。

3 结论

（1）标准化管理在仪器仪表检定维修中可以降低成本、提高质量、促进安全生产，并

获得最大经济效益。

（2）与时俱进，根据实际制定技术标准，建立有效管理组织，通过培训，树立标准化管理观念，使标准化管理体系不断完善。

参考文献

[1] 魏文博，刘睿，孙徽．注水井 LZT-200 流量自动测调系统［J］．油气井测试，2010，19（4）：73～74

[2] JJF 1033—2008　计量标准考核规范

增强企业员工标准化意识

张永浩

（中国石油集团测井有限公司技术中心）

摘　要　本文以一个基层员工的角度，从三个方面论述了标准化工作的重要性和紧迫性，认为企业标准化工作应该全员参与，而当务之急是增强企业员工的标准化意识，就此提出了三点建议。

关键词　基层员工；标准化意识

1　引言

作为一名石油行业的基层员工，有幸跟中国石油天然气集团公司质量安全环保部门的同事参加了一期标准化培训班，受益匪浅。不但了解了标准化工作的基本知识，更深刻认识到标准化工作的重要性和紧迫性。结合自身工作岗位，产生一种迫切地想学习标准、实践标准、完善标准，为提升企业竞争力出一份力的愿望。深感企业标准化工作的当务之急是增强员工的标准化意识。

2　让员工认识到标准化工作的重要性和紧迫性

标准化工作的实施首先要让每一位企业员工深刻认识到标准化工作的重要性和紧迫性。

2.1　标准化是企业提高质量和效率、降低成本的必由之路

标准化，指“为在一定范围内获得最佳秩序，对现实问题或潜在问题制定共同使用和重复使用的条款的活动”。现代企业的生产日益规模化和复杂化，品质成本急剧增高，各工序的管理日益困难。实行标准化，将生产过程中的各个环节规范化是企业提升竞争力的必由之路。标准化应用于科学研究，可以避免在研究上的重复劳动；应用于产品设计，可以缩短设计周期；应用于生产，可使生产在科学的和有秩序的基础上进行；应用于管理，可促进统一、协调、高效率等。纵观世界一流企业，不论科技含量高低，严格的标准化管理是这些企业的共同特征。

创新是企业发展的灵魂和动力，看似和标准化相矛盾，实则不然。首先，标准化是创新的基础，创新是在原有标准的执行中催生出来的，脱离了原有的标准创新就无从谈起。

其次，创新需要标准化来推广。只有实行了标准化，创新才能够沉淀和固化下来，通过再创新以使企业在现有基础上持续改进、提升竞争力。

2.2 标准化是企业提升安全和环保水平、实现节能减排目标落脚点

“安全”、“环保”、“节能减排”这些美好的愿望落实到实际生产生活中就是改进和实行标准化。通过先进的科技和经验建立起标准体系，严格执行，在生产生活中不断吸收先进科技和经验，改进完善标准，是企业降低事故发生率、保护环境、实现节能减排的必由路径。也只有实行标准化，将标准化意识深入每个企业员工，全员参与，才能将这些美好的愿望不再是空洞的口号，得到落实。

2.3 标准化是现代企业生存的必须选择

随着我国市场经济的逐步建立和经济全球化的深入，和发达国家标准化先进成熟的企业同台竞争，我国企业必须加快发展标准化工作，尽快跟国际标准接轨，才能在日益激烈的全球竞争中生存和发展。

标准化工作不仅是企业自身发展的需要，而且是法律要求的必须选择。我国自 1989 年发布《中华人民共和国标准化法》以来，至今已有二十多部法律法规来规范监督标准化工作。法律不允许不遵守标准或是没有标准可依的生产和产品，违者要罚款甚至追究刑事责任。发生质量、安全或环保事故，都是调查各个生产环节的标准及其执行情况，以相关标准为依据追究责任。2004 年 7 月 14 日，震惊世人的重庆开县“12 · 23”井喷责任事故案公开开庭审理，对被告人的指控是 ：“从下钻的钻具组合中去掉回压阀，违反了四川石油管理局企业标准《钻井技术操作规程》，气层钻具中钻柱必须装上回压阀，和 9 月 28 日罗家 16H 井钻开油气层现场办公要求的明文规定，是导致“12 · 23”井喷失控的直接原因。”在现代法制社会中，企业只有熟悉标准、实践标准，才能在竞争中生存和发展。

3 让每位员工都参与到标准化工作中来

认识到标准化工作的重要性，更要将标准化工作落实到生产生活中来。标准化工作的实施不应仅停留在企业管理人员中，企业每一个员工都应该参与其中。

3.1 学习标准

企业应该对全体员工进行标准化知识培训，让每一个员工深刻认识到标准化工作的重要性，了解标准化工作的基本知识，了解本企业的标准化工作机构及标准体系，熟悉自己工作涉及的各级标准和规范。这是企业开展标准化工作的重要基础。

3.2 落实标准

在熟悉自己岗位标准规范的基础上严格执行标准是标准化工作最终归宿。严格执行标

准，制定以标准为基础的岗位实施细则，对于科研人员，可以避免在研究上的重复劳动；对于产品设计人员，可以缩短设计周期；对于生产人员，可使生产在科学的和有秩序的基础上进行；对于管理人员，可促进统一、协调、高效率等。

3.3 完善标准

各岗位人员在严格执行本岗标准及规范的过程中，发现原标准中不合理的地方，或可以改进的地方，以及新技术的引用，对原标准进行改进或制定新的标准，这便是创新，是企业发展的灵魂和动力。

3.4 监督标准的实施

标准化工作中最重要但也最困难的就是标准的落实。企业要建立严格的制度来监督标准的执行情况，这也是企业质量、安全和环保工作的重点。《中华人民共和国标准化法》中也规定政府部门负责辖区内的标准化监督检查工作，对无标生产和不符合标准的企业要予以处罚。将标准化意识深入到每个员工心中，严格执行标准，实行自我监督是最有效的监督检查手段。

4 增强企业员工的标准化意识

我国标准化工作还处在非常低的水平，原因是多方面的，包括我国经济和科技发展水平较低、标准化管理运行体制落后、经费短缺、信息化建设滞后等，但最重要的原因是全社会标准化意识的淡薄。增强员工的标准化意识是企业开展标准化工作的当务之急。

4.1 对全体员工开展标准化知识培训

在学习标准化知识的活动中，管理人员要发挥带头和引导管理的作用，要首先具备高度的标准化意识和充分的标准化知识，然后组织、引导普通员工学习，新员工在入厂教育和培训中就要牢固树立起标准化意识。

4.2 加强标准化工作宣传

除以会议、学习班等形式学习之外，还要在日常工作生活中贴标语、在各岗位将本岗标准规范挂在醒目处等做法，将标准化渗透到员工企业生活的点点滴滴，时刻提醒员工在工作中牢记标准并严格执行标准。

4.3 在实施标准化工作过程中强化意识

在企业标准化工作实施过程中，制定监督和激励制度，促使员工执行标准，对执行标准不力或违反标准者要予以处罚，造成事故者要追究责任。也要鼓励员工根据相关标准制定或改进本岗规范，修订或制定所从事领域的企业标准、行业标准、国家标准，将标准化成果作为考核依据之一给予奖励。在充分调动员工参与企业标准化工作积极性的同时，强化员工标准化意识，巩固和推进企业的标准化工作。

参 考 文 献

[1] 重庆“12·23”井喷责任事故案庭审纪实．新浪网，2004

[2] 秦光里，王志强．改变我国标准化工作落后状态的建议与思考．标准化研究，2003（12）

[3] 袁克兰．我国标准化工作基本情况．中国建村，2002（10）

[4] 万战翔．我国石油工业标准化的发展．中国石油企业，2009（6）

加强企业采标工作　增强企业竞争能力

朱小康　隋志斌　孙伟丽　赵清艺

（大庆钻探工程公司测井公司）

（大庆油田有限责任公司质量节能部）

摘　要　国际标准作为实现贸易全球化的技术基础和技术壁垒，受到各国的空前重视。我国企业应积极采用国际标准，引进消化吸收创新，推进企业技术进步，提高企业产品质量，提升企业管理水平，实现国际直接接轨，增强企业竞争能力；我国企业应不断提高科技创新能力，增强制定国际标准意识，积极参与国际标准制定，拓展国际经济贸易市场，超越发达国家技术水平，实现经济贸易全面腾飞。

关键词　采用国际标准；市场竞争；经济全球化；技术壁垒

1　引言

随着我国改革开放的不断深入，贸易全球化步伐的不断加快，为我国企业充分利用国内、外资源、走向世界提供了良好的发展机遇。同时，国外企业的不断进入，市场竞争愈加激烈，对国内企业和产品造成了巨大的冲击，国内企业也面临着严峻的挑战。经济全球化使国际标准成为国际贸易规则的重要组成部分，产品要进入世界贸易，融入国际市场，要想在市场中竞争，就要重视标准，可以说标准已成为企业进入国际市场贸易的技术壁垒。因此笔者认为我国企业应加强企业“采标”工作，适应市场经济发展，增强我国产品和技术进入国际市场的能力，增强企业竞争能力。

2　加强企业采标工作，推动企业技术进步

采用国际标准和国外先进标准是我国的一项重大的技术经济政策，是一种廉价的技术引进，也是缩短与国外产品差距的有效途径，而且有利于促进企业技术进步，保证生产和管理科学化、有序化，提高生产效率和产品质量，降低生产成本，为企业创造更好的效益。对于石油行业来说，美国石油学会（API）标准有着良好的工程实践和作业经验，通用性强，伴随着世界石油工业的发展而发展，在全球范围内得到认可。API标准在我国石油行业的所有阶段都有不同程度的应用，从勘探开发、输送炼制、到产品销售。长期以来，API标准一直作为事实上的“国际石油工业标准”而为世界石油界所普遍接受，影响面非常广泛。斯伦贝谢公司是一家以高科技著称的大型跨国企业集团，是世界五百强企业之一，主

要从事油田服务和电子信息业务，斯伦贝谢公司也将自己定位为能源行业服务的提供者，特别是先进的数据服务和综合项目管理，为石油行业提供了当今最先进的地质勘探数据收集、处理、解释、分析方法，从而能够以强大的技术实力和充足的数据资源，提供实时的分析工具和综合勘探生产解决方案。我们也清楚地了解到20世纪80年代以前，中国石油测井采用的是JD581测井仪器，测井曲线采用吸收前苏联的模拟记录方式，其缺点是测井数据采集信息量小、速度慢、效率低，记录的曲线数量极其有限。20世纪80年代初，我国开始引进斯伦贝谢公司先进的测井设备CSU−D数控测井系统，其数据记录发生了根本性地变化，为数字记录方式，其优点是测井数据采集数据量大、速度快、效率高，常规九条曲线只需下井四次就可完成测井任务，而JD581却需要下井六七次才能完成测井任务，孰优孰劣，一目了然。20世纪90年代，我国测井专业的科技工作者刻苦研究吸收斯伦贝谢公司先进的测井技术，和国内相关大学、研究机构研究人员奋发攻关，一举成功研制了各具特色的数控测井仪器，例如大庆测井公司研发的DLS数控测井仪器，组成了51支测井队伍，担负着大庆油田近7000口井次的测井任务量，这样的工作量使用JD581测井仪器是完成不了的。其他油田测井公司也相继研发了不同的数控测井仪器，在各油田担负着不断增大的测井工作任务。测井人都有一个共识，引进斯伦贝谢公司测井技术给中国的测井行业带来了一场巨大的变革，使中国的测井技术、测井仪器水平一下子提高至少二十年，大大缩短了与国外先进技术的差距。因此有必要采用国际标准和国外先进标准，有必要引进国外的先进技术，这是企业加速提高技术水平的一条重要渠道。

3　加强企业采标工作，逐步融入国际市场

尽管我国加入了关贸总协定，但这并不等于我们的企业就可以自由进入国外，我们的产品就能随便的销售到国外，原因在于标准。标准水平的差距，使我们的产品受到限制，例如对外改革开放之初，我国的标准起步晚、水平低，我国企业的产品受到的标准壁垒屡见不鲜，因为质量检验标准不适应造成产品不能在国外销售或降价销售的例子不胜枚举，因标准引发的索赔、退货纠纷并不鲜见，严重损害了国家和出口企业的声誉和经济利益。正是因为如此我国的企业必须尽快掌握国际准则，积极采用国际标准和国外先进标准，减少或打破技术壁垒，提高我国产品和技术进入国际市场的能力，提高我国技术标准对国际市场的适应能力，改善我国在国际标准化舞台上的地位，逐步实现与国际标准接轨，为企业在国际大舞台的发展创造良好的发展空间。例如我国的DVD产业长期受制于国外的专利和核心技术，使得整个产业基本退出国际市场。再如美国为了限制我国机电产品出口美国，在技术标准中增加了对包装木材含虫卵的要求。20世纪90年代，大庆钻探测井公司以国产数控DLS测井仪器进入吉尔吉斯斯坦进行测井服务时，由于双方所执行标准不同，采集数据记录格式、成果图格式不同，作为服务方测井采集、解释资料技术人员只能是修改程序，按照顾客要求的标准执行，而同时期在印度尼西亚进行的测井服务项目，由于公司派出的测井队伍是从哈里伯顿公司引进的先进测井设备EXCELL2000成像测井仪器，其采集数据记录格式、成果图格式都完全采用美国石油学会（API）标准，测井队的作业方式也完全符合国际惯例，因此测井队直接就融入到顾客的要求中，满足了顾客的需求。

4 加强企业采标工作，有利提高产品质量

企业在国际市场竞争，取决于产品质量，而产品质量又取决于产品标准，可以说没有先进的标准就不可能有高质量的产品，标准是评定和衡量产品质量高低的准绳，产品质量的形成过程，就是标准的贯彻执行过程。由国际标准化组织发布的产品标准是世界各国协调的产物，代表先进的科学技术水平，包含了大量的科技成果和先进经验，是国际先进技术的缩影，可以说国际标准是产品进入国际市场的通行证。而采用国际标准或国外先进标准，获得国际认证，表明了企业具有稳定生产具有国际水准的产品的能力和保证，增强了产品和技术进入国际市场的能力。因而加强企业采标工作，有利于提高产品质量。测井人承认，我国石油测井技术长期落后于国外，目前仍然落后于国外。如果按照测井方法、测井仪器、测井作业、测井应用四大方面来分，我国与西方国家差距最大的是测井仪器，尽管中国石油集团测井有限公司研发了EILog、中海油田服务有限公司研发了ELIS、中国石化胜利测井公司研发了SL－6000、大庆钻探测井公司研发了HY1000等具有成像功能的测井仪器。老一辈测井人试图通过“引进—消化—吸收—创新”这样一条道路来赶超国外先进水平。遗憾的是，西方国家的测井技术发展实在太快，往往是我们刚引进还没来得及消化或吸收，更谈不上创新，国外的测井设备又换代了，又得重新引进。过去的三十年，我国大多数时候是这样被西方国家牵着走的，但我们都同时看到了，自主研发的测井仪器与国外测井仪器的差距越来越小，质量越来越高，甚至在传输速率、仪器的兼容性、操作的便捷性等方面还有后发优势。这些产品质量的提高都离不开采标工作的开展和国外先进技术的引进。而且随着中国石油“走出去”的战略，一是面对西方大公司对中国石油企业的垄断的压力；二是随着计算机技术的发展，测井地面仪器系统集成创新，攻克传输速率的问题，实现成像测井仪器地面系统的主要功能，已事成必然；三是不断加大技术交流，技术人员积极收集国外先进的标准，促使石油测井仪器和技术将会得到更加长足的发展。

5 加强企业采标工作，不断提高创新能力

我们知道，日本以“制定标准者控制市场”为出发点，积极参加国际标准化活动，以求在国际标准化活动中争取主导地位。欧洲、美国等发达国家都同样在产品的研究开发阶段就针对新的开发研究成果制定本国标准，并努力将其推荐为国际标准，争取贸易上的主动权。可以说发达国家利用其标准化方面的优势，严重挤压了我国高新技术及其产业化的发展空间。面对这种情况，我国企业必须提高科研创新能力，重视标准化的基础建设。目前我国企业对此已经有了足够的认识，采取了相应的措施，取得了一定的成效。我国根据科研创新研发的产品而制定的一些中英文双语版行业标准正逐步被国际上同行所接受、认可。我国企业在科技创新的同时，也应致力将具有中国知识产权的特色技术或产品制定成为国际标准，积极倡导在世界范围内采用，以保护和发展自己的产品。

6 加强企业采标工作，提升企业管理水平

众所周知，先进的技术、先进的设备，必须有先进的管理，否则就不能发挥先进技术的作用，也不能生产出高水平的产品。ISO 9000 质量管理体系、ISO 14000 环境管理体系都是国际标准化组织颁布的，OHSAS18000 也是国际性标准，在目前 ISO 尚未制定情况下，它起到了准国际标准的作用。不论国内外的企业、不论企业大小，众多企业都参加了质量管理体系认证、环境管理体系认证和职业健康安全管理体系认证，这是为什么呢？原因在于通过采用 ISO 9000 系列标准，达到了强化质量管理、提高产品质量、增强客户信心、扩大市场份额、提高企业效益的目的，提升了企业质量管理水平；采用 ISO 14000 有利于企业合理配置和节约资源，减少企业对环境的影响，是克服“绿色贸易壁垒”的有效途径。采用 OHSAS18000 保障了企业员工健康与生命安全，提高企业职业健康安全管理水平，降低健康安全风险因素，降低生产成本。其共同点是使企业管理模式符合国际通行的惯例，促进了国际贸易，越来越多的国家把企业是否通过 ISO 9000，ISO 14000，OHSAS18000 认证以及进口产品是否符合有关国际标准作为优先进口或市场准入的条件之一。我国企业也必须按国际管理来规范企业经营战略经营行为，必须主动适应国际化的经营环境，逐步建立以顾客为中心、以市场为导向的组织架构和经营管理体制，有效控制管理成本，增强市场开拓能力。我们都认可上海大众汽车有限公司，在引进德国大众的先进技术的同时，也引进了德国大众的管理经验，秉承了德国大众对产品质量的严谨态度和精益求精的精神，精湛的制造工艺技术，“质量领先”的理念和原则贯穿于产品开发、供应商、生产、销售及售后服务的整个业务链。其对一个小小的复位弹簧就要求必须要有 6×10^4km 无差错的记录，还必须经过 2000 套整车装车认可程序后，才能批量供货，其严格的管理可见一斑。

7 加强企业采标工作，参与制定国际标准

当今世界正进入国际标准制约国际市场的时代，控制国际标准已成为应对市场竞争的有力武器。一项标准被国际标准采纳，往往可带来极大的经济效益，甚至能决定一个行业的盛衰，为了维护本国的经济利益，主要发达国家已开始进行国际经济竞争的战略大转移，争夺制定国际标准的主导权和话语权，有了话语权就有了制约权。正所谓一流企业做标准、二流企业做技术，三流企业做产品。我们都有这样的认知，美国石油学会（API）标准在世界石油工业中发挥了重要作用，使其成为事实上的国际标准。而 API 过去同国际标准化组织（ISO）处于分庭抗礼的状态，但从 20 世纪 90 年代开始，API 改变了策略，变对抗为合作，焦点就是参与世界标准化。因此，我们不能只满足于采标，而应积极参加国际标准化活动，将我国在国际上处于领先地位的科研成果及重大的技术变化及时转化为技术标准，并推荐制定国际标准，在国际贸易中采用，使其得到更大的发展。近年来我国也积极参与到了一些国家标准化组织中，但实质性的参与国际标准化活动还是有待加强，我们应争取

参与国际标准化活动的有利地位，使国际标准更多的反映我国的技术要求，在国际标准中占有了一席之地。

8 结束语

国际标准作为实现贸易全球化的技术基础和技术壁垒，正受到各国的空前重视，各国对标准的作用认识也日益深刻。我们应该认识到，我国的标准化水平相对于发达国家而言，还是有一定的差距，我们的标准化水平的提高应分三步走，一是积极采用国际标准，引进消化吸收创新，推进企业技术进步，提高企业产品质量，提升企业管理水平，增强企业竞争能力，实现国际直接接轨；二是增强制定国际标准意识，积极参与国际标准制定，充分反映我国技术要求，部分优势专业实现突破；三是不断提高科技创新能力，多行业制定国际标准，逐步实现国际标准接轨，超越发达国家技术水平，拓展国际经济贸易市场，实现经济贸易全面腾飞。

参 考 文 献

[1] 唐振波．技术标准与自主创新的探索．石油工业技术监督，2007.4

[2] 宋寅平．关于运用标准化保护和发展我国民族工业的思考．中国标准化，1998（12）

[3] 郑卫华．深化技术标准领域的改革　加速中国标准化事业发展．世界标准化与质量管理，2005.10（10）

浅谈企业标准化与安全管理的关系

邹　宏

（玉门油田分公司青西油田作业区）

摘　要　标准化和安全管理都属于现代企业管理当中十分重要的基础性内容，随着我国经济体制改革的逐步深入，两项工作的关系也就显得越来越重要并且密不可分。本文从标准化及安全管理的特征出发，对标准化与安全管理的关系做了深入的理论探讨，使两者有机地结合在一起，以期促进企业安全建设与标准化活动开展得更加深入，取得更好的经济效益和社会效益。

关键词　标准化；安全管理；特征；企业

1　引言

随着经济的快速增长，与生产密切相关的安全与环境问题已受到人们的普遍关注。世界上各种类型的组织越来越重视自己在安全方面的表现和形象，并期望以一套系统化、标准化的方法来推行其管理活动，实现企业的可持续发展。其中HSE管理体系就是体现当今石油天然气企业在大市场环境下的规范运作，是突出“预防为主、领导承诺、全员参与、持续改进”的管理标准体系，也是企业实现现代化管理，走向国际大市场的准行证，还是中国石油天然气集团公司的重要指导思想和战略目标。不断研究标准化与安全管理的关系，对于推出管理创新，深化体系建设具有重要意义。

2　标准化与安全管理的特征

2.1　标准化及其特征

标准化是在经济、技术、科学及管理等社会实践中，对重复性事物和概念，通过制定、发布和实施标准，达到统一，以获取最佳程序和社会效益为目的。

标准化的核心是标准，所谓标准是指为取得全面的最佳效果，根据科学技术和实践经验的综合成果，在充分协商的基础上，对经济、技术和管理等活动中具有多样性、相关性特征的重复事物和概念，以特定的程序和形式颁发的统一规定，用以作为企业共同遵守的准则和依据。

企业标准化突出“化”字，要求与企业有关的一切具有多样性、相关性特征的重复事物都要制定标准，并且实行标准化、规范化。“化”的范围不仅仅在安全管理的范畴，甚至超出企业本身，而在标准化的全部活动中，贯彻标准是核心环节。如果标准制定得再多、再好，没有被贯彻执行就不能达到获得最佳效益的目的，也就不会有任何效果。因此，企业标准化的工作重点就是敢在认真制定标准和贯彻标准，并按照标准进行检查、检验上。

2.2 安全管理及其特征

安全管理是指企业员工参加的、以人的因素为主，为达到安全生产的目的、确保员工生命安全与健康而采取的各种措施的管理，是根据系统的观点提出来的一种安全组织管理方法。安全管理突出“管理”，重点是放在把专业技术、生产管理、数理统计和安全教育结合起来，运用科学的管理方法，对生产过程中人的不安全行为和物的不安全状态进行有效地控制，管理的范围主要是在企业内部。在企业内部，安全管理只是企业内部职能之一，是企业全部管理职能的一个方面，其管理职能主要是确定生产过程的安全方针、安全计划并组织实施，管理的内容就是确保企业员工的生命安全与健康，机械设备不受损失，以安全质量求生存、促发展。为此，必须制定正确的安全方针，明确的安全目标，建立和健全安全生产保障体系，并使之有效运行。

3 标准化与全员安全管理的关系

安全管理和标准化都是现代的科学管理技术，都要严格按照客观规律和充分的科学依据办事。那么，它们之间的关系是如何呢？正如许多企业在实践中深刻体会的那样：它们是“一个事物的两个方面”，“是企业发展的两个轮子”，这是千真万确的真理。具体讲，在企业里它们之间的关系如下。

3.1 企业标准化是安全管理的基础和前提

安全管理从一开始就是从制定标准着手的，依据制定的安全技术标准、安全管理标准来检查和评价安全管理工作的好坏，从而提高企业生产过程安全，完善企业安全管理，所以，标准化属于安全管理的基础工作。

发展到全员安全管理后，企业更加强调标准化管理，生产的安全标准，即生产技术标准、安全技术标准及专业安全技术标准就是企业管理在安全方面的具体内容，它为企业的技术管理、生产管理、物资设备管理等奠定了基础，提供了安全、可靠的依据，同时也为安全管理提供了目标。企业内各种管理标准、工作标准的实施，都是为了确保企业生产安全，也是为了保证生产安全标准的顺利实施。由此可见，只有当企业的标准化系统处于稳定运行时，企业的安全保证体系才能建立和稳定。因此，企业标准化既在纵向上把整个安全管理程序衔接成一个有机整体，又在横向上使各方面管理工作协调在一起，确保生产安全目标的实现。

3.2 安全管理的全过程贯穿标准化

企业标准化和全员安全管理都是全员参加、全过程、全企业的工作，它们具有一致目标：全员安全管理的全过程中始终贯穿着标准化。通常是把施工生产全过程划分为勘察设计、施工准备、施工、竣工验收 4 个过程，表 1 就施工过程中的全员安全管理内容与相应的标准化内容做了比较。

表 1　施工过程安全管理与企业标准化内容比较

安全管理	企业标准化
1. 建立安全施工系统	1. 制定施工工艺标准
2. 抓好每个施工环节的安全管理	2. 统一检验方法标准
3. 做好工序安全管理	3. 原材料、半成品标准化
4. 严格执行安全技术标准和专业安全技术规程、规定	4. 检查执行各类标准情况

由表 1 可知，安全管理的施工过程中始终贯穿着企业标准化，企业标准化不仅贯穿于施工过程中，而且也贯穿于整个施工生产全过程中。

3.3 安全管理的实施促使企业标准化更具科学性

全员安全管理采用各种科学方法实施安全管理，它改变了那种办事无标准、无规范和进行安全预测与管理不讲科学、凭感觉的主观随意性，而是遵循一切按科学办事、凭数据说话、以科学管理的思维进行安全预测与预防。例如安全管理中运用“事故树”分析的方法，就是研究在偶然事故中隐蔽着的特性，运用这种方法可以对施工过程中围绕着安全的各种数据进行科学分析，并揭示出事故发生的规律，从而为安全标准的修订提供科学的依据。

3.4 企业安全保证体系文件中重要组成部分是标准

企业要将在建立安全保证体系中所采用的全部要素编制成安全手册、安全计划、程序、规范等文件。这些文件绝大多数是企业标准，即原材料标准、工艺标准、检验方法标准等技术标准，设备管理、用工规范等企业标准和以职工操作程序为内容的作业标准，即使有些不以标准形式编制的安全文件和安全记录，也要和有关标准融为一体。

4 结束语

标准是安全管理的基础和依据，安全管理是贯彻执行标准的保证：企业加强标准比工作，对于开展全员安全管理、确保施工生产安全和员工生命健康及企业经济效益的提高都具有重要意义。

鉴于标准体系与安全保证体系是企业管理体系中的两个重要分支，它们既有共同特点，又有不同的功能，互相依存、相互补充。因此在企业开展安全标准化工地的活动中，要综合考虑两者的功能要求，充分利用标准化的成果，经过必要的分析综合、完善补充，增强安全保证体系的适用性、可操作性和科学性，使企业安全标准化建设取得最佳的效果。